V&R

# Religion, Theologie und Naturwissenschaft/
# Religion, Theology, and Natural Science

Herausgegeben von
Antje Jackelén, Gebhard Löhr, Ted Peters
und Nicolaas A. Rupke

Band 12

Vandenhoeck & Ruprecht

Wolfgang Achtner

# Vom Erkennen zum Handeln

Die Dynamisierung von Mensch und Natur
im ausgehenden Mittelalter als Voraussetzung für die
Entstehung naturwissenschaftlicher Rationalität

Vandenhoeck & Ruprecht

*Für Beate*
*Felix-Immanuel und*
*Antonius Albert*

Bibliografische Information der Deutschen Nationalbibliothek

Die Deutsche Nationalbibliothek verzeichnet diese Publikation in der Deutschen Nationalbibliografie; detaillierte bibliografische Daten sind im Internet über http://dnb.d-nb.de abrufbar.

ISBN 978-3-525-56983-2

Umschlagabbildung © Mark Graves

Satz: OLD-Media OHG, Neckarsteinach.
Druck und Bindung: ⊕ Hubert & Co, Göttingen.

Gedruckt auf alterungsbeständigem Papier.

# Inhalt

## Die Gesetzlichkeit der Welt –
## Forschungsgeschichte zum Begriff Naturgesetz

## Die Verstehbarkeit der statisch geordneten Welt –
## Thomas von Aquin

# Die Entdeckung des dynamischen Gottes –
# Wilhelm von Ockham

## Die Dynamisierung der quantifizierten Welt

## Ergebnis

# Vorwort

Dieses Buch verdankt seine Entstehung meinem Interesse an drei Fragenkreisen, die mich über Jahre beschäftigt haben. Der erste Fragenkreis gilt dem Übergang vom Mittelalter in die frühe Neuzeit und den damit einhergehenden, bzw. sie bedingenden Veränderungen in der Gesellschaft, im Menschenbild, in der Philosophie und der Theologie. Was hat die Menschen veranlasst, die relative Geschlossenheit und Statik der mittelalterlichen Welt in ihrem Denken, ihren Lebensvollzügen und ihrer sozialen Festgelegtheit zu verlassen? Warum dieser Aufbruch ins Unbekannte, sowohl im Denken, wie auch im Handeln in Gestalt zahlreicher technischer Neuerungen und auch in Gestalt neuer wirtschaftlicher Formen? Was geschah an den Bruchstellen zwischen dem Altbewährtem und den Aufbrüchen zu Neuem? Warum der Verlust der Deutungs- und Gestaltungshoheit der Theologie zugunsten einer beginnenden Säkularisierung?

Der zweite Fragenkreis, das Verhältnis von Glauben und Wissen, hängt mit dem ersten zusammen, insofern seit dem Ende des alles umfassenden theologischen Weltbild des Mittelalters die Frage nach dem Verhältnis von Glauben und Wissen ein Dauerthema der Theologie geworden ist. Wie sind zentrale christliche Glaubensinhalte in einer Welt säkularen Wissens vermittelbar, wie sind wissenschaftliche Inhalte auf ihre theologischen Implikationen oder weltanschaulichen Vorentscheidungen zu befragen? Ist die naturwissenschaftliche Rationalitätsform und Wirklichkeitsauffassung in Bezug auf den Glauben defizitär, ist der Glaube in seiner Besonderheit vom Wissen her angreifbar? Auch hier sind die Bruchstellen interessant. Wo und wie ereignet sich an den Bruchstellen zwischen Glauben und Wissen ein Erkenntnisgewinn? In diesem Zusammenhang ist insbesondere die Gestalt Wilhelm von Ockhams interessant. Interessant nicht nur deshalb, weil er die Grenze von Glauben und Wissen mit für die Theologie neuen transzendentalen Überlegungen neu bestimmt hat, sondern auch, weil er sowohl in politischer Hinsicht als theologischer Berater des Königs von Bayern, in existenzieller Hinsicht vom Papst Verfolgter und Flüchtiger und als akademischer Außenseiter ein Theologe an der Grenze gewesen ist.

Der dritte Fragenkreis, das Verhältnis von Naturwissenschaft und Theologie, hängt auch mit den beiden anderen zusammen. Oft wird das Verhältnis von Naturwissenschaft und Theologie aus der Perspektive des Konflikts gesehen, der mit der Wissenschaftlichen Revolution des 17. Jahrhunderts anhebt, meist in einer historisch sehr verkürzten und sachlich sehr ideologisierten Perspektive. Heute wissen wir, dass die kirchlichen Vorbehalte gegenüber einigen Thesen Galileis aus wissenschaftstheoretischer Sicht durchaus berechtigt waren. Nichtsdestoweniger hat dieser katastrophale Konflikt in kaum zu überschätzender Weise das Verhältnis von Naturwissenschaft und Theologie vergiftet und unfruchtbar gemacht. Unfruchtbar wurde er für die Theologie, weil sie sich in eine tödliche Isolation von den Naturwissenschaften begeben hat und nicht mehr in der Lage ist, theologische Inhalte in ein wissenschaftliches Weltbild zu vermitteln. Bereits 1906 kommt dies in den Worten von Karl Heim deutlich zum Ausdruck: „Wir müssen jetzt ganz neue Wege suchen […], wenn nicht der ungeheure Riß zwischen der nur unter sich verkehrenden Theologie und der Welt der Mediziner und Naturwissenschaftler über kurz oder lang zu einer Katastrophe führen soll. Eine Riesenarbeit ist zu tun, um den schon seit hundert Jahren verlorenen Anschluß wieder einzuholen, ehe es zu spät ist." Die letzte Konsequenz, die Karl Barth mit der absoluten Trennung von Glauben und Wissen gezogen hat und diese Isolation noch verstärkte, kann nicht das letzte Wort sein, zumal in einer Welt, in der viele Probleme nur noch mit interdisziplinären Forschungsstrategien gelöst werden können. Unfruchtbar wurde er aber auch für die Naturwissenschaft – selbst unter einem zugestandenen und notwendigen methodischen Atheismus – weil naturwissenschaftliche Rationalität ohne Rückbezug auf einen Kontext christlich verstandener Weltgestaltung im Sinne des dominium terrae ethisch und in Bezug auf den Sinn naturwissenschaftlicher Forschung in einem weltanschaulichen Niemandsland operiert und in der Dynamik ihrer säkularen ethisch indifferenten Partialrationalität ständig ethische Konflikte produziert, auf die die Theologie oft nur hilflos nachlaufend reagiert. Daher ist es auch nicht verwunderlich, dass die in diesem geistigen Vakuum notwendige Selbstdeutung der naturwissenschaftlichen Rationalität oft Philosophien in Anspruch nehmen mussten, etwa den materialistischen Monismus im 19. Jahrhundert (Ernst Häckel, wieder auferstanden in Gestalt Richard Dawkins) oder der Diamat, deren Grenze zur Ideologie oft nur schwer auszumachen ist. Beide also, Naturwissenschaft und Theologie, bleiben ohne Bezug aufeinander defizitär. Um es mit einem bekannten Wort Albert Einstein zu sagen: „Wissenschaft ohne Religion ist lahm, Religion ohne Wissenschaft ist blind."

Die vorliegende Arbeit führt die drei genannten Fragenkreise zusammen, insofern sie die konstitutive Rolle der Neubestimmung von Glaube und Wissen unter dem Vorzeichen der Neuentdeckung des dynamischen Gottes der Bibel im Werk Wilhelm von Ockhams als eine Treibfeder zur Entstehung naturwissenschaftlicher Rationalität in der Übergangszeit von Spätmittelalter und früher Neuzeit ins Zentrum der historischen Analyse stellt. Damit wird auch deutlich, dass der mit der Wissenschaftlichen Revolution anhebende Konflikt zwischen Glaube und Wissen und damit der Konflikt

Theologie und Naturwissenschaft weder die ganze historische Wahrheit ist, ging doch eine fruchtbare Kooperation zwischen Physik und Theologie bereits im 14. Jahrhundert voraus, noch sachlich eine Notwendigkeit darstellt. Diese Arbeit zeichnet historisch nach, wie sich die Rationalitätsform des quantitativen Denkens der Naturwissenschaft beginnend mit dem 14. Jahrhundert immer deutlicher herausbildet. Ist aber damit alles über die Rationalität und die Wirklichkeit gesagt? Es bleibt daher eine bleibende Aufgabe, die Grenzen zwischen Glauben und Wissen, zwischen Naturwissenschaft und Theologie in Bezug auf transzendentale Fragestellungen, in Bezug auf kulturell und historisch bedingte Rationalitätsformen, in Bezug auf Ontologie und letztlich auf das Wirklichkeitsverständnis immer wieder im Sinne einer gegenseitigen Bereicherung zu bestimmen. An der Grenze aber, so hoffe ich mit einem Wort Paul Tillichs, vollzieht sich Erkenntnis.

Bei der Entstehung dieser Arbeit habe ich von vielen Gesprächen, Diskussionen und auch Emailkontakten profitiert, die ich mit Theologen, Naturwissenschaftlern und Wissenschaftshistorikern hatte. Auch die Einbindung in Projekte des Princeton Theological Seminary und der Wycliff Hall der Oxford University ist meiner Arbeit sehr förderlich gewesen. Zunächst möchte ich dem Princeton Theological Seminary in Princeton/USA danken, das mir und meiner Familie 1999–2000 einen halbjährigen Forschungsaufenthalt als *visiting scholar* gewährte, eine Zeit, der ich vor allem in den dortigen reich ausgestatteten Bibliotheken die Geschichte des Begriffs Naturgesetz von seinen ersten Anfängen im Mittelalter bis zu den philosophischen Interpretationen der Analytischen Philosophie studieren konnte.

Für diese Zeit möchte ich vor allem Prof. Wentzel van Heyssteen vom PTS für interessante Anregungen danken, ebenso Ivica Novakovič, Ph.D. für kritische Gespräche und logistische Hilfe. Mein Dank gilt auch Prof. Michael Mahoney von der Princeton University, der mir als Wissenschaftshistoriker wertvolle Anregungen über Descartes' Rolle in der Wissenschaftsgeschichte gegeben hat, ebenso Prof. Edward Grant, Indiana für seine Informationen zur spätmittelalterlichen Wissenschaftsgeschichte. Des Weiteren gilt mein Dank den Veranstaltern der *John Templeton Oxford Seminars on Science and Christianity* in der Wycliff Hall, Oxford University, an denen ich von 2002–2005 teilnehmen konnte. Die zahlreichen Diskussionen mit vielen Theologen und Naturwissenschaftlern haben mir zu immer wieder neuen Einsichten verholfen. Besonders nennen möchte ich in diesem Zusammenhang Dr. Craig Boyd, Prof. LeRon Shults, Prof. Patrick J. McDonald, Prof. David C. Lindberg und Prof. Ernan McMullin, sowie Prof. Alister McGrath und Prof. John H. Brooke. Weiterhin sollen auch nicht Prof. Jack Zupko, Emory University Atlanta und Prof. Peter King, Toronto unerwähnt bleiben, die mir bei meinen Fragen zu Johannes Buridan und zur mittelalterlichen Begriffsgeschichte weiterhalfen. Für wertvolle Hinweise und Hilfestellungen zur Theologie Thomas von Aquins danke ich Prof. Arno Anzenbacher, Mainz, sowie Prof. Christoph Horn, Bonn. Gespräche mit Prof. Christian Link, Bochum waren zu Beginn der Arbeit haben zur Klärung der Rolle Descartes' für mein Projekt beigetragen. Im Bereich der Erforschung des Einflusses der islamischen Kultur auf die mittelalterliche Wissenschaftsentwicklung hat mir Dr. Gotthard Strohmaier weitergeholfen. Für gelegentliche Hinweise danke ich Prof. Jan P. Beckmann, Hagen und Prof. Volker Leppin, Jena. Mein besonderer Dank gilt auch meinem Freund Dr. Stefan Kunz für sein sorgfältiges Korrekturlesen und seine zahlreichen Hinweise zur antiken Philosophie. Nicht zuletzt möchte ich meinen beiden Betreuern Herrn Prof. Hermann Deuser und Frau Prof. Gräb-Schmidt für ihre geduldige Betreuung dieser Arbeit danken. Und schließlich soll das Verständnis meiner Frau Beate und meiner beiden Söhne Felix-Immanuel und Antonius hervorgehoben werden, das sie für meine lange Zeit am Schreibtisch und der nur virtuellen Anwesenheit in der Familie aufgebracht haben.

Gießen, 31. Januar 2007                                      Wolfgang Achtner

# Einleitung –
# Die Dynamik der Naturwissenschaft und ihre Wurzeln im späten Mittelalter

Dynamik ist das Signum der Moderne. Sie ist die lebensgestaltende Kraft, die die Moderne zu immer neuen Grenzen des Wissens und Handelns aufbrechen lässt. Sie durchdringt und verändert mit zunehmender Geschwindigkeit alle Lebensbereiche der Natur und des Menschen. Als Motor dieser Dynamik wirkt die einzigartige Verknüpfung von wissenschaftlichem Erkenntnisgewinn und praxisbezogener Umsetzung in Technik, einschließlich der Veränderung der Natur und – sich in jüngster Zeit anbahnend – auch des Menschen.

Die zunehmende Entschlüsselung der Gesetzmäßigkeiten der Natur, sowohl des Mikrokosmos wie auch des Makrokosmos, gibt dem Menschen neue Möglichkeiten der Welt- und Lebensgestaltung in die Hand. Sei es im Mikrokosmos die Nanotechnologie, sei es im Makrokosmos die zunehmende Erschließung, Nutzung und beginnende Besiedlung des Weltalls. Dieselbe Dynamik in der Verknüpfung von theoretischer Einsicht und praktischer Veränderung ist nunmehr auch in Bezug auf den Menschen selbst in steigendem Maße wirksam. Dem Erkenntnisgewinn in der Erforschung des menschlichen Genoms, des Gehirns, der Intelligenz, der Willensaktivität und des Bewusstseins schließen sich fast nahtlos entsprechende Überlegungen zur praktischen Umsetzung an. Genetic Engineering, Gentherapie, neue invasive Methoden, bildgebende Verfahren in der Hirnforschung, die durchlässig werdende Grenze zwischen Mensch und Maschine, die Idee des Cyborgs, sowie die die Frage nach der Möglichkeit künstlicher Intelligenz auf einer anderen materiellen Grundlage, z. B. des Siliziums anstelle des biologischen Substrats des Menschen – dem Kohlenstoff – lassen nicht nur alte ethische Verbindlichkeiten ins Wanken geraten – Stichwort Menschenwürde – sondern stellen ganz neu die Frage nach dem Selbstverständnis des Menschen und seiner Stellung und Bedeutung im Kosmos.

Darüber hinaus stehen, besonders in den Humanwissenschaften, angeregt durch die Hirnforschung und die Genetik, alte philosophische und theologische Fragestellungen auf der wissenschaftlichen Tagesordnung, z. B. das Verhältnis von Leib und Seele, die Natur des Geistes, des freien Willens, der Verantwortung, des Bewusstseins und der Menschenwürde.

Die Frage nach der Entstehung und räumlichen und zeitlichen Eingrenzung dieser Dynamik ist gleichbedeutend mit der Frage nach den Entstehungsbedingungen der Moderne, sie ist zugleich eine Frage nach den wirkenden Kräften.

Was die räumliche Eingrenzung des Beginns dieser Dynamik anbetrifft, scheint die Sache auf den ersten Blick klar. Unzweifelhaft hat das christliche Europa diese Dynamik hervorgebracht. Erste Zentren dieser Dynamik waren im 14. Jahrhundert die norditalienischen Städte sowie die Universitäten in Paris und Oxford. Europa hat allerdings auf der durch die islamische Kultur bewahrten klassischen Antike aufgebaut, wenngleich gerade in Hinblick auf die Dynamisierung, wie sich in dieser Arbeit zeigen wird, entscheidende Veränderungen in den wissenschaftlichen Grundlagen vorgenommen werden mussten. Es hat ebenfalls auf den durch die islamische Kultur hervorgebrachten wissenschaftlichen Neuerungen aufgebaut und sie weiterentwickelt, während der Islam selbst Opfer einer Jahrhunderte dauernden Stagnation wurde. Welche Rolle bei der Dynamisierung des christlichen Abendlandes der christliche Glaube spielte und welche Rolle der Islam bei der Stagnation der islamischen Welt nach seinem beispiellosen Aufstieg bis ca. ins 15. Jahrhundert spielte, ist nicht nur eine interessante historische Frage, sondern gegenwärtig von geradezu weltgeschichtlicher Bedeutung.

Was die zeitliche Eingrenzung des Beginns dieser Dynamik betrifft, liegt die Sache weniger deutlich auf der Hand. Seit Beginn der wissenschaftshistorischen Forschung durch William Whewell im 19. Jahrhundert hat es auf die Frage nach der zeitlichen Eingrenzung des Beginns dieser wissenschaftlichen Dynamik unterschiedliche Antworten gegeben.

Auch die Antwort auf die Frage nach den Motiven der Entstehung des wissenschaftlichen Aufstiegs wurde mit unterschiedlichen Forschungsansätzen ideengeschichtlicher, sozialgeschichtlicher, kulturgeschichtlicher, wirtschaftsgeschichtlicher, philosophiegeschichtlicher und schließlich auch theologiegeschichtlicher Art verfolgt. Die zeitliche Fixierung der Entstehungsbedingungen der Moderne reicht dabei vom 14. Jahrhundert bis zum 17. Jahrhundert, wobei beide Jahrhunderte aus unterschiedlichen Begründungen heraus besonders hervorgehoben werden, das 14. Jahrhundert wegen des Nominalismus, das 17. Jahrhundert wegen der Wissenschaftlichen Revolution.

Für das 14. Jahrhundert hat man seit den Tagen des großen Ockhamforschers Erich Hochstetter und des Erforschers der mittelalterlichen Physik, Pierre Duhem, den Nominalismus Ockhams und seiner naturphilosophischen Nachfolger in Verbindung mit seiner Subjektorientierung und seiner immer wieder kontrovers diskutierten empirischen Ausrichtung namhaft gemacht. Philosophische und theologische Motive stehen hierbei im Vordergrund. Hans Blumenberg hat diese Thesen aufgegriffen und weiter ausgebaut.

Für das 15. Jahrhundert wurde die Entdeckung Amerikas durch Christoph Kolumbus im Jahre 1492 als entscheidendes Motiv der Entstehung der Moderne identifiziert. Ideengeschichtlich gesehen ist das Werk des Nikolaus von Kues ein Markstein für das Ende der Scholastik und den Beginn einer neuen Wissenschaftskonzeption, die an der Wiege der Moderne steht. Insbesondere hat man seit der Wiederentdeckung der Bedeutung von Nikolaus von Kues durch Karl Jaspers und Ernst Cassirer, der von ihm inspirierten Neuübersetzung seiner mathematischen Schriften durch Josepha Hofmann, seiner wissenschaftshistorischen und philosophiegeschichtlichen Bedeutung wieder stärkere Beachtung im Hinblick auf die Raumkonzeption, die Empirie, die Mathematik und den europäischen Expansionismus geschenkt, jüngst etwa durch Kurt Flasch.

Für das 16. Jahrhundert wurde, ideengeschichtlich gesehen, der kosmische Schock durch die kopernikanische Revolution von 1543 als der entscheidende Wendepunkt zur Moderne angesehen. Aber man hat auch auf unterschiedliche Weise die katalytische Wirkung der Reformation zu identifizieren versucht. Sicher hat die stärkere Trennung von Glaube und Wissen bei den Reformatoren in der Tradition Ockhams die Grundlagen dafür geschaffen, dass Naturwissenschaft ein „weltlich Ding" werden konnte, bei der – im Großen und Ganzen gesehen – nicht unbedingt theologische Interventionen zu befürchten waren. Die protestantische Aufgeschlossenheit gegenüber dem neuen Weltbild des Kopernikus im Wittenberger Kreis, besonders bei Melanchthon und Rheticus, zeigt dies auf eindrucksvolle Weise. Auch die Konzentration der Theologie auf den Menschen und sein Heil in Gestalt der Rechtfertigung hat die Natur auf neue Weise dem Menschen und seinem wissenschaftlichen Zugriff preisgegeben, nicht zuletzt im biblisch motivierten *dominium terrae*. Luther hätte niemals einer theologischen Würdigung der Natur zustimmen können, wie sie etwa in den Werken des mittelalterlichen Theologen und Mönchs von Citeaux Alanus de Insulis (1128–1202) zum Ausdruck kommt: „omnis mundi creatura, quasi liber et pictura, nobis est in speculum." Und schließlich hat man auch versucht, die psychologischen Triebkräfte, die Triebkontrolle und die methodisch regulierte Arbeitsweise des Naturwissenschaftlers in Analogie zur Max Webers These der *innerweltlichen Askese* und des *protestantischen Arbeitsethos* aus dem Protestantismus herzuleiten. Der amerikanische Soziologe Robert K. Merton und seine bekannte *Merton Thesis* hat diese Forschungsrichtung inspiriert.

Für das 17. Jahrhundert – dem gemeinhin angesetzten Beginn der Wissenschaftlichen Revolution in Europa um das Dreigestirn der Gründungsväter Isaac Newton, Johannes Kepler und Galilei Galileo, sowie den philosophisch-erkenntnistheoretischen Begleitgestalten, dem Philosophen des Rationalismus René Descartes und dem Philosophen des Empirismus Francis Bacon – gibt es eine Fülle von Forschungsansätzen, den Beginn der Dynamik wissenschaftlicher Forschung gerade in diesem Jahrhundert zu lozieren und zu erklären. Sozialgeschichtliche Ansätze versuchen seit den Tagen Edgar Zilsels die Herkunft naturwissenschaftlicher Forschung aus dem Handwerkswesen zu erklären oder es in Verbindung zu bringen mit der anhebenden Dynamik des Merkantilismus und Frühkapitalismus. Änderungen im Selbstbild des Menschen, vor allem die Selbstentdeckung des Menschen und damit seine innere Abgrenzung von der Natur, wie sie in Descartes' „cogito ergo sum" und „res cogitans – res extensa" oder in Francis Bacons methodisch kontrollierter Empirie zum Ausdruck kommen, hat man zur eigentlichen Geburtsstunde moderner wissenschaftlicher Aktivität erklärt. Auch die ideengeschichtliche Vorgehensweise hat mit der Entstehung des Grundbegriffs moderner Naturwissenschaft im 17. Jahrhundert, dem Begriff des Naturgesetzes, starke Argumente für sich.

Sicher verbietet sich bei einem so komplexen geschichtlichen Phänomen wie der Entstehung und Entwicklung naturwissenschaftlicher Dynamik von vornherein eine monokausale Erklärung. Man wird es eher als einen kumulativen Prozess verstehen müssen, in dem Handeln und Erkennen in einer Art kybernetischem Regelkreis miteinander verschränkt sind. Dieser Prozess verläuft aber keineswegs geradlinig, etwa im Sinne einer linearen kontinuierlichen Selbstoptimierung. Es gibt Sackgassen, Abbrüche und Neuaufbrüche, Modethemen, Neuerungen, die nicht erkannt werden, institutionelle Verkrustungen, wirtschaftliche Faktoren – dies alles sind Motive, die den Gang wissenschaftlicher Entwicklungen bestimmen können.

Aus diesem kumulativen Prozess greift diese Arbeit den Aspekt der Dynamisierung heraus. Zur Aufklärung über ihre Entstehung möchte sie einen Beitrag leisten. Dabei wird eine vierfache Eingrenzung vorgenommen. Räumlich konzentriert sich diese Arbeit auf die Städte Oxford und Paris und ihre Universitäten mit einem Seitenblick auf wichtige Städte Norditaliens. Zeitlich ist vor allem das 14. Jahrhundert im Blick mit seiner Vorgeschichte im 13. Jahrhundert. Dabei wird das Werk Thomas' von Aquin, Wilhelms von Ockham und Johannes' Buridan in den Blick genommen. Methodisch liegt der Schwerpunkt auf einer ideengeschichtlichen, stellenweise sozialgeschichtlichen und vor allem einer anthropologischen Fragestellung. Letzteres bedarf einer genaueren Erläuterung.

Das Augenmerk wird dabei vor allem auf solche Aspekte gelegt, die zur Dynamisierung des *menschlichen Weltverhältnisses* beigetragen haben könnten. Im Zentrum steht daher die Anthropologie. Alle anderen Aspekte, also die Gotteslehre, die Erkenntnistheorie, die Wissenschaftstheorie, die Ethik werden daher in Hinblick auf ihre Rolle für die Anthropologie insofern befragt, als sie einen Beitrag zur Entstehung eines *handelnd-erkennenden Weltverhältnisses* leisten, denn es ist ja gerade diese Kombination aus Erkenntnis und Handlung, die für die naturwissenschaftliche Dynamik vorausgesetzt werden muss. Die Arbeit beginnt mit der Darstellung derjenigen Aspekte der Theologie Thomas' von Aquin, die für die Frage nach diesem *Weltverhältnis* wichtig sind. Dazu gehört die durch die Aristotelesrezeption notwendig gewordene Verhältnisbestimmung von Theologie und Philosophie, die Wissenschaftstheorie, der Universalienstreit und in der Ethik die *lex naturalis*. In der folgenden Darstellung Wilhelms von Ockham liegt der Schwerpunkt auf den Aspekten, die einen Bruch Ockhams mit der insgesamt statischen Theologie Thomas' von Aquin markieren, also wiederum die Gotteslehre, die Verhältnisbestimmung von Theologie und Philosophie, die Wissenschaftstheorie, die Erkenntnistheorie und Ethik. In diesem Teil liegt daher der Schwerpunkt auf den subjektiv anthropologischen Bedingungen der Dynamisierung, die zu einem handelnd-erkennenden Weltverhältnis führen.

Im anschließenden Teil steht im Mittelpunkt der Fragestellung, in welcher Weise auf der Grundlage des handelnd-erkennenden Weltverhältnisses die grundlegenden Kategorien menschlicher Welterfassung diesem neuen Wirklichkeitszugang dienstbar gemacht wurden. Dazu gehören insbesondere die Kategorien von Quantität, Raum, Zeit, Materie und Bewegung. Wenn es im 14. Jahrhundert zu einer Dynamisierung des Weltverhältnisses gekommen ist, dann muss sich diese Dynamisierung in diesen grundlegenden Kategorien des Weltverhältnisses widerspiegeln. Unter diesem Gesichtspunkt wird zunächst die Naturphilosophie Buridans beleuchtet. Ausgehend davon schließt sich eine längere Untersuchung an, in der dargestellt wird, wie die Kategorien von Raum, Zeit und Materie in der Naturphilosophie des Aristoteles in einem langen geistesgeschichtlichen Prozess so transformiert werden, dass sie im Sinne des handelnd-erkennenden Weltverhältnisses, wie es dann in der Wissenschaftlichen Revolution offenkundig wird, handhabbar werden und zum dann wissenschaftlich auch wirksam werdenden Konzept des Naturgesetzes passen. Es wird dann die legitimierende Funktion der natürlichen Theologie für das Konzept des Naturgesetzes in der Physik Newtons aufgezeigt und analog in der natürlichen Theologie William Paleys.

Da in wissenschaftlicher Hinsicht für diesen Dynamisierungsprozess der Begriff des Naturgesetzes die entscheidende Grundlage ist, wird zu Beginn gewissermaßen leitmotivartig ein forschungsgeschichtlicher Abriss dieses Begriffes gegeben und gezeigt, dass es notwendig ist, ihn im Sinne der Zielsetzung dieser Arbeit in dem größeren geistesgeschichtlichen Kontext des sich von Thomas von Aquin über Ockham hin zu Buridan ändernden *Weltverhältnisses* zu sehen, also im Kontext der grundlegenden Kategorien von Raum, Zeit, Materie und Bewegung und deren oben angedeuteter Transformation.

Es reicht also nicht aus, anhand einer ideen- oder begriffsgeschichtlichen Analyse den Begriff des Naturgesetzes gewissermaßen als Indikator für die Entstehung naturwissenschaftlicher Rationalität verwenden zu wollen.

Denn es könnte sein, dass er bereits bei einem Weltverhältnis verwendet wird, das nicht moderner naturwissenschaftlicher Rationalität entspricht, etwa magisch-astrologischer oder mythischer Art. Dies war sicher bei Roger Bacon im 13. Jahrhundert der Fall, den man trotz seiner visionären Ideen – er dachte bereits an Flugzeuge und U-Boote – nicht zu naturwissenschaftlichen Forschern im modernen Sinne rechnen wird. Und es könnte genauso sein, dass er bei einem Weltverhältnis fehlt, das eindeutig schon naturwissenschaftlicher Rationalität entspricht. Dies trifft beispielsweise für Galilei zu, der nun gerade zu den Gründungsvätern der Wissenschaftlichen Revolution gehört. Anders gesagt bedeutet dies, dass die Existenz oder Nichtexistenz des Begriffs Naturgesetz im Schrifttum irgendeines Autors weder notwendig noch hinreichend ist, um naturwissenschaftliche Rationalität zu indizieren. Entscheidend ist die jeweilige Struktur des Weltverhältnisses, in dem dieser Begriff verortet ist. Daher wird nach Sichtung der Forschungsgeschichte zwischen dem *Begriff* des Naturgesetzes und dem *Konzept* des Naturgesetzes unterschieden. Unter Konzept des Naturgesetzes ist dabei seine spezifische Verknüpfung mit den Kategorien des menschlichen Weltzugangs, also Raum, Zeit, Materie und Bewegung und deren anthropologische Bezüge zu verstehen, die, wie sich zeigt, einer historischen Entwicklung unterliegen. Zum Konzeptcharakter gehören ebenfalls die wichtigsten Merkmale des Naturgesetzes, wie Allgemeinheit, Universalität, Notwendigkeit, Prognostizierbarkeit, die ihrerseits wieder auf den Kategorien des menschlichen Weltzugangs aufruhen. Das Konzept des Naturgesetzes ist gewissermaßen der „Sitz im Leben" des Begriffs.

Es reicht aber auch nicht aus, sich allein auf einige fast schlagwortartige anthropologische Charakteristika zu beschränken, wie etwa Subjektivierung, Autonomie oder empirisch orientierter Weltzugang – so richtig sie sein mögen –, um die anthropologische Seite des Beginns der naturwissenschaftlichen Dynamik zu verstehen. Erst die Kombination solcher anthropologischen Urdaten mit den genannten spezifischen Kategorien des menschlichen Weltverhältnisses vermag einen hinreichend breiten Rahmen zu liefern, der sowohl ideengeschichtliche Aspekte, wie etwa den des Naturgesetzes, aber auch sozialgeschichtliche und anthropologische Aspekte umfasst.

Erst vor dem Hintergrund der zentralen Kategorie dieses gewandelten *Weltverhältnisses* schließen sich die mannigfachen Aspekte der beginnenden Naturwissenschaft des 14. Jahrhunderts, wie die Änderungen der Raum-, Zeit- und Materieauffassung, wie die Änderungen in der Bewegungslehre, wie die nominalistische Lösung im Universalienstreit, wie die beginnende empirische Forschung und nicht zuletzt wie die ockhamsche Erkenntnistheorie und damit die gewandelte Anthropologie uno aspectu zusammen. Damit weist das 14. Jahrhundert auf die Epoche der Wissenschaftlichen Revolution im 17. Jahrhundert voraus. Der subjektiv anthropologische Anteil wissenschaftlicher Aktivität, also der handelnd-empirische Anteil des Willens und der konstruktiv-theoretische Anteil des Verstandes, wird mit der Natur als Objekt und dem Grundbegriff der modernen Naturwissenschaft, dem Naturgesetz, vermittelt durch einen Weltzugang auf der Basis homogenen Raums, Zeit und Materie, innerlich verbunden.

# Die Gesetzlichkeit der Welt –
## Forschungsgeschichte zum Begriff Naturgesetz

Die Darstellung eines forschungsgeschichtlichen Abrisses muss mit der Tatsache fertig werden, dass die Geschichte der Entwicklung des Begriffs Naturgesetz nicht eindeutig *einer* akademischen Disziplin zugeordnet werden kann, weil bei diesem Begriff wissenschaftliche, philosophische und theologische und wohl auch sozialgeschichtliche und wirtschaftsgeschichtliche Aspekte eine Rolle spielen. Daher ist es notwendig, die Beiträge historischer Forschung aus allen Disziplinen, also Wissenschaftsgeschichte, Philosophiegeschichte und Theologiegeschichte, interdisziplinär aufeinander zu beziehen, um den Horizont der Fragestellung nicht gleich zu Beginn kurzschlüssig einzuengen. Diese Arbeit konzentriert sich allerdings schwerpunktmäßig auf die theologischen, philosophischen und wissenschaftsgeschichtlichen Aspekte, die sozialgeschichtlichen und wirtschaftsgeschichtlichen werden nur gestreift. Die Unterscheidung von Naturgesetz als *Begriff* und Naturgesetz als *Konzept* wird am Ende des forschungsgeschichtlichen Abrisses noch einmal aufgegriffen und erläuternd vertieft.

## 1 Forschungsgeschichte aus wissenschaftsgeschichtlicher Sicht

Von einer wissenschaftlich orientierten Wissenschaftsgeschichte kann man frühestens seit dem Aufkommen des Historismus in der Mitte des 19. Jahrhundert[1] sprechen. Als Beispiele einzelner Darstellungen wissenschaftsgeschichtlicher Art im 19. Jahrhundert seien Kurd Laßwitz[2] (1848–1910), Eugen Karl Dühring[3] (1833–1921) in Deutschland, William Whewell[4] (1794–1866) in England, Charles Sanders Peirce[5] (1839–1914) in Amerika genannt. Die eigentliche akademische Organisation der Wissenschaftsgeschichte beginnt allerdings auf dem Kontinent erst um die Jahrhundertwende durch Paul Tannery (1843–1904), in Amerika durch George Sarton (1884–1956). Erst mit der Phase der akademischen Institutionalisierung erreicht die Wissenschaftsgeschichte den Status wissenschaftlicher

---

[1] Eine Ausnahme ist der Italiener Giambattista Vico (1668–1744), der bereits eine Geschichtsphilosophie entwickelt hatte.

[2] Laßwitz, K., 2 Bde. [1]1890, [2]1926, [3]1984.

[3] Dühring, E. K., 1877.

[4] Whewell, W., 1833; ders. 1837; ders. 1840, ders. 1860; Eine neuere Untersuchung über Whewells Rolle als Theologe und Wissenschaftshistoriker, vgl. Yeo, R., 1993.

[5] Peirce, C. S., 1957, 195–234; Zu Peirce' evolutionärer Sicht der Wissenschaftsgeschichte, vgl. Wiener, P. P. (Hg.), 1952, 143–152; Peirce, C. S., [2]1998, 292–315.

Reputation. Insbesondere sind für unsere Fragestellung die Werke des Franzosen
Pierre Duhem[6] (1861–1916) und des Deutschen Emil Wohlwill[7] (1835–1912) zu
nennen, die allerdings erst eine Generation nach ihnen vor allem durch Alistair
C. Crombie, Anneliese Maier und Marshall Clagett aufgegriffen und verarbeitet
wurden.[8]

Die Entwicklung der forschungsgeschichtlichen Literatur aus dem Bereich
der Wissenschaftsgeschichte lässt sich in drei Phasen einteilen. In der ersten
Phase[9] wird die Existenz des Begriffs Naturgesetz vorausgesetzt und nicht
weiter reflektiert. In der zweiten Phase[10] liegt der Fokus der wissenschaftshistorischen Fragestellung vor allem auf der Frage nach dem Zeitpunkt und
den Triebkräften für die Entstehung der Wissenschaftlichen Revolution.
In dieser zweiten Phase wird die Frage nach der Entstehung des Begriffs
Naturgesetz gelegentlich gestreift.[11] Erst in der jüngsten dritten Phase wendet sich die Aufmerksamkeit der wissenschaftshistorischen Forschung der
Entstehungsgeschichte des Begriffs selbst zu[12] – in Auseinandersetzung mit
früheren, mehr philosophisch orientierten Versuchen.[13] Wir beginnen mit
der ersten Phase.

## 1.1 Erste Phase

*William Whewell.* Am Beginn der modernen Wissenschaftsgeschichte
stehen zwei Männer, die in ihrer Motivation, Wissenschaftsgeschichte zu
betreiben, auch theologisch interessiert sind. William Whewell, gelegentlich Begründer der Wissenschaftsgeschichte genannt, ist Theologe in Cambridge, Pierre Duhem, der den Horizont der Wissenschaftsgeschichte über
ihre Gründungsphase im 16. und 17. Jahrhundert auf ihre Vorgeschichte
im Spätmittelalter erweitert, ist theoretischer Physiker und kritischer Anhänger des katholischen Glaubens mit großen theologischen Interessen.
Whewell ist Theologe, dem die natural theology als pädagogische Vorstufe
zur revealed theology dient. So ist ihm die Existenz von Naturgesetzen im
Schöpfungsplan keine Frage, ihre Erforschung Aufgabe frommer Wissenschaft und ihre Kontemplation ein Mittel, die Aufmerksamkeit von den
Gesetzen zum Gesetzgeber zu lenken. In diesem Sinne macht Whewell
gleich in der Einleitung seines Buches *Astronomy and General Physics,*

---

[6] Duhem, P., 1913–1959.
[7] Wohlwill, E., ²1969.
[8] Zur genaueren Geschichte der Wissenschaftsgeschichte, vgl. Kragh, H., 1987, 1–19.
[9] Repräsentiert durch W. Whewell und K. Laßwitz.
[10] Repräsentiert durch Pierre Duhem, Anneliese Maier, Alexandre Koyré, Marshall Clagett, Alistair C. Crombie, Edward Grant.
[11] Repräsentiert durch Anneliese Maier, Edward Grant, Alistair C. Crombie, Alexandre Koyré.
[12] Repräsentiert durch Jane E. Ruby, Friedrich Steinle.
[13] Wie z. B. durch Franz Borkenau, Edgar Zilsel, Joseph Needham, Ernst Cassirer.

*Considered with Reference to Natural Theology*[14] klar, dass Naturwissenschaft dazu anleiten soll, von den zu erforschenden Gesetzen der Welt auf den göttlichen Gesetzgeber zu schließen.[15]

Whewell nennt auch drei Kriterien, um Naturgesetze zu charakterisieren: 1. Notwendigkeit („they are invariably obeyed"), 2. Mathematisierbarkeit („the legislation of the material universe is necessary delivered in the language of mathematics"), 3. Schließlich umschreibt er den Charakter der Universalität.[16]

Nach einem langen Durchgang durch die Wirkungsweise der Naturgesetze, vor allem in der Astronomie, kommt Whewell zum Schluss wieder auf sein religiöses Anliegen zurück. Auch wenn er ausdrücklich betont, dass durch die Kenntnis der Naturgesetze weder eine Gotteserkenntnis möglich ist, noch, dass ihre Kenntnis zur moralischen Auferbauung dient, zieht er letztendlich doch das Fazit, dass die Naturgesetze Medium der Weisheit und Fürsorge Gottes sind.[17]

Es ist auffällig, wie unbefangen Whewell die Existenz der Naturgesetze in der Welt voraussetzt und sie zugleich als Instrumente der Herrschaft eines weisen und gütigen Gottes begreift.[18] Es ist fast überflüssig, noch anzu-

---

[14] Dieses Buch wurde als ein Exemplar der sogenannten *Bridgewater Treatises* geschrieben, deren erklärtes Ziel war, die neue, überaus erfolgreiche Physik Newtons, bzw. seine *natural philosophy*, wie sie immer noch genannt wurde, als apologetisches Mittel für die *natural theology* einzusetzen; diese *Treatises* gehen auf eine Stiftung des Rev. Francis Henry, Earl of Bridgewater zurück (Whewell, W., 1833, Vorwort) und sind ein Beispiel für die intakte *natural theology* im England des frühen 19. Jahrhunderts. Dem gleichen Zweck dienen die *Boyle Lectures* und die *Gifford Lectures*.

[15] „[…] our knowledge of nature is our knowledge of laws; of laws of operation and connexion, of laws of succession and co-existence, among the various elements and appearances around us. And it must therefore here be our aim to show this view of the universe falls in with our conception of the Divine author, by whom we hold the universe to be made and governed", Whewell, W., 1833, 14 f.

[16] Whewell, W., 1833, 17 f.

[17] „God is the author and governor of the universe through the laws which he has given to its parts, the properties which he has impressed upon its constituent elements; these laws and properties are, as we have already said, the instruments with which he works: the institution of such laws, […], are the modes in which he exerts and manifests his power, his wisdom, his goodness", Whewell, W., 1833, 267 f.

[18] Whewell lebt in einer geschichtlichen Epoche, die durch den fast vollständigen Triumph der newtonschen Mechanik im Kontext einer sie absichernden natural theology steht, die seit Beginn des 17. Jahrhunderts die naturwissenschaftliche Forschung stimuliert hatte. Daher ist ihm die Existenz und der ontologische Status der Naturgesetze nicht fraglich. Es ist sehr aufschlussreich, diese Einschätzung der Naturgesetze mit der einer wesentlich späteren Epoche der Wissenschaftsgeschichte zu vergleichen, in der die historische Genese des Konzepts Naturgesetz wissenschaftsgeschichtlich thematisiert und wissenschaftstheoretisch diskutiert wird. Einer der gegenwärtigen Forscher, der sich mit seiner Erforschung beschäftigt hat, Matthias Schramm, schreibt 1981: „Naturgesetzen fühlt sich jeder unterworfen. […] In unserer gegenwärtigen Naturwissenschaft spielt der Terminus keine Rolle mehr; […]. Der Terminus ist tot, und es ist daher an der Zeit, dass wir uns über seine Geschichte Gedanken machen", Schramm,

merken, dass der Beginn der Erforschung von Naturgesetzen für Whewell mit dem Beginn der empirisch orientierten Wissenschaftlichen Revolution zusammenfällt.[19] Alle drei Aspekte, der Bezug der Naturgesetze zu theologischen Fragestellungen, die wissenschaftsphilosophische Charakterisierung der Naturgesetze durch die genannten drei Kriterien, sowie die Hypothese über den Beginn der modernen Naturwissenschaft, sehen bei dem nächsten großen Impulsgeber der Wissenschaftsgeschichte, Pierre Duhem, völlig anders aus.

### 1.2  Zweite Phase

*Pierre Duhem.*  In einer Darstellung der Forschungsgeschichte aus dem Bereich der Wissenschaftsgeschichte muss die eigentlich prägende Gründergestalt[20] der modernen Wissenschaftsgeschichte, Pierre Duhem, eine Schlüsselstellung einnehmen. In seinen zahlreichen Veröffentlichungen zu Beginn des 20. Jahrhunderts, insbesondere in seinem monumentalen zehnbändigen Werk *Le Système du Monde, Histoire des Doctrines Cosmologiques de Platon à Copernic*[21] geht es Duhem vor allem um den geschichtlichen Nachweis, dass die neuzeitliche Physik ihren Beginn nicht im 16.–17. Jahrhundert den Gründergestalten Galilei, Descartes und Kepler verdankt, sondern den nominalistisch orientierten Naturphilosophen-Theologen in Paris an der Sorbonne des ausgehenden Mittelalters[22] im 14. Jahrhundert.[23]

---

M., 1981, 197. Dieser Unterschied in der Wahrnehmung ist insofern bemerkenswert, als er auf ein Phänomen hinweist, das uns noch beschäftigen wird. Es geht um das Phänomen, dass das, was als Naturgesetz identifiziert wird, einer historisch bedingten Rationalitätsform zugeordnet werden kann.

[19] In seinem eigentlich wissenschaftsgeschichtlichen Werk *History of the inductive Sciences* ist dem Mittelalter ein vergleichsweiser bescheidener Raum, der scholastischen Physik nur eine Seite eingeräumt, Whewell, W., 1837, Reprint ²1967.

[20] Duhems Zeitgenosse Ernst Mach (1838–1916) hat zwar mit seinem Buch *Die Mechanik in ihrer Entwicklung, historisch kritisch dargestellt* (1887) eine ungleich größere Wirkung gehabt, ist aber für unsere Fragestellung nicht so ergiebig.

[21] Duhem, P., Le Système du Monde. Histoire des doctrines cosmologiques de Platon a Copernic. 10 Bd. [Bd. 6–10 posthum herausgegeben von Hélène Pierre-Duhem], Paris: Hermann 1913[–1917/1954] bis 1959; Nachdruck 1971–1979.

[22] Duhem teilt den Versuch, die Rolle des Mittelalters für die Entstehung der modernen Naturwissenschaft neu zu würdigen mit Emil Wohlwill, Wohlwill, E., 1909.

[23] Duhems wissenschaftsgeschichtliche Werke lassen sich im Hinblick auf seine Beurteilung der Rolle der Theologie in zwei Phasen einteilen. Die erste Phase ist rein wissenschaftsimmanent fast positivistisch orientiert und endet ca. 1906 mit der Veröffentlichung seines Werkes über die Struktur wissenschaftlichen Erkennens, Duhem, P., ¹1907, Reprint ²1998. Bis in diese Zeit billigt Duhem der Philosophie und Theologie keine positive Rolle bei der Entstehung der modernen Naturwissenschaft zu. Dies ändert sich unter dem Einfluss seiner Beschäftigung mit Pascal und dessen Unterscheidung des „esprit géométrique" und des „esprit de finesse" in den Pensées, wie insbesondere R. Martin herausgearbeitet hat, Martin, R. N. D., 1991, 59–126. Sein Buch über die Mechanik im Mittelalter stellt in dieser Hinsicht die Verbindung zu seiner theologisch motivierten zweiten Phase der Wissenschaftsgeschichtsschreibung dar. Nun

Der Startschuss für diese Entwicklung im 14. Jahrhundert fällt allerdings schon im 13. Jahrhundert mit der Verurteilung von 219 Thesen aristotelisch orientierter Naturphilosophen. Mit dieser Verurteilung aus dem Jahre 1277[24] durch den Pariser Bischof Etienne Tempier wird nach Duhem der Beginn der modernen Naturwissenschaft eingeläutet.[25] Insbesondere der Naturphilosoph Johannes Buridan (ca. 1295–ca. 1358) und der Naturphilosoph und Theologe Nikolaus Oresme (ca. 1320–1382) werden dabei von ihm besonders hervorgehoben.[26] Dies versucht Duhem an einzelnen physikalischen Erkenntnissen, Theorien, bzw. hypothetischen Diskussionen, die bei diesen mittelalterlichen Naturphilosophen und Theologen aufkamen, nachzuweisen. So schreibt er die Entwicklung der analytischen Geometrie und die Erfindung des Funktionsbegriffs bereits Nikolaus Oresme zu,[27] die Rotation der Erde um ihre eigene Achse wurde bereits von Buridan und ebenfalls von Oresme diskutiert,[28] vor allem aber wurde die Buridansche Impetustheorie, die Duhem wiederentdeckt hatte, als Vorläufertheorie des modernen Trägheitsgesetz interpretiert. Neben den Pariser Gelehrten sind es auch die Naturphilosophen des Merton College in Oxford, das von ca. 1328–1350 seine Blüte erlebte, Thomas Bradwardine (ca. 1290–1349), William Heytesbury,[29] Richard Swineshead,[30] die vor allem auch für die Kinematik neue, quantitative Methoden der Bewegungsbeschreibung, insbesondere die graphische Darstellung beschleunigter Bewegungen, entwickelt haben. Ein wichtiger Argumentationsstrang des Denkens Duhems beruht auf der These, dass erst die radikale Infragestellung der Grundstruktur des aristotelischen Denkens durch die nominalistische Theologie

---

sieht Duhem im Gegenteil die Entstehung der modernen Naturwissenschaft als eine Frucht der theologischen Arbeit des Mittelalters: „[...] for many centuries Mechanics and Physics were most intimately linked to Metaphysics, to Theology, and even to the occult Sciences. This incessant action and reaction between the philosophical and the theological sciences and Mechanics and Physics have to be constantly in the mind of anyone claiming to revive the ways of thinking of the creators of the Science. [...] But, very often, when these laws [of natural philosophy] reached their definite form, they showed themselves altogether severed from all the philosophical and theological ideas in whose bosom they long drew the nourishment needed for their development. [...]. Hence, those who seek in the history of physical Science no more than a more complete knowledge of its material and concrete content, may almost always break the numerous links in that history with philosophical and theological systems", Martin, R. N. D.,1991, 144.

[24] Flasch, K., 1989.

[25] Duhem, P., Bd. VI, 1913–1959, 66.

[26] Duhem, P., 1913–1959, Bd. VII–IX, Neudruck 1971–1979.

[27] Duhem, P.,1913–1959, Bd. VII, 534–549.

[28] Duhem, P., 1913–1959, Bd. IX, 325–362.

[29] Heytesbury wird 1330–1348 als Fellow des Merton College genannt.

[30] Swineshead wird 1344 und 1355 als Fellow am Merton College genannt, ansonsten sind seine Lebensdaten unbekannt.

den denkerischen Freiraum[31] eröffnet habe, neue physikalische Fragen zu stellen,[32] bzw. Hypothesen zu formulieren, die den Rahmen der aristotelischen Philosophie verlassen. Duhem sieht also im theologisch motivierten Kampf des 14. Jahrhunderts gegen Aristoteles[33] eine Hauptantriebsfeder der Entstehung der modernen Naturwissenschaft.[34] Sie ist – so Duhems These – letztlich eine Frucht der christlichen Theologie. So hat Duhem zwar die Formulierung einer ganzen Reihe moderner physikalischer Gesetze ins 14. Jahrhundert vorzudatieren versucht,[35] zumindest ihre Ansätze, gibt aber in seinem Werk *Le Système du Monde* an keiner Stelle weder eine Definition dessen, was er unter Naturgesetz versteht, noch eine Darstel-

---

[31] Die These, dass der voluntaristische Gott des Nominalismus mit seinen unkalkulierbaren Willensakten zur Entstehung der modernen Naturwissenschaften einen entscheidenden Beitragen geleistet habe, wurde seither immer wieder in verschiedenen Variationen diskutiert. In besonderer Weise ist hier das Werk von Hans Blumenberg zu nennen, der in *Die Legitimität der Neuzeit* einerseits die neuzeitliche autonome Rationalität und Subjektivität zum psychologischen Pendant des nominalistischen Willkürgott erklärt, andererseits die empirische Grundorientierung der Neuzeit als Frucht der Unzuverlässigkeit Gottes in seinem undurchschaubaren Willkürhandeln erscheinen lässt. Die beiden Grundpfeiler der Neuzeit, Rationalität und Empirizität, werden damit Produkte eines unkalkulierbaren Gotteswillens. Ebenfalls in diese Richtung argumentiert Francis Oakley; Oakley, F., 1984; vgl. auch Wölfel, E., 1994, 189–221; Link, C., 1991, 404–408; Wölfel, E., 1965.

[32] Hier sind z. B. zu nennen: Die Frage nach der Unendlichkeit der Welt (Duhem, P., 1985, 3–138), die Frage nach der Vielzahl möglicher Welten (Duhem, P., 1985, 431–510), die Frage nach der Existenz des Vakuums und der Bewegung im Vakuum, Duhem, P., 1985, 369–415.

[33] Als Katholik hat Duhem dabei durchaus auch apologetische Absichten mit im Blick. Es kommt ihm darauf an, Wissenschaft und Glaube nicht gegeneinander auszuspielen und der Opposition der Kirche gegen die neue Wissenschaft des 16. und 17. Jahrhunderts dadurch etwas von ihrer Schärfe zu nehmen, der den Beginn dieser wissenschaftlichen Revolution zurück in den Schoß der Kirche holt. Dieser Kampf der Kirche des 14. Jahrhunderts gegen Aristoteles ist also etwas völlig anderes als die Verteidigung des Aristotelismus durch die Kirche im 16. und 17. Jahrhundert, die erst entstehen konnte, nachdem sich die Synthese zwischen Glauben und Wissen im aristotelisch geprägten System Thomas von Aquins nach dem Nominalistenstatut von 1350 innerkirchlich als Paradigma durchgesetzt hatte. Diese apologetische Tendenz ist insofern bemerkenswert, als sich Duhem damit gegen die offizielle Linie der katholischen Kirche stellte, die in der Auseinandersetzung mit dem französischen Staat in der 2. Hälfte des 19. Jahrhunderts gerade auf den Neothomismus setzte, Martin, R. N. D., 1991, 35–58, 193–214. Mit dieser Apologie setzte sich Duhem sowohl in Gegensatz zum laizistischen französischen Staat, dem er als Physikprofessor dienen musste, wie auch zur katholischen Kirche, der er dienen wollte. Zum kirchengeschichtlichen Kontext im neuthomistischen Frankreich der zweiten Hälfte des 19. Jahrhunderts, Paul, H. W., 1979, 137–178.

[34] Duhem wird in dieser Hinsicht in einem Brief an Bulliot aus dem Jahre 1911 ganz explizit: „If these theological doctrines supplied a few provisionally useful postulates to the science of nature, if they guided its first steps they soon became what leading strings become for a child, fetters. If the human mind had not broken these fetters, it would not have been able to get beyond Aristotle in physics, or Ptolemy in astronomy. But what broke these fetters? Christianity", Martin, R. N. D., 1991, 189.

[35] Duhem prägt dafür den Begriff eines eigenständigen Zeitraumes: „La physique parisienne au XIVe siècle", den er zusammenhängend in den Bänden VII–IX von *Le Système du Monde* behandelt.

lung des Konzepts Naturgesetz der von ihm zitierten Autoren. Dies ist umso verwunderlicher, als Duhem als Wissenschaftstheoretiker vor seiner Abfassung von *Le Système du Monde* in seinem Buch *Ziel und Struktur der physikalischen Theorien*[36] sehr wohl eine eigene Konzeption von Naturgesetz entwickelt hatte.

> Danach unterscheiden sich die Naturgesetze von den gewöhnlichen Gesetzen der Alltagserfahrung durch ihre Genese, durch ihren Bezug auf Experimente und durch ihre Einbettung in eine Theorie[37], d.h. ein Symbolsystem.[38] Insofern in diesen Theorien auch idealisierte Begriffe verwendet werden, die von der unmittelbaren sinnlichen Erfahrung abstrahieren, wie z.B. der wissenschaftliche Begriff der Temperatur im Gegensatz zur unmittelbaren sinnlichen Erfahrung der Wärme, sind die Gesetze selbst auch Idealisierungen und insofern provisorisch sowohl im Hinblick auf ihre experimentelle Genauigkeit wie auch im Hinblick auf ihre theoretische Deutung.[39] In diesem Sinne sind sie weder wahr noch falsch, sondern empirische und theoretische Annäherungen.[40]

Duhem hat diesen klar formulierten Gesetzesbegriff nicht in seinen historischen Forschungen verwendet. Es wäre ihm mit seiner Hilfe möglich gewesen, den Übergang von den in qualitativer aristotelischer Terminologie in Gestalt hypothetischer Spekulationen (Substanz und Akzidenz, Materie, Bewegung) formulierten Gesetzen zu den in quantitativer moderner Terminologie formulierbaren Gesetzen genauer nachzuzeichnen.[41] An diesem Schwachpunkt haben viele seiner späteren Kritiker angesetzt.

---

[36] Duhem, P., [1]1907, Reprint [2]1998.

[37] Diese positive Würdigung der theoretischen Elemente im Erkenntnisprozess und der Definition der Naturgesetze muss auch im Zusammenhang von Duhems Kritik an der positivistisch orientierten Darstellung des physikalischen Erkennens in Ernst Machs *Mechanik* gesehen werden, der mit Hinweis auf die Beobachtbarkeit den theoretischen Begriffen nur eine eher störende Rolle im Erkenntnisprozess, der allein auf Sinneserfahrung beruht, zubilligen konnte, Martin, R.N.D., 1991, 131 f.

[38] „Die symbolischen Ausdrücke, die ein symbolisches Gesetz verbindet, sind nicht derartige Abstraktionen, die spontan aus der konkreten Realität hervorgehen; sie sind Abstraktionen, die aus einer langen, komplizierten, bewussten hundertjährigen Arbeit, die die physikalischen Theorien schuf, hervorgingen. Es ist unmöglich, das Gesetz zu verstehen, unmöglich, es anzuwenden, wenn man diese Arbeit nicht geleistet hat, wenn man die physikalischen Theorien nicht kennt", Duhem, P., [1]1907, Reprint [2]1998, 220.

[39] „Ein physikalisches Gesetz ist eine symbolische Beziehung, deren Anwendung auf die konkrete Wirklichkeit erfordert, dass man eine ganze Gruppe von Theorien kenne und akzeptiere", Duhem, P., [1]1907, Reprint [2]1998, 222.

[40] „Die wissenschaftlichen Gesetze, die auf physikalische Experimente gegründet sind, sind symbolische Beziehungen, deren Sinn dem unfassbar bleibt, der die physikalischen Theorien nicht kennt. Da sie symbolisch sind, sind sie stets weder richtig noch falsch, sondern wie die Experimente, auf denen sie ruhen, angenähert", Duhem, P., [1]1907, Reprint [2]1998, 236.

[41] Durch seine Textedition eines Werks Roger Bacons (ca. 1214–1294), der als Franziskaner in Oxford und Paris in seinen Hauptwerken Opus Majus und Opus Minus eine umfassende Wissenschaftsreform auf der Grundlage biblischer und naturwissenschaftlicher Studien im Auftrag des Papstes Clemens IV. empfohlen und auch selbst schon in Angriff genommen hatte,

Trotzdem hat Duhem durch seine neuen Fragestellungen der nachfolgenden Wissenschaftsgeschichtsschreibung in dreifacher Weise die Richtung gewiesen. Erstens ist seit Duhem immer wieder diskutiert worden,
ob man tatsächlich den Beginn der Wissenschaftlichen Revolution ins
14. Jahrhundert vordatieren kann. Zweitens geht es um die Frage, ob der
Aristotelismus bzw. Aristoteles wirklich so hemmend für die neue Physik
war, wie Duhem annahm, und drittens, ob die nominalistisch-voluntaristi-
sche Theologie zu den Geburtshelfern der modernen Physik gehört. Diese
grundlegende Orientierung der von Duhem vorgegebenen Forschungsrichtung hat im Folgenden die wissenschaftsgeschichtliche Fragestellung
beherrscht, sei es in Form des weiteren Ausbaus sei es in Form der Bestreitung seiner Thesen.[42]

*Alistair C. Crombie.*    Alistair Crombie hat die Thesen Duhems von der
Kontinuität zwischen der Physik des 14. Jahrhunderts und der Wissenschaftlichen Revolution des 17. Jahrhunderts aufgenommen und weiterentwickelt. Die wichtigsten Elemente der Vorarbeit des 14. Jahrhunderts
für das 17. Jahrhundert sind nach Alistair Crombie zwei methodische und
ein inhaltlicher Fortschritt.

---

hat Duhem allerdings die Aufmerksamkeit auf eine sehr frühe Anwendung des Gesetzesbegriffs auf die Natur gelenkt. So lesen wir bei Roger Bacon in einem Traktat über das Sehen: „Et
nichilominus tamen oportet quod species rei vise multiplicet se novo genere multiplicationis, ut
non excedat *leges* quas natura servat in corporibus mundi. Nam species a loco istius fractionis
incedit secundum tortuositatem nervi visualis, et non tenet incessem rectum, quod est mirabile,
sed tamen necesse, propter operationem a se complendam. Unde virtus anime facit speciem
relinquere *leges communes nature,* et incedere secundum quod expedit operationibus ejus",
Duhem, P., 1909B, 78. Ähnlich sind die Anklänge an den Begriff Naturgesetz in einem Traktat
über die Perspektive: „Que vero sint *leges reflexionum et fractionum* communes omnibus actio-
nibus naturalibus, ostendi in tractatu geometrie", Duhem, P., 1909B, 90.
[42] Zu den Befürwortern seiner großen Linie zählt etwa, Eduard J. Dijksterhuis. In seinem
Hauptwerk *The mechanisation of the world picture* bestätigt er Duhems Sichtweise, wenn er
schreibt: „On the contrary, no where did the Middle Ages come so close to physics in the
form in which it was to evolve in the sixteenth and seventeenth centuries as in the work of a
group of thinkers in the fourteenth century tought or studied at the University of Paris:
John Buridan, Albert of Saxony, Nicole Oresme, and Marsilius of Inghen, all of whom may be
considered pupils or followers of the central figure of the fourteenth-century Scholasticism,
William of Occam", Dijkserhuis, E.J., 1961, 164; zuerst erschienen auf Holländisch 1950; Jansen, B., 1920, 137–152; Borchert, E., 1934. Die Verpflanzung des Pariser Nominalismus nach
Deutschland durch die Gründung der Universität in Heidelberg durch Marsilius von Ingen
wird dargestellt von: Oncken, H., 1921; Randall betont die Vorläuferfunktion vor allem durch
die institutionelle und methodische Kontinuität vor der Schule von Padua, der auch Galilei
entstammt, Randall, J.H., Jr., 1961. Die Kontinuität zwischen Galilei und Buridan wird von
Ernst A. Moody herausgestellt, Moody, E.A., 1975A. In zwei Werken wird der Versuch unternommen, die Lücken in der Kontinuität zwischen dem 14. und 17. Jahrhundert zu schließen:
Wallace, W.A., 1981; Lewis, C., 1980.

1. Zum einen haben die wissenschaftstheoretischen Überlegungen bzgl. des Verhältnisses von Theorie und Experiment, sowie der Falsifikation von Theorien von Grosseteste den praktischen Rahmen der beginnenden Naturwissenschaft abgesteckt.[43]

2. Zum anderen hat vor allem der beginnende Prozess der Mathematisierung der Natur durch die Verwerfung der aristotelischen Geringschätzung der Mathematik einen entscheidenden Beitrag zur Entstehung der Naturwissenschaften geleistet. Allerdings ist die am Neuplatonismus orientierte Hochschätzung der Mathematik bei Robert Grosseteste und Roger Bacon, vor allem in ihren metaphysisch-mathematischen Studien über die Natur des Lichts, vor dem entscheidenden Beginn des Aristotelismus eher eine Episode gewesen.

3. Als dritten großen Beitrag nennt Alistair Crombie die neuen über Aristoteles hinausgehenden Fragen und Theorien bzgl. Raum und Bewegung, d. h. die Entstehung einer neuen Dynamik und Kinematik. Die Gedanken über die Möglichkeit eines unendlichen Raumes, eines Universums ohne Zentrum, der Relativität der Bewegung, der beschleunigten Bewegung und schließlich der Impetustheorie enthalten wichtige Ansätze, die im 17. Jahrhundert weiterentwickelt werden konnten. Schließlich haben auch einige technische Erfindungen, wie z. B. die Erfindung der Uhr und der Linsen, die Verbesserung des Quadranten[44] und des Astrolabs[45] die Entwicklung der Naturwissenschaft gefördert. Wenn es trotzdem nicht schon im 14. Jahrhundert zur Entwicklung der modernen Naturwissenschaft gekommen ist, so liegt dies nach Alistair Crombie vor allem an dem Aufkommen des Humanismus, der das Interesse der Gelehrten auf andere Gebiete gelenkt hat, sowie an dem Mangel an wirklich durchgeführten Ex-

---

[43] Crombie, A. C., 1953.

[44] Ein Quadrant ist ein Instrument zur Bestimmung der Höhe eines Sterns über dem Horizont, bzw. zur Messung des Winkelabstands zweier Sterne. Er besteht aus einem mit einer Gradeinteilung versehenen Viertelkreis mit einem beweglichen Arm, an dem eine Visiereinrichtung befestigt ist. Er löste als Messinstrument den Jakobsstab ab und war bis weit ins 18. Jahrhundert im Gebrauch.

[45] Das Astrolabium ist ein astronomisches Analogrechengerät und ist in der Regel als Multifunktionsinstrument ausgeführt. Im Kern besteht es aus einer drehbaren Sternkarte, zumeist ergänzt durch einen Winkelmesser und weiteren Skalen und Kurven. Mit ihnen kann man verschiedene Aufgaben aus der Astronomie und Zeitrechnung graphisch-mechanisch lösen. Der Astrolab bildet die Positionen der Sonne und der Sterne auf eine Kreisfläche ab. Es ist Rechen- und Beobachtungsinstrument zugleich: Durch Einstellen und Ablesen kann man, ohne explizit rechnen zu müssen, z. B., die Position eines Himmelskörpers oder die Uhrzeit bestimmen. Der Ursprung des Astrolabs liegt in der griechischen Antike (Appolonius, 2. Jh. v. Chr., Hipparch, Ptolemaios). Über Syrien gelangte es zu den Arabern, die es vervollkommneten (u. a. al-Khwarizim, 9. Jh. al-Farghai, 9. Jh., al-Biruni, 11. Jh.). In Spanien kam es ab dem 10. Jahrhundert in Gebrauch. Am Ende des Mittelalters war Nürnberg ein europäisches Zentrum des Instrumentenbaus. Bis ins 17. Jahrhundert war das Astrolabium das am häufigsten gebrauchte Instrument, Frank, J. 1920.

perimenten. Daher ist die Entstehung der modernen Naturwissenschaft im
16. und 17. Jahrhundert vor allem dem experimentellen Zugang zur Natur
zu danken. Das methodische und wissenschaftliche Rüstzeug dazu liefern
die Naturphilosophen des 14. Jahrhunderts, deren Werke durch die Erfindung des Buchdrucks zugänglich und von den Begründern der neuen Naturwissenschaft, Galilei, Kepler, Descartes und Newton, gelesen werden.[46]

*Anneliese Maier.* Anneliese Maier hat die Thesen Duhems einer gründli-
chen Prüfung anhand einer breiteren, nunmehr zugänglichenTextbasis unterzogen und vor allem in *Die Vorläufer Galileis im 14. Jahrhundert* die Thesen Duhems von einer Vorwegnahme moderner physikalischer Konzepte
relativiert und in ihren zeitgeschichtlichen Kontext gestellt. Darüber hinaus
hat sie die von Duhem kritisierte Naturphilosophie neu erschlossen.[47]

Zwar stimmt sie mit Duhem prinzipiell darin überein, dass die moderne
Naturwissenschaft nur in der Überwindung des Aristotelismus entstehen
konnte, wobei dies in zwei Phasen im 14. und 17. Jahrhundert erfolgte.[48] Sie
unterscheidet sich aber von ihm in der Einschätzung der Rolle, die die no-
minalistisch-voluntaristische Theologie spielte. Nicht ihre kritische Potenz
gegenüber dem Aristotelismus treibt die Entwicklung der Naturwissenschaft voran,[49] sondern die innere Dynamik der gegenüber der Theologie
und Kirche selbstständig gewordenen Naturphilosophie in ihrer immanenten Aristoteleskritik,[50] die allerdings nicht soweit geht, die Grundprinzipi-
en aristotelischer Philosophie selbst in Frage zu stellen.[51] Daher bleiben sie

---

[46] Crombie, A. C. 1953, 115–174.

[47] Duhem hat seine zitierten Texte oft aus dem Zusammenhang gerissen und sie nur in seiner
französischen Übersetzung ohne das lateinische Orginal zitiert, Clagett, M., 1959, XXI. Seitdem
sind weitere zuverlässige Textausgaben mittelalterlicher naturwissenschaftlicher Werke heraus-
gekommen. Vor allem ist zu nennen: Ernst A. Moody, *Quaestiones super libris quattuor de caelo*
(1942) von Johannes Buridan, sowie ebenfalls von Ernst A. Moody alle Texte über mittelalterliche
Statik, Moody, E. A., 1952. Ebenso hat Marshall Clagett insbesondere in *The Science of Mechanics in the Middle Ages*, Clagett, M., 1959, zahlreiche mittelalterliche naturphilosophische Texte
erschlossen und die Wirkungsgeschichte der mittelalterlichen nominalistischen Physik minutiös
rekonstruiert. Er kommt dabei zu dem Schluss: „We can, I believe, conclude that the medieval
mechanics occupied an important middle position between the terms of Aristotelian and Newtonian mechanics – even when it was almost completely abandoned or altered, as in the case of
the impetus theory", Clagett M., 1959, 670 f, d. h. die Physik des Aristotelismus hat durch ihre
immanente Problementwicklung eine deutlich hinführende Rolle zur modernen Physik gespielt.

[48] Maier A., 1949, 1.

[49] Maier, A., 1964, 413.

[50] Maier, A., 1964, 433.

[51] Diese andersartige Einschätzung der Rolle der Naturphilosophie zeigt sich bei Anneliese Maier auch darin, dass sie als theologisch unabhängige Naturphilosophen genau diejenigen
nennt, die auch Duhem der nominalistischen Theologie zurechnet, d. h. die naturphilosophische Schule der Oxford Calculatores um Thomas Bradwardine in Oxford, die sich vor allem
durch einen methodisch-rechnerischen Zugang von der Pariser Naturphilosophenschule um
Johannes Buridan unterscheidet, aus der Oresme, Marsilius von Inghen und Albert von Sach-

eben Natur*philosophen* und werden nicht Natur*wissenschaftler*. Und dies wird noch dadurch betont, dass auch die Naturphilosophen letztlich dann selbst doch noch im theologischen Bannkreis stehen, der ihnen das reale Messen und Experimentieren verbietet, weiß doch allein Gott, wie alles nach Maß Zahl und Gewicht geordnet ist.[52] Daher kann Anneliese Maier gegenüber Pierre Duhem pointiert sagen, dass die frühen Physiker des 14. Jahrhunderts keineswegs die Physik des 17. Jahrhunderts vorweggenommen haben.[53]

Diese selbstständige Naturphilosophie hat vor allem folgende Neuerungen hervorgebracht: Die neue Interpretation der Qualitäten als messbare intensive Größen,[54] die neue Methode der Buchstabenrechnung,[55] Oresmes Methode der grafischen Darstellung,[56] ein neues Verhältnis zum Infinitesimalen und Unendlichen,[57] die Entdeckung und rasche Verbreitung des

---

sen hervorgingen und die eher spekulativ orientiert war, Maier, A., 1964, 426. Die Argumentationsbasis für diese Naturphilosophen bewegt sich ganz im Rahmen der natürlichen Vernunft (*naturaliter loquendo*). Dies gilt insbesondere für die französische Naturphilosophenschule um Buridan ab ca. 1320, als das Prinzip der doppelten Wahrheit durch Ockhams Einfluss auch in Theologenkreisen akzeptiert wurde, das 1277 in der Verurteilung der 219 Thesen in der Einleitung vom Pariser Bischof Etienne Tempier noch Gegenstand theologischer Verdächtigung gewesen ist, weil es dem Totalanspruch des Glaubens auch auf die Philosophie widersprochen hat. „Für Buridan treten das Weltbild des Christen und des *philosophus naturalis* deutlich auseinander". Komplizierter liegen die Verhältnisse bei dem Philosophen-Theologen Nikolaus Oresme, Maier, A., 1964, 27.

[52] Maier, A., 1964, 457.

[53] „Die spätscholastischen Naturphilosophen haben zweifellos ihre großen Verdienste, […], aber sie haben das Werk eines Galilei, Descartes, Leibniz, Newton, und wie sie alle heißen, nicht *vorweggenommen*, sie haben es *vorbereitet*", Maier, A., 1964, 414.

[54] Dies hat innerhalb der Physik in der Kinematik der calculatores zu neuen respektablen Ergebnissen geführt (s. u.), muss aber absonderlich erscheinen, wenn psychischen Qualitäten wie etwa der *virtus* oder *caritas* ein Maßwert zugeordnet wurde, Maier, A., 1964, 435, 437. „Die Spätscholastik spricht mit derselben Unbefangenheit von einer *caritas ut 3*, oder setzt die Beweiskraft eines Arguments *ut 4*, vergleicht die verschiedenen Grade einer Tugend durch die Proportion *a : b*, wie sie von einer *velocitas ut a* oder einer *caliditas ut b* spricht", Maier, A., 1955A, 340. An diesem Beispiel zeigt sich besonders deutlich, wie ungeeignet die qualitativ ausgerichtete Physik Aristoteles' gewesen ist, funktionale Zusammenhänge zu beschreiben, wenn nicht vorher die qualitativen Begriffe in solche, die der Quantifizierbarkeit zugänglich sind, überführt wurden, wie z. B. die Überführung der qualitativen Wärmeempfindung in den quantitative Temperaturbegriff. Diese Quantifizierung durch Operationalisierung ist allerdings im späten Mittelalter nur in vagen Ansätzen vorhanden.

[55] Aus dieser Methode der Quantifizierung aller möglichen (und unmöglichen) Größen entsteht als Spezialform die Wissenschaft der „calculations", die alsbald von den Mertonianern auf kinematische Probleme angewendet wird, Maier, A., 1964, 436.

[56] Anneliese Maier kritisiert an Duhem, hierin eine Vorform der analytischen Geometrie von Descartes gesehen zu haben, in Wirklichkeit sei sie nicht mehr als ein graphisches Pendant zur Methode der calculatores, Maier, A., 1964, 438 f.

[57] Das ist eine Veränderung gegenüber Aristoteles, der nur potentiell Unendliches kennt, aktual Unendliches ablehnt und schon gar nicht die Möglichkeit, damit rechnerisch umzugehen, Maier, A., 1964, 440 f.

Funktionsbegriffs durch Thomas Bradwardine,[58] die Methode der Induktion, die Postulierung des Kausalgesetzes und schließlich die methodische Ausschließung der Teleologie zur Erklärung von natürlichen Abläufen.

Damit hat Anneliese Maier im Rahmen ihrer naturphilosophischen Interpretation der Physik des 14. Jahrhunderts eine immanente Diskussionsebene für die Entstehung des Begriffs Naturgesetz gefunden, die Duhem aufgrund seines Verständnisses der nominalistisch-voluntaristischen Theologie als kritisches Potenzial gegenüber der Naturphilosophie naturgemäß nicht möglich sein konnte. Auch wäre sein Verständnis des Begriffs Naturgesetz im Rahmen einer wissenschaftstheoretischen Konzeption in seiner Anwendung auf die mittelalterliche Fragestellung äußerlich geblieben. Insbesondere ist es die Diskussion um die Gültigkeit der *causa finalis* innerhalb der vier aristotelischen *causae*, d. h. die Diskussion um die Teleologie, die an eine Sicht der Natur heranführt, in der die Existenz von Naturgesetzen vorausgesetzt werden kann. Ausgehend von der Unklarheit bei Aristoteles selbst, wie das Wirken der *causa finalis* zu denken sei, entspinnt sich um diese Frage im Kontext der Quaestioliteratur eine Diskussion, beginnend mit Duns Scotus, Guido Terreni, Ockham und schließlich Buridan. Dabei geht es im Prinzip um die Frage, wie ein noch nicht Existierendes, also das Telos, Ursache für etwas zeitlich vor ihm liegendem sein kann. Im Zuge der immer kritischer werdenden Diskussion gegenüber einer solchen gewissermaßen rückwärts gerichteten Kausalität streicht Buridan die *causa finalis* als Ursache. Damit ist das zielgerichtete substanzhafte Denken Aristoteles' empfindlich geschwächt und der Kausalität als eines Aspekts des Naturgesetzes der Weg geebnet.

> „Was Buridan an die Stelle der Finalität im Naturgeschehen setzt, ist also nichts anderes als das Naturgesetz im modernen Sinn. Das ist ein Schritt von fundamentaler Bedeutung. Nicht, daß Buridan das Prinzip des Naturgesetzes „entdeckt" hätte: davon ist keine Rede. Viele seiner Zeitgenossen hatten in dieser Beziehung

---

[58] Hierbei handelt es sich um eine Entdeckung von außerordentlicher Tragweite, die Bradwardine 1328 in seinem *Tractatus proportionum* bekannt machte. Zwar hatte bereits Aristoteles gewusst, dass bestimmte Größen in einer funktionalen Abhängigkeit zueinander stehen, wie dies z. B. in seinem Bewegungsgesetz zum Ausdruck kommt. Danach ist gemäß seiner falschen Dynamik die Geschwindigkeit $V$ eines Körpers proportional dem Verhältnis von einwirkender Kraft $F$ und zu überwindendem Widerstand (z. B. der Luft) $R$, also: $V \sim F / R$; für $F = R$ ergibt sich aber für $V = 1$, was nicht stimmt. Ist die antreibende Kraft $F$ gleich dem Widerstand $R$, also $F = R$, müsste $V = 0$ sein. Bradwardine gelingt es nun, auf der Grundlage der falschen Dynamik des Aristoteles eine kinematische Beschreibungsweise für die Geschwindigkeit $V$ herzuleiten, die diese Schwierigkeit für $F = R$ vermeidet. In moderner Schreibweise lautet Bradwardines Gesetz: $nV = \ln (F / R)^n$. Für $F = R$ ergibt sich nun: $nV = n \ln 1 = 0 \rightarrow V = 0$, Maier, A., 1949, 81–110. Damit ist zum ersten mal ein durchgängiger funktionaler Zusammenhang zwischen Größen hergestellt, auch wenn er falsch ist. Der Begriff der Funktion ist gewonnen, ein unentbehrliches methodisches Rüstzeug für die naturwissenschaftliche Weltsicht.

schon sehr klare Vorstellungen,[59] auch wenn es zu keinen ausdrücklichen Be-
griffsbestimmungen und Definitionen gekommen ist."[60]

Aber trotz des genannten geistigen Rüstzeugs, der Erfindung des Funktionsbegriffs, des Rechnens der Kalkulatoren, der Akzeptanz des Induk-
tionsschlusses, hat sich die Natur*philosophie* nicht zur Natur*wissenschaft*
entwickelt, weil die Naturphilosophen ihr geistiges Rüstzeug nicht wirklich angewandt haben. Sie haben dies deshalb nicht getan, weil sie die Möglichkeit exakten Messens ablehnten.[61]

*Alexandre Koyré.*   Noch kritischer als Anneliese Maier gegenüber der
These Duhems von der Vorverlegung des Beginns der modernen Naturwissenschaft ins 14. Jahrhundert ist der Wissenschaftshistoriker Alexandre
Koyré.[62] Er lehnt die These Duhems rundweg ab und behauptet, dass die
moderne Naturwissenschaft erst in der radikalen Durchbrechung und damit Überwindung der aristotelischen Denkstruktur – darin wieder mit Duhem einig – entstehen konnte. Erst die Formulierung und Etablierung eines
neuen Wissenschaftskonzepts, das prinzipiell nicht in den philosophischen
Kategorien des Aristoteles ausdrückbar ist, hat die Wissenschaftliche Revolution ermöglicht und den Rahmen für die neu entstehende Naturwissenschaft abgesteckt und formuliert.[63] Dies war das Werk insbesondere von
Galilei und Descartes, in etwas geringerem Maße Keplers. Dabei liefert Plato das geistige Rüstzeug, insofern er in erkenntnistheoretischer Hinsicht die
Eigenaktivität des erkennenden Subjekts im Vergleich zur aristotelischen
Erkenntnistheorie, die mit der sinnlichen Erfahrung beginnt, höher veranschlagt. Letztlich ist also die Entstehung der modernen Naturwissenschaft
nach Alexandre Koyré der Ersetzung von Aristoteles durch Plato als Para-

---

[59] Maier, A., 1955, 334. Dies wird von Anneliese Maier allerdings an keiner Stelle näher
konkretisiert.

[60] Eine solche Umschreibung findet sich etwa in Buridans Physikkommentar, „[…] posita
causa efficiente et sufficiente et impedimentum non habente, debet sequi effectus", Maier, A.,
1955C, 334.

[61] In diesem Sinne schreibt Buridan in Phys-B IV, qu. 14: „Notandum est, quod non possumus motus naturales omnino praecise et punctualiter mensurare, scil. Secundum modum
mathematicae considerationis. Non enim possumus per stateram scire si praecise libra cerae sit
librae plumbi aequalis; potest enim esse excessus in ita parva quantitate quod non perciperemus
excessum", Maier, A., 1955A, 402. „So sind sie an der Schwelle einer eigentlichen, messenden
Physik stehen geblieben, ohne sie zu überschreiten – letzten Endes, weil sie sich nicht zu dem
Verzicht auf Exaktheit entschließen konnten, der allein eine exakte Naturwissenschaft möglich
macht", Maier, A., 1955, 402.

[62] Koyré, A., 1949, 45–91.

[63] Dabei bestreitet Alexandre Koyré nicht den vorbereitenden und den fördernden Einfluss
der von Pierre Duhem und Anneliese Maier genannten Naturphilosophen: „a well-prepared revolution is nevertheless a revolution", Koyré, A., 1968, 22; zur Kontinuität wissenschaftlichen
Arbeitens vgl. besonders: Randall, J. H., Jr., 1940.

digma wissenschaftlichen Arbeitens zu danken.[64] Wissenschaftstheoretisch betrachtet spielen daher bei Alexandre Koyré die theoretisch-konstruktiven Elemente in der Wissenschaftsentstehung eine viel wichtigere Rolle als die empirisch-anschaulichen.[65] Deswegen hat sich Galilei in seiner Wissenschaftskonzeption Plato als philosophischen Gewährsmann gesucht. In Bezug auf unsere Fragestellung der Entstehung des Begriffs Naturgesetz als des entscheidenden Leitbegriffs der Naturwissenschaft heißt das:

1. Galilei musste den aristotelischen ontologischen Dualismus zwischen supralunarer und sublunarer Welt überwinden. Erst im philosophischen Kontext eines solchen neuen, nichtdualistischen, einheitlichen Naturkonzepts war die Formulierung universaler Naturgesetze möglich.[66]

2. Im Sinne des platonischen Erkenntnisideals behauptet Galilei, dass die gesamte Natur in der Sprache der Mathematik geschrieben ist und daher auch mathematischen Konzepten zugänglich sein muss. Auch in dieser Hinsicht unterscheidet sich Galilei von seinen aristotelischen Zeitgenossen, die in der Mathematik, in aristotelischer Tradition stehend, lediglich eine rechnerische, hypothetische Hilfswissenschaft sehen, die nicht auf die Qualitäten der Physis und auch nicht auf die qualitativen, sublunaren Bewegungsformen angewandt werden könne. Allein der supralunare Bereich der Planetenbewegungen kann im Sinne einer hypothetischen rechnerischen Beschreibung ohne ontologischen Wahrheitsanspruch der mathematischen Behandlung unterworfen werden.[67] Die Mathematisierung der gesamten Natur, also insbesondere auch der sublunaren Bewegung, und der Rückgriff auf Plato, allerdings eines *dynamisierten* Plato, ist daher die notwendige Folge der Aufhebung des aristotelischen kosmischen Dualismus.[68]

---

[64] Dabei geht es Alexandre Koyré bei Galilei um dessen zu Plato analoge apriorisch-theoretische Denkstruktur, nicht um den wahrscheinlich literarischen und propagandistischen Kunstgriff Galileis, mit dem er in seinem Dialogo am ersten Tag Salviati die Entdeckung der geradlinigen Bewegung Plato zuschreibt, Koyré, A., 1965, 213–220. Die platonische Denkstruktur als intellektueller Geburtshelfer für die moderne Naturwissenschaft wird neben Alexandre Koyré auch von Ernst Cassirer (Cassirer, E., 1910; Cassirer, E., 1944, 277–298), Edwin A. Burtt (Burtt, E. A., 1932), und Alfred N. Whitehead vertreten; Whitehead, A. N., 1926. „Accordingly, for the contemporaries and pupils of Galileo, as well as for Galilei himself, the Galilean philosophy of Nature, apeared as a return to Plato, a victory of Plato over Aristotle", Koyré, A., 1968, 15.

[65] „For it is thought, pure unadulterated thought, and not experience or sense-perception, as until then, that gives the basis for the ‚new science' of Galileo Galilei. [...] Good physics is made a priori. Theory precedes fact", Koyré, A., 1968, 13.

[66] „The laws of the Heaven and the laws of Earth are merged together. Astronomy and physics become interdependent, and even unified and united. [...] It is in this new Universe, in this new world of a geometry made real, that the laws of classical physics are valid and find their application", Koyré, A., 1968, 20. Vgl. auch Koyré, A., 1968, 2 f.

[67] Koyré, A., 1968, 5, 32–43.

[68] In der Frage der Mathematisierbarkeit der Natur steht Galilei bereits in einer wissenschaftlichen Tradition. Schon sein Lehrer Buonamici und sein Kollege Mazzoni, die damit die zeitgenössische wissenschaftliche Debatte repräsentieren, haben diese Frage diskutiert, Koyré, A., 1968, 35 f.

3. Die Mathematisierung zieht nun wiederum nach sich, dass messbare Quantitäten die aristotelischen Qualitäten verdrängen müssen. Entweder müssen Qualitäten in Quantitäten umformuliert werden, wie z. B. der Bewegungsbegriff, der im Sinne des Aristoteles ein Akzidens, also eine Qualität ist, oder sie werden im Sinne der neuen Erkenntnistheorie als subjektive Faktoren erklärt, die nicht Gegenstand der neuen Wissenschaft sein können. In diesem Sinne kann Alexandre Koyré die neue Wissenschaftskonzeption Galileis interpretieren: „The new science is for him an experimental proof of Platonism."[69]

*Gary Hatfield.* Die Verbindung von wissenschaftlicher Praxis und impliziter Metaphysik, sei sie aristotelisch, sei sie platonisch, in der Gründungsphase der modernen Naturwissenschaft im 16. und 17. Jahrhundert wird von Gary Hatfield grundsätzlich in Frage gestellt. Er erkennt darin eine Projektion zeitgeschichtlich und philosophiegeschichtlich bedingter metaphysischer Interessen der betreffenden Autoren in eine Zeit, deren eigene metaphysische Denkstrukturen, soweit vorhanden, es erst zu eruieren gelte.[70] In diesem Sinne rekonstruiert er für Kopernikus ein völliges Fehlen metaphysischer Interessen und charakterisiert ihn als mathematischen Astronomen. Keplers Platonismus gesteht er zu, anerkennt, dass es ihm darauf ankommt, den Plan Gottes in der Natur zu enträtseln, weist aber darauf hin, dass dieser Platonismus durch Erfahrung gebrochen und mithin korrigiert wurde. Einzig Descartes entwickelt eine Metaphysik, aber eine neue Metaphysik der Methode, die weder als platonisch noch als aristotelisch charakterisiert werden kann. Descartes' Grundbegriffe, der der Bewegung und der der extensiven Materie, führen zu der Konsequenz der Regelmäßigkeit der Natur und damit zu einer Konzeption des Naturgesetzes, das der mathematischen Beschreibung zugänglich ist. Descartes ist aber in diesem Zusammenhang Metaphysiker, insofern die Unwandelbarkeit Gottes die Gültigkeit seiner drei Bewegungsgesetze garantiert.[71] Die Verschiedenheit der metaphysischen Konnotationen der Gründungsväter der modernen Naturwissenschaft, sei es das völlige Fehlen (Kopernikus), sei es die empirische Gebrochenheit (Kepler), sei es die Konzeption einer eigenen neuen methodisch orientierten Metaphysik (Descartes) führt Hatfield dazu, eine Verbindung von moderner Naturwissenschaft und Metaphysik

---

[69] Koyré, A., 1968, 43. Zu den Vertretern der These der Diskontinuität gehören: Murdoch, J. E., 1987, 71–79; ders., 1991, 253–302; McMullin, E., 1965, 103–129.

[70] Ernst Cassirer, Edwin A. Burtt und Alfred N. Whitehead als Befürworter Platos, Alaister C. Crombie als Befürworter Aristoteles'.

[71] „The laws are understood as a manifestation of God's immutability; specifically, of his conservation of the same quantity of motion in the material world as at the creation. Here, metaphysics seems to be used directly to establish quantitative laws, although the „derivation" of the laws from divine immutability is not particularly tight", Hatfield, G., 1990, 114 f.

in ihrer Gründungsphase grundsätzlich abzulehnen.[72] Diese Ablehnung ist
am deutlichsten bei Galilei. Indem Hatfield die oft zitierten platonischen
Anspielungen in Galileis Werken einer kritischen Kontextanalyse unter-
zieht und herausstellt, dass Galilei den archimedischen Zugang zur wissenschaftlichen Praxis in Mathematik und Experiment weiterentwickelt,
charakterisiert er Galilei als einen Wissenschaftler, der weder seine Wissenschaft auf metaphysische Prinzipien gründet noch eine Ontologie voraussetzt und auch keine methodischen Prinzipien aufstellt, jedoch ohne in der
reinen Praxis des Ingenieurs aufzugehen. So charakterisiert Hatfield Galilei
als einen neuen Typ des „reflektierenden Praktikers".[73]

*Edward Grant.* Edward Grant wählt einen etwas anderen Zugang zur
Frage nach der Entstehung der modernen Naturwissenschaft, indem er
nach den notwendigen allgemeinen Rahmenbedingungen fragt, die im Mittelalter entstanden sind. Insgesamt kann man drei Rahmenbedingungen
unterscheiden, religiöse, institutionelle und intellektuelle, die die Entstehung der modernen Naturwissenschaft begünstigt haben. Zu den religiösen Rahmenbedingungen gehört die Koinzidenz der mittelalterlichen Aristotelesrezeption[74] des 12. Jahrhunderts mit dem beginnenden Interesse an
der Natur und dem Erwachen einer autonomen Rationalität, wie es z.B.
in Gelehrten wie William of Conches, Honorius of Autun, Bernard Silvester, Adelard of Bath, Thierry of Chartres, Clarenbald of Arras und vor
allem Gerbert of Aurillac, dem späteren Papst Silvester II, zum Ausdruck
gekommen ist.[75] Bereits im 12. Jahrhundert reklamiert und verteidigt diese
autonome Rationalität[76] einen Naturbegriff,[77] in dem permanente göttliche

---

[72] „If I am correct, there was no unified metaphysical foundation for the new science, and
certainly none for the application of mathematics to nature; indeed there was not even a unified mathematical approach to nature that might have been supplied with such foundations",
Hatfield, G., 1990, 117.

[73] „If this picture is correct, than Galileo provides an example of a type of philosophical
voice that has not been adequately recognized in the early modern period. It is an inquiring
voice, which persues philosophy without engaging in metaphysics. Galileo provides a model
for a type of philosophical activity that undertakes the criticism of ongoing cognitive practices
without seeking to establish a general metaphysics and without concluding that, in the absence
of a general framework for criticism, philosophy is impotent", Hatfield, G., 1990, 143.

[74] Bevor Aristoteles mit seinen wichtigsten Schriften durch die Übersetzungen von Wilhelm von Moerbeke ab ca. 1250 bekannt wurde (Speer, A., 1995, 8; Kluxen, W., TRE III, 1978,
782–789), orientierte sich die Naturphilosophie an Platos Timaeus, der als einziges Werk von
Plato dem Mittelalter zugänglich gewesen war, Speer, A., 1995, 8.

[75] Grant, E., 1996, 22.

[76] Zum Zusammenhang zwischen autonomer Rationalität und Naturalismus im 12. Jahrhundert siehe auch: Lindberg, D.C., 1992, 197–203; Speer, A., 1995.

[77] Dieser Naturbegriff des 12. Jahrhunderts ist allerdings sehr stark von astrologischen Denken beherrscht. Damit zusammenhängend ist das Analogiedenken, das zwischen dem Mikrokosmos und Makrokosmos vermittelt.

Interventionen überflüssig sind. Paradigmatisch ist dafür eine Äußerung von William of Conches über die Gegner der neuen Naturbetrachtung.[78]

In *religiöser* Hinsicht ist die Toleranz der kirchlichen Autoritäten gegenüber der aristotelischen Naturphilosophie förderlich gewesen, sieht man von dem letztlich doch eher stimulierenden Einfluss der Verurteilung der 219 naturphilosophischen Sätze durch den Bischof von Paris im Jahre 1277 ab. Ebenso förderlich war die gleichzeitige Existenz von rein aristotelischen Naturphilosophen an den unabhängigen Artistenfakultäten, wie z. B. Johannes Buridan und Theologen-Naturphilosophen, wie z. B. Nikolaus Oresme.

In *institutioneller* Hinsicht ist es vor allem die Entstehung des mittelalterlichen Universitätswesens (Paris, Oxford, Bologna, Prag, Wien, Krakau, Heidelberg) mit seiner Unabhängigkeit gegenüber Kirche und säkularer Gesellschaft gewesen, die für den nötigen Freiraum, Reputation, Diskussionskultur und Kontinuität gesorgt hat, Elemente, die für eine sich entwickelnde Wissenschaft unerlässlich sind.[79] Nicht zu unterschätzen ist auch die Tatsache, dass das Studium der Naturphilosophie und des Aristoteles – trotz aller immer wieder aufflackernden Vorbehalte – zum Ausbildungsgang der Theologen gehörte. So war eine wohlwollende Haltung der christlichen Theologen, anders als etwa im Islam, gegenüber der Naturphilosophie gesichert.[80]

---

[78] In seiner *Philosophia mundi* (Maurach, G. [Hg.], 1980) versucht William of Conches das gesamte Wissen seiner Zeit zusammenzufassen und argumentiert, dass alles rationaler Durchdringung zugänglich sei, im Gegensatz zum irrationalen Glauben an die Allwirksamkeit eines allmächtigen Gottes. Das Buch beinhaltet Astronomie, Geographie, Meteorologie und Medizin mit detaillierten naturwissenschaftlichen Erklärungen. Das Buch fand weite Verbreitung, übte einen großen Einfluss aus, wurde aber auch von einer Reihe von Theologen kritisch aufgenommen, die hier die Grenze der Legitimität rationaler Erklärung überschritten sahen. Gegen sie wendet sich William von Conches: „Denn wieso besteht ein Gegensatz zwischen uns und der Heiligen Schrift, wenn wir angeben wollen, wie etwas entstand, wenn in der Heiligen Schrift nur steht, dass etwas entstand? Wenn nämlich ein Weiser nur sagt, etwas sei geschehen und nicht erklärt, wie, ein anderer aber eben dies sagt, aber dazu es noch erklärt – welcher Gegensatz soll da sein? Aber weil, die so reden, die Kräfte der Natur nicht kennen, wollen sie nicht, dass jemand sie fragt, damit alle Welt zu Bundesgenossen ihrer Dummheit wird, sondern sie wollen, dass wir wie Bauern glauben und nicht nach einer Begründung fragen"; „Nam in quo divinae scripturae contrarii sumus, si, quod in illa dictum est esse factum, qualiter factum sit, explicamus? Si enim modo unus sapiens dicat aliquid esse factum et non explicit qualiter, alter vero dicat hoc idem et exponat, quae in hoc contrarietas? Sed quoniam ipsi nesciunt vires naturae, ut ignorantiae suae omnes socios habeant, nolunt aliquem eas inquirere, sed ut rusticos nos credere nec rationem quaerere […]" Maurach, G., 1980, 13; vgl. auch Grant, E., 1996, ²1998, 21; aus William of Conches, *Philosophia mundi*, in: Chenu, M. D., 1968, 11; eine gute Zusammenfassung der Philosophie Williams of Conches bietet Speer, A., 1995, 130–221.

[79] Gerade die Universität mit den genannten Charakteristika hat es in unmittelbaren Konkurrenzgesellschaften des Mittelalters, der arabischen und der byzantinischen nicht gegeben. In Byzanz hat sie sich so erst gar nicht entwickelt, in der arabischen Welt stagnierte sie.

[80] Aristoteles wurde der arabisch-islamischen Welt zunächst durch die orientalische Christenheit vermittelt. Wichtige Vertreter des islamischen Aristotelismus waren Averroës in Spanien

In *intellektueller* Hinsicht hat sowohl die Autonomie der Naturphilosophie,[81] sowie ihre heteronome *ancilla*-Rolle im Rahmen theologischer Fragestellungen einen permanenten kreativ-kognitiven Spannungsraum geschaffen, der förderlich gewesen ist, die Bewegung des naturphilosophischen Denkens aufrecht zu erhalten. Dies zeigte sich z. B. in der sich sowohl in der Philosophie, wie auch der Theologie entwickelnden Quaestioliteratur,[82] in der Anwendung der Mathematik auf naturphilosophische,[83] wie auch theologische Fragestellungen, vor allem aber in der Ausbildung bestimmter methodischer Prinzipien wissenschaftlichen Arbeitens. Zu letzteren gehö-

---

(1126–1198, Ibn Rušd), Al-Kindī (805–873) und Suhrawardī (1154–1191). Die moslemischen Theologen, insbesondere al-Ghazzali (1058–1111), sahen in der aristotelischen Philosophie keine hilfreiche Magd der Theologie, sondern eine gefährliche Alternative, vor der es unablässig zu warnen galt, obwohl es auch Vermittlungsversuche gab. „Unter dem Einfluss der Philosophie fing man in der islamischen Welt an, die Wahrheit der Vernunft als die höchste zu betrachten und die religiöse Offenbarung der Kontrolle der Vernunft unterziehen zu wollen. Die Theologen reagierten gegen diesen Anspruch […]. Daher der weitere Versuch der Philosophen, die Vereinbarkeit von Philosophie und Religion nachzuweisen. Gerade der Widerstand der Theologen und der Rechtsgelehrten hat verhindert, dass die Philosophie die breite Masse der Muslime je erreicht und vom Islam je ganz assimiliert werden konnte. […] Der Aristotelismus und die Philosophie spielten im allgemeinen in der Geschichte des Islams insofern eine Rolle, als die Rezeption dieses Denkens manchmal zu einem Zeichen des Unglaubens erklärt wurde und zu Gegenreaktionen, ja Verfolgungen führte", Khoury, A.-T., TRE III, 1978, 779. Auf diese Weise war es im Islam schwierig, dass sich eine autonome philosophische Rationalität und eigenständige Naturphilosophie bilden konnte. Diese Entwicklung wurde auch als Faktor für die *Statik* der islamischen Welt betrachtet, im Unterschied zur *Dynamik* des christlichen Abendlandes. Andere Deutungen gehen von wirtschaftlicher Stagnation und politischen Katastrophen aus, vgl., Strohmaier, G., 2002–2003, 119–127. Zum Einfluss des Islam auf das Abendland vgl., Vernet, J., 1984; Watt, W. M., 1988; Strohmaier, G., 1999.

[81] Die Autonomie war zwar seit der Verurteilung von 1277 für einige Jahrzehnte theoretisch und praktisch in Frage gestellt, war aber dann durch das zunächst von den Naturphilosophen gedachte Prinzip der doppelten Wahrheit (*naturaliter loquendo*), das dann später von Ockham theologisch implizit praktiziert wurde, wieder gewährleistet, auch wenn Ockham das Prinzip der doppelten Wahrheit nirgends in seinen Schriften erwähnt.

[82] Vor allem der Quaestioliteratur ist es zu danken, dass Unklarheiten in Aristoteles' Naturphilosophie offen diskutiert und auch bei Spezialproblemen alternative Sichtweisen formuliert wurden. Insbesondere hat das Bewegungsproblem, die Frage nach der Vielzahl möglicher Welten, das Vakuumproblem eine Fülle von neuen Fragestellungen eröffnet, die schrittweise dazu beigetragen haben, sich von Aristoteles zu entfernen und seine geistigen Grundlagen zu unterminieren. Dabei ist insbesondere das Vakuumproblem wichtig, weil es im Kontext der aristotelischen Theorie der erzwungenen Bewegung angesiedelt ist. Nach Aristoteles kann es kein Vakuum geben. Er argumentiert folgendermaßen: Bei einer erzwungenen Bewegung durch einen Stoß, beispielsweise bei einem Steinwurf, muss nach seiner Ansicht der ursprüngliche Impuls durch das umgebende Medium weitergeleitet werden, also im Falle des Steinwurfs durch die Luft. Das ist die aristotelische Lehre von der Antiperistasis (ἀντιπερίστασις, vgl. Phys-A, IV 8, 215a15; Phys-A, VIII 10, 267a18). Gleichzeitig übt aber die Luft einen Widerstand aus. Würde also eine erzwungene Bewegung im Vakuum stattfinden, so wäre das Ergebnis eine unendliche Geschwindigkeit, weil der Widerstand fehlte. Eine unendliche Geschwindigkeit kann aber nicht existieren, also gibt es kein Vakuum, schließt Aristoteles, vgl. Grant, ²1998, 62f; Grant, E., 1981B.

[83] Hier sind vor allem die Gelehrten des Merton College in Oxford 1328–1350 zu nennen.

ren die Einführung der induktiven Methode durch Buridan, das Prinzip
der Einfachheit durch Ockham, das Prinzip der Hierarchie und ontologischer Höherwertigkeit, Prinzipien, die beide aus dem Umkreis des aristotelischen Stufenkosmos stammen.

Für unsere Fragestellung besonders interessant ist der Hinweis Edward
Grants auf eine Art Vorläuferkonzept zum Begriff Naturgesetz in der Naturphilosophie Buridans. Es handelt sich um Buridans Umschreibung des
*communis cursus nature*, des allgemeinen Laufs der Natur. Mit dieser Umschreibung grenzt sich Buridan in zweifacher Hinsicht ab. Einerseits geht
es darum, der Natur eine gewisse rationale Eigengesetzlichkeit zuzubilli-
gen, in die Gott, trotz seiner theoretischen Möglichkeit, die auch Buridan
immer wieder betont, de facto nicht eingreift,[84] wie die Erfahrung lehrt.
Andererseits will Buridan gegenüber Aristoteles auch den Charakter der
Notwendigkeit und Regelmäßigkeit stärker herausstellen.[85] Mit diesen
beiden Abgrenzungen ist dem Naturbegriff der Charakter der rationalen
Konsistenz und Kohärenz zugesprochen, beides Merkmale, die für den
Begriff Naturgesetz wichtig sind. Auf diesem rationalen Charakter immanenter Eigengesetzlichkeit ruht letztlich auch das Prinzip der Induktion,
das Buridan einführt.

Edward Grant spricht sich also für eine Kontinuität zwischen der mittelalterlichen Physik der Naturphilosophie und der Physik der Wissenschaftlichen Revolution des 17. Jahrhunderts aus, insofern im Mittelalter
die genannten Grundlagen in der eigenständigen Naturphilosophie gelegt
wurden.[86]

---

[84] „For although God could alter the course of natural events, Buridan insists that ‚in natural
philosophy, we ought to accept actions and dependencies as if they always proceed in a natural
way‘“, Grant, E., 1996, ²1998, 145.

[85] Edward Grant zitiert Bert Hansen: „Phenomena regarded as natural in the Middle Ages
were only those which occur most of the time, in nature’s ‚habits‘ or usual course. The law of
nature within the Aristotelian conceptual framework was not one of rigid necessity, but simply
that of the usual or ordinary occurrence“, Grant, E., 1996, ²1998, 145.

[86] Der Fortschritt der physikalischen Naturphilosophie wird nach Edward Grant von der
Eigendynamik der innernaturphilosophischen Fragestellungen hervorgebracht. Die Rolle der
voluntaristisch-nominalistischen Theologie als externe systemsprengende kritische Potenz
wird von Edward Grant zwar anerkannt, aber eher geringer veranschlagt. Ihr eigentlicher
Beitrag zur Überwindung des aristotelischen Systems besteht in der Hervorbringung immer
wieder neuer hypothetischer Alternativen zu bestimmten aristotelischen Sichtweisen, Grant,
E., 1981A, 240–244, besonders im Hinblick auf die Existenz des Vakuums und der geradlinigen Bewegung. Auch der tatsächliche Beitrag des nominalistischen Theologie für empirisch
Orientierung der Naturphilosophie ist gering, obwohl aus Ockhams Betonung der Kontingenz
göttlichen Handelns eine empirische Einstellung zur Welt folgt. Das Verhältnis von innernatur-
philosophischer Entwicklung hin zu einer immer stärkeren Kritik an Aristoteles und externer
Kritik der nominalistisch-voluntaristischen Theologie wird besonders deutlich am Verhältnis
des Naturphilosophen Buridan zum Theologen-Naturphilosophen Oresme. Die systemsprengende Kraft des intervenierenden nominalistischen Gottes ist bei Oresme im Vergleich zu
Ockham schon wesentlich gemildert. Sie besteht nicht mehr in der Verunsicherung angesichts

## 1.3 Dritte Phase

Die dritte Phase der wissenschaftsgeschichtlichen Forschungsliteratur lässt sich durch eine stärkere Fokussierung auf die Entwicklungsgeschichte des Begriffs Naturgesetz charakterisieren. Hier sind vor allem die Arbeiten von Hans Schimank, Jane E. Ruby, Friedrich Steinle und Matthias Schramm zu nennen. Hans Schimank liefert vor allem historisches Material, beginnend mit der Antike bis zum 19. Jahrhundert.[87] Jane E. Ruby[88] hat durch eine sorgfältige Analyse der Werke Roger Bacons die Existenz des Begriffs Naturgesetz vor allem in seinen optischen Werken zeigen können,[89] sowie eine historische Umfeldanalyse geliefert, in der sie einerseits den Gesetzesbegriff mit der Entwicklung des Begriffs Regel in Verbindung bringt, andererseits den Begriff Naturgesetz bis zu Avicenna[90] zurückverfolgt, von dem ihn offenbar Roger Bacon übernommen hat. Sie hat fernerhin einen – wenn auch dünnen – Traditionsstrom in der astronomischen Literatur von Roger Bacon bis hin zu Newton nachweisen können. Er ist letztlich derjenige, der den Begriff Naturgesetz zu einer anerkannten grundlegenden Kategorie der klassischen Physik gemacht hat. Anhand der Analyse der Entwicklungsgeschichte des Begriffs Naturgesetz widerspricht sie sowohl einer soziologischen, wie theologischen Herleitung dieses Begriffs – in dem Gott als Gesetzgeber erscheint – wie sie vor allem durch Edgar Zilsel und

---

der Möglichkeit einer kontingenten göttlichen Intervention, sondern in Verunsicherung der rationalen Abgeschlossenheit durch die Formulierung von Erklärungsalternativen. „Buridan and Oresme thus represent the polarities of fourteenth-century scholastic thought. Buridan sought to establish the firmest possible natural foundations for the acquisition of truth about the physical world and always tried to save the phenomena with the best possible explanation, which then qualified as truth. Oresme emphasized the uncertainties of natural knowledge and, whenever possible, formulated equally plausible alternatives, none of which was demonstrable true; or he simply suggested tentative explanations which fit the data reasonably well. For as Oresme would have it, only God may know the true cause of a particular event", Grant, E., 1981A, XV,116. „Without the foundations laid down in the Middle Ages, […], seventeenth-century scientists could not have challenged prevailing opinions about the physical world, because there would have been little of substance to challenge in physics, astronomy, and cosmology", Grant, E., 1996, [2]1998, 203. Trotzdem hatte die mittelalterliche Naturphilosophie auch eine Reihe von internen Besonderheiten, die das Entstehen der modernen Naturwissenschaft nicht begünstigt hat. So z. B. die Struktur der Quaestioliteratur, die bei der hypothetischen Behandlung von Einzelproblemen stehen nicht dazu erhebt, diese Probleme in einem theoretischen Zusammenhang zu erörtern. Es ist gewissermaßen aggregathaftes Denken, das noch nicht den Systembegriff entdeckt hat, Grant, E., 1996, [2]1998, 127–131. Ein anderer gewichtiger Hinderungsgrund ist die Vernachlässigung des Experiments, das der inneren Struktur der aristotelischen Substanzontologie zuwiderläuft, Grant, E., 1996, [2]1998, 159 f.

[87] Schimank, H., 1949, 139–186.

[88] Ruby, J. E., 1986, 341–359; Reprint in: 1995, 289–315.

[89] Ruby, J. E., 1995, 296. Vgl. auch die neue kritische Ausgabe der optischen Werke von Roger Bacon: Lindberg, D. C., 1996.

[90] Die These der Herkunft des Gesetzesbegriffs von Avicenna stammt von Matthias Schramm. Vgl. Schramm, M., 1981, 197–209.

Joseph Needham vertreten wurde (siehe nächstes Kapitel). Friedrich Steinle nimmt die These vom theologischen Ursprung des Naturgesetzbegriffes
wieder auf und versucht, sie bei Galilei und Descartes zu verifizieren,[91] ohne
allerdings Edgar Zilsels und Joseph Needhams soziologische Interpretation zu teilen.[92] Friedrich Steinles These ist, dass bei den fünf von ihm untersuchten Gründergestalten der modernen Naturwissenschaft, Descartes,
Galilei, Francis Bacon, Boyle und Newton unterschiedliche Konzeptionen
des Begriffs Naturgesetz vorhanden sind.

## 1.4 Resümee

Die Durchsicht der einschlägigen wissenschaftsgeschichtlichen Literatur
hat ergeben, dass erst in jüngster Zeit zusammenhängende Darstellungen
der Entwicklungsgeschichte des Begriffs Naturgesetz entstanden sind, die
sich allerdings mehr philologisch am *Begriff* Naturgesetz als am *Konzept*
Naturgesetz orientieren. Die Existenz des Konzepts Naturgesetz wird in
den einzelnen monografischen Darstellungen der Geschichte der Entstehung der modernen Naturwissenschaft entweder vorausgesetzt – meist
zeitgleich mit dem Einsatz der Wissenschaftlichen Revolution im 16. und
17. Jahrhundert – oder in anderen Zusammenhängen als Seitenthema behandelt, ohne dass jeweils eine Definition geboten wird, was unter Naturgesetz
zu verstehen sei. Dies mag damit zusammenhängen, dass das Konzept des
Naturgesetzes eher philosophisch zu verstehen ist. Philosophie aber liegt
nicht unbedingt im Blick der rein geschichtlichen Darstellungen der Wissenschaftsgeschichte. Das Hauptaugenmerk der wissenschaftsgeschichtlichen Darstellungen dreht sich um die Frage, wann der Beginn der Wissenschaftlichen Revolution anzusetzen ist und wie diese naturwissenschaftliche
Revolution geistesgeschichtlich zu interpretieren ist. Wir haben gesehen,
dass in der Frage der Datierung das 16. und 17. Jahrhundert unstrittig ist.
Strittig ist, inwieweit das 14. Jahrhundert eine Vorläuferfunktion für das
16. und 17. Jahrhundert beanspruchen kann. Dabei reichen die Ansichten
von Vorwegnahmen[93] bis hin zu völligen Neuanfang[94]. Gemeinsam ist auch
allen Autoren, dass die Wissenschaftliche Revolution nur stattfinden konnte, weil die Grundstrukturen der aristotelischen Philosophie überwunden
wurden. Die Differenz ist allerdings hinsichtlich der Frage beträchtlich,
wie diese Überwindung zustande kam. Das Spektrum der Antworten kann
man einteilen in solche, die von einer inneren Problementwicklung des

---

[91] Steinle, F., 1995, 316–368.
[92] Da der Begriff Naturgesetz bei Galilei im Zusammenhang seiner Diskussion der von ihm
entdeckten Gesetze nicht vorkommt, beschränkt er sich auf die wenigen mehr philosophisch-
theologischen Spuren in Galileis Werk.
[93] Pierre Duhem.
[94] Alexandre Koyré.

Aristotelismus ausgehen[95] und sich meist an der Weiterentwicklung spezieller physikalischer Fragestellungen orientieren,[96] wobei die *empirische* Orientierung der Wissenschaftlichen Revolution den eigentlichen Durchbruch darstellt, und solche, die von einer Überwindung des Aristotelismus von außen sprechen, sei es in Gestalt des voluntaristisch-nominalistischen Gottes,[97] sei es in Gestalt des Platonismus.[98] Im Hinblick auf unsere Fragestellung nach der Entwicklung des Begriffs Naturgesetz hat die Sichtung der wissenschaftshistorischen Literatur Folgendes erbracht:

– Der Beginn der wissenschaftshistorischen Forschung durch William Whewell überschneidet sich noch mit dem Zeitraum, in dem der Begriff Naturgesetz innerhalb der Wissenschaften fraglos vorausgesetzt ist und innerhalb der britischen natural theology einen festen Platz hat. Erst mit der zunehmenden historischen Distanz und der Einsicht in die historische Besonderheit der okzidentialen Naturwissenschaft wendet sich die Forschung zunächst der Frage nach der Entstehung der Naturwissenschaft als solcher zu und anschließend der Entstehung des Begriffs Naturgesetz.[99]

– Die erste deutlich belegbare Existenz des Begriffs Naturgesetz (*lex naturae*) lässt sich auf Roger Bacon zurückverfolgen, der ihn in seinen optischen Werken verwendet. Möglicherweise hat er ihn von Avicenna übernommen. Von ihm ausgehend kann ein dünner Traditionsstrom bis hin zur Physik Newtons identifiziert werden.[100]

– Es gibt in der scholastischen Literatur Umschreibungen einer nicht näher charakterisierten Regelmäßigkeit in der Natur (*communis cursus nature* [Johannes Buridan], *lex naturae* [Roger Bacon]).

– Alle bisherigen Darstellungen leiden unter der mangelnden Definition des Begriffs Naturgesetz. Daher sind die Untersuchungen eher begriffsgeschichtlicher Natur.[101] Für die weitere Untersuchung muss daher deutlich zwischen dem *Begriff* Naturgesetz und dem *Konzept* Naturgesetz unterschieden werden.

## 2 Forschungsgeschichte aus philosophiegeschichtlicher Sicht

In der Forschungsgeschichte aus philosophiegeschichtlicher Sicht ist keine allgemeine Tendenz erkennbar, so wie dies in der Wissenschaftsgeschichte der Fall war. Da auch nicht alle philosophischen Richtungen im gleichen Umfang historisch interessiert sind, trägt die philosophiegeschichtliche Forschungsgeschichte eher eklektischen Charakter.

---

[95] Alaister C. Crombie, Edward Grant, z. T. Anneliese Maier.
[96] Trägheitsgesetz, Fallgesetz, Vakuum, Relativität der Bewegung.
[97] Pierre Duhem.
[98] Alexandre Koyré, Edwin A. Burtt.
[99] Joseph Needham.
[100] Jane E. Ruby.
[101] Vgl. z. B. Jane E. Ruby, 1995.

## 2.1 Die positivistische Sichtweise

Die herrschende Wissenschaftsphilosophie seit circa Mitte des 19. Jahrhunderts war der Positivismus, in Frankreich initiiert in der Tradition des Jakobinismus von Auguste Comte (1798–1857), in England initiiert durch John Stuart Mill (1806–1873) in der Tradition des englischen Empirismus. Eine entsprechende Galeonsfigur des Positivismus kann man für Deutschland nicht ausmachen, er spielt auch nicht die herausragende Rolle wie in den beiden anderen Ländern. Im weitesten Sinne könnte man allerdings den philosophischen Materialismus in Deutschland dem Positivismus zurechnen, einer ihrer Exponenten ist Ludwig Büchner (1824–1899), der Bruder des Dramatikers Georg Büchner. Ebenso kann der Monismus des 19. Jahrhunderts zum Positivismus gerechnet werden, zumal einer seiner Hauptvertreter, Wilhelm Ostwald (1853–1932), direkt von Auguste Comte beeinflusst wurde und auch dessen Frühwerk von 1822 in Deutschland herausgegeben hat.[102] Erkenntnistheoretisch und historisch orientiert ist Ernst Mach (1838–1916). Gemeinsam ist diesen drei europäischen Strömungen der antitheologische und antimetaphysische Affekt, die Hochwertung des Gegebenen, des Faktischen, also des *Positiven*, verbunden mit einem aufklärerischen Pathos und sozialreformatorischen Absichten. Aus diesem sozialreformatorischen Gedankengut speist sich auch das stellenweise vorhandene historische Interesse dieses Positivismus.

Auguste Comte postuliert im 19. Jahrhundet in Frankreich sein Dreistadiengesetz (*Loi des trois états*) der historischen Abfolge von Theologie-Metaphysik-Naturwissenschaft und bekundet damit durchaus historisches Interesse.[103] In der Tat ist dieser Positivismus Auguste Comtes eine Geschichtsphilosophie.[104] Jedoch ist er durch seinen antitheologischen und antimetaphysischen Affekt derart ideologisch vorbelastet, dass es aufgrund dieses philosophischen Selbstverständnisses, das letztlich im sozialreformatorischen Gedankengut von Claude Henri de Saint-Simon (1760–1825)

---

[102] Comte, A., 1914.

[103] Auguste Comte hat dieses vermeintliche Gesetz der Geschichte bereits in seiner Frühschrift *Plan de Traveaux Scientifiques Nécessaires pour Réorganiser la Société* von 1822 (Comte, 1913, 143–147) aufgestellt, später sucht er dieses Dreistadiengesetz (*État théologique ou fictif – État métaphysique ou abstrait – Nature relative de l'esprit positif*) auch empirisch zu verifizieren. In enzyklopädischer Form liegt dieser Versuch in seinem sechsbändigem Hauptwerk *Cours de Philosophie Positive* vor (Comte, A., 1830–1842; ⁵1892–1894). In einer gerafteren übersichtlichen Form hat er es noch einmal in seinem *Discours sur l'esprit positif* von 1844 zusammengefasst, das auch in einer guten deutschen Ausgabe vorliegt. (Comte, A., *Rede über den Geist des Positivismus*, Fetscher, I. [Hg.], Hamburg ²1966).

[104] Auguste Comte verbindet mit dieser Geschichtsphilosophie in seinem Frühwerk von 1822 auch die Idee einer Gesellschaftsreform, in der die Naturwissenschaftler als geistige Elite die Herrschaft ausüben sollen. „In dem zu errichtenden System wird somit die geistige Führung in den Händen der Gelehrten liegen. Die weltliche Macht wird ihrerseits den Chefs der industriellen Arbeiten zukommen", Comte, A., 1914, 55.

wurzelt,[105] unsinnig für ihn gewesen wäre, nach Wurzeln der Idee des Naturgesetzes in der theologischen oder metaphysischen Epoche zu suchen.[106] Die Idee des Naturgesetzes kann logischerweise erst in der Epoche der Naturwissenschaft entstehen, weswegen eine historische Untersuchung der Entstehung der Idee des Naturgesetzes überflüssig ist.

John Stuart Mill gesteht in seiner Autobiographie, dass er zeitlebens keinerlei religiöse Interessen hatte.[107] In seinen Essays über Religion argumentiert er von naturwissenschaftlicher Basis gegen die Existenz Gottes,[108] eine natural theology im Sinne William Paleys (1743–1805) lehnt er ab. In seiner Philosophie ist John Stuart Mill stark von Auguste Comte beeinflusst, auch wenn er sich später wieder kritisch von ihm absetzt.[109] Seit 1841 korrespondiert er regelmäßig mit Auguste Comte, 1865 folgt mit seinem Buch *Auguste Comte and Positivism* die kritische Distanzierung ihm gegenüber.[110] Er teilt mit Auguste Comte die Ablehnung von Religion und Theologie, wenn auch mit weit weniger missionarischer Energie wie sein französischer Kollege. Diese negative Einstellung verhindert offenbar, dass er seine Untersuchungen zum Naturgesetz in einen historischen und theologischen Kontext stellt. In seinen philosophischen Untersuchungen in Bezug auf die Charakteristika der Naturgesetze ist er allerdings wesentlich differenzierter

---

[105] In diesem Sinne soll die Kenntnis der Naturgesetze auch dazu dienen, die Zukunft vorherzusagen. Dieser Aspekt der Prognostizierbarkeit ist allerdings nicht wissenschaftstheoretisch motiviert, sondern ist Ausdruck des Saint-Simonschen Utopismus. In diesem Sinne einer sozialutopischen Funktionalisierung ist das „voir pour prévoir" zu verstehen. „Ainsi, le véritable esprit positif consiste surtout à *voir pour prévoir*, à etudier ce qui est afin d'en conclure ce qui sera, d'après le dogme générale de l'invariabilité des lois naturelles", Comte, A., ²1966, 36.

[106] Trotzdem kommt auch Auguste Comte nicht ohne eine implizite Metaphysik aus. Das wird gerade am Konzept des Naturgesetzes deutlich, dem er Unwandelbarkeit zuschreibt, wenn auch aufgrund empirischer Begründung. „Le principe de invariabilité des lois naturelles ne commence réellement à acquérir quelque consistance philosophique que lorsque les premiers travaux vraiment scientifiques ont pu en manifester l'exactitude essentielle envers un ordre entiere de grandes phénomènes", Comte, A., ²1966, 38.

[107] „I am one of the very few examples, in this country, of one who has, not thrown of religious belief, but never had it", Mill, J.S., 1963–1991, Bd. I, 45; vgl. Millar, A., 1998, 176–202.

[108] In seinem Teil *Nature* der drei Essays geht John Stuart Mill über eine längere Textpassage auf die Naturgesetze ein, ohne sie jedoch im Sinne der natural theology theologisch zu deuten, „No word is more commonly associated with the word Nature, than Law", Mill, J.S., 1874, 14 ff (deutsch: Mill, J.S., 1984, 19 ff.) Auch der Rückschluss von der Schöpfung auf den Schöpfer ist nicht legitim, Mill, J.S., 1874, 41 ff (deutsch: Mill, J.S., 1984, 43). Auch die Argumente in Bezug auf eine *erste Ursache* (*Argument for a first cause*) verfangen nicht. Die naturwissenschaftlichen Grundgegebenheiten der Ewigkeit der *Materie* und *Kraft* machen einen Rückschluss auf einen Schöpfer unnötig. „[…] and both Matter and Force […] have had, so far as our experience can teach us, no beginning […]", Mill, J.S., 1874, 153 (deutsch: Mill, J.S., 1984, 130); „The world does not, by its mere existence, bear witness to God", Mill, J.S., 1874, 153 (deutsch: Mill, J.S., 1984, 130).

[109] Birnbacher, D., 1981, 137, 132–152.

[110] Mill, J.S., London 1865.

als Auguste Comte. Er unterscheidet ontologisch zwischen *ultimate laws* und *derivative laws* und erkenntnistheoretisch zwischen solchen, die man durch Induktion und solchen, die man durch Deduktion erkennt.[111]

Ludwig Büchner hat sich in seinem populärwissenschaftlichen Buch *Kraft und Stoff*, das im 19. Jahrhundert in 21 Auflagen erschienen ist und für heftige Diskussionen sorgte, in zwei Kapiteln mit den Naturgesetzen beschäftigt und sie als Ausdruck seiner materialistischen Philosophie gegen den angeblichen unaufgeklärten Aber- und Wunderglauben der Religion abgegrenzt.[112] Der Aberglaube sieht in natürlichen Gegebenheiten undurchsichtige göttliche Mächte am Werk, der Wunderglaube bemüht überflüssige göttliche Interventionen,[113] wo natürliche Gründe auf der Basis der Ewigkeit und unveränderlichen Notwendigkeit der Naturgesetze völlig ausreichen.[114]

Die monistische Seitenlinie des Positivismus in Deutschland ist durchaus historisch interessiert. Dies wird z. B. in Wilhelm Ostwalds (1853–1932) bekannten *Klassikern* deutlich. Es entwickelte sich aber kein Interesse innerhalb dieser Spielart des Positivismus an der Frage nach der Herkunft des Begriffs Naturgesetz, ebenso wenig wurde die theologische Fährte, die Wilhelm Ostwalds Zeitgenosse Ernst Mach gelegt hatte, von ihm weiterverfolgt.[115]

---

[111] Zur Induktion, vgl. Mill, J.S., [8]1874, 223–234; zur Deduktion, vgl. Mill, J.S., [8]1874, 325–345; „The preceeding considerations have led us to recognize a distinction between two kinds of laws, or observed uniformities in nature: ultimate laws, and what may be termed derivative laws. Derivative laws are such as are deducible from, and may, in any of the modes which we have pointed out, be resolved into, other and more general ones. Ultimate laws are those which can not. We are not sure that any of the uniformities with which we are not yet acquainted are ultimate laws; but we know that there must be ultimate laws; and that every resolution of a derivative law into more general laws brings us nearer to them", Mill, J.S., [8]1874, 345.

[112] Büchner, L., [9]1867, 35–57.

[113] „Solche Ausnahmen von der Regel, solche Überhebungen über die natürliche Ordnung des Daseins hat man Wunder genannt, und es hat deren zu allen Zeiten angeblich in Menge gegeben. Ihre Entstehung verdanken sie theils der Berechnung, theils dem Aberglauben und jener eigenthümlichen Sucht nach dem Wunderbaren und Uebernatürlichen, welche der menschlichen Natur unauslöschlich eingeprägt scheint", Büchner, L., [9]1867, 38; „Und kann es endlich als eine Gottes würdigere Ansicht angesehen werden, wenn man sich in demselben eine Kraft vorstellt, welche hier und da der Welt in ihrem Gange einen Stoß versetzt, eine Schraube zurecht rückt u. s. w., ähnlich einem Uhrenreparateur? Die Welt soll von Gott vollkommen erschaffen sein; wie könnte sie einer Raparatur bedürfen? Die Überzeugung von der Unabänderlichkeit der Naturgesetze ist demnach auch unter Naturforschern dieselbe und gewöhnlich nur die Art verschieden, wie sie dieses Factum mit dem eigenmächtigen Walten oder der Existenz einer sogenannten absoluten Potenz oder persönlichen Schöpferkraft in Einklang zu bringen suchen", Büchner, L., [9]1867, 40.

[114] „Die Gesetze, nach denen die Natur thätig ist, nach denen der Stoff sich bewegt, bald zerstörend, bald aufbauend und die mannigfaltigsten organischen und unorganischen Bildungen zu Wege bringend, sind *ewige* und *unabänderliche*. Eine starre unerbittliche Nothwendigkeit beherrscht die Masse", Büchner, L., Leipzig [9]1867, 35.

[115] Wilhelm Ostwald war Professor für physikalische Chemie und ist nur bedingt dem Positivismus zuzurechnen, da er als führendes Mitglied des Monistenbundes, dem er auch als Prä-

Aufgeschlossener und weniger ideologisch festgelegt ist der österreichische Physiker-Philosoph Ernst Mach[116] (1838–1916), der sich um eine philosophisch orientierte Wissenschaftsgeschichte bemüht. Trotz seiner erkenntnistheoretischen Vorbehalte gegenüber dem Begriff Naturgesetz, die sich aus seiner sensualistischen Erkenntnistheorie erklären, und trotz der Gegnerschaft zwischen naturwissenschaftlichen und theologischen Fakultäten um die Jahrhundertwende,[117] finden sich in seinem berühmten Buch *Die Mechanik in ihrer Entwicklung*[118] bemerkenswerte Hinweise auf die Rolle der Theologie in der Gründungsphase der Naturwissenschaft im Hinblick auf die theologischen Wurzeln des Begriffs Naturgesetz.[119] Ernst Mach deutet dabei den Begriff Naturgesetz als das Ergebnis einer Säkularisierung ursprünglich theologischer Vorstellungen.[120]

Auguste Comte, John Stuart Mill, Ludwig Büchner, Wilhelm Ostwald und Ernst Mach kann man als Vertreter des Positivismus im weiteren Sinne betrachten. Im engeren Sinne jedoch ist unter dem Positivismus der

---

diger diente, im Gegensatz zum Positivismus einerseits durchaus metaphysisch orientiert war, andererseits wichtige Impulse des Positivismus aufgenommen hat. Seit 1889 gab er seine Reihe *Klassiker der exakten Wissenschaften* heraus, mit der er das Ziel verfolgte, wichtige wissenschaftliche Quellentexte für wissenschaftlich Interessierte zugänglich zu machen. Das Pathos seines wissenschaftlichen Glaubens kommt in seiner Sicht der Naturgesetze besonders deutlich zum Ausdruck: „Alles wissenschaftliche Prophezeien beruht auf der Kenntnis der Naturgesetze, und die Tatsache, daß es solche Gesetze gibt, ist von allen Naturgesetzen das wunderbarste und wichtigste", Ostwald, W., 1920, 13. Es ist deutlich, dass hier Auguste Comtes „voir pour prévoir" nachklingt. Sein metaphysischer Monismus gab den Deuterahmen für seine Interpretation der Naturgesetze. Der antitheologische Affekt der Monisten verhinderte die weitere vorurteilsfreie Erforschung der ursprünglich theologischen Aspekte des Begriffs Naturgesetz innerhalb des Monistenbundes.

[116] Ernst Mach war der erste Professor für Philosophie der Wissenschaften an der Universität in Wien.

[117] Ein Beispiel für diese Stimmungslage um die Jahrhundertwende ist etwa Andrew D. White, History of the Warfare of Science and Theology in Christendom, 2 Bd., New York 1896.

[118] Mach, E., Leipzig ⁹1933, Reprint Darmstadt 1991.

[119] Mach, E., 1991, 429–444.

[120] „Durch das ganze 16. und 17. Jahrhundert bis gegen das Ende des 18. Jahrhunderts war man geneigt, überall in den physikalischen Gesetzen eine besondere Anordnung des Schöpfers zu sehen. Dem aufmerksamen Beobachter kann aber eine allmähliche Umbildung der Ansichten nicht entgehen. Während bei Descartes und Leibniz Physik und Theologie noch vielfach vermengt sind, zeigt sich später ein deutliches Streben, zwar nicht das Theologische ganz zu beseitigen, aber dasselbe von dem Physikalischen zu sondern. […] Gegen Ende des 18. Jahrhunderts trat nun eine Wendung ein, welche äußerlich auffällt, welche wie ein plötzlich getaner Schritt aussieht, die aber im Grunde nur eine notwendige Konsequenz des angedeuteten Entwicklungsganges ist. Nachdem Lagrange in einer Jugendarbeit versucht hatte, die ganze Mechanik auf das Eulersche Prinzip der kleinsten Wirkung zu gründen, erklärt er bei einer Neubearbeitung desselben Gegenstandes, er wolle von allen theologischen und metaphysischen Spekulationen als sehr prekären, und nicht in die Wissenschaft gehörigen, gänzlich absehen", Mach, E., 1991, 437.

Neopositivismus, bzw. der logische Positivismus des Wiener Kreis zu verstehen.

Die Vertreter des Wiener Kreises teilen das historische Interesse Auguste Comtes und Ernst Machs nicht mehr. Eine Ausnahme ist Edgar Zilsel (1891–1944, Selbstmord), der mit dem Wiener Kreis lose verbunden ist. Sein wichtiger Aufsatz zur Geschichte des Begriffs Naturgesetz ist allerdings weniger positivistisch als sozialgeschichtlich-marxistisch inspiriert. Begründer und Leiter des Wiener Kreises ist Moritz Schlick (1882–1936, ermordet). Moritz Schlick ist Schüler von Max Planck (1858–1947) und wird in seinen philosophischen Einstellungen maßgeblich von Henri Poincaré (1854–1912) und Ernst Mach beeinflusst. Im Jahre 1922 wird Moritz Schlick Nachfolger Ernst Machs auf dem Lehrstuhl für Naturphilosophie in Wien und begründet im selben Jahr den Wiener Kreis und leitet ihn bis zu seiner Ermordung 1936.[121] Moritz Schlick führt die wissenschaftshistorische Fragerichtung seines Vorgängers nicht weiter. Der antimetaphysische Affekt hingegen bleibt. In seinen beiden Werken, die sich am Rande mit Naturgesetzen beschäftigen, finden sich keine historischen Untersuchungen.[122] Die Idee des Naturgesetzes hat auch verschiedene andere Philosophen des Wiener Kreises, jedoch nicht unter historischem, sondern unter sprachanalytischem und wissenschaftstheoretischem Gesichtspunkt beschäftigt. Im Zentrum der Auseinandersetzung um die Naturgesetze stand im Wiener Kreis ihre sprachlogische Untersuchung. Naturgesetze sind, sprachlogisch betrachtet, Allaussagen. Das Verifikationsprinzip des Neopositivismus führt jedoch dazu, dass Naturgesetze sinnlose Aussagen sein müssten, denn es ist klar, dass man nicht sämtliche Beispiele im Universum nachprüfen kann, mithin aus logischen Gründen der Schluss von endlich vielen Aussagen zu unendlich vielen Aussagen nicht möglich ist. Das damit entstehende Dilemma, entweder die Allaussagen der Naturgesetze aus der Naturwissenschaft zu streichen, was zu einer extremen Verarmung der Naturwissenschaft geführt hätte, oder das Verifikationsprinzip zu streichen, was zu einer Selbstaufgabe des Neopositivismus geführt hätte, wurde erst durch Karl Popper (1902–1994) überwunden, der es durch das Falsifikationsprinzip ersetzte.[123] In diesem Diskussionszusammenhang sind

---

[121] Im Zentrum des Wiener Kreises stehen Moritz Schlick (1882–1936, ermordet), Rudolf Carnap (1891–1970) und Otto Neurath (1882–1945). Zu den ständigen Mitgliedern gehören Herbert Feigl (1902–1988), Philipp Frank (1884–1966), Friedrich Waismann (1896–1959) und Hans Hahn (1879–1934). Gelegentliche Mitglieder sind Hans Reichenbach (1891–1953), Kurt Gödel (1906–1978), Felix Kaufmann (1895–1949), Richard von Mises (1883–1953), Carl Gustav Hempel (1905–1997), Alfred Tarski (1902–1983), Willard V.O. Quine (1908–2000), Alfred J. Ayer (1910–1989), Viktor Kraft (1880–1975), Karl Menger (1902–1985), Edgar Zilsel (1890–1944). Zwischen 1929 und 1932 steht Moritz Schlick in Gedankenaustausch mit Ludwig Wittgenstein (1889–1951).

[122] Schlick, M., [1]1917; Schlick, M., 1948.

[123] Krauth, L., 1970, 78–88.

vor allem Rudolf Carnap (1891–1970), Carl Gustav Hempel (1905–1997) und Hans Reichenbach (1891–1953) zu nennen. Rudolf Carnap beschränkt sich beispielsweise auf ein paar Hinweise, wenn er die Naturgesetze ganz reduktionistisch-empirisch als den Ausdruck beobachteter Regelmäßigkeiten[124] deutet und sprachlogische Betrachtungen anstellt.[125] Hans Reichenbach stellt einige historische Betrachtungen über die Beziehung zwischen Kausalgesetz und Naturgesetz an,[126] insbesondere anhand der statistischen Deutung der Thermodynamik und der Wahrscheinlichkeit innerhalb der Quantenmechanik, die ihn dazu führen, in den Naturgesetzen nur noch Wahrscheinlichkeitsaussagen in der Form von Allaussagen zu sehen.[127] Auch Carl Gustav Hempel behandelt völlig unhistorisch den Gesetzesbegriff ganz im Kontext seines Explanans-Explanandum Schemas der deduktiv-nomologischen Erklärung (D-N Schema).[128] Karl Popper (1902–1994), aus dem Positivismus kommend, als Begründer des kritischen Realismus ihm jedoch entwachsen, macht schon früh Anfang der 30er Jahre auf die Schwachstellen der rein satzlogischen Interpretation und des Berichtscharakters der Naturgesetze im Positivismus aufmerksam, indem er auf die Praxis der Forschung rekurriert, ohne jedoch sich historischen Fragestellungen zuzuwenden.[129] Im Jahre der Ermordung Moritz Schlicks 1936 enden die Zusammenkünfte des Wiener Kreises. Nahezu alle seine Mitglieder werden durch Emigration in die Vereinigten Staaten oder England in alle Winde zerstreut. Durch die Lehrtätigkeit der Philosophen des Neopositivismus in den USA und England erwächst die angelsächsische analytische Philosophie.[130] Auch sie kennt kein historisches Interesse.[131]

---

[124] „Unsere alltäglichen Beobachtungen wie auch die systematischen Beobachtungen der Wissenschaftler führen uns zu gewissen Wiederholungen und Regelmäßigkeiten in der Welt. […]. Die Naturgesetze sind nichts anderes als Aussagen, welche diese Regelmäßigkeiten so genau wie möglich ausdrücken", Carnap, R., 1969, 11.

[125] Bei Universalgesetzen, die er von statistischen Gesetzen unterscheidet, gibt er ihre formallogische Struktur in Gestalt eines „universalen Bedingungssatzes" an. „Universalgesetze haben eine logische Form, die man in der formalen Logik ,universalen Bedingungssatz' nennt. […]. Betrachten wir ein möglichst einfaches Gesetz. Es besagt: Für alle $x$ gilt, wenn $x$ $P$ ist, dann ist $x$ auch $Q$. Symbolisch schreibt man das folgendermaßen: $\wedge x\ (Px \rightarrow Qx)$", Carnap, R., 1969, 11.

[126] Reichenbach, H., 1968, 259–269.

[127] „Die Naturgesetze sind einfacheren Regelmäßigkeiten von der Sorte des Knopfes nur insofern überlegen, als sie eine größere Allgemeinheit besitzen. Sie drücken Beziehungen aus, die sich in vielen voneinander verschiedenen Einzelfällen widerspiegeln", Reichenbach, H., 1968, 261.

[128] Hempel, C.G., 1977, 5–20.

[129] Popper, K., 1979, 47–50, 103 ff, 160–164; Keuth, H., 2000, 233 ff, 303 ff, 307–310.

[130] Zur Geschichte des Wiener Kreises, vgl. Kraft, V., Wien 1950; Haller, R., Darmstadt 1993; Stadler, F., Frankfurt/M., 1997.

[131] Als Beispiel seien genannt, *Laws and Symmetry* von Bas van Fraassen, und *What is a Law of Nature?* von David M. Armstrong; Fraassen, Bas van, 1989; Armstrong, D.M., 1983 (deutsch: 2004).

## 2.2 Gegenbewegungen zur positivistischen Sichtweise

Als fast zeitgenössischer Kritiker des Positivismus und Anhänger des Evolutionsgedankens, den er zu einer evolutionären Kosmologie erweitert, in der der Zufall eine konstruktive Rolle spielt, hat Charles S. Peirce[132] (1839–1914) innerhalb seiner wissenschaftsgeschichtlichen Arbeiten den Horizont einer religiös-metaphysischen Interpretation offen gehalten.[133] Im Kontext seiner evolutionären Kosmologie behauptet er rein spekulativ, dass auch die Naturgesetze selbst der Evolution unterliegen.[134] In seiner Abhandlung „Was ist ein Naturgesetz" von 1901 wendet er sich der Evolution des Begriffs Naturgesetz zu und konstatiert vor allem die Verlagerung des Gesetzesbegriffs aus der Moralphilosophie, bzw. Moraltheologie in die Beschreibung der Natur.[135] Stationen dieser Transformation sind die Antike und Thomas von Aquin.[136] Einerseits gilt für das Mittelalter nach Charles S. Peirce, dass das Naturgesetz identisch ist mit dem moralischen Instinkt,[137] andererseits kennt das Mittelalter auch mit den Begriffen *natura*, *rerum natura*, *ordo naturae* und *cursus naturae* Umschreibungen unseres heutigen

---

[132] Charles S. Peirce ist wohl der erste, der gegen das positivistische Exaktheitsprogramm auf die limitative Struktur physikalischer Erkenntnis aufmerksam gemacht hat. Dies ist umso bemerkenswerter, als er dies bereits zu einem Zeitpunkt getan hat (1891), als es dazu noch keinerlei experimentellen und theoretischen Anhaltspunkt gab. Die spätere Entwicklung der Physik in der Quantenmechanik und Chaostheorie sollte ihm recht geben. „Man versuche, irgendein Naturgesetz zu verifizieren, und man wird finden, daß sich, je präziser man beobachtet, desto sicherer irreguläre Abweichungen von dem Gesetz zeigen werden", Peirce, C. S., ²1998, 168.

[133] „Wir können nur hoffen, daß wir eines Tages genauer und sicherer, als wir es jetzt zu behaupten in der Lage sind, wissen werden, worin das Sein der Regularitäten des Universums wirklich besteht. Gegenwärtig können wir nur eine grobe Erklärung versuchen, die sich schließlich in zwei Richtungen als irrig erweisen kann: auf der einen Seite fällt sie vielleicht zu theologisch aus, auf der anderen Seite nicht genügend religiös. Wir müssen uns in Geduld fassen", Peirce, C. S., 1995, 280 f.

[134] „Wir brauchen eine Theorie der Evolution physikalischer Gesetzlichkeit. Wir sollten annehmen, daß bei unserem Rückgang in die ungewisse Vergangenheit nicht nur spezielle Gesetze, sondern die *Gesetzlichkeit* selbst sich als immer weniger bestimmt erweisen wird", Peirce, C. S., ²1998, 118. Diese Theorie enthält bei Charles S. Peirce als konstitutive Elemente des evolutionären Prozesses den Zufall und die Spontanität. „Nun will ich annehmen, daß alle bekannten Gesetze sich dem Zufall verdanken und auf anderen beruhen, die weitaus weniger streng sind und sich ihrerseits wieder dem Zufall verdanken, usw. in einem unendlichen Regreß. Je weiter wir zurückgehen, desto unbestimmter wird die Natur der Gesetze", Peirce, C. S., ²1998, 123. Peirce kehrt also das Verhältnis von Gesetzlichkeit und Zufall/Spontaneität um. Sein Programm besteht gerade nicht – wie bei der zeitgenössischen Wissenschaft – darin, den Zufall zugunsten der Gesetzlichkeit zurückzudrängen, sondern die erkennbare Gesetzlichkeit der Natur als eine Art historischen Gerinnungsprozess erklärbar zu machen.

[135] Peirce, C. S., ²1998, 292–315.

[136] *Lex naturae* als „moralischer Instinkt", Peirce, C. S., ²1998, 296 f.

[137] „Das ganze Mittelalter über bedeutet das Naturgesetz den moralischen Instinkt. So sagt Thomas von Aquin, das Naturgesetz sei einfach ein uns von Gott eingepflanztes geistiges Licht, mit dessen Hilfe wir erkennen was getan und was vermieden werden sollte", Peirce, C. S., 1998, 297.

Begriffs von Naturgesetz.[138] Zu einem wissenschaftlichen Begriff wird er erst durch Descartes' Definition in dessen *Principiae Philosophiae*[139] von 1644, Verbreitung findet er durch Henry More,[140] Robert Boyle[141] setzt ihn schon als bekannt voraus. Merkwürdigerweise geht Charles S. Peirce in diesem Zusammenhang nicht auf Newton ein.

Philosophisch teilweise anknüpfend an Charles S. Peirce,[142] entwickelt Alfred N. Whitehead seine Metaphysik und entdeckt neu die Rolle der Theologie im Zuge seiner breit angelegten geistesgeschichtlichen Deutung der Entstehung der Naturwissenschaft in seinem Buch *Adventure of Ideas*.[143] In diesem Kontext liefert er auch eine originale Deutung der Entstehung des Begriffs Naturgesetz. Ausgehend von vier ontologischen Deutungsmöglichkeiten des Begriffs Naturgesetz erschließt sich Alfred N. Whitehead die Möglichkeit einer fokussierten historischen Betrachtungsweise. Er unterscheidet zunächst „Law as immanent"[144], „Law as imposed", „Law as mere description" und „Law as conventional interpretation",[145] stellt verschiedene Kombinationen dieser Konzepte dar, wie sie in der Geschichte in Erscheinung getreten sind, und diskutiert ihre Plausibilität.[146] Während das Verständnis von „Law as mere description" eine positivistische Spätentwicklung sei, „Law as conventional interpretation" eine Frucht mathematischer Grundlagenforschung, hat sich nach seiner Interpretation

---

[138] „Das Wort ‚natura' allein oder ‚rerum natura' bedeutet das, was wir kollektiv die Naturgesetze nennen würden. […]. Unsere Naturgesetze werden kollektiv auch ‚ordo naturae', ‚cursus naturae', ‚consuetudo naturae' genannt", Peirce, C.S., ²1998, 297.

[139] „Atque ex hac eadem immobilitate Dei, regulae quaedam, sive leges naturae cognosci possunt, quae sunt causae secundariae et particulares diversorum motuum, quos in singulis corporibus advertimus". Pars II. XXXVII, zitiert nach Peirce, C.S., ²1998, 311.

[140] More, H., ³1662; Peirce, C.S., ²1998, 312.

[141] „Sogar Robert Boyle, […], spricht in seiner von 1682 stammenden Schrift *Free Inquiry into the Received Notion of Nature* von dem Wort ‚Naturgesetz' als von in allgemeinem Gebrauch befindlich, indem er sagt: „Und sogar ich zögere manchmal nicht, von den Gesetzen der Bewegung und der Ruhe, welche Gott neben anderen, körperlichen Dingen aufgestellt hat, zu sprechen und sie hier und da […], wie es die Menschen gewohnt sind, die Naturgesetze zu nennen." Peirce, C.S., ²1998, 312.

[142] Zum Verhältnis von Charles S. Peirce und Alfred N. Whitehead vgl.: Reese, W., 1952, 225–237.

[143] „It is customary to under-value theology in a secular history of philosophical thought. This is a mistake, since for a period of about thirteen hundred years the ablest thinkers were mostly theologians", Whitehead, A.N., 1961, 129.

[144] Als eine der Implikationen der immanenten Betrachtungsweise der Naturgesetze führt Alfred N. Whitehead ähnlich wie Charles S. Peirce die Zeitabhängigkeit der Naturgesetze an: „Thus the modern evolutionary view of the physical universe should conceive of the laws of nature as evolving concurrently with the things constituting the environment. Thus the conception of the Universe as evolving subject to fixed, eternal laws regulating all behavior should be abandoned", Whitehead, A.N., 1961, 112.

[145] Whitehead, A.N., 1961, 111.

[146] Whitehead, A.N., 1961, 103–139.

die westliche Wissenschaft deswegen entwickeln können, weil es im Kontext des westlichen Christentums zu einer einzigartigen Verschmelzung[147] zwischen den beiden erstgenannten Konzeptionen des Begriffs Naturgesetz als „Law as immanent" und „Law as imposed" gekommen sei, eine Fusion, die sich in dieser Weise weder im Buddhismus, in dem das „Law as immanent" gilt, noch im Islam, in dem „Law as imposed" vorherrscht, entwickeln konnte. Whitehead bleibt allerdings in diesem panoramaartigen Gesamtbild die historische Detailanalyse schuldig.

Eine ähnlich geschichtliche Gesamtperspektive entwirft Robin G. Collingwood in „The Idea of Nature". Seine Grundidee besteht darin, das Bild von der Natur einer bestimmten geschichtlichen Epoche als Analogon zu dem jeweilig herrschenden Grundparadigma des Lebens, bzw. der Welt zu interpretieren. So unterscheidet er drei Epochen verschiedener Naturbilder. Während das Bild der griechischen Naturphilosophie das des sich selbst bewegenden Organismus ist – analog zum menschlichen Organismus –, das der Renaissance das der Maschine – analog zur beginnenden Mechanisierung im 15. Jahrhundert –, herrscht seit dem 19. Jahrhundert das Bild einer evolvierenden Natur vor – analog zum Beginn des geschichtlichen Denkens seit Beginn des 18. Jahrhunderts. Dies hat auch ein unterschiedliches Verständnis dessen zur Folge, was unter Naturgesetz überhaupt verstanden werden kann. In der griechischen Antike kann nach Robin G. Collingwood der Begriff des Gesetzes in der dem zeitlichen Wandel unterworfenen Natur nicht aufkommen, weil sicheres, notwendiges Wissen nur von zeitlosen Gegenständen möglich ist. Erst die Epoche der Renaissance kann zu diesem Begriff kommen, weil die Funktionsweise einer Maschine als eines abgeschlossenen, deterministischen Systems in Form von Gesetzen ausgedrückt werden kann, die ihr von einem transzendenten Konstrukteur – dem christlichen Gott – gegeben wurden. In der evolutionären Sichtweise der Natur hingegen, in der an die Stelle der abgeschlossenen, determinierten Maschine, das offene, nur begrenzt determinierte System getreten ist, können die steuernden Naturgesetze nur noch statistischen Charakter haben.[148]

## 2.3 Die marxistische Sichtweise

Franz Borkenau hat als erster den Versuch unternommen, die Geschichte des Begriffs Naturgesetz aus dem Blickwinkel einer geschlossenen geschichtsphilosophischen Konzeption zu schreiben. Aus der Sicht marxistischer Geschichtsphilosophie untersucht er ab dem Mittelalter einzelne

---

[147] „But this fusion of the doctrines of Imposition and Immanence, with adjustments this way or that way, is the great conception which reigned supreme till the beginning of the seventeenth century", Whitehead, A. N., 1961, 121.

[148] Collingwood, R. G., 1960, 1–27, 124.

geschichtliche Epochen und beschreibt den Umkreis der inneren logischen
Möglichkeiten des Begriffs Naturgesetz aus dem Kontext möglicher geschichtlich bedingter Denkformen. Ausgehend von der Unmöglichkeit,
den Begriff Naturgesetz aufgrund der Inkongruenz menschlicher Vernunft
und Vernunft der Natur innerhalb des augustinischen Dualismus[149] überhaupt denken zu können und der daraus resultierenden Resorbtionsunfä-
higkeit des Augustinismus für spätantike stoische Restbestände, in denen
Naturgesetz in verschiedener Form denkbar war, lässt Franz Borkenau die
eigentliche Genese des Begriffs Naturgesetz nach dem Vorspiel der weltbe-
jahenden Frühscholastik und ihrer Rationalität mit seiner Analyse der Entwicklungsgeschichte des thomistischen Begriffs *lex natura* beginnen. Erst
mit der theologischen Neubewertung der Vernunft im Thomismus tritt die
Möglichkeit eines positiven Naturbegriffs überhaupt in den Gesichtskreis.
In diesem thomistischen Zentralbegriff der *lex naturalis* ist die Einheit der
moralischen Ordnung der Gesellschaft, der Strebungen des Individuums
und die Natur zusammengedacht. Die Gesetzlichkeit der moralischen
Ordnung überwiegt allerdings die der bloßen Natur-
ordnung, insofern das Vermittlungsglied zu der jeweils final zu erreichenden moralischen Ordnung des menschlichen Lebens, nämlich die Ratio, in
der Natur fehlt. Nur der Mensch ist daher in der Natur als *animal rationale*
fähig, Gesetzlichkeit über seine Ratio als geordnetes Leben zu verwirklichen. Da die Ratio in der Natur fehlt, kann ihr im strengen Sinne auch im
Umkreis des thomistischen Denkens keine Gesetzlichkeit inhärieren.[150]
Gleichwohl ist die Natur in die *lex naturalis* integriert, wenngleich nicht
mit strenger Gesetzlichkeit. Diese Integration von Gesellschaft, Individuum und Natur im Begriff der *lex naturalis* wird vom Nominalismus aufgelöst. Aus der Auflösung des Zusammenhangs zwischen *lex* und *ratio* folgt
sowohl die Konventionalität der politischen Ordnungen, wie sie z. B. in der
Rechtsphilosophie des Marsilius von Padua in Erscheinung tritt, wie auch
die Verwerfung einer finalen Ordnung der Natur. Es kann also gerade im
Nominalismus nicht von einer apriorischen Gesetzmäßigkeit der Natur,
sondern bestenfalls von einer empirisch zu bestimmenden Regelhaftigkeit
die Rede sein.[151] Dieser Auflösungsprozess geht bei Cusanus weiter. Bei
ihm findet sich die Trennung des moralischen Gesetzes vom physischen
Gesetz und die Anwendung des Gesetzesbegriffs auf die Natur überhaupt.
Der Gedanke der mystischen Unmittelbarkeit des Cusanus führt dazu,

---

[149] „Erde – Himmel, Leib – Geist, Konkupiszenz – Gnade", Borkenau, F., [1]1934, Reprint
[2]1971, Reprint [3]1975, 22.

[150] „Eine ewige Ordnung, ein ewiges Gebot, ein ewiges Gesetz waltet über allen Dingen.
Aber es ist kein Naturgesetz im engeren Sinne, denn es ist den unvernünftigen Dingen äußer-
lich; da die Vernunft nicht in ihrer Natur ist, so auch nicht das Gesetz", Borkenau, F., [1]1934,
Reprint [2]1971, Reprint [3]1975, 32.

[151] Borkenau, F., [1]1934, Reprint [2]1971, Reprint [3]1975, 36–40.

dass auch in der Natur Spuren Gottes in Gestalt des Gesetzes vorhanden
sind.[152]

Die verlorene Einheit des mittelalterlichen Weltbildes versuchen die
Denker der Renaissance durch die Konzeption einer idealistischen Welt-
harmonie wiederherzustellen,[153] in der sich das sich entwickelnde und nach
Vollkommenheit strebende Individuum spiegelt. Dabei entwickeln sie die
Vorstellung des Naturgesetzes weiter, wie Cusanus sie entworfen hatte, enden allerdings in einer Sackgasse, weil sich der Harmoniegedanke im zu
engen Konzept der Proportionen und Analogien erschöpft.

Franz Borkenau deutet auch das Verhältnis der Renaissance zur Reformation und die Reformation selbst aus marxistischer Sicht. Insofern sich
nämlich in diesem idealistischen Rationalismus der Renaissance ein opti-
mistisches Menschenbild ausspricht, fällt es unter das Verdikt der Reformation. Auch der idealistische Harmoniegedanke, wie er sich in Mathematik,
Ästhetik und Architektur spiegelt, gehört zur, wenn auch sublimen, Welt
der Sarx. Insbesondere bei Calvin ist die thomistische Einheit der *lex naturalis* vollständig aufgelöst. Das natürliche Sittengesetz kann bestenfalls
den Menschen seiner eigenen Sündhaftigkeit überführen, die Gesetzhaftigkeit der Natur zerbricht unter der Unerkennbarkeit des prädestinierenden
Gottes,[154] auch wenn noch Spuren von Gottes Rationalität in der Schöpfung
anzutreffen sind.[155] Daher kann nach Franz Borkenau die Reformation nicht
als Geburtshelfer der modernen Naturwissenschaft angesehen werden.

Franz Borkenau sieht auch in Francis Bacon keinen Begründer der modernen Naturwissenschaft. Sein Verdikt über die spekulativen Naturphilosophen und sein induktiv partikularistischer Empirismus weisen nicht
den Weg zum Begriff des Naturgesetzes. Auch wenn sein Empirismus sicher stimulierend gewirkt hat, ist seine Gesamtkonzeption der Endpunkt
der mittelalterlichen Entwicklung der Auflösung des integralen Konzepts
der *lex naturalis*. Alle Charakteristika des Naturgesetzbegriffs werden von
Francis Bacon ausdrücklich verworfen: Mathematik, Subjektivität der Sin-
nesqualitäten, Einheit der Materie, mechanistisches Weltbild.[156]

Erst René Descartes kann als Spross einer Familie des aufstrebenden
Bürgertums in der Zeit des Beginns des Manufakturwesens als der Begrün-

---

[152] „qui [= Imperator = Gott] per naturam tanquam legem omnibus imperat", De Beryllo,
Kap. 36, Borkenau, F., [1]1934, Reprint [2]1971, Reprint [3]1975, 32.

[153] Kopernikus, Ficino, Cardano, Vives. Franz Borkenau deutet die Kreisförmigkeit der Planetenbewegung bei Kopernikus als Ausdruck des Harmoniegedankens der Renaissance.

[154] „Und in jenem genauen und unverbrüchlichen Parallelismus, der das Naturgesetz im
moralischen Sinn mit dem physikalischen verknüpft, bedeutet die Leugnung der Gesetzmäßigkeit des menschlichen Lebens die Ablehnung der Naturgesetzlichkeit. […] Das Naturgesetz ist
also ausgeschlossen, weil es der unmittelbaren Vorsehung Gottes widerspricht", Borkenau, F.,
[1]1934, Reprint [2]1971, Reprint [3]1975, 59.

[155] Borkenau, F., [1]1934, Reprint [2]1971, Reprint [3]1975, 61 f.

[156] Borkenau, F., [1]1934, Reprint [2]1971, Reprint [3]1975, 91–96.

der der Philosophie der modernen Naturwissenschaft gelten und damit
des Begriffs des Naturgesetzes, da seine Philosophie den gesellschaftlichen
Bedürfnissen eben dieses beginnenden Manufakturzeitalters am besten
entspricht. Er ist es auch insofern, als er den Versuch unternimmt, die verlorene Einheit von Natur und Moral des thomistischen Weltbildes – gewissermaßen auf einer neuen Ebene – in Gestalt einer Natur, Mathematik
und Moral umgreifenden Universalwissenschaft wieder herzustellen.[157]
Diese neue Ebene zeigt sich bei René Descartes in der Abkehr vom mittelalterlichen naiven Realismus. René Descartes, nicht Immanuel Kant, ist der
erste, der die Welt konsequent aus den Bedingungen des Subjekts erklärt,
die ihrerseits mit den Bedürfnissen der Manufakturperiode übereinstimmen.[158] Insbesondere sind es die 4 Regeln aus dem *Discours de la méthode*
zur Methode, die diese Aufgabe erfüllen können.[159] Der wichtigste Aspekt
dabei ist die Eliminierung aller Qualitäten aus dem wissenschaftlichen
Kategorienkanon zugunsten der Quantitäten, die allein einer mathematischen Behandlung zugänglich sind. Dazu musste auch die Mathematik
entsprechend umgestaltet werden, um dieser Aufgabe genügen zu können,
insbesondere durch die Verbindung von Algebra und Analysis, und die
Vereinheitlichung der Regel- und Zeichensprache. In dieser solchermaßen
reformierten Mathematik lässt sich dann auch die Identität zwischen Naturgesetzen und mathematischen Gesetzen ausdrücken.[160] Diese Naturgesetze und die Sprache der Mathematik, in der sie formuliert sind, sind aber
etwas völlig anderes als die Naturgesetze der Renaissancephilosophie, die
sich in den Gesetzen harmonischer Proportionen, mithin einer statischen
Ordnung, erschöpfen. Die Manufakturperiode benötigt den quantitativ zu
fassenden Begriff der Veränderung.[161]

Es bleibt die Frage, wie Franz Borkenau den transzendenten Bezug der
mathematisch formulierten Naturgesetze in Descartes' Philosophie mit
seiner marxistischen Philosophie in Einklang bringt.[162] Er tut dies, indem

---

[157] „Die zugleich erklärende und normgebende Universalwissenschaft ist die von Jugend
an von ihm ergriffene Aufgabe. […] Ein natürlich-moralisches Leben ist unter den neuen Bedingungen nur bei einem gewissen Maß an Naturbeherrschung möglich", Borkenau, F., [1]1934,
Reprint [2]1971, Reprint [3]1975, 277.

[158] Borkenau, F., [1]1934, Reprint [2]1971, Reprint [3]1975, 311.

[159] Borkenau, F., [1]1934, Reprint [2]1971, Reprint [3]1975, 347 ff.

[160] Diese Identität wird von Descartes zum ersten Mal in einem Brief Descartes' an Mersenne vom 15. 4. 1630 behauptet, Borkenau, F., [1]1934, Reprint [2]1971, Reprint [3]1975, 355.

[161] „Die Aufgabe des bürgerlichen Optimismus ist, in dieser quantitativ zu fassenden Veränderung, und nur in ihr, die ewige, mit dem Menschen übereinstimmende Ordnung nachzuweisen. Damit schlägt die Geburtstunde des modernen Naturgesetzbegriffs", Borkenau, F., [1]1934,
Reprint [2]1971, Reprint [3]1975, 358.

[162] „Les vérités mathematiques, lesquelles vous nommez éternelles ont été établies de Dieu
et en dependent entièrment, aussi bien que tout le reste des créatures … Ne craignez point, je
vous prie, d'assurer et de publier partout, que c'est Dieu qui a établi ces lois en la nature, ainsi

er die Brücke schlägt zwischen Gott als dem obersten Rechtsgeber, wie er metaphorisch im obigen Zitat erscheint, und dem Rechtssystem der zeitgenössischen Gesellschaft, wobei Gott natürlich zum „Überbau" gehört. Die Naturgesetze und Gesetze des Rechts sind analog gebaut und erstere aus letzteren erklärbar,[163] insbesondere was ihre leitenden Prinzipien anbetrifft.

Daher erscheinen Franz Borkenau die Prinzipien des sich entwickelnden bürgerlichen Rechts im einzelnen auch als Prinzipien des Naturgesetzes. Dies gilt insbesondere für die Allgemeingültigkeit des Gesetzes wie für das Prinzip der Gleichheit von Ursache und Wirkung, wie es sich in der mathematischen Gleichung ausdrückt, die ja gerade die Vergleichbarkeit mittels messbarer Quantitäten gewährleisten will. So ist letztlich für Franz Borkenau der Ursprung des modernen Begriffs des Naturgesetzes die Widerspiegelung der notwendigen Rechtsverhältnisse in der sich entwickelnden kapitalistischen Gesellschaft.[164]

Aus marxistischer Perspektive interpretiert auch Edgar Zilsel[165] die Entstehung des Begriffs Naturgesetz.[166] Er führt die Entstehung diesen Begriff gewissermaßen handlungstheoretisch auf die Handwerker-Ingenieure des entstehenden Kapitalismus im 17. Jahrhundert zurück.[167] Galilei hat von

---

qu'un Roi établit des lois en son Royaume", Brief an Mersenne vom 15.4.1630, in Borkenau, F., [1]1934, Reprint [2]1971, Reprint [3]1975, 358.

[163] „In dieser Unveränderlichkeit ewiger Normen in der Natur spiegelt sich die grundsätzliche, keine individuelle Ausnahme leidende Allgemeingültigkeit des modernen Rechtssatzes im Gegensatz zu dem durchweg auf individuellen Privilegien beruhenden Recht des Mittelalters", Borkenau, F., [1]1934, Reprint [2]1971, Reprint [3]1975, 363.

[164] „In doppelter Weise verwirklicht so die Natur das Grundprinzip bürgerlicher Gerechtigkeit: Einmal in der Gleichheit von allem vor dem schlechthin allgemeinen formalen Naturgesetz, dann noch einmal im Inhalt dieses Gesetzes, dem Tausch von Äquivalenten. Besonderheit der Gesetze für jede Spezies, noch mal durchbrochen durch individuelle Ausnahmen war der Inhalt des Naturgesetzes des Mittelalters. Einheitlichkeit des Naturgesetzes für alle Erscheinungen und Gleichheit im Geben und Nehmen in jedem Vorgang ist der letzte Inhalt des Naturgesetzes der kapitalistischen Gesellschaftsordnung", Borkenau, F., [1]1934, Reprint [2]1971, Reprint [3]1975, 371.

[165] Zilsel, E., 1942, 245–279.

[166] An die Ergebnisse von Edgar Zilsel schließt sich im wesentlichen auch Joseph Needham an. Für ihn ist die Existenz des Konzepts ein wesentlichen Kennzeichen der westlichen Zivilisationen im Vergleich mit der von ihm untersuchten chinesischen Kultur, die aufgrund des Fehlens eines göttlichen Gesetzgebers und ihrer harmonistischen Naturphilosophie das Konzept des Naturgesetzes nie formuliert haben. Needham, J., 1951A, 3–30; ders., 1951B, 194–230.

[167] Es wird von ihm allerdings nur ein Handwerker namens Tartaglia genannt, der in seinem Buch über Schusswaffen *Quesiti et Inventione diversi* aus dem Jahre 1546 einen funktionalen Zusammenhang zwischen dem Neigungswinkel einer Kanone und der Weite der Flugbahn eines abgefeuerten Geschosses herstellt, eine Vorform des Funktionsbegriffs. Inzwischen jedoch hat sich die Wissenschaftsgeschichte auch Nicolo Tartaglia zugewandt und eine Reihe von Erkenntnissen gewonnen, die Franz Borkenau noch nicht bekannt waren. Nicolo Tartaglia (1499/1500–1557) in Brescia geboren war Rechenmeister in Brescia und Verona, später 1534 Professor der Mathematik in Venedig. Tartaglia hat vor Cardano die Lösungsformel für kubische Gleichungen entdeckt, Cardano hat sie unter seinem eigenen Namen veröffentlicht.

diesen Handwerkern ihre praktische Tätigkeit des Experimentierens übernommen und systematisiert. So ist bei ihm der Gedanke des Naturgesetzes
implizit vorhanden, wenngleich nirgends explizit expressis verbis formuliert. Erst René Descartes prägt den Begriff Naturgesetz, indem er die regulären, quantitativen Abläufe mechanischer Bewegungen mit dem biblischen
Konzept Gottes als eines Gesetzgebers kombiniert, das seinerseits wiederum gemäß der marxistischen Widerspiegelungstheorie die despotischen
Herrschaftsverhältnisse des alten Orients reflektiert, die in der Zeit des Absolutismus wieder einen fruchtbaren Rezeptionsboden habe.[168] Vermittelt
und weiterentwickelt durch Spinoza[169] (1632–1677), auf den auch die Einführung des Gegensatzes zwischen Naturgesetz und Wunder zurückgeht,
und Robert Boyle[170] (1627–1691), Christiaan Huygens (1629–1695), Heinrich von Oldenburg[171] (ca. 1618–1677) und Robert Hooke (1635–1703)
wird es dann durch Newtons *Philosophiae naturalis principia mathematica*
und *Opticks* in vollem Umfang zum Gemeingut der Naturwissenschaft.

## 2.4 Die neukantianische Sichtweise

Der Marburger Neukantianer Ernst Cassirer hat seine Philosophie immer
im Dialog mit den naturwissenschaftlichen Entwicklungen betrieben. Er
ist auch der einzige unter den Neukantianern, der sich ernsthaft mit der
Entwicklung der Naturwissenschaft historisch und wissenschaftstheoretisch auseinandergesetzt hat. Als zunächst kantianisch geprägtem Philosophen kam es ihm darauf an, die Denkformen der Naturwissenschaften
philosophisch zu analysieren. Auch der Begriff des Naturgesetzes erscheint
ihm daher als eine bestimmte Denkform. In seiner ersten, neukantianisch
geprägten Phase, analysiert er die historische Genese der Denkform des
Naturgesetzes im Kontext seiner strengen Unterscheidung zwischen sub-
stanzhaftem und funktionalen Denken, wie sie in einem seiner wichtigsten
Werke, *Substanzbegriff und Funktionsbegriff* von 1910 niedergelegt ist. In
seiner zweiten Phase, in der er den Rationalitätsbegriff sowohl Kants wie
auch des Neukantianismus durch eine Analyse der Fähigkeit der Ratio zur

---

In seinem Werk *La nova sciencia* von 1537 untersucht er die Flugbahnen von Geschossen und
gibt eine exakte Methode zu ihrer Berechnung an. Posthum erscheint sein mathematisches
Hauptwerk *Trattato di numeri et misure* in den Jahren 1556–1560. In seinen Werken kommt
die enge Verbindung von handwerklichen Problemen und ihre wissenschaftliche Lösung in der
Tat deutlich zum Ausdruck, Katscher, F., 2001.
  [168] „Like Galileo, who took over the basic idea of physical regularities and quantitative rules
of operation from the superior artisans of his period. And from the bible he took the idea of
God's legislation. By combining both he created the modern concept of natural law", Zilsel,
E., 1942, 269.
  [169] Spinoza, Tractatus Theologico-Politicus, 1670, Kap. 6.
  [170] Boyle, R., 1666.
  [171] Heinrich von Oldenburg war Sekretär der Royal Society.

Symbolbildung wesentlich erweitert,[172] stellt er den Begriff Naturgesetz im Kontext seiner Diskussion der neuen Entwicklungen der Physik in Relativitätstheorie und Quantenmechanik in systematischer Form dar. Auf diese philosophische Erweiterung seines Begriffs vom Naturgesetz werden wir erst im zweiten, systematischen Teil näher eingehen.

Nach Ernst Cassirer kann das naturwissenschaftliche Denken, und damit der Begriff des Naturgesetzes erst dann entstehen, wenn die betreffenden Denkformen zur Verfügung stehen. Das ist für die Naturwissenschaft das Denken in funktionalen Abhängigkeiten. Diese Denkstruktur ist in der Struktur aristotelischen Denkens aus zwei Gründen nicht darstellbar. In ontologischer Hinsicht hat jede entelechial sich entwickelnde individuelle Substanz das Primat vor ihren Relationen, die nur akzidentiellen Charakter haben und mithin ontologisch geringerwertig sind. Im funktionalen Denken ist es umgekehrt. Erst die Relation, mathematisch dargestellt durch die Funktion, erschließt den Wert des Individuellen durch die Fülle ihrer Relationsmöglichkeiten. In erkenntnistheoretischer Hinsicht ist das funktionale Denken im aristotelischen Denkhorizont deswegen nicht darstellbar, weil weder der mathematische Begriff der Funktion, noch die naturwissenschaftlichen Grundbegriffe und auch nicht der zugrunde liegende Begriff des Naturgesetzes empirisch induktiv gewonnen sind, wie dies der aristotelischen Erkenntnistheorie *„nihil est in mente, quod non ante fuerit in sensu"* entspräche, vielmehr sind sie Produkte konstruktiven Denkens. Dies zeigt sich auch darin, dass die Abstraktionsbegriffe, die Universalien, als Denkform prinzipiell nicht geeignet sind, die Allgemeinheit der Relationen, wie sie in den Naturgesetzen in Gestalt von Funktionsgleichungen ausgedrückt werden, darzustellen. Aus all dem folgt, dass Ernst Cassirer den Beginn der modernen Naturwissenschaft und damit die Entstehung des Begriffs des Naturgesetzes erst mit den Gründergestalten der Wissenschaftlichen Revolution, René Descartes, Galileo Galilei und Johannes Kepler ansetzt, bei denen aristotelische Denkformen nicht mehr vorkommen. Kurz gesagt, Aristoteles denkt in Aggregaten, die moderne Naturwissenschaft in Systemen, wobei dieses moderne Denken in Systemen das Verhaftetsein der drei Gründerväter in unterschiedlichen theologischen Traditionen nicht ausschließt. Trotz seiner Bekanntschaft mit dem Werk Pierre Duhems,[173] dessen wissenschaftstheoretische Überlegungen zum Naturgesetz er in *Substanzbegriff und Funktionsbegriff* aufnimmt, findet sich bei Ernst Cassirer nur ein kurzer Bezug auf einen möglichen Ursprung oder eine mögliche Vorbereitung der Wissenschaftlichen Revolution im Mittelalter. Gemäß seinem eigenen erkenntnistheoretischen Ansatz lehnt Ernst Cassirer jedwede vorbereitende Rolle des Mittelalters für die Entstehung der

---

[172] Die zweite Phase beginnt mit der Arbeit an seiner *Philosophie der symbolischen Formen.*
[173] Zum Verhältnis Duhem-Cassirer, vgl. Ferrari, M., 1995, 177–196.

modernen Naturwissenschaft ab.[174] Dem entspricht, dass Ernst Cassirer die Wurzeln des modernen Begriffs Naturgesetz in der Auseinandersetzung Keplers und Galileis mit der Antike, insbesondere mit Platon sieht.[175]

Der besondere Charakter des Begriffs Naturgesetz bei den drei Gründergestalten soll nun kurz skizziert werden. Eine gewisse vorbereitende Rolle erkennt Ernst Cassirer in der Renaissancephilosophie, insbesondere in der Florentiner Akademie.

### 2.4.1 Die Naturphilosophie der Renaissance – die Akademie in Florenz

Ein Zentrum der Naturphilosophie des 14. und 15. Jahrhunderts ist die Florentiner Akademie, in der sich Platonismus, Aristotelismus und Stoizismus mischen. Für diese Naturphilosophie ist die Vorstellung der Natur als eines Organismus kennzeichnend, in dem alles mit allem in lebendiger Beziehung steht. Allerdings ist die Trennung dieser Art kosmischen Beziehungsdenkens von der Magie noch nicht vollzogen. Maßgebend für die Neufassung des Naturbegriffs ist der Begriff der Kraft. Dies führt auch zu einer Vorform des Naturgesetzes.[176]

Aus diesem Organismusgedanken entwickelt sich dann der Mechanismusgedanke der Natur, der in der Naturwissenschaft herrschend geworden ist. Insgesamt kann man sagen, dass in dieser Naturphilosophie die Konzepte Organismus, Individualität, Bewusstsein und Kraft miteinander verknüpft sind. Vor allem wird die Natur als ein abgeschlossenes, sich selbst erhaltendes System verstanden.[177]

### 2.4.2 Johannes Kepler

In Keplers früher Verteidigungsschrift für Tycho Brahe findet sich nach Ernst Cassirer der Ursprung des modernen Begriffs des Naturgesetzes.[178] Wichtig ist dabei Keplers Rückgriff auf den platonischen Begriff der Hypothese.[179] Kepler überwindet durch seine Übertragung dieses platonischen

---

[174] Cassirer, E., 1961, 53, 186.

[175] „Denn so seltsam es auf den ersten Blick erscheinen mag: es ist gerade das charakteristisch Neue, das Kepler und Galilei sich erarbeiten; es ist ihre Auffassung und ihre Definition des Naturgesetzes, für die sie sich von der antiken Philosophie geschaffenen Denkmittel bedienen und wofür sie diese Denkmittel anrufen", Cassirer, E., 1969, 20.

[176] „Der Begriff des Weltorganismus, der hier erreicht wird, ist die erste Form in der der Gedanke der Selbstgenügsamkeit der Naturgesetze sich kleidet", Cassirer, E., 1991A, 208.

[177] „Die Vollkommenheit der Naturdinge beweist sich eben darin, daß sie in sich selbst den Keim und das Vermögen der Selbsterhaltung besitzt", Cassirer, E., 1991A, 211.

[178] Kepler, J., 1858, 215–287, bes. 238 ff.

[179] Unter Hypothese ist bei Plato nicht in erster Linie im modernen wissenschaftstheoretischen Sinne Annahme oder Vermutung zu verstehen, die der Verifikation oder Falsifikation bedürfen. Vielmehr ist sein Verständnis von Hypothese im Kontext seiner ontologischen Schichtentheorie zu deuten. „Das worauf etwas ruht, wodurch es allein gedacht werden und sein kann, ist für Platon ‚Voraussetzung' (ὑπόθεσις), d.h. ein Seiendes, das zuerst gesetzt sein muss, wenn ein weiteres Seiendes sein soll. Hypothesis ist bei Platon manchmal auch ein vorläufig

Begriffs auf die Natur die platonische Geringschätzung der Natur und seine Dichotomie zwischen den Gegenständen des reinen Denkens und der Natur. Die Natur kann nun auch kraft der Mathematik den Charakter der Gesetzlichkeit bekommen.[180]

Die Besonderheit des Umgangs Keplers mit Plato besteht allerdings in seiner Umformung der Harmonie der regelmäßigen Vielecke, wie Plato sie im Timaeus beschrieben hatte, unter dem Druck der empirischen Daten zur Marsbahn. Dem entspricht Keplers Hinwendung zum funktionalen Denken in der Mathematik.[181] So wird der Begriff Naturgesetz bei Kepler expressis verbis formuliert.[182]

Der Gedanke der Selbstgenügsamkeit der Natur, die sich in den physikalischen Gesetzen ausspricht, führt für Kepler auch zu einem neuen Verständnis des Verhältnisses von Gott zu Natur. Gott wird als Erhalter der Welt überflüssig.[183]

### 2.4.3 Galileo Galilei

Ernst Cassirer hat als erster die Bedeutung der Schule von Padua[184] für die Entwicklung des galileischen Methodenbewusstseins und seiner universalen Verwendung der Mathematik erkannt.[185] Damit hat er für die nachfolgende Forschung die Weichen gestellt, indem er die Frage nach der Kontinuität und dem Bruch Galileis mit der Schule von Padua aufwarf.[186] Während er in seinem frühen philosophiegeschichtlichen Werk *Das Erkenntnisproblem*

---

angenommener Satz (Hypothese), in seiner Ontologie aber ist Hypothesis ‚Seinsgrundlage'“, Hirschberger, J., Bd. I, [12]1980A, 104.

[180] „In Keplers Verteidigung des platonischen Begriffs entsteht die Bestimmung der *vera hypothesis*, die den Grund zu dem modernen Begriff des Naturgesetzes legt“, Cassirer, E., 1991A, 340–348; 1930, 141.

[181] „Zur Natur – [...] – gehören nur solche Prozesse, die durch eine feste Regel der Größenbeziehungen miteinander verknüpft und einander wechselseitig zugeordnet sind: Der Funktionsbegriff ist es, der den Inhalt des Körperbegriffs, wie des Naturbegriffs abgrenzt und bestimmt“, Cassirer, E., 1991A, 355f.

[182] „Hanc (secundam inaequalitatem planetarum) pertinacissimis laboribus tantisper tractavi, ut denique sese *naturae legibus* accomodet, itaque, quod hanc attinet, de astronomia sine hypothesibus constituta gloriari possim“, Brief vom Mai 1505, Op. III, 37, Cassirer, E., 1991A, 375.

[183] „Das Verhältnis von Gott und Natur hat sich gewandelt; Gott tritt nicht mehr von außen in die Natur, als einen fremden unwürdigen Stoff, ein, sondern die Natur selbst ist es, die, kraft ihres eigenen Wesens, zum göttlichen, weil zur geometrischen Gesetzlichkeit, hinstrebt“. So spricht es Kepler selbst aus: „Tibi Deus in naturam venit mihi natura ad divinitatem aspirat“, Cassirer, E.,1991A, 367.

[184] Die Bezeichnung „Schule von Padua“ geht auf Ernest Renan zurück, der sie in seiner Untersuchung *Averroès et l'averroisme* prägte, Renan, E., 1866, Reprint [2]1986.

[185] Cassirer, E., 1991A, 136–144 (zu Zabarella); 377–418 (zu Galilei).

[186] Diese frühe These Ernst Cassirers von der Kontinuität Galileis mit der Schule von Padua wurde vor allem durch John H. Randall, Jr. bestätigt. Randall, J.H. Jr., 1940, 177–206, Reprint: [2]1961; ders., 1976, 275–282; weitere Literatur zum Thema Galilei – Schule von Padua: Edwards, W.F., 1967, 55–66; Gilbert, N.W., 1963, 223–231; Wallace, W.A., 1991.

*in der Philosophie und Wissenschaft der neueren Zeit* noch die Kontinuität von Galilei zu der aristotelischen Schule von Padua betonte, setzt er
in seinem späteren Werk *Galileos Platonism* unter dem Gesichtspunkt der
Mathematisierbarkeit eher den Akzent auf den Bruch mit der Schule von
Padua und ihrer Methodik und betont die gleiche Tendenz eines Rückbe-
zugs auf Plato wie bei Kepler, allerdings nicht in Bezug auf den Harmonie-
begriff der regelmäßigen Körper wie im Timaeus, sondern in Bezug auf die
Möglichkeit der Konstruierbarkeit mathematischer Objekte, wie sie Plato
im Kontext der Anamnesislehre im Meno entwickelt.[187] In diesem Sinne ist
Galilei moderner als Kepler. Indem Galilei aber die Mathematik von den
Proportionen idealer Körper auch zu den Bewegungen der sublunaren
Welt überträgt, entwickelt er gewissermaßen einen *dynamisierten* Plato.

Ernst Cassirer sieht aber Galilei auch in der geistigen Tradition von Cusanus, die ihm durch die Werke Leonardo da Vincis vermittelt wurde.[188]
Von Cusanus ausgehend, entwickelt sich ein neues Weltverhältnis der Vernunft.[189] Dieses neue Weltverhältnis der Vernunft konkretisiert sich als mes-
sende, d.h. mathematische Vernunft. Sie ist auch in der Lage, die Sprache
Gottes im Buch der Natur zu lesen, die sich in Mathematik ausdrückt.[190]
Insofern die mathematische Vernunft *notwendigen* Charakter hat, haben es
auch die Naturgesetze.

### 2.4.4 René Descartes

Bereits in seinem Erstlingswerk *Descartes' Kritik der mathematischen und
naturwissenschaftlichen Erkenntnis* macht Cassirer darauf aufmerksam,[191]
dass die eigentliche revolutionäre Tat Descartes' nicht in seinem *cogito ergo
sum*, auch nicht in seinem Hauptbegriff der Substanz liegt, sondern in seiner konstruktiv-rationalen Methode, wie sie in den *regulae ad directionem
ingenii* niedergelegt sind.[192]

Unverzichtbare Bestandteile dieser Methode sind die Aspekte der Messbarkeit, Größe und Veränderung.[193] Diese vier Aspekte: Konstruktive Me-

---

[187] Cassirer, E., 1944, 284.

[188] Cassirer, E., 1909, 99 ff.

[189] Gottes Unendlichkeit ist der menschlichen Vernunft nicht zugänglich. „Finiti et infiniti
nulla proportio". Die Konsequenz daraus ist einerseits der mystische Weg zu Gott über den
klassischen Weg der *via negationis*, andererseits ein Freiwerden der menschlichen Vernunft für
die Welterkenntnis. Die weltliche Vernunft ist für die Naturwissenschaft insofern geeignet, als
sie einerseits durch ihre schöpferische Eigenaktivität Begriffe hervorzubringen vermag, andererseits ihr Vermögen im Messen und Vergleichen liegt. Cassirer, E., [1]1927, Reprint [7]1994, 11.

[190] Die Theorie von den beiden Büchern für die Gotteserkenntnis, dem „Buch der Natur"
und dem „Buch der Bibel", beschreibt Galilei in einem Brief an seinen Schüler Castelli – Professor für Mathematik – im Jahre 1613, Cassirer, E., 1937, 127, 128.

[191] Cassirer, E., 1902, Reprint [2]1962.

[192] „Wissenschaft im strengen Sinne ist nur dort vorhanden, wo der Gegenstand selbst aus einer ursprünglichen Einheit der Methode abgeleitet wird", Cassirer, E., 1902, Reprint [2]1962, 6.

[193] Cassirer, E., 1902, Reprint [2]1962, 10 f, 26 f.

thode, Messbarkeit, Größe und Veränderung trägt Descartes nun in einem
sekundären Akt an die Natur heran und definiert durch sie das, was unter
einem Körper zu verstehen ist: Ein Körper wird durch seine Ausdehnung
definiert, sekundär durch seine Veränderung, d. h. seine relative Bewegung
im Raum. Erst bei Descartes vollzieht sich die vollständige Synthese zwischen Mathematik und Natur.[194]

Auf dem rationalen – nicht empirischen! – Prinzip der Erhaltung der
Bewegungsqualität baut die gesamte cartesische Physik auf.[195] Allerdings
ist Descartes im Verfolg der Ausarbeitung seiner naturwissenschaftlichen
Forschungen seiner eigenen konstruktiven Methode nicht treu geblieben.
Dies zeigt sich insbesondere in seinem Substanzbegriff, den er als philosophisches Relikt weiter mitschleppt und ihn nicht in sein neues Konzept der
Veränderung integrieren kann.[196] Aus dieser Unausgewogenheit ergibt sich,
dass sich seine Dynamik in der Physik nicht aus der inneren Verbindung
von Substanz und Veränderung aufbauen lässt. Seine Dynamik ist aufgrund
fehlender mathematischer Werkzeuge nicht in der Lage, „den Bewegungszustand eines Körpers in seinem ganzen Verlauf von Zeitmoment zu Zeitmoment zu verfolgen.“[197]

Es fehlt der Begriff der Gesetzlichkeit des Übergangs. Trotzdem nimmt
Descartes auch am Begriff der Substanz eine folgenreiche Modifikation vor.
Er unterscheidet nämlich deutlich zwischen Substanz und Erhaltung. Das
Erhaltungsprinzip wird von Descartes nicht mehr als Erhaltung des Stoffes
verstanden, sondern als Erhaltung des Prozesses der Bewegung. Der Mangel liegt allerdings darin, dass er die Bewegung nicht soweit zu definieren
vermag, dass auch die Bewegungsrichtung identifizierbar ist.[198] Diese Beschränkung zeigt sich auch im Bewegungsbegriff, der nicht konsequent im
Sinne der immanenten Prinzipien seiner neuen Methode entwickelt wird,
sondern auf die aristotelische ἀρχὴ τῆς κινήσεως zurück geführt wird.[199]

Analog ist dies nun auch beim Begriff Naturgesetz zu beobachten, der
bei ihm noch ganz in theologischen Kategorien befangen bleibt, obwohl er
bereits durch seine neuen Prinzipien definiert ist.[200]

---

[194] „S'il plaît (à Mr Desargues) de considérer ce que j'ai écrit du sel, de la neige, de l'arc-en-
ciel etc., il connaîtra bien que toute ma Physique n'est autre chose que Géometrie“, Cassirer,
E., 1995, 22.

[195] Cassirer, E., 1902, Reprint ²1962, 27.

[196] Cassirer, E., 1902, Reprint ²1962, 47–50.

[197] Cassirer, E., 1902, Reprint ²1962, 50.

[198] Cassirer, E., 1902, Reprint ²1962, 53–56.

[199] Cassirer, E., 1902, Reprint ²1962, 59. „Dieses Sein gilt jetzt als die „primäre Ursache“
der Bewegung, dem die Bewegungsgesetze untergeordnet bleiben“, Cassirer, E., 1902, Reprint
²1962, 60.

[200] „Im allgemeinen zwar hat Descartes durch die Aufstellung der drei Grundgesetze der Bewegung den modernen Begriff des Naturgesetzes zum ersten Male nach seiner philosophischen
Bedeutung bestimmt. Die Formulierung der „Prinzipien“ aber bringt das Neue und Entschei-

## 2.4.5 Der Funktionsbegriff als historisch bedingte mathematische Form des Naturgesetzes

Da bereits die Formulierung des Funktionsbegriffs ein schöpferischer konstruktiver Akt des Verstandes ist, enthalten nach Ernst Cassirer die entscheidenden naturwissenschaftlichen Begriffe, die nach diesem Vorbild geformt sind, analoge konstruktive Elemente und können nicht auf empirische Eindrücke zurückgeführt werden. Er verdeutlicht diesen Akt schöpferischer idealer Begriffsbildung der Naturwissenschaft anhand verschiedener physikalischer Begriffe, wie z.B. „starrer Körper", „Temperatur", „ideales Gas", „absoluter Raum", „absolute Zeit" und „Massenpunkt".[201] Solche Begriffe nennt er „ideale Grenzbegriffe",[202] die überhaupt erst definieren, was ein physikalisches Objekt sein kann und daher verstanden werden müssen als Ausdruck einer schöpferischen Verwandlung konkreter sinnlicher Anschauung in abstrakte Relationen.[203] Von daher ist es klar, dass Ernst Cassirer eine empiristische Deutung physikalischer Begriffsbildung und die Sinneseindrücke als letzte Quelle physikalischer Begriffe etwa im Sinne Machs ablehnt. Kommt es ihm doch gerade darauf an, durch die konstruktive Kraft der Begriffsbildung, wie sie gerade bei Descartes als revolutionäre Neuerung wissenschaftlicher Begriffsbildung geschaffen wurde, die Macht der Sinnlichkeit zu brechen, um sie desto sicherer dem Verstand zu unterwerfen. Ernst Cassirer versteht daher seine erkenntnistheoretische Grundhaltung als „logischen Idealismus."[204] In diesem Sinne müssen nun auch die Naturgesetze verstanden werden als Ausdruck funktionaler Relationen zwischen den konstruktiv erzeugten Grenzbegriffen.[205] Daher ist auch der Begriff des Naturgesetzes ein Grenzbegriff. Er ist es insofern nach der Seite des Idealismus hin, als er kein rein idealer Begriff ist, weil die physikalischen Grenzbegriffe sich an der Empirie bewähren müssen. Er ist es auch insofern nach der Seite der Empirie hin, als er nicht allein aus der Empirie gewonnen wird. In diesem Sinne kann Ernst Cassirer sagen, dass es in der Natur keine Naturgesetze im Sinne „idealer Grenzbegriffe" gibt.[206]

---

dende des Gedankens nicht genügend zum Ausdruck. Hier gilt die Gesetzlichkeit der Natur doch wiederum als der Hinweis auf den verborgenen Gesetzgeber, der sich in ihr enthüllen soll. So bleibt die Natur das Sein der Schöpfung und das Gesetz ein Befehl, der von außen an sie ergeht; nicht ein Begriff, der sie konstituiert. Allerdings handelt es sich hier mehr um ein Zugeständnis an traditionelle Lehren als um eine systematische Ansicht, in der Descartes selbst befangen blieb – die Möglichkeit eines solchen Zugeständnisses beweist jedoch, daß der neue Begriff der Kausalität, der sich in Descartes' Mechanik ausbildet, zu seiner bewussten logischen Reife nicht entwickelt wird", Cassirer, E., 1902, Reprint ²1962, 60.

[201] Cassirer, E., ¹1910, ⁷1994, 172, 181–184.

[202] Cassirer, E., ¹1910, ⁷1994, 159, 172.

[203] Cassirer, E., ¹1910, ⁷1994, 154.

[204] Cassirer, E., ¹1910, ⁷1994, 172.

[205] Cassirer, E., ¹1910, ⁷1994, 172.

[206] Sowohl die Beispiele für den „idealen Grenzbegriff" als auch die Argumentationsstruktur für den Status der Naturgesetze erinnern sehr stark an Pierre Duhems Sichtweise. Da Ernst

Der Funktionsbegriff ist daher der Schlüsselbegriff, um die Denkstruktur der modernen Naturwissenschaft zu verstehen, die darin besteht, die Dinghaftigkeit des Augenscheins in ein immer abstrakteres und immer feingliedrigeres System von Relationen und funktionellen Abhängigkeiten zu verwandeln. Dabei bewirkt die innere Dynamik des Denkens, seine Selbsttranszendenz,[207] eine beständige Abstraktion und Verallgemeinerung der Relationssysteme, die bestimmte Elemente, die auf einer Ebene als konstant angesehen werden konnten, auf der nächst höheren Ebene als Variable erscheinen.[208] Auch das Einzelne und Individuelle wird in diesem Sinne von Cassirer gerade durch die Vielfältigkeit seiner Relationsfähigkeit definiert.[209] Der konstruktive Charakter der Naturgesetze als „idealer Grenzbegriffe" führt nunmehr zu einem gewissen Moment der Beliebigkeit und Willkürlichkeit der Konstruktion der Grundbegriffe.[210] Dennoch ist diese Willkürlichkeit insofern begrenzt, als Denken und Sein, Konstruktion und Wirklichkeit in der Grundform der „Relation" sich treffen.[211] In diesem Sinne kann man sagen, dass die Naturgesetze real sind.[212]

## 2.5 Resümee

Von einer durchgehenden oder gar einheitlichen Forschungsgeschichte kann innerhalb der Philosophiegeschichte keine Rede sein. In allen Darstellungen im Rahmen einer philosophischen Gesamtkonzeption, dem Marxismus, Charles S. Peirce' metaphysischem Evolutionismus, dem Positivismus, sowie dem Neukantianismus ist die Motivation zur Erforschung des Begriffs Naturgesetz jeweils von der eigenen philosophischen Perspektive

---

Cassirer die Werke Pierre Duhems bereits in seinem *Substanzbegriff und Funktionsbegriff* zitiert und später 1940 bei der Abfassung seines IV. Bands von *Das Erkenntnisproblem in der Philosophie und Wissenschaft der neueren Zeit* abschließend würdigt, liegt die Vermutung nahe, dass Ernst Cassirer Pierre Duhem „in die Sprache des Marburger Transzendentalismus gewissermaßen übersetzt". Vgl. Ferrari, M., 1995, 177–196; dort weitere Literatur zum Verhältnis Cassirer-Duhem-Einstein.

[207] Cassirer, E., [1]1910, [7]1994, 398.

[208] „Wir entdecken nunmehr, in den letzten empirischen ‚Naturgesetzen', gleichsam Konstanten höherer Ordnung, die sich über den bloß faktischen Bestand der Einzeltatsachen, die in bestimmten Größenwerten fixiert ist, erheben. [...]. Die ‚Grundgesetze' der Naturwissenschaft, die zunächst die abschließende ‚Form' alles empirischen Geschehens in sich darzustellen scheinen, dienen, unter einem anderen gedanklichen Gesichtspunkt, alsbald wiederum nur als Material einer weitergehenden Betrachtung. Auch diese ‚Konstanten zweiter Stufe' lösen sich im ferneren Prozeß der Erkenntnis wiederum in Variable auf", Cassirer, E., [1]1910, [7]1994, 352.

[209] Cassirer, E., [1]1910, [7]1994, 304.

[210] Cassirer, E., [1]1910, [7]1994, 247 ff.

[211] Cassirer, E.,[1]1910, [7]1994, 379 f, 432.

[212] „[...] und diese Gesetzmäßigkeit, die für uns eine Bedingung der Begreiflichkeit der Phänomene ist, ist zugleich die einzige Eigenschaft, die wir unmittelbar auf die Dinge übertragen können. [...]. Die Gesetzlichkeit des Realen besagt zuletzt nichts mehr und nichts anderes als die Realität der Gesetze Cassirer, E., [1]1910. [7]1994, 405.

motiviert, die auch den Fragehorizont festlegt. Dies gilt besonders für die beiden genannten geschichtlich interessierten Philosophien, Peirce' Evolutionismus und der marxistischen Philosophie, aber auch für Ernst Cassirers Neukantianismus. Historischer Tatbestand und Interpretation sind nicht immer klar getrennt. In allen anderen Beispielen ist die Erwähnung der Entwicklung des Begriffs Naturgesetz untergeordnetes Beiwerk.

## 3  Forschungsgeschichte aus theologiegeschichtlicher Sicht

### 3.1  Das Verhältnis von Naturwissenschaft und Theologie im 20. Jahrhundert

Zu Beginn des Jahrhunderts pendelt das Verhältnis von Naturwissenschaft zu Theologie zwischen Gleichgültigkeit und offener Feindschaft. In der angelsächsischen Welt herrschen Werke wie *A History of the Warefare of Science with Theology in Christendom*[213] von Andrew Dickson White (1832–1918) vor und dominieren und die Debatte. Es tobt die Auseinandersetzung um den Darwinismus. In Frankreich gibt es eine merkwürdige Pattsituation. Von Seiten der Wissenschaft möchte der theoretische Physiker und Wissenschaftshistoriker Pierre Duhem mit seinen Forschungen zur Physik des Mittelalters und ihrer nominalistischen Theologie der Kirche einen Dienst erweisen, den diese gar nicht in Anspruch nehmen will, weil sie den Nominalismus Ockhams nicht teilt. Die Kirche ihrerseits versucht, mit Hilfe des Neuthomismus die intellektuelle Szene in Frankreich und damit auch die Wissenschaft zurückzuerobern, ohne innerhalb der Wissenschaft damit diskurswürdig zu sein. In Deutschland herrscht Schweigen, das nur gelegentlich von Äußerungen über private religiöse Überzeugungen führender Naturwissenschaftler, z. B. Max Plancks und Albert Einsteins,[214] nach dem Krieg Pascual Jordans (1902–1980), unterbrochen wird.[215] Diese völlige Isolation der deutschen Theologie um die Jahrhundertwende von den Naturwissenschaften wurzelt letztlich in dem sich über Jahrhunderte hinziehenden Prozess der Erosion der natürlichen Theologie als einer möglichen Dialogebene innerhalb der protestantischen Theologie Deutschlands.[216] Diese Dialogunfähigkeit wird nach dem I. Weltkrieg

---

[213] White, A. D. [1]1896, Reprint [2]1955; in ähnlich polemischem Stil: John William Draper (1811–1882), Draper, J. W., 1874. In der angelsächsischen Welt hat es allerdings immer wieder Diskussionen darüber gegeben, inwieweit einzelne physikalische Theorien mit christlichen Glaubenssätzen vereinbar sind, sei es der Äther, der 2. Hauptsatz der Thermodynamik, die Relativitätstheorie oder die Quantenmechanik. Vgl. hierzu Hiebert, E. N., 1986, 424–447.

[214] Jammer, M., 1995.

[215] Bekannt geworden ist sein Buch: „Der Naturwissenschaftler vor der religiösen Frage: Abbruch einer Mauer", Jordan, P., 1963, [2]1964, [3]1965, [6]1972.

[216] Die Situation wird charakterisiert durch eine Einschätzung von Karl Heim aus dem Jahre 1906: „Wir müssen jetzt ganz neue Wege suchen […], wenn nicht der ungeheure Riß zwischen der nur unter sich verkehrenden Theologie und der Welt der Mediziner und Naturwissen-

durch das dogmatische Verdikt Karl Barths über die Möglichkeit einer
natürlichen Theologie noch einmal verstärkt.[217] Erst als eine modifizierte
natürliche Theologie nach dem II. Weltkrieg wieder ernsthaft in Erwägung
gezogen wurde, konnte auch von dogmatischer Seite aus ein Dialog wieder sinnvoll erscheinen, z. B. bei Wolfhart Pannenberg und Christian Link.
Da in der britischen Theologie die Tradition der natürlichen Theologie nie
abgebrochen ist, auch nicht innerhalb des Katholizismus, war in der angelsächsischen Welt die Dialogsituation leichter. In diesem Sinne konnte etwa
Eric Mascall aus theologischer Perspektive die Kontingenz und Regularität
der Naturgesetze betonen.[218]

Ähnlich kann der reformierte Theologe Thomas F. Torrance argumentieren, eigentlich strenger Barthianer, der ab den 60er Jahren auf der Basis
einer *revised natural theology* versucht, eine Brücke zur Naturwissenschaft
zu schlagen.[219]

Diese neue Lage wurde auch vorbereitet durch Robert K. Merton, der
1938 – angeregt durch die Studien Max Webers zum Beitrag des Protestantismus zur Entstehung des protestantisch- kapitalistischen Arbeitsethos
– den Beitrag des Protestantismus zur Entstehung der modernen Naturwissenschaft herauszuarbeiten versuchte.[220] Diese *Merton thesis* ist seither
intensiv diskutiert worden und hat zahlreiche weitere Veröffentlichungen
nach sich gezogen, wurde indes von Merton selbst kurz vor seinem Tod
widerrufen.[221]

Nachdem über diese kulturgeschichtliche Brücke und die Renaissance
der natürlichen Theologie eine Dialogebene zwischen Theologie und Naturwissenschaft eröffnet worden war, verwandelte sich in den 50er Jahren
die „warfare" Situation in eine Dialogbereitschaft und es entstanden eine
Reihe von themenorientierten Untersuchungen zum Verhältnis Christen-

---

schaftler über kurz oder lang zu einer Katastrophe führen soll. Eine Riesenarbeit ist zu tun,
um den schon seit hundert Jahren verlorenen Anschluß wieder einzuholen, ehe es zu spät ist",
Wölfel, E., TRE XXIV, 1994, 206.

[217] Zur Rolle der natürlichen Theologie und zur Geschichte der Beziehung Naturwissen-
schaft-Theologie, vgl. Sparn, W., 1994, TRE XXIV, 85–98; Wölfel, E., 1994, TRE XXIV, 206 f.

[218] „For empirical science to arise at all, there must be the belief – or at least the presump-
tion – that the world is both contingent and regular. There must be regularities in the world,
otherwise there will be nothing for science to discover; but they must be contingent, otherwise
they [...] could be thought out *a priori*", Mascall, E., 1957, 98.

[219] Torrance, T. F., 1981; zur natürlichen Theologie von Thomas F. Torrance vgl. Achtner,
W., 1991.

[220] Merton, R. K., 1938.

[221] Die wichtigste Literatur zu diesem Thema seither: Stimson, D., 1935, 321–334; Hill,
C., 1965; Jones, R. F., 1965; Hooykaas, R., 1972; Rabb, T. K., 1962, 46–67; Greaves, R., 1969,
345–368; Morgan, J., 1979, 535–560; Webster, C., 1975; Mulligan, L., 1980, 456–469; Webster,
C., 1986, 192–217.

tum-Naturwissenschaft.[222] Als Folge dieser nunmehr etwas freundlicheren Situation erschienen drei Werke, die vor allem den positiven Beitrag des Christentums zur Entstehung der Naturwissenschaft herausstellten, zwei von protestantischer[223], eines von katholischer[224] Seite.[225] Vor dem Hintergrund dieser günstigen geistigen Großwetterlage befassen sich auch eine Reihe von Untersuchungen direkt mit dem Entstehungsprozess des Begriffs Naturgesetz aus dem theologischem Umfeld. Einige Autoren thematisieren dabei auch die schleichende Infragestellung zentraler christlicher Glaubensinhalte, wie Rechtfertigung[226] und Trinität[227] durch theologisch interessierte Naturwissenschaftler.

### 3.2 Der voluntaristisch-nominalistische Traditionsstrom

Hier ist vor allem die Pionierarbeit von Francis Oakley[228] zu nennen. In Aufnahme der Anregungen von Alfred N. Whitehead,[229] Michael B. Foster[230] und Robin G. Collingwood[231] und in Verbindung mit seinen Forschungen zum theologischen Ursprung des Naturrechts führt er den Begriff des Naturgesetzes zurück in die Tradition der voluntaristisch-nominalistischen Theologie des 14. Jahrhunderts. Naturrecht und damit Naturgesetz wird im Voluntarismus im Gegensatz zum Thomismus als nicht „inherent in nature", sondern als „externally imposed" verstanden.[232]

---

[222] Hier sind vor allem zu nennen: Dupree, A. H., 1959; Gillispie, C. C., 1951; Kocher, P. H., 1953; Santillana, G. de, 1955; Westfall, R. S., 1958.

[223] Dillenberger, J., 1960; Hooykaas, R., 1972.

[224] Jaki, S. L., 1966; ders. 1978.

[225] Die Arbeiten der genannten drei Autoren Stanley L. Jaki, John Dillenberger, Reijer Hooykaas wurden stark in Zweifel gezogen von Grunder, R., 1975, 55–81.

[226] So hat Gary B. Deason zu zeigen versucht, dass die Lehre der Souveränität Gottes, ursprünglich in der Reformation im Kontext der Absicherung der Rechtfertigung konzipiert, im Prozess der geschichtlichen Entwicklung der Naturwissenschaft zur Souveränität des kosmischen Gesetzgebers auf Kosten des persönlich rechtfertigenden Gottes mutiert. Deason, G. B., 1986, 185 ff.

[227] Ähnlich wie Gary B. Deason die Auswanderung der Souveränität Gottes in einen bloßen Theismus auf Kosten der Rechtfertigung konstatiert, sieht Richard S. Westfall innerhalb der immanenten Rationalitätsstruktur der Naturwissenschaft eine Tendenz, beginnend mit Kepler über Descartes und kulminierend in Newton, das Christentum auf einen Theismus auf Kosten der Trinität zu reduzieren. Vgl. Westfall, R. S., 1986, 218–237. „Inevitably, natural philosophers concentrated on what alone natural philosophy could reveal, God the Creator, and they did so increasingly as the scientific revolution progessed. Just as inevitably, given the thrust of the new conception of nature, they found a God who reveals Himself in immutable laws and not in the watchful care of personal providence or in miraculous acts", Westfall, R. S., 1986, 234.

[228] Oakley, F., 1984A, 433–457; Reprint in: Oakley, F., 1984, 433–457; ders., 1984C, 82–92.

[229] Whitehead, A. N., 1961, 103–118, 142–147.

[230] Foster, M. B., 1934, 446–468; ders., 1936, 1–27.

[231] Collingwood, R. G., 1960.

[232] „Thus, from Ockham's fundamental insistence on the omnipotence and freedom of God follow, not only his nominalism, not only his ethical or legal voluntarism, but also his empiricism", Oakley, F., 1984, 65–83; Reprint 1961A.

Der Gedankenfortschritt gegenüber Pierre Duhem besteht darin, dass Francis Oakley in der Lage ist, die Aporie aufzulösen, die aus der Unverträglichkeit des voluntaristischen Willkürgottes mit der Annahme einer verlässlichen und stabilen Ordnung der Natur, bzw. der Schöpfung resultiert. Diese Aporie führt ja, was oft von den Vertretern der These übersehen wird, die die Entstehung des Empirismus auf den theologischen Voluntarismus zurückführen, letztlich zur Sinnlosigkeit empirischer Forschung, wenn man immer gewärtig sein muss, dass aufgefundene Gesetzmäßigkeiten jederzeit und unberechenbar wieder außer Kraft gesetzt werden können.

Francis Oakley weist auf die wichtige Unterscheidung Ockhams zwischen der *potentia Dei absoluta* und der *potentia Dei ordinata* hin, in der sichergestellt ist, dass Gottes Allmacht nicht auf Kosten der moralischen Gesetzlichkeit und davon abgeleitet der Naturgesetzlichkeit exekutiert wird.[233] Wenngleich der Begriff Naturgesetz bei Ockham nicht vorkommt, auch nicht in Umschreibungen, und wenngleich auch keine Verbindung in den Schriften Ockhams besteht zwischen Naturgesetz und *potentia Dei ordinata*, so ist es doch der von Gott garantierte Ordnungsbestand, der diese gedankliche Brücke schlägt.[234]

Francis Oakley sieht diese Gedanken in der Tradition der nominalistischen Theologie weiterhin wirksam, sowohl im 14. Jahrhundert in der nominalistisch-voluntaristischen Theologie, wie auch im 17. Jahrhundert, vermittelt durch die theologisch-interessierten Gründungsväter der klassischen Physik, Robert Boyle und Isaac Newton.[235] Bei den von ihm genannten Vertretern ist allerdings keine wirklich zwingende Verbindung zwischen dem theologischen Topos der *potentia ordinata* und dem Begriff des Naturgesetzes nachzuweisen.[236] Während die Autoren des 14. Jahrhunderts zwar teilweise den Begriff *potentia Dei ordinata* durchaus auf die Natur anwenden – ohne den Begriff Naturgesetz zu kennen –, aber allesamt keine Naturwissenschaftler sind, ist es bei den Naturwissenschaftlern des 17. Jahrhunderts umgekehrt. Sie verwenden zwar alle den Begriff des Na-

---

[233] Literatur zum Thema „potentia Dei absoluta-ordinata": Oberman, H. A., 1962, 30–56; Randi, E., 1987, 43–50; Oakley, F., 1984, 443 ff.

[234] „Similarly [...] we can perceive in the regularities of nature certain constant rules and we can safely assume that God will *normally* operate within the limits they impose", Oakley, F., 1984, 443.

[235] Oakley, F., Omnipotence, Covenant, & Order, Cornell 1984, 72–92.

[236] Pierre d'Ailly (1350–1420) in: d'Ailly, P., Quaestiones super libros Sententiarum (Lyon 1500), I, qu. 9, art. 2S, fol. 122r; Jean Gerson (1363–1429): Vereeke, L., 1954, 413–427; Robert Holcot († 1349), Kölmes, W., 1955, 218–259; Gabriel Biel († 1495) bezieht den Begriff „potentia Dei ordinata" nicht in isolierter Weise auf die Natur, vgl. Oberman, H. A., 1962, 30–58; Jacob Almain († 1515), John Major (†1540), Alphonse de Castro († 1558), sowie der Jesuit Francisco de Suárez (1548–1617), Suárez, F., 1944, 26; und schließlich Martin Luther (1483–1546), Luther, M. D., 1912, Bd. 1, 71, Vorlesungen über 1. Mose, Kap. 19, 14; Kap. 19, 17–20, Kap. 20, 2.

turgesetzes, stellen ihn aber in keinen gedanklichen Zusammenhang zum Begriff der *potentia Dei ordinata*.[237]

Francis Oakleys Thesen wurden auf verschiedene Weise aufgenommen und weitergeführt. So hat James E. McGuire vor allem den Naturgesetzbegriff bei Robert Boyle in einem modifizierten Calvinismus gesehen, in dem die genannte Aporie zwischen unmittelbarer Wirksamkeit Gottes in der Natur und immanenter Gesetzlichkeit nicht durch die *potentia Dei ordinata*, sondern durch die Providentia Dei aufgelöst wird.[238] Eugene M. Klaaren erweitert die Sichtweisen von Francis Oakley durch seine breitere theologiegeschichtliche Darstellung, insbesondere Robert Boyles Verwurzelung im modifizierten Calvinismus, in dem *potentia Dei absoluta, potentia Dei ordinata* und *providentia Dei* miteinander verknüpft sind,[239] und bringt reiches Textmaterial von Robert Boyle,[240] das die Verbindung seines Naturgesetzbegriffs mit seiner voluntaristischen Theologie belegt. Die Modernität seines Begriffs vom Naturgesetz verdeutlicht Eugene M. Klaaren durch einen Kontrast mit den rationalistischen Konzepten Spinozas, Descartes' und Leibniz', sowie anhand der Kritik Robert Boyles am „immanenten" Verständnis von Naturgesetz des niederländischen Arztes, Chemikers, Theologen und Philosophen Jan Baptista van Helmont (1577–1644), der mit seinem organistisch-spiritualistischen Naturbegriff noch nicht der Wissenschaftlichen Revolution zugerechnet werden kann. Einen etwas anderen Akzent setzt Gary B. Deason, indem er nachzuweisen versucht, dass der Begriff des Naturgesetzes im 17. Jahrhundert durch eine Verknüpfung des von dem französischen Priester Pierre Gassendi (1592–1655) revitali-

---

[237] Zur weiteren Diskussion zur stimulierenden Wirkung des potentia Dei absoluta Gedankens im Hinblick auf seine antiaristotelischen Effekte vgl.: Grant, E., 1971, 27–35; ders., 1978, 266–273; ders., 1979, 211–244, Reprint 1981; ders., 1985, 75–94; Funkenstein, A., 1986; Courtenay, W.J., 1990, 192 ff; William J. Courtenay urteilt abschließend, dass die Unterscheidung potentia Dei absoluta/ordinata im 14. Jahrhundert unter der Dominanz des absoluta Gedankens als Antrieb zur spekulativen Konstruktion alternativer Weltsichten gewirkt habe, im 17. Jahrhundert angesichts der Unmöglichkeit göttlicher Interventionen in ein geschlossenes mechanistisches Weltsystem sich auf die Versicherung der Kontingenz der Naturgesetze reduzierte, Courtenay, W.J., 1990, 194.
[238] „Thus for Boyle there is a profound connection between Providence and the laws of nature such as the task of ‚discovering' new laws is equivalent to coming to know about God's injunctions upon nature", McGuire, J.E., 1972, 523–542; die Theologen, die Boyle und Newton diese Verbindung von Providenz Gottes und Naturgesetz nahegebracht haben sind die puritanischen Theologen Joseph Mede, William Perkins, William Ames, John Preston; vgl. McGuire, J.E., 1977, 108.
[239] „The discovery and formulation of laws manifested the dialictical unity of God's will and law, His freedom and power as expressed in the *potentia absoluta* and *ordinata* rubric. Thus Boyl's presupposition of the voluntarist theology of creation pervaded his understanding of the laws of nature in such a way that the form [...] of scientific inquiry oriented to God's law was a religious task", Klaaren, E.M., 1977, 171.
[240] Klaaren, E.M., 1977, 164–179.

sierten Atomismus Lukrezscher Prägung mit dem Gedanken der absoluten Souveränität Gottes im Sinne der Reformatoren zustande gekommen sei.[241] Pierre Gassendi, ein erklärter Antiaristoteliker, habe, so Gary B. Deason, die immanente Teleologie des aristotelischen Naturbegriffs durch die Konzeption Gottes als eines externen Gesetzgebers der ziellosen Bewegungen des Atomismus ersetzt, um den latenten Atheismus des Lukrezschen Atomismus zu verhindern.[242] In Newtons Physik schließlich kulminiert diese Konzeption. Denn in seiner Physik ist die absolute Passivität der Materie mit Gott als höchstem Gesetzgeber aufs engste verknüpft. Diese Art von newtonscher *natural theology* wird im Anschluss an Newton von zahlreichen englischen Theologen weiter ausgearbeitet.[243]

### 3.3 Resümee

Der theologiegeschichtliche Beitrag zur Erforschung des Konzepts Naturgesetz kann grob in zwei Phasen unterteilt werden.

*Erste Phase* In den 50er Jahren des 20. Jahrhunderts beginnt sich das bis dahin spannungsvolle Nebeneinander von Theologie und Naturwissenschaft zu entspannen. In diesem neuen Umfeld können Werke entstehen, die den positiven Beitrag des Christentums zur Entstehung des Begriffs Naturgesetz thematisieren.

*Zweite Phase* Diese neue Gesamtkonstellation kreuzt sich mit der kirchengeschichtlichen und dogmengeschichtlichen Erforschung der spätmittelalterlichen Theologie. Hier ist insbesondere das Werk Francis Oakleys zu nennen, sowie seiner Nachfolger, die eine Verbindung sehen zwischen dem theologischen Topos der *potentia Dei ordinata* und dem Begriff Naturgesetz, eine Verbindung, die sich nach Ansicht der genannten Autoren vom 14. bis zum 17. Jahrhundert verfolgen lässt.

Es bleibt allerdings kritisch anzumerken, dass der Topos *potentia Dei ordinata* im 14. Jahrhundert fast nur auf die *moralische* Ordnung, kaum auf die *natürliche* Ordnung angewandt wird. Auch von einer Verbindung zum Begriff Naturgesetz kann keine Rede sein. Selbst die Stationen des behaupteten Traditionsstroms des Topos *potentia Dei ordinata* vom 14. bis zum 17. Jahrhundert sind kaum identifizierbar. In der Zeit der Wissenschaftlichen Revolution im 17. Jahrhundert scheint indes der Topos der *potentia Dei ordinata* eher die Rolle einer Reminiszenz zu spielen, nicht aber die

---

[241] Das atomistische Lehrgedicht von Lukrez „De rerum natura" wurde 1417 wieder entdeckt.

[242] Deason, G.B., 1986, 167–191.

[243] Hier sind zu nennen: Richard Bentley, A Confutation of Atheism from the Origin and Frame of the World (1693); George Cheyne, Philosophical Principles of Religion Natural and Revealed (1705); William Derham, Physico-Theology; William Whiston, Astronomical Principles of Religion Natural and Revealed (1717).

eines Impulsgebers. Statt dessen ist gerade im 17. Jahrhundert implizit der Topos „potentia Dei absoluta" des voluntaristischen Gottesbildes vorherrschend – neben der wiederentdeckten Metapher des *liber naturae* und *liber scipturae* als Offenbarungsformen Gottes.

## 4 Schlussfolgerungen aus der Forschungsgeschichte und Erweiterung der Fragestellung

### 4.1 Resümee der Forschungsgeschichte

Die Arbeiten aus dem wissenschaftsgeschichtlichen Bereich der Forschungsgeschichte zeichnen sich durch eine große philologische Akribie aus, mit der die Genese des *Begriffs* Naturgesetz nachgezeichnet wird. Dies gilt, auch wenn bei einzelnen sehr frühen Autoren aus dem Mittelalter, wie z. B. Adelard von Bath und Roger Bacon, die beide bereits den Begriff Naturgesetz (*lex natura*) verwenden, noch Bedarf an weiterer klärender Forschungsarbeit besteht. Trotzdem leidet diese Art von philologischer Wortfeldforschung an einem grundsätzlichen Mangel. Denn es ist keineswegs klar, ob der Begriff *lex natura* bei einem der frühen Autoren, beispielsweise Roger Bacon dasselbe meint, wie in unserem modernen wissenschaftstheoretischen Verständnis. Umgekehrt ist es durchaus nicht gesagt, dass bei Forschern, die den Begriff Naturgesetz überhaupt nicht verwenden, wie z. B. Galilei Galileo, keine Vorstellung von der Existenz von Naturgesetzen vorhanden gewesen ist. Dies muss zumindest bei Galilei vorausgesetzt werden, andernfalls machen seine Forschungen, Naturgesetze aufzuspüren, keinen Sinn.

Aus diesem Sachverhalt ist der Schluss zu ziehen, dass es nicht ausreicht, nur nach dem Begriff Naturgesetz Ausschau zu halten, vielmehr ist es notwendig, ihn in ein größeres Konnotationsspektrum einzufügen, um eine Vergleichbarkeit des identischen Begriffs zu ermöglichen. Denn es ist offenkundig, dass der Begriff Naturgesetz bei einem Autor wie Roger Bacon, der noch weitgehend magisch-astrologischem Denken verhaftet ist, etwas völlig anderes meint, als bei Isaac Newton, bei dem noch theologische Motive anklingen, oder in der modernen Wissenschaftstheorie. Dazu kommt, dass Roger Bacons Begriff des Naturgesetzes (*lex naturae*) nicht im Kontext der Bewegungstheorie steht, die im 13. Jahrhundert noch ganz in den Bahnen des Aristoteles verläuft, sondern der Optik. Die moderne Naturwissenschaft ist aber ganz am Bewegungsproblem orientiert. Das Konnotationsspektrum muss daher unbedingt im Blick sein.

Um dies zu signalisieren, soll daher im Folgenden nicht mehr vom *Begriff* Naturgesetz die Rede sein, sondern vom *Konzept*. Begriff meint ein einzelnes isoliertes Wort, es ist Gegenstand der Philologie, Konzept hingegen eine Struktur von logisch miteinander verknüpften Begriffen, es ist

Gegenstand der Philosophie. Dies wird im nächsten Abschnitt im Rahmen der Formulierung eines weitergefassten Fragehorizonts noch präzisiert.

Die philosophiegeschichtliche Fragestellung innerhalb der Forschungsgeschichte hat teilweise bereits die größeren Zusammenhänge, in die das Konzept Naturgesetz eingebettet ist, im Blick. Allerdings bleiben aufgrund der geschichtsphilosophischen Voraussetzungen der verschiedenen Autoren bestimmte Bereiche, die für die Fragestellung wichtig sind, ausgeblendet, bzw. es werden Beschreibungs- und Deutekategorien nicht deutlich voneinander getrennt. Letzteres ist vor allem bei Franz Borkenaus marxistischer Geschichtssicht der Fall. Aber auch bei Ernst Cassirers verdienstvoller neukantianisch orientierter Geschichtssicht kommen beispielsweise der Universalienstreit und die Bewegungstheorien des 14. Jahrhunderts als Wegbereiter modernen Denkens und in ihrem Gefolge die Physikertheologen des 14. Jahrhunderts überhaupt nicht in den Blick. Die Vorarbeit der mittelalterlichen Philosophen und Theologen für die geistesgeschichtliche Wende durch Cusanus und René Descartes wird von Ernst Cassirer nicht thematisiert. Zugleich wird bei Ernst Cassirer die Abhängigkeit der genannten Autoren von mittelalterlichem Denken unterbewertet. Dies macht es notwendig, den mittelalterlichen Wurzeln des Konzepts Naturgesetz und den spezifischen Verwerfungen in Theologie und Philosophie des Mittelalters nachzugehen, die dazu geführt haben, dass mit René Descartes und der Wissenschaftlichen Revolution im 17. Jahrhundert die Suche nach Naturgesetzen zu einer Schlüsseltätigkeit werden konnte. Es ist daher die Fragerichtung noch einmal um den theologischen Aspekt zu erweitern.

Die theologiegeschichtliche Fragestellung der Forschungsgeschichte hat allerdings mit ihrer Fokussierung auf den Nominalismus und vor allem den Begriff der *potentia dei ordinata* die Fragestellung nicht nur zu einseitig eingegrenzt, sondern darüber hinaus lässt sich die These, dass ein Zusammenhang zwischen der *potentia dei ordinata* und dem Konzept Naturgesetz besteht, rein geschichtlich gesehen, nicht halten.[244] Auch die Fragestellung nach der Rolle des Rechts, sowie die Rolle des thomasischen Denkens fehlt. Die theologische Forschung muss daher insgesamt breiter ansetzen und auch auf die Verknüpfungen mit der Philosophie und Wissenschaftsgeschichte achten.

---

[244] Das schließt nicht aus, dass es punktuell inhaltliche Analogien im Nominalismus zwischen dem Konzept des Naturgesetzes und der *potentia ordinata* gibt, insbesondere, was die Durchbrechung von Ordnungszusammenhängen durch die *potentia absoluta* betrifft, vgl. V. Leppin, 1995, 47–51. Es lässt sich jedoch keine lückenlose ideengeschichtliche Abhängigkeit des Naturgesetzes von der *potentia ordinata* nachweisen.

## 4.2 Formulierung eines weitergefassten Fragehorizonts

Aus dieser Einschätzung der forschungsgeschichtlichen Situation ergibt sich nun folgende Erweiterung der Fragestellung.

1. Es soll im Folgenden nicht mehr nach dem *Begriff* Naturgesetz gefragt werden, sondern nach dem *Konzept* Naturgesetz, das das eingeforderte Konnotationsspektrum mit im Blick hat. Dazu sei eine Abgrenzung zu den verwandten Begriffen Regel, Gesetz, Prinzip und Axiom vorausgeschickt.

Unter *Regel* versteht man zum einen ein Verfahren, das durch Konvention festgelegt wird, sofern es sich auf zwischenmenschliches Verhalten bezieht. Zum anderen versteht man unter Regel eine aus der Erfahrung zu erhebende einigermaßen geordnete Abfolge von Ereignissen in der Natur, für die man keine theoretische Deutung besitzt. Für beide Fälle gilt: Keine Regel ohne Ausnahme. Eine Regel trägt daher nicht den Charakter strenger Notwendigkeit. Im ersten Fall kommen die Ausnahmen dadurch zustande, dass Regeln Konventionen sind, Konventionen aber kann man ändern. Im zweiten Fall kommen Ausnahmen durch mangelndes Wissen und Verstehen zustande. Eine Regel in der Naturwissenschaft ist daher immer Ausdruck noch unvollkommenen Verständnisses der Natur, weil versteckte allgemeinere Zusammenhänge noch nicht offenkundig geworden sind. Es ist daher immer Ziel naturwissenschaftlicher Forschung, Regeln durch Verallgemeinerung in Gesetze zu verwandeln, um auf diese Weise die Notwendigkeit in der Naturerkenntnis zu sichern. Damit ist auch schon der zweite Begriff angesprochen: Das *Gesetz*. Das Gesetz zeichnet sich im Unterschied zur Regel durch Notwendigkeit aus. Es duldet keine Ausnahme. Das Gesetz kann entweder durch Erfahrung erhoben werden, wie in der Naturwissenschaft oder wie im Naturrecht, oder es wird ebenfalls wie die Regel durch Konvention festgelegt. Dieser Festlegung sind allerdings Grenzen gesetzt, nämlich durch die *Prinzipien*. Denn Gesetze müssen allgemeinen Prinzipien entsprechen, auch wenn man aus den allgemeinen Prinzipien keine Gesetze direkt herleiten kann. Ein Prinzip ist beispielsweise die Gleichheit aller vor dem Gesetz, oder die Gerechtigkeit. Auch für die Gesetze in der Natur, die Naturgesetze, gelten Prinzipen. Im Unterschied jedoch zu den Gesetzen im Bereich des Rechts sind die Naturgesetze keine Sache der Konvention. Darüber hinaus besteht eine strenge logische Abhängigkeit zwischen Gesetzen und Prinzipien, denn Gesetze der Naturwissenschaft können mit logischer Stringenz aus Prinzipien hergeleitet werden, beispielsweise Gesetze der Bewegung aus dem Prinzip der Erhaltung der Energie. *Axiome* sind spezielle Prinzipien, und zwar im Bereich der Mathematik. Sie definieren den Bereich der zulässigen mathematischen Operationen. Beispielsweise sind für den Bereich der Linearen Algebra die Körperaxiome vorgegeben. Auch die Axiome sind, sofern sie sich nicht widersprechen, in der Mathematik Sache der Konvention. Die genannten Beispiele lassen sich in zwei Gruppen aufteilen. Entweder sind sie Gegenstand subjektiver Konvention oder objektiver Vorgegebenheit. Diese strenge Unterscheidung lässt sich beim Begriff Naturgesetz nicht durchhalten. Denn die erkenntnistheoretischen Untersuchungen zum Konzept des Naturgesetzes durch Pierre Duhem und Ernst Cassirer haben bereits gezeigt, dass sich im

Konzept des Naturgesetzes subjektiv-konstruktive Elemente mit objektiv-empirischen mischen. In traditioneller Terminologie heißt dies, dass in dieser Arbeit ein Verständnis von Naturgesetz zugrunde gelegt wird, bei dem das Naturgesetz sowohl ein *fundamentum in re* wie auch *in mente* hat. Ohne hier auf tiefergehende Diskussionen zum ontologischen Status der Naturgesetze einzugehen, sei hier vermerkt, dass im Sinne des Gesamtduktus dieser Arbeit die idealistische Interpretation des Naturgesetzes *ante rem* ebenso wenig verfolgt wird wie ihr nominalistischer Antipode, bei dem das Naturgesetz nur *in mente* existiert.[245]

Wenn nunmehr im Unterschied zum philologisch zu verstehenden *Begriff* des Naturgesetzes zum philosophisch zu verstehenden *Konzept* des Naturgesetzes gesprochen wird, dann ist damit zweierlei gemeint. Zum einen trägt die Bezeichnung Konzept den mit dem Naturgesetz zusammenhängenden Charakteristika Rechnung, zum anderen der Mischung von subjektiv-konstruktiven Elementen mit objektiv-empirischen. Zunächst sei der erste Aspekt näher beleuchtet. Zu diesen Charakteristika gehören Allgemeinheit, Universalität, Notwendigkeit, Prognostizierbarkeit und Reproduzierbarkeit.

*Allgemeinheit* heißt, dass ein Gesetz sich nicht auf ein einzelnes Phänomen bezieht, sondern auf eine Struktur, die vielen einzelnen Phänomenen zugrunde liegt. Ein Gesetz ist nichts Individuelles. Je allgemeiner ein Gesetz formuliert werden kann, je mehr Einzelphänomene es umgreift, desto tiefgründiger ist es. Zunehmende Allgemeinheit wird durch Abstraktion erreicht. Die heutigen allgemeinen Naturgesetze sind extrem abstrakt und der Anschauung nicht mehr zugänglich. Ziel der Naturwissenschaft ist es, *alle einzelnen konkreten* Phänomene auf *ein allgemeines abstraktes* Gesetz zurückzuführen: Die Weltformel.

*Universalität* heißt, dass ein Gesetz immer und überall gelten muss. Das Fallgesetz auf der Erde muss auch auf dem Mond gelten. Die Gesetze der Kernspaltung gelten auf dem Mars genauso wie auf dem Sirius. Die Gesetze der Relativitätstheorie gelten nicht erst seit ihrer Entdeckung im Jahre 1905, sondern auch jederzeit vorher und nachher. Technisch ausgedrückt: Gesetze sind invariant in Bezug auf Raum und Zeit, Zeit und Raum gehören im Sinne Kants zu den transzendentalen Bedingungen des Gesetzes. Die Universalität der Gesetze setzt die Idee der Einheit der Natur voraus.

*Notwendigkeit* heißt, dass bei gleichen Bedingungen aus einem Phänomen *A* immer und jederzeit das Phänomen *B* folgt. Bezieht sich diese Abfolge auf zeitlich aufeinander folgende Phänomene, dann konkretisiert sich die Notwendigkeit zur Kausalität. Kausalität kann, muss aber nicht mit Determinismus einhergehen. In der klassischen Mechanik ist diese Verbindung vorhanden, in der modernen Physik, z. B. in der Quantenmechanik

---

[245] Eine schön zu lesende Meditation über den ontologischen Status des Gesetzes findet sich in Bocheński, J. M., [10]1972, 11–22.

und Chaostheorie, ist die Verbindung von Kausalität und Determinismus in Gestalt statistischer Kausalität aufgehoben.[246]

*Prognostizierbarkeit* heißt, dass bei Kenntnis eines Zustandes *A* zum Zeitpunkt *t* der Zustand *A'* zum Zeitpunkt *t'* mit Notwendigkeit vorausgesagt werden kann. Die Prognostizierbarkeit setzt die Notwendigkeit, die Kausalität und den Determinismus voraus.

*Reproduzierbarkeit* heißt, dass ein Ereignis *A*, das einem Naturgesetz gehorcht, unter gleichen Bedingungen jederzeit und überall mit dem gleichen Ergebnis wiederholt werden kann.

Diese fünf, dem Naturgesetz objektiv inhärierenden Aspekte sind gemeint, wenn vom Konzept des Naturgesetzes die Rede ist. Für unsere Fragestellung nach dem Urspruch der wissenschaftlichen Dynamik bedeutet dies, dass im Fortgang dieser Arbeit nun nach der Genese dieser Charakteristika in den Wissenschaftskonzeptionen bei Thomas von Aquin und Wilhelm von Ockham gefragt wird.

Es wurde jedoch schon deutlich, dass zu diesen objektiven Aspekten auch subjektiv-konstruktive Aspekte gehören, die signalisieren, dass im Gesetzesbegriff Elemente der subjektiven Organisation der Weltwahrnehmung enthalten sind.[247] Auch dieses subjektive Element ist im Blick, wenn vom Konzept Naturgesetz die Rede ist. Wenn aber in das Konzept des Naturgesetzes eine spezifische Form der Weltwahrnehmung mit eingeht, dann spricht sich damit auch eine spezifische Form des *Weltverhältnisses* aus, nach dem wir als dem umfassenden Rahmen für den „Sitz im Leben" der Naturgesetze suchen.

2. Dieses Weltverhältnis ist aber Sache der Anthropologie, das sich nun in grundlegenden Kategorien auslegt, wie Raum, Zeit, Materie und Bewegung. Diese Kategorien sind anthropologisch rückgebunden. Das heißt konkret beispielsweise, dass ein magisch oder mythisch orientierter Mensch andere Raum-, Zeit-, Materie- und Bewegungskonzeptionen hat als ein im modernen Sinne rational naturwissenschaftlich orientierter Mensch. Es wird daher darauf ankommen, die spezifische historische Bedingtheit dieser Raum-, Zeit-, Materie- und Bewegungskonzeptionen herauszuarbeiten, die überhaupt erst den Rahmen festlegen, innerhalb dessen sich erst sinnvoll über Naturgesetze reden lässt.

3. Neben diesen genannten grundlegenden Formen des Weltverhältnisses im weiteren Sinne gehört aber auch die Erkenntnistheorie im engeren Sinne zum Weltverhältnis. Der Blick auf die erkenntnistheoretischen Voraussetzungen ist aber nicht möglich, ohne zugleich die Grundorientierungen in der Anthropologie zu berücksichtigen. Daher werden einige anth-

---

[246] Kropač, U., 1999, 63–75, 102–108.
[247] Diese Überlegungen können auch noch in Richtung auf die transzendentalphilosophischen Untersuchungen Kants weitergeführt werden.

ropologische Aspekte beleuchtet werden, sofern sie für die Fragestellung wichtig sind. Insbesondere wird danach gefragt, ob und inwiefern es *Verschiebungen in der anthropologischen Grundorientierung, d. h. im Verhältnis von Ratio, Wille und Intentionalität* gibt, die mit der Entwicklung des Weltverhältnisses in Gestalt von Raum, Zeit, Materie und Bewegung und damit der Entwicklung des Konzepts Naturgesetz einhergehen. Anders gewendet: Wie gestaltet sich das Verhältnis von Erkennen und Handeln, die beiden Elemente menschlichen Weltumgangs, die in ihrer Bezogenheit aufeinander als Motor der Dynamik der Moderne wirken? Diese möglichen anthropologischen Verschiebungen weisen aber ihrerseits wieder zurück auf grundlegende Glaubensorientierungen in Bezug auf die Gottesfrage, die unter diesem Aspekt bei Thomas von Aquin und Wilhelm von Ockham behandelt wird.

4. Wenn es solche Verschiebungen in der anthropologischen Grundorientierung gibt, dann müssen diese Verschiebungen sich auch in anderen Lebensbereichen zeigen, z. B. in den Konzepten und Begründungsstrukturen der Ethik, der Wirtschaft, der Kunst.

Aus den bisherigen Beobachtungen und Überlegungen ergibt sich nun folgender umfassender Fragehorizont, der die große Leitfrage unserer nachfolgenden Untersuchung darstellt.

*Gibt es einen geschichtlich erhebbaren Zusammenhang zwischen der Entstehung des Konzepts Naturgesetz, anthropologischen Orientierungen, wie Ratio, Wille, Intentionalität und grundlegenden Formen des Weltverhältnisses, wie Raum, Zeit, Materie und Bewegung einerseits und ethischen Konzepten und theologischen Grundstrukturen andererseits? Stichwortartig formuliert geht es um den Zusammenhang zwischen Naturgesetz – Anthropologie – Ethik – Theologie.*

### 4.3 Methodische Vorgehensweise

Um die Frage nach einem möglichen Zusammenhang zwischen Naturgesetz – Anthropologie – Ethik – Theologie zu klären, werden nun zwei theologisch-philosophische Richtungen untersucht, die beide ihren Ausgang im Mittelalter haben, in unterschiedlicher Weise zur Moderne stehen, aber auch heute noch als paradigmatische philosophische und theologische Richtungen mit entsprechender wissenschaftstheoretischer, anthropologischer und ethischer Grundorientierung gelten können. Bei diesen zwei zu untersuchenden Richtungen handelt es sich um die Theologie Thomas' von Aquin, mit ihrer stark aristotelischen Orientierung, und die Theologie Wilhelms von Ockham als des Wegbereiters des Nominalismus. Dies wird sich bei den genannten zwei Autoren in folgenden Schritten vollziehen.

1. Der Einstieg beginnt jeweils mit einer kurzen Beleuchtung der zeitgeschichtlichen Situation. Politische, wirtschaftliche, sozialgeschichtliche,

wissenschaftsgeschichtliche und technikgeschichtliche Aspekte werden dabei kurz anklingen. Dieser Einstieg erscheint aus zwei Gründen sinnvoll. Zum einen ist damit der passende Resonanzboden für die uns interessierende umgreifende Fragestellung charakterisiert. Zum anderen soll damit auch zum Ausdruck kommen, dass theologisches, philosophisches und naturwissenschaftliches Denken immer in einem geschichtlichen und gesellschaftlichen Kontext geschieht. Es wird aber bewusst darauf verzichtet, mit irgendeinem Modell das Wechselspiel zwischen diesen Faktoren aufhellen zu wollen – dies würde den Umfang und die Fragestellung dieser Arbeit sprengen.

2. Es folgt eine kurze Skizze der Wirkungs- und Rezeptionsgeschichte.

3. In einem dritten Schritt geht es um das Verhältnis zwischen Theologie und Philosophie. Diese Fragestellung ist sowohl für die anthropologischen Grundorientierungen in Erkenntnistheorie und Ethik wie auch die Frage nach der Autonomie oder Heteronomie der Philosophie, bzw. Naturwissenschaft notwendig.

4. Es folgt die Frage nach der wissenschaftstheoretischen Ausrichtung. Insbesondere wird dabei auf die einzelnen Kriterien geachtet, anhand derer sich Wissenschaftlichkeit bemisst und auf die Gegenstände, bzw. Fragestellungen, auf die sich diese Kriterien beziehen. Insbesondere wird festzustellen sein, wie diese Kriterien sich zu den Charakteristika des Konzepts Naturgesetz verhalten oder ob es gar historische Bezüge gibt.

5. Im Anschluss daran geht es um die erkenntnistheoretisch-anthropologische Grundorientierung des betreffenden Autors und damit um die Frage nach dem möglichen Zusammenhang zwischen dem Konzept des Naturgesetzes und anthropologischen Grundorientierungen, bzw. der damit einhergehenden Grundstruktur des *Weltumgangs*.

6. Die Frageabfolge endet schließlich mit der Untersuchung der Ethik. Bei allen sechs Fragen wird besonders darauf geachtet, ob sich zwischen diesen Komplexen Beziehungen erkennen lassen, um mögliche Verbindungen zwischen Naturgesetz – Anthropologie – Ethik – Theologie hervortreten zu lassen. Letztlich geht es also in der nun folgenden Untersuchung darum, die anthropologischen Strukturen des spezifisch *naturwissenschaftlichen Weltumgangs* herauszufinden und welche Faktoren für seine Entstehung im späten Mittelalter konstitutiv gewesen sind – als Voraussetzung für die Dynamisierung von Mensch und Natur.

## 4.4 Gegenwartsbezug der Fragestellung

Diese Fragestellung nach der den spezifischen Formen menschlichen Weltumgangs als Voraussetzung der modernen naturwissenschaftlicher Dynamik erscheint auch unter dem Blickwinkel moderner Anwendungsbezogenheit wissenschaftlicher Forschung sinnvoll. Umgesetzt in Technik eröffnet die Kenntnis der Naturgesetze einerseits ungeahnte neue Möglichkeiten der menschlichen Lebensgestaltung, andererseits stürzt sie den Menschen auch in tiefe ethische Konflikte. In der Anwendung auf den Menschen, die immer mehr zunimmt, sei es in Genetik, Gentechnik, Hirnforschung und Robotik wird die ganze Faszination und Abgründigkeit dieser Dynamik offenkundig: Die Grundlagen des Humanums überhaupt stehen zur Disposition.

Spiegelbildlich zur Genforschung verhält sich die Robotik. Während die genetische Grundlagenforschung inzwischen die Bausteine, d. h. das *materielle Substrat*, die aristotelische Substanz, der informationsverarbeitenden Prozesse im Menschen kennt und nach ihrer *Funktion* fragt, ist es bei der Grundlagenforschung der Robotik genau umgekehrt. Hier werden *Funktionen* menschlichen Verhaltens mathematisch simuliert und die Frage stellt sich, ob sie auch auf einem beliebigen materiellen *Substrat* abbildbar sind. Überspitzt könnte man daher formulieren, dass sich beide Forschungsrichtungen einem impliziten Ziel verpflichtet wissen: *Der Simulation des Menschen!* Beide, Robotik und Genetik nähern sich diesem Ziel von entgegengesetzten Ausgangspunkten. Die Robotik beginnt mit den Funktionen und fragt nach dem materiellen Substrat zur Realisierung der Funktionen, die Genetik beginnt mit dem Substrat und fragt nach den Funktionen. Damit aktualisiert sich am Menschen und seiner Erforschung erneut die Grundfrage nach der Orientierung der Wissenschaft. Denn es ist genau jene Alternative zwischen Substanzbegriff und Funktionbegriff, festgemacht an Aristoteles und dem Nominalismus, die die Wasserscheide der beginnenden Wissenschaftlichen Revolution markiert. Während der Substanzbegriff dem Erkennen die ontologische Tiefe des Wesens der Dinge verheißt, ohne eine Handhabe zum Handeln zu vermitteln, bleibt der Funktionsbegriff dem Erkennen jene Tiefe im bewussten Verzicht auf die Wesensfrage schuldig, schenkt indessen einen maximalen offenen Raum neuer Handlungsmöglichkeiten. Es scheint so zu sein, dass sich die statische ontologische Tiefe des substanzhaften Denkens und das dynamische am Oberflächenphänomenen orientiere des funktionalen Denken wie spiegelbildliche Antipoden gegenseitig ausschließen. Überspitzt ausgedrückt: substanzloser Leerlauf versus substanzieller Beharrung.

Es könnte jedoch sein, dass es sich dabei um eine Scheinalternative handelt. Denn gerade in der Robotik und Genetik könnte sich zeigen, dass nur bestimmte Formen zu bestimmten Funktionen geeignet sind und bestimmte Funktionen bestimmter Formen bedürfen. Im Menschen käme dann Substanz und Funktion wieder zusammen – eine neue Perspektive für die Dynamik moderner Naturwissenschaft, deren Triebkräften nun nachgespürt werden soll.

# Die Verstehbarkeit der statisch geordneten Welt – Thomas von Aquin

> „Darin besteht die höchste philosophische Vollkommenheit der Seele, dass sie die gesamte Ordnung des Weltalls und seiner Ursachen in sich aufnimmt, die Ordnung, in welcher auch der Mensch nach der Vorsehung Gottes einen Zweck erfüllt. Denn was bliebe dem verborgen, der den Lenker aller Dinge sieht", Thomas von Aquin, De Veritate 2, 2c.

## I Wissenschaftstheorie, Erkenntnistheorie und Anthropologie bei Thomas von Aquin

### 1 Zeitgeschichte

Man hat das 13. Jahrhundert das Jahrhundert der ersten europäischen Revolution genannt.[1] Es ist in *politischer* Hinsicht durch gegenläufige Tendenzen bestimmt. Auf der einen Seite streben in der Kirche Papst Innozenz III. und im Staat Friedrich II. einen starken Zentralismus an. Auf der anderen Seite beginnen die sich entwickelnden Stadtstaaten in Oberitalien und in Frankreich autonome politische Strukturen zu entwickeln, die eher einem freiheitlichen Partikularismus zuneigen. Dem entspricht in *juristischer* Hinsicht der sich entwickelnde Gegensatz zwischen feudalistischem Lehenswesen einerseits und einer auf Arbeit und Geschick beruhenden Sozialordnung in den Zünften und Gilden der Städte andererseits. In *wirtschaftlicher* Hinsicht treten damit neben die statische, an feudalen Formen orientierte ländliche agrarische Subsistenzwirtschaft die ersten Ansätze einer dynamischen am Handwerk, Gewerbe und Handel orientierten Kapitalwirtschaft. Damit wird zugleich die Arbeit als Quelle von Wertentstehung erkannt, die Arbeitsteilung und Berufsdifferenzierung beginnt. In *soziologischer* Hinsicht ist es vor allem die Etablierung und institutionelle Verfasstheit der im 12. Jahrhundert entstehenden Universitäten,[2] die dem Wissenschaftsinteresse eine rechtliche und organisatorische Sicherheit und Unabhängigkeit

---

[1] Zur Zeitgeschichte, Moore, R. I., 2001.
[2] Oxford, Bologna (in der Tradition der römischen Rechtsschulen), Toledo, Salerno, Paris. Paris entsteht aus der Kathedralenschule in Paris, ohne dass man einen konkreten Gründungstermin angeben könnte.

geben, das vorher weder in der Kirche, noch im Staat, noch beim Privat-
interesse einzelner herausragender Gelehrter in dieser Form vorhanden
war. Man kann in dieser institutionellen Absicherung der Universitäten in
Anlehnung an die Rechtsform der Gilden und Zünfte, die es weder in der
byzantinischen noch in der arabischen Welt in dieser Form gegeben hat,
einen wichtigen Grund für den Aufstieg des naturwissenschaftlichen und
wissenschaftlichen Denkens überhaupt im Westen sehen.[3] Damit wird die
Wissenschaft eine Angelegenheit der Stadtkultur, und innerhalb der Stadtkultur speziell der neuen Schicht der Intellektuellen. Diese soziologische
Verschiebung der Trägerschaft des Wissenschaftsbetriebs vom Land in die
Stadt kann nicht ohne Rückwirkungen auf das Natur- und Wissenschaftsverständnis geblieben sein. Dies zeigt sich in der Tat in der Ablösung des
kontemplativen platonisch-allegorischen[4] Naturverständnisses, wie es im
12. Jahrhundert innerhalb der Kathedralenschulen[5] gepflegt wurde,[6] zugunsten eines realistischen Naturverständnisses, wie sie die aristotelische
Philosophie ermöglicht, das auch bereits Motive der Weltzuwendung, der
Aneignung und Gestaltung von Natur anklingen lässt.

Innerhalb der Kirche ist es vor allem die Entscheidung der im 13. Jahrhundert entstandenen Bettelorden der Franziskaner und Dominikaner, den
ursprünglichen Absichten ihrer Gründer zuwiderlaufend sich mit den in
den Städten entstehenden Wissenschaften auseinanderzusetzen. Es kommt
zur Differenzierung zwischen kontemplativer Frömmigkeit, wie sie vor
allem in den Klöstern gepflegt wird, und der scholastischen Theologie in
den Universitätsstädten. Franziskaner und Dominikaner nehmen daher
im 13. Jahrhundert in der Universitätskultur der Städte eine bedeutsame
Rollen wahr. Das nunmehr allenthalben wirksame Bildungsinteresse kann
sich im 13. Jahrhundert auch auf neue Inhalte konzentrieren. Dieser kurze
zeitgeschichtliche Überblick zeigt, dass es bereits im 13. Jahrhundert zu einer Steigerung der Lebensaktivität und Bewegtheit der Lebensverhältnisse
gekommen ist. Interessanterweise spiegelt sich dies auch in den intellektuellen Themen der sich entwickelnden Universitäten – besonders im aristotelischen Bewegungsbegriff.

---

[3] Grant, E., 1996, [2]1998, 33–38.

[4] Dieses symbolisch-allegorische Naturverständnis, durchsetzt mit magischen Elementen,
erhält allerdings bereits im 12. Jahrhundert eine rationale Brechung, die nach Marie-Dominique
Chenu durch vier Elemente gekennzeichnet ist: 1. désacralisation de la nature, 2. interpretation
des phénomènes de la nature, 3. physicisme contre symbolisme, 4. exégèse naturaliste, Chenu,
M.-D., 1957, [3]1976, 21–30.

[5] Hier sind vor allem zu nennen Chartres, das eine herausragende Rolle spielte, Orleans,
Reims, Laon, Paris, Canterbury, Toledo; Haskins, C. H., 1960.

[6] Träger diese platonisch inspirierten Naturverständnisses in der Schule von Chartres sind
vor allem Adelard von Bath (geb. ca. 1090), Wilhelm von Conches (ca. 1080 – ca. 1154), Thierry
von Chartres († ca. 1155), Bernard von Chartres († nach 1124), Johannes von Salisbury († 1180),
Gilbert de la Poirée (ca. 1070–1154), Clarenbald von Arras (ca. 1120 – † nach 1170), Bernhard
Silvestris († nach 1165).

Die bereits im 12. Jahrhundert begonnene Übersetzungstätigkeit arabischer und antiker Quellen erreicht im 13. Jahrhundert ihren Höhepunkt. Übersetzer in den spanischen Zentren, Einzelgestalten wie Wilhelm von Moerbeke und Robert Grosseteste, vermitteln dem Westen nicht nur neue Inhalte, sondern vor allem ein neues Wissenschaftsparadigma in Gestalt des nunmehr in lateinischer Übersetzung vorliegenden Aristoteles.[7] Der Transformationsvorgang der Philosophie des Aristoteles zieht sich über Jahrzehnte hin und wird von scharfen Auseinandersetzungen um die Legitimität der Aufnahme des Aristoteles in den universitären Bildungskanon wie auch in Blick auf die Theologie begleitet.[8] Diese Auseinandersetzung findet 1277 mit der Verurteilung von 219 Thesen zur Philosophie des Aristoteles durch den Bischof von Paris, Etienne Tempier, ihren vorläufigen Höhepunkt.[9] Es sind vor allem Fragen der Transzendenz und Souveränität Gottes, des Determinismus und des Schöpfungsglaubens, die die bruchlose Übernahme des Aristoteles in die Theologie verhindern. Damit steht die Rezeption des neuen aristotelischen Naturkonzepts, seines neuen Wissenschaftskonzepts, seiner erkenntnistheoretischen Ausrichtung zwar auf der akademischen Tagesordnung, aber zugleich auch immer unter theologischem Vorbehalt. Diese Rezeption ist eine wichtige Weichenstellung sowohl für die Theologie wie auch für die Wissenschaftsentwicklung des Abendlandes. Denn da im Zentrum der Philosophie des Aristoteles der komplexe Bewegungsbegriff steht (κίνησις), der bei ihm in die Aspekte Lageveränderung (φορὰ), Entstehen (γένεσις), Vergehen (φθορά), Qualitätsveränderung (ἀλλοίωσις) differenziert ist, kann man bereits diesen Rezeptionsvorgang als eine thematische Orientierung am Bewegungsproblem verstehen. In der Tat haben sich die folgenden Generationen der Gelehrten gerade am Bewegungsproblem abgearbeitet – die thematische Voraussetzung für die folgende Dynamisierung war damit bereits geschaffen.

Diese Teilaspekte sind im mittelalterlichen Rezeptionsprozess daher abhängig von der prinzipiellen Zuordnung von philosophischer und theologischer Weltdeutung. Thomas von Aquin nimmt in seiner geschichtlich wirksam gewordenen Lösung dieser Zuordnung eine vermittelnde Stellung ein, die auch auf seine Akzentuierung der genannten drei Problemkreise, den Determinismus, den Schöpfungsglauben und die Souveränität Gottes, ausstrahlt. Diese drei Problemkreise sollen nun im Hinblick auf ihre Be-

---

[7] Zur Aristotelesrezeption vgl. Düring, I., Von Aristoteles bis Leibniz, 1968; Minio-Paluello, L., 1968, 323 ff.

[8] Insbesondere erlassen die Päpste Honorius III., Gregor IX. und Urban IV. Dekrete, in denen die Beschäftigung mit Aristoteles eingeschränkt oder verboten wird, Dijksterhuis, E.J., 1956, 156, 142; Zu den Aristotelesverboten vgl. Steenberghen, F. van, La philosophie au XIII<sup>e</sup> siecle, 1966, 88–100, 103 f, 106–110, 145–148, 357–360; Alle Aristotelesverbote werden aufgeführt in Glorieux, P., L'enseignement 1968, 169–174.

[9] Flasch, K., 1989, 89–282.

deutung für die Entstehung des Konzepts Naturgesetz im Kontext einer spezifischen aristotelisch-thomasischen Rationalitätsstruktur im Werk des Thomas von Aquin beleuchtet werden.

## 2  Wirkungs- und Rezeptionsgeschichte Thomas' von Aquin

Die beherrschende Stellung, die Thomas von Aquin, bedingt durch den Neuthomismus, bis heute in der katholischen Theologie hat, lässt vergessen, dass diese Stellung in einem langen historischen Prozess sich erst sukzessive herausgebildet hat. Während des Mittelalters war Thomas von Aquin eher in der Defensive, sowohl zu Lebzeiten, man denke an die Inkriminierung einiger seiner Sätze im Verbot von 1277, wie auch bei den spätmittelalterlichen Streitigkeiten insbesondere mit den Vertretern der *via moderna*, der Nominalisten. Erst als während der Reformationszeit auf dem Konzil von Trient 1555 in der Rechtfertigungs- und Gnadenlehre verstärkt auf ihn argumentativ zurückgegriffen wurde, begann seine beherrschende Stellung, die bis zur Aufklärung reichte und eine Reihe von innerthomistischen Schulbildungen hervorbrachte, z. B. die Molinisten und Suarezianer. Zum beherrschenden Theologen der katholischen Theologie wird Thomas allerdings erst durch den Ende des 19. Jahrhunderts im Kontext des Historismus einsetzenden Neuthomismus. Dies vollzieht sich in drei Etappen. Auf dem Ersten Vatikanischen Konzil 1870/71 wird er zur theologischen Leitfigur, es beginnt unter Leo XIII eine große Editionsaktivität. In der Thomas Enzyklika Aeterni Patris von 1879 wird den Theologen empfohlen, seiner Methode zu folgen,[10] was 1917 im CIC[11] kirchenrechtlich festgeschrieben wird. Darüber hinaus wird seine Philosophie 1914 in den *Theses approbatae philosophiae thomisticae* als verbindlich erklärt.[12] Dem II. Vatikanischen Konzil lag ein Antrag vor, den Thomismus zur einzig verbindlichen Theologie zu erklären.[13]

Wie stark der Neuthomismus Thomas selbst verfremdet hatte, erkennt man an den großen Rezeptionsvorbehalten, denen sich die heute zur Standardliteratur der Thomasforschung zählenden Werke von Louis Bertrand Kors,[14] Karl Rahner[15] und Marie-Dominique Chenu[16] bis in die Mitte des 20. Jahrhunderts ausgesetzt sahen. Zu den Ergebnissen der Thomasforschung zählen die Entdeckung der christlichen Ausrichtung seines Philosophierens,[17] die Frage nach der Christozentrik seiner Theologie, im

---

[10] DS 3135–3140.
[11] CIC 1366 § 2.
[12] DS 3601–3624.
[13] Pesch, O.H., 1995, 35.
[14] Kors, L.B., 1922.
[15] Rahner, K., [1]1939, [2]1957, [3]1964.
[16] Chenu, M.-D., 1960.
[17] In diese Tradition christlichen Philosophierens reihen sich in Frankreich vor allem Etienne Gilson, in Deutschland Josef Pieper ein.

Gegensatz etwa zu einer falsch verstandenen natürlichen Theologie mit Thomas als Kronzeugen, die Besonderheit seines heilsgeschichtlichen Denkens im Gegensatz zu der Einschätzung seiner Theologie als eines Systems von überzeitlich wahren Sätzen, und schließlich, für unser Thema von besonderem Interesse, die Neubesinnung auf die Rolle des Gesetzes. Hier hat der evangelische Thomasforscher Ulrich Kühn[18] zu einer neuen Sichtweise des Gesetzes bei Thomas auch aus evangelischer Perspektive geführt.[19] Bevor der umfassende Begriff der thomasischen *lex*, der Natur und Ethos, Philosophie und Theologie umgreift, einer sorgfältigen Analyse unterzogen wird, sollen zunächst die wissenschaftstheoretischen Orientierungsmarken von Thomas' systematischem Denken inhaltlich und funktional bestimmt, sowie das aus den besonderen historischen Bedingungen erwachsene Verhältnis von Theologie und Philosophie untersucht werden.[20]

## 3 Verhältnis von Theologie und Philosophie bei Thomas von Aquin

Das Verhältnis von Theologie und Philosophie ist für das Christentum keine akademische Frage. Vielmehr spiegelt sich in ihr die Aufgabe, Glaube und Denken aufeinander zu beziehen, die sich bei der Eröffnung neuer Denkmöglichkeiten je neu stellt.[21] Anders ausgedrückt geht es um die Stand-

---

[18] Kühn, U., 1965.

[19] Pesch, O.H., 1995, 35–38.

[20] Um den Stellenwert der wissenschaftstheoretischen Überlegungen in Thomas' Summa Theologica einschätzen zu können, ist die Kenntnis der Kompositionsprinzipien der Summa hilfreich. In dieser Hinsicht hat das Werk von Marie-Dominique Chenu über den Aufbau der Summa Theologica neue Wege gewiesen, Chenu, M.-D., 1960, 336–365.

[21] Es war der Apostel Paulus, der im 1. Korintherbrief 14,15 („ich will Psalmen singen mit dem Geist und will auch Psalmen singen mit dem *Verstand*") für die weitere Geschichte des Christentums entscheidend Glaube und Denken so miteinander verschränkt hat, dass das Christentum sich als „denkende Religion" (Carl Heinz Ratschow) entwickeln konnte. Das Verhältnis von Glaube und Denken stellt allerdings eine Spannung dar, die weder nach der Seite des Glaubens, noch nach der Seite des Denkens einseitig aufgelöst werden darf. Koppelt sich der Glaube vom Denken ab, droht der Fideismus. Verselbständigt sich die Ratio, droht reiner Rationalismus. Die Kirchenväter sind der von Paulus gelegten Spur gefolgt, indem sie in Gestalt der heidnischen Philosophien die damals fortgeschrittensten Denkwerkzeuge einsetzten, um den Glauben zu explizieren. Auch Tertullians (ca. 160–225) oft zitiertes Diktum *credo quia absurdum* steht dem nicht entgegen, denn es handelt sich bei diesem Zitat um eine Zuschreibung, die in keinem seiner Werke zu finden ist. Es gibt allerdings eine ähnlich lautende Stelle in *De carne Christi*: „Et mortus est dei filius; credibile est, quia ineptum est. Et sepultus resurrexit; certum est, quia impossibile", De carne Christi, V, 4, 1954, 881. Gerade die letzte Formulierung „certum est, quia impossibile" könnte man allerdings wieder im Sinne des Antagonismus von Glaube und Vernunft interpretieren. Tatsächlich aber spielt Tertullian vermutlich auf eine Stelle in Aristoteles' Rhetorik (Rhetorik 2, 23.22) an, in der er argumentiert, dass aus einer unwahrscheinlichen Geschichte durchaus ihre Wahrheit gefolgert werden kann. Vgl. dazu den Artikel von James Moffatt, Moffatt, J., 1915–1916, 170f. Seine Nachfolger haben ebenfalls die Ratio positiv bewertet, wenn sie ihr die Funktion zubilligten, den immer schon vorausgesetzten Glauben verständlich zu machen. [Augustinus (354–430): „Verstehen ist eine Gabe des Glaubens. Versuche daher nicht, zu verstehen, um zu glauben, sondern glaube um zu

ortbestimmung, Struktur und Reichweite der *Vernunft* in Bezug auf den Wahrheitsanspruch des Glaubens. Dieses Problem stand spätestens seit dem Abschluss der Rezeption der aristotelischen Philosophie, also zu Lebzeiten des Aquinaten auf der Tagesordnung der christlichen Theologie.[22] Das Problem, das sich für Thomas stellte, bestand darin, einerseits die Wissenschaftlichkeit der Theologie an dem Rationalitätsstandard des aristotelischen Wissenschaftskonzepts zu orientieren, ohne andererseits das Proprium des christlichen Glaubens zu gefährden, so wie dies beim lateinischen Averroismus[23] der Fall zu sein schien,[24] einer philosophischen Richtung innerhalb der Pariser Artistenfakultät, zu deren exponiertesten Vertretern Siger von Brabant (ca. 1235 – ca. 1282) und Boethius von Dacien[25] gehörten.

---

verstehen", Kommentar Joh. Ev. 29,6; Anselm (1033–1109): „Ich versuche nicht zu verstehen, um zu glauben, sondern ich glaube und will verstehen. Und ich glaube auch, dass ich nicht verstehe, es sei denn ich glaube", Anselm von Canterbury, Prosl. I ].

[22] Auch für die islamische Theologie hatte sich dieses Problem seit der Rezeption des Aristoteles zunächst im Osten durch al-Fārābī (870–942), Ibn-Sīnā (980–1037, lat. Avicenna) und dann im Westen durch Ibn Bâjja (1095–1138/39, lat. Avempace) und Ibn-Rušd (1126–1198, lat. Averroës) gestellt. Ähnlich wie in der christlichen Theologie war die Diskussionslage um eine mehr oder weniger bruchlose Integration der aristotelischen Philosophie zunächst durchaus offen, man diskutierte miteinander. Daher wurden die islamischen Theologen im Mittelalter auch die *loquentes* genannt (vgl. ScG. I 79, n. 5; III 69, n. 11). Erst mit dem Verdikt des islamischen Theologen al-Ġazālī (1058–1111, lat. Algazel) in seinem Tahāfut (= Destructio Philosophorum) gegen die Rezeption des Aristoteles in die islamische Theologie und der Philosophie überhaupt, ein Verdikt, das dann sich in der Folgezeit geschichtlich durchgesetzt hat, ist die entscheidende Weichenstellung – geschichtlich überaus schicksalhaft – erfolgt; Literatur: Kremer, A.v., 1961; Nagel, T., 1988.

[23] Die Bezeichnung *lateinischer Averroismus* geht auf den französischen Historiker Ernest Renan zurück, der den Averroismus der Pariser Artistenfakultät als erster umfassend erforschte und wohl eine entsprechende Formulierung von Thomas von Aquin aufnimmt. Renan, E.,1949. Averroès et l'Averroïsme, in: Oevre complète, t. 3. Paris. Nach den Forschungen von F. van Steenberghen ist diese Bezeichnung ein häresiologischer Kampfbegriff, der den tatsächlichen Verhältnissen nicht unbedingt entspricht. Die Averroisten hatten durchaus ihre eigene Konzeption des Verhältnisses von Glauben und Wissen, das sich an Averroës anlehnt, aber nicht von ihm abhängig ist, Steenberghen, F. v., 1977 und 1991, 1003–1011.

[24] Als Thomas 1269 zum zweiten Mal nach Paris geht, findet er an der Artistenfakultät die Averroisten vor, benannt nach dem arabischen Kommentator des Aristoteles, Averroes. Thomas, bei dem sich auch die Bezeichnung Averroisten (wörtl. Averroy) in der Streitschrift *De unitate intellectus* (Thomas von Aquin, 1976, de unitate intellectus C. 1 l. 307, 294) schon findet, setzt sich sogleich in dieser Streitschrift mit ihnen auseinander. Es geht Thomas vor allem darum, zu widerlegen, es gebe im christlichen Glauben Inhalte, von denen die Vernunft das Gegenteil bewiesen habe. Kurz gesagt, es kann nach Thomas nicht sein, dass der Glaube irrational ist. Dieses Grundsatzproblem wird am Beispiel der Frage erörtert, ob die rein geistige Seele in der Hölle unter dem materiellen Höllenfeuer leiden könne (Thomas von Aquin, 1976, De unitate intellectus, C. 5 l. 425, 314). 1270 kommt es zu einer ersten Verurteilung der Averroisten, 1277, drei Jahre nach Thomas' Tod 1274, zur zweiten umfassenden Verurteilung von 219 Thesen der Averroisten durch den Pariser Bischof Etienne Tempier.

[25] Boethius von Dacien wurde in der ersten Hälfte des 13. Jahrhunderts in Schweden oder Dänemark geboren und verstarb vermutlich vor 1284 in Italien.

Innerhalb der christlichen Tradition scheint der Averroismus der erste Versuch gewesen zu sein, unter Berufung auf Aristoteles die menschliche Rationalität zum letzten Kriterium für Wahrheit zu machen und die Natur einzig aus immanenten Prinzipien zu beschreiben. Der Averroismus kann daher mit einem gewissen Recht als Rationalismus und Naturalismus gedeutet werden. Da eine Reihe von christlichen Glaubenssätzen ohne Glauben und nur mit Hilfe der natürlichen Vernunft allein nicht nachvollziehbar sind, beispielsweise der Schöpfungsgedanke oder die Trinität, ist ein Konflikt mit christlichem Denken vorprogrammiert. Dieser potentielle Konflikt äußert sich auch im averroistischen Sprachgebrauch, wenn es in Redewendungen oft heißt *naturaliter loquendo*, im Unterschied zur Sichtweise eines Problems aus der Perspektive des Glaubens. Es ist daher verständlich, wenn dieser abgrenzende Sprachgebrauch des *naturaliter loquendo*,[26] d.h. nach den Regeln der natürlichen Vernunft, der Averroisten bei den kirchlichen Behörden und Theologen den Verdacht einer Absetzbewegung aus dem christlichen Konsens hervorrufen konnte, auch wenn es als Prinzip expressiv verbis wohl in dieser Form von den frühen Averroisten[27] selbst nicht vertreten wurde.[28] Anklänge zum Konzept einer *doppelten Wahrheit* gibt es aber bereits im Werk des Aquinaten,[29] während die schlagwortartige Formel der *doppelten Wahrheit* auf Bischof Etienne Tempier und seine Verurteilung der 219 Thesen von 1277 zurückgeht.[30] In den Thesen 90 und 113 wird darauf angespielt.[31] Neben Etienne Tempier ist vor allem auch Heinrich von Gent bei der Verurteilung von 1277 treibende

---

[26] Zur averroistischen Formulierung *naturaliter loquendo* vgl. Maier, A., 1955, 9, 15, 23.

[27] Ein wichtiger Text aus dem Umkreis des Averroismus stammt von Boethius von Dacien: De aeternitate mundi, Green-Pedersen, N. G., (Hg.), Opera VI, 2, 1976.

[28] Steenberghen, F. v., 1966, 389, 397; Hissette, R., 1977, 284 f; Bazán, B., 1980. 235–254; Hödl, L., 1987, 225–243; weitere Literatur: Hägglund, B., 1955; Wilpert, P., 1964, 135–152; 149 ff.

[29] Thomas von Aquin hat natürlich keine *doppelte Wahrheit* gelehrt. In der *Summa contra gentiles*, an der er vor der averroistischen Krise 1259–1261 schreibt, spricht er aber doch von zwei Weisen der subjektiven Vergegenwärtigung der Wahrheit. „Ex praemissis igitur evidenter apparet sapientis intentionem circa duplicem veritatem divinorum debere versari, et circa errores contrarios destruendos: ad quarum unam investigatio rationis pertingere potest, alia vero omnem rationis excedit industriam. Dico autem duplicem veritatem divinorum, non ex parte ipsius Dei, qui est una et simplex veritas; sed ex parte cognitionis nostrae, quae ad divina cognoscenda diversimode se habet." ScG I 9. Der genaue Gedankengang ist: „Est autem in his quae de Deo confitemur duplex veritatis modus. Quaedam namque vera sunt de Deo quae omnem facultatem humanae rationis excedunt, ut Deum esse trinum et unum. Quaedam vero sunt ad quae etiam ratio naturalis pertingere potest, sicut est Deum esse, Deum esse unum, et alia huiusmodi; quae etiam philosophi demonstrative de Deo probaverunt, ducti naturali lumine rationis." ScG I 3.

[30] „Dicunt enim ea esse vera secundum philosophiam, sed non secundum fidem catholicam, quasi sint duae contrariae veritates, et quasi contra veritatem sacrae scripturae sit veritas in dictis gentilium damnatorum […]", Denifle, H., Chatelain A. (Hg.), Bd. 1, Paris 1889 (= Brüssel 1964), 543.

[31] Zur These 90 vgl. Bianchi, L.,1984.

Kraft.[32] Gleichwohl scheint im Gefolge von 1277 die Lehre von der *duplex veritas* unter den Averroisten des 14. Jahrhunderts und den Pariser Naturphilosophen verbreitet gewesen zu sein.[33] Nach Ockham wird das Prinzip der *doppelten Wahrheit* weniger als schlüssiges Konzept gehandhabt, sondern in der Praxis gelebt, obwohl der Wahrheitsanspruch des Glaubens gegenüber der Ratio aufrechterhalten bleibt. Beispielhaft sei dafür Johannes Buridan genannt.[34] Ockham selbst kennt das Prinzip der *doppelten Wahrheit* verständlicherweise nicht, sondern hat noch versucht, auf seine Weise dem Lehrverbot von 1277 gerecht zu werden.[35] In der Renaissance wird die

---

[32] Heinrich von Gent geht als erster in seiner theologischen Einleitungslehre auf das Problem der doppelten Wahrheit ein, ohne allerdings den von Etienne Tempier geprägten Terminus technicus der *duae contrariae veritates* zu verwenden. „Supposito etiam ex supra determinatis in quaestione, an veritas huius scientiae *contrarietur veritati alicuius alterius scientiae*, quod quaecumque vera sunt iudicio et auctoritate huius scientiae, falsa nullo modo esse possunt iudicio rectae rationis et naturalis […] absolute dicendum, quod auctoritati huius scripturae ratio nullo modo potest esse contraria, immo omnis ratio recta ei consonat, quia vera [ vero: ed] omnia consonant […]", A 10 q. 3 crp. B., Heinrich von Gent, Summae quaestionem ordinariarum, Paris 1520.

[33] Vgl. hierzu die Studie von Maier, A., 1955, 3–44. Einer der Vertreter der *doppelten Wahrheit* aus diesem Umfeld war Johannes Jandun. Vgl. dazu Schmugge, L., 1966, 47–52; zur weiteren wissenschaftsgeschichtlichen Bedeutung von 1277 vgl. Grant, E., 1981, 211–244.

[34] „[…] das legt Aristoteles im Text ausreichend dar, aber obwohl Aristoteles das gesagt hat, müssen wir aus *reinem Glauben ohne Beweis*, der seinen Ursprung und seine Evidenz aus den Sinnen hat, das Gegenteil festhalten. […] Gott hat nämlich die Welt neu geschaffen, da vorher keine Welt oder Zeit oder Bewegung war oder gewesen ist. Und *nachdem dies aus dem Glauben festgestellt und geglaubt wird, sind nun die Gegenargumente zu lösen*", zitiert nach Paqué, R. 1970, 234.

[35] Volker Leppin hat die Lösungsstrategie Ockhams anhand des Evidenzbegriffs (per se notum), der nach Aristoteles wichtiges Element von Wissenschaftlichkeit ist, nachgezeichnet, Leppin, V., 2000, 283–294. Ockhams Lösung besteht darin, dass er den Glauben als neues Element zu den fünf aristotelischen *habitus veridici* zählt (intellectus, sapientia, scientia, ars, prudentia). Glaube als Habitus der Vernunft ist demnach auch dem Wahrheitsanspruch der Vernunft zugänglich, das Problem der doppelten Wahrheit ist also vermieden. „Indem er letztlich – und zwar eben aufgrund des Mangels an Evidenz – die strenge Wissenschaftlichkeit der Theologie bestreitet, macht er sich die Wissenschaftsauffassung der Aristoteliker zu eigen. Indem er aber dem Glauben einen eigenen Grund nicht unter, nicht über, sondern im Rahmen der *habitus veridici* schlicht neben der *scientia* einräumt, gibt er dem Selbstbewusstsein der Theologie Ausdruck, trotz und gerade in Aufnahme der philosophischen Kritik eine Erkenntnisform sui generis zu sein", Leppin, V., 2000, 293. Diese Lösung ist natürlich nur eine Scheinlösung, denn selbst wenn man den Glauben wie Ockham es tut als Habitus deuten könnte, sagt dies noch nichts über den Wahrheitsgehalt des Glaubens aus, auch wenn der Habitus *habitus veridici* genannt wird. Das Problem ist auch solange nicht lösbar, als man Glauben und Wissenschaft als zwei Weisen der Wirklichkeitsbeschreibung betrachtet. Es könnte jedoch einen Fortschritt geben, wenn man Wissenschaft und Glauben als zwei Formen der Wirklichkeits*eröffnung* betrachtet. Dann kann man nämlich sehr einfach zeigen, dass der Glaube als Form der Wirklichkeits*eröffnung* sehr viel reicher ist als das Wissen, ja, dem Wissen sogar in gewisser Weise neue Wege zeigen kann, so dass rational eingeholt werden kann, was zunächst nur geglaubt wurde. Dies lässt sich auch anhand der Problemlage von 1277 verdeutlichen. Denn beispielsweise hat – wie später in dieser Arbeit im Kapitel *Homogenisierung des Raumes* zu zeigen sein wird – der Glaube an die Allmacht Gottes, 1277 eingeschärft, geholfen, die Konzeption eines

Lehre von der *doppelten Wahrheit* durch Pietro Pomponazzi (1462–1525) in seiner Schrift *De immortalitate animi* zum polemischen Kampfbegriff eines bewussten Betrugs ausgelegt. Er vollzieht eine strikte Trennung zwischen Glauben und Wissen.[36] Die Kirche reagiert auf dem 5. Laterankonzil unter Papst Leo X. darauf mit einem Verbot der Lehre von der *doppelten Wahrheit*, um den universalen Anspruch der Theologie aufrecht zu erhalten.[37]

Thomas hat auf diese Herausforderung durch den Averroismus reagiert und zugleich durch die Chance der neuen Denkmöglichkeiten der Philosophie des Stagiriten eine neue Antwort auf die Frage der Zuordnung von Theologie und Philosophie gefunden.[38] Um diese Zuordnung richtig einschätzen zu können, ist zunächst ein Blick auf das aristotelische Wissenschaftskonzept unerlässlich.

### 3.1 Das aristotelische Wissenschaftskonzept

Wissenschaft[39] kommt für Aristoteles im Wissen (ἐπιστήμι)[40] in Unterschied zum bloßen Meinen (δόξα) zum Ausdruck.[41] Er unterscheidet drei Arten

---

unendlichen Raumes vorzubereiten. Dann allerdings muss man den strengen Beweischarakter von Wissenschaft aufgeben, was aber angesichts der Ersetzung des *Verifikationsprinzips* durch das *Falsifikationsprinzip* in der heutigen Wissenschaftstheorie kein Problem sein dürfte. Beweis – als Ausdruck der zeitlos gültigen Logik – müsste durch *Er*weis ersetzt werden, da im Erweischarakter das für die Theologie unverzichtbare Zeitelement ihrer Glaubensaussagen im Sinne der Wahrheitskonzeption der hebräischen אמה, die Wahrheit umd Treue – also die zeitliche Dimension – umfasst, deutlicher zum Ausdruck kommt.

[36] Vorländer, K., [7]1927, 9.

[37] „omnem assertionem veritati illuminatae fidei contrarium omnino falsam esse definimus", Dittrich, O., 1926, 281.

[38] Die vermittelnde Antwort, die Thomas findet, vermeidet die beiden Extreme, die in der islamischen Theologie durch al-Ġazālī (Algazel) und Ibn Rušd (Averroës) repräsentiert werden. Während al-Ġazālī die Philosophie aus der Theologie eliminiert, daher auch keinen rationalen Kontrollmechanismus mehr hat, versucht Averroës als letzter und letztlich erfolglos, die Philosophie als einen notwendigen Bestandteil des Glaubens in die Theologie zu integrieren, allerdings um den Preis eines gewissen theologischen Substanzverlusts. So wendet sich Averroës expressis verbis gegen das theologische Verdikt, der Philosophie in der Theologie eine konstitutive Rolle einzuräumen, wie es al-Ġazālī in seinem Tahāfut ausgesprochen hatte. Seine Streitschrift gegen den Tahāfut, das Tahāfut-al-Tahāfut (Widerlegung der Widerlegung) beginnt in der ersten der drei Abhandlungen, der Kitāb fasl al-maqāl: „Der Zweck dieser Abhandlung ist der, dass wir in Rücksicht auf die religiöse Spekulation untersuchen, ob die Spekulation über Philosophie und logische Wissenschaften durch das religiöse Gesetz erlaubt oder verboten oder befohlen sei, sei es als etwas freiwillig zu Unternehmendes, sei es als notwendige Pflicht", Averroës, 1991, 1 [1]. Er wird argumentieren, und mit Suren aus dem Koran begründen (Sure 59, 2; 7, 184; 6, 78; 88, 17), dass die Philosophie eine notwendige Pflicht für den Moslem sei.

[39] Zur Wissenschaftskonzeption bei Aristoteles vgl. Antweiler, A., 1936.

[40] In der ursprünglichen Bedeutung des Wortes ἐπιστήμη kommt noch die anthropologische Dimension des Wissenserwerbs zum Ausdruck. ἐπίσταμαι heißt nämlich „Sich in die für eine Tätigkeit nötige Stellung versetzen", Zekl, H.G., 1998, LXVIII.

[41] „Was *Gegenstand von Wissen* [ἐπιστήμη] werden kann und *Wissen* selbst unterscheidet sich von solchem, was der *Meinung* [δόξα] allgemein zugänglich ist, [...]", APo I 33, 88b30–33.

von Wissen, theoretisches, praktisches und poietisches Wissen,[42] wobei die
rein theoretischen Wissenschaften für Aristoteles eine höhere Würde ge-
nießen.[43] In der Auslegungstradition des aristotelischen Wissenschaftsbegriffs haben sich zwei große Richtungen herausgebildet.[44]

Auf die Problematik dieser Interpretationstraditionen braucht hier nicht
weiter eingegangen zu werden, da für unsere Fragestellung vor allem der
Aspekt der Rolle der Ratio, d. h. die anthropologische Verankerung der
aristotelischen Wissenschaftskonzeption von Interesse ist. Diese Fragestellung und Herangehensweise ist auch bei Aristoteles selbst insofern motiviert, als er in allen drei Schriften, in denen er sich zur Wissenschaftstheorie
äußert, also der *Nikomachischen Ethik*,[45] der *Metaphysik*[46] und der *Analytica Posteriora*[47] er dies in einem anthropologischen Kontext tut.

In der *Nikomachischen Ethik* thematisiert Aristoteles die wissenschaftliche Tätigkeit im Kontext seiner Erörterung des Strebens nach Glück
(εὐδαιμονία), auf das die Tüchtigkeit (ἀρετή) abzielt.[48] Er unterscheidet die
ethische Tüchtigkeit[49] von der dianoetischen Tüchtigkeit,[50] die Voraussetzung ist für wissenschaftliches Arbeiten.[51] Auch in der Metaphysik stellt
Aristoteles diesen Handlungsaspekt der Wissenschaft mit seiner teleologischen Ausrichtung im Anfangskapitel *prospektiv* voran: „Alle Menschen

---

[42] Vgl. Meta VI 1, 1025b–1026a; To VI 6, 145a15 f. Zur theoretischen Wissenschaft gehört die
Metaphysik (Erste Philosophie), Mathematik und Naturforschung, zur praktischen die Ethik,
Politik und Rhetorik und zur poietischen schließlich ebenfalls die Rhetorik, das Handwerk, die
Dichtung, die Medizin, u. a. (ein genau aufgliederndes Schema in Höffe, O., ²1999, 32 f.

[43] „[…] und schließlich gelten die *betrachtenden* Wissenschaften mehr als die bewirkenden",
Meta I 1, 981a33.

[44] In der Auslegungstradition des aristotelischen Wissenschaftsbegriffs gibt es zwei große
Richtungen. Die erste sieht die wichtigsten Aspekte bei Aristoteles schlagwortartig in den Begriffen Axiomatik, Fundamentalismus und Essentialismus (AFE-Interpretation). Da sich die
wissenschaftstheoretischen Überlegungen, wie Aristoteles sie vor allem in den zweiten Ana-
lytiken dargelegt hat, nicht in seinen konkreten naturwissenschaftlichen Schriften, insbesondere der Physik ausgewirkt haben, hat sich später in Abgrenzung zur AFE-Interpretation eine
Richtung der Auslegung entwickelt, die einen programmatischen, induktiv-pädagogischen
Charakter der aristotelischen Wissenschaftskonzeption erkennen will (IP-Interpretation). Zur
Geschichte und Einschätzung dieser Interpretationsgeschichte vgl. für die AFE-Interpretation,
Detel, W., 1993, 266–283; und zur IP-Interpretation, Detel, W., 1993, 284–290. Neben diesen
beiden großen Richtungen gibt es noch eine Reihe anderer, die weniger Anhänger gefunden
haben.

[45] EN VI 3, 1139b5–24.

[46] Meta I 1, 980a–981b30.

[47] APo II 19, 99b15–100b15.

[48] EN VI 3, 1139b5–24.

[49] EN II–V.

[50] EN VI.

[51] Neben praktischem Können, sittlicher Einsicht, philosophischer Weisheit und intuitivem
Verstand definiert Aristoteles aus dieser Handlungsperspektive Wissenschaft als: „Das wis-
senschaftliche Erkennen ist folglich die zu einer Grundhaltung verfestigte Fähigkeit, bündige
Schlüsse zu ziehen", EN VI 1139b25 ff.

streben von Natur aus nach Wissen",[52] bevor er diese teleologische Ausrichtung menschlichen Erkenntnisstrebens gleich im Anschluss daran im
Sinne einer ontologischen Schichtentheorie menschlicher Erkenntnisstufen
entfaltet. Schließlich betrachtet er im Schlusskapitel der im engeren Sinne
wissenschaftstheoretischen Schrift der *Analytica Posteriora* fast völlig analog zum Einleitungskapitel der Metaphysik nun gewissermaßen *retrospektiv* die anthropologischen Bedingungen wissenschaftlicher Erkenntnis.[53]
Eine kurze Übersicht markiert die kleinen Unterschiede. Sehen wir uns die
anthropologischen Bedingungen wissenschaftlicher Erkenntnis an:

| *Analytica Posteriora* | *Metaphysik* |
|---|---|
| AP II 19, 99b15–100b15 | Meta I 980a–981b30 |
| Sinneswahrnehmung (αἴσθησις) | Sinneswahrnehmung (αἴσθησις) |
| Bleiben des Wahrnehmungsinhalts (μονὴ τοῦ αἰσθήματος) | Vorzug des Sehens |
| Begriff (λόγος) | Erinnerung (μνήμη) |
| Erfahrung (ἐμπειρία) | Erfahrung (ἐμπειρία) |
| Anfang von Handwerk und Wissen (ἀρχὴ τέχνης καὶ ἐμπειρίας) | Wissenschaft (ἐπιστήμη) |
| Wissenschaft (ἐπιστήμη) | Weisheit (σοφία) |

Das Erkenntnisziel und Erkenntnisorgan der Metaphysik, die Weisheit
(σοφία) unterscheidet sich vom Erkenntnisorgan der Wissenschaft, der Vernunft (νοῦς). Wissenschaft im engeren Sinne ist Sache des νοῦς,[54] während
die die Wissenschaft übersteigende Metaphysik der umfassenderen Weisheit zuzuordnen ist.[55] Wissenschaftliche Aktivität ist in den höchsten Wissenschaften, d. h. den betrachtenden Wissenschaften immer zweckfrei, in
den niederen poietischen Wissenschaften zweckgebunden. Die Zweckfreiheit der Wissenschaft kann sich allerdings erst dann etablieren, wenn ein
entsprechender Entwicklungsgrad der sozioökonomischen Lebensbedingungen erreicht ist.[56]

---

[52] Meta I 1, 980a.

[53] AP II 19, 99b15–100b15.

[54] „Wenn wir nun also neben Wissen keine Seinsgattung vorfinden, die uns Wahrheit gewährt, so ist ja wohl Vernunft [νοῦς] der Ursprung [ἀρχὴ] des Wissens [ἐπιστήμη]", APo II 19
100b14f, vgl. ebenso APo I 33 88b36.

[55] „So dürfen wir denn in der philosophischen Weisheit [σοφία] eine Verbindung von intuitivem Verstand [νοῦς] und diskursiver Erkenntnis [ἐπιστήμη] erblicken. Sie ist Wissenschaft von
den erhabensten Seinsformen, Wissenschaft sozusagen ‚in Vollendung' [κεφλὴν ἔχουσα]", EN VI
1141a19–b3, Dirlmeier, F., 1999, 161f.

[56] „Erst als bereits alle derartigen Künste entwickelt waren, entdeckte man die Wissenschaften,
die sich nicht allein auf die Lust und die Lebensnotwendigkeiten bezogen, und das erstmals in
diesen Gebieten, wo man sich Muße leisten konnte", Meta I 1, 981b20ff, Schwarz, F.F., 1987, 19.

### 3.1.1 Der Gegenstand der Wissenschaft

*Wissen.* Der Nous als Organ des Wissens hat als Gegenstand unveränderliches beweisendes Wissen (ἀποδεικτικὴ ἐπιστήμη). Im Gegensatz dazu liefert die Wahrnehmung (αἴσθησις) nur schwankende Meinung (δόξα).[57]

| Erkenntnisorgan | Erkenntnisgegenstand |
|---|---|
| Nous (νοῦς) | Notwendiges, allgemeines unveränderliches Wissen (ἐπιστήμη) |
| Wahrnehmung (ἐπιστήμη) | veränderliche Meinung (δόξα) |

Das Wissen ist allgemein (καθόλου) und notwendig (δι' ἀναγκαίων) und wird methodisch deduktiv durch Syllogismen und durch Induktion (ἐπαγωγὶ)[58] erzeugt.[59]

*Prinzipien und Axiome.* In den beweisenden Wissenschaften spielen die Axiome (ἀξίωμα),[60] z. B. in der Mathematik,[61] und die Prinzipien (ἀρχή)[62] als nicht mehr beweisbare Ausgangssätze in einem Beweisverfahren die entscheidende Rolle. Dabei entfaltet Aristoteles einen Prinzipienpluralismus, d. h. er betont, dass jede Wissenschaft ihre eigenen Prinzipien hat[63]. In der Logik sind insbesondere zwei Prinzipien wirksam, der Satz von Widerspruch und der Satz von ausgeschlossenen Dritten.[64] In der Physik gilt das Prinzip der „Bewegung aus sich selbst heraus".[65] Für die Metaphysik gilt Gott als Prinzip.[66] Aristoteles unterscheidet drei Arten von Prinzipien:[67] Definitionen (ὁρισμός),[68]

---

[57] „Auch über die bloße *Wahrnehmung* [δι' αἰσθήσεως] kann man Wissen nicht gewinnen", APo I 31 87b31.

[58] EN VI 1139b25–1140a9; APo I 18, 81a40.

[59] APo II 33, 88b30–89b9.

[60] APo I 2, 72a17; APo I 7, 75a41; APo I 10, 76b10.

[61] Meta IV 3, 1005a20 ff. Euklid führt ein solches axiomatisches Beweisverfahren in seinen Elementen durch. Er nennt die Axiome allerdings κοιναί ἐνοίαι, was man frei mit „allgemein Eingesehenes" übersetzen könnte, Euklid, ⁸1991, 3, 419 f. Die Bezeichnung Axiom wird im mathematischen Schrifttum vor Euklid zwar schon verwendet, kommt erst durch die Übersetzung von Proklos in den allgemeinen Gebrauch, Szabó, Á., 1994, 374 ff.

[62] APo I 2, 71b19 ff; APo I 10, 76a32 ff; Meta II 2, 996b26 ff.

[63] APo I 7, 75ba38–75b20; APo I 2, 72a14–24.

[64] Meta IV 3, 1005b11 ff; Meta IV 7, 1011b–1012a; APo I 10, 76a41; APo I 11, 77a30.

[65] Meta XI 7, 1064a15 ff.

[66] Meta I 2, 983a5–10.

[67] APo I 2, 72a14–24; APo I 32, 88a22–88b30.

[68] Definitionen sind im Gegensatz zu den Hypothesen und Postulaten begründbar. „Die Definitionen schließlich – also die einzigen Prinzipien, die gewöhnlich als oberste demonstrative Prämissen auftreten – lassen sich auf drei Ebenen begründen: als wahre allgemeine Sätze meist durch Rückgriff auf Induktion oder Wahrnehmung [im Text als Anmerkung: APo II 19, 99b15–100b17; I 13, 78a34–35; II 7, 92a37–b1; I 18], gelegentlich sogar durch Deduktion, [im Text als Anmerkung: Ibid. I 13, 78a22–b11]; als Sätze mit existentieller Implikation, [im Text als Anmerkung: Ibid. II 7, 92b5–11; II 8, 93a19 f], über die Begründung entsprechender Exis-

Hypothesen (ὑπόθεσις)[69] und Postulate (θέσις).[70] Zu letzteren zählt Aristoteles den Satz von Widerspruch und den Satz von ausgeschlossenen Dritten.

*Ursachen.* Die Metaphysik hat als Gegenstand Prinzipien und Ursachen (αἰτία).[71] Auch Gott kann als letzte Ursache betrachtet werden, wenn man ihn als den unbewegten Beweger (ἀκίνητον κινοῦν) betrachtet. Für den sublunaren Bereich gilt jedoch bei Aristoteles die Lehre von den vier *causae*, die auch von Thomas rezipiert wird. Aristoteles nennt zur Erkenntnis der Ursachen (αἰτία) eines einzelnen Ereignisses, Sachverhalts oder Objekts vier später in der Scholastik so genannte *causae*.[72] In der Scholastik hat man sie dann noch einmal unterschieden in zwei innere, die *causa materialis* (ὕλη) und die *causa formalis* (εἶδος) und zwei äußere, die *causa efficiens* (βουλεῦσα αἰτία) und die *causa finalis* (τέλος).[73] Statt Ursache sollte man *causa* (αἰτία) besser mit Konstitutionsprinzip übersetzen. Um Ursachen im modernen wissenschaftstheoretischen Sinn, der am Kausalitätsbegriff orientiert ist, handelt es sich bei den vier *causae* jedenfalls nicht. Dies gilt auch für die *causa efficiens*, die dem modernen Ursachenbegriff noch am nächsten ist. Geht für den modernen Kausalitäts- und Ursachenbegriff die Ursache der Folge zeitlich voraus, so ist dies bei der *causa efficiens* des Stagiriten nicht der Fall. Charakteristisch für seinen Kausalitätsbegriff ist die Gleichzeitigkeit von Ursache und Wirkung.[74] Dies hat zur Folge, dass die Prognose, die sich nach heutigem Verständnis aus der Differenz von Ursache und Wirkung sowie aus der genauen Kenntnis des augenblicklichen Zustandes ergibt, im Gegensatz zum modernen Wissenschaftskonzept nicht zu den wissenschaftlichen Kriterien bei Aristoteles zählt.

---

tenzannahmen; und als erklärungskräftige Prinzipien durch den Aufweis ihrer Platzierung in konkret konstruierten Demonstrationen, [im Text als Anmerkung: Ibid. II 8, 93b14–20; II 10, 94a1–7]", Detel, W., 1993, 308; APr I 11, 43b2; APo I 2, 72a21, I 8, 75b31; II 3, 90a35–91a11; II 7, 92b4–93b20, II 10, 93b29–94a11.

[69] „[…] Postulate und Hypothesen sind weder innerhalb noch außerhalb einer bestimmten Wissenschaft deduzierbar, wohl aber im Rahmen der *Ersten Philosophie* auf nicht-deduktive Weise argumentativ begründbar", Detel, W., 1993, 308, APo I 2, 72a20–24, I 10, 76b23–77a4.

[70] APr II 17, 65b14; II 18, 66a2; APo I 4, 73a9 f; Meta IV 3–IV 8; Meta III 2, 996b26–997a15. In Meta IV 3, 1005a–1005b geht es vor allem um Prinzipien und Axiome.

[71] Meta I 1, 981b35; Meta V 2, 1013b–1014a; APo II 11, 94a20–95a9; Phys-A II 3, 194b23–195b23.

[72] Meta V 1–2, 1013a–1014a; Meta I 3, 983a25–983b5; Phys-A II 3, 194b.

[73] Thomas nimmt diese aristotelische Einteilung bereits in seinem Frühwerk *De principiis naturae* auf. „Ex dictis ergo patet quod sunt quatuor cause, scilicet materialis, efficiens, formalis et finalis. Licet autem principium et causa dicantur conuertibiliter, ut dicitur in V Metaphysice, tamen Aristoteles in libro Physicorum ponit quatuor causas et tria principia. Causas autem accipit tam pro extrinsicis quam pro intrinsicis: materia et forma dicuntur intrinsice rei eo quod sunt partes constituentes rem, efficiens et finalis dicuntur extrinsice quia sunt extra rem", De principiis III 9, 61.

[74] APo II 12, 95a10–96a19; zur genaueren Begründung vgl., Detel, W., 1993, 314.

*Wesen.* Gegenstand der Metaphysik als Wissenschaft ist außerdem das Wesen (οὐσία) der Dinge.[75] Das Wesen ist die erste der Kategorien.[76] In der Aristotelesinterpretation ist es eine umstrittene Frage, ob das Wesen einer Sache ein am Allgemeinen oder ein nur an einem Einzelnem festzumachender Sachverhalt ist.[77] Es gibt jedoch im Werk des Aristoteles Stellen, die es nahe legen, dass Aristoteles im Wesensbegriff von einer Verbindung von Einzelnem und Allgemeinen ausgeht.[78] Einzeln ist es in Bezug auf die Materie (ὕλη), allgemein ist es in Bezug auf die Form (μορφή; εἶδος).[79] Beide zusammen machen das Wesen eines Einzelnen aus. Insofern aber jedes Einzelne einem Entwicklungsprozess[80] unterliegt, unterscheidet Aristoteles ein potentielles Wesen (δυνάμει οὐσία)[81] von einem sich verwirklichenden Wesen (ἐνέργεια οὐσία).[82] Die Erkenntnis des Wesens einer Sache ist Sache des Nous, insofern er es sprachlich in Gestalt einer Definition erfasst[83] – Definitionen sind demnach für Aristoteles keine willkürlichen Setzungen des Verstandes, sondern in ihnen spiegelt sich das Wesen einer Sache, und dieses Wesen kann vom Nous erkannt werden.

### 3.1.2 Kriterien der Wissenschaftlichkeit
*Notwendigkeit.* Alle Gegenstände wissenschaftlicher Erkenntnis haben den Charakter der Notwendigkeit (ἀνάγκη; μή ἄλλως).[84] Dieser Notwendigkeitscharakter wird in den Analytica Posteriora genauer im Kontext des demonstrierbaren Wissens (ἐπιστήμη ἀποδεικτική) erläutert. Notwendig ist ein Wissen dann, wenn es nicht anders sein kann.[85] Notwendig ist ein Wissen,

---

[75] „Überall aber handelt die Wissenschaft besonders vom Ersten und von dem, wovon das Übrige abhängt und wonach es ausgesagt wird. Ist das aber das *Wesen* (οὐσία), so muss wohl der Philosoph die Prinzipien und Ursachen der Wesen erfassen", Meta IV 2, 1003b17 ff.

[76] Eine ausführliche Erörterung des Wesens nimmt Aristoteles in seiner Kategorienlehre vor. Vgl. Kate 5; 2a10–4b20.

[77] Detel, W., 1993, Band 2, 420 ff.

[78] „Das Wesen erscheint so als rätselhafte Verkopplung des Einzelnen und des Allgemeinen", Bröcker, W., 1957, 113.

[79] „Denn das Wesen ist die einem Ding innewohnende Form (εἶδος), aus der, im Verein mit dem Stoff (ὕλη) bestehend, das konkrete Wesen ausgesagt wird", Meta VII 11, 1037a25.

[80] „Da nun das Wesen ein Prinzip (ἀρχή) und eine Ursache (αἰτία) ist, muss man von hier aus der Sache nachgehen", Meta IX 7, 1041a9. „Daraus folgt also klar, dass die Definition der Begriff des Was-es-ist-dies-zu-sein ist und dass es das Was-es-ist-dies-zu-sein entweder allein oder doch vorzugsweise in erster Linie und schlechthin bei den Wesen gibt", Meta VII 6, 1031a14 ff.

[81] Meta VIII 2, 1042b10.

[82] „Aus dem Gesagten geht klar hervor, was das sinnlich erfassbare Wesen ist und auf welche Weise es existiert: einerseits nämlich als Stoff, andererseits als Gestalt und *Verwirklichung* und drittens als das daraus Vereinigte", Meta VIII 2, 1043a27 ff.

[83] „Es ist also klar, dass es allein vom Wesen eine Definition gibt", Meta VII 5, 1031a1.

[84] „Der Gegenstand wissenschaftlicher Erkenntnis hat also den Charakter der Notwendigkeit. Das heißt er ist ewig", EN VI 1139b5–24.

[85] „Da jeder (Gegenstand), von dem es Wissen – im uneingeschränkten Sinne – gibt, sich unmöglich anders verhalten kann, so wird ja wohl, was man mittels beweisendem Wissen über

wenn es bei wahren Prämissen durch logisch korrekte Schlussfolgerungen entsteht.[86] Die in APo I 4; I 6 gegebenen geometrischen Beispiele legen es nahe, dass Aristoteles hier offenbar an analytische Urteile denkt. Notwendigkeit ist also hier im Sinne einer deduktiv-logischen Erkenntnis zu verstehen, dessen Organ der Nous ist. Notwendigkeit findet sich nach Aristoteles nur im Raum begrifflich-logischen Denkens, nicht jedoch in der Natur.

*Allgemeinheit.* In Auseinandersetzung mit Platos Ideenlehre wird für Aristoteles das Verhältnis von Allgemeinen und Einzelnen zum Problem. Wenn es die Ideen als Realisationsform des Allgemeinen nicht gibt, sondern das sinnlich wahrnehmbare Einzelne ontologische Priorität hat,[87] wie kann es dann überhaupt Wissenschaft mit dem Kriterium der Allgemeinheit geben?[88] Denn das Allgemeine ist sinnlich nicht wahrnehmbar.[89] Aristoteles findet eine Lösung in seiner Abstraktionstheorie, in der er drei Stufen unterscheidet, wobei nur bei den beiden ersten Stufen im eigentlichen Sinne von Abstraktion gesprochen werden kann.[90] In der ersten Stufe hat zunächst die Sinnlichkeit (αἴσθησις) den Primat, die er entgegen seinen vorher gemachten Aussagen nun doch als eine Vorstufe für Allgemeinerkenntnis anerkennt.[91] Dieses Allgemeine findet Aristoteles in der äußeren, sinnlich wahrnehmbaren Form,[92] Thomas wird diese Abstraktionsstufe übernehmen.[93] Auch in der zweiten Stufe der Abstraktion, Aristoteles nennt sie εἶδος ἐπιστητόν[94] und zählt sie zum leidenden Verstand (νοῦς παθητικός), ist die sinnliche Wahrnehmung noch vorherrschend, die sich jedoch nun auf verschiedene Einzeldinge bezieht und durch den Vergleich von Merkmalen Allgemeines

---

ihn ermitteln kann, notwendig (ἀναγκαῖος) sein", APo I 4, 73a21 f; vgl. auch: APo I 2, 71b–12, b19 f; APo I 30, 87b20 ff; APo I 33, 89a33 f.

[86] Vgl. APo I 4, 73a21–74a3; APo I 6, 74b5–75a37.

[87] „Mit Sinnen wahrzunehmen ist ja notwendig das Einzelne (καθ' ἕκαστον), Wissen dagegen ist das Erkennen des Allgemeinen (τὸ καθόλου)", APo I 31, 87b37 ff; weitere Texte zum Allgemeinheitscharakter der Wissenschaft: Meta XIII 9, 1086b5; Meta II 6, 1003a13; EN Z6, 1140b31.

[88] „Denn wenn nichts neben den einzelnen Dingen existiert und wenn aber die einzelnen Dinge unbegrenzt sind, wie kann man dann eine Wissenschaft von diesen unbegrenzten einzelnen Dingen erlangen? Denn wir erkennen insoweit alles, als es ein und eines und dasselbe und ein Allgemeines (καθόλου) ist", Meta III 4, 999a26–30.

[89] „Das Allgemeine (τὸ δὲ καθόλου) dagegen und das ‚über alles' ist unmöglich wahrzunehmen (αἰσθάνεσθαι)", APo I 31, 87b30 f.

[90] Dies kommt auch terminologisch zum Ausdruck, indem Aristoteles für diese beiden Stufen das Verb ἀφελεῖν verwendet, APo I 6, 74a37, 74a39; APo II 5, 91b27; APo II 13, 97a33; Hirschberger, J., [12]1980, 180.

[91] „Es ist also die Wahrnehmung (αἴσθησις), die uns das Allgemeine (τὸ καθόλου) einbildet", APo II 19, 100b4 f.

[92] εἶδος αἰσθητόν, vgl. Hirschberger, J., [12]1980, 179; De An. B 12.

[93] Von Thomas von Aquin wird diese Stufe als *species sensibilis* in seiner Abstraktionstheorie übernommen.

[94] Hirschberger, J., Bd. I, [12]1980, 180. In Thomas Abstraktionstheorie wird diese Stufe zur *species intelligibilis.*

durch Abstraktion und eine Art Induktion heraushebt.[95] Die dritte Stufe der Abstraktion geht nicht mehr von der Sinnlichkeit und vergleichend-abstrahierender Tätigkeit des Verstandes in Bezug auf Einzelwahrnehmungen aus. Das Organ der dritten Abstraktionsstufe ist vielmehr der tätige Verstand, der νοῦς ποιητκός, der von der Sinnlichkeit unbeeinflusst ist, unvermischt (ἀμιγής), und unbeeinflussbar (ἀπαθής).[96] Wie ist nun die Erkenntnisweise dieses Nous zu verstehen, wenn nicht fußend auf Sinnlichkeit und wenn nicht entstanden durch Abstraktion? Aristoteles scheint hier an einen eigenen Erkenntnismodus des Nous zu denken, den er mit „berühren" umschreibt.[97] Dieser besondere Erkenntnismodus des Nous bezieht sich direkt, ohne sinnliche Vermittlung, auf die ideelle Struktur des Seins,[98] d. h. auf das Wesen (οὐσία) mit seinen Konstituenten der Gestalt (μορφή) und Idee (εἶδος). Der Begriff einer solchen *Wesensschau* ist der λόγος τῆς οὐσίας. Auch das *beweisende Wissen* hat den Charakter der Allgemeinheit.[99] Schließlich hat auch das höchste Objekt der Erkenntnis, die metaphysische Erkenntnis des Seins (τὸ ὂν ᾗ ὂν)[100] durch den Nous diesen Charakter der Allgemeinheit.[101] Diese Gipfelerkenntnis des Seins durch den Nous ist auch der Ort, an dem die Philosophie für Aristoteles in die Theologie übergeht.[102]

---

[95] „Das Allgemeine ergibt sich immer aus den einzelnen Dingen", EN VI 12; 1143b4. Auch durch Wiederholung von Ereignissen kann sich Allgemeines erkennen lassen. „[...] denn aus der mehrfachen Wiederholung eines Einzelereignisses (καθ᾽ ἕκαστα πλειόνων) wird das Allgemeine klar", APo I 32, 88a3 ff.

[96] Vgl. De An. III 5, 430a10–430a25.

[97] θιγγάνω; „Sich selbst denkt die Vernunft, indem sie an Gedachtem Anteil hat. Gedacht nämlich wird sie selbst, indem sie Gedachtes berührt (θιγγάνω) und denkt, so dass Vernunft und Gedachtes dasselbe sind. Denn die Vernunft ist das, was für das Gedachte und das Wesen aufnahmefähig ist, und sie verwirklicht, indem sie über das Gedachte verfügt", Meta XII 7, 1072b20.

[98] Hirschberger, J., ¹²1980, 180 f.

[99] „Da nun die Beweise (ἀπόδειξεις) diese Allgemeinheit (τὸ καθόλου) haben, die aber mit den Sinnen nicht wahrnehmbar ist, so liegt zu zutage: Über Sinneswahrnehmung gibt es keinen Wissenserwerb", APo I 31, 87b33 ff. Interessant ist, dass Aristoteles für dieses eigentlich allein innerhalb des Nous vorhandenen Wissens gleich als physikalisches Beispiel eine Mondfinsternis heranzieht, APo I 31, 87b39–88a8.

[100] Aristoteles kennt noch zwei weitere Zugänge zum Objekt der Metaphysik. Da das *Sein* allen Bereichen zugrunde liegt, kann es auch verstanden werden als „im höchsten Grade wissbar sind das Erste und die Ursachen (τα πρωτα καὶ αἰτία)", Meta I 2, 982a33 ff. Insofern jedes einzelne Seiende bei Aristoteles immer auch ein sich bewegendes, veränderndes ist, ist aus dieser Perspektive betrachtet das Objekt der Metaphysik das Unbewegliche. „Doch die erste Wissenschaft handelt von Für-sich-Seienden und Unbeweglichen (περί χωριστα καὶ ἀκίνητα)", Meta IV 1, 1026a16.

[101] „[...] denn keine der anderen Wissenschaften betrachtet *allgemein das Seiende*, insofern es seiend ist,sondern, [...], betrachten sie diesen hinsichtlich seines Akzidens", Meta IV 1, 1003a21 ff.

[102] Meta IV 1, 1003a21–1003a32; Meta XI K 7, 1064a35–1064b14; Meta XII 7, 1072b25–30.

### 3.1.3  Weltverhältnis und Wissenschaftskonzeption bei Aristoteles

Die Rezeption der Philosophie des Aristoteles fällt im 12. Jahrhundert mit wichtigen soziologischen Verschiebungen zusammen, die signalisieren, dass in die Gesellschaft Bewegung gekommen ist. Dazu gehören das Wachstum der Städte, die Gründung der Universitäten, die Entstehung einer Kapitalwirtschaft neben der nach wie vor dominierenden agrarischen Subsistenzwirtschaft. Diese Veränderung in der Gesellschaft passt sehr gut zu einem der zentralen Begriffe in der aristotelischen Philosophie, nämlich dem der Bewegung, sowohl im engeren Sinne der κίνησις, wie auch im weiteren Sinne der ἐνέργεια.[103] Auch die Motive der aristotelischen Anthropologie, das Streben nach Wissen, die starke Betonung der Intentionalität und Teleologie, die Eudaimonie lassen ein sehr viel aktiveres Weltverhältnis erkennen, als dies in der bis zur Rezeption des Aristoteles vorherrschenden Philosophie Platos möglich war. Auch seine Dreiteilung der Wissenschaft in theoretische, praktische und poietische lässt die Möglichkeit einer aktiven Weltzuwendung, zumindest bei den praktischen und poietischen Wissenschaften zu. Jedoch kommt dieser Handlungsaspekt der Wissenschaft im Sinne eines aktiven Weltverhältnisses bei Aristoteles letztlich doch nicht zum Tragen. Der Grund dafür liegt zum einen in der zweckfrei-kontemplativen Ausrichtung der Wissenschaft, zum anderen im Gegenstand des Wissens, der als zu beweisendes Wissen anhand von Prinzipien (ἐπιστήμη ἀποδεικτική) und als Wissen um das Wesen (λόγος τῆς οὐσίας) ganz der Zeitenthobenheit des reinen Denkens eingefügt ist. Obwohl also Aristoteles über eine reiche Philosophie der Bewegung und der Zeit verfügt, kann er sie doch nicht im Sinne eines auch wissenschaftlich orientierten aktiven Weltverhältnisses fruchtbar machen. Dazu ist die Diastase zwischen der sicheren an Prinzipien des zeitenthobenen reinen Denkens orientierten ἐπιστίμη, wie es insbesondere in der Syllogistik zum Ausdruck kommt, und der unsicheren αἴσθησις zu groß. Kurz gesagt, Aristoteles kann Bewegung, Zeit und Veränderung zwar als Element der Philosophie, nicht jedoch als Element strenger Wissenschaftlichkeit denken. Es fehlt daher auch ein entsprechender Begriff der Kausalität und als Folge davon die Prognostizierbarkeit als wissenschaftstheoretisches Kriterium. Auch die Allgemeinheit als wissenschaftstheoretisches Kriterium ist nicht am Phänomen der Veränderung orientiert und reflektiert nicht ein aktives Weltverhältnis, sondern bleibt durch die besondere Art der Abstraktionstheorie, die mit diesem Kriterium verbunden ist, ganz im Be

---

[103] Vgl. Meta XII 6, 1071a ff. Die ἐνέργεια ist ein von Aristoteles erfundenes Kunstwort, um den Wirk- und Bewegungscharakter seiner Philosophie zum Ausdruck zu bringen. Man müsste es mit „Im-Werk-Sein" (von ἔργον) übersetzen. Wirklichkeit wird also als etwas Tätiges, Dynamisches verstanden. In diesem Sinne ist das deutsche Wort *Wirklichkeit* ebenso ein Kunstwort und eine direkte Übersetzung der aristotelischen ἐνέργεια durch Meister Eckhart im 14. Jahrhundert, vgl. dazu, Kunz, S., 1985, 94 ff.

reich kontemplativ klassifikatorischer Weltzuwendung. Schließlich sei nun abschließend vermerkt, dass Aristoteles keinen Begriff des Naturgesetzes hat. Sein empirischer Weltumgang, an der αἴσθησις orientiert, den er ja auch in seinen Forschungen in der Biologie durchaus praktiziert hat, bleibt daher ganz im Bereich des Enzyklopädischen, Klassifikatorischen und Regelhaften. Die Philosophie des Aristoteles ist also insgesamt in Bezug auf ihr Weltverhältnis ambivalent. Praktisch kann sie durchaus einen Rahmen für einen aktiven Weltumgang bereitstellen, theoretisch kann sie ihn aber nicht wissenschaftstheoretisch integrieren. Es wird nun anhand der Integration dieser aristotelischen Wissenschaftskonzeption in die Theologie Thomas' von Aquin zu untersuchen sein, wie sich dieses Weltverhältnis in Bezug auf Wissenschaftlichkeit ändert.

### 3.2 Die Integration des aristotelischen Wissenschaftskonzepts in die Theologie als Wissenschaft durch Thomas von Aquin

Es wird nun zunächst darum gehen, herauszufinden, inwieweit Thomas von Aquin dieses philosophische Wissenschaftsverständnis für die Theologie als Wissenschaft fruchtbar macht. Im Kontext der STh bezieht sich Thomas gleich im Anfangskapitel auf die beiden letztgenannten Aspekte von Wissenschaftlichkeit, den erkenntnistheoretischen und den ontologischen.

Die Philosophie kann zwar in gewisser Weise als ein eigenständiger Bereich aufgefasst werden. Dies tut auch Thomas, wenn er gleich zu Beginn der *Summa Theologica*[104], wie auch in *De Veritate*[105] der Philosophie, d.h. der Metaphysik[106] als Gegenstandsbereich das Sein[107] zuweist, das als *ens commune* allgemein ist und das aus sich selbst heraus Bestand hat. Es ist *ipsum*

---

[104] „PRAETEREA, doctrina non potest esse nisi de ente; nihil enim scitur nisi verum, quod cum ente convertitur." STh I 1, 1, 2; „Unde manifestum est, quod Deus non est corpus. Secundo, quia necesse est id quod est primum ens, esse in actu, et nullo modo in potentia." STh I 3, 1. Im Kontext des Gesetzestraktats, d. h. im Zusammenhang mit ethischen Fragestellungen, in STh I–II 94, 2 resp. greift Thomas den Seinsbegriff wieder auf

[105] „Illud autem quod primo intellectus concipit quasi notissimum, et in quo omnes conceptiones resolvit, est ens, ut Avicenna (6) dicit in principio *Metaphysicae* suae [lib. I, c. IX]. Unde oportet quod omnes aliae conceptiones intellectus accipiantur ex additione ad ens", De Ver. I, 1 resp.; vgl. ebenso De Ver. XXI, 1. Vgl. auch De Pot. 9, 7, 15 und in Meta IV, 6 [605].

[106] Während Aristoteles der Metaphysik die führende Rolle gegenüber den Einzelwissenschaften zuspricht (Meta I 2, 982b–983a; IV 3, 1005a–d; VI 1, 1026a; XI 7, 1064a–b; III 2, 996b) und ihr den Rang der sinnstiftenden „Weisheit" zuerkennt, übernimmt Thomas dieses formale Zuordnungsschema, setzt jedoch nun die *sacra doctrina* in diesen Ehrenplatz ein.

[107] Thomas von Aquin übernimmt diesen Seinsbegriff von Avicenna (Schönberger, R. 1998A, 67) und spielt auf einen Gedanken Avicennas an, wenn er schreibt, dass es, sofern es zuerst erfasst wird, in jeder anderen Erkenntnis mitenthalten ist. „Unde oportet quod omnes aliae conceptiones intellectus accipiantur ex additione ad ens. Sed enti non possunt addi aliqua quasi extranea natura per modum quo differentia additur generi, vel accidens subiecto, quia quaelibet natura est essentialiter ens; unde probat etiam philosophus in III Metaphys. Quod ens not potest esse genus, sed secundum hoc aliqua dicuntur addere super ens, in quantum exprimunt

*esse subsistens*, ohne in der Art und Weise eines einzelnen Seienden zu existieren.[108] Es „(ex)sistiert" vielmehr in Vollkommenheit.[109] Auf dieses Sein ist die menschliche „Vernunft"[110] hingeordnet und an ihm hat sie auf endliche Weise teil.[111]

Insofern aber die Theologie einen Universalanspruch erhebt, in der neben der Erkenntnis auch als Ziel des Menschen sein Heil angesprochen wird, das auch das Sein umgreift und damit über die natürliche Vernunft hinausgeht,[112] ist die Philosophie in der berühmten Formulierung Thomas' *ancilla theologiae*,[113] weil sie ontologisch eben jenes Sein thematisiert, auf dem das Heil aufbaut und insofern sie erkenntnistheoretisch jene Denkkategorien bereithält, derer sich die Theologie bedienen kann. Thomas kann demnach den philosophischen Seinsbegriff in seine Gotteslehre integrieren.[114] In Bezug auf die Rolle der Ratio im Kontext dieser Verhältnisbestimmung von Theologie und Philosophie findet Thomas eine Lösung, die

---

modum ipsius entis qui nomine entis non exprimitur." De Ver. 1, 1 resp.; vgl. ebenso: STh I–II 94, 2 resp.; De Ver; 21, 1; In Meta IV, 6 [605]; De Ver. 1, 1 arg. 1; 1, 1, arg. 2; 1, 1, arg. 3.

[108] In diesem Sinne kann Thomas sagen, dass das Sein gar nicht existiert, vgl. STh I 4, 1 ad 3; Quodl. IX 2, 2 u. ö.

[109] „Ad nondum dicendum, quod hoc quod dico esse est inter omnia perfectissimum: […]. Unde patet quod hoc quod dico esse est actualitas omnium actuum, et propter hoc est perfectio omnium perfectionum." De Pot. 7, 2 ad 9.

[110] „Sed ea quae rationi subduntur, sufficienter traduntur in philosophicis disciplines." STh I 1, 1. Jedes einzelne Seiende nimmt auf endliche Weise am Sein teil (De causis, 7), es ist zugleich das Innerste eines jeden Seienden, „intimum cuilibet", STh I 8, 1 resp.; De An. 9. Zu den Besonderheiten der thomasischen Seinskonzeption, auf die hier nicht näher eingegangen werden soll, vgl. Schönberger, R., 1998A, 50–65.

[111] „Unde et ipsa seipsam communicat quantum possibile est. Communicat autem se ipsam per solam similitudinem creaturis, quod omnibus patet; nam quaelibet creatura est ens secundum similitudinem ad ipsam. Sed fides Catholica etiam alium modum communicationis ipsius ponit, prout ipsamet communicatur communicatione quasi naturali: ut sicut ille cui communicatur humanitas, est homo, ita ille cui communicatur deitas, non solum sit Deo similis, sed vere sit Deus." De Pot. 2, 1.

[112] „RESPONDEO dicendum quod necessarium fuit ad humanam salutem, esse doctrinam quandam secundum revelationem divinam, praeter philosophicas disciplinas, quae ratione humana investigantur. Primo quidem, quia homo ordinatur a Deo ad quemdam finem qui comprehensionem rationis excedit, […]", STh I 1, 1 resp.

[113] „SED CONTRA est quod aliae scientiae dicuntur ancillae hujus, Prov. 9: ‚misit ancillas suas vocare ad arcem.' " STh I 1, 5, sed contra. Das Magdmotiv ist seit der Antike in Gebrauch, um das Verhältnis der Theologie zu den profanen Wissenschaften zu beschreiben. Im Gegensatz jedoch zu früheren Schriftstellen (Gen 16, 1 f; Ex 3, 22; 11,2; Dtn 21, 11 ff) verwendet Thomas als biblischen Bezug Prov 9,3, Seckler, M., 1991, 168 f.

[114] Dies wird bereits in seinen *quinque viae* deutlich, dessen vierter den philosophischen Seinsbegriff zum Inhalt hat. „Quarta via sumitur ex gradibus qui in rebus inveniuntur. Invenitur enim in rebus aliquid magis et minus bonum, et verum, et nobile: et sic de aliis hujusmodi. Sed magis et minus dicuntur de diversis secundum quod appropinquat diversimode ad aliquid quod maxime est: […]. Est igitur aliquid quod est verissimum, et optimum, et nobilissimum, et per consequens maxime ens. […]. Ergo est aliquid quod omnibus entibus est causa esse, et bonitas, et cujuslibet perfectionis: et hoc dicimus Deum.", STh I 2, 3 resp. Thomas nimmt die-

darauf abzielt, Glaube und Vernunft weder strikt gegeneinander abzugrenzen, etwa im Sinne der (unterstellten) averroistischen doppelten Wahrheit,
noch den Glauben ganz in Rationalität aufzulösen, etwa im Sinne der rati-
onalistisch verstandenen Gottesbeweise. Vielmehr intendiert seine Lösung
die Integration der Ratio in den Glauben in dem Sinne, dass die Ratio den
Inhalt des Glaubens einsichtig machen soll[115] – was letztlich auch der Sinn
seiner fünf Gottesbeweise ist. Aus dieser Zuordnung der klassischen Metaphysik zur Theologie ergibt sich für die letztere die Unterscheidung zwischen *sacra doctrina*, die das Heil des Menschen thematisiert und *theologia*,
die die philosophische Gotteslehre der klassischen Metaphysik in den größeren Horizont der *sacra doctrina* integriert.

Um diesen Anspruch zu rechtfertigen, beruft sich Thomas dabei sowohl
auf die Autorität der Offenbarung,[116] die den Weg zum Heil des Menschen
zeigt, als auch auf die Weisheit[117] als höhere Form der Erkenntnis in der
Theologie, die ihr zugleich auch ein höheres Maß an Sicherheit verleiht.[118]
Betrachtet man diese Lösung des Thomas im historischen Kontext, dann

---

sen Seinsbegriff noch mehrfach in STh auf. „Ostensum est autem supra quod Deus est primum
ens." STh I 3, 1 resp., sowie STh I 3, 4 resp.; STh I 3, 4 ad 2; STh I 3, 5 resp.; STh I 44, 1.

[115] In *De Trinitate* Q. 2, a. 2 *Utrum de divinis possit esse scientia* diskutiert Thomas die
Frage, ob Theologie Wissenschaft sein könne. Er nennt sieben Gründe, die dem Wissenschaftscharakter widersprechen. So heißt es in Q. 2, a. 7. „Praeterea, cuiuslibet scientiae principium
est intellectus, quia ex intellectu principiorum venitur in scientiam conclusionum. Sed in his,
quae sunt fidei, intellectus non es principium, sed finis, quia, ut dicitur Is 7(9), ,nisi credideritis,
non intelligetis'. Ergo de divinis quae fidei sunt non posset esse scientia". Diesem Argument
hält er entgegen „Ad septimum dicendum quod cuiuslibet scientiae principium est intellectus
semper quidem primum, sed non semper proximum, immo aliquando est fides proximum principium scientiae. Sicut patet in scientiis subalternatis, quia earum conclusiones sicut ex proximo
principio procedunt ex fide eorum quae supponuntur a superiori scientia, sed sicut a principio
primo ab intellectu superioris scientis, qui de his creditis certitudinem per intellectum habet. Et
similiter huius scientiae principium proximum est fides, sed primum est intellectus divinus, cui
nos credimus, sed finis fidei est nobis, ut perveniamus ad intelligendum, quae credimus, sicut
si inferior sciens addiscat superioris scientis scientiam, et tunc fient ei intellecta vel scita, quae
prius erant tantummodo credita", De Trinitate Q. 2 a. 2 ad 7; vgl auch zu dieser Stelle, Köpf,
U., 1974, 183, Anm. 129.

[116] „RESPONDEO dicendum quod necessarium fuit ad hominam salutem, esse doctrinam
quandam secundum revelationem divinam, praeter philosophicas disciplinas, quae ratione humana investigantur." STh I 1, 1 resp.

[117] „AD PRIMUM ergo dicendum quod sacra doctrina non supponit sua principia ab aliqua
scientia humana, sed a scientia divina, a qua, sicut a summa sapientia, omnis nostra cognitio
ordinatur." STh I 1, 6 ad 1.

[118] „RESPONDEO dicendum, quod cum ista scientia quantum ad aliquid sit speculativa et
quantum ad aliquid sit practica, omnes alias transcendit tam speculativas quam practicas. Spe-
culativarum enim scientiarum una altera dignior dicitur tum propter certitudinem, tum propter
dignitatem materiae. Et quantum ad utrumque, haec scientia alias speculativas scientias excedit.
Secundum certitudinem quidem, quia aliae scientiae certitudinem habent ex naturali lumine rationis humanae, quae potest errare: haec autem certitudinem habet ex lumine divinae scientiae,
quae decipi non potest." STh I 1, 5 resp.

kann sie als eine vermittelnde Position zwischen den Extremen des lateinischen Averroismus auf der einen Seite und dem theologischen Absolutismus der theologischen Gegner des Aristoteles, allen voran der genannte
Bischof Etienne Tempier, verstanden werden. Während der Averroismus
die Tendenz hat, die Autonomie der Ratio gegenüber der Theologie her-
auszustreichen und ihr nur das – vielleicht taktische – Zugeständnis einer
*doppelten Wahrheit* macht, beharrt die theologische Gegnerschaft auf der
Souveränität Gottes und der Autorität der Tradition. Indem für Thomas
die Philosophie, wenn auch nicht gleichberechtigter Partner, so doch zumindest *ancilla* ist, vermeidet er beide Extreme. Diese neue Bewertung der
Ratio gegenüber dem Gewicht der Autorität der Tradition zeigt sich bei
Thomas auch darin, dass er sie der Tradition gleichstellt.[119] Trotz der unauf-
hebbaren Asymmetrie im Verhältnis von Theologie, Philosophie und Naturwissenschaft, ist damit auch die Rationalitätsstruktur wissenschaftlichen
Denkens neu definiert und bewertet.

Zwar gibt es keine Autonomie der Philosophie, auch keine der Naturwissenschaft, aber beide dürfen der Theologie ihre Zuarbeit leisten.[120] Thomas fordert sogar ausdrücklich im Kontext der Argumentation der natürlichen Theologie zum Studium der Naturwissenschaften als Vorbereitung
zum Glauben auf.[121] Und den vorbereitenden Charakter der Philosophie
schreibt er insofern fest, als er mit der philosophischen Arbeit die Hoffnung verbindet, dass diese – in Anspielung an die Weinszene der Hochzeit
zu Kana – von der Theologie verwandelt werde. Die Theologie ist in diesem
Sinne höchste Wissenschaft.[122] Daher hat sie die Urteilsvollmacht über die

---

[119] Zwar beruft sich Thomas zuerst auf die Autorität, wenn es um Fragen geht, die schon durch
Autoritäten der Tradition abgedeckt und entschieden sind, aber bei neuen und offenen Fragen erkennt er die Urteilskraft der natürlichen Vernunft ausdrücklich an. So antwortet er auf die Frage
„Utrum magister determinando quaestiones theologicas magis debeat uti ratione" (Quodlibet IV
quaest. IX art. 3, [18]) nach Hinweisen auf die Notwendigkeit der Autorität: „Si autem nullam
auctoritatem recipiunt, oportet ad eos convincendos, ad rationes naturales confugere."
[120] Die Theologie nutzt also die Philosophie für ihre Zwecke. „ Et inde est quod etiam auctoritatibus philosophorum sacra doctrina utitur, ubi per rationem naturalem veritatem cognoscere potuerunt." STh I 1, 8 ad 2. Thomas nennt drei Formen der philosophischen Zuarbeit.
„Sic ergo in sacra doctrina philosophia possumus tripliciter uti. Primo ad demonstrandum ea
quae sunt praeambula fidei, quae necesse est in fide scire, ut ea quae naturalibus rationibus de
deo probantur, ut deum esse unum et alia huiusmodi vel de deo vel de creaturis in
philosophia probata, quae fides supponit. Secundo ad notificandum per aliquas similitudines
ea quae sunt fidei, sicut Augustinus libro De trinitate utitur multis similitudinibus ex doctrinis
philosophicis sumptis ad manifestandum trinitatem. Tertio ad resistendum his quae contra fidem dicuntur sive ostendendo ea esse falsa sive ostendendo ea non esse necessaria", DT Q. II
Art. III, resp., 94.
[121] „Huismodi quidem divinorum factorum meditatio ad fidem humanam instruendam de
Deo necessaria est." ScG II 2.
[122] „[ista scientia] est sapientia eo, quod altissimas causas considerat et est sicut caput et principalis et ordinatrix omnium scientiarum", Sent A. 3 q. 1 crp. (zitiert nach Köpf, U., 1974, 222,
Anm. 346); vgl. auch STh I 1, 5).

Philosophie, nicht umgekehrt.[123] Dies zeigt sich insbesondere dann, wenn Widersprüche zwischen theologischen und philosophischen Sichtweisen auftreten.[124] Außerdem ist sich Thomas auch des Hypothesencharakters[125] naturwissenschaftlicher Theorien bewusst, die auf diese Weise keine eigenständige Wahrheit darstellen dürfen. Der Universalanspruch der Theologie bleibt also aufgrund dieser Asymmetrie bestehen. Wir werden daher diesen Sachverhalt als Vorzeichen aller folgenden Untersuchungen immer im Blick haben und die Frage immer stillschweigend im Hintergrund haben müssen, ob diese Zuordnung der Entstehung naturwissenschaftlichen Denkens, insbesondere der Konzeption des Begriffs Naturgesetz, förderlich oder hinderlich gewesen ist.[126]

## 4 Aspekte des thomasisch-aristotelischen Wissenschaftsverständnisses

Im zwölften und dreizehnten Jahrhundert wird die Frage nach der Einteilung der Wissenschaften lebhaft diskutiert und es entstehen eine Reihe von Einteilungsschemata.[127] Im Gegensatz zu der zeitgenössischen Diskussion, ob Theologie überhaupt wissenschaftlichen Charakter habe, stellt Thomas von Aquin klar, dass die *sacra doctrina* Wissenschaft sei.[128] Wie sieht nun Thomas' neues, über die Vorgaben der Tradition hinausgehende an Aristoteles orientiertes Wissenschaftskonzept sowohl für die Theologie, die Philosophie, bzw. Naturphilosophie aus?[129]

---

[123] „Propria autem hujus scientiae cognitio est, quae est per revelationem; non autem quae est per naturalem rationem. Et ideo ad eam non pertinet probare principia aliarum scientiarum, sed solum judicare de eis." STh. I 1, 6 ad 2.

[124] „Quidquid enim in aliis scientiis invenitur veritati hujus scientiae repugnans, totum condemnatur ut falsum." 1, 6 ad 2.

[125] „Die Hypothesen, welche ein astronomisches System tragen, verwandeln sich dadurch, dass ihre Konsequenzen mit den Beobachtungen übereinstimmen, noch nicht in demonstrierte Wahrheit", II. De coelo et mundo, lectio 17.

[126] Diese Integration der Philosophie in die Theologie hat in der islamischen Theologie nicht stattgefunden. Es gab keine vergleichbare vermittelnde Position wie die des Thomas von Aquin in der islamischen Theologie. Dies hatte zur Folge, dass das Verhältnis von Glaube und Vernunft keine entscheidende Frage in der islamischen Theologie werden konnte. Es hatte weiterhin zur Folge, dass die aristotelischen Topoi der Philosophie, insbesondere das uns hier interessierende Bewegungsproblem, an dem sich die Naturphilosophen des 14. Jahrhunderts in Auseinandersetzung mit Aristoteles abarbeiteten und dabei neue, für die Entstehung der Naturwissenschaft entscheidende, Wege gingen, in der islamischen Welt von nun mehr keine Rolle spielten.

[127] Pionier in der Erforschung der mittelalterlichen wissenschaftstheoretischen Diskussion ist Martin Grabmann. Vgl. Grabmann, M., 1909, 1911, 37–48 . Neuere Literatur, vgl. Köpf, U., 1974.

[128] „RESPONDEO dicendum sacram doctrinam scientiam esse", STh I 1, 2 resp. Sie ist aber auch inspirierte Weisheit, STh I 1, 6. Bereits Aristoteles schenkt der Weisheit als Form wissenschaftlicher Betätigung große Aufmerksamkeit, Meta I 2, 982a6–19; I 1, 981b–982a2.

[129] Bereits Wilhelm von Auxerre wie auch Abaelard und Roland von Cremona u. a. kennen wissenschaftstheoretische Einteilungsschemata. Zu den Einteilungsschemata der Wissenschaften vgl. Weisheipl, J. A., 1965, 54–90; 1977, 85–101; Köpf, U., 1974, 54–66.

Erst später wird zu konkretisieren sein, wie Wissenschaftlichkeit im Rahmen der Naturwissenschaft, die als solche bei Thomas keine Rolle spielt, sich an bestimmten Einzelproblemen des umfassenderen Fragehorizonts der Naturphilosophie darstellt und entwickelt. Dies geht allerdings bereits über Thomas' Wissenschaftskonzeption von Theologie und Philosophie hinaus. Wie hängen diese zwei Bereiche wissenschaftstheoretisch untereinander zusammen? Was ist der *Gegenstand* der Wissenschaft, was ist ihre *Methode*, was sind *Kriterien* von Wissenschaftlichkeit?

Thomas hat sich zu Fragen der Wissenschaftlichkeit insbesondere in seinem *Kommentar zu Boethius*[130] und in seiner der *Summa contra Gentiles*,[131] im *Sentenzenkommentar*,[132] in den *Prologen seiner Kommentare zu Aristoteles* und zuletzt in abschließender Form in seiner *Summa Theologica*[133] geäußert. Diese Werke verfolgen unterschiedliche Intentionen und sind an unterschiedliche Adressaten gerichtet.[134] Dabei stellt die Summa Theologica sein reifes Spätwerk dar,[135] in das die spezielleren Fragestellungen der vorhergehenden Schriften miteinfließen. Es soll daher die STh für unsere Fragestellung in erster Linie herangezogen werden. Die anderen Werke werden insofern herangezogen, als sie zur Konkretisierung, Vertiefung oder Erläuterung einen Erkenntnisgewinn versprechen. Thomas deutet den Wissenschaftscharakter der Theologie vor dem Hintergrund der christlich erweiterten aristotelischen Habituslehre. Bereits im Sentenzenkommentar identifiziert Thomas drei spekulative Habitus. Als höchste Wissenschaft ist die *sacra doctrina* Weisheit. Indem sie mit Prinzipien arbeitet, ist sie aus Einsicht gelenkt. Zieht sie Schlüsse, ist sie schlussfolgernde Wissenschaft.[136]

---

[130] Thomas von Aquin, Expositio super librum Boethii De Trinitate, Decker, B. (Hg.), 1959.

[131] ScG I 1–9.

[132] Sent. I prol. q. 1.

[133] STh I 1, 1–8; STh I 84–90.

[134] *De Trinitate* steht in der Tradition der Kommentarwerke und wendet sich gewissermaßen an ein Fachpublikum, während die Summa Theologica zur Gattung der Summen gehört, die im 13. Jahrhundert die reifste Form der theologischen Darstellung ist. Sie gehen über die im 12. Jahrhundert üblichen rein summarischen Sentenzen und Florilegien hinaus, insofern sie inneren Gestaltungsprinzipien folgen. Während die zeitgenössischen Summen mehr oder weniger die augustinischen Tradition der Einteilung von *signum* und *res* übernehmen, bzw. wie bei Abaelard die neu entdeckte Dialektik berücksichtigen, insofern äußerlichen Konstruktionsprinzipien folgen, ist Thomas' Strukturierungsprinzip durch seinen Versuch der Nachzeichnung der Struktur der Heilsgeschichte, nicht ihres Verlaufs!, innengeleitet. Thomas' Summe ist inhaltlich gesehen *enzyklopädisch*, wissenschaftstheoretisch gesehen *synthetisch* und funktional gesehen *pädagogisch*.

[135] Metz, W., 1998, 148–170.

[136] Köpf, U., 1974, 219, Anm. 330.

## 4.1 Der Gegenstand der theologischen Wissenschaft

*Gegenstand* der Theologie als Wissenschaft ist Gott, das stellt Thomas gleich zu Beginn seiner Summa Theologica klar,[137] die Beziehung des Geschaffenen zum Schöpfer und seinem Handeln in der Geschichte. Es ist das Verdienst von Marie-Dominique Chenu, die Frage nach der heilsgeschichtlichen Struktur des Denkens von Thomas von Aquin gestellt zu haben. Es ist ferner sein Verdienst, nach den Aufbauprinzipien der STh gesucht zu haben, die er in einem heilsgeschichtlichen Schema gefunden hat. Dieses besteht aus den Elementen *Ausgang* aus Gott und *Rückkehr* zu Gott. Er sieht darin eine christliche Umformung des neuplatonischen Schemas von Emanation und Henosis (*exitus-reditus*).[138] Die Frage nach den Aufbauprinzipien der STh ist für unsere Fragestellung nach dem Gesetz und den Kriterien der Wissenschaftlichkeit insofern wichtig, als damit die Erkenntnistheorie und ihre Fundierung in der Anthropologie im Gesamtkonzept der STh erörtert werden kann.

Auch die Frage nach der Geschichtlichkeit des Denkens von Thomas ist für unsere Fragestellung von Bedeutung, zum einen deshalb, weil deutlich wird, dass die teleologische Struktur des aristotelischen Denkens in einer gewissen Beziehung zum geschichtlichen Denken steht, zum anderen deshalb, weil gerade die Geschichte offenkundig mit dem aristotelischen Wissenschaftsideal einer zeitlosen allgemeinen Wahrheit schwer vereinbar ist. Es muss also deutlich werden, welche Art von Geschichte Thomas meint.

Denn insofern geschichtliches Denken an einzelnen kontingenten, zeitlich bedingten Ereignissen orientiert ist – die zugleich unter heilsgeschichtlichen Auspizien auf Gott bezogen sind[139] – kann es nach aristotelischen Kriterien nicht wissenschaftlich sein. Wissenschaft gibt es nach Aristoteles

---

[137] „AD PRIMUM ergo dicendum quod sacra doctrina non determinat de Deo et de creaturis ex aequo, sed de Deo principaliter, et de creaturis secundum quod referuntur ad Deum, ut ad principium vel finem. Unde unitas scientiae non impeditur." STh I 1, 3 ad 1. Dies konkretisiert Thomas einige Artikel später dahingehend, dass sich die Wissenschaftlichkeit der sacra doctrina auf den geoffenbarten Glauben an Gott und seine inhärierenden *Prinzipien* bezieht. „Quod etiam manifestum fit ex principiis huius scientiae, quae sunt articuli fidei, quae est de Deo." STh I 1, 7 resp. Thomas steht mit dieser Gegenstandsdefinition in der STh der Theologie in der Tradition Alberts, Köpf, U., 1974, 103 f. In Bezug auf die Rationalitätsstruktur der *sacra doctrina* ist es wichtig, dass Thomas sie in Abgrenzung von *lumen naturale* als „inspiriert" begreift. „Si autem volumus invenire subiectum, quod haec omnia comprehendat, possumus dicere, quod ens divinum cognoscibile per inspirationem est subiectum huius scientiae, omnia enim, quae in hac scientiae considerantur, sunt aut deus aut ea, quae ex deo et ad deum sunt, inquantum huiusmodi", zitiert nach Köpf, U., 1974, 110, Anm. 130.

[138] Chenu, M.-D., 1982, 336–365. Seither ist einige Forschungsarbeit auf die Frage nach der Geschichtlichkeit (Seckler, M., 1964, Pesch, O.H., 1988, ²1995, 284–317) des thomasischen Denkens und auch auf die Frage nach den Aufbauprinzipien der STh verwendet worden, Heinzman, R., 1974, Metz, W., 1998.

[139] STh I 1, 3, ad 1.

nur vom Allgemeinen. Aber auch nach thomasischen Wissenschaftskriterien kann es von der realen Geschichte keine Wissenschaft geben, weil es – wie noch zu zeigen sein wird – für sie keine Prinzipien gibt und keines der Kriterien der Wissenschaftlichkeit der Theologie (s. u.) gilt. Lediglich für die Historia Christi gibt es Prinzipien, niedergelegt in den biblischen Schriften. Daher ist die Geschichte, die die STh thematisiert, wissenschaftlich gesehen allein die Historia Christi, während die Universalgeschichte, die der *providentia* untersteht, der *ratio* und mithin der *scientia* verschlossen ist.[140]

Thomas löst dieses Problem des Verhältnisses von kontingenter Geschichte des einzelnen und philosophischer Erkenntnis des Allgemeinen in der Summa Theologica durch die Einführung zweier Typen von Rationalität. Während das Sein des Allgemeinen als der Gegenstandsbereich der Philosophie dem *lumen naturale* zugeordnet ist,[141] entspricht dem Gegenstandsbereich der Theologie die höhere *sapientia*,[142] in der sich das Proprium des theologischen Wissens, nämlich das Wissen um das Heil des Menschen durch *revelatio* und den Weg dorthin manifestiert. Insofern die Theologie daher nicht nur Wissenschaft ist, sondern das Heil des Menschen thematisiert, ist sie *sacra doctrina*.[143] Damit konstituiert Thomas allerdings keinen erkenntnistheoretischen und ontologischen Dualismus. Denn so wie erkenntnistheoretisch das *lumen naturale* zur *sapientia* disponiert ist und sie aufnehmen kann,[144] so kann ontologisch gesehen die Natur die Gnade aufnehmen.[145]

---

[140] Metz, W., 1998, 94.

[141] „Secundum certitudinem quidem, quia aliae scientiae certitudinem habent ex naturali lumine rationis humanae, quae potest erare: haec autem certitudinem habet ex lumine divinae scientiae, quae decipi non potest." STh I 1, 5 resp.

[142] „RESPONDEO dicendum quod haec doctrina maxime sapientia est inter omnes sapientias humanas, non quidem in alio genere tantum, sed simpliciter." STh I 1, 6 resp.

[143] Thomas nennt im Anschluss an Aristoteles die Wissenschaft von Gott Theologie: „Sed de omnibus partibus entis tractatur in philosophicis disciplinis, etiam de Deo: unde quaedam pars philosophiae dicitur theologia, sive scientia divina, ut patet per Philosophum in 6 Metaph. [lib. 5, cap. 1]." STh. I 1, 1, 2; sofern sie unter philosophischem Blickwinkel betrachtet wird. Die christliche theologische Wissenschaft, die als Gegenstand Gott und das Heil des Menschen hat, nennt Thomas *sacra doctrina*: „Necessarium igitur fuit etiam praeter philosophicas disciplinas, quae per rationem investigantur, sacram doctrinam per revelationem haberi." STh I 1, 1 resp.

[144] Es gibt allerdings zwei Arten von weltlichen Wissenschaften, die in sich innerhalb des *lumen naturale* so evident sind, dass sie keiner Erweiterung und Verwandlung in die *sapientia* bedürfen, sondern ihre Wissenschaftlichkeit gerade in ihrer Eigenständigkeit bewahren. Dazu gehören die Mathematik und die Logik. Beide stellen demnach eigenständige Gebilde autonomer Rationalität dar.

[145] „Utitur tamen sacra doctrina etiam ratione humana: non quidem ad probandum fidem, quia per hoc tolleretur meritum fidei; sed ad manifestandum aliqua quae traduntur in hac doctrina. Cum igitur gratia non tollat naturam, sed perficiat, oportet quod naturalis ratio subserviat fidei; sicut et naturalis inclinatio voluntatis obsequitur caritati." STh I 1, 8 ad 2.

## 4.2 Die Methode der theologischen Wissenschaft

Thomas führt zunächst aus, dass es keine allgemeine wissenschaftliche *Methode* geben könne, jede wissenschaftliche Methode müsse vielmehr ihrem Gegenstand angemessen sein.[146] Die Theologie arbeitet argumentativ, um erstens Irrtümer zu widerlegen, wie dies im dialogischen Verfahren der Quästiones geschieht,[147] und zweitens, um zur Erkenntnis der Wahrheit der Schrift zu gelangen.[148]

## 4.3 Die Kriterien der theologischen Wissenschaft als Strukturierungsprinzipien der Summa Theologica

Thomas hat in der einleitenden ersten Frage der *Summa Theologica* kein zusammenhängendes wissenschaftstheoretisches Konzept entwickelt, sondern nennt zunächst im Anschluss an Aristoteles nur drei Kriterien für Wissenschaftlichkeit: Allgemeinheit[149], Prinzipien[150] und ihre Evidenz, so-

---

[146] „modus cuisque scientiae debet inquiri secundum considerationem materiae; ad 1: modus artificialis dicitur, qui competit materiae; unde modus, qui est artificialis in geometria, non est artificialis in ethica, et secundum hoc modus huius scientiae maxime artificialis est, quia maxime conveniens materiae", Sent. A. 5 crp.; zitiert nach Köpf, U., 1974, 163, Anm. 40.

[147] Dieses dialogische Argumentationsverfahren durchläuft verschiedene Schritte. 1. Exposition eines Problems („Utrum ..."). 2. Überblick auf die gegenteiligen Meinungen („videtur quod"). 3. Nennung der Gegengründe („sed contra"; „in contrarium"). 4. Hauptargument des Artikels mit der so genannten *determinatio* der Frage („respondeo dicendum") 5. Erwiderung zu den in Nr. 2 genannten Gegenargumenten („ad primum [secundum, tertium, ...]ergo dicendum quod").

[148] „ad destructionem errorum, quod sine argumentis fieri non potest [...]. Proceditur tertio ad contemplationem veritatis in quaestionibus sacrae scripturae; et ad hoc oportet modum etiam esse argumentativum, quod praecipue servatur in originalibus sanctorum et in isto libro, qui quasi ex ipsis conflatur", zitiert nach Köpf, U., 1974, 172, Anm. 82.

[149] „PRAETEREA, scientia non est singularium." STh I 1, 2, 2. Thomas meint hier einzelne geschichtliche Ereignisse. Das Kriterium der Allgemeinheit schließt hier an Aristoteles an (APo I 33, 88b 30f; Meta I 1, 981a5ff), der hier außerdem noch die Notwendigkeit nennt.

[150] Jede Wissenschaft gründet nach Thomas in spezifischen Prinzipien, STh I 1, 2 ad 1; STh I 2, resp. Die Prinzipien der weltlichen Wissenschaft und der Philosophie sind dabei wiederum entweder von noch höheren Prinzipien abgeleitet, wie z.B. die Perspektive in der Geometrie oder die Musik in der Arithmetik (STh I 1, 2 resp.), oder durch sich selbst einsichtig, „Omnis enim scientia procedit ex principiis per se notis." STh I 1, 2, 1. Diese Prinzipien der weltlichen Wissenschaft sind dem *lumen naturale* einsichtig, „Quaeddam enim sunt, quae procedunt ex principiis notis lumine naturali intellectus, sicut arithmetica, geometria et hujusmodi." STh I 1, 2 resp. Bei den Prinzipien der *sacra doctrina* handelt es sich um die Glaubenssätze („ita haec doctrina non argumentatur ad sua principia probanda,, quae sunt articuli fidei; [...]." STh I 1, 8 resp.), die nicht durch sich selbst einsichtig sind, sondern der *revelatio* und damit der *sapientia* bedürfen, „[...] ita sacra doctrina credit principia revelata a Deo." STh I 1, 2 resp. Thomas wendet hier also die ancilla-Theorie an. Über Glaubenssätze kann man daher nicht in der Weise philosophischer Rationalität im Sinne des *lumen naturale* urteilen, ihre Evidenz erschließt sich erst der *sapientia*.

wie die Sicherheit[151], die zusammen in gewisser Weise die STh strukturieren. Dies tun sie nämlich insofern, als Thomas diese drei Kriterien auf je spezifische Weise der Wissenschaftlichkeit der Philosophie, dem ihr korrespondierenden *lumen naturale* und der *sacra doctrina* und der ihr korrespondierenden *sapientia* zuordnet.

Was bedeuten diese Kriterien in Bezug auf die Wissenschaftlichkeit der *sacra doctrina*? Wendet man die Verhältnisbestimmung zwischen Philosophie und Theologie nun auf diese drei Kriterien der Wissenschaftlichkeit an, so ergibt sich folgendes Bild.

### 4.3.1 Allgemeinheit

Die in STh I 1, 2, 2 geforderte Allgemeinheit der Erkenntnis steht naturgemäß sowohl den kontingenten geschichtlichen Ereignissen, wie auch dem unleugbar existierenden Einzelnen entgegen. In STh I 1, 2 ad 2 konkretisiert Thomas die Entgegensetzung des Allgemeinen zum geschichtlich Singulären nicht etwa im Sinne kontingenter Geschichtswahrheiten versus notwendiger Vernunftwahrheiten, vielmehr ist ihm das geschichtlich Kontingente *exemplum* für *revelatio*. Man könnte also sagen, dass der Gegensatz zwischen geschichtlich Kontingentem und Allgemeinem durch eine Hierarchisierung aufgehoben wird,[152] indem die allgemeine Wahrheit sich im konkret Geschichtlichen gewissermaßen punktuell offenbart. Entscheidend ist ihr Verweischarakter auf die höhere *sapientia*.[153] In sich sind punktuelle geschichtliche Ereignisse für ihn uninteressant. Damit zeigt sich an dieser Stelle, dass es Thomas nicht um die reale Geschichte als solche geht. Es wird darüber hinaus die Zweistufigkeit seiner Erkenntnis- und Seinsordnung und die synthetische Zuordnung beider deutlich:

> gratia-natura : sapientia-lumen naturale.

In diesem Sinne ist der Wissenschaftscharakter der *sacra doctrina* gerade geschichtsenthoben. Auch das Problem des Verhältnisses von Einzelnem und Allgemeinem löst Thomas durch diese Art von Hierarchisierung der Erkenntnisvermögen.[154]

---

[151] Die Tatsache, dass die *sacra doctrina* in der *revelatio* und der ihr zugeordneten *sapientia* gründet, garantiert zugleich ihren hohen Grad an Sicherheit, auch wenn dies dem *lumen naturale* nicht evident ist. „Secundum certitudinem quidem, quia aliae scientiae certitudinem habent ex naturali lumine rationis humanae, quae potest errare: haec autem certitudinem habet ex lumine divinae scientiae, quae decipi non potest." STh I 1, 5 resp.

[152] STh I 1, 2 ad 2.

[153] „AD SECUNDUM dicendum quod singularia traduntur in sacra doctrina, non quia de eis principaliter tractatur; sed introducuntur tum in exemplum vitae, sicut in scientiis moralibus, tum ad declarandum auctoritatem virorum per quos ad nos revelatio divina processit, [...]." STh I 1, 2, 2 ad 2.

[154] „[...] quia superior potentia vel habitus recipit objectum sub universaliori ratione formali." STh I 1, 3 ad 2.

## 4.3.2 Prinzipien und Evidenz

Derselbe Zuordnungsmodus zeigt sich nun auch beim Kriterium des Prinzips[155] und der Evidenz der Prinzipien.[156] Thomas hat auch die Prinzipien als Kriterien für Wissenschaftlichkeit Aristoteles[157] entnommen und steht schon in einer Rezeptionstradition.[158]

Er wendet die Unterscheidung[159] zwischen in sich selbst einsichtigen (*per se notum*)[160] und abgeleiteten (*reducuntur, notum per accidens, notum per*

---

[155] „principium" verbindet Thomas 85 mal mit „per se notum", das man mit „selbstverständlich, evident" übersetzen könnte. Damit ist angedeutet, dass Thomas zwischen Prinzipien unterscheidet, die in sich selbst einsichtig sind und solchen, bei denen das nicht der Fall ist. Prinzipien sind für Thomas Ausgangspunkt für weitere Deduktionen. In diesem Sinne definiert er im Anschluss an Aristoteles: „Hoc nomen principium nihil aliud significat quam id a quo aliquid procedit." STh I 33, 1 ad 3; I. Sent. D. 29 q. 1 a. 1 ad 1. Oder: „Quantum igitur ad utrumque, Deus hominis scientiae causa est excellentissimo modo; quia et ipsam animam intellectuali lumine insignivit, et notitiam primorum principiorum ei impressit, quae sunt quasi seminaria scientiarum; [...]", De Ver. XI, 3, resp. Diese ersten Prinzipien, z. B. der Satz vom Widerspruch bezeichnet Thomas auch als dignitales, (ἀξίωμα; AP I 1. 19 n3; AP I 1. 5 n6; Wilpert, P., 1931, 137–148. Ohne sie ist Wissenschaft nicht möglich. Davon unterscheidet er die positiones (θέσεις), die wiederum von höheren Prinzipien bewiesen werden müssen, z. B. der Satz dass die kürzeste Verbindung zwischen zwei Punkten die Gerade ist, AP I 1 5n7.

[156] Thomas kennt verschiedene Formen der Evidenz. Er nennt die empirisch-sinnliche Evidenz in einem Wahrnehmungsurteil, die Evidenz in einer syllogistischen Deduktion und die apriorische Evidenz der Prinzipien. Für unsere Fragestellung ist nur die letztgenannte Form der Evidenz von Interesse. Zur ausführlichen Darstellung des thomasischen Evidenzbegriffs, vgl. Wilpert, P., 1931. Zur Philosophiegeschichte des Evidenzbegriffs vgl. Picht, G., ²1990, 95–123.

[157] Die Prinzipien bei Thomas entsprechen bei Aristoteles den ἀρχαί, die er in Meta IV 3–8, 1005a–1012b; Meta V 1, 1012b34–1013a23; EN VI, 6 und der II. Analytik (APo I 2, 71b19–25; I 2, 72a5–8; I 7, 75a39–b2; To II 4, 111a32–b57: ‚initium'; To II 5–6, 111b28–112a40: ‚principia cognoscendi'; To II 6–7, 112a41–113a33: ‚principia realia'; To 7–8, 113a34–b26: ‚imperium, dominatio, principatus, magristratus') behandelt, vgl. Bonitz, 1961. Weitere Texte zu den Prinzipien, vgl. STh I 2, 1 resp.; De Ver. I, 1; I, 12; I, 1 ad 4; II, 3 ad 8; XI, 1; XI, 1 ad 13; XI, 2 ad 4; 3 Sent. I 19, 5, 2 ad 1.

[158] Zur Rezeptionstradition der aristotelischen Prinzipien in der Scholastik (vgl. Tuninetti, L. F., 1996, 27–123), eine ausführliche Literaturübersicht zum Problem der Prinzipien bei Thomas in: Tuninetti, L. F., 1996, 5 f.

[159] Vgl. STh I 1, 2 resp.

[160] Thomas unterscheidet einen objektiven, in der Sache selbst, d. h. in der Struktur des Urteils begründeten Evidenzbegriff („cuius praedicatum est de ratione subiecti") von einem subjektiven, der die mangelnde Einsichtsfähigkeit des Menschen berücksichtigt. „Dicitur autem aliquid per se notum dupliciter: uno modo, secundum se; alio modo quoad nos. Secundum se quidem quaelibet propositio dicitur per se nota, cujus praedicatum est de ratione subiecti: contingit tamen quod ignoranti definitionem subjecti, talis propositio non erit per se nota." STh I–II 94, 2 resp. Die Definition der Evidenz (*per se notum*) „[...] cuius praedicatum est de ratione subiecti" legt nahe, die *principia per se nota* als analytische Urteile zu interpretieren. Vgl. auch STh I 87, 1 ad 1; ScG I 57; dieser Interpretation entspricht auch die Definition des Evidenzbegriffs: „Illa enim per se esse nota dicuntur quae statim notis terminis cognoscuntur: [...]", ScG I 10; STh I 1, 2 ad 1; STh I 85, 6; De Ver. X, 12 obj. 3.

*aliud*) Prinzipien[161] auf die *sacra doctrina* an und erklärt ihre Prinzipien, nämlich den Glauben, als dem „lumen superioris scientiae, quae scilicet est Dei et beatorum" zugehörig.[162] Daher gehören auch die Prinzipien des Glaubens der zweistufigen Erkenntnisordnung an, dergestalt, dass der Glaube und die *sapientia* die philosophische Erkenntnis gleichermaßen aufnehmen, verwandeln und erhöhen. Prinzipien sind für Thomas im Kontext von Aussagen anzusiedeln, in denen Begriffe in der Form eines Urteils miteinander verbunden werden.[163] In diesem Sinne sind die evidenten Prinzipien, die *principia per se nota*[164] „jene Aussagen[165], die unmittelbar, ohne Beweis verstanden werden; sie sind die Beweisprinzipien (*principia*); das, was hingegen durch Beweis verstanden wird, sind die Konklusionen (*conclusiones*)."[166]

### 4.3.3 Sicherheit

Auch in Bezug auf die Sicherheit der Erkenntnis gilt dieser Zuordnungsmodus von Philosophie und Theologie. Der Glaube der *sapientia* und ihre Prinzipien sind sicherer als die Erkenntnisse, die sich nur dem *lumen naturale* verdanken,[167] das die Sicherheit seiner Erkenntnis aus den Prinzipien des *lumen naturale* schöpft.

Es geht also bei der Gegenüberstellung von *sapientia – lumen naturale* nicht um ein additives Nebeneinander, auch nicht um eine Stockwerkontologie, sondern um ein Ineinanderverschlungensein beider. Die *sapientia* kann dabei als eine Vervollkommnung und Perfektionierung der *ratio* gedacht werden, wie umgekehrt die *sapientia* das *lumen naturale* in sich aufnimmt und erhöht.[168] Dies ist deswegen möglich, weil zwischen dem

---

[161] Diese Unterscheidung steht gleich zu Beginn der STh: „ergo dicendum est quod principia cujuslibet scientiae vel sunt nota per se, vel reducuntur in notitiam superioris scientiae." STh I 1, 2 ad 1.

[162] STh I 1, 2 resp.

[163] „principia (per se nota) cognoscimus dum terminos cognoscimus", vgl. In I Sent. D. 3, q. 1, a. 2 resp. (94); Q. De Ver. X, 12; weitere Stellenhinweise in: Tuninetti, L. F., 1996, 24.

[164] „Nam principia per se nota sunt illa quae statim, intellectis terminis, cognoscuntur, ex eo quod praedicatum ponitur in definitione subiecti." STh I 17, 3 ad 2.

[165] Aussagen z. B. wie: „incorporalia in loco non esse", STh I 2, 1 resp.; Q. De Ver. X, 12, oder „homo est rationale", STh I–II 94, 2 resp. „[…] omne totum est majus sua parte", ScG I 10; die Gebote des Naturgesetzes „praecepta legis naturae", STh I–II 94, 2 resp.; die obersten Prinzipien der wissenschaftlichen Beweisführung „principia prima demonstrationum", STh I–II 94, 2 resp.; „Was ein und demselben gleich ist, ist unter sich gleich", „Quae uni et eidem sunt aequalia, sibi invicem sunt aequalia", STh I–II 94, 2 resp.; der Satz vom Widerspruch „Et ideo primum principium indemonstrabile est quod ‚non est simul affirmare et negare', quod fundatur supra rationem entis et non entis." STh I–II 94, 2 resp.

[166] Tuninetti, L. F., 1996, 24.

[167] „[…] haec scientia alias speculativas scientias excedit. Secundum certitudinem quidem, quia aliae scientiae certitudinem habent ex naturali lumine rationis humanae, quae potest errare: haec autem certitudinem habet ex lumine divinae scientiae, quae decipi non potest." STh I 1, 5 resp.

[168] Metz, W., 1998, 10, 16f, 21f, 65.

Seienden und Gott die *analogia entis* waltet.[169] Da Gott der Gegenstand der
*sacra doctrina* ist und sich die menschliche *sapientia* ihm annähert, kann
Thomas zu Beginn der STh die *sacra doctrina* geradezu als eine „Einprä-
gung des göttlichen Wissens" bezeichnen.[170] Der Duktus des Gesamtauf-
baus der STh spiegelt diese Struktur des Ineinanderverwobenseins von philosophischer und theologischer Erkenntnis wieder, die auch immer wieder
in verschiedenen Zusammenhängen aufscheint. Dies lässt sich skizzenhaft
verdeutlichen.

$$\frac{\text{Philosophie}}{\text{Theologie}} = \frac{\text{Natur}^{171}}{\text{Gnade}} \quad \frac{\text{lumen naturale}^{172}}{\text{lumen fidei}} \quad \frac{\text{lex naturalis}^{173}}{\text{lex aeterna}}$$

So schließt sich an die Verwandlung des einen aristotelischen Gottes (ἀκίνητν
κινοῦν) vom *deus unus* der Metaphysik zum *deus trinus*[174] der *sacra doctrina*
die Verwandlung der aristotelischen Anthropologie an[175] – mit ihrer Zuspitzung auf die *imago Dei* in STh I 93 und mit der gnadenhaften Zueignung der
*virtutes infusae (fides, spes, caritas)*.[176] Gleich zu Beginn der STh thematisiert Thomas indirekt diese Aufnahme und Verwandlung der aristotelischen
Anthropologie, wenn er ihrer teleologischen Ausrichtung als Ziel die Ausrichtung auf Gott unterlegt, das über das aristotelische der Eudaimonia und
der metaphysischen Ausrichtung der aristotelischen Ratio hinausgeht.[177]
Auch im Umbau der aristotelischen Anthropologie spiegelt sich daher die
Zuordnung von philosophischer und theologischer Wissenschaft und kor-

---

[169] „Requiritur ergo ad videndum Deum aliqua Dei similitudo ex parte visivae potentiae, qua
scilicet intellectus sit efficax ad videndum Deum. [...] Dicendum est ergo quod ad videndum
Dei essentiam requiritur aliqua similitudo ex parte visivae potentiae, scilicet lumen divinae gloriae confortans intellectum ad videndum Deum." STh I 12, 2 resp.

[170] „ut sic sacra doctrina sit velut quaedam impressio divinae scientiae, quae est una et simplex omnium." STh I 1, 3 ad 2.

[171] „dona gratiarum hoc modo naturae adduntur, quod eam non tollunt, sed magis perfici-
unt", De Trinitate q. 2 a. 3 crp 1. „Cum enim gratia non tollat naturam, sed perficiat, oportet,
quod naturalis ratio subserviat fidei; sicut et naturalis inclinatio voluntatis obsequitur caritati."
STh I 1, 8 ad 2.

[172] „unde et lumen fidei, quod nobis gratis infunditur, non destruit lumen naturalis rationis
divinitus nobis inditum", De Trinitate q. 2 a. 3 crp. 1.

[173] „Sicut enim gratia praesupponit naturam, ita oportet quod lex divina praesupponat legem
naturalem." STh I–II, 99, 2 ad 1.

[174] STh I 12 f.

[175] STh I 75–89.

[176] Metz, 1992, 87; Metz ist darüber hinaus der Ansicht dass die thomasische Theologie als
eine umgreifende Wissenschaft (STh I 1, 4 resp.; STh I 1, 5 resp.) eine Transformation des tria-
dische aristotelischen Wissenschaftskonzepts, Theorie-Praxis-Poiesis, wie in To VI 6, 145a 15 f;
Meta VI 1, 1025 b 25 und Meta XI 9, 1064 a 16 f darstellt, Metz, W., 1998, 89–107. Dabei ist
die Trias Theorie-Praxis-Poiesis in die Triade Wissen-Wille-Macht, die sich in der Trinität als
Strukturierungsprinzip der STh widerspiegelt, verwandelt, Metz, W., 1998, 99.

[177] „Primo quidem, quia homo ordinatur a Deo ad quemdam finem qui comprehensionem
rationis excedit [...]", STh I 1, 1 resp.

respondierend eine philosophisch und theologisch orientierte Rationalitätsstruktur.

Diese Verhältnisbestimmung von theologischer und philosophischer Rationalitätsstruktur wird nun sowohl im Hinblick auf die erkenntnistheoretischen Betrachtungen, die aus der *natura hominis* in STh I 75–89 folgen,[178] sowie auch im Hinblick auf die teleologisch-finale Ausrichtung des Menschen als Imago Dei in STh I 93 genauer zu bestimmen sein.

Ferner wird zu prüfen sein, inwieweit sich die zu Beginn der STh genannten Kriterien der Allgemeinheit, der Sicherheit, der Prinzipien und ihre Evidenz konsistent durchhalten, bzw. im Anthropologietraktat variiert werden.

Von dieser Zuordnung des *lumen naturale* zur *sapientia* gibt es allerdings eine bemerkenswerte und bezeichnende Ausnahme. Mathematik[179] und Logik als rein formale Wissenschaften sind dieser Verwandlung in die *sapientia* hinein weder bedürftig noch fähig. Dies ist insofern wichtig, als gerade diese Wissenschaften für die Konstitution des Gesetzesbegriffs von ausschlaggebender Bedeutung sind. Es wird daher darauf ankommen, ihren Ort im thomasischen Wissenschaftskosmos genau zu lokalisieren.

## 5 Thomas von Aquins Anthropologie als Ort der wissenschaftstheoretischen Kriterien

Thomas' Anthropologie ist im wesentlichen eine Rezeption der aristotelischen Anthropologie aus *De Anima*, kreist also um die aristotelischen Grundkategorien der *essentia* der Seele, der *ratio*, der *voluntas* und des *habitus*. Thomas hat *De Anima* kommentiert und in seinen erkenntnistheoretischen Kapiteln in STh die aristotelische Anthropologie mit dem Focus auf die Rolle der Ratio und des Willens verarbeitet. Wiewohl die Essenz der Seele das Wichtigste im Menschen ist, hatte schon Aristoteles selbst in *De Anima* die Erkennbarkeit der Essenz der Seele als schwieriges Problem benannt,[180] aber dennoch als durch eine Realdefinition zugänglich angesehen. Dies ist auch bei der Rezeption der aristotelischen Anthropologie

---

[178] Die Gliederung der Anthropologie folgt in STh I 75–89 folgendem Schema: Die *essentia* der menschlichen Geistseele in STh I 75f; die *virtus* und *potentiae* in STh I 77–83; der erkennende *actus* der menschlichen Geistseele in STh I 84–89. Die erkenntnistheoretischen Betrachtungen im engeren Sinne in ihrer Verbindung mit den Kriterien der Wissenschaftlichkeit stellt Thomas in STh I 84–88 an. Dabei durchläuft die erkennende Geistseele die Schöpfung gewissermaßen von unten nach oben, Metz, W., 1998, 235. Beginnend unten mit den Corporalia (STh I 84 ff) erhebt sich die Geistseele zur Selbsterkenntnis (STh I 87), um sich schließlich der Engelwelt und Gott zuzuwenden (STh I 88, 3 in Wiederaufnahme von STh I 2).

[179] Die Mathematik, Geometrie und Arithmetik werden in der STh an verschiedenen Stellen genannt, nie jedoch als auf die *sapientia* hin zu orientierende Formen des *lumen rationale*. Sie sind völlig in sich abgeschlossene rationle Gebilde, die nur ihrer Binnenlogik folgen, vgl. z. B. STh I 1, 1 ad 2; STh I 1, 2 ad 1; STh III 2, 11 ad 1.

[180] De an I 1.402a10.

durch Thomas der Fall. Für Thomas stellt sich in seinem Kommentar zu *De Anima* das gleiche Problem der Erkennbarkeit der *essentia* der menschlichen Seele wie für Aristoteles. Bei ihm verschiebt sich der Akzent der Erkennbarkeit der Essenz der Seele qua Realdefinition insofern, als er der Psychologie auch die Akzidentien der seelischen Handlungen als Elemente zuerkennt, die Aufschluss über die Essenz der Seele vermitteln können. Die Akzidentien werden also gegenüber der Substanz in Bezug auf ihre Erkenntnisbedeutung etwas aufgewertet. Diese Tendenz kommt in Thomas' Kommentar zu Aristoteles' *De Anima* deutlich zum Ausdruck.[181]

In der STh hingegen kommt der Essenz der Seele keine besondere Bedeutung zu, Thomas beschäftigt sich mehr mit dem Willen und Verstand des Menschen. Die Bedeutung von *voluntas* und *ratio* soll nun im Kontext der Wissenschaftskriterien näher beleuchtet werden.

Zu Beginn der STh thematisiert Thomas die drei genannten Wissenschaftskriterien im Hinblick auf das Verhältnis von Theologie und Philosophie und ordnet sie dem *lumen naturale*, bzw. der *sapientia* zu. Im Gefälle des Aufbaus der STh: Gott – Schöpfung – Anthropologie konkretisiert er sie dann im Anthropologietraktat[182] im Hinblick auf ihren anthropologischen Ort und im Hinblick auf konkrete erkenntnistheoretische Fragestellungen. Dabei ist zu beachten, dass Thomas dem Menschen im Duktus des Aufbaus der Schöpfungstheologie einen Ort zwischen der reinen Geistigkeit Gottes und der reinen Materialität des geschöpflichen Seins zuweist. Der Mensch vermag daher als Verbindung von reinem Geist und reiner Materie die Ordnung der Welt wiederzuspiegeln – was auch seiner *adaequatio* Theorie der Erkenntnis entspricht. Es ist auffallend, dass die wissenschaftstheoretischen Kriterien in diesem neuen Kontext der Anthropologie eine Erweiterung durch das Kriterium der Notwendigkeit und Prognostizierbarkeit erfahren, während die Kriterien Prinzip und Evidenz nicht erneut thematisiert werden.

### 5.1 Der Mensch als imago trinitatis

Der entscheidende und leitende Gesichtspunkt des anthropologischen Teils der STh I 75–89 ist die teleologische Ausrichtung des Menschen zur Verwirklichung der Gottesebenbildlichkeit.[183] Ihm entspricht auf theolo-

---

[181] „[...] a definition must reveal not only the essential principles [*principia essentialia*] [of a thing], but also its accidental [qualities]. For if the essential principles could be revealed and correctly defined, a definition would not need accidents. But because the essential principles of things are not known to us, we are forced to use accidental differences as indicative of what is essential [*utamur differentiis acciddentalibus in designatione essentialium*]“, Sent De an I 1,p. 7,11.250–26; zitiert nach Zupko, 2003, 124.

[182] STh I 75–89.

[183] STh I 93.

gischer Seite die Darstellung des trinitarischen Wesens.[184] Die Gottesebenbildlichkeit in STh I 93 und die Erklärung der göttlichen Personen in STh I 29 sind also einander zugeordnet.[185] Diesem leitenden Gesichtspunkt sind seine Betrachtungen über den Willen, den Verstand, die Erkenntnisobjekte und schließlich auch seine neue Deutung der *imago trinitatis* in seiner Auseinandersetzung mit Augustinus untergeordnet.

Innerhalb dieser teleologischen Gesamtperspektive von der schöpfungsmäßigen Ausstattung des Menschen[186] bis zu seiner Restitutio als *imago trinitatis* nehmen die erkenntnistheoretischen Betrachtungen in STh I 79–89 quantitativ zwar einen relativ breiten Raum ein. Qualitativ hingegen sind sie jedoch aus dem Blickwinkel der zu realisierenden *imago trinitatis* in STh I 93 eher von transitorischem Charakter. Dies sei kurz erläutert.

Der eher transitorische Charakter der erkenntnistheoretischen Betrachtungen spiegelt sich auch in der Mikrostruktur von STh I 79–89 wieder. Während er in STh I 79 als Auftakt die Frage nach dem Verstandesvermögen stellt, lässt sich im weiteren Duktus der Quästiones eine gewisse Tendenz erkennen, die Weltbezogenheit der Ratio nur als Phase eines Durchgangs zu sehen: Den Beginn markiert dabei in STh I 84 Frage nach der Erkenntnis der Körper, gefolgt in STh I 86 von der Frage nach der Stofferkenntnis. Von der erkenntnistheoretischen Besinnung in STh I 85 („Weise und Folge des Verstandeserkennens") ausgehend, wird dann aber über die fast schon transzendentalphilosophische Fragestellung in STh I 87 („Wie erkennt die Verstandesseele und das was in ihr ist") die Blickrichtung der Ratio wieder auf ihre übernatürliche Vervollkommnung gerichtet. Quästio 88 thematisiert bereits die Erkennbarkeit transzendenter Gegenstände („Wie die menschliche Seele erkennt, was über ihr ist"), während in Quästio 89 schon über das „Erkennen der abgeschiedenen Seelen" reflektiert wird. Innerhalb des Gesamtaufrisses der Anthropologie von STh I 75–89 und STh I 93 als Zielpunkt haben also die ontologisch-erkenntnistheoretischen Fragen im engeren Sinne mit STh I 79 und STh I 84–87 eher den Charakter eines Parergons.

Trotzdem rechtfertigt dieser Duktus der thomasischen Anthropologie, den Zusammenhang der wissenschaftstheoretischen Kriterien mit den an-

---

[184] STh I 27–43.

[185] Bemerkenswert ist, dass Thomas von Aquin bei seiner Konzeption des Personenbegriffs in STh I 29 für die Trinität von der christologisch orientierte Personendefinition des Boethius ausgeht, und sie schrittweise so relativiert, dass sie seinen theologischen Intentionen angemessen ist. Während die klassische Definition der Person bei Boethius substanzontologisch ist, kann man sie bei Augustinus als relational bezeichnen. Thomas versucht, beide Aspekte der Personalität, die substanzontologische der Selbständigkeit und die relationale im trinitarischen Personenverständnis miteinander zu verbinden. „Persona enim divina significat relationem ,ut subsistentem'." STh I 29, 4 resp.

[186] STh I 75 f.

thropologischen Grundstrukturen gewissermaßen im Rückblick aus der
Perspektive der *imago trinitatis* in STh I 93 zu betrachten, da hier Zweck
und Endergebnis der Hervorbringung des Menschen thematisiert wird.
Dazu ist es notwendig, sich zwei Besonderheiten der thomasischen Imago-
Lehre zu vergegenwärtigen, die zum Ausdruck bringen, in welcher Weise
Thomas die ihm vorliegende augustinische *imago-* und *vestigia*-Lehre ver-
änderte, um sie in seine teleologische Anthropologie einbauen zu können.

Zum ersten ist die Funktion der Imago-Lehre bei Thomas eine andere
als bei Augustinus. Augustinus geht von den *vestigia trinitatis* im menschlichen Geist aus.[187] Er findet sie in verschiedenen Ternaren, so z. B. im Ternar
*mens-notitia-amor* und im Ternar *memoria-intelligentia-voluntas*.[188] Trinität und die Ternare der vestigia erläutern sich wechselseitig.[189] Thomas geht
genau umgekehrt vor. Er konzipiert die *imago trinitatis* von der Trinität
her. Diese besteht aber vor allem in ihrer schöpfungsmäßigen Aktivität,
dem Wort, nach außen. In diesem Sinne sucht Thomas zum zweiten bei der
*imago trinitatis* vor allem nach Aktivitäten („Utrum imago Dei inveniatur
in anima secundum *actus*", STh I 93, 7)[190] im menschlichen Geist, die das
schöpferische göttliche Wort in gewisser Weise – denkend – nachahmen
und findet sie im menschlichen Verstand (*intellectus*) und im menschlichen
Willen (*voluntas*), die in der *mens* zusammenkommen. Folglich fällt die

---

[187] „Versuchen wir also, wenn wir können, auch in diesem äußeren Menschen irgendeine
Spur der Dreieinheit [*qualecumque uestigium trinitatis*] aufzufinden, nicht als ob auch der äußere Mensch in derselben Weise Bild Gottes [*imago dei*] wäre", De Trinitate XI, 1; Aurelius
Augustinus, Kreuzer, J., (Hg.), 2001, 129; „Vielmehr muss man in der Seele des Menschen,
das heißt in der Verstandeserkenntnis oder der Vernunfteinsicht fähigen Seele [*id est rationali
siue intellectuali*], das Bild des Schöpfers [*imago creatoris*] finden, […]", De Trinitate XIV, 3.6,
Aurelius Augustinus, Kreuzer, J., (Hg.), 2001, 190 f.

[188] Der Ternar *mens-notitia-amor* wird vor allem in *De Trinitate* IX verhandelt, z. B. „ipsa
igitur mens et amor et notitia eius tria quaedem sund, et haec tria unum sunt, et cum perfecta
sunt aequalia sunt", Aurelius Augustinus, De Trinitate IX, 4. In *De Trinitate* XI und vor allem
XIV entwickelt Augustinus den Ternar *memoria-intelligentia-voluntas*, z. B. „ideoque etiam
illis tribus nominibus insinuandam mentis putauimus trinitatem, memoria, intelligentia, uolun-
tate", De Trinitate XIV 6.8; Aurelius Augustinus, Kreuzer, J., (Hg.), 2001, 198. Weitere Stellen
in De Trinitate XIV, 7.10; XIV, 12.5; (Aurelius Augustinus, Kreuzer, J., [Hg.], 2001, 202, 217).
Zu den Ternaren in Augustins Trinitätslehre vgl. Pintarič, D., 1983, 51–75; Schindler, A., 1965,
20–25, 41 f, 201–211.

[189] Die *vestigia trinitatis* verhandelt Augustinus vor allem in *De Trinitate*, Kap. IX–XI, aber
auch in *De civitate Dei*, Kap. XI, 24 f und seinen *Confessiones*, Kap. XIII, 11,12, das Verhältnis
der vestigia zur Trinität vor allem in *De Trinitate* XV.

[190] „Et ideo primo et principaliter attenditur imago Trinitatis in mente secundum actus,
prout scilicet ex notitia quam habemus, cogitando interius verbum formamus, et ex hoc in
amorem prorumpimus. – Sed quia principia actuum sunt habitus et potentiae; unumquodque
autem virtualiter est in suo principio; secundario, et quasi ex consequenti, imago Trinitatis potest attendi in anima secundum potentias, et praecipue secundum habitus, prout in eis scilicet
actus virtualiter existent." STh 93, 7 resp.

*memoria* als einer der Bestandteile der *vestigia* bei Thomas weg.[191] Konsequenterweise findet sich auch neben den Quaestiones über den Verstand[192] und den Willen[193], die in ihrer teleologischen Ausrichtung auf die imago in STh I 93 zulaufen, keine eigenständige Quästio über das Gedächtnis. Da die *vestigia* nunmehr keinen festbestimmten Seinsbestand mehr zum Ausdruck bringen, wie bei Augustinus, sondern ein teleologisch orientiertes Aktivitätsmuster,[194] ergibt sich, dass die vestigia nicht *sind*, sondern in einem Prozess des *Werdens* auf die *imago* hin interpretiert werden müssen – *ad imaginem*. In diesem Sinne unterscheidet Thomas drei Stufen der rationalen Perfektionierung im Hinblick auf eine Vervollkommnung der Ratio zur *imago*, ohne sie genauer zu beschreiben.[195] Im Sinne der Stufenordnung der Erlösung nimmt Thomas drei Zuordnungen vor, die unterschiedliche Perfektionsstufen der Ratio darstellen:

> Natur – imago creationis
> Gnade – imago recreationis
> Seligkeit – imago similitudinis.[196]

## 5.2 Die wissenschaftstheoretischen Kriterien im Kontext der Anthropologie

Von dieser teleologischen Gesamtperspektive der menschlichen Rationalität gilt es nun noch einmal rückblickend die wissenschaftstheoretischen Kriterien zu betrachten, sofern sie einen Ort in der Anthropologie haben. Dabei ist für unsere Fragestellung vor allem die *imago creationis* entscheidend, insofern sie mit ihren Elementen der *ratio* und *voluntas* allgemein-

---

[191] „Ex quo patet quod imaginem divinae Trinitatis potius ponit in intelligentia et voluntate actuali, quam secundum quod sunt in habituali retentione memoriae." STh I 93, 7 ad 3.

[192] STh I 79.

[193] STh I 82.

[194] „Attenditur igitur divina imago in homine secundum verbum conceptum de Dei notitia, et amorem exinde derivatum. Et sic imago Dei attenditur in anima secundum quod fertur, vel nata est ferri in Deum." STh I 93, 8 resp.

[195] „Et hoc etiam ipsum naturale est, quod mens ad intelligendum Deum ratione uti potest, secundum quod imaginem Dei semper diximus permanere in mente." STh I 93, 8 ad 3.

[196] „RESPONDEO dicendum quod, cum homo secundum intellectualem naturam ad imaginem Dei esse dicatur, secundem hoc est maxime ad imaginem Dei, secundum quod intellectualis natura Deum maxime imitari potest. Imitatur autem intellectualis natura maxime Deum quantum ad hoc, quod Deus seipsum intelligit et amat. Unde imago Dei tripliciter potest considerari in homine. Uno quidem modo, secundum quod homo habet aptitudinem naturalem ad intelligendum et amandum Deum; et haec aptitudo consistit in ipsa natura mentis, quae est communis omnibus hominibus. Alio modo, secundum quod homo actu vel habitu Deum cognoscit et amat, sed tamen imperfecte; et haec est imago per conformitatem gratiae. Tertio modo, secundum quod homo Deum actu cognoscit et amat perfecte; et sic attenditur imago secundum similitidinem gloriae. [...] Prima ergo imago invenitur in omnibus hominibus; secunda in justis tantum; tertia vero solum in beatis." STh I 93, 4 resp.

menschliche Erkenntnisbedingungen darstellen.[197] Unter dieser Fragestellung seien nun die einzelnen Kriterien betrachtet.

### 5.3 Allgemeinheit

Intellektus und Voluntas sind für Thomas als allgemeinmenschliche Erkenntnisvermögen – also vor der Perfektionierung der Ratio *ad imaginem* – metaphysisch ausgerichtet, insofern in jedem Akt konkreter sinnlicher Erkenntnis eines Seienden die Partizipation an der Allgemeinheit des Seins mitgedacht ist.[198] Diese Partizipation am Sein vor aller sinnlichen Einzelerkenntnis leistet das *lumen intellectus agentis*, das dem Menschen von Gott eingestiftet ist und als „inneres Wort" wirkt.[199] Dieser Seinsbegriff ist eine genuin thomasische Leistung und geht sowohl über die aristotelische Tradition wie auch über zeitgenössische Denker, z. B. Duns Scotus, hinaus.[200] In der Partizipation an diesem Sein durch den *intellectus agens* zeigt sich die höchste Kraft des menschlichen Geistes.[201] In gewisser Weise verbindet also Thomas die aristotelische Teleologie des Erkennens mit der platonisch-augustinischen Tradition der *participatio*. Der menschliche Wille und Verstand sind nicht nur auf die Allgemeinheit des Seins teleologisch ausge-

---

[197] „[…] voluntas et intellectus mutuo se includunt: nam intellectus intelligit voluntatem, et voluntas vult intelligere voluntatem (andere Textüberlieferung: intellectum). Sic ergo inter illa quae ordinantur ad obiectum voluntatis, continentur etiam ea quae sunt intellectus; et e converso." STh I 16, 4 ad 1; ebenso STh I 82, 4 ad 1.

[198] „Illud autem quod primo intellectus concipit quasi notissimum, et in quo omnes conceptiones resolvit, est ens, ut Avicenna dicit in principio Metaphysicae suae" [lib. I, c. IX; Riet, G. van, 1977 ]. „Unde oportet quod omnes aliae conceptiones intellectus accipiantur ex additione ad ens", De Ver. I, 1 resp. Auch in seinen Frühwerken *De ente et essentia* und *De principiis naturae* klingt dieser metaphysische Seinsbegriff bereits an; Im Kontext seiner grundlegenden Zuordnung von Philosophie und *sacra doctrina* in der Einleitung der STh und der damit einhergehenden Zuordnung von *ratio* und *sapientia* bringt Thomas diese grundlegende Ausrichtung der menschlichen Ratio auf das Sein zum Ausdruck: „PRAETEREA, doctrina non potest esse nisi de ente; nihil enim scitur nisi verum, quod cum ente convertitur." STh I 1, 1, 2. Im Gesetzestraktat kommt Thomas wieder darauf zurück, um die Gültigkeit des Widerspruchssatzes zu begründen. Die Ratio ist in ihren Prinzipien also nicht eigenmächtig, sondern ontologisch gebunden. „In his autem quae in apprehensione omnium cadunt, quidam ordo invenitur. Nam illud quod primo cadit in apprehensione est ens, cujus intellectus includitur in omnibus quaecumque quis apprehendit. Et ideo primum principium indemonstrabile est quod 'non est simul affirmare et negare', quod fundatur supra rationem entis et non entis." STh I–II 94, 2 resp. Diese Partizipation des Intellekts am Sein hatte schon Avicenna gelehrt: „Dicimus igitur quod ens et res necesse talia sunt quae statim imprimuntur in anima prima impressione", Avicanna Meta 1, 6, fol. 72r, zitiert nach Bannach, K., 1975, 324, Anm. 157.

[199] „Dieses stets erkannte Sein im Erkennenden als ein naturhaft gesprochenes inneres Wort, das Thomas deshalb auch ein von Gott eingesprochenes Wort nennen kann [De Ver. 11, 1, 13] ist das *lumen intellectus agentis*, das Licht des erkannten Seins im Erkennenden", Oeing-Hanhoff, L., 1963/64, 23.

[200] Vgl. Gilson, E., 1948, 103, 284, 299, 322.

[201] Vgl. De An. 5, 10.

richtet, sondern partizipieren auch an ihm, selbst in der Erkenntnis eines individuell Seienden.[202] Trotzdem kann die Ratio die Differenz zwischen *ens* und *esse*, zwischen τὸ ὄν und οὐσία nicht einholen.

Ontologisch entspricht dem Allgemeinen in der Philosophie der Seinsbegriff (*esse*, οὐσία), der für Thomas mit dem Wahrheitsbegriff zusammenfällt. Dieser allgemeine Seinsbegriff ist bei Thomas bereits zu Beginn der STh im Blick.[203] Das Sein in dieser Allgemeinheit ist als *Vorgegebenes* sowohl primärer Gegenstand philosophischer Erkenntnis wie ethischer Aktivität. Seins*gemäßheit* ist daher oberstes Prinzip der intellektuellen Erkenntnis ebenso wie praktischen Handelns.[204] Das Allgemeine als höchste Stufe des Seins ist ontologisch so stark vorgegeben, dass demgegenüber dem Erkennen und dem Handeln nur die Anpassung bleibt, die allerdings als *adaequatio* nur unvollkommen erreicht wird. Erkenntnistheoretisch und ethisch ist die Teilhabe an der Allgemeinheit dieses Seins höchstes Ziel. Sie ist nicht über den Weg der sinnlichen Erkenntnis zu erreichen. Ontologisch ist die Allgemeinheit dieses Seins dem einzelnen übergeordnet. Das heißt, das Sein fächert sich in einzelnes Seiendes, Individuelles auf,[205] das sich wiederum an Graden der Seinsmächtigkeit (gemäß dem Substanzgedanken) und Seinsvollkommenheit und dem Grad der Potentialität und Aktualität gemäß dem Verhältnis von Stoff und Form als Gestaltungsprinzipien des Seins und Seienden unterscheidet.[206] Damit spannt sich das Sein von der untersten Stufe der *materia prima* als reiner formloser Möglichkeit bis hin zum *actus purus* als materiefreier Form in reiner Aktualität. Innerhalb dieser ontologischen Schichtung nehmen sowohl die Seinsmächtigkeit, die Werthaftigkeit und die Allgemeinheit zu, in dem Sinne, dass ein Allgemeineres ein Individuelles seinshaft umgreift und in eine höhere Ein-

---

[202] „Et sic necesse est dicere quod anima humana omnia cognoscat in rationibus aeternis, per quarum participationem omnia cognoscimus. Ipsum enim lumen intellectuale quod est in nobis, nihil est aliud quam quaedam participata similitudo luminis increati, in quo continentur rationes aeternae." STh I 84, 5 resp.

[203] STh I 1, 2 resp. Dem entspricht Thomas' Adaequationstheorie der Wahrheit, wie sie in seiner bekannten Definition „veritas est *adaequatio* rei et intellectus" (Baudry, L., 1958, 290) zum Ausdruck kommt. Diese Formel stammt von Averroes und ist auf verschiedenen Wegen im MA rezipiert worden. Duns Scotus hat sie übernommen (Opera [Paris] I, 396 Nr. 7; V 221 Nr. 1). Sie taucht in der Scholastik zuerst bei Wilhelm von Auxerre auf, sowie Philipp dem Kanzler, Boehner, P., 1958, Reprint ²1992, 179 f.

[204] Dies wird in der Diskussion des Gesetzestraktats genauer ausgeführt.

[205] Der aristotelische Hintergrund ist deutlich: „τὸ ὄν πολλαχῶς λέγεσται", Meta IV 2, 1003a30–35.

[206] „Es ist in der Tat selbstverständlich, im Lichte des Seins eine gegebene sinnfällige Gestalt als begrenzte Weise des Seins, d.h. als Wesen, zu sehen. Daß nach Thomas die Wesenheiten (und damit auch die Formen und die Materie) als endliche Weisen des Seins verstanden werden müssen, die am allgemeinen Sein partizipieren und aus ihm durch eine ‚Siegelung des göttlichen Wissens' resultieren, ist eine der neueren Thomas-Interpretation geläufige Auffassung", Oeing-Hanhoff, L., 1963/64, 25; vgl. auch Siewerth, G., 1958.

heit integriert, d. h. im Sinne der ontologische Schichtenlehre.[207] Dies gilt insbesondere auch für den Menschen, der in seiner Stoff-Formeinheit alle ontologischen Schichten des Kosmos integriert und zugleich für die Transzendenz offen ist. Letztlich liegt dieser Seinskonzeption die Analogielehre des Aquinaten zugrunde.[208]

### 5.3.1 Das Allgemeine im Kontext des Universalienstreits

Neben der Allgemeinheit des Seins einerseits ist andererseits die Existenz des Individuellen und Besonderen unleugbar. Hat aber das Sein in seiner Allgemeinheit ontologisch, erkenntnistheoretisch und ethisch eine in Bezug auf seine Stellung in der Seinspyramide, d. h. der ontologischen Schichtenlehre, eindeutig bevorzugte Stellung, so gilt es trotzdem auch innerhalb der Philosophie das Verhältnis des allgemeinen Seins zur Besonderheit des Individuellen zu klären. Dieses Problem wird im zeitgenössischen Universalienstreit diskutiert. Es sei nun Thomas' Lösung dargestellt, wobei die ontologische Schichtenlehre und der Stoff-Form Gedanke den Weg weisen.

### Exkurs 1    Der Universalienstreit

Im Universalienstreit des MA geht es um das Problem, wie das Allgemeine als Gegenstand der Wissenschaft sprachlogisch, erkenntnistheoretisch und ontologisch zu verstehen ist. Allgemeines ist auf sprachlogischer Ebene in Begriffen, Sätzen, Relationen und Urteilen vorhanden, auf erkenntnistheoretischer Ebene als Gegenstand der Wahrnehmung und Erkenntnis, auf ontologischer Ebene in Ordnungsstrukturen des Seins. Es aktualisieren sich daher beim Universalienstreit immer spezifische Formen der Rationalität. Dies zeigt sich bereits in der Ausgangslage des Problems, wie es zwischen Plato und Aristoteles ausgetragen wurde.

Während Plato in seiner Lösung von mathematischen Gegenständen, insbesondere von solchen geometrischer Art, ausgeht und ihre Natur und zeitlose Gültigkeit in ein eigenständiges Reich der Ideen zu verlegen scheint,[209] das dann um das Ethische im Phaidon erweitert wird,[210] um schließlich den ganzen Komplex des Ethisch-Ästhetischen zu umgreifen,[211] kritisiert Aristoteles die platonische Ideenlehre im Sinne

---

[207] Das kann etwa mit folgendem Stufenschema verdeutlicht werden: Unbelebtes-Pflanzenreich-Tierreich-Mensch-Engelwelt, wobei beim Menschen die folgende innere Differenzierung vorliegt: Stofflichkeit (physikalisch-chemische Konstitution), Vegetatives (Stoffwechsel und Zeugung), Sensitives (Wahrnemen und Begehren), Rationalität (Denken und Wollen).

[208] Mc Inerny, R. M., 1961.

[209] Platon geht bei der Diskussion, bzw. Demonstration der Idealität mathematischer Gegenstände von verschiedenen Beispielen aus, so von dem Begriff der Gleichheit in Phaidon 74a–e, der Konstruktion verschiedener Aspekte eines Quadrats zur Illustration der Anamnesislehre im Menon 82b–85b, der Geraden, Ungeraden, des Winkels, des Vierecks, der Hypothese und des Beweises in Politeia 510c–e; zur Ideenlehre Platons vgl., Natorp, P., 1903, ²1922; Ross, W. D., 1951, ²1966; Vater, H., 1972; Martin, G., 1973; Marten, R., 1975; Graeser, A., 1975; Mittelstraß, J., 1981, 45–49.

[210] In Phaidon 75c–d geht es um die δικαιοσύνη.

[211] So die Idee des Guten in Politeia 508e–509b, Parmenides 130b–c, 7. Brief 342c–d und des Schönen in Phaidon 100a–d, des Schönen und Guten in Phaidon 75c–d. Plato stellt diese Ver-

zeitloser, transzendenter Entitäten,[212] geht von biologischen Einzelbeobachtungen aus und erkennt so in den Dingen selbst das Allgemeine. Platon hingegen hat sich gegen diese aristotelische Interpretation seiner Ideenlehre als Ausdruck eines eigenständigen, transzendenten Bereichs von Entitäten im Sophistes verwahrt.[213] Auch sein Liniengleichnis in der Politeia legt eher eine nichttranszendente Interpretation ohne Realitätsverdopplung nahe.[214] Aristoteles' Verhältnis zur Ideenlehre Platons und damit zu seiner Lösung des Universalienproblems ist nicht einheitlich. Einerseits kritisiert er sie aus folgenden Gründen:[215]

1. Zwar handelt Wissenschaft immer von Allgemeinem, aber das heißt nicht, dass das Allgemeine einen eigenständigen ontologischen Status hat, etwa im Sinne der platonischen Ideen. Vielmehr ist das Allgemeine in den einzelnen Dingen als Form präsent und wird vom Verstand als solches erkannt. Das Allgemeine ist kein ontologisches, sondern ein logisches Gebilde.

2. Die Ideenlehre bedeutet eine überflüssige Verdopplung der Realität.

3. Die Ideen erklären nicht das Wesen der Dinge. Der platonische Gedanke der Teilhabe an den Ideen (μέθεξις) ist nichts sagend.

4. Die Ideen erklären nicht den Ursprung der Bewegung, sie sind statisch.

5. Die Ideenlehre erzeugt das logische Problem des Regressus ad infinitum, weil man über jede Idee eine noch höhere annehmen muss.[216] Mit diesen Kritikpunkten verdeutlicht Aristoteles sein Primat des Individuellen vor dem Allgemeinen. Andererseits argumentiert er auch im Sinne des Primats des Allgemeinen vor dem Individuellen. In diesem Sinne urteilt Johannes Hirschberger: „Dieses Allgemeine, ‚Spezifische', bildet sein Wesen, das τὸ τί ἦν εἶναι, die *essentia*. Es ist die zweite Substanz (δευτέρα οὐσία). Und Aristoteles versichert uns, dass sie ein der Natur nach Früheres und Bekannteres (πρότερον τῇ φύσει καὶ γνωριμέτερον) sei (Met. Z, 3; Δ, 11; Phys. A, 1; Anal. Pr. A, 2). Damit taucht das Eidos wieder auf. Das Allgemeine ist doch wichtiger als das Individuelle. Denn jetzt wird das Individuelle vom Allgemeinen her verstanden."[217]

Diese Uneinheitlichkeit in der Bewertung des Universalen erklärt sich bei Aristoteles möglicherweise durch die jeweilige Blickrichtung, aus der er das Universalienproblem betrachtet. Denkt er ontologisch, d. h., von der οὐσία bzw. dem εἶδος aus, hat das Allgemeine Primat.[218] Denkt er hingegen erkenntnistheoretisch, dann hat das

---

bindung zwischen der Mathematik und der Geometrie einerseits und der Ethik und Ästhetik andererseits durch eine schlichte Analogie her. In beiden Bereichen handelt es sich um Gegenstände mit Allgemeinheitscharakter. „Denn es handelt sich jetzt bei unserer Untersuchung nicht vorzugsweise um das Gleiche, sondern ebenso um das Schöne an sich und um das Gute an sich und um das Gerechte und um das Fromme und, wie gesagt, um alles, dem wir den Stempel des ‚Seins an sich' aufdrücken […]", Phaidon 75c–d.

[212] Meta I 9, 990b–993a9; Meta VII 13–14, 1038b–103919; Meta XIII 1–XIV 6, 1076a–1093b.

[213] So verneint er die transzendente Existenz der Ideen in seiner Gigantomachie in Sophistes 246a–249d.

[214] Platon erläutert die Idee des Guten anhand des Liniengleichnisses in Politeia VI 509c–511e. Eine gute Darstellung der unterschiedlichen Interpretationen der Ideenlehre einschließlich der jeweiligen Textgrundlagen in Platos Werk bietet Wyller, E. A., TRE XXVI, 1996, 687 f.

[215] Meta I 6, 987a30–987b17, Meta I 9, 990b–993a30; XIII 9, 1085a–1086b15.

[216] Hirschberger, J., ¹²1980, 189 f.

[217] Hirschberger, J., ¹²1980, 191.

[218] Der *Locus classicus* für die aristotelische εδος-Lehre ist De An. II 1, 412a6–9: „Wir nennen nun eine Gattung des Seienden das Wesen (Substanz), und von diesem das eine als Materie,

Einzelne Primat, da nur das Einzelne der unmittelbaren sinnlichen Wahrnehmung zugänglich ist. In jedem Fall aber ist das Allgemeine in den Dingen. Die Realitätsverdopplung Platons – so wie er ihn versteht – lehnt Aristoteles ab.

Das Problem wurde dem MA durch die Einleitung des Porphyrius,[219] eines Schülers Plotins und Vermittler des Neuplatonismus, zur Kategorienschrift des Aristoteles und durch den Kommentar des Boethius[220] zu dieser Einleitung (Isagoge) des Porphyrius vermittelt. Der Neuplatoniker Porphyrius und Boethius stellen die Weichen für eine transzendent idealistische Interpretation der Ideenlehre im MA. Von dieser Vermittlung ausgehend, wird es vor allem in der Form diskutiert, ob das Universale in den Dingen, *in re (extremer Realismus)*, oder im Verstand, *in mente (extremer Nominalismus)*, oder in beiden existiert. Während im Universalienrealismus noch das neuplatonische Erbe nachklingt, demzufolge aufgrund der Einheit von Logik und Metaphysik sich im Universale sowohl das Wesen der Dinge als auch eine abgestufte ontologische Ordnung und Werthierarchie manifestiert (im *arbor Porhyrii* sind *genus* und *species* hierarchisch angeordnet), der es sich kontemplativ durch aszetische Selbsthärtung und durch methodischen Selbstaufbau anzugleichen gilt, kündigt sich im frühen Nominalismus in der Betonung der aktiven Rolle des Verstandes bereits eine Ablösung von der neuplatonischen Gesamtordnung des Kosmos ebenso an wie eine stärkere Betonung der individuellen Eigenaktivität im Erkenntnisprozess, mithin durch die Unterscheidung von *ordo essendi* und *ordo cognoscendi* die Destruktion der neuplatonischen Einheit von Metaphysik und Logik.[221] Das Denken wird sich selbst bewusst und beginnt, die eigenen Regeln zu erforschen. In Johannes von Salisburys Metalogicon sind die verschiedenen Lösungsvarianten, neun an der Zahl, des frühen MA aufgelistet.[222] Alle drei oben genannten Lösungsvarianten enden in einer Sackgasse. Behauptet man die Existenz der Universalia nur *in mente*, wird die Objektivität wissenschaftlicher Konzepte zum Problem. Behauptet man die Existenz nur *in re*, muss man zwei verschiedene Arten von Existenz ein und derselben Sache annehmen, wenn man zugesteht, dass alles Existierende als einzelnes existiert. Versucht man hingegen eine Synthese, indem man die Existenz der Universalia sowohl *in mente* als auch *in re* behauptet, muss man erklären, wie ein und dieselbe Sache zweifach existieren kann. Thomas findet nun durch die Aristotelesrezeption, die intellektuelle Vorarbeit Avicennas,[223] vor allem aber durch seine neue Unterscheidung zwischen *Existenz* und *Essenz*[224] und die Problematisierung der Anwendung des Existenzbegriffs auf das Allgemeine, einen neuen Zugang zu diesem überlieferten Problem,[225] indem er es aus der erkenntnis-

---

das an sich nicht dieses bestimmte Ding da ist, ein anderes aber als Gestalt [εἶδος] und Form [μορφή], nach welcher etwas schon ein bestimmtes Ding ist, und drittens das aus diesen (beiden Zusammengesetzte)".

[219] Porphyrius [Übers. Rolfes, E.v.] 1958. *Isagoge.*

[220] „Mox' inquit ,de generibus ac speciebus illud quidem, siue subsistunt siue in solis nudisque inellectibus posita sunt siue subsistentia corporalia sunt an incorporalia et utrum separata a sensibilibus an in sensibilibus posita et circa ea constantia discere recusabo'", Boethius, 1906, Kap. 10.

[221] Mensching, G.,1992, 62–68.

[222] Webb, C.I., 1929, 91–96.

[223] Owens, J., 1957, 1–14.

[224] Clark, R.W., 1974, 163–172.

[225] Gracia, J.E., 1994, 27–36.

theoretischen und ontologischen Perspektive des Aristoteles diskutiert und dabei transformiert.[226] Zugleich dokumentiert sich in der nun zu erörternden realistischen Position Thomas von Aquins eine neues Naturverhältnis.[227]

Wir müssen deshalb die spezifisch thomasisch-aristotelischen Rationalitätsstrukturen in ihrer Ausrichtung und *participatio*[228] auf die Allgemeinheit des Seins einerseits und ihrer Ausrichtung auf die Realität des individuiert Seienden (Abstraktion, Wesenserkenntnis) andererseits untersuchen, um herauszufinden, inwieweit sie einer Entstehung des Konzepts Naturgesetz förderlich oder hinderlich gewesen sind. Dabei sind die ontologischen und erkenntnistheoretischen Aspekte aufeinander zu beziehen. Zunächst also ein Blick auf die Rationalitätsstruktur im erkenntnistheoretischen Kontext des Universalienstreits. Thomas hat sich zum Universalienstreit an verschiedenen Stellen geäußert,[229] zuerst in seinen philosophischen Frühschriften *De ente et essentia* und indirekt in *De principiis naturae*, dann verstreut in verschiedenen anderen Schriften, zuletzt in seiner theologischen Spätschrift, seiner *Summa Theologica*.

### 5.3.2 Die Ratio im Kontext des Universalienstreits
Während die Participatio die Möglichkeit der Erkenntnis des *allgemeinen* Seins eröffnet, gilt es nun zu klären, welche Rationalitätsstrukturen in der Erkenntnis des *Einzelnen* wirksam sind. Thomas denkt sich Erkenntnis als Zusammenspiel zweier anthropologischer Seinsstufen, nämlich der sensitiven (Wahrnehmen und Begehren) und der rationalen Stufe (Denken und Wollen). Diese anthropologische Grundbestimmung des Menschen bei Thomas im Sinne der ontologischen Schichtentheorie als *animal rationale* lässt ihn ähnlich wie später Kant zwei Quellen menschlicher Erkenntnis annehmen: Sinnlichkeit und Verstand, die allerdings miteinander verknüpft sind. Dabei ist die Ratio eine Form der Strebekräfte der Seele. Sie ist eingeordnet in die finale Ausrichtung des Menschen auf die *visio beatifica*, die Gotteserkenntnis. Allerdings kann diese im Bereich der *imago creationis* aufgrund der Unvollkommenheit des Bildes der Trinität in der Ratio des Menschen nicht erreicht

---

[226] Zur Einordnung des Universalienstreits bei Thomas in den problemgeschichtlichen Kontext vgl. Gracia, J. E.,1994, 16–36; Mensching, G.,1992, 200–210, 218–232, 243–273.

[227] „Das Interesse an den Universalien als den allgemeinen Bestimmungen in den einzelnen Dingen entspricht der wachsenden Bedeutung der Naturbeherrschung, deren theozentrisches Bewusstsein der Neuplatonismus in seiner traditionellen Form nicht sein konnte. Die aristotelische Philosophie, deren zentrales metaphysisches Thema das Verhältnis von Materie und Form ist, trat an seine Stelle", Mensching, G.,1992, 77.

[228] Geiger, L.-P. 1953, 36–73; Fabro, C. 1961.

[229] De ente et essentia, Kap. 3 und 4; In libros metaphysicorum expositio VII 13, 1570, 1572, 1574; De Ver. II, 6 ad 1; Quaestio disputata de anima I ad 2, III ad 8; DT, Q. V art. II, ad 4; Metaphysik III 9, 455; STh I Quaestio 16, 7 ad 2; 79, 5 ad 2; 84, 1 ad 1; 85, 3 ad 4; 86, 3.

werden.[230] Der Graduiertheit der Seele (stofflich-vegetativ-sensitiv-rational) in ihrer teleologischen Ausrichtung entspricht daher auch eine Graduiertheit der Ratio in ihrem Erkenntnisprozess.[231] Es macht also Sinn zu sagen, dass die teleologische Ausrichtung der Seele die Klammer zwischen *Ethos* im Sinne der sittlichen Strebetendenzen und *Erkenntnis* im Sinne ihrer Verbindung von Ratio und Sinnlichkeit darstellt. So kann in den Extremformen eine starke Sinnlichkeit ein Hindernis für die rationale Aktivität sein,[232] und umgekehrt eine starke Ratio die Bindung an die Sinnlichkeit immer stärker lockern.[233] Auch die Materie-Form Ontologie hat einen erkenntnistheoretischen Aspekt, indem sich das zunehmende Inerscheinungtreten des Formaspekts auch im Erkennen widerspiegelt. So ist allein den Engeln als reinen materieunabhängigen Geistern die Erkenntnis der reinen Form vorbehalten,[234] während die reine Sinnlichkeit sich mit der Unmittelbarkeit der Konkretion bescheiden muss.[235] Allein eine gleichwertige Gewichtung beider Erkenntnisquellen als Analogie des Ausgewogenseins von Stoff (Sinne) und Form (*ratio*) im Erkenntnisprozess umfasst den Bereich, in dem sich weltbezogene wissenschaftliche Aktivität im Sinne der Erkenntnis des Allgemeinen im Individuellen – die thomasische Lösung des Universalienstreits – vollzieht.[236] Wie kommt die Erkenntnis dieses Allgemeinen nun zustande?

---

[230] STh I 88, 3 ad 3.

[231] Thomas stellt dies in seiner Exposition in STh I 84, 1 „Quomodo anima conjuncta intelligat corporalia, quae sunt infra ipsam." heraus.

[232] „Unde impossibile est quod sit in nobis judicium intellectus perfectum, cum ligamento sensus, per quem res sensibiles cognoscimus." STh I 84, 8 resp.; „Et ideo necesse est quod impediatur judicium intellectus ligato sensu." STh I 84, 8 ad 1.

[233] Die Lockerung kann bis zur Trennung führen, ohne dass die Tätigkeit der ‚erkennenden Seele' aufhört, was in der Regel erst im Tod geschieht: „[…] primo namque considerandum est quomodo intelligit anima corpori conjuncta; secundo, quomodo intelligit a corpore separata." STh I 84; Vgl. Darüber hinaus kann die erkennende Seele die Beschränkung der Erkenntnis in die Schranken der Sinnlichkeit überwinden und sich dem Unendlichen öffnen. „AD QUARTUM dicendum quod anima intellectiva, quia est universalium comprehensiva, habet virtutem ad infinita." STh I 76, 5 ad 4 und „AD QUARTUM dicendum quod sicut intellectus noster est infinitus virtute, ita infinitum cognoscit. Est enim virtus ejus infinita, secundum quod non terminatur per materiam corporalem." STh I 86, 2 ad 4.

[234] „Quaedam autem virtus cognoscitiva est quae neque est actus organi corporalis, neque est aliquo modo materiae corporali conjuncta, sicut intellectus angelicus. Et ideo hujus virtutis cognoscitivae objectum est forma sine materia subsistens: etsi enim materialia cognoscant, non tamen nisi in immaterialibus ea intuentur, scilicet vel in seipsis vel in Deo." STh I 85, 1 resp.

[235] „Quaedam enim cognoscitiva virtus est actus organi corporalis, scilicet sensus. Et ideo objectum cujuslibet sensitivae potentiae est forma prout in materia corporali existit. Et quia hujusmodi materia est individuationis principuum, ideo omnis potentia sensitivae partis est cognoscitiva particularium tantum." STh I 85, 1 resp.

[236] Nach einer kurzen Erläuterung der sinnlichen Wahrnehmung als der niedrigsten Form der Erkenntnis, die im Eindruck des Einzelnen aufgeht und dem Verstand der Engel, der nur auf die stofflose allgemeine Form bezogen ist, weist Thomas dem menschlichen Verstand eine Mittelstellung zwischen diesen beiden Extremformen der Erkenntnis zu, in der er sich auf das Allgemeine in Gestalt des Formaspekts der Hylemorphismen bezieht. „Intellectus autem humanus medio modo

Wie bei Aristoteles nimmt für Thomas jede physisch konkrete Erkenntnis ihren Anfang bei den Sinnen, während die auf das allgemeine Sein ausgerichtete Erkenntnis im Verstand immer schon a priori vorausgesetzt ist.[237]
In den Sinnen – der aristotelischen αἴσθησις – geschieht zunächst ein Anstoß,
der sich zur Einzelwahrnehmung wandelt, die der Verstand dann zu einer
Allgemeinerkenntnis umformt.[238] Dieser Umformungsprozess leistet der
auf den Formaspekt eines Individuellen bezogene aktive Verstand,[239] der *intellectus agens*[240] durch Abstraktion, wobei die Phantasie[241] eine vermittelnde Rolle spielt.[242] Thomas unterscheidet drei Stufen der Abstraktion,[243] die
jeweils verschiedene Aspekte eines individuell Seienden herausheben:[244]

*Erstens.*    Von einer unmittelbar sinnlichen Wahrnehmung ausgehend (*materia sensibilis individualis*), abstrahiert der Verstand auf der ersten Abstraktionsstufe die Spezies (*speciem rei*), z.B. die Species Mensch von der
sinnlichen Wahrnehmung „Fleisch und Knochen". Diese Species ist allge-

---

se habet: non est enim actus alicujus organi, sed tamen est virtus animae quaedem, quae est forma
corporis, ut ex supra dictis patet. Et ideo proprium ejus est cognoscere formam in materia quidem
corporali individualiter existentem, non tamen prout est in tali materia." STh I 85, 1, resp.

[237] Oeing-Hanhoff, L., 1963/64, 23.

[238] *Wie* die Erkenntnis in den Sinnen beginnt, ist bei Thomas indes nicht sehr deutlich formuliert. „RESPONDEO dicendum quod in cognitione nostri intellectus duo oportet considerare. Primo quidem, quod cognitio intellectiva aliquo modo a sensitiva primordium sumit. Et
quia sensus est singularium, intellectus autem universalem; necesse est quod cognitio singularium, quoad nos, sit prior quam cognitio universalium." STh I 85, 3 resp. Thomas steht hier ganz
in aristotelischer Tradition. Aristoteles hatte über die Struktur des Erkennens gelehrt: „ὁ μὲν γὰρ
λόγος τοῦ καθόλου, ἡ δ' αἴσθησις τοῦ κατὰ μέρος", Phys-A I 5 189a7 f.

[239] Die thomasische Lehre vom *intellectus agens* und seinen Funktionen des *componendo*
und *dividendo* geht auf die aristotelische Unterscheidung zwischen νοῦς ποιητικός und νοῦς
παθητικός zurück, wie sie in Aristoteles' De An. 430a vorliegt.

[240] „AD SECUNDUM dicendum quod intellectus agens causat universale abstrahendo a
materia." STh I 79, 5 ad 2.

[241] „Et ideo necesse est dicere quod intellectus noster intelligit materialis abstrahendo a
phantismatibus." STh I 85, 1 resp.

[242] Neben der Abstraktion gehört zu den Funktionen der Verstandeserkenntnis das Trennen,
Verbinden und Schließen – Funktionen, die sich vor allem auf die Quidditas beziehen, STh I
85, 5 resp.; und STh I 85, 5 ad 3. Wie genau ist der menschliche Verstand auf die Substanz und
die Akzidenzien bezogen? Kann er doch hinter die Akzidenzien die Substanz direkt erkennen?
Dies scheint folgende Stelle nahe zu legen. „Et similiter intellectus humanus non statim in prima apprehensione capit perfectam rei cognitionem; sed primo apprehendit aliquid de ipsa re, ut
puta quidditatem ipsius rei, quae est primum et proprium objectum intellectus; et deinde intell-
ligit proprietates et accidentia et habitudines circumstantes rei essentiam." STh I 85, 5 resp.

[243] Hauptbelegstelle STh I 85, 1 ad 2; weitere Stellen: DT Q. V Art. I; Art. III; Art. IV; Q.
XI. art. I; Art. II; Thomas geht in diesem Konzept von Abstraktion über Aristoteles hinaus, der
Abstraktion nur auf die zweite, d.h. die Stufe der Mathematik bezogen hatte, Owens, J. 1996,
49; MacDonald, 1996, 160–195. Die Schwierigkeiten dieser Abstraktionstheorie sind herausgearbeitet in: Day, S.J., 1947.

[244] Rahner, K., ³1964, 197–218; Welte, B., 1963/64, 243–252; Oeing-Hanhoff, L., 1963/64, 14–37.

mein, gehört aber als Allgemeines zum „Wesen" (*ratione*) des Einzelnen, ist insofern auch *im* Einzelnen als Form. Hingegen ist der Stoff („Fleisch und Knochen") als Prinzip der Vereinzelung nicht allgemein und wird daher durch Abstraktion nicht erkannt.

*Zweitens.* Sieht der Verstand im weiteren Abstraktionsprozeß von den sinnlichen Konkretionen von der *materia sensibilis*, also den Qualitäten wie warm, kalt, hart weich etc, d. h. den *qualitates sensibiles* noch mehr ab, so bleibt die *materia sensibili communi intelligibilis*, d. h. die Ausdehnung, die *quantitas* als Akzidenz der Substanz. Diese Ausdehnung in Gestalt von Zahlen, Größenverhältnissen und Figuren ist die Grundlage für die genannten mathematischen Objekte und kann in dieser Gestalt ohne Bezug auf ihre sinnliche Konkretion selbständig, losgelöst („abstrahiert") betrachtet werden. Diese zweite, mathematische Stufe der Abstraktion nennt Thomas *abstractio formae*.[245] Gegenstand der Mathematik ist also ein spezielles Akzidenz der Substanz, nämlich die Ausdehnung *quantitas*.

*Drittens.* Auch die transzendenten Gegenstände wie *ens*, *unum* und *potentia et actus* entstehen durch Abstraktion, indem bei der *materia intelligibili communi* auch vom Aspekt der Materie, mithin auch ihrer Ausdehnung abgesehen wird und auf diese Weise die transzendenten Gegenstände (*substantia immaterialis*) in den Blick kommen.

Gemäß der Variation im Verhältnis von Stoff und Form in der ontologischen Stufenleiter ist auch bei diesem Abstraktionsprozeß das Verhältnis von Sinnesaktivität und Verstandesaktivität variabel. Während auf der untersten Abstraktionsstufe des Allgemeinen, den species, die Sinneserkenntnis noch im Vordergrund steht, kann man von ihr gerade bei den immateriellen transzendenten Gegenständen (*substantia immaterialia*) absehen.

Die allgemeinen Gegenstände der Mathematik stehen in der Mitte zwischen diesen beiden Begrenzungen. Ihre Gegenstände werden zwar sinnlich angeregt, insofern Quantitatives und Ausgedehntes immer in sinnlicher Konkretion existieren, können aber auch völlig unabhängig davon als eigenständige formale Objekte betrachtet werden.

Stellt man den Stoff-Form Aspekt in Rechnung, dann kann der Abstraktionsprozeß in einem doppelten Sinne interpretiert werden. Indem nämlich im Abstraktionsprozeß selbst sich zugleich die Dominanz des Formaspekts über den Stoffaspekt vollzieht, d. h. eine zunehmende Zurückdrängung der Sinne zugunsten des Verstandes, ist zwar die Abstraktion zunächst nur ein rein passives Weglassen von sinnlichen Bestimmungen, ist aber dann aktiv teleologisch fortschreitend von einer zunehmenden entmaterialisierenden Seinsverdichtung begleitet, die sich auch in einer zuneh-

---

[245] STh I 40, 3 resp.; Meta 3, 7 (405); Oeing-Hanhoff, L., 1963/64, 32.

menden Kraft äußert.[246] Diese Ausrichtung auf die Transzendentalien, z. B.
*ens* und *unum*, ist nur möglich durch die Negation des Verhaftetseins an die
Sinne.[247] Allerdings kann diese Abstraktion nicht soweit gehen, dass dem
menschlichen Verstand die Erkenntnis der stofflosen Substanzen möglich
ist.[248] Vielmehr zielt diese Abstraktion[249] vermittels des *intellectus agens*[250]
auf das Allgemeine des *esse*, des *ens*.[251] Eine vollkommen entsinnlichte Erkenntnis ist also nicht möglich, der Verstand bleibt an die Sinne, auch bei
größter Abstraktion, gebunden.

Erst durch diesen Abstraktionsprozess ist der Erkenntnisakt des Verstandes vollzogen, der in der Bildung eines allgemeinen Begriffs, der im
Verstand seinen Ort hat, gipfelt. Die Sinne nehmen das Einzelne wahr, der
Verstand erkennt das Allgemeine. Zwischen dem passiven sinnlichen Eindruck und der aktiven rationalen Erkenntnis liegt also sowohl reflexive intellektuelle Arbeit in Gestalt analytischer und synthetischer Tätigkeit, d. h.
des *dividendo et componendo*,[252] so dass die thomasische Formel von der

---

[246] „AD QUARTUM dicendum quod sicut intellectus noster est infinitus virtute, ita infinitum cognoscit. Est enim virtus ejus infinita, secundum quod non terminatur per materiam
corporalem." STh 86, 2 ad 4.

[247] „omnia quae transcendunt haec sensibilia nota nobis, non cognoscuntur a nobis nisi per
negationem" III. De An. lect. 11, n. 758; vgl. auch STh I 84, 7 ad 3. Karl Rahner schreibt dazu:
„Die dritte Abstraktionsstufe ist somit innerlich von wesentlich anderer Natur als die beiden
ersten. Sie kann nicht gedacht werden als ein ausscheidendes Weglassen von einzelnen Bestimmungen aus der Gesamtheit der auf Grund der ersten Abstraktion vorgestellten Wesensbestim-
mungen, derart, dass dann ohne weiteres nur transzendentale Bestimmungen übrig blieben",
Rahner, K., ³1964, 206.

[248] „Non autem eodem modo intelliguntur a nobis substantiae materiales, quae intelliguntur
per modum abstractionis; et substantiae immateriales, quae non possunt sic a nobis intelligi,
quia non sunt earum aliqua phantasmata." STh I 88, 1 ad 5; ebenso: STh I 88, 1; STh I 88, 2;
STh I 88, 1 ad 5.

[249] „[…] die abstractio als Erfassung des metaphysisch Allgemeinen muß ein Akt sein, der
auf das metaphysische Sein vorgreift, ohne es gegenständlich vorzustellen", Rahner, K. ³1964,
208.

[250] „[…] so ist der intellectus agens zu bestimmen als das Vermögen des Vorgriffs auf das esse
schlechthin", Rahner, K., ³1964, 208.

[251] Rahner, K., ³1964, 208, „Quod primo intellectus concipit quasi notissimum et in quo omnes conceptiones resolvit, est ens. […]. Unde oportet, quod omnes aliae conceptiones intellectus
accipiantur ex additione ad ens" (De Ver. I, 1 resp.). Karl Rahner schreibt dazu: „Der erste und
oberste Begriff, der erfaßt wird und auf dem die obersten Prinzipien beruhen, ist ens", Rahner,
K., ³1964, 212. In dieser Konzeption des Seinsbegriffes geht Thomas über Aristoteles hinaus,
weil er als Christ den Seinsbegriff mit dem Schöpfergott analogisieren kann („Quod autem est
per participationem alicuius, non potest esse primum ens: quia id quod aliquid participat ad hoc
quod sit, est eo prius. Deus autem est primum ens, quo nihil est prius." ScG I 22. „In this way,
God was the primary instance of being. His was the nature to which all other beings had focal
reference as beings. Further on, in Exodus (3:14) God reveals his own name in terms of being.
„Ego sum qui sum" was the way the text read in the Vulgate translation. That was for Aquinas
the „sublime truth" that the Christian knew about being", Owens, J., 1996, 46.

[252] „sed quando judicat rem ita se habere sicut est forma quam de re apprehendit, tunc primo
cognoscit, et dicit verum. Et hoc facit componendo et dividendo." STh I 16, 2 resp.

*adaequatio rei et intellectus* nicht im Sinne eines Abbildverhältnisses interpretiert werden kann, sondern im Sinne eines Annäherungsverhältnisses
verstanden werden muss. Dieses Annäherungsverhältnis stellt sich nur ein
durch intellektuelle Arbeit, die daher auch in einem neuen Sinn zumindest tendenziell zu einer Aneignung der Natur führt. Dies ist deshalb auch
notwendig und unumgänglich, weil das menschliche Erkenntnisvermögen
durch den *defectus* nach dem Sündenfall die unmittelbare Erkenntnis der
Essenz verloren hat.[253] Die Erkenntnisfunktionen beziehen sich daher *post
lapsum* auf den *status praesentis vitae*.[254] Andererseits hat das Sein gegenüber dem Denken die höhere ontologische Wertigkeit, dem sich das Denken
trotz seines Eigenbeitrags in Form des *dividendo* und *componendo* durch
*conformitas* und *adaequatio* anzupassen hat. Daher dient als Wahrheitskriterium die *adaequatio*, die Übereinstimmung von Denken und Sein.[255]

Damit ist die Frage nach dem Status des Allgemeinen im Sein und Denken aufgeworfen. Aus der begrenzten Eigenaktivität der erkennenden Ratio wird schon deutlich, dass das Allgemeine für Thomas keine eigene Sub-
sistenz im Sinne des neuplatonischen Universalienrealismus haben kann.
Wenn das Allgemeine aber gleichzeitig nicht nur Konstrukt der Ratio ist,
muss es sich in irgendeiner Weise auch am Individuellen aufweisen lassen,[256]
so wie dies bereits für die erste Stufe der Abstraktion deutlich geworden ist.
Die Frage ist, wie dieses Allgemeine im Individuellen aufgewiesen werden
kann.

Für Thomas stellt sich diese Frage in Bezug auf das Sein im Kontext der
aristotelischen Ontologie, d. h. im Kontext der so genannten teleologischen
Hylemorphismuslehre, seiner Unterscheidung zwischen Stoff und Form,
Substanz und Akzidenz. Wie ist nun in diesem ontologischen Umfeld das
ontologisch Allgemeine anzusiedeln?

### 5.3.3 Die Ontologie im Kontext des Universalienstreits

Da für Thomas gemäß aristotelischer Erkenntnistheorie alle Erkenntnis
mit der sinnlichen Wahrnehmung des Einzelnen anhebt, muss nun gefragt
werden, in welcher Gestalt sich Thomas das Einzelne darbietet, um davon ausgehend durch die Tätigkeit des *intellectus agens* zum Allgemeinen

---

[253] Mensching, G., 1992, 225.

[254] STh I 84, 7 resp.; 111, 2 ad 3.

[255] „Et propter hoc per conformitatem intellectus et rei veritas definitur." STh I 16, 2 resp.
„PRAETEREA, Isaak dicit in lib. de Definitionibus, quod veritas est adaequatio rei et intellectus." STh I 16, 2, 2.

[256] „Effectus autem Dei sunt res singulares. Hoc enim modo Deus causat res, inquantum
facit eas esse in actu: universalia autem non sunt res subsistentes, sed habent esse solum in
singularibus, ut probatur in VII metaphysicae. Deus igitur cognoscit res alias a se non solum in
universali, sed etiam in singulari." ScG I 65; „Et similiter cum dicitur ‚universale abstractum',
duo intelliguntur: scilicet ipsa natura rei, et abstractio seu universalitas." STh I 85, 2 ad 3.

fortzuschreiten. Würde sich das Allgemeine in dieser rationalen Aktivität erschöpfen, dann wäre Thomas ein Nominalist. Tatsächlich aber bietet die nunmehr erfolgte Aristotelesrezeption einen Ansatzpunkt, zu einer Betrachtungsweise zu kommen, die sowohl die Tätigkeit des Verstandes bei der Bildung allgemeiner Begriffe wie auch die Anwesenheit des Allgemeinen im Individuellen gleichermaßen denkbar werden lässt. Diesen Ansatzpunkt liefert die aristotelische Lehre vom Hylemorphismus.

### Exkurs 2    Hylemorphismus

Die Bezeichnung Hylemorphismus scheint Ende des 19. Jahrhunderts im Neothomismus geprägt worden zu sein.[257] Aristoteles selbst entwickelt diese Lehre in Auseinandersetzung mit Platons Ideenlehre und versucht, mit ihr das Problem des Werdens, bzw. der Veränderung zu lösen, indem er im Sinne seiner Substanzontologie jede zusammengesetzte Substanz aus Stoff und Form bestehend begreift. „Unter Stoff (ὕλη) verstehe ich beispielsweise das Erz, unter Gestalt (μορφή) die äußere Figur seiner Form und unter dem aus beiden Verbundenen die Statue."[258] Die Form ist dabei als gestaltendes Prinzip (ἐνέργεια) zu verstehen, der Stoff als passive Materie (δύναμις), die sich gleichwohl nach der Form sehnt, Physik I 9, 192a 17–25. Beide bilden jedoch eine Funktionseinheit, indem sie sich gemeinsam im Werdeprozess aktualisieren. Thomas hat diese aristotelische Lehre übernommen und vor allem in ‚de ente et essentia‘ verarbeitet. Hier bezeichnet er die Wirkeinheit von Stoff und Form als die Essenz (essentia) einer zusammengesetzten Substanz (οὐσία).[259] Auch in seiner Diskussion des Universalienproblems, wie sie in STh I 79–85 in verschiedenen Kontexten immer wieder anklingt, greift er darauf zurück.

In seiner Ablehnung der platonischen Ideenlehre bezieht Thomas sich auf den aristotelischen Hylemorphismus, indem er die Notwendigkeit der Verbindung von Stoff und Form betont. Das Allgemeine kann entgegen Plato nicht ohne Stoff bestehen.[260] Der Verstand bezieht sich auf das Allgemeine der Form im Hylemorphismus,[261] also muss das Allgemeine als ein

---

[257] Oeing-Hanhoff, L., HWPh III, 1974, Sp. 1236 f.

[258] Meta VII 3, 1028b–1029a.

[259] „Patet ergo quod essentia comprehendit materiam et formam". *De ente et essentia*, Allers, R. (Hg.), 1965, 20; „Relinquitur ergo quod nomen essentiae in substantiis compositis significat id quod ex materia et forma compositum est". *De ente et essentia*, Allers, R. (Hg.), 1965, 21.

[260] „RESPONDEO dicendum quod, secundum opinionem Platonis, nulla necessitas erat ponere intellectum agentem ad faciendum intelligibilia in actu; sed forte ad praebendum lumen intelligibile intelligenti, ut infra dicetur. Posuit enim Plato formas rerum naturalium sine materia subsistere, et per consequens eas intelligibiles esse: quia ex hoc est aliquid intelligibile actu, quod est immateriale. Et hujusmodi vocabat ‚species‘ sive ‚ideas‘." STh I 79, 3 resp.

[261] „Quod Aristoteles in hoc capitulo intendit reprobare, ostendens quod animal commune vel homo communis non est aliqua substantia in rerum natura. Sed hanc communitatem habet forma animalis vel hominis secundum quod est in intellectu, qui unam formam accipit ut multis communem, inquantum abstrahint eam ab omnibus individuantibus. Ponit ergo ad propositum duas rationes", In Metaphysicam Aristotelis, VII, lec. XIII, Nr. 1571

formgebendes Prinzip auch im Individuellen vorhanden sein,[262] bevor der Verstand als *intellectus agens* die allgemeine Form durch Abstraktion im Verstand präsent macht. Demnach hat das Allgemeine einen doppelten Status. Ontologisch wirkt es als die Materie gestaltendes Formprinzip, ohne jedoch von der Materie getrennt zu sein. Das Prinzip des *universalia sunt in re* ist also vor dem Hintergrund des aristotelischen Hylemorphismus zu sehen. Erkenntnistheoretisch ist das Universale im Verstand als Abstraktum präsent, also *universalia sunt in mente*. Es existiert aber im Verstand nicht in dem Sinne eines real Existierenden, sondern als Konzept. Mithin existiert das Allgemeine in zwei verschiedenen Seinsmodi, *real* als Form und *gedacht* als Konzept.[263] Der *intellectus agens* abstrahiert nämlich nur die Form innerhalb der ontologisch eigentlich untrennbaren Stoff-Form Einheit, d. h. er abstrahiert gerade von der Materie und damit von der Wirkeinheit[264] der Form mit der Materie.[265] Das aber bedeutet, dass der Verstand in seiner abstrahierenden Tätigkeit die Essenz eines Dinges, also das schlechthin Einzelne als Einzelnes und in seiner Essentialität nicht erkennen kann, sondern lediglich konzeptionell. Einzig der göttliche Verstand, der nicht an die abstrahierende Tätigkeit gebunden ist, selbst unstofflich ist, kann die Essenz einer Sache erkennen.[266] Insofern in Gott Denken und Sein zusammenfallen, existieren in ihm unmittelbar die *universalia*, an denen der Mensch sogar gemäß dem Partizipatiogedanken teilhat.[267] Ontologisch gesehen wird demnach das Einzelne durch Thomas gegenüber dem Subsistenzdenken des neuplatonischen Realismus aufgewertet, aber zugleich in eine Werthierarchie eingebunden, die sich nach dem Grad der Wirksamkeit der Form in einem Einzelnen bemisst. In dieser Hierarchie steht die formlose Materie unten, Gott als reine Form ganz oben. Thomas verbleibt also mit seiner Konzeption des Allgemeinen und Einzelnen ganz im Horizont

---

[262] „Necessitas autem consequitur rationem formae: quia ea quae consequuntur ad formam, ex necessitate insunt. Materia autem est individuationis principium: ratio autem universalis accipitur secundum abstractionem formae a materia particulari." STh I 86, 3 resp.

[263] Die Existenz des Universale *in mente* im Sinne eines abstrahierten Konzepts wird am besten in STh I 39, 4 ad 3 deutlich.

[264] „ratio autem universalis accipitur secundum abstractionem formae a materia particulari." STh I 86, 3 resp.

[265] Thomas ist mit seinem Hylemorphismus auch nicht konsequent, denn in STh 89 diskutiert er die Frage, wie die von dem Leib abgelöste Seele, die Form des Leibes, erkennt.

[266] „Sed species intelligibilis divini intellectus, quae est Die essentia, non est immaterialis per abstractionem, sed per seipsam, principium existens omnium principiorum quae intrant rei compositionem, quae sunt principia speciei, sive principia individui. Unde per eam Deus cognoscit non solum universalia, sed etiam singularia." STh I 14, 11 ad 1.

[267] „AD PRIMUM ergo dicendum quod species intelligibiles quas participat noster intellectus, reducuntur sicut in primam causam in aliquod principium per suam essentiam intelligibile, scilicet in Deum. Sed ab illo principio procedunt mediantibus formis rerum sensibilium et materialium, a quibus scientiam colligimus, ut Dionysius dicit [Div. Nom., cap. 7]." STh I 84, 4 ad 1.

des metaphysischen Substanz- und Wesensdenkens. Beide, Substanz und Wesen teilen sich nur unvollkommen der Erkenntnis mit. Das Einzelne zeichnet sich nun in seiner Konkretion durch vier Bestimmungsstücke aus, die vier aristotelischen *causae*. Es ist daher nicht verwunderlich, dass es gerade auch die Orientierung am Einzelnen ist, die das wissenschaftliche Interesse inspiriert.

Der entscheidende Gesichtspunkt des ontologischen und erkenntnistheoretischen Kriteriums der Allgemeinheit ist also der Formaspekt innerhalb des Hylemorphismus. Es scheint aber, dass Thomas nicht wirklich konsistent zeigen kann, wie die Form *in mente* als Form erkannt wird, wenn man unter ihr nicht nur die räumlich-sinnlich wahrnehmbare, sondern das entelechiale Prinzip der Verwirklichung, also den Formaspekt der Essenz versteht. Denn die Essenz ist weder durch die Sinne, noch durch den Verstand erkennbar. Beschränkt man indes die Form allein auf das räumlich Erscheinungsbild, dann kann man mit Hilfe der ersten Abstraktionsebene, d. h. durch Weglassen sinnlicher Bestimmungen die Form *in mente* plausibel machen. Dieser Formaspekt ist aber nicht nur für das Kriterium der Allgemeinheit, sondern auch für die beiden folgenden der Notwendigkeit und der Prognostizierbarkeit entscheidend.

### 5.4 Notwendigkeit

Die Allgemeinheit wissenschaftlicher Erkenntnis schließt zugleich auch Notwendigkeit ein.[268] Thomas behandelt das Kriterium der Notwendigkeit wissenschaftlicher Erkenntnis allerdings nicht direkt, sondern indirekt im Kontext der Frage, inwieweit der Verstand in der Lage ist, Zufälliges zu erkennen.[269] Auch diese Frage diskutiert Thomas anthropologisch, erkenntnistheoretisch und ontologisch ganz im Kontext des aristotelischen Stoff-Form Schemas. Insofern sich der Verstand in seiner Erkenntnisfunktion auf das Allgemeine in Gestalt der Form bezieht, ist damit zugleich sein Bezug auf die Notwendigkeit eingeschlossen.[270] Damit steht Thomas in der Tradition des aristotelischen Wissenschaftskonzepts und des korrespondierenden Verständnisses wissenschaftlicher Rationalität, die sich ganz auf das Notwendige richtet.[271]

Während der Notwendigkeitscharakter der Wissenschaft im Bereich des Denkens sich an die aristotelische Syllogistik anschließt, verbleibt er in ontologischer Hinsicht ebenfalls weitgehend im Horizont des aristotelischen

---

[268] „Unde si attendantur rationes universales scibilium, omnes scientiae sunt de necessariis." STh I 86, 3 resp.

[269] „Utrum intellectus sit cognoscitivus contingentium." STh I 86, 3.

[270] STh I 86, 3 resp.

[271] „Quia, ut dicitur in 6. Eth [cap. 6], intellectus et sapientia et scientia non sunt contingentium, sed necessarium", EN 1140b 31; 1141 a2.

Hylemorphismus. Es ist nämlich die Form der sich verwirklichenden Substanz, die zugleich Allgemeinheit und Notwendigkeit umfasst.[272] Insbesondere bestimmt das Mischungsverhältnis von Stoff und Form der Substanz den Sicherheitsgrad der Erkenntnis hinsichtlich der Allgemeinheit und Notwendigkeit. Je mehr der Formaspekt den Stoffaspekt dominiert, desto allgemeiner und notwendiger ist die Erkenntnis.[273] Daher entspricht Gott als der materiefreien reinen Form zugleich auch die allgemeinste, notwendigste Erkenntnis. Er ist als reine, notwendige, allgemeine Form, die Spitze der ontologischen Werthierarchie. Umgekehrt ist die ungeformte Materie – die aristotelische ὕλη ist als Prinzip der Vereinzelung auch das Unerkennbare – das wertmäßig Tiefststehende.[274] So ist es das Mischungsverhältnis innerhalb dieser ontologischen Hierarchie des Stoff-Formverhältnisses, das das Verhältnis von Notwendigem und Zufälligem wie auch den Grad der Erkennbarkeit definiert. Der Verstand erfasst dabei nur die Form, mithin den Notwendigkeitsaspekt.[275]

Die Notwendigkeit als Merkmal rationaler Wissenschaftlichkeit bezieht sich auf die Trennung von Stoff und Form, also gerade nicht auf die entelechiale Selbstbewegung der Stoff-Form-Einheit. Dies hätte bedeutet, die zeitlichen Abläufe der über die reine Ortsbewegung hinausgehende entelechiale Bewegung rational, d. h. wissenschaftlich, zu bewältigen. Die Abstraktion der Form vom Stoff als Merkmal der Notwendigkeit verhindert aber genau diesen rationalen Zugriff auf Bewegungsvorgänge des substantialen Seins. Notwendigkeit besagt dann nur, dass eine bestimmte Form in einer spezifischen Stoff-Form-Einheit zu einer bestimmten, eindeutig identifizierbaren Gestalt führt. Notwendigkeit kann also Thomas nicht *in* zeitlichen Vollzügen denken, sondern nur *von* ihnen.[276]

---

[272] „Necessitas autem consequitur rationem formae: quia ea quae consequuntur ad formam, ex necessitate insunt." STh I 86, 3 resp.

[273] „Et quia ratio rei absoluta sine concretione non potest inveniri nisi in substantia immateriali, ideo cognitio non rebus omnibus attribuitur, sed solum immaterialibus; et secundum gradum immaterialitatis est gradus cognitionis; ut quae sunt maxime immaterialia, sint maxime cognoscibilia: in quibus, quia ipsa eorum essentia immaterialis est, se habet ad ea ut medium cognoscendi; sicut Deus per suam essentiam seipsum et omnia alia cognoscit; [...]", De Ver. XXIII, 1 resp.

[274] „RESPONDEO dicendum quod singulare in rebus materialibus intellectus noster directe et primo cognoscere non potest. Cujus ratio est, quia principium singularitatis in rebus materialibus est materia individualis: intellectus autem noster, sicut supra dictum est, intelligit abstrahendo speciem intelligibilem ab hujusmodi materia. Quod autem a materia individuali abstrahitur, est universale. Unde intellectus noster directe non est cognoscituvus nisi universalium." STh I 86, 1 resp.

[275] „rationes autem universales et necessariae contingentium cognoscuntur per intellectum." STh I 86, 3 resp.

[276] „Rationes autem universales rerum omnes sunt immobiles, et ideo quantum ad hoc omnis scientia de necessariis est. Sed rerum, quarum sunt illae rationes, quaedam sunt necessariae et

Nur innerhalb der erfahrungsorientierten Naturwissenschaft, speziell der Astronomie, in der die einfachsten Bewegungen, die Ortsbewegungen, beschrieben werden, hat sich Thomas der Aspekt der Notwendigkeit *in* zeitlichen Vollzügen erschlossen.[277] Dabei ist die besondere, fast göttliche Dignität der astronomischen Bewegungen im supralunaren Bereich hinsichtlich ihrer Unwandelbarkeit und mithin Notwendigkeit zu beachten. Diesen Sachverhalt hat Thomas wohl im Sinn, wenn er Allgemeinheit, Notwendigkeit und Mathematisierbarkeit auch den zeitlichen Dingen zuerkennt.[278]

Der Begriff Notwendigkeit in diesem Kontext hingegen kann konzeptionell allerdings noch nicht auf den zeitlichen Verlauf angewendet werden, da Thomas noch ein operationaler Zeitbegriff fehlt.[279] Außerdem kann gerade für die Bewegungen der himmlischen Körper kein Zeitmaß definiert werden, weil sie als unvergängliche Substanzen keiner Mutabilität unterstehen.[280] Er verbleibt vielmehr ganz im Horizont der boethianischen und aristotelischen Zeitauffassung,[281] die beide nur bedingt einen Anknüpfungspunkt für einen rationalen Zugriff bieten, d. h. sie sind nicht direkt operationalisierbar. Zwar rechnet Aristoteles die Zeit unter die Kategorie der Quantität[282] und verwendet mit dem Maßbegriff in seiner Zeitdefini-

---

immobiles, quaedam contingentes et mobiles, et quantum ad hoc de rebus contingentibus et mobilibus dicuntur esse scientiae." DT, Q. V Art. II, ad 4.

[277] „Sed prout sunt in suis causis [d. h. praescientia] cognosci possunt etiam a nobis. Et si quidem in suis causis sint ut ex quibus ex necessitate proveniant, cognoscuntur per certitudinem scientiae; sicut astrologus praecognoscit eclipsim futuram." STh I 86, 4 resp.

[278] „Nam necessaria scibilia inveniuntur etiam in rebus temporalibus, de quibus est scientia naturalis et mathematica." STh I 79, 9 ad 3.

[279] Da Thomas im Anschluss an Aristoteles Zeit und Mutabilität (*motus*, κίνησις) eng zusammendenkt, ergibt sich in Verbindung mit den 4 Arten der Mutabilität (1. Entstehen – Vergehen, 2. Qualitätsveränderung, 3. Quantitätsveränderung, 4. Ortsveränderung) eine Stufenfolge abnehmender Betroffenheit der Bewegungsarten 1 bis 4 von der Zeit. Auf diese Weise ist die Zeit, speziell als Ordnungsfaktor rein räumlicher Bewegungen, eine sehr nachgeordnete Kategorie, so dass man sagen kann: „Wie die Räumlichkeit aus der Örtlichkeit hervorgeht, so die Zeitlichkeit aus der Mutabilität. Raum und Zeit sind auf diese Weise nachgeordnete Bestimmungen; eine ursprünglichere Räumlichkeit und Zeitlichkeit denkt Thomas nicht", Metz, W., 1998, 307.

[280] „Weil die Sterne von unvergänglicher Substanz und sowohl nach ihren Akzidenzien wie nach ihren bestimmten Örtern innerhalb der Himmelssphäre unveränderlich sind, weil sie demnach sich gar nicht verändern, untersteht dieses ihr unvergänglich-unveränderliches „Sein" auch nicht mehr dem Zeit-Maß, sondern dem so genannten *aevum*, das Thomas als ein mittleres Maß zwischen Zeit und Ewigkeit bestimmt.", STh I 10, 5; Metz, W., 1998, 307.

[281] „quia aeternitas est mensura esse permanentis, tempus vero est mensura motus." STh I 10, 4 resp.

[282] Meta V 13, 1020a25–34; „[…] denn da dies ein Quantum ist, ist auch die Bewegung ein Quantum, und da diese eines ist, ist es auch die Zeit", Meta V 13, 1020a33; andererseits ist die Zeit nach seiner Kategorienlehre eine eigenständige Kategorie (ποτέ), vgl., Kate 4, 25 (1b) und Kate 6, 25. Aristoteles ist also nicht ganz eindeutig.

tion durchaus einen solchen Aspekt,[283] der jedoch aufgrund seiner engen
Verschränkung mit dem Bewegungsbegriff einer Operationalisierung nur
schwer zugänglich ist. Erst die Trennung des Zeitbegriffs vom Bewegungsbegriff, ein geistesgeschichtlicher Vorgang, der sich über Jahrhunderte
hinzieht, eröffnet die Möglichkeit einer theoretischen Operationalisierung
der Zeit, so dass dann Notwendigkeit im Kontext zeitlicher Vollzüge gedacht werden kann. Dazu kommt, dass Thomas trotz seines partiellen An-
tiplatonismus an einer Abwertung und ontologischen Defizienz der Zeit
festhält,[284] die keine positive Motivation darstellt, die Notwendigkeit im
Sinne der Notwendigkeit zeitlicher Vollzüge zu denken. Zusammenfassend
lässt sich sagen, dass Thomas zwei wissenschaftstheoretische Kontexte für
das Kriterium Notwendigkeit kennt. Der erste, wichtigere bezieht sich auf
den Formaspekt des Hylemorphismus, der zweite auf den zeitlichen Verlauf von supralunaren Bewegungsabläufen.

## 5.5 Prognostizierbarkeit

Das Kriterium der Prognostizierbarkeit ist in seinem Bezug auf die Anthropologie insofern interessant, als in STh I 86 gewissermaßen Ansätze moderner wissenschaftlicher Rationalität mit einer spekulativ-metaphysischen,
aristotelisch am Hylemorphismus orientierten und einer fast magischen
konkurrieren.[285] Zunächst verbleibt Thomas wiederum ganz im Kontext
seines Stoff-Form Schemas. Allerdings macht der allgemeine aristotelische
Bewegungsbegriff im Kontext des hylemorphistischen Denkens Schwierigkeiten, ihn rational-naturwissenschaftlich zu fassen. Das wird bereits in *De
trinitate* deutlich, wo Thomas damit ringt, die notwendige Allgemeinheit
wissenschaftlicher Erkenntnis mit der Veränderung der Bewegung zusam-

---

[283] Aristoteles' Zeitdefinition lautet: „ὅταν δὲ τὸ πρότερον καὶ ὕστερον, τότε λέγομεν χρόνον: τοῦτο
γάρ ἐστιν ὁ χρόνος, ἀριθμὸς κινήσεως κατὰ τὸ πρότερον καὶ ὕστερον", Phys-A IV 219b1 ff. Wie stark
Aristoteles Zeit und Bewegung miteinander koppelt, so dass sie sich wechselseitig definieren,
geht aus dem fortfolgenden Text hervor: „οὐ μόνον δὲ τὴν κίνησιν τῷ χρόνῳ μετροῦμεν, ἀλλὰ καὶ τῇ
κινήσει τὸν χρόνον, διὰ τὸ ὁρίζεσθαι ὑπ' ἀλλήλων", Phys-A IV 220b15 f. Zeit als Maß der Bewegung
zu verstehen – also auch der räumlichen Bewegung – führt unmittelbar zum Gedanken der
Messbarkeit, mithin Zählbarkeit der Zeit. Die Zählbarkeit wiederum bedarf eines Standard-
maßes, auf das ein Quantum an Zeit bezogen werden kann. Dieses Bezugsmaß der Zeit gibt
Aristoteles tatsächlich in Gestalt einer periodisch sich wiederholenden Bewegung, d. h. einer
Rotation der Himmelskörper, an. „εἰ οὖν τὸ πρῶτον μέτρον πάντων τῶν συγγενῶν, ἡ κυκλοφορία ἡ
ὁμαλὴς μέτρον μάλιστα, ὅτι ὁ ἀριθμὸς ὁ ταύτης γνωριμώτατος", Phys-A IV 223b18 ff. Diese naturwissenschaftlich orientierte, quantifizierende Betrachtungsweise spiegelt sich auch philosophisch
bei Aristoteles wieder, wenn er die Zeit und die Bewegung unter die Kategorie der Quantität
zählt, Meta V 14, 1020a33 f; Kate 6, 25.

[284] „Unde, secundum quod aliquod esse recedit a permanentia essendi et subditur transmu-
tationi, recedit ab aeternitate et subditur tempori." STh I 10, 4 ad 3.

[285] Linsenmann, T., 2000, 234–237.

menzudenken.[286] Darüber hinaus diskutiert Thomas ganz ernsthaft eine Art magisch-metaphysischen Vorauswissens, das durch „höhere Kräfte" göttlicher oder dämonischer Art verursacht sei,[287] die er ganz im Sinne aristotelischer Zuordnungssystematik interpretiert.[288] Thomas schließt sich hier ganz dem aristotelischen Kausalitätsbegriff an, nach dem sich Wirkungen aus einem ontologisch höheren Sein auf ein ontologisch niedrigeres Sein mitteilen, wie dies bei den Planetenbewegungen, die von den materielosen Intelligenzen und Engeln verursacht werden, und ihren irdischen Effekten der Fall ist. Eine Empfänglichkeit für eine solche metaphysische Kausalität stellt sich nach Thomas und Aristoteles allerdings nur ein, wenn der auf die physische Kausalität zugeschnittene Konnex von Ratio und Sinnlichkeit gelockert ist, wie dies z. B. im Schlaf der Fall ist.[289] Gegen diese Art von metaphysisch orientierter Entrückungsprognostik steht allerdings bei Thomas auch deutlich die Prognostizierbarkeit im Kontext des normalen Konnexes zwischen Sinnlichkeit und Ratio. Und allein dieser Art von Prognostizierbarkeit kommt auch Wissenschaftlichkeit zu,[290] die sich nicht an metaphysischer Kausalität im Sinne der Substanzhierarchie, sondern an physischer Kausalität orientiert und damit ein *fundamentum in re* hat.[291] Das Modell dieser Art wissenschaftlicher Prognostizierbarkeit ist die Astronomie,[292] und nicht die an einer Deutungssystematik orientierte Astrologie.[293]

Die Astronomie verbleibt allerdings im praktischen Erfahrungswissen, auch wenn es bereits wissenschaftlich organisiert ist. Prognostizierbarkeit ist also für Thomas durchaus bereits ein wissenschaftliches Kriterium,[294] das sich

---

[286] „Praeterea, nullum universale movetur. […] Sed omnis scientia de universalibus est. Ergo naturalis scientia non est de his quae sunt in motu." DT, Q. V, Art. II, 5. 174.

[287] „Spiritualium quidem, sicut cum virtute divina ministerio angelorum intellectus humanus illuminatur, et phantasmata ordinantur ad futura aliqua cognoscenda; vel etiam cum per operationem daemonum fit aliqua commotio in phantasia ad praesignandum aliqua futura quae daemones cognoscunt, ut supra dictum est." STh I 86, 4 ad 2.

[288] „Unde cum caelestia corpora sint causae multorum futurorum, fiunt in imaginatione aliqua signa quorundam futurorum." STh I 86, 4 ad 2.

[289] „Haec autem signa magis percipiuntur in nocte et a dormientibus, quam de die et vigilantibus: […]. Et in corpore faciunt sensum propter somnum: quia parvi motus interiores magis sentiuntur a dormientibus quam a vigilantibus. Hi vero motus faciunt phantasmata, ex quibus praevidentur futura." STh I 86, 4 ad 2.

[290] „Rationes autem futurorum possunt esse universales, et intellectu perceptibiles: et de eis etiam possunt esse scientiae." STh I 86, 4 resp.

[291] „Sed prout sunt in suis causis, cognosci possunt etiam a nobis. Et si quidem in suis causis sint ut ex quibus ex necessitate proveniant, cognoscuntur per certitudinem scientiae." STh I 86, 4 resp.

[292] „sicut astrologus praecognoscit eclipsim futuram. Si autem sic in causis suis ut ab eis proveniant ut in pluribus, sic cognisci possunt per quamdam conjecturam vel magis vel minus certam, secundum quod causae sunt magis vel minus inclinatae ad effectus." STh I 86, 4 resp.

[293] Linsenmann, T., 2000, 331 ff.

[294] „Rationes autem futurorum possunt esse universales, et intellectu perceptibiles: et de eis etiam possunt esse scientiae." STh I 86, 4 resp.

insbesondere auf einfache Bewegungsverläufe der Natur, wie die Himmelsbewegungen anwenden lässt.[295] Die Frage ist, inwieweit diese rein räumlichen
Bewegungen im Sinne wissenschaftlich operationalen Vorgehens rational
durchsichtig sind. Die Astronomie kann allerdings nur sehr bedingt als ein
frühes Modell für rational-operationales wissenschaftliches Vorgehen betrachtet werden, da nach Ptolemäus die Bewegungen der Sterne und Planeten
nicht strengen Naturgesetzen folgen, sondern Ausfluss der inneren Wesenheiten der Sphärengeister sind. In formaler Hinsicht sind daher die Himmelsbewegungen und ihre wissenschaftliche Beschreibung schon ein nucleus für
zukünftige naturwissenschaftliche Forschung, inhaltlich ist sie jedoch noch
ganz in einen magisch-spekulativ-metaphysischen Kontext eingebettet.

### 5.6 Prinzipien und Evidenz

Es gibt keine direkte Bezugnahme auf die Prinzipien innerhalb des teleologischen Duktus der Anthropologie von STh I 75–89. Der einzige Bezug
steht vielmehr ausgerechnet in Quästio 87,1, bei der es um die *Selbst*erkenntnis der *anima intellectiva* geht. Im Moment der Rückbezüglichkeit in der
Selbsterkenntnis ist auf diese Weise auch ein Analogon für die Rückbezüglichkeit in den Prinzipien, insofern sie durch sich selbst einsichtig sind.[296]

So ist auf diese Weise sowohl dem Denken wie auch den Prinzipien
grundsätzlich die Möglichkeit erschlossen, einen in sich unabhängig von
sinnlicher Vermittlung und teleologischer Ausrichtung konsistenten und
eigenständigen Raum entfalten zu können. Der anthropologische Kontext außerhalb von STh I 75–89, in dem von den Prinzipien gehandelt
wird, entspricht ganz der thomasischen erkenntnistheoretischen Grundkonzeption, nach der die Erkenntnis in den *Sinnen* beginnt.[297] Das *per se
notum* der *principia* erhält gerade dadurch seine Selbstverständlichkeit.
Andererseits signalisieren Sätze wie *homo est animal*[298] und *isosceles est*

---

[295] STh I 86, 4 resp.

[296] „AD PRIMUM ergo dicendum quod mens seipsam per seipsam novit, quia tandem in sui
ipsius cognitionem pervenit, licet per suum actum: ipsa enim est quae cognoscitur, quia ipsa seipsam amat, ut ibidem subditur. Potest enim aliquid dici per se notum dupliciter: vel quia per nihil
aliud in ejus notitiam devenitur, sicut dicuntur prima principia per se nota." STh I 87, 1 ad 1.

[297] „Et hujus ratio est, quia ea quae per se nobis nota sunt, efficiuntur nota statim per sensum", In Sent D. 3, q. 1, a. resp. (94).

[298] Aristoteles beschreibt eine entsprechende Urteilsform des Verstandes in seiner zweiten
Analytik auf folgende Weise (zitiert nach der lateinischen Fassung, auf die sich Thomas in seinem
Kommentar bezieht): „Manifestum autem est quoniam et cum A in B sit, si quidem est aliquod
medium, est demonstrare quod A in B sit. Et elementa huiusmodi sunt haec, et tot quot media
sunt: immediatae enim propositiones sunt elementa, aut omnes aut universales. Si vero non est
medium, non amplius erit demonstratio; sed in principia via haec est" (PeHePoAn, 1955, 277;
Lib. I, lec. XXXVI, 224 (38) = APo I, 23, 84b19–24). Dies kommentiert Thomas von Aquin:
„Alio modo potest intelligi secundum quod propositiones universales dicuntur propositiones
communes in omnibus propositionibus alicuius scientiae, sicut, omne totum est maius sua parte:
unde huiusmodi sunt simpliciter demonstrationum principia, et omnibus per se nota. Haec autem

*triangulus,*[299] dass die Selbstverständlichkeit der Prinzipien gerade in den Operationen des *Denkens* anzusiedeln ist, insofern es Allgemeinbegriffe (*homo*) bildet, die in judikativer Weise prädiziert werden (*est* animal). Dies wird insbesondere in seinem Kommentar zu den Urteilsformen in der zweiten Analytik des Aristoteles deutlich.[300]

## 5.7 Weltverhältnis und Wissenschaftskonzeption bei Thomas von Aquin

Es sollte in dem vorhergehenden Kapitel über die Integration des aristotelischen Wissenschaftskonzepts in die Theologie Thomas' herausgefunden werden, inwieweit dieser Integrationsvorgang der wissenschaftlich orientierten Weltzuwendung dienlich war und inwieweit sich darin Aspekte der Dynamisierung des Weltverhältnisses ausmachen lassen. Dazu wurde zunächst die Beziehung zwischen Philosophie und Theologie bei Thomas geklärt, sein Seinsverständnis erhoben, sowie die wissenschaftstheoretischen Kriterien im Zusammenhang seiner Anthropologie geklärt. Rationale Grundstrukturen waren dabei immer im Blick. Wir beginnen mit den wissenschaftstheoretischen Kriterien,

Die in der Einleitung der STh genannten wissenschaftstheoretischen Kriterien stimmen bis auf eines nicht mit den im anthropologischen Kontext von STh I 75–89 genannten überein.

| Wissenschaftstheoretische Einleitung der STh I 1–8 | Teleologische Anthropologie in STh I 75–89 | Schnittmenge von STh I 1–8 und 75–89 |
|---|---|---|
| Allgemeinheit | Allgemeinheit | Allgemeinheit |
| Prinzipien | Notwendigkeit | |
| Evidenz | Prognostizierbarkeit | |
| Sicherheit | | |

Die Kriterien der Evidenz der Prinzipien und der Sicherheit fehlen im anthropologischen Teil, wenn man einmal von der eher erläuternde Funktion in STh I 89, 1 ad 1 absieht, während das Kriterium der Prognostizierbarkeit und Notwendigkeit hinzugekommen sind. Einzig das Kriterium der Allgemeinheit ist beiden Kontexten gemeinsam und wird im anthropologischen

---

propositio, homo est animal, vel, isosceles est triangulus, non est principium demonstrationis in tota scientia, sed solum aliquarum particularium demonstrationum; neque etiam huiusmodi propositiones sunt omnibus per se notae. Sic igitur si sit aliquod medium propositionis datae, erit demonstrare per aliquod medium, quousque deveniatur ad aliquod immediatum, PeHePoAn, 1955, 279; Lib. I, Lec. XXXVI, 314 [7]; weitere Stellen Lib. I, Lec. XXXVI, 310 [3]; Lib. I, Lec. XII, 108 [11]; alle Stellen: Index Thomisticum: www.corpusthomisticum.org/it/index.age.

[299] isosceles = ἰσοσκελής = gleichschenklig, Beleg bei Platon, Timaios 54a.

[300] Die hier von Thomas diskutierte Urteilsklasse entspricht dem Typus der analytischen Urteile Kants, Kr. d. r. V. B 10.

Teil im Hinblick auf den Universalienstreit konkretisiert. Dieser Befund
lässt sich leicht im Kontext des teleologischen Menschenbildes in STh I
75–89 interpretieren. Das Kriterium der Allgemeinheit kann noch am leich-
testen mit dem teleologischen Menschenbild verbunden werden, insofern
das Streben des Menschen nach rationaler Vervollkommnung sich leicht mit
den Seinstufen und Wertstufen des Allgemeinen verbinden lässt, an denen
der Mensch im Sinne dieses rationalen Selbstvervollkommenungsprozes-
ses partizipiert. Das heißt, dass das Kriterium der Allgemeinheit direkt mit
der Vervollkommnung der Ratio korrespondiert. Zugleich sichert das *universalia sunt in re* das relative Recht des Einzelnen vor dem Allgemeinen.
Die Möglichkeit der Verbindung zwischen rationaler Vervollkommnung
und den Kriterien der Evidenz und der Prinzipien scheint nicht gegeben zu
sein. Prinzipien und ihre Evidenz sind *per se notum*, d. h. es handelt sich um
autonome rationale Strukturaussagen, die völlig unabhängig von menschlicher Rationalität definiert werden können. Sie fallen daher aus dem teleologischen Kontext heraus. Die Prognostizierbarkeit hingegen lässt sich
wiederum im genannten Sinne der Seinstufen und Kausalitätsstufen mit
dem teleologischen Menschenbild verbinden.

Was bedeutet dieser Befund für die Frage nach dem wissenschaftlich
orientierten Weltverhältnis? Zunächst muss deutlicher hervorgehoben
werden, dass Thomas gegenüber Aristoteles mit der Prognostizierbarkeit ein neues Kriterium von Wissenschaftlichkeit kennt, das für eine wissenschaftlich orientierte Weltzuwendung unerlässlich ist. Es eröffnet die
Prognostizierbarkeit aufgrund ihres formalen Charakters und ihres sehr
eingegrenzten und daher überschaubaren Gegenstandsbereiches die Möglichkeit, modellhaft für ein neues Wissenschaftskonzept zu stehen, das vom
interpretierenden metaphysischen Horizont ebenso absieht wie der teleologischen Einbindung des Menschen in diesen Horizont und sich darauf
beschränkt, formale Beziehungen zwischen Größen zu konstatieren.[301]
Der Schritt dorthin ist allerdings erst dann möglich, wenn der Konnex
zwischen Prognostizierbarkeit und dem Hylemorphismus gekappt wird.
Denn im Falle des Hylemorphismus bezieht sich die Prognostizierbarkeit auf die Entwicklung der Substanz in ihren Akzidenzien, im Falle des
Modellobjekts der Astronomie auf Relationen zwischen Objekten. Allein
aber im Kontext der Relationen lassen sich auch Größen definieren, die für
eine Prognose notwendig sind. Diese Möglichkeit kommt aber bei Thomas

---

[301] Dem Begriff der Größe liegt bereits ein neues wissenschaftstheoretisches Konzept zugrunde, das zugleich eine neue Art des Erkenntnisvollzugs voraussetzt, der in das aristote-
lisch-thomasische Sinnlichkeits-Abstraktionsschema prinzipiell nicht integriert werden kann.
Zugleich geht, wie wir später bei Descartes sehen werden, die Entwicklung des Begriffs der
Größe parallel zum Konzept des Naturgesetzes. Da der Schritt zur Größe methodisch geleitet
ist, verwundert es nicht, dass bei Thomas Methode als wissenschaftstheoretisches Kriterium
vollkommen fehlt.

ebenso wenig zum Tragen wie bei Aristoteles, da auch Thomas nicht in der Lage ist, Veränderung, insbesondere Bewegung, wissenschaftlich zu denken. Auch Thomas fehlen dazu entsprechende Begriffe von Raum und Zeit, die bei ihm als Grundkategorien der Weltzuwendung keine Rolle spielen. Das zum Kriterium der Prognostizierbarkeit Gesagte gilt analog auch für das Kriterium der Notwendigkeit. Während also sowohl in den Kriterien Evidenz, Prinzipien, Notwendigkeit und Prognostizierbarkeit potenziell Keime autonomer rationaler Wissenschaftlichkeit schlummern, d.h. Unabhängigkeit von anthropologischen und ontologischen Konnexen, ist es allein das Allgemeinheitskriterium, das den Horizont zu einer metaphysischen Verankerung in einem Seinsbegriff offenlässt,[302] der Anthropologie und Ontologie miteinander verknüpft. Es ist also letztlich der umfassende metaphysische Seinsbegriff, auf den der Mensch hingeordnet ist und in den er sich kontemplierend einordnen soll, der bei Thomas verhindert, dass sich rationale autonome Substrukturen der Naturwissenschaft ausbilden können. Lediglich Mathematik und Astronomie entziehen sich dieser Gesamttendenz.

Dieser Seinsbegriff, der bereits in der Einleitung der STh und in *De Veritate* die sapientiale Struktur der Philosophie präludiert, wird nun in STh I–II implizit im Kontext der zunächst *philosophischen* Ethik aufgegriffen und stellt die Verknüpfung her zum zentralen thomasischen Begriff der *lex naturalis*, auch wenn er im Kontext der gerade behandelten Anthropologie nicht eigens thematisiert wird. Er schließt als Endpunkt der ontologischen Stufenleiter die – philosophisch gesehen – höchste Wertqualität ein.[303] In der Diskussion des Universalienproblems ist aber auch deutlich geworden, dass Thomas *Sein* im Sinne des Stoff-Form Schemas auch individuiert denkt, dem sich der menschliche Intellekt kraft seiner Arbeit des *dividendo* und *componendo* unvollkommen annähert. Diese letztlich unaufgelöste Spannung im thomasischen Seinsverständnis spiegelt sich auch in einer unterschiedlich gearteten Rationalitätsstruktur im Hinblick auf die Erfassung eben dieses Seins. Während nämlich die Allgemeinheit des *ens* die partizipatorisch-platonische Rationalitätsstruktur voraussetzt, die dazu tendiert, sich kontemplativ im Stile des Areopagiten aus der Welt zurückzuziehen, ist andererseits das *ens in re* nur – gewissermaßen aristotelisch – durch eine aktive Hinwendung zur Natur und ihrer intellektuellen Aneignung durch *componendo*, *dividendo* und *iudicare* in beständiger Überwindung des *de-*

---

[302] De Ver. I, 1; STh I 1, 2; im Gesetzestraktat: „Nam illud quod primo cadit in apprehensione est ens, cujus intellectus includitur in omnibus quaecumque quis apprehendit. […]. Sicut autem ens est primum quod cadit in apprehensione simpliciter, ita bonum est primum quod cadit in apprehensione practicae rationis, […]." STh I–II 94, 2 resp.

[303] Dies wird besonders in der thomasischen Formel deutlich „bonum et ens convertuntur", STh I–II 8, 1; weitere Belege in gleicher oder ähnlicher Formulierung: STh I 16, 3; STh I 17, 4 ad 2; STh I–II 18, 1; De Ver. I, 6,5; De Ver. XXII, 1, 5.

*fectus* durch den Sündenfall in einem prinzipiell unabschließbaren Prozess nur unvollkommen zu erreichen. Es wird nun zu prüfen sein, wie sich in den Handlungszusammenhängen des Menschen, der Ethik, das Weltverhältnis darstellt.

## II Ethik bei Thomas von Aquin

### 1 *Lex naturalis* als anthropologisches Bindeglied zwischen Natur und Ethos

#### 1.1 Inclinatio und Teleologie

Während Thomas die teleologische Ausrichtung des Menschen in STh I 75–89 im Hinblick auf die Erkenntnisfunktionen thematisierte, die auf die volle Verwirklichung der Gottesebenbildlichkeit zielt,[304] bringt er sie im Gesetzestraktat in STh I–II 90–108 im Hinblick auf die ethische Dimension des Menschen zur Sprache. Die Verzahnung von Philosophie und Theologie konkretisiert sich im Gesetzestraktat in Gestalt der Beziehung von Vernunft und Glaube, Natur und Gnade, bzw. Gesetz und Evangelium, wobei im ersten Teil des Gesetzestraktats[305] der Schwerpunkt auf der Philosophie liegt. Verschiedene Indizien sprechen dafür, dass Thomas die philosophische Ethik[306] mit der theologischen verknüpft, so dass man schwerlich von einer rein philosophischen Ethik im Gesetzestraktat sprechen kann. Zu diesen Indizien zählt z. B. die Tatsache, dass bereits im philosophischen Teil die Verbindung der *lex naturalis* mit der *lex aeterna*, also einem rein theologischen Topos thematisiert wird. Außerdem spricht für diese Verzahnung, dass Thomas in der Zuordnung des Dekalogs zur *lex naturalis* offenkundig eine schwankende Position einnimmt.[307] Einerseits spricht er deutlich davon, dass der Dekalog aufgrund der übernatürlichen Berufung des Menschen zur *beatitudo* über die *lex naturalis* hinausgeht,[308] andererseits identifiziert Thomas aber auch die *lex naturalis* mit dem Dekalog.[309]

---

[304] „Utrum imago Dei sit in homine", STh I 93.

[305] STh I–II 90–97.

[306] STh I–II 90–97.

[307] Gunthör, A. 1987, 93.

[308] „Et si quidem homo ordinaretur tantum ad finem qui non excederet proportionem naturalis facultatis hominis, non oportet quod homo haberet aliquid directivum ex parte rationis, supra legem naturalem et legem humanitus positam, quae ab ea derivatur. Sed quia homo ordinatur ad finem beatitudinis aeternae, quae excedit proportionem naturalis facultatis humanae, ut supra habitum est; ideo necessarium fuit ut supra legem naturalem et humanam, dirigeretur etiam ad suum finem lege divinitus data." STh I–II 91, 4 resp.; vgl. auch: STh I–II 91, 4 ad 1, ad 2; STh I–II 94, 4 ad 1; STh I–II 94, 5 resp.; STh I–II 99, 2 ad 1.

[309] STh I–II 98, 1 resp.; STh I–II 100, 2 resp.; STh I–II 100, 5 resp.; STh I–II 100, 11 resp.

Insofern das letzte Ziel des Menschen die *beatitudo* ist, macht Thomas auch die Ethik in Form der habituell zu befestigenden Tugenden (STh I–II 49–89) analog zu der in der Erkenntnistheorie zu vervollkommnenden Ratio dieser theologischen Grundintention dienstbar. Dabei steht sein Begriff der *lex naturalis* schon in einer langen philosophischen und theologischen Tradition.

*Exkurs 3*    νόμος τῆς φύσεως – *jus naturale – lex naturalis – Naturgesetz*

Der Begriff Naturgesetz (νόμος τῆς φύσεως) ist der griechischen Philosophie zunächst fremd und wird in Platons Gorgias (483 e und 6) kurz aufgegriffen, um sofort wieder verworfen zu werden. Erst die Stoa und abhängig von ihr das römische Recht[310] schafft durch die Verbindung zwischen Logos und Natur die Grundlage dafür, dass die Natur selbst in Gestalt des Gesetzes normativ sein kann. Aufgrund dieser Imprägnierung der Natur mit dem Logos kann die Stoa das *Leben gemäß der Natur* zu einem schlüssigen ethischen Lebenskonzept erheben. Besonders deutlich kommt dieses Lebenskonzept in einem klassischen Text von Diogenes Laertius zum Ausdruck. „Dasselbe ist das ‚Leben gemäß der Tugend' wie das ‚Leben gemäß der Erfahrung der Dinge', wie sie sich von Natur ereignen, wie Chrysipp im ersten Buch seiner Schrift *Über Ziele* sagt. Denn unsere Naturen sind Teile der Natur des Ganzen. Deshalb wird das ‚der Natur folgend leben' (τὸ ἀκολούθως τῇ φύσει ζῆν) zum Ziel; was besagt, gemäß der eigenen Natur und der des Ganzen leben, und nichts tun, was das gemeinsame Gesetz für gewöhnlich verbietet (οὐδὲν ἐνεργοῦντας, ὧν ἀπαγορεύειν εἴωθεν ὁ νόμος ὁ κοινός), das Gesetz, das die rechte Vernunft ist, die alles durchdringt (ὅσπερ ἐστὶν ὀρθὸς λόγος διὰ πάντων ἐρχόμενος), das identisch ist mit Zeus, dem Leiter der Verwaltung der wirklichen Dinge."[311] In der Stoa ist somit aufgrund dieser Verbindung von Natur und Logos Sein und Sollen noch nicht getrennt. Die Stoa übernimmt von Aristoteles den Naturrechtsgedanken, erweitert aber seine Legitimität über die (griechische) Polis hinaus in Universale, indem sie mit dem Begriff der *lex aeterna* eine Verankerung der Gesetzeslegitimität im Kosmischen postuliert.[312] Die frühe Stoa spricht in universalistischer Tendenz von einem alle Menschen umgreifenden allgemeinen Recht (νόμος κοινός), dem zu folgen Tugend (ἀρετή) ist.[313] Vermittelt ist die Stoa vor allem durch Cicero und Augustinus, der als erster zwischen *lex naturalis* und *lex aeterna* unterscheidet. Insbesondere führt Cicero den Naturrechtsbegriff (d. h. den νόμος κοινός) in die abendländische Rechtsphilosophie ein. „Lex est ratio summa insita in natura, quae iubet ea, quae facienda sunt, prohibitque contraria. Eademque ratio cum est in hominis mente confirmata et confecta, lex est […]" heißt es in *De legibus* I. 6. 18–19.[314] Thomas hat auch innerkirchliche Vorläufer, die den stoischen Naturrechts-

---

[310] Ulpianus kennt den Begriff des *ius naturale,* „quod natura omnia animalia docuit", Gunthör, A.,1987, 83, 170–228.

[311] Zitiert nach Forschner, M.,1998, 8.

[312] Honnefelder, L., 1994, 199 f.

[313] Brandt, R., HWPh VI, 1984, Sp. 567.

[314] Zur Rezeption der antiken Autoren durch Thomas von Aquin vgl.: Schubert, A.,1924; Wittmann, W., 1962, 328–352; Farrell, P. M., 1957; Meyer, H., ²1961; Ritschl, D., 1976, 63–81; Forschner, M., 1998, 5–30.

begriff rezipieren, und zwar Isidor von Sevilla (560–636), den er direkt zitiert,[315] Rufinus († 1190), Gratian und Wilhelm von Auxerre († 1231).[316] An den Grundgedanken der Stoa, der Verknüpfung von Natur und Logos, kann Thomas anknüpfen, wenn er mit dem Begriff der *inclinatio* operiert. Zugleich aber setzt er sich von der Stoa insofern ab, als er die Vernunft nur dem Menschen zuspricht. Die Konzeption des Gesetzes in der STh stimmt mit den Parallelstellen im Sentenzenkommentar (3 d 37–40), der Summa contra Gentiles (ScG III 111–146; IV 22), In Math. 5 und In Rom 2 lec. 3 überein. In der STh ist allerdings im Sinne der Gesamtkonzeption der STh von einer stärker heilsgeschichtlichen Orientierung des Gesetzesbegriffs zu reden, die etwa in Gestalt des Begriffs der *lex divina* in der ScG noch nicht vorhanden ist. Es wird nicht immer deutlich unterschieden zwischen Natur*gesetz* und Natur*recht*. Naturgesetz ist eine spezifisch thomasische Prägung und unterscheidet sich vom Naturrecht in zweifacher Hinsicht.

1. Im römischen Recht lautet die Definition des Naturrechts: „Jus naturale est quod natura docuit omnia animalia."[317] Es ist bezeichnend, dass das Naturrecht im Lateinischen mit *jus* und nicht mit *lex* bezeichnet wird. Diese philologische Beobachtung weist zugleich auf die offenkundige Intention des Thomas hin, dem es gerade auf den zwingenden Charakter des Naturgesetzes ankam, der aber nur in der Vernunft anzutreffen ist. Die Vernunft eignet aber nur dem Menschen. Daher gesteht wohl Thomas allen Lebewesen ein Naturrecht zu, das Naturgesetz aber nur dem Menschen.[318]

2. Das Naturrecht im menschlichen Bereich bezieht sich nur auf das Prinzip der goldenen Regel, gemäß Mt 7,12. Der verpflichtende Charakter des Naturgesetzes wird aber von Thomas weiter gefasst und bezieht sich auf den Menschen selbst und sein Gottesverhältnis.[319]

Es wird nun darauf ankommen, die Antriebsstruktur und die teleologische Ausrichtung des Menschen im Hinblick auf die Ethik, d.h. im Kontext der drei Formen des Gesetzes, der *lex humana*, der *lex naturalis* und der *lex aeterna* genauer zu beleuchten. Wir beginnen mit der Charakterisierung der *lex naturalis*. Sie hat ihren primären Ort in der menschlichen Ratio, die jedoch in Gestalt der *inclinationes naturales* mit der Natur und in Gestalt der *lex aeterna* mit dem Transzendenten verknüpft ist. Diese doppelte Anbindung der *lex naturalis* sei nun näher beleuchtet, um den umfassenden teleologischen Horizont des thomasischen Denkens deutlich hervortreten zu lassen.

Thomas entfaltet sein Verständnis der *lex naturalis* nach verschiedenen Dimensionen in STh I–II 90–97.[320] Insofern im Menschen nach der Defi-

---

[315] SED CONTRA est quod Isodorus dicit, in libro Etymologiarum [1.5, 4]: „Jus natuale est commune omnium nationum.", STh I–II 94, 4 contra.

[316] Gunthör, A., 1987, 83.

[317] Brandt, R., HWPh VI, 1984, Sp. 569.

[318] STh II–II 57, 3 resp.

[319] Pesch O.H., 1977, 568 f.

[320] Es wird hier die Übersetzung von O.H. Pesch der deutschen Thomasausgabe zugrundegelegt, Pesch, O.H. 1977.

nition des Thomas als *animal rationale* strebende Substanzen der Natur
wirksam sind, hat die *lex naturalis* im Menschen auch eine Verknüpfung in
die Natur. Diese Verknüpfung leistet der thomasische Begriff der *inclinatio*.[321] Die Vorstellung der *inclinatio*[322] meint die artspezifische Hinneigung
einer strebenden Substanz auf ein Ziel hin, das in dieser Substanz angelegt
ist.[323] Thomas verknüpft nun diese naturhafte Neigung, vermittelt durch
den christlichen Schöpfungsbegriff, mit dem Gesetzesbegriff, so dass er von
einem artspezifischem, bzw. *inclinatio*-spezifischem Gesetz sprechen kann,
in dem die jeweilige *inclinatio* wirksam ist. So hat auch der Mensch neben
basalen natürlichen Antrieben eine artspezifische *inclinatio*, ein artspezifi-
sches Gesetz, nämlich die theoretische und praktische Vernunft.[324] Allerdings sind diese *inclinationes* bei Thomas auf nicht näher charakterisierte
Weise mit der Ratio verknüpft.[325] Der praktischen Vernunft kommt die
Aufgabe zu, die Sinnlichkeit zu zügeln, den Willen zu steuern und aus Einsicht in die obersten Prinzipien zu handeln. Insofern in den Willensakten,
die auch das menschliche Triebleben umfassen, die Vernunft wirksam ist,
also auch das Gesetz, offenbart sich in jedem strebenden Menschen nicht
nur sein Ziel und seine Bestimmung, sondern auch sein Maß. Im thomasischen Begriff des Maßes, der *mensuratio*, offenbart sich die Vernünftigkeit
und Ordnung im Prozess des menschlichen Seins und Handelns.[326] Ziel
des Menschseins ist daher, in Anwendung der Vernunft und des Willens
die arteigene *mensuratio* zu verwirklichen. Im Begriff der *mensuratio* fallen Ontologisches und Normatives zusammen. Entscheidend aber ist, dass
dieses Maß nur durch die Aktivierung der Vernunft im Menschen zustande
kommt. Die Aktivierung der Vernunft, thomasisch gesprochen ihre habituelle Befestigung, führt aber zugleich zur Etablierung einer weiteren inneren
Instanz, die mehr noch als die Einsicht der Vernunft den verpflichtenden
Charakter betont. Diese Instanz ist, ebenfalls als Habitus sich verwirkli-

---

[321] Finnis, J., 1987. Oakley, F., 1961B., 1961, 65–83.

[322] Es ist nicht ganz geklärt, wie dieser Begriff der *inclinatio* geistesgeschichtlich herleitbar
ist. Es existieren Beziehungen zur stoischen Oikeiosis-Lehre (Forschner, M., 1998, 103 ff) wie
auch zur aristotelischen Konzeption von den natürlichen Gütern gemäß der Nikomachischen
Ethik V, 2–3, Bormann, F.-J., 1999, 236–242.

[323] „Sic igitur sub Deo legislatore diversae creaturae diversas habent naturales inclinationes,
ita ut quod uni est quodammodo lex, alteri sit contra legem: […].“ STh I–II 91, 6 resp.

[324] „Est ergo hominis lex, quam sortitur ex ordinatione divina secundum propriam conditio-
nem, ut secundum rationem operetur.“ STh I–II 91, 6 resp.

[325] „AD SECUNDUM dicendum quod omnes inclinationes quarumcumque partium ho-
minae naturae, puta concupiscibilis et irascibilis, secundum quod regulantur ratione, pertinent
ad legem naturalem, et reducuntur ad unum primum praeceptum, ut dictum est.“ STh I–II 94,
2 ad 2.

[326] „RESPONDEO dicendum quod lex quaedam regula est et mensura actuum, secundum
quam inducitur aliquis ad agendum, vel ab agendo retrahitur; […]. Regula autem et mensura
humanorum actuum est ratio,[…].“ STh I–II 90, 1 resp.

chend, die Synderesis.[327] Fallen die Vernunft und damit die Synderesis als
Steuerungsorgane aus – wie z. B. im lasterhaften Lebenswandel, der die Antriebe nicht im Sinne einer vernünftigen Triebökonomie, d. h. in harmonischer, tugendhafter Weise zusammenführt – wird der Mensch maßlos, also
ordnungslos und damit gesetzlos.

Auch die Natur ist nach Thomas einem solchen Maß unterworfen. Allerdings muss dieses Maß nicht wie beim Menschen erst durch die Ver-
nunftgemäßheit aktiviert werden, da die strebenden Substanzen der Natur
ganz in ihrer Natürlichkeit aufgehen und nicht wie beim Menschen einen
Ausgleich zwischen Natur (Sinnlichkeit) und Vernunft suchen müssen. Es
ist von sich aus wirksam, da es der Natur direkt von Gott ohne Vermittlung
der Vernunft eingestiftet ist.[328] Man kann daher in einem gewissen Sinne
sagen, dass der Maßbegriff für die Natur eine Vorstufe des Gesetzesbegriffs
für die Natur darstellt. Aber da die Vernunft in der Natur dieses Maß nicht
zu aktivieren braucht, kann in der Natur gemäß thomasischer Terminologie auch nicht von Gesetzen die Rede sein. Der Begriff Naturgesetz ist
daher nicht auf die Natur anwendbar.

Die Tatsache, dass Thomas das Gesetz mit der Vernunft assoziiert, beruht auf dem verpflichtenden Charakter des Gesetzes. Das Gesetz muss
mit *Notwendigkeit* ausgeführt werden. Diese Notwendigkeit hingegen ist
nur der Vernunft, insofern sie sich Prinzipien verpflichtet weiß, einsichtig.[329] Die Einsicht der Vernunft wiederum steuert nach thomasischer Anthropologie den Willen auf ein Ziel hin,[330] der dann in letzter Instanz das

---

[327] „AD SECUNDUM dicendum quod synderesis dicitur lex intellectus nostri, inquantum
est habitus continens praecepta legis naturalis, quae sunt prima principia operum humanorum."
STh I–II 94, 1 ad 2. In dieser Antwort auf die Frage, ob das Naturgesetz ein Habitus sei (STh
I–II 94, 1), führt Thomas eine wichtige Differenzierung zwischen Gewissen und Synderesis der
scholastischen Tradition weiter, die bei den Kirchenvätern noch parallelisiert wurden. „conscientia sive synderesis est lex intellectus nostri" zitiert Thomas Basilius in STh I–II 94, 1, 2.
Während die Synderesis die obersten Gebote des Naturgesetzes erkennt (praecepta legis naturalis) und in diesem Sinne unfehlbar ist (Welzel, H., ⁴1962, 63) ist das Gewissen eine Instanz,
das auf die lex humana bezogen ist und sich über die Rechtmäßigkeit und damit ihre sittliche
Verpflichtungskraft orientieren muss, STh I–II 96, 4. Zur Begriffsgeschichte und zur theologischen Interpretationsgeschichte vgl. Pesch, O.H., 1977, 488–492.
[328] „Intellectus vero divinus est mensura rerum: quia unaquaeque res intantum habet de veritate, inquantum imitatur intellectum divinum, […]." STh I–II 93, 1 ad 3.
[329] „dicitur enim lex a ‚ligando‘, quia obligat ad agendum. Regula autem et mensura humanorum actuum est ratio, quae est primum principium actuum humanorum, […]." STh I–II
90, 1 resp. So wie es in der theoretischen Vernunft notwendige, evidente und damit bindende
Prinzipien gibt, etwa die Syllogismen, so binden auch die Gesetze als notwendige Prinzipien
die praktische Vernunft. „Et huismodi propositiones universales rationis practicae ordinatae ad
actiones, habent rationem legis." STh I–II 90, 1 ad 2.
[330] „[…] ex hoc enim quod aliquis vult finem, ratio imperat de his quae sunt ad finem. Sed
voluntas de his quae imperantur, ad hoc quod legis rationem habeat, oportet quod sit aliqua
ratione regulata." STh I–II 90, 1 ad 3.

Gesetz realisiert.[331] Erst das Zusammenwirken von praktischer Vernunft und Wille führt zu ethischem Handeln, wobei der Vernunft ein Vorrang zukommt. Letztlich steht also Thomas mit seinem ethischen Entwurf in sokratischer Tradition, wenn er davon ausgeht, dass rechte Einsicht auch zum rechten Handeln führt, auch wenn seine Lehre von freien Willen die Möglichkeit scheinbar offenlässt, zwischen verschiedenen Alternativen zu wählen. Trotzdem ist der Intellekt in der Wahl dieser Alternativen nicht frei, denn er muss seinem Urteil über das zu wählende Gut folgen.[332] Ist die Einsicht hingegen nicht vorhanden, muss der verpflichtende Charakter des Gesetzes nach Thomas mit Zwang, oder der Angst vor Strafe durchgesetzt werden. Worin aber besteht der verpflichtende Charakter des Gesetzes für die Vernunft, wenn er nicht im modernen Sinne als Selbstverpflichtung oder Konsens verstanden werden soll? Dies muss zunächst offen bleiben.

Thomas bestimmt das Telos der sittlichen Handlung als Folge der praktischen Vernunft scheinbar rein formal, indem er fordert, „das Gute zu tun und das Böse zu lassen",[333] wenn man das Gute im modernen Sinn als individuelles Geschmacksurteil versteht. Dieser subjektivistisch verkürzten Sichtweise stellt jedoch Thomas seine Ontologie entgegen, in der das *Sein* und das *Gute* miteinander assoziiert sind. Sowie das *Sein* eine nicht mehr zurückführbare Urintuition der spekulativen Vernunft darstellt,[334] so ist es analog das *Gute* für die praktische Vernunft.[335] Über diese praktische Richtschnur des Naturgesetzes und der praktischen Vernunft hat Thomas aber kein allgemeines System von Prinzipien der *lex naturalis* entwickelt, sondern begnügt sich mit einer lockeren Aufzählung weiterer Prinzipien,

---

[331] Aus den genannten Faktoren ergibt sich für Thomas eine Definition des Gesetzes, die alle diese Elemente enthält: „ […] Et sic ex quatuor praedictis potest colligi definitio legis, quae nihil est aliud quam quaedam rationis ordinatio ad bonum commune, ab eo qui curam communitatis habet, promulgata." STh I–II 90, 4 resp.

[332] „[…] si proponatur aliquid obiectum voluntati quod sit universaliter bonum et secundum omnem considerationem, ex necessitate voluntas in illud tendet, si aliquid velit, non enim potest velle oppositum." STh I–II 10, 2. Die Instanz, die das ethische Handeln determiniert, ist also der Intellekt, und damit die Einsicht, nicht der Wille. Dieses Verhältnis wird sich in der außerthomistischen Tradition umkehren. Bereits Heinrich von Gent, später Wilhelm von Ockham, sieht als die entscheidende ethische Instanz den Willen, nicht den Intellekt an. „Falsum est ergo, quod tota libertas voluntatis accipitur ex parte rationis, immo etiam est ex parte sui, ut possit contrarium iudicio rationis […]", Heinrich von Gent, Quodl. I, q. 16, fol 12vS.

[333] „omne enim agis agit propter finem, qui habet rationem boni. Et ideo primum principium in ratione practica est quod fundatur supra rationem boni, quae est, ‚Bonum est quod omnia appetunt'. Hoc est ergo primum praeceptum legis, quod bonum est faciendum et prosequendum, et malum vitandum." STh I–II 94, 2 resp.

[334] STh I–II 94, 2 resp.

[335] „Sicut autem ens est primum quod cadit in apprehensione simpliciter, ita bonum est primum quod cadit in apprehensione practicae rationis, quae ordinatur ad opus." STh I–II 94, 2 resp.

die entsprechend unzusammenhängend hauptsächlich über den Gesetzestraktat verstreut sind.[336]

Beide, die Prinzipien der theoretischen, spekulativen Vernunft, das Wi-
derspruchsprinzip, und das Prinzip der praktischen Vernunft, d.h. des
Naturgesetzes, das „Gute zu tun und das Böse zu lassen", sind aus sich
evident, *per se notum* und erhalten daraus ihre Legitimität, Verbindlichkeit und Notwendigkeit für die Vernunft.[337] Die Ethik hat daher für Thomas eine doppelte Anbindung. Einerseits ist sie formal im Menschen und
seinen Strebetendenzen (*inclinationes*) bestimmt, die sich in seiner Natur und seiner Vernunft zeigen, andererseits ist sie auf einen metaphysischen Seinsbegriff ausgerichtet. Formal gesehen ist dieses Streben ethisch
zunächst indifferent, wenn man die unmittelbaren Ziele dieses Strebens
nicht schon gleich als ethisch normativ betrachtet. Es wird daher inhaltlich bestimmt durch das Sein, als das Ziel des Strebens, das mit dem Guten
im Sinne der *Seins*fülle, und damit der *Er*füllung zusammenfällt.[338] Ethik
gründet daher bei Thomas sowohl in formal-empirischer Hinsicht in der
Anthropologie und theoretisch in der Metaphysik,[339] insofern es um letzte Ziele des Menschseins geht. Diese Bindung der Ethik an die formale
Struktur der Strebetendenzen bedarf aber der inhaltlichen Füllung. Hier
geht Thomas allerdings nicht so vor, dass er a priori aus einem metaphysischen Seinsbegriff die inhaltlichen Objekte der Strebetendenzen ablei-
tet, sondern gewissermaßen empirisch, indem er sich an der Faktizität der
Strebetendenzen orientiert und sie gewissermaßen ethisch legitimiert.[340]
Konkret identifiziert Thomas gemäß der Werthaftigkeit der ontologischen
Stufenleiter die Selbsterhaltung,[341] die Arterhaltung,[342] erweitert zum *bo-*

---

[336] Thomas zählt sechs Prinzipien des Naturgesetzes auf.
1. Das Gute tun und das Böse lassen, STh I–II 94, 2 resp.
2. Die rationale Gestaltung des Handelns, STh I–II 94, 4 resp.
3. Die Einhaltung der Tugendmitte, STh I–II 94, 3 resp.
4. Keine ungerechte Schädigung anderer Personen, STh I–II 100, 3 resp.
5. Die goldene Regel, Coll. In Decem Prec. I, In Sent. IV, 33, 1,1 obj. 8.
6. Gottes und Nächstenliebe, STh I–II 100, 3 ad 1; 100, 11 resp.

[337] „RESPONDEO dicendum quod, sicut supra dictum est, praecepta legis naturae hoc
modo se habent ad rationem practicam, sicut principia prima demonstrationum se habent ad
rationem speculativam: utraque enim sunt quaedam principia per se nota." STh I–II 94, 2 resp.

[338] „Alles Seiende, ist, sofern es ist, gut"; dies leitet Thomas aus dem Axiom ab „Das Seiende
und das Gute fallen zusammen", STh I 5, 1 resp.; STh I 17, 4 ad 2; Schlüter, D., 1971, 88–136.

[339] Vgl. STh I 5, 1–4; 6, 1–3; 48, 5, 6.

[340] „[...] inde est quod omnia illa ad qae homo habet naturalem inclinationem, ratio naturaliter apprehendit ut bona, et per consequens ut opere prosequenda, et contraria eorum ut mala
et vitanda. Secundum igitur ordinem inclinationum naturalium, est ordo praeceptorum legis
naturae." STh I–II 94, 2 resp.

[341] „Et secundum hanc inclinationem, pertinent ad legem naturalem ea per quae vita hominis
conservatur, et contrarium impeditur." STh I–II 94, 2 resp.

[342] „Secundo inest homini inclinatio ad aliqua magis specialia, secundum naturam in qua
communicat cum ceteris animalibus. Et secundum hoc, dicuntur ea esse de lege naturali ,quae

*num commune*,[343] und als spezifisch menschliche *inclinatio*, das Bestreben Gott zu erkennen.[344] Die *inclinationes* spiegeln daher die ontologische Schichtung des Menschen wieder.

Die dreifache Stufung der *inclinationes naturales* und die durch sie erstrebten Güter

| Inclinationes Naturales | Erstrebte Güter |
|---|---|
| Naturwesen (STh I–II 94, 2 resp. „*conservationem sui esse*") | Selbsterhaltung |
| Sinnenwesen (STh I–II 94, 2 resp. „*commixtio maris et feminae*") | Arterhaltung (Ehe und Kindererziehung) |
| Vernunftwesen (STh I-II 94, 2 resp. „*veritatem cognoscat de Deo*") | Gotteserkenntnis |

Diese Bindung der Ethik an die in der Natur des Menschen wurzelnden *inclinationes* bringt verschiedene Probleme mit sich.

## Exkurs 4    Probleme der Inclinatiolehre aus heutiger Sicht

1. Zunächst ist die Frage zu stellen, ob die Natur in Gestalt der *inclinationes* überhaupt normativ sein kann. Thomas ist sich dieses Problems durchaus bewusst und er löst es damit, dass potentielle *inclinationes* nicht im Widerspruch stehen dürfen zu den rationalen Prinzipien des Naturgesetzes. Die *inclinatio* etwa der Germanen zu stehlen kann nicht normativ sein, weil sie dem Prinzip widerspricht, das Gute zu tun und das Böse zu meiden. Ebenso kann keine *inclinatio* Gesetzeskraft erlangen, die in Widerspruch steht zum Prinzip der Gerechtigkeit, kurz gesagt, die *inclinatio* muss mit der spezifischen menschlichen Gestalt der *inclinatio*, nämlich der Vernunft zusammenstimmen. Indessen ist genau dieses Verhältnis zwischen den *inclinationes* und den Prinzipien der praktischen Vernunft durchaus interpretationsoffen. Es verwundert daher nicht, dass in der Interpretationsgeschichte verschiedene Schwerpunkte gesetzt wurden. Insgesamt lassen sich drei Positionen

natura omnia animalia docuit', ut est conjunctio maris et feminae, et educatio liberorum, et similia." STh I–II 94, 2 resp.; „Rursus, cum omnis pars ordinetur ad totum sicut imperfectum ad perfectum; unus autem homo est pars communitatis perfectae: necesse est quod lex proprie respiciat ordinem ad felicitatem communem." STh I 90, 2 resp.

[343] Diese Hochwertung des Gedankens des Gemeinswohls ist bei Thomas gegenüber der Tradition insofern neu, als er *erstens* überhaupt gegen die augustinische Tradition der dem Bösen verfallenen civitas terrena das bonum commune positiv wertet, *zweitens* indem er das bonum commune über die Partikularität der griechischen Polis hinaushebt, an der sich die aristotelische Ethik gebildet hatte, und *drittens* insofern er das *bonum commune* als Gegenstand vernunftgemäßer Aktivität darstellt.

[344] „Tertio modo inest homini inclinatio ad bonum secundum naturam rationis, quae est sibi propria: sicut homo habet naturalem inclinationem ad hoc quod veritatem cognoscat de Deo, et ad hoc quod in societate vivat." STh I–II 94, 2 resp; „Est autem ultimus finis humanae vitae felicitas vel beatitudo, ut supra habitum est. Unde oportet quod lex maxime respiciat ordinem qui est in beatitudinem." STh I 90, 2 resp.

identifizieren.[345] Die erste Position legt im Gefolge der kantschen Autonomie den Schwerpunkt auf die Vernunft, wodurch die *inclinationes* zur amorphen Masse herabsinken. Die zweite Position legt umgekehrt den Schwerpunkt auf die *inclinationes*, wodurch die Vernunft an Eigenständigkeit verliert und zum reinen „Ableseorgan" der vorgegebenen *inclinationes* wird. Die dritte Position sucht nach einer Vermittlung zwischen Natur und Vernunft, nach der Vernunft *in* der Natur, und behilft sich mit Umschreibungen wie Komplementarität, bzw. Bipolarität.

2. Die *inclinationes* sind empirisch als anthropologische Konstanten zu bestimmen. Bei den drei von Thomas genannten *inclinationes* kann man aber durchaus die Frage stellen, ob sie Konstanten sind. Dies gilt bereits für die zweite *inclinatio* der Arterhaltung, insofern sie beim Menschen auf die Familie bezogen ist. Hier wird zumindest Natürliches von Gesellschaftlichem überlagert, wie die überproportional zahlreichen Singles in den Großstädten beweisen. Insbesondere aber kann man mit noch mehr Recht diese Frage an die dritte *inclinatio* stellen, des Verlangens nach Wissen um Gott, wie der nachaufklärerische Atheismus zeigt. Darüber hinaus ist zu berücksichtigen, dass kulturelle Prägungen als natürliche *inclinationes* erscheinen können.[346] Umso notwendiger ist es daher, mit Hilfe der Humanwissenschaften und der Ethnologie jene Konstanten des Humanums herauszufiltern, die als empirische Unterfütterung dienen können.[347]

3. Die Überlagerung der natürlichen *inclinationes* durch soziale und kulturelle Faktoren führt zugleich zur prinzipiellen Anfrage an ihre erklärungskräftige Potenz überhaupt. Denn insofern der Mensch nicht nur ein geschichtliches Wesen ist im Hinblick auf seine soziale Organisationsform und seine kulturelle Prägung, sondern sogar auf seine Natur selbst, wie die Evolution zeigt, stellt sich durchaus ernsthaft die Frage, ob man mit den *inclinationes* ethisch argumentieren kann. Das Inklinatiokonzept führt also zu einem gewissen Dilemma, insofern es auf Konstanten zurückgreifen muss, die aber aufgrund der durchgängigen Geschichtlichkeit des Menschen in seiner Natur, seiner Sozialgestalt und Kultur durchaus in Frage stehen. Es wird gelegentlich eine Stelle aus Thomas herangezogen,[348] die beweisen soll, dass die menschliche Natur auch nach der Sicht des Aquinaten geschichtlich etwa im Sinne der Evolution zu deuten sei.[349] Es konnte jedoch gezeigt werden, dass diese Stelle die Wandlungsfähigkeit des Menschen in sittlicher Hinsicht meint.[350] Die Geschichtlichkeit des Inklinatiokonzepts zeigt sich besonders in der naturrechtlichen Rechtfertigung der Sklaverei durch Thomas von Aquin, wie er in Anlehnung an Aristoteles ausführt.[351]

---

[345] Bormann, F.J., 1999, 219–236.

[346] Dies wird gerade am Beispiel der Homosexualität deutlich. Während sie im AT und NT als Inbegriff der Sünde und des Abfalls von Gott erscheint und entsprechend gegeißelt wird, gilt sie den Griechen als etwas Natürliches. Empirische Untersuchungen zeigen, dass es offenbar einen relativ konstanten Prozentsatz an gleichgeschlechtlich veranlagten Menschen in einer Bevölkerung gibt. Sie fällt aber in keine der drei Kategorien des Thomas.

[347] Vgl. dazu die Arbeit von Korff, W., 1973.

[348] „Ad primum ergo dicendum quod illud quod est naturale habenti naturam immutabilem, oportet quod sit semper et ubique tale. Natura autem hominis est mutabilis, et ideo id quod naturale est homini, potest aliquando deficere." STh II–II 57, 2 ad 1.

[349] Fuchs, J., 1971, 220; Hollerbach, A., 1973, 18.

[350] Belmans, Th. G., 1979, 208–217.

[351] Pol I 45. „nam servi non sunt pars populi vel civitatis, cui legem dari competit, ut Philosophus dicit, in 3 Politicorum [c. 9; cf. 4,4]." STh I–II 98, 6 ad 2; Hübner, K., 2001, 178f.

4. Diese Bindung der Ethik an die in der Natur wirksamen *inclinationes* hat der thomasischen Ethik auch den Vorwurf des naturalistischen Fehlschlusses eingebracht.[352] Dieser auf David Hume[353] (1711–1776) zurückgehende und von G.E. Moore[354] (1873–1958) erneuerte und modifizierte Vorwurf, dass aus wertneutralen *is-statements* keine *ought-statements* folgen, ist zwar richtig, doch kann er nicht auf den teleologischen Naturbegriff von Thomas angewendet werden, weil für ihn, wie gezeigt, Natur kein brutum factum ist, sondern in einem umfassenden Wertgefüge steht.[355] Diese Verbindung des Seins mit Werthaftigkeit zeigt sich bei Thomas sowohl im Prozess der Verwirklichung der Natur – letztlich dem Streben nach der *beatitudo* – wie auch dem Sein selbst. Der naturalistische Fehlschluss gilt erst dann, wenn aus dem Naturbegriff sämtliche werthaften Konnotationen entfernt werden. Dies ist z.B. dann der Fall, wenn Natur nicht mehr teleologisch-werthaft-strebend, sondern nur noch als quantitatives brutum factum, bzw. als quantitative Relation wie im Konzept des Naturgesetzes verstanden wird. Dann kann Natur als wertneutrales Objekt auch beliebig manipuliert werden.

Dieser umfassende teleologische Horizont, der bei den strebenden Substanzen der Natur beginnt, beim Menschen über die Graduiertheit der Individuation und der sittlichen Akte führt und sich in seiner *beatitudo* vollendet, ist aber nur deswegen möglich, weil das sittliche Streben im Gesetz, das den Willen und die Vernunft bindet, nicht endet, sich auch nicht in einer vagen Transzendenz verliert, sondern durch eine von Gott ausgehende Bindekraft die letztendliche teleologische Ausrichtung und damit auch Verpflichtung erhält. Es gibt mithin ein Scharnier, das das teleologische Streben der Substanzen und insbesondere des Menschen mit göttlicher Transzendenz verbindet. Dieses Scharnier nach der transzendenten Seite ist auch das *Naturgesetz (lex naturalis)*.

Nach seiner immanenten Seite hin ist das Naturgesetz einerseits mit den *inclinationes*, andererseits mit dem menschlichen Gesetz, der *lex humana*,

[352] So z.B. von Tugendhat E.,1993, 70ff.
[353] Hume, D., A Treatise of Human Nature III, 1, 1.
[354] Moore, G.E., Principia Ethica, Cambridge § 10.
[355] Es ist daher Höffe zuzustimmen, wenn er schreibt: „‚Natur' ist nicht notwendigerweise ein rein deskriptiver Begriff. Wird die Natur wie in der Antike und im Mittelalter teleologisch oder entelechial verstanden, so handelt es sich um einen zeitgenössischer Terminologie – um einen normativen Begriff von Natur, so dass – entgegen mancher leichtfertigen Kritik am klassischen Naturrecht – dieses keineswegs den naturalistischen Fehlschluss begeht", Höffe, O., 1983, 314. Ferner: „Vor allem dort, wo man […] das Sein in Begriffen optimaler Wesensverwirklichung denkt, sind weder die Prämissen rein deskriptiv noch hat die Konklusion den Status eines reinen Sollens. Eher wird die ontologische Voraussetzung des logischen Problems eines Sein-Sollens-Übergangs, nämlich die zeitgenössische Trennung von naturalen Tatsachen und idealen Normen, als sachunangemessen abstrakt unterlaufen. Dieses Unterlaufen trifft gleichermaßen für die Prämissen wie für die Konklusionen des klassischen Naturrechts zu, so dass auch hier das formallogische Problem eines Sein-Sollen-Fehlschlusses entfällt", Höffe, O.,1983, 325. Zur Zusammenfassung der Diskussion um den naturalistischen Fehlschluss bei Thomas von Aquin vgl. Bormann, F.J.,1999, 282–285.

nach seiner transzendenten Seite hin ist es mit dem *Ewigen Gesetz*, der *lex aeterna* verbunden.[356] Das Naturgesetz (*lex naturalis*) garantiert durch diese transzendente Bindung sowohl den verpflichtenden Charakter des Gesetzes, der bisher trotz seiner Bindung an die Vernunft noch offen geblieben war, wie auch den umfassenden teleologischen Zusammenhang zwischen Natur und Ethos. Das Naturgesetz verbindet die Immanenz der Natur mit der Transzendenz Gottes über die Brücke der Vernunft.

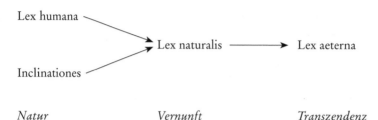

Lex humana

Lex naturalis ⟶ Lex aeterna

Inclinationes

*Natur*                    *Vernunft*                    *Transzendenz*

Nun ist es Sache der praktischen Vernunft, die allgemeinen Prinzipien des Naturgesetzes, „Gutes zu tun und Böses zu lassen"[357] und „Gerechtigkeit"[358] zu tun, in bestimmte Handlungsanweisungen konkreter Gesetze umzusetzen,[359] d. h. den Gesetzen, die im weitesten Sinne das

---

[356] Thomas übernimmt den Begriff des Ewigen Gesetzes von Augustinus, der ihn wiederum aus der Stoa übernommen und theologisch transformiert hat. So heißt es bei Cicero: „Das wahre Gesetz, das als oberstes zu befehlen und zu verbieten vermag, ist die rechte Vernunft des höchsten Jupiter", De legibus II 4, 10; I, 6, 18; II 4,8 f; De natura deorum I 15, 39. Erst Augustinus verleiht dem Begriff *lex aeterna* gegenüber der Stoa definitorische Schärfe, unterscheidet ihn aufgrund des Schöpfungsgedankens von der *lex naturalis* und ordnet ihn dem Willen und der Ratio Gottes zu, d. h. normative und Ordnungsmotive fallen in seiner Konzeption zusammen, wobei der Akzent auf der Ordnungserhaltung liegt: „lex vero aeterna est ratio divina vel voluntas die ordinem naturalem conservari iubens, perturbari vetans", Wieland, G., HWPh III, 1974, Sp. 514; Wittmann, M., 1933 Reprint ²1962, 322–328; Die Definition des Thomas „Et secundum hoc, lex aeterna nihil aliud est quam ratio divinae sapientiae, secundum quod est directiva omnium actuum et motionum." (STh I–II 93, 1 resp.) ist dazu analog. Im Gegensatz aber zu Augustinus ordnet Thomas das Ewige Gesetz der Vernunft und nicht dem Willen Gottes zu, um Willküraspekte aus dem Gesetzesbegriff auszuschließen.

[357] „Hoc es ergo primum praeceptum legis, quod bonum est faciendum et prosequendum, et malum vitandum. Et super hoc fundantur omnia alia praecepta legis naturae." STh 94 I–II, 2 resp.

[358] „RESPONDEO dicendum quod, sicut Augustinus dicit, in 1 de libero Arbitrio [c. 5], „non videtur esse lex, quae justa non fuerit". Unde inquantum habet de justitia, intantum habet de virtute legis. In rebus autem humanis dicitur esse aliquid justum ex eo quod est rectum secundum regulam rationis. Rationis autem prima regula est lex naturae, ut ex supradictis patet. Unde omnis lex humanitus posita intantum habet de ratione legis, inquantum a lege naturae derivatur." STh I–II 95, 2 resp.

[359] „Secundum hoc ergo dicendum est quod, sicut in ratione speculativa ex principiis indemonstrabilibus naturaliter cognitis producuntur conclusiones diversarum scientiarum, quarum cognitio non est nobis naturaliter indita, sed per industriam rationis inventa; ita etiam ex

menschliche Zusammenleben unter spezifischen kulturellen und geschichtlichen Situationen rational regeln sollen.

Die praktische Vernunft als ausführendes Organ der *lex naturalis* hat
dabei gemäß der Stärke ihrer participatio am Ewigen Gesetz einen gewissen Spielraum an Eigengestaltung.[360] In diesem Spielraum der praktischen
Vernunft liegt auch die Grenze der Analogie in der Anwendung ihrer Prinzipien zwischen praktischer und theoretischer Vernunft, die Thomas hervorhebt.[361] Während nämlich die theoretische Vernunft aus ihrem Prinzip
des Widerspruchs lückenlos zwingende Konklusionen durchführen kann,
ist dies bei dem Prinzip der Praktischen Vernunft, „das Gute zu tun und
das Böse zu lassen", nicht immer möglich.[362] In Thomas' Text gehen die
Verbindlichkeit der Vernunft und ihr Spielraum, d. h. ihre potentielle Autonomie, eine Verbindung ein, die sich aus der Stärke[363] der Participatio[364] der
praktischen Vernunft an der Providentia ergibt, der auch das Ewige Gesetz
zugehört.[365] Denn einerseits partizipiert (*participans*) die Vernunft an der

---

praeceptis legis naturalis, quasi ex quibusdam principiis communibus et indemonstrabilibus,
necesse est quod ratio humana procedat ad aliqua magis particulariter disponenda. Et istae pari-
culares dispositiones adinventae secundum rationem humanam, dicuntur leges humanae […]."
STh I–II 91, 3 resp.

[360] STh I–II 91, 2 resp.

[361] STh I–II 91, 3; 90, 1 ad 2.

[362] Die aristotelische Untescheidung zwischen theoretischer und praktischer Vernunft führt
auch zu einem bedeutsamen Unterschied zu Augustinus in der Einschätzung des Verbindlich-
keitsgrades des Ewigen Gesetzes. Während nämlich bei Augustinus direkte Konklusionen aus
dem Ewigen Gesetz gezogen werden, d. h. das Ewige Gesetz unmittelbar handlungsleitend ist,
hat die praktische Vernunft bei Thomas kraft Phronesis und Situationsbezogenheit ein viel höheres Maß an Freiheit für die ethische Urteilsfindung. Trotz des platonischen Teilhabegedan-
kens nimmt der Verbindlichkeitsgrad des Ewigen Gesetzes bei Thomas gegenüber Augustinus
deutlich ab, Honnefelder, L., 1994, 203 f. Man kann daher auch zurecht die Frage stellen, ob
das Ewige Gesetz bei Thomas nicht eine nachträgliche theologische Spekulation darstellt, W.
Kluxen, W., ²1980. Zumindest stehen platonisch-augustinischer Teilhabegedanke und die aris-
totelisch-thomasische Phronesis des Vernunftbegriffs in einem Spannungsverhältnis.

[363] Das Ewige Gesetz ist für den Menschen nur partiell erkennbar. Im Anschluss an Augustinus denkt sich Thomas die *participatio* neuplatonisch im Sinne der Illuminationstheorie (*irrida-
tio*). „Sic igitur dicendum est quod legem aeternam nullus potest cognoscere secundum quod in
seipsa est, nisi solus Deus et beati, qui Deum per essentiam vident. Sed omnis creatura rationalis
ipsam cognoscit secundum aliquam eius irradiationem, vel maiorem vel minorem. Omnis cognitio veritatis est quaedam irradiatio et participatio legis aeternae, quae est veritas incommutabilis,
ut Augustinus dicit in libro De Vera Relig." STh I–II 93, 3 resp.

[364] „Unde et in ipsa participatur ratio aeterna, per quam habet naturalem inclinationem ad
debitum actum et finem." STh I–II 91, 2 resp. Die Frage ist, ob diese gebührenden (*debitum*)
Akte und Ziele auf der Eigenaktivität des Menschen als eines freien, d. h. rein selbstbestimmten
Wesens fließen, oder aus der Kooperation mit Gottes Willen, der sich in seiner Vorsehung manifestiert, der auch die *lex aeterna* dient.

[365] „Inter cetera autem rationalis creatura excellentiori quodam modo divinae providentiae
subjacet, inquantum et ipsa fit providentiae particeps, sibi ipsi et aliis providens.", STh I–II 91,
2 resp. Möglicherweise ist die Formulierung „sibi ipsi…providens" der paulinischen Formu-

Vorsehung, d. h. sie ist von ihr abhängig, andererseits konkretisiert Thomas dieses participans dahingehend, dass die Vernunft selbst für sich und andere (*sibi ipsi et aliis providens*) die Funktion der Vorsehung übernimmt, d. h. sie hat einen eigenen Spielraum ethischer Zukunftsgestaltung.

Dies führt dazu, dass der Übergang von der *lex naturalis* zur *lex humana* nicht logisch stringent möglich ist. Thomas widmet den Problemen dieser Umsetzung eine eigene Quästio.[366] Zunächst stellt er im Anschluss an Augustinus fest, dass menschliche Gesetze nur dann den Ansprüchen des Naturgesetzes genügen, wenn sie den obersten Normen der praktischen Vernunft, Gerechtigkeit zu üben, und das Gute zu tun und das Böse zu meiden, nicht widersprechen.[367] Ohne diese Bindung der Gesetze an das Naturgesetz verlieren sie ihren verpflichtenden Charakter und sind eher Korrumpierungen als Gesetze. Diese ontologische Verankerung der Gesetze im Naturgesetz, mithin des Vermeidens einer rein formalen Begründung und Legitimierung, verhindert bei Thomas, dass ein ungerechtes Gesetz, das Böses zu tun gebietet, den Status eines Gesetzes erlangen kann. Trotz dieser ontologischen Absicherung ist bei Thomas die Verbindung zwischen Naturgesetz und Gesetz nicht immer logisch zwingend, die Vernunft hat einen Spielraum in der inhaltlichen Ausgestaltung des Naturgesetzes. Dieser Spielraum zeigt sich bei Thomas darin, dass er bei der logischen Verknüpfung der *lex humana* mit der *lex naturalis* zwischen *conclusio*[368] die der zwingenden Logik folgt, und *determinatio*[369], die im Freiraum der Phronesis der praktischen Vernunft festgelegt wird,[370] unterscheidet.[371] An vier Punkten wird diese lockere Verbindung deutlich.

---

lierung „sibi ipsi lex" nachgebildet und deutet so auf die menschliche Autonomie hin, Schröer, C., 1995, 190.

[366] STh I–II 95, 2 resp.

[367] „RESPONDEO dicendum quod, sicut Augustinus dicit, in I de libero Arbitrio [c. 5], ‚non videtur esse lex, quae justa non fuerit'. Unde inquantum habet justitia, intantum habet de virtute legis. In rebus autem humanis dicitur esse aliquid justum ex eo quod est rectum secundum regulam rationis. Rationis autem prima regula est lex naturae, ut ex supradictis patet. Unde omnis lex humanitus posita intantum habet de ratione legis, inquantum a lege naturae derivatur." STh I–II 95, 2 resp.

[368] STh I–II 91, 3 resp.

[369] STh I–II 95, 2 resp.

[370] Die Verknüpfung zwischen *lex naturalis* und *lex aeterna* darf also kein Moment der Willkür beinhalten, sondern muss rational erfolgen, so dass zwischen den menschlichen Gesetzen und der *lex aeterna* durchaus ein rationaler Zusammenhang bestehen muss, wenn auch keine strikte logische Herleitbarkeit. „Unde omnes leges, inquantum participant de ratione recta, intantum derivatur a lege aeterna. Et propter hoc Augustinus dicit in 1 de libero Arbitrio [c. 6], quod ‚in temporali lege nihil est justum ac legitimum, quod non ex lege aeterna homines sibi derivaverunt'." STh I–II 93, 3 resp.

[371] „Sed sciendum est quod a lege naturali dupliciter potest aliquid derivari: uno modo, sicut conclusiones ex pricipiis; alio modo, sicut determinationes quaedam aliquorum communium." STh I–II 95, 2 resp.

*Erstens.* Einerseits zwar bekräftigt Thomas die stringente logische Ableitbarkeit der Gesetze aus dem Naturgesetz, insofern es dabei um die Ableitung aus allgemeinen Prinzipien in Analogie zu den Prinzipien der theoretischen Vernunft geht,[372] andererseits hält er diesen Zusammenhang bewusst locker, insofern er in den Gesetzen nur Ausführungsbestimmungen allgemeiner Sätze, eben die *determinationes* sieht.[373]

Die Tatsache, dass bei Anwendung allgemeiner Prinzipien auf konkrete Umstände die Unsicherheit der Subsumption zunimmt,[374] hängt wiederum mit der Diskrepanz zwischen zeitlos Allgemeinem und dem kontingent-geschichtlich Besonderen zusammen. Es geht also letztlich um die Frage der Reichweite einer zeitlosen Prinzipienethik in geschichtlich wandelbare Gegebenheiten.

*Zweitens.* Diese nicht strenge Durchgängigkeit des deduktiven Weges vom Naturgesetz (*lex naturalis*) zum Gesetz (*lex humana*) zeigt sich nun aber noch deutlicher in umgekehrter, in induktiver Richtung. So wie nach Thomas vom Einzelnen als Einzelnem keine Erkenntnis möglich ist, also auch keine Wissenschaft, so entzieht sich auch die Zufälligkeit des zeitlichen Werdens sowohl der Notwendigkeit allgemeiner Erkenntnis wie auch der logischen Stringenz gesetzlicher Regelung. Diese Schwäche in der Stringenz logischer Verknüpfung zwischen Naturgesetz und menschlichem Gesetz räumt Thomas nicht nur ein, sondern sie liegt auch in der Natur der Sache und ist mithin unvermeidbar.[375] Damit ist das zufällig Einzelne der Störfaktor in seiner umfassenden Teleologie.

*Drittens.* Ein weiteres Indiz für die lockere Verknüpfung zwischen Naturgesetz und Gesetz ist die Unvollkommenheit der Teilhabe der menschlichen Vernunft an der göttlichen Vernunft,[376] die ihrerseits wiederum dazu führt, dass sich Thomas genötigt sieht, bei der Ableitung des Gesetzes aus

---

[372] „Derivantur ergo quaedam a principiis communibus legis naturae per modum conclusionum; sicut hoc quod est ‚non esse occidendum‘, ut conclusio quaedam derivari potest ab eo quod est ‚nulli esse malum faciendum‘.“ STh I–II 95, 2 resp.

[373] „Quaedam vero per modum determinationis: sicut lex naturae habet quod ille qui peccat, puniatur; sed quod tali poena puniatur, hoc est quaedam determinatio legis naturae.“ STh I–II 95, 2 resp.

[374] Utz, A. F. u. a. (Hg.), 1996, 165.

[375] „AD TERTIUM dicendum quod ratio practica est circa operabilia, quae sunt sungularia et contingentia: non autem circa necessaria, sicut ratio speculativa. Et ideo leges humanae non possunt illam infallibilitatem habere quam habent conclusiones demonstrativae scientiarum. Nec oportet quod omnis mensura sit omni modo infallibilis et certa, sed secundum quod est possibile in genere suo.“ STh I–II 91, 3 ad 3.

[376] „AD PRIMUM ergo dicendum quod ratio humana non potest participare ad plenum dictamen rationis divinae, sed suo modo et imperfecte.“ STh I–II 91, 3 ad 1.

dem Naturgesetz einen zusätzlichen Legitimitätsfaktor einzuführen,[377] nämlich die staatliche Gewalt bzw. Übereinkünfte.

*Viertens.* Die Schwäche der Verknüpfung zwischen Naturgesetz und Gesetz zeigt sich bei Thomas aber auch in einer schwankenden Terminologie. So verknüpft er einerseits den Grundsatz der praktischen Vernunft, das „Gute zu tun und das Böse zu meiden", anhand einer ontologisch-erkenntnistheoretischen Begründung mit dem Naturgesetz,[378] andererseits mit dem menschlichen Gesetz.

Bevor nun das Naturgesetz nach seiner anderen Seite hin, nämlich in Richtung auf seine Beziehung zum Ewigen Gesetz, erörtert wird, soll zunächst noch einmal Thomas' Verständnis des Naturgesetzes in all seinen Dimensionen beleuchtet werden.

## 1.2 Das Naturgesetz bei Thomas von Aquin

Thomas definiert *lex naturalis* in STh I–II 91, 2 resp folgendermaßen: „*Et talis participatio legis aeternae in rationali creatura lex naturalis dicitur.* [...] *Unde patet quod lex naturalis nihil aliud est quam participatio legis aeternae in rationali creatura*".

Diese Definition des Naturgesetzes lässt seine *rechtliche, anthropologische* und *theologische* Dimension anklingen. Die rechtliche Dimension im Hinblick auf die Verbindung des Naturgesetzes zu den Gesetzen wurde bereits diskutiert. Thomas kennt jedoch nicht nur eine Verknüpfung mit dem menschlichen Gesetz, sondern auch mit dem göttlichen Gesetz, insofern dieses für den Menschen den übernatürlichen Bereich erschließt.[379] Auch die anthropologische Dimension lässt sich nach verschiedenen Seiten entfalten. Zunächst argumentiert Thomas gewissermaßen schöpfungstheologisch insofern, als er das Naturgesetz im menschlichen Geist als Grundbestand seines geschöpflichen Daseins von Gott angelegt sein lässt.[380] Genauer gesagt ist es die menschliche Vernunft, die praktische Vernunft,[381]

---

[377] „Et ideo necesse est ulterius quod ratio humana procedat ad particulares quasdam legum sanctiones." STh I–II 91, 3 ad 1.

[378] „Et ideo primum principium in ratione practica est quod fundatur supra rationem boni, quae est, ‚Bonum est quod omnia appetunt'. Hoc est ergo primum praeceptum legis, quod bonum est faciendum et prosequendum, et malum vitandum. Et super hoc fundantur omnia alia praecepta legis naturae: ut scilicet omnia illa facienda vel vitanda pertineant ad praecepta legis naturae, quae ratio practica naturaliter apprehendit esse bona humana." STh I–II 94, 2 resp.

[379] „Sed oportet ut altiori modo dirigatur homo in ultimum finem supernaturalem. Et ideo superadditur lex divinitus data, per quam lex aeterna participatur altiori modo." STh I–II 91, 4 ad 1.

[380] „AD PRIMUM ergo dicendum quod promulgatio legis naturae est ex hoc ipso quod Deus eam mentibus hominum inseruit naturaliter cognoscendam." STh I–II 90, 4 ad 1.

[381] „Sicut autem ens est primum quod cadit in apprehensione simpliciter, ita bonum est primum quod cadit in apprehensione practicae rationis, quae ordinatur ad opus: [...]", STh I–II 94, 2 resp.

in der das Prinzip des Naturgesetzes, „das Gute zu tun und das Böse zu meiden",[382] als evident aufleuchtet. Diese schöpfungsmäßige Anlage präzisiert Thomas später im Hinblick auf ihre teleologischen Ausrichtung durch Habitus[383] und Tugend[384], im Hinblick auf ihre Verbindlichkeit durch die Synderesis.[385]

Die theologische Dimension knüpft an die anthropologische über den Vernunftbegriff an. Es ist nämlich die Vernunft, in der die metaphysische und religiöse Orientierung des Menschen deutlich wird. In der Vernunft nimmt der Mensch teil am Ewigen Gesetz Gottes, das selbst Ausdruck der göttlichen Vernunft ist. Entgegen seiner antiplatonischen Ausrichtung lehnt sich Thomas in der Verwendung des Begriffs der *participatio*, der platonischen μέθεξις, an die augustinische Tradition an,[386] um zum einen die Vernünftigkeit des *ordo naturalis* metaphysisch zu sichern und zum zweiten ihre Verbindlichkeit zu legitimieren.

Damit ist nun die Brücke zur transzendenten Begründung des Naturgesetzes geschlagen und die umfassende Teleologie Thomas' zu Ende gedacht. Bevor diese Verknüpfung des Naturgesetzes mit dem Ewigen Gesetz über die menschliche Vernunft näher beleuchtet wird, soll genauer untersucht werden, was Thomas unter Ewigem Gesetz versteht.

### 1.3 Das Ewige Gesetz bei Thomas von Aquin

Bei Thomas können für das Ewige Gesetz zwei wichtige Kontexte unterschieden werden.[387] Der erste Kontext ist die ontologische Verortung in der Gotteslehre, der zweite Kontext ist die unterschiedliche Wirksamkeit des

---

[382] STh I–II 94, 2 resp.

[383] „AD TERTIUM dicendum quod ratio illa concludit quod lex naturalis habitualiter tenetur. Et hoc concedimus." STh I–II 94, 1 ad 3.

[384] „Si igitur loquamur de actibus virtutum inquantum sunt vortuosi, sic omnes actus virtuosi pertinent ad legem naturae. Dictum est enim quod ad legem naturae pertinet omne illud ad quod homo inclinatur secundum suam naturam." STh I–II 94, 3 resp.

[385] „AD SECUNDUM dicendum quod synderesis dicitur lex intellectus nostri, inquantum est habitus continens praecepta legis naturalis, quae sunt prima principia operum humanorum." STh I–II 94, 1 ad 2.

[386] „Omnis enim cognitio veritatis est quaedam irradiatio et participatio legis aeternae, quae est veritas incommutabilis, ut Augustinus dicit, in libro de vera Religione, [c. 31]. Veritatem autem omnes aliqualiter cognoscunt, ad minus quantum ad principia communia legis naturalis." STh I–II 93, 2 resp.

[387] Thomas hat seinen Gesetzestraktat im ständigen Dialog mit Augustinus geschrieben (Ritschl, D., 1976, 63–81) wie seine häufigen Verweise auf Augustinus im Zusammenhang mit dem Begriff der *lex aeterna* zeigen, Vgl. STh I–II 91, 1, 2, 3; 93, 1, 2, 3, 6, u.ö. . Insbesondere hat Thomas dabei den augustinischen Begriff der *lex aeterna* übernommen, der seinerseits wiederum stoischen Ursprungs ist (Schubert, A., 1924, 49–57), von Cicero vermittelt (Schubert, A., 1924, 21–39) und bereits von Klemens von Alexandrien verwendet wurde. Ähnlich wie Thomas leiten auch Augustinus und Cicero die menschlichen Gesetze des sozialen Zusammenlebens, insbesondere die Staatsgesetze, aus der *lex aeterna* her, Schubert, A., 1924, 14–17, 35–38. Und

ewigen Gesetzes in Schöpfungsordnung und Heilsordnung. Die insgesamt synthetische Denkstruktur Thomas' zeigt sich in seiner Gotteslehre vor allem in der gleichgewichtigen Zuordnung von Vernunft, bzw. Weisheit, d. h. der planenden Absicht sowie der Vorsehung und des Willens, d. h. der Durchsetzungsfähigkeit Gottes. Insofern nun das Wesen Gottes mit dem Ewigen Gesetz identisch ist,[388] überträgt sich diese gleichgewichtige Zuordnung auch auf das Ewige Gesetz. Es kann also im Ewigen Gesetz keinen unvernünftigen Willen Gottes geben.[389] Diese gleichgewichtige Zuordnung von Vernunft und Willen in Gottes Wesen ist insofern wichtig, als damit ein rein voluntaristisches Gottesbild, d. h. ein reines Willkürhandeln Gottes, ausgeschlossen ist.[390] In diesem Sinne integriert das Ewige Gesetz[391] den Aspekt der Vernunft und den Aspekt des Willens im Wesen Gottes.[392] Mit dem Begriff des Gesetzes ist aber wesentlich immer auch der Aspekt der Durchsetzung des Gesetzes mitgedacht, was bei Thomas durch den Begriff der *gubernatio* zum Ausdruck kommt.[393] Da aber die *gubernatio* vernünftig ist, d. h. vor ihrer Realisierung in Gott schon präsent ist, gehört auch die Vorsehung zum Ewigen Gesetz.[394]

Thomas denkt die Wirksamkeit des Ewigen Gesetzes universal, d. h. das Ewige Gesetz ist eine Integrationsebene für die Schöpfungs- und Heilsord-

---

ähnlich wie Thomas umfasst bei Augustinus und Cicero die *lex aeterna* sowohl die Sittengesetze wie die Naturgesetze, Schubert, A., 1923, 9–14, 28–35.

[388] „ea vero quae pertinent ad naturam vel essentiam divinam, legi aeternae non subduntur, sed sunt realiter ipsa lex aeterna." STh I–II 93, 4 resp.

[389] „Alio modo possumus loqui de voluntate divina quantum ad ipsa quae Deus vult circa creaturas: quae quidem subiecta sunt legi aeternae, inquantum horum ratio est in divina sapientia. Et ratione horum, voluntas Dei dicitur rationabilis." STh I–II 93, 4 ad 1.

[390] „Non enim potest facere aliquid Deus, quod non sit conveniens sapientiae bonitati ipsius; […]", STh I 21, 4 resp. „Sed in Deo est idem potentia, et voluntas et intellectus et sapientia et iustitia. Unde nihil potest esse in potentia divina, quod non possit esse in voluntate iusta ipsius et in intellectu sapiente ejus." STh I 25, 5 ad 1; vgl. ScG III 98.

[391] „Et secundum hoc, lex aeterna nihil aliud est quam ratio divinae sapientiae, secundum quod est directiva omnium actuum et motionum." STh I–II 93, 1 resp.

[392] Wenn man von einer transzendenten Begründung des Rechts ausgeht, dann ist in der Tat die Frage, worin es gründet. Gründet es gemäß des Vernunftcharakters Gottes in den ewigen Vernunftwahrheiten Gottes, dann kann das Recht eine hohe Verbindlichkeit und Erkennbarkeit beanspruchen, die sich dann wiederum in einer stabilen menschlichen Rechtsordnung niederschlagen kann. Gründet man aber das Recht im Willenscharakter Gottes, d. h. in seinen schöpferischen Willensentscheiden, unabhängig von seiner Vernunft, dann ist das Recht jederzeit abänderbar, unerkennbar und verliert wesentlich an Verbindlichkeit. Als Folge davon wird auch der Charakter der menschlichen Gesetzgebung diese Wesenszüge aufweisen. Im Rechtsverständnis im ersteren Sinne wird das Moment der zu bewahrenden Ordnung dominieren, im letzteren das der ungewissen Neuaufbrüche.

[393] „RESPONDEO dicendum quod, sicut supra dictum est, lex aeterna est ratio divinae gubernationis." STh I–II 93, 4 resp.

[394] „Unde cum omnia quae divinae providentiae subduntur, a lege aeterna regulentur et mensurentur, […]", STh I–II 91, 2 resp.

nung.[395] Dabei äußert sich die Wirksamkeit des Ewigen Gesetzes sowohl im Aspekt der Vernunft, als auch im Aspekt des Willens, wenn auch auf je verschieden Weise. So ist zum Beispiel das Ewige Gesetz im Bereich der Natur nur durch den Willensaspekt, der die Naturdinge und vernunftlosen Geschöpfe zu ihrem Sein und Ziel führt, wirksam, d. h. der Lauf der Natur ist ebenfalls dem Willen und der Weisheit Gottes unterworfen.[396] Dies gilt sogar für die Irregularitäten in der Natur.[397] Diese Willensaktivität vollzieht sich aber am vernunftlosen Geschöpf nicht von außen durch direkte Intervention, sondern durch einen von der Schöpfungsordnung angelegten inneren Impuls. Thomas nennt diese eingeschaffene innere Handlungsform, diese gesetzmäßige innere Teleologie *impressio activi principii intrinseci*.[398] Auch der Mensch hat dieses eingeschaffene innere Handlungsprinzip, die *impressio activi principii intrinseci*, sie entspricht der menschlichen *inclinatio*, die ihrerseits wiederum über die Verknüpfung mit dem Gesetz und der Vernunft Teil hat am Naturgesetz und damit dem Ewigen Gesetz.

Wie aber ist das Verhältnis von Natur und Naturgesetz zu denken? Es wird an dieser Stelle deutlich, dass die Natur nicht dem Naturgesetz unterstehen kann, weil die *impressio activi principii intrinseci* weder an die *inclinatio*, noch an die Vernunft heranreicht. Die enge Verbindung von Gesetzesbegriff, Vernunftbegriff und Teleologie verhindert die Anwendung des Gesetzesbegriffs auf die Natur. Allein der menschlichen Vernunft eignet ja jene strenge Notwendigkeit im Denken, die für das Naturgesetz (*lex naturalis*) notwendig ist. Es fehlt daher der Natur wegen ihrer Vernunftlosigkeit auch die Notwendigkeit. Streng genommen dürfte daher in der Natur nach Thomas nicht von Gesetzen gesprochen werden, sondern allenfalls von Regelhaftigkeiten. Die logisch stringente Anwendung des Gesetzesbegriffs auf die Natur ist daher nur dann legitim, wenn der Natur Vernünftigkeit und Teleologie zugesprochen werden.

Nur der Mensch kann aufgrund seiner Vernunft und seiner Einsichtsfähigkeit den Gesetzen Folge leisten, mehr noch, er kann je nach Grad der Individuiertheit und Grad des Entwicklungsstandes seiner Vernunft durch

---

[395] „Sic igitur legi aeternae subduntur omnia quae sunt in rebus a Deo creatis, sive sint contingentia sive sint necessaria: […]", STh I–II 93, 4 resp.

[396] „Unde alio modo creaturae irrationales subduntur legi aeternae, inquantum moventur a divina providentia, non autem per intellectum divini praecepti, sicut creaturae rationales." STh I–II 93, 5 resp.

[397] „AD TERTIUM dicendum quod defectus qui accidunt in rebus naturalibus, quamvis sint praeter ordinem causarum particularium, non tamen sunt praeter ordinem causarum universalium; et praecipue causae primae, quae Deus est, cujus providentiam nihil subterfugere potest, ut in Primo dictum est. Et quia lex aeterna est ratio divinae providentiae, ut dictum est, ideo defectus rerum naturalium legi aeternae subduntur." STh I–II 93, 5 ad 3

[398] „AD PRIMUM ergo dicendum quod hoc modo se habet impressio activi principii intrinseci, quantum ad res naturales, sicut se habet promulgatio legis quantum ad homines: […]", STh I–II 93, 5 ad 1.

das Naturgesetz am Ewigen Gesetz partizipieren. Im Sinne der umfassenden Teleologie Thomas' markiert dabei der thomasische Begriff der *participatio* den gleitenden Übergang zwischen Natur und Gnade, den Gläubigen und den Seligen und damit den Abschluss der umfassenden Teleologie, die in der Schau Gottes – als eines Aktes der Vernunft – gipfelt. Gleichzeitig verhindert aber das Ewige Gesetz eine rein individualistische Frömmigkeit. Das Ewige Gesetz ist als Ausdruck einer unwandelbaren metaphysischen Vernunftordnung, an der der menschliche Intellekt partizipiert, das ontologische Fundament der engen Bezogenheit von Mensch – Gesellschaft – Natur im *ordo naturalis*. Es ist daher die Basis sowohl für individuelles Frömmigkeitsstreben, ethische Praxis in der Gesellschaft, Einheit von Moralität und Legalität, wie auch eine ontologisch begründbare Ethik. So macht Thomas den an sich stoischen Begriff der *lex aeterna* seiner umfassenden heilsgeschichtlichen Teleologie dienstbar.

## 1.4 Resümee

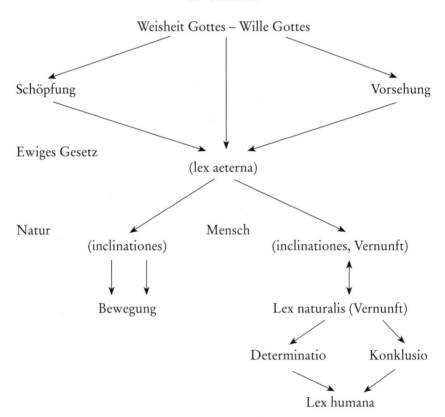

## 1.5 Die Beziehung zwischen ethischem Gesetz, Naturgesetz und Anthropologie

Es hat sich gezeigt, dass Thomas die Ethik in Gestalt der drei Gesetzesbegriffe der *lex humana*, der *lex naturalis* und der *lex aeterna* ganz in sein teleologisches Weltbild eingebaut hat. Alle drei Gesetzesbegriffe haben eine Beziehung zur Anthropologie. Es ist die Vernunft, die die drei Gesetzesbegriffe im Menschen untereinander zusammenhält.

Bei der Festlegung der *leges humanae* ist die Vernunft tätig, sowohl als theoretische Vernunft in Gestalt der *conclusiones*, die nach den Prinzipien der Logik hergeleitet werden, als auch als praktische Vernunft in Gestalt der *determinationes*, die durch die menschliche Klugheit (*prudentia*, φρόνησις) festgelegt werden. Dabei besteht das Charakteristikum der Klugheit gerade darin,[399] die Situationsgebundenheit eines ethischen Urteils zu berücksichtigen. Dies kann unter Umständen dazu führen, bei einem vorausgesetzten ethischen Grundsatz der Vernunft, unter Berücksichtigung der jeweiligen Situation zu entgegengesetzten ethischen Urteilen zu kommen.[400] Die *prudentia* geht demnach nicht in einer deduktiv, formallogischen Exaktheit auf, sondern besteht gerade in der Fähigkeit, ein angemessenes ethisches Urteil zu fällen, wenn auf ein konkretes ethisches Problem ein allgemeines Prinzip nicht bruchlos angewendet werden kann. Sie ist das Charakteristikum, das die theoretische von der praktischen Vernunft unterscheidet. Die Unterschiede zwischen theoretischer und praktischer Vernunft sollen noch einmal überblicksartig zusammengestellt werden (Tab.).[401]

In der *lex naturalis* zeigt sich der Evidenz (*per se notum*) und Prinzipiencharakter der Vernunft, insofern in ihr ein erstes und oberstes Prinzip gilt, wie auch ihr partizipatorischer Charakter, insofern die Vernunft in der *lex naturalis* auch an der Weisheit Gottes teilnimmt, die sich in der *lex aeterna* widerspiegelt.

---

[399] Walgrave, J., 1987, 74 ff. Thomas äußert sich über diese Rolle der Klugheit nicht direkt im Gesetzestraktat. Es gilt aber sicher auch in unserem Kontext, was er an anderer Stelle über die Klugheit gesagt hat: „prudentia plus importat quam scientia practica: nam ad scientiam practicam pertinet universale iudicium de agendis […] Qua quidem scientia existente, in particulari actu contingit iudicium rationis intercipi, ut non recte diiudicet. […]. Sed ad prudentiam pertinet recte iudicare de singulis agibilibus, prout sint nunc agenda", Questiones disputatae de virtutibus in comm. 6 ad 1.

[400] Thomas verdeutlicht dies an dem Beispiel, ob es immer geboten ist, Geliehenes zurückzugeben. „Apud omnes enim hoc rectum est et verum, ut secundum rationem agatur. Ex hoc autem principio sequitur quasi conclusio propria, quod deposita sint reddenda. Et hoc quidem ut in pluribus verum est: sed potest in aliquo casu contingere quod sit damnosum, et per consequens irrationabile, si deposita reddantur; puta si aliquis petat ad impugnandam patriam. Et hoc tanto magis invenitur deficere, quanto magis ad particularia descenditur, […]", STh I–II 94, 4 resp.

[401] Nach: Zimmermann, A., 1987, 64.

*Tabelle:* Unterschiede zwischen theoretischer und praktischer Vernunft

|  | *Theoretische Vernunft* | *Praktische Vernunft* |
|---|---|---|
| *Ziel:* | Erkenntnis um ihrer selbst Willen | Erkenntnis, die auf Handeln ausgerichtet ist |
| *Gegenstand:* | Notwendiges, Allgemeines | Kontingentes |
| *Geltung der Grundsätze:* | Immer wahr und allen bekannt | Immer wahr und allen bekannt |
| *Beispiele:* | Widerspruchsprinzip Das Ganze ist größer als die Summe seiner Teile Was einem und demselben gleich ist, ist auch einander gleich | Das Gute ist zu tun und das Böse zu meiden Es ist gemäß der Vernunft zu handeln |
| *Geltung der Folgerungen:* | In gleicher Weise stets wahr, aber nicht allen Menschen in gleicher Weise bekannt | Nicht stets in gleicher Weise richtig, und – selbst bei sachlicher Richtigkeit im Einzelfall – nicht allen bekannt |
| *Art und Weise der Urteilsfindung:* | Logisches Schließen | Klugheit + logisches Schließen |

In der *lex aeterna* spiegelt sich schließlich die metaphysische Ausrichtung der menschlichen Vernunft, indem sie am Ordnungscharakter, d. h. der Weisheit Gottes, wie auch Willen Gottes, d. h. seiner Providenz, partizipiert. Da innerhalb der auch teleologisch ausgerichteten Vernunft bei ihrer Verwirklichung immer auch Wertqualitäten aktualisiert werden, fallen in der thomasischen Gesetzeskonzeption der *deskriptive* und der *präskriptive* Aspekt des Gesetzes zusammen.

Der Vernunftbegriff im Kontext der Ethik und des Gesetzes umfasst daher sehr klar umrissene Formen wie die technische Beherrschung der Logik, die Klugheit, wie auch sapientielle metaphysische Dimensionen. Keiner dieser Aspekte der Vernunft ist aber in der Natur vorhanden, weder die strikte Notwendigkeit der determinationes (*rationaliter*) noch die Einsichtsfähigkeit (*intellectualiter*).[402] Es ist daher deutlich, dass Thomas den Gesetzesbegriff auf die Natur nicht anwendet,[403] bzw. nur analog anwendet (*per similitudinem*), obwohl auch die Natur, wenn auch nur durch

---

[402] „Sed quia rationalis creatura participat eam intellectualiter et rationaliter, ideo participatio legis aeternae in creatura rationali proprie lex vocatur: nam lex est aliquid rationis, [...]", STh I–II 91, 2 ad 3.

[403] „AD TERTIUM dicendum quod etiam animalia irrationalia participant rationem aeternam suo modo, sicut et rationalis creatura. [...] In creatura autem irrationali non participatur rationaliter: unde non potest dici lex nisi per similitudinem." STh I–II 91, 2 ad 3.

die schöpfungsmäßig verankerten *inclinationes* der Bewegung, an der *lex aeterna* teilhat.

In der anthropologischen Zentrierung der Vernunft und ihrer besonderen Struktur liegt daher die erkenntnistheoretische Grenze für die Konzeption des naturwissenschaftlichen Konzepts des Naturgesetzes. Es gibt also im strengen Sinne nach Thomas aus der Perspektive der *lex naturalis* keine Naturgesetze im modernen Sinn, bestenfalls Regelhaftigkeiten.

Diese Grenze, die im thomasischen Vernunftbegriff verankert ist, gilt es nun im Hinblick auf bestimmte Aspekte des Konzepts Naturgesetz näher zu bestimmen. Dieser Ausgangspunkt beim Vernunftbegriff ist auch deshalb sinnvoll, weil Thomas selbst die Naturwissenschaft als eine Sache der Vernunft betrachtet (*rationabiliter procedere*),[404] ja als diejenige Wissenschaft, die der menschlichen Vernunft am meisten angemessen ist, insofern ihre Vernunfturteile sich an der (sinnlichen) Erfahrung orientieren.[405] Auch die Naturwissenschaft ist daher ganz im Kontext der rezipierten aristotelischen Erkenntnistheorie anzusiedeln. Wie schon die Untersuchung der wissenschaftstheoretischen Kriterien ergeben hat, haben die meisten von ihnen einen anthropologischen Ort. Wir werden uns also, soweit sinnvoll, an den Ergebnissen des Kapitels über die anthropologische Verankerung der wissenschaftstheoretischen Kriterien, die großenteils mit den Aspekten des Konzepts Naturgesetz übereinstimmen, orientieren.

## III Die Grenzen des thomasisch-aristotelischen Wissenschaftskonzepts

### 1 Die Grenze des Kriteriums der Allgemeinheit

Es bedarf keiner weiteren Erläuterung, dass das moderne Konzept des Naturgesetzes den Charakter der Allgemeinheit hat. Inwiefern wirkt sich nun die thomasische Rationalitätsstruktur bzgl. des Allgemeinen im Kontext des Universalienstreits und der Rezeption des aristotelischen Hylemorphismus auf die Konzeption des Begriffs Naturgesetz aus?

Zunächst wirkt sicher hinderlich, dass Thomas das Allgemeine im Kontext des essentialistischen Hylemorphismus denkt, wobei der auf das Allgemeine bezogene Formaspekt des Hylemorphismus sich immer nur unvollkommen durch Abstraktion *in mente* spiegelt. Die Art und Weise, wie

---

[404] „Attribuitur ergo rationabiliter procedere scientiae naturali, non quia ei soli conveniat, sed quia ei praecipue competit." DT, Q. VI, Art. I, 207.

[405] „Sed scientia naturali, in qua fit demonstratio per causas extrinsecas, probatur aliquid de una re per aliam rem omnino extrinsecam. Et ita modus rationis maxime in scientia naturali observatur, et propter hoc scientia naturalis inter alias est maxime hominis intellectui conformis." DT, Q. VI, Art. I, 207.

die Substanz einer Sache sich dem Erkennen überhaupt mitteilt, nämlich durch die Akzidentien[406], hat aber im Erkenntnisprozess bei Thomas offenbar keine Bedeutung.[407] Damit wird das Akzidentielle für die Identifikation des Allgemeinen abgewertet. Da zu den Akzidentien auch die Kategorie der *Relation* gehört, kann folglich Thomas das Allgemeine nicht in Form der Relationen denken. Relationen sind aber gerade für den Gesetzesbegriff ein notwendiges Konstituens. Man könnte auch sagen, dass Thomas ontologisch eher an der Tiefendimension des Seienden interessiert ist, nicht an den Oberflächenphänomenen der Akzidenzien der Dinge. Im Nominalismus wird sich dieses Verhältnis, wie wir noch sehen werden, umkehren.

Setzt man ferner die durchgehende Rationalität[408] und damit Rationalisierbarkeit der Natur als Bedingung für den Gesetzesbegriff voraus, so hat der thomasische Essenzbegriff aus Kap. 2 von ‚*de ente et essentia*‘ eben dieser durchgängigen Rationalisierung der Natur einen Riegel vorgeschoben. Das Einzelne, die Essenz einer Sache ist dem Verstand nur in der Abschattung der Form erkennbar, es bleibt in jedem Seienden ein rational nicht zugänglicher Rest, der prinzipiell nicht in einer allgemeinen Erkenntnis aufgehen kann. Um also zu einer durchgängigen Rationalisierung der Natur, also ihrer prinzipiellen Gesetzeshaftigkeit zu gelangen, ist philosophisch die Eliminierung des Essenzgedankens notwendig – das Einzelne muss sein Geheimnis verlieren.[409]

### Exkurs 5    Das Kriterium der Allgemeinheit aus der Sicht der modernen Naturwissenschaft

Trotzdem ist dieses aristotelisch-thomistische Verständnis von Allgemeinheit als wirkende Form im entelechialen Werdeprozess nicht unbedingt ein Hindernis für die Frage nach Gesetzmäßigkeiten in der Natur, wenn nach Gesetzmäßigkeiten innerhalb dieses Prozesses gefragt wird, denn es wäre ja durchaus denkbar, dass es final formulierbare Naturgesetze gibt. Aber diese Frage stellen weder Aristoteles noch Thomas. Und selbst diesen hypothetischen Fall vorausgesetzt, wäre eine positive Antwort unwahrscheinlich gewesen, weil dafür eine andere als dingorientierte und abstrahierende Rationalitätsform notwendig ist, um final wirkende Naturgeset-

---

[406] Zu den Akzidenzien gehören alle Kategorien des Aristoteles, außer der Substanz, also Quantität, Qualität, Relation, Ort, Zeit, Lage, Haben, Wirken, Leiden.

[407] Thomas unterscheidet zwei Arten von Akzidenzien, solchen, die einer Substanz zufällig von außen anhaften, bzw. in sie eingehen, und solchen, die wesensmäßige Äußerungen der Substanz sind. Letztere nennt er Proprietäten. „Ita quod subjectum, inquantum est in potentia, est susceptivum formae accidentialis: inquantum autem est actu, est ejus productivum. Et hoc dico de proprio et per se accidente: [...]“, STh 77, 6 resp. Zu den Proprietäten unter den Akzidenzien gehören u. a. Ausdehnung, Bewegung und Aktivität, Anzenbacher, A., ⁷1999, 86, 66 ff.

[408] Die Rationalität (*intelligibility*) spielt, angestoßen durch das Werk von T. F. Torrance, im angelsächsischen Sprachraum eine wichtige Rolle im *science-theology dialogue*.

[409] Dies ist wissenschaftsgeschichtlich tatsächlich geschehen. Mit Isaac Newton werden die Essenzen endgültig aus der Naturwissenschaft verbannt.

ze rational zu formulieren und nicht nur im Sinne der aristotelischen Deutekategorien qualitativ zu beschreiben.

Denn die Gesetzmäßigkeiten des entelechialen Vollzugs setzen ontologisch und erkenntnistheoretisch sowohl den Systembegriff wie auch ein gerichtetes Zeitverständnis voraus, das Aristoteles zwar hat, das aber mit dem Systembegriff verknüpft werden muss. Für einen echten Fortschritt wäre es nötig, sowohl den gerichteten Zeitbegriff wie auch die aristotelischen Deutekategorien wie Entelechie, Teleologie, Finalität, Bewegung von Potentialität zu Aktualität im Sinne des Systembegriffs rational zu formulieren. Dies ist aber erst in der modernen Naturwissenschaft gelungen, die auf dem Systembegriff aufbaut und die dazu notwendigen mathematischen Hilfsmittel kennt. So gibt es durchaus teleologisch interpretierbare Naturgesetze. Es scheint, dass diese Sichtweise bei der Entropie als negativer Teleologie,[410] das entspräche der aristotelischen φθορά, wie der Chaostheorie als Beispiel für eine rational formalisierte Beschreibung positiver teleologische Ausrichtung, das entspräche der aristotelischen γένεσις, möglich ist. Es ist darüber hinaus der Versuch unternommen worden, in der modernen Naturwissenschaft nicht nur teleologisch interpretierbare Naturgesetze aufzufinden, sondern die Teleologie selbst als ein naturwissenschaftliches Erklärungsprinzip wieder anzuerkennen, obwohl es gerade die Elimination teleologischer Erklärungsmuster war, die den Beginn der Wissenschaftlichen Revolution markiert. Dies geschieht in der Debatte um das sogenannte Anthropische Prinzip.[411]

Und dennoch hat die aristotelische Ontologie des Hylemorphismus eine Affinität zum modernen Gesetzesbegriff insofern, als er eine Eigenschaft der Materie beschreibt, nämlich die Stärke des Wirklichkeitscharakters der Materie in Abhängigkeit vom Formprinzip, die in der modernen Quantenmechanik (QM) als Thema wiederkehrt. Materie kann also im subatomaren Bereich aristotelisch auch als eine ‚Tendenz zum Sein‘, im Sinne des Konzepts der Dynamis und Energeia verstanden werden.[412] Darüber hinaus ist nach der QM das Eintreten eines einzelnen Ereignisses im subatomaren Bereich prinzipiell nicht prognostizierbar, so dass auch hier das wissenschaftstheoretische Prinzip der Subsumierbarkeit eines Einzelnen unter ein allgemeines Gesetz nicht möglich ist. Das Einzelne ist also – gut aristotelisch und thomasisch – nicht erkennbar.

---

[410] „Der Zweite Hauptsatz der Thermodynamik, das Entropiegesetz, war, wie gesagt, das erste teleologische Gesetz nach Newton. Sozusagen durch die Hintertür hat sich die Entelechie wieder eingeschlichen. Bei Aristoteles entwickelte sich die Welt auf das vollkommene Eine hin, die göttliche Kraft zielte auf Vollkommenheit. Eine solche Philosophie, ein solches Weltbild ist nach Newton nicht mehr möglich. Aber zumindest ein Gesetz der Ausrichtung auf die Unvollkommenheit, die Unordnung ist mit dem Entropiegesetz aufgestellt, die negative Seite des aristotelischen Werdens hat mit dem Entropiegesetz Eingang in die Physik gefunden", Cramer, F., 1993, ²1994, 49 f.

[411] Angestoßen wurde die Debatte um das Anthropische Prinzip anhand kosmologischer Fragestellungen durch den amerikanischen Physiker Freeman Dyson. Eine fundierte wissenschaftliche Darstellung in die Thematik bietet Barrow, J. D., Tipler, F. J., 1988.

[412] „Aber daraus erkennt man, dass nicht einmal die Eigenschaft des ‚Seins‘, wenn man hier überhaupt von Eigenschaft reden will, dem Elementarteilchen ohne Einschränkung zukommt. Es ist eine *Möglichkeit* oder eine *Tendenz* zum Sein", Heisenberg, W., 1973, 51; vgl. ebenso auch Vries, J. de 1944, 503–517.

## 2 Die Grenze des thomasischen Bewegungsbegriffs

Die Frage nach der Allgemeinheit kann auch anhand des konkreten Problems der Bewegung, das Thomas von Aristoteles übernimmt, diskutiert werden. Dieses Beispiel ist insofern sinnvoll, weil nach Aristoteles die Physik, anhebend mit der Sinneserfahrung,[413] diejenigen Gegenstände behandelt, die aus sich selbst heraus beweglich sind.[414] Bevor wir auf die thomasische Lösung des Bewegungsproblems zu sprechen kommen, sei kurz die aristotelische Sicht dargestellt.

Aristoteles diskutiert das Bewegungsproblem im Kontext der Zenonschen Paradoxie der Bewegung. Er führt die Zenonsche Paradoxie auf einen zu einfachen Bewegungsbegriff zurück und stellt ihm seinen eigenen Bewegungsbegriff entgegen.[415] Nach Aristoteles ist Bewegung der Verwirklichungsprozess eines Seienden aus der Möglichkeit (δύναμις) zur Wirklichkeit (ἐνέργεια).[416] Insofern sich das Seiende in Kategorien ordnet, entfaltet Aristoteles seinen Bewegungsbegriff anhand der 10 Kategorien (κατηγορίαι),[417] der Substanz (οὐσία), der Quantität (ποσόν), der Qualität (ποιόν), der Relation (πρός τι), des Ortes (ποῦ), der Zeit (ποτέ), der Lage (κεῖσθαι), des Zustands (ἔχειν), des Wirkens (ποιεῖν) und des Leidens (πάσχειν).[418] Demnach gibt es nach Aristoteles ebenso viele Bewegungsarten, wie es Kategorien gibt.[419] Tatsächlich ordnet er aber nur vier Kategorien entsprechende Bewegungsarten zu und nennt in Phys. III, 1, 201a10–15 Veränderung (ἀλλοίωσις), welches der ersten Kategorie zugeordnet ist, Entstehen (γένεσις), Vergehen (φθορά) und Ortsveränderung (φορά). Die letztgenannte Bewegung ist nun wissenschaftlich beschreibbar, z. B. supralunar in den vollkommenen Bewegungen der Planeten, sublunar in den unvollkommenen Bewegungen

---

[413] „Ziel bei den Wissenschaften des Schaffens ist das Werk, beiden Naturwissenschaften aber das, was immer in gültiger Weisegemäß der Sinneswahrnehmung erscheint", De Caelo 306a16 ff.

[414] „[…] weil die ganze Arbeit des Naturwissenschaftlers auf das gerichtet ist, was in sich selbst über das Prinzip der Bewegung und Ruhe verfügt", Meta XI 1, 1059b15–20; „Die Naturwissenschaft nämlich betrachtet die Akzidenzien und die Prinzipien des Seienden, insofern es bewegt ist, nicht insofern es seiend ist", Meta XI 4, 1061b30; „Die Naturwissenschaft nun befasst sich mit den Dingen, die in sich über das Prinzip der Bewegung verfügen", Meta XI 7, 1064 a 30 ff.

[415] Schramm, M., 1962, 11–63.

[416] „Sofern man in jeder Gattung [15] zwischen dem Vermögen nach Seienden und dem der Verwirklichung nach Seienden unterscheidet, nenne ich die Verwirklichung des dem Vermögen nach Seienden, insoweit es ein solches ist, Bewegung (κίνησις)", Meta XI 9, 1065b14–19.

[417] An folgenden Stellen werden die Kategorien aufgezählt: Kate 4, 1b25–2a4; Meta V 7, 1017a25; Phys-A I 7; EN A, 1096a23; AP I 22, 83a21; Phys-A V 1, 225b5; To I 9, 103b20–37.

[418] Die erste Kategorie gehört der Substanzkategorie an, während alle anderen zu den Akzidentien gehören.

[419] „Es gibt demnach von der Bewegung und der Veränderung ebenso viele Arten wie vom Seienden", Meta IX 9, 1065b; Phys-A III 1, 201a, 9.

auf der Erdoberfläche. Diese Bewegungsart ist rein quantitativ, an der *unmittelbaren Sinneserfahrung der Akzidenzien* orientiert. Es sind eben jene sinnlich erfahrbaren Akzidenzien, die in der Lehre von den vier Elementen, die Aristoteles von Empedokles übernimmt, ihren Ausdruck finden. Die Elemente des Wassers, des Feuers, der Erde und der Luft bewirken in Verbindung mit der ebenfalls auf Sinneserfahrung beruhenden Lehre vom natürlichen Ort die komplizierten sublunaren Bewegungen. Sie sind als akzidentielle reine Ortsbewegung – wenn auch komplizierte – wissenschaftlicher Beschreibung zugänglich. Wie aber steht es mit der Bewegung des entelechialen Vollzugs des Wesens einer Substanz? Kann es auch von dieser Bewegung Wissenschaft geben? Oder bleibt Wissenschaft an das Akzidentielle, das Quantitative gebunden?

Dieses Problem beschäftigt auch Thomas, insofern er versucht, wissenschaftliche Allgemeinheit und Veränderung zusammenzudenken. Seine Lösung verbleibt allerdings ganz im Horizont des aristotelischen Hylemorphismus. Zwei Aspekte sind in dieser Lösung des Thomas unbefriedigend. Der eine betrifft den Zeitbegriff in seiner Verbindung mit der Allgemeinheit wissenschaftlicher Erkenntnis, der andere die Möglichkeit eines durchgängig rationalen Zugangs der Natur.

So bleibt die umfassende entelechiale Bewegung der Ratio verschlossen, lediglich der Formaspekt der Bewegung einer Substanz ist der Ratio zugänglich, insofern er in seiner Allgemeinheit auf die Ratio zugeschnitten ist. Also beschäftigen sich die Naturwissenschaften mit den unveränderlichen Formen der bewegten Dinge, nicht mit der Bewegung als solcher. Die Rettung des Bewegungsbegriffs für die Rationalität der Wissenschaft geschieht dadurch, dass das Allgemeine der Bewegung als Formprinzip in der Substanz wirksam gedacht wird. Das macht Thomas in *De trinitate* deutlich, wenn er auf den entsprechenden Einwand, dass Naturwissenschaft nicht vom Beweglichen handele,[420] antwortet, dass trotzdem die Ratio auf die Bewegung bezogen sein könne.[421] Dieser Formaspekt ist etwas Zeitloses, Abstrahiertes. Thomas kann also das Allgemeine nur als etwas Zeitloses denken. Demgemäß ist Thomas nicht auf die Idee gekommen, *im* Zeithaften, *in* der Veränderung Allgemeines zu suchen. Damit ist deutlich, dass für Thomas Bewegung ein akzidentielles Phänomen bleibt und keine eigenständige ontologische Kategorie ist.

Darüber hinaus hat die finalistische Ausrichtung der Bewegungslehre, insbesondere die Hochwertung des Ruhezustandes als des erstrebenswerten Endzustandes einer Bewegung, nicht förderlich auf die Erforschung

---

[420] „Praeterea, nullum universale movetur; […] Sed omnis scientia de universalibus est. Ergo naturalis scientia non est de his quae sunt in motu." DT, Q. V, Art. II, 174.

[421] „Ad quintum dicendum quod quamvis universale non moveatur, est tamen ratio rei mobilis." DT. Q. V, Art. II, ad 5, 178.

von Bewegungs*änderungen* gewirkt. Es liegt daher in der Logik dieser Perspektive, dass sich innerhalb der aristotelisch-thomasischen Naturphilosophie keine Dynamik, sondern nur eine Statik entwickelt hat, für deren mathematische Darstellbarkeit der antike Proportionsbegriff ausreicht. Denn es ist die Statik, die sich mit Ruhezuständen bei Kräftegleichgewicht befasst. So hat denn im Mittelalter Jordanus de Nemore[422] eine ausgebildete Schule der Statik hervorgebracht.[423]

Der andere Aspekt hängt wiederum mit dem essenzialistischen Denken zusammen. Denn der Innenaspekt der Bewegung, die entelechiale Bewegung des Wesenskerns der Substanz in Blick auf die *causa finalis* ist der an dem äußerlichen Aspekt des Quantitativen der Akzidentien klebenden Ratio nicht zugänglich. Es bedürfte offenbar einer anders gearteten Rationalität, um auch diese Wirklichkeit des Essenziellen aufzuschließen – sofern er nicht auf äußere Quantitäten zurückzuführen ist. Damit verschärft sich die Frage, welcher Art wissenschaftliche Rationalität sein muss, um zum Konzept des Naturgesetzes vorzustoßen. Reicht quantitatives Denken aus oder muss eine am Essenziellen orientierte Ratio hinzutreten, oder kann man im Interesse quantifizierenden Denkens ganz auf die Idee einer Essenz verzichten?

Diese nun für das rationale Selbstverständnis der Wissenschaft wichtige Frage in Blick auf die Konzeption des Naturgesetzes lässt sich nun noch im Hinblick auf den Aspekt der Mathematisierbarkeit der Natur sowie im Blick die Rolle von Hypothesen diskutieren.

### 3 Die Grenze der Mathematisierbarkeit

Thomas von Aquins mathematisches Wissen überschreitet nicht die Kenntnisse der antiken Mathematik.[424] In seiner erkenntnistheoretischen

---

[422] 1. Hälfte des 13. Jahrhunderts, genaue Lebensdaten nicht bekannt.

[423] Moody, E. A., Clagett, M., 1952; Gericke, H., ²1993, 105–117, 332; Borkenau, F., 1971, 34.

[424] Thomas liegen die Werke des Euklid in zwei Übertragungen vor. Schon im 12. Jahrhundert hatte Adelard von Bath (1070/1080–1146?) die Werke des Euklid ins Lateinische übersetzt, Gericke, H., ²1993, 90 ff. Wichtiger jedoch für das 13. Jahrhundert ist die Kommentierung der Übersetzung durch Campanus von Novara (1200/1210–1296), die 1255–59 entstand, und im Gelehrtenkreis von Viterbo zirkulierte, dem Campanus, Witelo und auch Thomas von Aquin angehörten, Gericke, H., ²1993, 121. Es existierte aber auch bereits in der ersten Hälfte des 12. Jahrhunderts eine sehr eigenständige Weiterentwicklung der Elemente des Euklid durch Jordanus de Nemore (Lebensdaten unbekannt), der als erster das Rechnen mit Buchstaben konsequent einführte und in Abgrenzung gegenüber Euklid, die Arithmetik und Algebra von der Geometrie logisch trennte, Gericke, H., ²1993, 105–117. Außerdem dürften Thomas die Werke des Archimedes bekannt gewesen sein, die von Wilhelm von Moerbeke (1215?–1286), seinem Freund und Aristotelesübersetzer, übertragen wurden. Darüber hinaus standen ihm die Kommentierungen der Mathematik in den Werken des Aristoteles zur Verfügung. Ende des 13. Jahrhunderts lagen die wichtigsten mathematischen Werke der Antike in lateinischer Übersetzung vor. In der angewandten Mathematik, d. h. vor allem in der Astronomie waren Thomas die ‚Theorica planetarum‘ von Campanus bekannt, ca. 1263 geschrieben und Papst Urban IV.

Interpretation der Mathematik bewegt er sich ganz im Horizont der aristotelischen Erkenntnistheorie, d. h. er übernimmt auch die aristotelische Interpretation des Wesens der Mathematik[425] und interpretiert die mathematische Erkenntnisweise[426] im Rahmen seiner Abstraktionstheorie.[427]

---

gewidmet, vgl. Gericke, H., ²1993, 121, 319. Ferner hat Jordanus de Nemore Werke über die Statik geschrieben (Clagett, M., 1952), die gegenüber der Antike beträchtliche Innovationen aufweisen (Grattan-Guiness, I., 1997, 166 ff). Die Geometrie und Statik der Kathedralen ist im *Bauhüttenbuch* des Villard de Honnecourt (Lebensdaten unbekannt) festgehalten, Gericke, H., ²1993, 129–135. Ob Thomas von Aquin auch das Mathematikbuch *Il Liber Abbaci*, 1202 erschienen, des italienischen Mathematikers und Kaufmanns Leonardo Fibonacci (auch Leonardo Pisano genannt, 1170–1240) kannte, ist ungewiss, jedoch nicht unwahrscheinlich, da er an der zunächst an der Universität Neapel im Jahr 1239 studierte, die Friedrich II. 1224 gegründet hatte. Da Friedrich Pisano besonders schätzte und zeitweise an seinem Hof hatte und außerdem die Mathematik für die in Neapel auszubildenden Beamten wichtig gewesen sein dürfte, kann man zumindest davon ausgehen, dass Thomas im Prinzip Zugang zu diesem Buch gehabt haben muss, Lüneburg, H., 1992, 32. Dieses Buch geht durch die Verwendung arabischer Zahlzeichen, Dreisatzrechnung, Wahrscheinlichkeitsrechnung und arabische Algebra über die antiken Vorbilder hinaus und muss aufgrund seiner mathematischen Innovationen als die Geburtsstunde der abendländischen Mathematik gelten.

[425] Neumann, S., 1965, 28–31, Aristoteles lehnt in Meta VII 2, 1028b18 ff die platonische Interpretation der mathematischen Gegenstände als ontologisch eigenständige Ideen und Substanzen (οὐσίαι, Meta XII 8, 1073b 5–8) ab, verknüpft sie vielmehr im Sinne seiner Erkenntnistheorie mit den Einzeldingen. So hat auch die Mathematik ihr *fundamentum in re* und ist nicht mehr im platonischen Sinne ein ontologisch eigenständiger Bereich. So ist auch der Formaspekt der geometrischen Gebilde im Sinne des Hylemorphismus mit der Materie verknüpft und nicht von ihr trennbar. Zur Erkenntnis der mathematischen Gegenstände bedarf es allerdings wiederum der abstrahierenden, mehr noch der idealisierenden Tätigkeit des Verstandes. Die Gegenstände der Geometrie sind in diesem Sinne idealisierte Gebilde des Verstandes und haben als solche ihr Sein *in mente*, was auch ihre große Genauigkeit garantiert (Meta IIα 3, 995a15 ff), als nichtidealisierte Gegenstände haben sie ihr Sein *in re*, wie Aristoteles in Meta III 2, 997b 35–998a3 ausführt. Es aktualisiert sich somit an der mathematischen Erkenntnis seine eigene Erkenntnistheorie über das Verhältnis von Sinnlichkeit und Verstand. Obwohl bei der Konstitution der mathematischen Gegenstände dem Verstand das Primat gebührt, sind sie dennoch als Idealisierungen nicht völlig vom Sein getrennt, ihre idealisierte Herauslösung aus den Dingen ändert auch nichts an ihrer Gültigkeit in der Natur (Meta XIII 3, 1078a29 ff; Phys-A II 193b35). Dies zeigt sich auch darin, dass Aristoteles die mathematischen Wissenschaften zur tecn" (Meta I 1, 981b24) rechnet. Allerdings erreicht die Mathematik aufgrund ihres reinen Formaspekts nicht das Wesen der Dinge. Ebenso wenig kann sie aufgrund ihres Ausgangspunktes von den Einzeldingen nicht die Bewegung darstellen. Daher bestimmt Aristoteles die Mathematik auch als die Wissenschaft vom Unbewegten. „Die mathematischen Gegenstände sind ja von der Astronomie abgesehen ohne Bewegung", Meta VI 2, 1026a14 f; Meta I 8, 989b32 f. Aristoteles ist auch der jenige, für den die logische Evidenz und Konsistenz von Axiomen (ἀξίωμα) eine wichtige Rolle spielt, er scheint derjenige gewesen zu sein, der dem Begriff des Axioms seine terminologische Eindeutigkeit gegeben hat (Vgl. APo I 2, 72a14 ff; Meta IV 3, 1005a20 f; Meta XI 4, 1061b18), obwohl Euklid in seinen Elementen auch Axiome verwendet, sie aber nicht so nennt, Fritz, K. v. 1971, 420–429. Die beste und umfassendste Darstellung der Mathematik bei Aristoteles findet sich bei Heath, T. 1949.

[426] Literatur zum Mathematikverständnis bei Thomas von Aquin, vgl. Bodewig, E.,1932; Meyer, H., 1934; Winance, E., 1955, 482–510.

[427] Oeing-Hanhoff, L., 1963/64, 31 ff; vgl. Abstraktion bei Thomas, Kap. 5.3.2, 69–73.

Dabei orientiert sich Thomas in *De trinitate* an der Rezeption der Mathematik durch Boethius.[428] Ausgangspunkt für mathematisches Denken ist
daher ganz konkret die sinnliche Erfahrung, die ihren Anhalt an der Stoff-
Form Einheit hat, die auch für die Mathematik gilt und die Bearbeitung
dieser Erfahrung durch den Verstand.[429] Die Probleme einer rationalen
Durchdringung beispielsweise des Bewegungsproblems sind daher völlig
analog zu denen ihrer mathematischen Beschreibung. In der Anwendung
der Mathematik auf die Natur muss daher von der Bewegung abstrahiert
werden.

Für Thomas zerfällt die Mathematik in theoretische Mathematik (Geometrie und Arithmetik) und angewandte Mathematik (Astronomie, Musik,
Optik).[430] Nun kann – wie schon bei Aristoteles – die Mathematik keineswegs den rationalen Kern der Substanzen erreichen, bezieht sie sich doch
durch die abstrahierende Tätigkeit des Verstandes allein auf die Akzidenzi-
en. Thomas stimmt in dieser Einschätzung Aristoteles zu,[431] wenn er Aristoteles' Metaphysik kommentiert.[432] Zu den Akzidenzien gehört aber nach
Aristoteles und Thomas die Quantität. Diese aber kann nun in der Tat von
der Mathematik erfasst werden.[433] Damit sind für das thomistische Mathematikverständnis vier Aspekte wichtig.

*Erstens* ist es konkretistisch dingorientiert, insofern die mathematische
Begriffsbildung vom sinnlichen Erfassen des einzelnen Gegenstandes in
Quantität und Form ausgeht.

*Zweitens* ist die damit zusammenhängende Grundkategorie ihres Gegenstandsbereichs die der Quantität (*magnitudo* in der Geometrie und *numerus* in der Arithmetik). Das mathematische Erkennen stellt daher eine
erhebliche erkenntnistheoretische Reduktion dar, insofern es die Vielfalt

---

[428] Neumann, S., 1965, 45 ff.

[429] „Quaedam vero sunt, quae quamvis dependeant a materia secundum esse, non tamen
secundum intellectum, quia in eorum diffinitionibus non ponitur materia sensibilis, sicut linea
et numerus. Et de his est mathematica." DT, Q. V, Art. I, 165.

[430] DT, Q. V, Art. III ad 6, 188.

[431] Meyer, H., 1934, 446.

[432] Thomas' Kommentar zu Meta III lectio XIII Nr. 514: „Et veritas quaestionis hujus est,
quod hujusmodi mathematica non sunt *substania* rerum sed sunt accidentia supervenientia
substantiis. Deceptio autem quantum ad magnitudines provenit ex hoc, quod non distinguiter
de corpore secundum quod est in genere substantiae, et secundum quod est in genere *quantitatis*. In genere enim substantiae est secundum quod componitur ex materia et forma, quam
consequuntur dimensiones in materia corporali. Ipsae autem dimensiones pertinent ad genus
quantitatis, quae sunt non sunt substantiae, sed accidentia, quibus subjicitur substantia composita ex materia et forma. Sicut etiam supra dictum est, quod deceptio ponentium numeros esse
substantias rerum, proveniebat ex hoc quod non distinguebant inter unum quod est principium
numeri, et unum quod convertitur cum ente".

[433] Meyer, H., 1934, 448.

der Äußerungsformen der Substanz in ihren Akzidenzien auf das eine Akzidenz der Quantität zurückschraubt.[434]

*Drittens* entstehen die idealen Gegenstände der Mathematik, also Zahlen, Linien, Figuren – ganz gemäß seiner erkenntnistheoretischen Grundposition – durch Abstraktion aus den Einzeldingen. Abstrahiert wird dabei sowohl von der Materie wie auch von der Bewegung,[435] so dass die mathematischen Gegenstände als ideale Gebilde des Verstandes unabhängig von ihrer Konkretion in den Dingen betrachtet werden können.[436] Diese Existenz der mathematischen Gegenstände in ihrer Eigenschaft als ideale Gegenstände eröffnet die Möglichkeit, diese selbst wiederum zum Gegenstand mathematischer Betrachtungen zu machen, d. h. mathematische Aussagen herzuleiten. Daher ist die Form dieser mathematischen Arbeitsweise der Beweis, der der Mathematik auch ihre Sicherheit verleiht.[437] Damit ergibt sich zugleich ein neues Wahrheitskriterium für mathematische Aussagen. Der Rückbezug zur Anschauung ist für mathematische Gegenstände nicht mehr unbedingt erforderlich. Vielmehr geht es nun um die Stimmigkeit der mathematischen Aussagen untereinander und ihre Herleitbarkeit aus Axiomen, bzw. Definitionen.[438] An die Stelle des Korrespondenzkriteriums tritt demnach das Kohärenzkriterium. Wenn nun die Ratio frei von den Schranken der Sinnlichkeit mit den idealen Gegenständen der Mathematik operiert, dann bedarf sie dennoch eines neuen Mediums, das an die Stelle der Anregungsfunktion der Sinnlichkeit tritt. Dies ist die Vorstellungskraft, die *imaginatio*.[439] Mit diesem Gedanken des Thomas ist ein Keim gelegt, der auf ein Mathematikverständnis hinauslaufen kann, das in den mathematischen Gegenständen nur noch freie Schöpfungen des menschlichen Geistes sieht, die mit der Anschauung nichts mehr zu tun haben.

---

[434] Oeing-Hanhoff, L., 1963/64, 33.

[435] Bodewig, E., 1932, 405, 409, 428.

[436] „[…] mathematicus abstrahens non considerat rem aliter quam sit. Non enim intelligit lineam esse sine materia sensibili sed considerat lineam et eius passiones sine consideratione materiae sensibilis, et sic non est dissonantia inter intellectum et rem, […]", DT, Q. V, Art. III ad 1, 186; Vgl. Phys-A II 193b35 ff.

[437] „Sed contra, disciplinaliter procedere est demonstrative procedere et per certitudinem. Sed, sicut Ptolemaeus in principio Almagesti [Syntaxis mathematica I c. 1, p. 6, 17–20; translatio Graeco-Latina] dicit, ‚solum mathematicum genus, si quis huic diligentiam exhibeat inquisitionis, firmam stabilemque fidem intendentibus notitiam dabit, velut demonstratione per indubitabiles vias facta'. Ergo disciplinaliter procedere maxime proprium est mathematici." DT, Q. VI, Art. I, s. c., 203.

[438] „In scientiis enim mathematicis proceditur per ea tantum, quae sunt de essentia rei, cum demonstrent solum per causam formalem; et ideo non demonstratur in eis aliquid de una re per aliam rem, sed per propriam diffinitionem illius rei." DT, Q. VI, Art. I, 206.

[439] „Et ideo in mathematicis oportet cognotionem secundum iudicium terminari ad imaginationem, non ad sensum, quia iudicium mathematicum superat apprehensionem sensus." DT, Q. VI, Art. II, 216.

*Viertens* schließlich, insofern aber die mathematischen Gegenstände auch ihr *fundamentum* in der Form der sinnlichen Gegenstände haben, sind sie auch, sofern keine Bewegung vorliegt, auf die Natur anwendbar.[440] Damit wird die Rationalisierung, d. h. die Mathematisierung der Bewegungsvorgänge zum Problem. Ist Bewegung, oder gar Bewegungsänderung rational darstellbar, d. h. mathematisch quantifizierbar? Thomas verbleibt zunächst ganz im Sinne seiner erkenntnistheoretischen Grundposition der abstrahierenden Tätigkeit des Verstandes dabei, dass die Mathematik sich nur mit dem Unbeweglichen beschäftige, d. h. Bewegungsvorgänge sind nicht rationalisierbar.[441] Andererseits werden von ihr in der angewandten Mathematik, z. B. in der Musik und Astronomie durchaus Bewegungsvorgänge als mögliche rationalisierbare Objekte zugelassen,[442] insofern nämlich als sich Thomas in praktischer Hinsicht dem Gedanken öffnet, dass Bewegungsvorgänge quantifizierbar sind.[443] Damit ist zugleich auch der Gedanke der Quantifizierung von Raum und Zeit wenigstens angedeutet.[444]

---

[440] „Unde principia mathematicae sunt applicabilia naturalibus rebus, non autem e converso, propter quod physica est ex suppositione mathematicae, [...]", DT, Q. V, Art. III ad 6, 188; vgl. De Caelo, 299a13–17.

[441] Thomas' Kommentar zu Aristoteles' Metaphysik XI, lec. 7 Nr. 2260: „Et quod sit altera, manifestat: quia scientia naturalis est circa ea quae habent in seipsis principium motus; et sic oportet quod naturalia habeant determinatam materiam, quia nihil movetur nisi quod habet materiam. Sed mathematica speculatur circa immobilia; quia ea quorum ratio accipitur sine materia sensibili, oportet quod eodem modo eorum ratio sit sine motu, cum motus non sit nisi in sensibilibus".

[442] Auf die These „5. Praeterea, motus non potest esse sine materia. Sed mathematicus debet considerare motum, quia cum motus mensuretur secundum spatium, eiusdem rationis et scientiae videtur esse considerare quantitatem spatii, quod pertinet ad mathematicum, et quantitatem motus. Ergo mathematicus non omnino dimittit considerationem materiae." (DT, Q. V, Art. III, 180) antwortet Thomas „Ad quintum dicendum quod motus secundum maturam suam non pertinet ad genus quantitatis, sed participat aliquid de natura quantitatis aliunde, secundum quod divisio motus sumitur vel ex divisione spatii vel ex divisione mobilis; et ideo considerare motus non pertinet ad mathematicum, sed tamen principia mathematica ad motum applicari possunt. Et ideo secundum hoc, quod principia quantitatis ad motum applicantur, naturalis considerat de divisione et continuitate motus, ut patet in VI Physicorum [Phys-A VI c. 1–4, 231b 21–235 b 5]. Et in scientiis mediis inter mathematicam et naturalem tractatur de mensuris motuum, sicut in scientia de sphaera mota et in astrologia." DT, Q. V, Art. III, ad 5, 188.

[443] „quod principia quantitatis ad motum applicantur, [...]", DT, Q. V, Art. III, ad 5, 188.

[444] Thomas hat sogar indirekt die Frage nach der Quantifizierung von Bewegung, d. h. lokaler Bewegung, am Beispiel der Bewegung eines Körpers im Vakuum durchexerziert und dabei der Theorie des Aristoteles, dass die Bewegung eines Körpers im Vakuum unendlich sein müsse, mit empirischen Argumenten (Bewegung eines Körpers im Äther) und theoretischen Argumenten widersprochen, Grant, E., 1996, [2]1998, 88 f. „Si motus esset in vacuo, non esset in instanti, propter resistentiam mobilis ad motorem et proportionem utriusque", zitiert nach Gosztonyi, A., 1976, 171. Die Bewegung im Vakuum – eine Frage nach der Quantifizierbarkeit der Bewegung – hat in der wissenschaftsgeschichtlichen Entwicklung wesentlich zur Herausarbeitung des modernen dynamischen und kinematischen Bewegungsbegriffs und damit auch des Trägheitsbegriffs beigetragen, Grant, E., 1981.

Diese Anwendung auf die Astronomie ist aber auch deswegen möglich, weil die Astronomie keine reine Naturwissenschaft ist, sondern zwischen Mathematik und Naturwissenschaft steht.[445] Außerdem gehört die Materie des supralunaren Raumes nicht den vier vergänglichen Materieformen der sublunaren Welt an, sondern ist als besondere Materie unvergänglich.[446]

Die Mathematik trifft daher bei ihrer Beschreibung der supralunaren, vollkommenen ewigen Sternen- und Planetenbewegung die Essenz,[447] während sie in ihrer Anwendung auf die unvollkommenen, vergänglichen Bewegungen der sublunaren Bewegungen aufgrund ihrer Orientierung am Akzidenz des Quantitativen der Natur äußerlich bleibt. In diesem Sinne ist auch der Hypothesencharakter der mathematischen Beschreibung von Bewegungen zu verstehen. Weil die Mathematik der Natur äußerlich ist, ist ihre mathematische Beschreibung nicht eine Frage der Wahrheit, sondern der Konvention. Dies wird insbesondere im Hypothesencharakter astronomischer Theorien deutlich, den Thomas im Kommentar zu Aristoteles' *De Caelo et Mundo* hervorhebt.[448] Das prognostische Erfahrungswissen in der Astronomie ist also weder das Ergebnis operationalen Vorgehens, noch hebt es die Wertdifferenzen zwischen sub- und supralunarer Welt auf.

## 4 Die Grenze des aristotelisch-thomasischen Materiebegriffs

Thomas unterscheidet in der Tradition aristotelischen Denkens die sublunare Materie, die aus den genannten vier Elementen besteht, von der supralunaren Materie, die die Substanz der nach Aristoteles' und Thomas' Ansicht unvergänglichen Sterne darstellt, die *materia prima*, bzw. *quinta essentia* (Äther). Die Himmelskörper sind wiederum den Engeln unterstellt, die

---

[445] „Quaedam vero sunt mediae, quae principia mathematica ad res naturales applicant, ut musica, astrologia et huismodi. Quae tamen magis sunt affines mathematicis, quia in earum consideratione id quod est physicum est quasi materiale, quod autem est mathematicum est quasi formale; [...]", DT, Q. V, Art. III, ad 6, 188.

[446] Thomas bezieht sich hier auf die aristotelische Diskussion über den Zusammenhang zwischen Bewegung und Materieform in Phys-A II 7, 198 a 29ff und Meta VI 1, 1026 a 14.

[447] „Entia enim incorruptibilia et immobilia praecise ad metaphysicum pertinent. Entia vero mobilia et incorruptibilia propter sui uniformitatem et regularitatem possunt determinari quantum ad suos motus per principia mathematica, quod de mobilibus corruptibilibus dici non potest; et ideo secundum genus entium attribuitur mathematicae ratione astrologiae." DT, Q. V. Art. III, ad 8, 189f.

[448] Im Zusammenhang mit der Abweichung der astronomischen Modelle des Eudoxos und Ptolemaios von denen des Aristoteles betont Thomas den Modellcharakter astronomischer Systeme insofern als er aus der korrekten Berechnung der Bewegung noch nicht die Wahrheit des Systems zwingend folgert: „Illorum tamen suppositiones quas adinvenerunt, non est necessarium esse veras: licet enim, talibus suppositionibus factis, apparentia salvarentur, non tamen oportet dicere has suppositiones esse veras; quia forte secundum aliquem alium modum, nondum ab hominibus comprehensum, apparentia circa stellas salvantur. Aristoteles tamen utitur huiusmodi suppositionibus quantum ad qualitatem motuum, tanquam veris", De Caelo et Mundo, L. II 1 XVII Nr. 451.

als raum- und zeitenthobene Wesen auch nicht der Bewegung der Materie unterworfen sind. Die Materie der Himmelskörper in ihrer vollkommenen Kreisbewegung hat also eine Mittelstellung zwischen den vollkommenen materiefreien Engeln und der sublunaren Materie.[449] Thomas hat demnach keinen einheitlichen und quantitativen, sondern einen dualistischen und qualitativen Materiebegriff, der auch mit seinem dualistischen Bewegungsbegriff korrespondiert. Während die supralunare Kreisbewegung der Sterne und Planeten aufgrund der Besonderheit der *quinta essentia* ewig und vollkommen ist, ist die sublunare Bewegung vergänglich und unvollkommen. Die Auf- und Abbewegungen werden durch das jeweilige Mischungsverhältnis der verschieden schweren 4 Elemente hervorgerufen. Es gibt allerdings bereits im Mittelalter eine Entwicklung theologischer Diskussion, in deren Verlauf speziell der quantitative Aspekt der Materie, die *quantitas materiae* hervortritt. Thomas selbst hat sogar einen Satz der Erhaltung der Quantität der Materie formuliert.[450] In der weiteren Entwicklung setzt sich der quantitativ einheitliche Materiebegriff durch und wird zur Masse.[451] Daher entfällt in der anhebenden naturwissenschaftlichen Tradition sowohl die Notwendigkeit, die Kreisbewegung als eine ausgezeichnete Bewegung zu verstehen, wie auch die Notwendigkeit, eine unvergängliche *quinta essentia* zu postulieren. Lediglich in der Alchemie spielt die *quinta essentia* als Ziel der Materieveredelung weiterhin eine wichtige Rolle.

## 5  Die Grenze des thomasischen Naturbegriffs

Insgesamt gesehen bündelt sich im Bewegungsbegriff[452] ein Naturverständnis[453], das sich einer Rationalität im Sinne von Quantifizierbarkeit, die die Voraussetzung für den Gesetzesbegriff ist, nicht fügt. Der Ganzheitscharakter der Hylemorphismen, das Zusammenwirken der vier causae, die teleologische Ausrichtung ihrer Bewegung im Sinne eines inneren Aufbauprinzips und schließlich die werthafte Ordnungsstruktur der strebenden Substanzen,

---

[449] „Dicit ergo primo [152] quod illa entia quae sunt extra caelum, sunt inalterabilia et penitus impassibilia, habentia optimam vitam, inquantum scilicet eorum vita non est materia permixta, sicut vita corporalium rerum. Habent etiam vitam per se sufficientissimam, inquantum non indigent aliquo vel ad conservationem suae vitae, vel ad executionem operum vitae. Habent etiam vitam non temporalem, sed in toto aeterno. Horum autem quae hic dicuntur, quaedam possunt attribui corporibus caelestibus, puta quod sint impassibilia et inalterabilia: sed alia duo non possunt eis convenire, etiam si sint animata. Non enim habent optimam vitam, cum vita sit ex unione animae ad corpus caeleste: nec etiam habent vitam per se sufficientissimam, cum per motum suum bonum consequantur, ut dicitur in secundo", Thomas von Aquin, 1952, 103 f.

[450] „materia non est generabilis nec corruptibilis, quia omne quod generatur ex materia, et quod corrumpitur, corrumpitur in materiam", Thomas von Aquin, 1953, De natura materiae, Kap I, Art. 6.

[451] Jammer, M., 1964, 38–50.

[452] Elders, L., 1997, 75–106.

[453] Elders, L., 1997, 56–66.

die Essenzen, können mit dem genannten quantifizierenden sequentiellen Denken der Naturwissenschaft nicht erfasst werden.[454] Wohl aber weist dieses umfassende Naturverständnis auf die Wertqualitäten der Ethik hin. Und hier begegnet uns in der Tat das Konzept des Naturgesetzes. Denn erst die menschliche Ratio als eine neue Stufe der werthaften Ordnungsstrukturen der Natur ist für die Gesetzlichkeit zugänglich. Der Begriff Naturgesetz, *lex naturalis*, erweist sich daher als ein zentraler thomasisch Begriff, der Natur und Ethik in der Anthropologie auf der Basis der Teleologie miteinander verklammert. Einerseits kann er in der Anthropologie von unten als ein emergentes Produkt der teleologischen Triebkräfte der Substanzen in der Natur betrachtet werden (*inclinatio*) – insofern auch der Mensch eine naturhafte Substanz ist –, andererseits ist er auch naturtranszendierend, insofern er eine Verankerung im thomasischen Gottesbegriff sicherstellt.

## 6  Die Grenze der aristotelisch-thomasischen Erkenntnistheorie

Insofern in den Naturwissenschaften philosophische Deutekategorien, wie die Lehre vom Hylemorphismus, die Teleologie, Substanz und Akzidenz, Dynamis und Energeia wirksam sind, gelingt Thomas zwar eine naturphilosophische Weltsicht von großer synthetischer Kraft, zugleich aber verhindern sie das Entstehen einer naturwissenschaftlichen Rationalität, die durch das Konzept des Naturgesetzes in der Lage wäre, empirisch entscheidbare Alternativen zu formulieren.

Zwar lässt sich von Thomas' und Aristoteles' erkenntnistheoretischer Grundposition leicht eine Brücke zur Empirie schlagen, die für den Gesetzesbegriff wichtig ist, aber die Fixierung auf die Sinneserfahrung führt zu einer qualitativ ausgerichteten Naturerkenntnis, die dem Gesetzesbegriff, der auf dem Quantitativen beruht, zuwiderläuft. Dieser Widerstreit zwischen qualitativer, an der unmittelbaren Sinneserfahrung orientierter Naturerkenntnis, und dem Gesetzesbegriff kommt noch deutlicher als bei Thomas selbst bei Aristoteles,[455] sowie seinem scholastischen Vorläufer Petrus Damiani (1007–1072) zum Ausdruck.[456] Diese stark am Sinnlichen ori-

---

[454] Meyer, H., 1934, 330.

[455] Obwohl also die Bewegung weder bei Aristoteles noch bei Thomas einer strengen wissenschaftlichen Behandlung in der Gestalt eines Gesetzes zugänglich ist, hat Aristoteles doch eine Reihe von empirischen Gesetzen gefunden, die allerdings ganz im Bereich unmittelbarer sinnlicher Erfahrung bleiben, also nicht den streng wissenschaftlichen Charakter der ἐπιστήμη haben. Diese Gesetze sind Gesetze des Augenscheins. Da aber Wissenschaft Fortschritte oft gegen den Augenschein macht, werden diese aristotelischen Bewegungsgesetze – auch wie sie das Mittelalter rezipiert hat – bald empirisch widerlegt. Genau dieses Schicksal der empirischen Destruktion erleiden eben jene speziellen aristotelischen Gesetze wie der Geozentrismus, die Lehre von den vier Elementen, die Gesetze des Falls und des Wurfs, die Lehre vom natürlichen Ort, die Leugnung des Vakuums und die Grundgesetze der Dynamik.

[456] „Damiani häuft auch Beispiel auf Beispiel, um die Regellosigkeit des Naturverlaufs darzutun", Hönigswald, R., 1961, 43 f. Damiani schreibt: „Das Feuer, selbst hell, schwärzt ange-

entierte Rationalität ist also im wesentlichen rezeptiv strukturiert, auch der *intellectus agens* kennzeichnet keine Eigenaktivität der Rationalität, etwa im Sinne der Kantschen Spontaneität der Vernunft.

Auch die an diesen sinnlichen Ausgangspunkt anschließende Abstraktionstheorie als der Brücke zur Allgemeinheit wissenschaftlicher Erkenntnis ist der Entwicklung des Gesetzesbegriffs nicht förderlich. Denn das Allgemeine hat seinen Ausgangspunkt beim dinglich Einzelnen, nicht bei Relationen zwischen Dingen, bzw. Größen. Zudem bleibt es in seiner Verknüpfung mit dem Hylemorphismus am Einzelnen hängen, indem es das Allgemeine als Form in den Dingen identifiziert. Diese Form im Einzelnen ist aber keine Relation, die die Grundkategorie des Gesetzeskonzepts darstellt. Ausdruck des dinglich orientierten Erkenntnisvollzugs ist auch Thomas' Mathematikverständnis, das sich am dinglich verstandenen Zahlenbegriff und an geometrischen Figuren orientiert. Sein dinglich-räumliche Mathematikverständnis führt dazu, dass die Mathematik nur auf diese räumlichen Bereiche, wie Geodäsie, Optik, Perspektive angewendet werden kann. Auch hier fehlt der Begriff der Relation als einer zentralen mathematischen Kategorie. Auch das subsumierend-kategorisierende Denken im Sinne der Zuordnung des Allgemeinen zum Besonderen verbleibt im Horizont dieser dingorientierten Rationalität. Es fehlt sowohl der Relations- wie auch der Systemgedanke, was am deutlichsten in der Gestaltung von Thomas' *Summa Theologica* in Form der Quaestio-Disputatio-Determinatio zum Ausdruck kommt.

Außerdem denkt Thomas das Allgemeine immer als etwas Unveränderliches, d. h. er kann im Allgemeinen nicht das Moment der Veränderung denken. Dies führt wiederum dazu, dass er trotz einiger empirischer Beispiele prinzipiell Bewegungsvorgänge von der wissenschaftlichen Betrachtung ausschließen muss. Dies hat zur Konsequenz, dass er durch seine Unterscheidung zwischen supralunarer und sublunarer Bewegung einen Dualismus in den Bewegungsbegriff einführt, der seinem dualistischen Materiebegriff korrespondiert. Auf diese Weise ist es Thomas nicht möglich, den Gedanken der Allgemeinheit wissenschaftlicher Erkenntnis zum Gedanken der Universalität zu erweitern. Denn die qualitativen Gesetze der Bewegung sind zwar *allgemein*, aber durch ihre Verteilung auf den sublunaren und supralunaren Raum nicht *universell*.

Sollte die Allgemeinheit des Relationalen auch in Bezug auf Veränderung denkbar sein, so müsste es einen gemeinsamen Bezugspunkt, einen gemeinsamen Hintergrund der sich verändernden Größen geben. Dies kann nur ein allgemeiner Zeitbegriff und Raumbegriff sein. Dieser aber ist im Kon-

---

brannte Gegenstände. Feuer ist rot, und doch erglühen Steine weiß. Kohlen werden durch leisen Druck zerrieben und werden doch durch keine Feuchtigkeit zerstört. Im Kalk schlummert Feuer, das ihm entlockt wird durch kaltes Wasser, nicht aber durch Öl, das doch sonst das Feuer fördert", zitiert nach Hönigswald, R., 1961, 44.

text aristotelischer Philosophie nicht gegeben, da der Zeitbegriff zu stark
an den Bewegungsbegriff gekoppelt ist und der Raumbegriff an den Körperbegriff. Raum und Zeitbegriff müssen also vom Bewegungs-, bzw. vom
Körperbegriff getrennt werden, um als gemeinsame Bezugsgrößen für die
Allgemeinheit von Relationen fungieren zu können. Dies hat weitreichende
philosophische Konsequenzen. Denn die Verknüpfung des aristotelischen
Zeitbegriffs mit dem Bewegungsbegriff der Akt-Potenz Metaphysik, die
sich in ihre Momente Sein-Wesen, Form-Materie und Substanz-Akzidenz
auslegt, sichert ihm sowohl ontologische Dignität wie auch essentielle Wertqualitäten.[457] Wird der Zeitbegriff aber aus diesem ontologischen Kontext
gelöst, verliert er auch diese Wertkonnotationen.

Um im Bewegungsbegriff vom Allgemeinen zum Universellen fortzuschreiten, ist darüber hinaus die Überwindung des dualistisch-qualitativen
Materiebegriffs zugunsten eines quantitativen Materiebegriffs notwendig,
bzw. die Reduktion des philosophischen Substanzbegriffs auf sein Akzidenz der Quantität.[458]

Dieser kaum zu überschätzende geistesgeschichtliche Vorgang ist zugleich ein Indiz für die sich entwickelnde *Eigen*rationalität philosophischen
und naturwissenschaftlichen Denkens, das sich der direkten Zuordnung zur
Theologie als *praeambula fidei* und *ancilla* zunehmend entzieht.[459]

## 7  Die Grenze des thomasischen Weltverhältnisses im Hinblick auf die Dynamisierung von Mensch und Natur

Man kann durchaus davon sprechen, dass in der Theologie und der ihr zugeordneten Philosophie Thomas' von Aquins eine beträchtliche Dynamik
waltet. Aber es ist eine Dynamik, die sich nicht in ein aktives Weltverhältnis auslegt. Diese Dynamik ist in der teleologischen Ausrichtung des Menschen wirksam, sowohl in der Erkenntnistheorie wie in der Ethik. Beide
sind *philosophisch* gesehen durch den *Seins*begriff verklammert, dem sich
der Mensch in der Erkenntnistheorie und Ethik rezeptiv annähern soll.
Beide sind *theologisch* gesehen in der *lex aeterna* verklammert. Die Dynamik speist sich aus den *inclinationes* und dem zu erreichenden welttrans-
zendenten Heilsziel des Menschen, der *visio beatifica*, und dem eingestifteten Lebensziel der übrigen Geschöpfe. Hier offenbart sich ein umfassender

---

[457] Anzenbacher, A., ⁷1999, 74.

[458] Es ist eine interessante Frage, inwieweit der philosophische Grundgedanke, der dem
Substanzbegriff zugrunde liegt, nämlich die Existenz eines aus sich selbst heraus selbständigen
Seienden, durch den modernen Begriff der Relation, der dem naturwissenschaftlichen Denken
zugrunde liegt, an Stichhaltigkeit eingebüßt hat.

[459] Aus diesem Grund ist auch der Beitrag der Jesuitenphysik des 17. Jahrhunderts im Ganzen gesehen gering ausgefallen, weil sie diese Eigenrationalität zugunsten einer zu voreiligen
theologischen Deutung physikalischer Vorgänge zu wenig beachtet hat. Vgl. hierzu den Aufsatz: Ashworth, W. B. Jr., 1986, 136–166.

ontologisch abgestufter teleologischer Zusammenhang vom Unbelebten, über die Lebewesen, den Menschen, den Engeln und Gott. Insofern mit der Teleologie auch eine Werthierarchie verbunden ist, in der Sein und Sinn, Legalität und Moralität miteinander verbunden sind, ist ein eindeutiger Zusammenhang zwischen Natur und Ethos vorhanden, da jedes Seiende qua *inclinatio* seinem von Gott eingestifteten Wesensgesetz folgt. Dieses Wesensgesetz, die Entelechie, die Essenz, ist allerdings dem Menschen rational nicht zugänglich, da sich die menschliche Rationalität allein an der Existenz orientiert. Damit ist zwar innerhalb der teleologischen Ontologie ein Zusammenhang zwischen Natur und Ethos vorhanden, der aber aufgrund der Essentialität rationaler Aufschlüsselung nicht zugänglich ist. Lediglich philosophische Deutekategorien, wie Entelechie, Stoff und Form, etc. liefern eine Klassifizierung des Seienden.

Aufgrund dieses letzten Ziels ist die Ethik schwerpunktmäßig an der inneren Vervollkommnung des Menschen interessiert, d. h. an der habituellen Befestigung der Tugenden, die Erkenntnistheorie funktional im Kontext der Anthropologie nur schwach entwickelt und inhaltlich am Essenzgedanken orientiert. Es ist diese Gesamtausrichtung der inneren Dynamik des Menschen im Hinblick auf sein Heil, die – wie in der Ethik und Erkenntnistheorie deutlich geworden ist – wenig Raum lässt für ein aktives Weltverhältnis und eine weltbezogene Dynamik. In der Ethik sind die handlungsleitenden Elemente schwach aufgeprägt, Ausnahme ist beispielsweise das *bonum commune*, in der Erkenntnistheorie ist es die Unmöglichkeit, Aussagen über Bewegungs- und Veränderungsprozesse wissenschaftstheoretisch zu rechtfertigen. Darüber hinaus ist sein Begriff der *lex naturalis* aufgrund ihrer Bindung an die menschliche Vernunft nicht geeignet, einen Gesetzesbegriff für die Natur zu entwickeln. Im Hinblick auf die *lex naturalis* ist die Natur vernunftlos und die Vernunft naturlos. Thomas' Theologie und Philosophie ist durchaus dynamisch, aber es ist eine Dynamik zur Entwicklung der inneren Qualitäten des Menschen. Sie bietet ethisch und erkenntnistheoretisch nur wenige Ansatzpunkte zur Entwicklung einer Dynamik äußerer Quantitäten. Offensichtlich bedarf es zur Entwicklung eines äußeren dynamischen Weltverhältnisses einer anderen Rationalitätsform. Überspitzt ausgedrückt könnte man sagen, dass im Denken von Thomas von Aquin zwei einander spiegelbildlich gegenüberstehende, und sich damit ausschließende Rationalitätsformen existieren.

Die eine könnte man die *essentialistisch-teleologisch*, die andere die *quantitativ-sequentielle*[460] Rationalitätsform nennen, wobei letztere nur

---

[460] Diese Rationalitätsform kann bereits im frühen Nominalismus Roscelins identifiziert werden. So leugnet er in der Diskussion um das Verhältnis von Teil zu Ganzem ein qualitatives Mehr des Ganzen („Das Ganze ist mehr als die Summe seiner Teile") und sieht in ihm eine

keimhaft, gewissermaßen als subversiver Bestandteil seines im wesentlichen essentialistisch-teleologischen Denkens vorhanden ist.

Allerdings weist dieser umfassende teleologische Zusammenhang an mehreren Stellen Bruchstellen auf, die auf eine potentielle Herauslösung des Menschen aus diesem Gefüge hindeuten und ein Einfallstor im Sinne einer stärkeren Autonomie des Menschen darstellen. So ist schon bei Thomas selbst die harmonische Zuordnung von Wille und Vernunft Gottes in Frage gestellt, wenn er etwa an einigen Stellen einer rational nicht abgesicherten Willkür Gottes das Wort redet. Die Allmacht Gottes hat so stellenweise gegenüber seiner Vernunft ein größeres Gewicht, so z. B. wenn der Wille Gottes gebieten kann, gegen das von der Weisheit Gottes eingesetzte Gebot der ehelichen Treue zu verstoßen.[461] Auch der Konnex zwischen Naturgesetz und Ewigem Gesetz ist abhängig von der Stärke der menschlichen Participatio. Nun kann aber die mit der Participatio verbundene Möglichkeit des Menschen an der Providentia Dei teilzunehmen auch im Hinblick auf eine Autonomie ausgelegt werden, sobald die Hinordnung der menschlichen Ratio auf die Providentia, vermittelt durch die Participatio, zugunsten eigenständiger autonomer Zukunftsgestaltung verblasst. Darüber hinaus liegt zwischen der menschlichen Willensfreiheit und der Participatio ohnehin ein Widerspruch vor. Fernerhin ist der Zusammenhang zwischen Naturgesetz und menschlichem Gesetz nicht so streng, wie er bei einer durchgehenden Teleologie sein müsste. An der Schaltstelle zwischen Naturgesetz und Gesetz, an der sowohl der imperative, autonome wie auch der partizipative Charakter der Vernunft waltet, ist auch als Bindeglied die Synderesis angesiedelt und der φρόνησις ist in der Auslegung der *lex naturalis* Raum gegeben. Hier liegt ein Ansatzpunkt für eine mögliche Verselbständigung und Autonomiebewegung des Gewissens, wenn die Verbindung mit der Synderesis aufbricht und sich damit aus dem Konnex mit dem Naturgesetz und dem Ewigen Gesetz löst, d. h. den rezeptiv-heteronomen Bezug auf das Ewige Gesetz mit dem spontan-autonomen Selbstbezug vertauscht.[462] Die genannten Schwachstellen laden geradezu dazu ein, dass sich die genannten Aspekte aus dem Systemzusammenhang lösen und verselbständigen. Diese Autonomiebewegung des Gewissens ist bei Thomas selbst bereits weit fortgeschritten, so dass man eigentlich von der vollen Gewissensautonomie sprechen muss. Dies zeigt sich bei Thomas bereits darin, dass er im Falle eines Konfliktes zwischen menschlichem Gesetz, sofern dies die notwendigen Bedingungen der Legitimität nicht erfüllt, und

---

bloße additive Summe. Entsprechend führt diese Rationalitätsform in seiner Interpretation der Trinitätslehre auch zu seiner tritheistischen Häresie, Mensching, G., 1992, 98–102.

[461] STh I–II 94, 5 ad 2.

[462] Inwieweit man dem thomasischen Gewissen bereits autonomen Charakter zubilligen kann, ist Gegenstand einer lebhaften wissenschaftlichen Debatte. Literatur dazu in: Anzenbacher, A., 1992, 179–192, hier 179.

Gewissen eindeutig dem Gewissen das Entscheidungsrecht zuerkennt,[463] einschließlich kirchlicher Gesetze, selbst dann, wenn ihre Nichtbefolgung mit der Exkommunikation geahndet wird.[464]

Genau diese Verselbständigungstendenzen werden von der zweiten, der keimhaft vorhandenen quantitativ-sequentiellen Rationalitätsstruktur begünstigt, die anhand bestimmter Aspekte des wissenschaftstheoretischen Diskurses bei Thomas in Erscheinung treten, die später für das Konzept des Naturgesetzes wichtig werden. So sind die drei wissenschaftstheoretischen Kriterien, die Thomas nennt, Allgemeinheit, Notwendigkeit und Prognostizierbarkeit bereits Kennzeichen des modernen Konzepts des Naturgesetzes. Prognostizierbarkeit wird auch im Hinblick auf die Astronomie von Thomas praktisch realisiert. Allerdings ist ihre Verknüpfung mit der aristotelischen Naturphilosophie der Entwicklung des Konzepts Naturgesetz aus den bereits dargelegten Gründen hinderlich. Erst eine umfassende Kritik an Aristoteles wird den Weg für das quantitativ-sequentielle Denken freimachen, allerdings um den Preis der Ausblendung philosophischer Grundfragen. Am deutlichsten wird es in der Einschätzung der Rolle der Mathematik für die Naturforschung. Die Mathematik reicht nur an die Oberflächenphänomene heran, das Wesen der Dinge ist ihr verschlossen. Daher ist ihr Ort eben das rein Quantitative, bzw. die Bewegungslehre, insofern sie als reine Ortsbewegung quantitativer, sequentieller Beschreibung zugänglich ist. Um aber räumliche Bewegung einer quantitativen Analyse zugänglich zu machen, mithin dem quantitativ-sequentiellen Denken zu unterwerfen, bedarf es ontologisch einerseits einer grundlegenden Neuformulierung des Raum-, Zeit- und Materiebegriffs, andererseits erkenntnistheoretisch der Abkehr von der Dingorientierung und Hinwendung zur Orientierung an Relationen.

Um in solchen Relationen denken zu können, müssen die grundlegenden Kategorien des menschlichen Weltverhältnisses, Raum, Zeit und Materie vermittels der Kategorie der Quantität homogenisiert werden, damit es zu einem universal formalisierbaren Gesetzesbegriff zu kommen kann, der in der Lage ist, Bewegungsvorgänge zu beschreiben. Wir werden sehen, dass der Nominalismus für diesen Vorgang wichtige Beiträge liefert.

Es ist ein erstaunliches Phänomen der Wissenschaftsgeschichte, dass sich genau dieser Homogenisierungs- und Quantifizierungsprozess von Raum, Zeit und Materie in der Philosophie und Wissenschaftsgeschichte in den nächsten Jahrhunderten vollzieht und damit die Voraussetzung für den Gesetzesbegriff schafft. Und es entspricht der Logik der geistesgeschichtlichen Entwicklung, dass sich der Gesetzesbegriff am nunmehr quantitativen

---

[463] Insofern die Gesetze nicht der Gerechtigkeit genügen, kann Thomas sagen „Unde tales leges non obligant in foro conscientiae: nisi forte propter vitandum scandalum vel perturbationem, [...]", STh I–II 96, 4 resp.; ebenso STh I–II 96, 4, ad 2, ad 3.
[464] STh II–II 104, 1 ad 1; De Ver. XVII, 5 ad 4.

Bewegungsbegriff entwickelt. Bewegung wird damit überhaupt Gegenstand der Wissenschaft. Damit wird der thomasische metaphysische Rahmen verlassen, in dem Wissenschaft nur vom Unwandelbaren und zeitlos Gültigem möglich war. Anders ausgedrückt: Die Bewegung als reine Ortsbewegung verliert ihren akzidentiellen Charakter, sie wird unter der Hand zu einer zentralen wissenschaftlichen Kategorie, der metaphysische Bewegungsbegriff des Aristoteles hingegen verblasst. Dem entspricht die Herauslösung des Zeitbegriffs aus dem genannten metaphysischen Kontext der Bewegung der Substanz und seine Zuordnung zur reinen Ortsbewegung des Akzidentiellen und mithin Quantitativen. Zeit wird damit ontologisch abgewertet, funktional hingegen im Kontext des sich formierenden neuen philosophischen Weltverhältnisses aufgewertet. Der Nominalismus wird diese Verbindung zwischen Zeitbegriff, akzidentiellem Bewegungsbegriff und dem Akzidenz der Quantität befestigen.[465]

Es wird sich zeigen, wie im Nominalismus als einer transitorischen philosophischen Bewegung die Stärke der Autonomie und Subjektivität in Verbindung mit dem quantitativ-sequentiellen Denken so stark zunimmt, dass darüber auf lange Sicht das ontologisch-teleologische Denken des Aristoteles zerbricht und damit nicht nur der Konnex zwischen Natur und Ethos zerreißt, sondern auch die durch den metaphysischen Seinsbegriff vermittelte Analogie zwischen theoretischer und praktischer Vernunft. Dann wird die Gesetzlichkeit der Natur im Sinne quantitativer Relationen im Gegensatz zu den *inclinationes* keine teleologische Orientierung mehr vermitteln, dann bedarf es für die Ethik eines neuen Begründungszusammenhangs, wenn ihre Verknüpfung mit der Natur in Gestalt der *inclinationes* und mit der Transzendenz in Gestalt des Ewigen Gesetzes sich löst. Dann entsteht in der Tat auf der Grundlage des quantitativen Denkens das Problem des naturalistischen Fehlschlusses. Diese Sichtweise hat sich seit dem Sieg des naturwissenschaftlichen Naturbegriffs durchgesetzt. Im Kontext eines solchen Naturbegriffs gilt dann in der Tat der naturalistische Fehlschluss. Der Inbegriff eines solchen Naturverständnisses ist der moderne Begriff des Naturgesetzes. Und aus ihm lassen sich auch keine werthaften Aussagen mehr ableiten. Dies ist auch die ethische Schwierigkeit, in die dieser moderne Naturbegriff geführt hat. Weder gibt die Kenntnis der Materieformel $E = mc^2$ eine Richtschnur an die Hand, ob man mit ihrer Kenntnis Atombomben oder Atomkraftwerke bauen soll, noch wird die zu erwartende Kenntnis des funktionalen Aufbaus der DNS eine ethische

---

[465] Diese neue Zuordnung der Zeit und der Bewegung unter dem Signum der Quantität ist der zentrale Angriff auf die Teleologie. Zeit und Bewegung verlieren auf diese Weise sowohl ihre Wert- wie Sinnqualitäten. Ein früher Vertreter dieser neuen philosophischen Richtung ist Wilhelm von Alnwick (1270–1333). Anlässlich einer Disputation 1323 äußerte er sich folgendermaßen: „Dico ergo sed motus secundum suam rationem formalem, cum est fluxus formae coniunctus cum tempore, est per se quantitas successiva", Rombach, H., 1965, 126.

Entscheidung erleichtern, ob eine positive Eugenik wünschenswert ist oder nicht. Der teleologische Naturbegriff, der den *inclinationes* zugrunde liegt, vereinigt aber gerade Sein und Sollen, Deskriptivität und Präskriptivität. Insofern ist vor dem Hintergrund des teleologischen Denkens der Vorwurf des naturalistischen Fehlschlusses nicht gerechtfertigt,[466] wohl aber vor dem Hintergrund des quantitativen Denkens.

Auch das Weltverhältnis des Menschen wird dadurch auf grundlegende Weise verändert werden. Die Struktur dieses Weltverhältnisses war bisher eher kontemplativ-passiv. Diese Grundorientierung zeigte sich sowohl in der tendenziell eher rezeptiv orientierten thomasischen Erkenntnistheorie, auch wenn sie bereits aktive und synthetische Elemente enthält wie den *intellectus agens* und das *componendo* und *dividendo*, wie auch die teleologisch orientierten Ontologie, in der Sein und Sinn verknüpft sind. Das Weltverhältnis des quantitativ-sequentiellen Denkens indessen stellt aber die intellektuellen Werkzeuge eines viel aktiveren Weltverhältnisses bereit. Das ontologisch-teleologische Weltverhältnis mit Hilfe des quantitativ-sequentiellen Denkens zu verlassen, heißt daher auch, in ein aktiveres Weltverhältnis einzutreten. Die menschliche Rationalität wird daher, der Faszination, Macht und Verführung des quantitativ-sequentiellen Denkens erlegen, fortan nicht mehr in der Unmittelbarkeit der direkten Weltbezüge aufgehen, sondern eine rationale, wissenschaftliche Parallelwelt aufbauen, in der sich die quantitativen Gesetze niederschlagen.

Um dieses Weltverhältnis der Unmittelbarkeit aufzubrechen, ist psychologisch eine Distanzierung, gekoppelt mit einem Aktivierungsvorgang des Menschen notwendig, beides Momente für einen handlungsorientierten Weltumgang. Auf dieser psychologischen Basis aufbauend kann es dann erkenntnistheoretisch zur Symbolbildung kommen, deren letzte Stufe die Formalisierung in einem relationalen System ist. Stehen die intellektuellen Werkzeuge der quantifizierend-sequentiellen Rationalitätsform zur Verfügung, gekoppelt mit einer Aktivierung des Menschen, kann es insgesamt zu einer Dynamisierung des Weltverhältnisses kommen, in dem sich ein nunmehr dynamisch gewordener Mensch der Dynamik in der Natur zuwendet. Wir werden sehen, welchen Beitrag dazu der Nominalismus leistet, indem wir die bei Thomas bereits vorhandenen Bruchstellen in der Theologie Ockhams weiterverfolgen. Es wird also im nächsten Kapitel darum gehen, die Brüche in der Gotteslehre Ockhams und ihre Folgen für das menschliche Weltverhältnis zu beleuchten. Es wird ebenso darum gehen, die Brüche in der Erkenntnistheorie, Anthropologie und Ethik im Hinblick auf ihre konstitutive Funktion für eine Dynamisierung des Menschen, seines Weltverhältnisses in den Grundkategorien von Raum, Zeit und Materie und für die Dynamisierung der Natur in den Blick zu bekommen.

---

[466] Bormann, F. J., 1999, 282–285.

# Die Entdeckung des dynamischen Gottes – Wilhelm von Ockham

> „Aber der Glaube war immer mit Wissen
> verbunden gewesen, wenn auch nur mit ei-
> nem eingebildeten, seit den Urtagen seiner
> zauberhaften Begründung. Und dieser alte
> Wissensteil ist längst vermorscht und hat
> den Glauben mit sich in die gleiche Verwe-
> sung gerissen: es gilt also heute, diese Ver-
> bindung neu aufzurichten. Und natürlich
> nicht etwa bloß in der Weise, dass man den
> Glauben ‚auf die Höhe des Wissens‘ bringt;
> doch wohl aber so, dass er von dieser Höhe
> auffliegt. Die Kunst der Erhebung über das
> Wissen muss neu geübt werden", Robert
> Musil, Der Mann ohne Eigenschaften[1].

## I Gottesbild und Wissenschaftstheorie, Erkenntnistheorie, Ethik und Anthropologie bei Wilhelm von Ockham

### 1 Zeitgeschichte

Im Jahre 1284, vermutlich dem Geburtsjahr Ockhams, zehn Jahre nach dem Tod Thomas' von Aquin 1274, sorgt ein Ereignis in Europa für Bestürzung, das in symbolischer Form als das Einläuten des Endes der Scholastik und der großartigen Architektonik ihrer theologischen Summen gedeutet werden kann. Die Gewölbe der Kathedrale von Beauvais stürzen zusammen, weil die zu komplizierte und verästelte Konstruktion statisch nicht mehr beherrschbar ist.[2] Es folgen in diesem bewegten 14. Jahrhundert weitere Zusammenbrüche.

*Wirtschaftlich* gesehen erschüttern mehrere ökonomische Depressionen Europa, von 1315–1317 überzieht nach einem enormen Bevölkerungsanstieg ab etwa 1300[3] eine Hungersnot das Abendland,[4] es folgen

---

[1] Musil, R., 1996, 826.
[2] Zu den verschiedenen Theorien, die den Zusammensturz erklären sollen, vgl. Murray, S., 1989, 112–120.
[3] Bulst, N., 1994, 427.
[4] Imbach, R., 1981, 221.

Armutsaufstände,[5] in den furchtbaren drei Jahren zwischen 1348–1351 werden die Menschen von der großen Pest heimgesucht.[6] *Kirchlich* erleben die Menschen nicht nur durch die Pest selbst eine große Glaubensverunsicherung, die den geordneten religiösen Kosmos untergräbt, sondern auch durch das Verhalten des Klerus in dieser Krise, der weitgehend nicht in der Lage oder willens ist, diesen Einbruch des Grauens mit kirchlichen Ritualen, Sakramenten, heilsgeschichtlichen Deutungen, Bußrufen und auch tätiger Nächstenliebe zu bändigen.[7] Darüber hinaus versetzt auch die Inquisition die Menschen in Angst und Schrecken, der selbst führende Geister wie Thomas von Aquin, Meister Eckhart und Wilhelm von Ockham nicht entgehen. Und schließlich verliert auch die Kirche durch die Krise des Papsttums während seiner Zeit in Avignon (1309–1376) an Glaubwürdigkeit. Nicht zuletzt untergraben die religiösen Einsichten der Mystik der Gottunmittelbarkeit eines jeden Menschen im *Seelenfünklein* Meister Eckharts und auch die Gleichstellung des Glaubens der Laien mit dem der Theologen durch Wilhelm von Ockham die hierarchischen Fundamente der Kirche. Auch in *politischer* Hinsicht wird den Menschen des 14. Jahrhunderts einiges an Wirrnissen zugemutet. Der Hundertjährige Krieg (1339–1453) zwischen Frankreich und England ist eine Quelle steter Verunsicherung. Schließlich ist in *sozialer* Hinsicht die Entstehung einer bürgerlichen Unternehmerschicht in den Städten ein Ferment, das auf lange Sicht die starren Grenzen zwischen den sozialen Schichten aufweicht.

Trotz oder gerade wegen diesen zahlreichen Erfahrungen der Verunsicherung ist aber das 14. Jahrhundert in zahlreichen Bereichen ausgesprochen innovativ. Nicht ohne Grund nennen sich die auf Ockham folgenden Nominalisten die *moderni*.

In *wirtschaftlicher* Hinsicht ist die Entwicklung der Geldwirtschaft zu nennen, die Entstehung des Kredit- und Bankwesens, die erste theoretische Deutungen der Inflation durch den Bischof Nicole Oresme und schließlich der wirtschaftliche Aufschwung der Städte einschließlich des Fernhandels. *Religiös* gesehen ist die Gottunmittelbarkeit der Mystik Meister Eckharts wie auch die Gottunmittelbarkeit des Glaubens bei Ockham für das Individuum emanzipatorisch wirksam sowohl in Bezug auf die Institution Kirche wie auch langfristig demokratisierend in Bezug auf die Gesellschaft.

---

[5] Imbach, R., 1981, 221.

[6] Die ältere Forschung nimmt an, dass Ockham 1348 in seinem Exil in München der Pest zum Opfer gefallen ist, während die jüngere Forschung von 1347 als seinem Todesjahr ausgeht.

[7] „In der Pest also begegnet den Menschen des späten Mittelalters der andere, der wildgewordene, der alles niedermähende Tod, der alle Ordnung außer Kraft setzt, dem weder Rituale noch Haltungen, noch Glauben gewachsen sind, [...]. Aber nicht nur die öffentliche Ordnung nimmt Schaden; angesichts dieses Grauens, dieser Trost- und Auswegslosigkeit hält auch die innere Ordnung nicht stand. Aller Hoffnung und Zuversicht, allen Trostes Gottvertrauens beraubt, fallen die Menschen aufs nackte ‚Rette sich, wer kann‘ zurück“, Gronemeyer, M., 1993, 10.

Die *politische* Theorie wird durch die neuen Ideen des Marsilius von Padua (1280–1342/43) in seinem *Defensor Pacis* von 1324 mit dem neuen Gedanken einer rein säkularen Legitimation der Macht und der Autonomie des Staates bereichert. Auch *institutionell* gibt es Neuerungen. Es werden ausgehend von Paris neue Universitäten in Prag (1348), Krakau (1364), Wien (1365) und Heidelberg (1386) gegründet.

Selbst in *technologischer* Hinsicht hat gerade das 14. Jahrhundert einige weitreichende Innovationen vorzuweisen.[8] Dazu zählt vor allem die Erfindung der durch die Schwerkraft angetriebene Uhr.[9] Zahlreiche Rathäuser, Kirchen und Klöster werden in der ersten Hälfte des 14. Jahrhunderts mit teilweise künstlerisch sehr aufwendigen und technologisch fortgeschrittenen Schlagwerken geschmückt. Vorreiter in dieser Hinsicht war der englische Abt des Klosters St. Albans, Richard von Wallingford (1291–1336), der eine aufwendige astronomische Uhr für sein Kloster konstruierte.[10] Besonders zu erwähnen ist in diesem Zusammenhang auch die Errichtung der öffentlichen Uhr in Mailand um 1350 durch den damals europaweit bekannten Meister Giovanni de' Dondi, die nicht nur die Stunden, die Bewegung der Sonne und des Mondes, die Bewegungen der damals bekannten fünf Planeten anzeigte, sondern auch einen fortlaufenden und vollständigen Kalender beinhaltete.[11] Zu den technologischen Neuerungen zählt auch die Erfindung der Brille zwischen 1280–1300.[12] Die Erfindung der Uhr und die Erfindung der Brille signalisieren symbolisch eine neue Einstellung in Bezug auf den Umgang mit Raum (Brille) und Zeit (Uhr). Als Symbol einer sequentiellen Taktung von Raum und Zeit kann die technische Vervollkommnung der Wassermühle angesehen werden, die im 14. Jahrhundert stattfindet,[13] wie auch die der Windmühle, die sich im 13. und 14. Jahrhundert von Ypern aus über ganz Europa verbreitet.[14] Die Vervollkommnung

---

[8] Jaki, S. L., 1993.

[9] Die Wasseruhr, die Clepsydra, gab es schon vorher. Interessanterweise hat sie aber aufgrund ihrer speziellen Funktionsweise durch Unterdruck mehr zur Klärung des Raum- und Vakuumbegriffs beigetragen als zum Zeitbegriff, Jammer, M., 1960, 97 ff; zur Geschichte der Wasseruhr vgl. North, J., 2005, 147–153.

[10] North, J., 2005, 139–228.

[11] „Es gibt heute in Italien einen außergewöhnlichen Mann, der in Philosophie, Medizin und Astronomie gleichermaßen bewandert ist und ganz allgemein als die große Autorität dieser drei Wissensgebiete anerkannt ist. Sein Name ist Giovanni de' Dondi aus Padua", Zitat von Philippe de Maizière in Cipola, C. M., 1997, 45.

[12] 1303 wird die Brille erstmals in der medizinischen Literatur erwähnt (Bernhard von Gordon) und 1352 findet sich die erste bildliche Darstellung eines Brillenträgers auf einem Fresco in Treviso von Tommaso da Modena, White, L., 1940, 142 f; Rohr, M. von, 1927, 30; ders., 1928, 95–117; Rosen, E., 1956, 13–46.

[13] Die Mühle als technische Neuerung des 14. Jahrhunderts wird vor allem bei Johannes Buridan als Beispiel zur Illustration seiner neuen Impetustheorie, d. h. einer neuen Bewegungstheorie, genannt, Wolff, M., 1978, 228, 243 ff, 253, 270 f.

[14] White, L., 1940, 155 f, ebenso Horwith, H. T., 1933.

der Mühlentechnik in Verbindung mit der agrikulturellen Revolution der vorhergehenden Jahrhunderte und der effektiveren Ausnutzung der Pferdekraft stellt dieser Zeit ein weit höheres Maß an Energie zur Verfügung.[15]
Auch die Erfindung der Druckerpresse reicht ins 14. Jahrhundert, die schließlich durch die Erfindung der beweglichen Lettern durch Gutenberg eine Revolution ausgelöst hat.[16] Die Erfindung der Papiermühle erfolgt schon 1276 in Italien.[17] Nicht ohne Grund wird der Zeitraum von 1250–1350 das „Zeitalter der Erfindungen"[18] genannt. Den beiden bedeutendsten Erfindungen des 14. Jahrhunderts, dem Buchdruck und der Uhr, liegt zudem eine gemeinsame Struktur zugrunde, die man ganz im Sinne des Ausblicks aus dem letzten Kapitel als *sequentielles* Denken, das sich an Quantitäten orientiert, bezeichnen könnte. Die mechanische Uhr zerlegt die Zeit in eine Sequenz von gleichen Einheiten, so wie die Druckerpresse einen Text in eine Sequenz von beweglichen Lettern zerlegt.

Insgesamt kann man also sagen, dass durch diese technische Verfügbarkeit von mehr Energie (Mühle und Pferdekraft) und der Verbesserung des Informationsflusses (Druckerpresse), in Verbindung mit der entsprechenden neuen mentalen Struktur des Menschen (sequentielles Denken) die Mobilität des Menschen deutlich erhöht wird und damit die Voraussetzungen zur Entfesselung einer neuen Dynamik des Menschen und der Gesellschaft gelegt werden.

Eine neue Sicht der Welt kündigt sich auch in der Entdeckungen der Perspektive durch Giotto an. Und selbst die Pest von 1348–1351 führt im Dekameron von Boccacio zu literarischer Innovation. In diesem wechselhaften Jahrhundert entsteht das Werk Ockhams, zwischen großen krisenhaften Erschütterungen und innovativen Aufbrüchen.

## 2 Wirkungs- und Rezeptionsgeschichte Wilhelm von Ockhams

Für die Rezeption Ockhams ist kennzeichnend, dass sein Werk einerseits auf enthusiastische Zustimmung stößt, andererseits auf ebensolche starke Ablehnung. Im 14. und 15. Jahrhundert beherrscht er die Universitäten Europas, wird im Gefolge der Reformation fast vergessen, um dann im 20. Jahrhundert eine geradezu atemberaubende Wiederentdeckung zu erleben,

---

[15] Zur agrikulturellen Revolution gehört die Einführung der Dreifelderwirtschaft. Auch die Ersetzung der Ochsen in der Landwirtschaft durch die Pferde, deren Arbeitsleistung durch die Entwicklung des Kummets, des Zuggeschirrs und des Hufeisens erheblich verbessert werden konnte – auf diese Weise auch den Menschen entlastet –, trägt erheblich zur Verbesserung der landwirtschaftlichen Produktivität bei. Ebenso wird die Mobilität der Menschen durch diese verbesserte Ausstattung des Pferdes erhöht, White, L., 1940, 153 ff.

[16] „Very few subsequent inventions had the same universal significance in this respect as did the weight-driven clock and the printing press", Cardwell, D. S. L., 1972, 211 f.

[17] White, L., 1978, 226.

[18] Pacey, A., 1976; Frugoni, C., 2003.

die schließlich in der groß angelegten Edition seines theologischen und philosophischen Gesamtwerks (Opus Theologicus = OT, Opus Philosophicus = OP) – nicht jedoch seiner politischen und kirchenkritischen Schriften – durch die franziskanische Universität St. Bonaventure in New York gipfelt.

## 2.1 Wirkungs- und Rezeptionsgeschichte bis zum 17. Jahrhundert

Ockham als ein wichtiger Vertreter der im späten 14. Jahrhundert so genannten *via moderna*[19] vollzieht in vielerlei Hinsicht einen Bruch mit der philosophischen und theologischen Tradition der Scholastik und des Mittelalters, so dass er von manchen als einer Wegbereiter der Moderne angesehen wird.[20] Diese Einschätzung seines Werkes wird von seinen Zeitgenossen durchaus geteilt, so dass es nicht verwundert, dass die Rezeption der Theologie, Philosophie und Naturphilosophie Ockhams von Beginn an mit scharfen Auseinandersetzungen verbunden gewesen ist.[21] Dies gilt sowohl für seine erste rein wissenschaftstheoretische, philosophische und theologische Phase an der Universität in Oxford und seinem erzwungenen Aufenthalt in Avignon, wie auch für seine zweite kirchenpolitische, politische Schaffensphase nach seiner Flucht aus Avignon und seiner Übernahme einer politischen und theologischen Beraterposition am Hofe Ludwig des Bayern in München.[22] Noch während der ersten Schaffensperiode Ock-

---

[19] Die Unterscheidung zwischen *via moderna* und *via antiqua* hat sich im späten 14. Jahrhundert eingebürgert und bezeichnet letztlich eine verschiedene Einschätzung des Zugangs zur Wirklichkeit. Während die Vertreter der *via antiqua* als Realisten in der aristotelisch-boethischen Tradition von einem Korrespondenzverhältnis zwischen Denken und Wirklichkeit ausgehen und sich entsprechend an die aristotelische Logik und Kategorienlehre halten, betonen die Vertreter der *via moderna* stärker die Differenz zwischen Denken und Wirklichkeit, modifizieren entsprechend Aristoteles – Ockham reduziert die Anzahl der aristotelischen Kategorien – und konzentrieren sich eher auf Logik und Sprachanalyse. Vereinfacht könnte man sagen, die Vertreter der *via antiqua* betreiben Sachwissenschaft („nos imus *ad res*, de *terminis* non curamus"), die Vertreter der *via moderna* Sprachwissenschaft (Terminismus). Der Ausdruck *nominales* kommt erst im 15. Jahrhundert auf, Hoenen, M.J.F., 1993, 13ff; Leff, G., Leppin, V., 1995, 6–18.

[20] Zimmermann, A. (Hg.), 1974.

[21] Die Wahrnehmung der Lehren Ockhams ist nicht nur sehr selektiv und aus dem Zusammenhang gerissen, sondern nicht selten werden ihm auch Äußerungen zugeschrieben, die er so nie gemacht hat, Beckmann, J.P., 1995, 173.

[22] In dieser zweiten Schaffensperiode nach dem Bruch Ockhams mit dem Papst in Avignon und seiner Exkommunikation entfaltet Ockham eine rege politische und kirchenpolitische publizistische Tätigkeit, in der es um den Unfehlbarkeitsanspruch des Papstes, das Kirchenverständnis und im Sinne der franziskanischen Tradition um das Recht auf Armut (!) geht. Letztere Frage ist für unsere Fragestellung insofern interessant, als die Begründung der jeweiligen Positionen ein verschiedenes Rechtsverständnis der Kombattanten widerspiegelt. Während der Papst die Notwendigkeit des Eigentums naturrechtlich begründet und damit unabänderlich macht – also das Recht der Franziskaner auf Armut bestreitet –, lehnt Ockham diese naturrechtliche Argumentation ab und schlägt diese Frage ganz der *lex humana* zu, so dass das Recht auf Armut als reine Konvention leicht begründet werden kann.

hams strengt der Kanzler der Universität Oxford, der Dominikaner Johannes Lutterell, 1323 gegen Ockham ein Verfahren wegen Häresie am Hof des Papstes in Avignon an,[23] in dem 51 Sätze Ockhams als häresieverdächtig gebrandmarkt werden.[24] Obwohl nie eine förmliche Verurteilung wegen Häresie erfolgt, wird Ockham 20. Juli 1328 exkommuniziert, nachdem er am 26. Mai 1328 aus Avignon geflohen war.

Für die Rezeption seiner *philosophischen* Werke lässt sich etwa folgendes kurzes Bild zeichnen. Sie ist von vehementer Ablehnung und begeisterter Zustimmung geprägt. Die Front der Gegner wird von der Pariser Artistenfakultät angeführt. Am 25. September im Jahr 1339 tritt in der Universität Paris auf Betreiben der Artistenfakultät das so genannte Nominalistenstatut in Kraft,[25] das das Studium und die Lehre der Werke Ockhams verbietet. 1340 wird es erneuert und nennt die Punkte des philosophischen Dissenses. Wie stark die Verunsicherung gewesen sein muss, die seine Werke hervorgerufen hat, lässt sich daran ermessen, dass noch 1474 der französische König Ludwig XI. ein Edikt erlässt, das seine Philosophie verbietet. Auch der Jesuit Francisco de Suárez (1548–1619), Vertreter der spanischen Scholastik, setzt sich kritisch mit den Werken Ockhams auseinander, vor allem in den Metaphysischen Disputationen von 1597. Dennoch gelingt es den Befürwortern der Philosophie Ockhams nach der traditionellen Lesart der geschichtlichen Entwicklung des Nominalismus, die *via moderna* im 14. und 15. Jahrhundert zur herrschenden Philosophie an den europäischen Universitäten zu machen.[26] Seit dem scharfen Protest Wolfgang Hübeners wird man in dieser Sicht der historischen Entwicklung allerdings sicher vorsichtiger sein müssen.[27] Die führenden Köpfe dieses neuen Weges sind in Frank-

---

[23] Es wurden gegen ihn 56 Anklagepunkte erhoben. Gegenstand dieses Verfahrens war die Deutung der Transsubstantiationslehre Ockhams in seinem Eucharistietraktat. Während Lutterell die klassische thomasische Deutung vertritt (Sent IV d. 12 q. 1 a. 1b/c), wonach die Substanz sich wandle, während die Akzidentien erhalten blieben (Quantität), vertritt Ockham trotz gegenteiliger Versicherung, er lehre was die katholische Kirche glaube (OT X 90, 18ff), offensichtlich die Auffassung, dass auch die Quantität sich wandle, „Sed si substantia esset quantitas, vere esset transsubstantiatio in quantitatem […] Sed si substantia corporis Christi esset quantitas, vere esset ibi quantitatis corporis Christi ex vi conversionis." (TracQ = OT X 66, 42–67, 47). Es geht also, philosophisch gesehen, um das Verhältnis von Substanz und Akzidenz.

[24] Pelzer, A., 1922, 240–270.

[25] Paqué, R., 1970.

[26] Ritter, G., 1922, Reprint 1963, 23.

[27] Diese Sichtweise, dass der Nominalismus im Gefolge Ockhams im 14. und 15. Jahrhundert die beherrschende geistige Strömung an den europäischen Universitäten gewesen sei, wird von Wolfgang Hübener in seinem bekannten Aufsatz *Die Nominalismus-Legende* vehement bestritten. Hübeners Bestreitung dieser historischen Entwicklung lässt sich in drei Argumenten zusammenfassen. Erstens wendet wer sich gegen großflächige Panoramadeutungen der Geschichte, die es an Exaktheit im historischen Detail mangeln lassen. („Verlaufs- und Transformationshypothesen", Hübener, W., 1983, 87, „[…] Umbruches im Welt-, Gottes- und Selbstverständnisses des Menschen des frühen 14. Jahrhunderts", „[…] modernen europäischen

reich Johannes Buridan (ca. 1300?–1358), Nicole Oresme (ca. 1320–1382), Gregor von Rimini (?–1358), Pierre d'Ailly (1350–1425), Johannes Gerson (1363–1429), in England Adam Woodeham[28] (ca. 1298–1358) und Robert Holkot (?–1349). In Deutschland hält die *via moderna* vor allem auf Betreiben von Albert von Sachsen (?–1390) und Marsilius von Inghen (?–1396) Einzug in die Universitäten Deutschlands, wobei besonders die Universität von Wien zu nennen ist, die von Marsilius von Inghen gegründet wurde.[29]

Als teilweise vom Geist Ockhams inspiriert können auch die Vertreter der Merton Schule in Oxford gelten, die *Oxford calculators* (ca. 1328–1350), wiewohl sie keine direkten Schüler Ockhams sind. Hier sind vor allem Thomas Bradwardine (1290–1349), William Heytesbury, auch Hentisbury genannt, (?–1372), John Dumbleton[30] und Richard Swineshead (ca. 1313–1372/73) zu nennen. In den Universitäten Krakau, Leipzig, Heidelberg und Erfurt setzt sich die *via moderna* durch, während die Universitäten Köln, Leuwen die *via antiqua* verteidigen, die sich an den Realisten Albert dem Großen, Thomas von Aquin und Duns Scotus orientieren. Nach diesem Sieg der *via moderna* verliert sich allerdings das Studium der Werke Ockhams. Zwischen der letzten spätmittelalterlichen Inkunabelausgabe des Sentenzenkommentars 1494/96 und der Edition seines theologischen und philosophischen Gesamtwerkes durch das franziskanische Institut St. Bonaventure in New York von 1967–1988 hat es, von einigen wenigen Ausgaben des *Dialogus* und der *Summa Logicae* abgesehen, praktisch 500 Jahre keine Ausgaben der Werke Ockhams gegeben.[31]

---

Subjektivismus […]", „[…] bürgerlichen Individualismus", Hübener, W., 1983, 89). Vertreter solcher Panoramagemälde der Geschichte zeiht er der wissenschaftlichen Sünde der „selektiven Komplexitätsreduktion", Hübener, W., 1983, 88. Zweitens argumentiert er mit dem historischen Sachverhalt, dass in den Nachfolgegenerationen Ockhams die Anzahl der Auflagen nichtnominalistischer Autoren diejenige der nominalistischen weit übersteigt, Hübener, W., 1983, 90–97. Drittens spricht er davon, dass bereits Ende des 14. Jahrhunderts zahlreiche philosophische Gegenangriffe gegen den Nominalismus geführt werden. „So werden im späten 14. Jahrhundert allenthalben Auffanglinien errichtet, um schon aufgegebenes Terrain wiederzugewinnen und gleichzeitig begründeter als bisher gegen Kritik abzusichern", Hübener, W., 1983, 109. Hübeners Kritik an der ideologischen Vereinnahmung des Nominalismus und simplifizierender Klischeenbildung – gleich welcher Richtung – ist vorbehaltlos zuzustimmen, ebenso seiner Anmahnung, Ockham durch historische Detailforschung in den Kontext der zeitgeschichtlichen Traditionsströme einzuordnen, nicht zuletzt um die tatsächlichen Brüche, die sein Denken bewirkt hat, schärfer zu sehen.

[28] Woodeham entwickelt den erkenntnistheoretischen Ansatz Ockhams weiter. Von ihm stammen vermutlich der Prolog und das 51. Kapitel des I. Buches der Summa Logica, OP I 3 ff, 162–171.

[29] Zur Verbreitung des Ockhamismus in Deutschland vgl. Ritter, G., Bd. I, 1921, Reprint ²1985; 1922, Reprint ²1963.

[30] Lebensdaten unbekannt.

[31] Zuletzt vor der Moderne ediert 1673 in Oxford von Obadiah Walker.

Von besonderer Wichtigkeit für unsere Fragestellung ist die Konkretisierung des philosophischen Programms Ockhams in der sich ihr anschließenden Natur*philosophie*, die ihrerseits wieder in konkrete Natur*wissenschaft* mündet. Während Johannes Buridan durch die Elimination der *causa finalis* das mechanistische Denken vorbereitet, liefert Nicole Oresme parallel dazu durch graphische Darstellungen erste Ansätze zur Mathematisierung von Bewegungsvorgängen. Auch für die naturwissenschaftliche Schule des Merton College[32] in Oxford liefert Ockham die logisch-wissenschaftlichen Voraussetzungen. In dieser Schule werden in kritischer Auseinandersetzung mit der aristotelischen Bewegungslehre Probleme der Geschwindigkeit,[33] der Beschleunigung, des Kontinuums, der Quantität[34] und des Infiniten diskutiert. Vor allem treiben die Mertonians die Mathematisierung dieser Fragestellungen voran.

René Descartes greift den Allmachtsgedanken Ockhams auf und argumentiert ähnlich wie Ockham und unter Berufung auf Gabriel Biel (ca. 1410–1495), dass Gott qua *potentia absoluta* den Menschen täuschen könne.[35] Über Francisco de Suárez (1548–1617)[36] und seine *Metaphysischen Disputationen*[37] läuft die Vermittlung ockhamschen Denkens zur Neuzeit.[38] Insbesondere wird Leibniz mit dem ockhamschen Ökonomieprinzip bekannt,[39] das er im Vorwort seiner Neuherausgabe der logischen Schrift *Vom philosophischen Stil des Nizolius* (1670) darstellt,[40] wobei er Ockham wohl nur oberflächlich gekannt haben dürfte.[41] Darüber hinaus sind Analogien zwischen der Auffassung Ockhams und Leibniz' bzgl. Raum, Quantität und Relation festgestellt worden.[42] Außerdem geht seine bekannte Unterscheidung zwischen *verités de fait* und *verités de raison* auf Ockham zurück.

In der *theologischen* Rezeption seines Werkes ist für das 14. und 15. Jahrhundert vor allem seine Unterscheidung zwischen der *potentia absoluta* und der *potentia ordinata* prägend gewesen. Außerdem hat Ockham mit

---

[32] Literatur: Weisheipl, J. A., 1968, 163–213; ders., 1984, 607–658.

[33] Gerade die Bewegungslehre der Mertonians verdankt sich der vorausgehenden Kritik Ockhams an der Bewegungslehre des Aristoteles, die eine Konsequenz seines erkenntnistheoretischen Ansatzes ist.

[34] Ockhams Auseinandersetzung mit der aristotelischen Unterscheidung von Substanz und Akzidenz und der Quantität als eines besonderen Akzidenz, hat der mertonschen Arbeit am Quantitätsbegriff vorgearbeitet, Beckmann, J. P.,1995, 176.

[35] Imbach, R., 1981, 244.

[36] Kienzler, K., BBKL XI, 1996, Sp. 154–163.

[37] Francisco de Suárez, Disputationes metaphysicae, Rábade, S. (Hg.), 1960–1966.

[38] Imbach, R., 1981, 244; Grabmann, M., 1926, 525–560; Norena, C. P., 1981, 348–362; Robinet, S., 1981, 76–96.

[39] Martin, G., ²1976, 129 ff.

[40] Imbach, R., 1981, 244; Leibniz, G. W., 1670; Tillmann, B., 1912.

[41] Beckmann, J. P. 1995, 184.

[42] Martin, G., 1949, 68 ff.

seiner Ablehnung der habituellen Gnade Positionen der Reformation vorweggenommen. Ein entscheidender Wegbereiter des theologischen Ockhamismus ist Gabriel Biel, dessen *Collectorium ex Occamo circa quatuor sententiarum libros* (Tübingen 1501) eine Zusammenfassung der Theologie und
Philosophie Ockhams bietet und vor allem Martin Luther[43] (1483–1546) in
seiner *Disputatio contra scholasticam theologiam* (1517) als Vorlage diente.[44] Luther hat in Bezug auf die Frage nach der habituellen Gnade, Gottes
Freiheit und die Rechtfertigungslehre wichtige Anregungen von Ockham
erfahren,[45] jedoch die Anwendung seines *Potentia-absoluta*-Gedankens auf
die Gnadenlehre schon 1517 verworfen.[46] Insgesamt stellt die Reformation
einen Einschnitt in der Rezeption der Theologie Ockhams und des Ockhamismus insofern dar, als sich die Gegenreformation argumentativ an Thomas orientiert und entsprechend Tendenzen seines Werkes, die reformatorisches Gedankengut vorwegzunehmen scheinen, unterdrückt werden.
Diese Politik kommt insbesondere in der Tatsache zum Ausdruck, dass
Ockhams Werke nicht mehr gedruckt werden.

## 2.2 Wirkungs- und Rezeptionsgeschichte ab dem 17. Jahrhundert

Nach Gottfried Wilhelm Leibniz kommt es im 18. Jahrhundert und bis zur
Mitte des 19. Jahrhunderts zu überhaupt keiner Rezeption Ockhams mehr.
Lediglich in den Schulbüchern der Philosophiegeschichte[47] und in Lexika[48] wird Ockham erwähnt. Erst ab der Mitte des 19. Jahrhunderts erwacht
im Zusammenhang von wissenschaftsgeschichtlichen und wissenschaftstheoretischen Fragestellungen das Interesse neu, insbesondere an seinem
Ökonomieprinzip (*Ockhams razor*). Wegbereiter ist hier Charles Sanders
Peirce, der nunmehr Ockhams Prinzip „*entia non sunt multiplicanda sine
necessitate*",[49] das lange als Argument gegen Vervielfältigung metaphysischer Essenzen interpretiert wurde, im Sinne des Pragmatismus methodisch versteht.[50] In Carl von Prantls (1820–1888) voluminöser *Geschichte*

---

[43] Literatur: P. Vignaux, P., 1950, 21–30; ders., 1935.

[44] Imbach, R., 1981, 244; Luther, M., Vogelsang, E. (Hg.), 1933, 320–326.

[45] Zum Verhältnis von Luther zu Biel und Ockham vgl., Oberman, H. A., ²1977.

[46] Vgl. die Thesen 56/57 der *Disputatio contra scholasticam theologiam*. „56. Nec per Dei
absolutam potentiam fieri potest, ut actus amicitiae sit et gratia Dei praesens non sit. 57. Non
‚potest deus acceptare hominem sine gratia dei iustificante‛", Luther, M., Vogelsang, E., (Hg.),
1933, 324.

[47] Brucker, J., Historia Critica Philosophiae, Bd. III, 904 f, Leipzig 1743.

[48] Zedler, J. H., Universal-Lexicon 25, 1740, Sp. 387–390; Noack, L., Philosophiegeschichtliches Lexikon, Historisch-biographisches Handwörterbuch zur Geschichte der Philosophie,
Leipzig 1879, 924 ff.

[49] In dieser Formulierung wird es Ockham zugeschrieben, tatsächlich ist diese Formulierung bei Ockham selbst aber nicht belegbar.

[50] „Nie hat es eine vernünftigere logische Maxime für wissenschaftliches Vorgehen gegeben als
Ockhams Rasiermesser", Peirce, C. S. ⁴1974, Collected Papers 5.60; Beckmann, J. P. 1990, 191–207.

*der Logik* nimmt Ockham einen großen Raum ein.[51] Prinzipiell hat jede Rezeption Ockhams mit der Schwierigkeit zu kämpfen, dass Ockham im Gegensatz zu Thomas keine systematisch geordnete Summa geschrieben hat, sondern zahlreiche Einzelabhandlungen, deren innerer Zusammenhang nicht immer deutlich ist. Daher verwundert es nicht, dass die mit dem 20. Jahrhundert sprunghaft einsetzende Rezeption,[52] die auch für den Fachmann kaum noch zu überblicken ist, oft einzelne Aspekte aus Ockhams Gesamtwerk herauslöst und von ihnen aus eine Gesamtdeutung vornimmt. Darüber hinaus sind die Deutungen Ockhams nicht von der Gefahr gefeit, ihn durch an Schlagworten orientierten Pauschalurteilen zu simplifizieren. Dazu zählen Etikettierungen wie „Omnipotenzprinzip", „Trennung von Glaube und Wissen" und „Nominalismus".[53]

In der *philosophiegeschichtlich* orientierten Forschung geht es vor allem um die Frage, in welchem Verhältnis Ockhams Traditionsgebundenheit in der Scholastik zu seinen innovativen Tendenzen steht. Wichtige Impulse haben dabei die frühen Werke von Erich Hochstetter und Paul Vignaux (1904–1987) gegeben. Diese Fragestellung konkretisiert sich insbesondere an Ockhams Erkenntnistheorie, bzw. seiner Stellung zur Universalienfrage, und an seiner politischen, bzw. kirchenrechtlichen Ansichten. Darüber hinaus wird Ockham nicht selten als ein Wegbereiter der empirischen Forschung in Anspruch genommen.[54] Unter dem Aspekt der Erkenntnistheorie schwanken die Urteile in geradezu entgegengesetzter Weise. Sie reichen von einer Rückversetzung Ockhams zu einem reinen Scholastiker,[55] über Vermittlungspositionen (*realistic conceptualism*)[56] bis hin zu Verfechtern der These, dass Ockham durch seinen Nominalismus und seine Subjektorientierung und seinen vermeintlichen Individualismus Descartes und die Moderne vorweg genommen habe.[57] Noch stärker die Subjektorientierung

---

[51] Prantl, C. v., Leipzig, 1855–1870, photo. Nachdr. Darmstadt, 1983.

[52] Beckmann, J. P., 1992.

[53] Hübener, W., 1983, 87–111; Zur Klärung des Begriffs „Nominalismus": Crocket, C., 1950, 752 ff.

[54] So bereits Hochstetter, E., 1927, 174.

[55] Junghans, H., 1968.

[56] Hier ist vor allem Philotheus Boehner, OFM (1901–1955) zu nennen, dem in dieser Einschätzung Ockhams eine Reihe weiterer Forscher gefolgt sind. Philotheus Boehner hat die große Ockham-Ausgabe des franziskanischen Instituts St. Bonaventure in New York betreut. Inwieweit bei diesem Unterfangen und seiner Deutung Ockhams Interessenskonflikte bei dieser doch einer Rehabilitierung gleichkommenden intensiven Rezeption eine Rolle gespielt haben, sei dahin gestellt. Jedenfalls wertet Boehner Ockhams politische und kirchenpolitische Schriften als unerheblich für seine Deutung. Es ist jedoch kein Geheimnis, dass der Nominalismus innerhalb der realistisch orientierten Philosophie des Neuthomismus nicht gerade mehrheitsfähig ist. Boehner, P., 1946, 307 ff; Leppin, V., 1995, 59–63; Leff, G., 1975; ebenso schon Hochstetter, E., 1927.

[57] Flasch, K., 1986, 441–458; Mensching, G., 1992, 319–367.

der Philosophie Ockhams betont Gottfried Martin, wenn er in ihm einen Vorläufer Kants sehen will.[58]

Marilyn McCord Adams[59] hat für die *analytische Philosophie* eine umfangreiche Gesamtdeutung Ockhams und zahlreiche Forschungen zur Sprachphilosophie und Logik Ockhams hervorgebracht.[60] In der *wissenschaftsgeschichtlich* und *wissenschaftstheoretisch* orientierten Forschung liegen eine Reihe von Untersuchungen zur Ockhams Verständnis der Physik mit den Spezialproblemen von Raum, Zeit, Kausalität, Naturgesetz und Bewegung vor.[61]

Die *theologische* Rezeption beginnt mit Pierre Duhems These von der Stimulans wissenschaftlicher Forschung im Spätmittelalter durch die große Bedeutung der Allmacht Gottes. Diese These wird später von Hans Blumenberg – ohne ausdrücklichen Bezug auf Duhem – aufgegriffen, ausgebaut und im Hinblick auf die Bedeutung der *potentia absoluta* und der *potentia ordinata* für die Erkenntnistheorie variiert.[62] Bestimmend ist lange Zeit die These Etienne Gilsons gewesen, Ockham habe Philosophie und Theologie strikt voneinander getrennt.[63] Doch auch im Hinblick auf diese wissenschaftstheoretische Fragestellungen der Stellung von Theologie zu Philosophie, dem Verhältnis von Glauben und Wissen liegen neuere differenziertere Untersuchungen vor.[64]

Neben den frühen Werken von Paul Vignaux und Erich Hochstetter sind vor allem die neuen Interpretationen des theologische Nominalismus von Klaus Bannach, William J. Courtenay und Volker Leppin zu nennen.[65]

Schließlich legen neuere Untersuchungen ihr Augenmerk auf das Verhältnis zwischen der ersten, erkenntnistheoretischen Phase und der zweiten politischen und kirchenpolitischen Phase. Während Philotheus Boehner eine strikte Trennung zwischen der ersten Phase Ockhams und seiner zweiten Phase vornimmt und vor allem die zweite marginalisiert, bzw. als eine Abirrung ausklammern möchte, wird in neueren Untersuchungen die Frage nach Kontinuitäten gestellt.[66] Diese Tendenz kommt auch unserer

---

[58] Martin, G., ⁴1969, 133 ff, 143.

[59] Adams, M. McCord, 1987.

[60] Eine Auswahl der umfangreichen Literatur dazu in Beckmann, J. B., 1995, 204 f.

[61] Goddu, G., 1984.

[62] „Nicht die Macht, die die Welt hervorbringen konnte, sondern die Macht, die anderes als diese Welt hervorbringen kann, okkupiert das spekulative Interesse". Blumenberg, H., ³1997, 215.

[63] Gilson, E., ²1945, 638, 657, 689.

[64] Leppin, V., 1995.

[65] William J. Courtenay teilt die Interpretationsgeschichte in drei Phasen ein. Die erste traditionelle reicht bis ca. 1925, die zweite Phase der Neubewertung von 1925–1960, die dritte Phase der Neubewertung des Nominalismus überhaupt ab 1960. Dies gilt allerdings nicht für die Ethik Ockhams, Courtenay, W. J., 1991, 234.

[66] Leppin, V., 1995; Miethke, J., 1968.

Fragestellung insofern entgegen, als es auch uns um die Frage nach der Beziehungen und Bruchstellen zwischen Naturgesetz, Wissenschaftstheorie, Anthropologie und Ethik geht. Da jedoch gerade bei Ockham und seiner Betonung der Allmacht und des Willens Gottes die Gottesvorstellung eine eminent wichtige Rolle einnimmt, auch in Bezug auf die Erkenntnistheorie, Anthropologie und Ethik, soll diese zunächst auch im Hinblick auf die Veränderungen, die sich bzgl. Thomas' Lehre erkennen lassen, dargestellt werden. Aus der Zuordnung von Theologie und Philosophie muss dann plausibel werden, in welcher Art und Weise Naturphilosophie, Erkenntnistheorie, Anthropologie und Ethik untereinander zusammenhängen, bzw. wo Bruchstellen liegen, die eine Änderung des zeitgenössischen Selbstverständnisses signalisieren.

## 3 Verhältnis von Theologie und Philosophie bei Wilhelm von Ockham

Die Verhältnisbestimmung von Theologie und Philosophie, bzw. Naturwissenschaft ist eine Aufgabe von bleibender Bedeutung. Sie ist es insofern, als die Theologie als Wissenschaft sich in jeder historischen Epoche dem jeweils erreichten wissenschaftlichen Rationalitätsstandard stellen muss, ohne den Wahrheitsanspruch des Glaubens, der über jeweilige wissenschaftlich vermittelte Weltdeutung hinausgeht, aufzugeben. Zu diesen konstitutiven Glaubensinhalten gehören der Schöpfungsglaube, die Bestimmung des Menschen, die Christologie, der Auferstehungsglaube und als wichtige theologische Lehrstücke die Trinitätslehre und Rechtfertigungslehre. Während dieser Rationalitätsstandard im Mittelalter im wesentlichen von den Philosophien des Platonismus und Aristotelesmus vorgegeben wird, liefern ihn heute eher die Naturwissenschaften, bzw. die Wissenschaftstheorie. Dabei ist es keineswegs ausgemacht, dass sich die Theologie immer diesen vorgegebenen Standards unterwerfen muss, sie kann, muss gelegentlich sogar, in Konkordanz mit ihren Glaubensaussagen Verengungen in der Weltdeutung in den Wissenschaften aufdecken und kritisieren, und zwar dann, wenn Wissenschaft zu einem geschlossenen dogmatischen System, d. h. zur Ideologie, verkommt. Dies ist z. B. in der Auseinandersetzung um den Averroismus im Mittelalter der Fall gewesen. Die Verurteilung von 1277 ist in diesem Sinne – im Nachhinein sogar auch wissenschaftlich gesehen – richtig gewesen. Ockhams Verhältnisbestimmung von Theologie und Philosophie zehrt auch von diesem Datum.

### 3.1 Verschiebungen in der Gotteslehre

Die Diskussion um das Verhältnis von Theologie und Philosophie wird in der Regel von den jeweils gültigen philosophischen Rationalitätsstandards geprägt. Dies ist aber keineswegs zwingend. Wenn Gott die letzte Realität und die letztendlich wirkende Realität ist, dann ist zu erwarten, dass aufbrechende religiöse Ergriffenheitsstrukturen sich zu einem kritischen Potential gegenüber philosophischen Wahrheitsansprüchen erweisen können. Tatsächlich sind es gerade die kreativen Epochen der Theologie, die zu einer solchen Kritik an zeitgenössischen Philosophien und ihren Wahrheitsansprüchen führen. Dies gilt für die Theologie Thomas von Aquins, Luthers, Schleiermachers, Barths und auch Ockhams. Auch hier gilt es, den jeweiligen historischen Problemkontext und Diskussionsstand aufzusuchen. Für die Zeit Ockhams ist dies die Frage nach dem Verhältnis von göttlichem Willen und göttlichem Intellekt. Dies sei nun im einzelnen diskutiert.

### 3.1.1 Die Aufwertung des göttlichen Willens und die Abwertung des göttlichen Intellekts

Die historische Problemkonstellation zur Bestimmung des Verhältnisses von Philosophie und Theologie hat sich bei Ockham gegenüber Thomas von Aquin sehr verändert. Während Thomas von Aquin die Theologie mit dem neu entdeckten Wissenschaftsstandard der aristotelischen Philosophie in Beziehung setzen musste und so nicht nur die Theologie überhaupt erst als Wissenschaft konstituierte, sondern auch mit der ancilla-Theorie das Verhältnis von Theologie und Philosophie im Sinne eines handhabbaren systematischen Grundgedankens bestimmte, haben sich bei Ockham die Gewichte der Problemkonstellation wieder verschoben. Ockham verwirft die Lösung des Aquinaten in Gestalt der ancilla-Theorie wenig respektvoll als „kindisch".[67] Stattdessen löst er den Denkauftrag für die Theologen von 1277 in Verbindung mit der auch im 13. Jahrhundert immer latent vorhandenen Kritik an Aristoteles im Interesse der Wahrung des Propriums des christlichen Glaubens ein. So kann Ockham freimütig seine theologisch motivierte Kritik an Aristoteles bekennen.[68] Es geht Ockham nicht mehr um eine bruchlose Integration der Philosophie in die Theologie, so dass bei ihm auch keine formelhafte Systematik, etwa im Sinne der thomasischen ancilla-Theorie, für die Verhältnisbestimmung von Theologie und Philosophie vorhanden ist. Das erschwert die Aufgabe, eine solche Systematik in seinen Schriften zu eruieren. Trotzdem ist ein Grundgedanke – wenn auch nicht expressis verbis – in seinen Schriften vorhanden.

Die Frage nach dem Verhältnis von Theologie und Philosophie kann auch inhaltlich klarer formuliert werden. In welcher Beziehung stehen Grund-

---

[67] Thomas hatte mit seiner ancilla-Theorie die Frage lösen wollen, inwieweit der für die aristotelische Wissenschaftskonzeption wichtige Aspekt des Prinzips auf die Theologie anwendbar sei. Nachdem Ockham ausführlich dieses Zuordnungsmodell – „duplex est scientiarum genus" aus STh I 1, 2 resp. – von Philosophie und Theologie und die rationalen Erkenntnismodi (lumen naturalis intellectus und lumen superioris scientia) referiert hat (OT I 184, 12–20), kommentiert er es: „Et eodem modo puerile est dicere [...]", OT I 199, 16 f.

[68] „Quidquid de hoc senserit Aristoteles, non curo, quia ubique dubitative videtur loqui [...]", Quodl. I 10.

motive theologischen Denkens zu ontologischen Strukturen, anthropologischen Erkenntnisbedingungen und dem Bezug beider zueinander?

Bei Thomas konnte der metaphysische Seinsgedanke im Sinne der ancilla-Theorie an zentralem Ort als Schaltstelle zwischen Philosophie und Theologie in erkenntnistheoretischer und ethischer Hinsicht implementiert werden, ebenso seine Konkretion in den Konstitutionsprinzipien des Seienden, d.h. dem Hylemorphismus. Diesem Sein und seiner Konkretion im Seienden ist wiederum erkenntnistheoretisch Thomas' Abstraktionstheorie mit ihren drei Stufen zugeordnet. Thomas geht von den aristotelischen Vorgegebenheiten in Ontologie und Erkenntnistheorie aus und misst an diesen die Theologie, um sie, die Philosophie, schließlich in die Theologie zu integrieren. Welches Zuordnungsmodell und welche inhaltlichen Verschiebungen in den theologischen Grundmotiven und anthropologischen Erkenntnisbedingungen lassen sich nun bei Ockham erheben?

Einerseits verliert bei Ockham die Theologie ihre Vormachtstellung gegenüber der Philosophie, die nicht länger die dienstbare Magd ist – sie wird ja kritisiert –, andererseits streicht Ockham stärker das Eigengewicht der biblisch motivierten Theologie gegenüber der griechischen Metaphysik heraus, so dass sich nun umgekehrt die Philosophie theologische Anfragen gefallen lassen muss.[69] Es scheint also, dass Ockham im Unterschied zu Thomas seinen Ausgangspunkt bei dem Proprium der Theologie nimmt. Worin besteht dieses Proprium? Ein kurzer Blick auf die Interpretationsrichtungen des ockhamschen Denkens macht deutlich, dass dies durchaus umstritten ist.

Auch in der Auslegungstradition des Verhältnisses von Theologie und Philosophie bei Ockham macht sich die prinzipielle Wertung seines theologischen Denkens bemerkbar – sei es negativ als Zerstörung der mittelalterlichen Metaphysik einerseits, sei es positiv als Prophetie der Moderne andererseits. Dabei wird insbesondere das kritische Potential seiner Theologie gegenüber der thomasisch-aristotelischen Ontologie namhaft gemacht.[70] Im Gegenzug dazu gibt es Autoren, die um eine größere Nähe Ockhams zum mittelalterlichen Denken bemüht sind.[71] Klaus Bannach hat versucht, einen archimedischen Punkt ausfindig zu machen, den er als hermeneutischen Schlüssel verwenden kann, um das Gesamtwerk Ockhams von einem zentralen Gedanken her zu deuten.

---

[69] Vgl. Moody, E.A., 1958, 145–164; ders., 1975B.

[70] Zu diesen Autoren zählen so unterschiedliche Autoren wie insbesondere Pierre Duhem, Erich Hochstetter, Heinrich Rombach (Rombach, H., 1965, 78–100), Klaus Bannach, Hans Blumenberg, Kurt Flasch, Günther Mensching.

[71] Dazu gehört insbesondere Philotelus Boehner, der als Franziskaner darum bemüht ist, Ockham vom Odium der Häresie zu befreien und im Orden zu rehabilitieren. Eine vermittelnde Position kann man Jan P. Beckmann und Volker Leppin zuschreiben.

### 3.1.1.1 Gottes Wille und seine potentia absoluta

Dieser Grundgedanke, der nach Klaus Bannach Ockhams theologischem Denken zugrunde liegt und ihn von Thomas trennt, lässt sich mit der Formel der *schöpferischen Unmittelbarkeit* umschreiben,[72] die sich an Ockhams *potentia absoluta* Lehre festmacht.[73] Ockham entdeckt neu das schöpferische Handeln Gottes, das vor allem auch darauf abzielt, Neues zu schaffen. Die Waage zwischen biblischem Gottesbild und dem metaphysischen Gottesbild des Aristoteles,[74] mit seinem für einen christlichen Theologen problematischen Aspekten, senkt sich bei Ockham deutlich zugunsten des ersteren.

Das metaphysische und kosmo-theologische Gottesverständnis des Aristoteles beinhaltet vor allem zwei Aspekte, die für den christlichen Glauben problematisch sind.[75] In Bezug auf die Schöpfung ist es die These von der Ewigkeit der Welt, deren Bewegung von einem ersten unbewegten Beweger aufrecht erhalten wird (πρῶτον κινοῦν ἀκίνητον).[76] In Bezug auf die Gotteslehre ist es der Gedanke der beziehungslosen, materiefreien Selbstgenügsamkeit Gottes im reinen Denken (νόησις νοήσεως).[77] Vom christlichen Glauben wäre dieser aristotelischen Gotteskonzeption die Endlichkeit der Schöpfung in Raum und Zeit, sowie eine Gotteslehre entgegenzuhalten, die die Beziehungsfähigkeit und das Wirken Gottes – im Gegensatz zu seiner Selbstgenügsamkeit – betont. Es ist, kurz gesagt, das relationale trinitarische Gottesverständnis *ad extra*, das mit dem aristotelischen selbstgenügsam relationalen *ad intra* nicht zusammen zu bringen ist. Ockham entdeckt dieses schöpferische Handeln Gottes *ad extra* neu, wenn auch nicht im Kontext einer trinitarischen Gotteslehre.

Für Ockham stellt sich daher die Frage nach der Wissenschaftlichkeit der Theologie in einem anderen Kontext als für Thomas, für den das Wissenschaftsverständnis von Aristoteles Bezugspunkt gewesen war. Diese Neubestimmung ist letztlich das Ergebnis des biblisch gewandelten Gottes- und eines gewandelten Gott-Welt-Verständnisses, in der der schöpferische Wille Gottes[78] mit seinen beiden Aspekten der *potentia dei absoluta* und der *po-*

---

[72] Diese Formel hat Klaus Bannach in seiner Untersuchung der Geschichte der *potentia dei absoluta* und *potentia dei ordinata* geprägt und in seiner eindrucksvollen Untersuchung belegt, wie sich dieser Grundgedanke in immer neuen Zusammenhängen auswirkt.

[73] H. Schröker hat hier noch weitere Differenzierungen in diesem Gesamtbild angebracht, Schröker, H., 2003.

[74] Mit der Zurückdrängung metaphysischer Fragestellungen verkörpert Ockham durchaus eine über ihn als Person hinausgehende Tendenz seiner Zeit. Im 14. Jahrhundert nimmt das Interesse an Fragen der Logik, z. B. in der Logik des Petrus Hispanus, Sprache, Mathematik, Bewegung und Zeit deutlich zu. Courtenay, W. J., 1987, 192.

[75] Zur Gotteslehre des Aristoteles vgl. Krämer, H. J., ²1967; Elders, L., 1972; Weischedel, W., ³1975, 54–58; Owens, J., ³1978; Oehler, K., 1984; Höffe, O., 1999, 157–168.

[76] Meta XII 8, 1073a27.

[77] Meta XII 9, 1074b33 ff.

[78] Ockham kommt es auf die Unmittelbarkeit des schöpferischen Willens Gottes besonders an. Dies führt dazu, dass traditionell vermittelnde Instanzen zwischen Gott und Geschöpf für

*tentia dei ordinata* die gedankliche Mitte darstellt und in dem für den Glauben stärker als bei Thomas die Grenzen der Vernunft deutlicher markiert
werden.[79] Dies wird auch in der stärker erkenntnistheoretisch orientierten
philosophischen Arbeit Ockhams deutlich, einschließlich seiner Sprachkritik. Diese Veränderung in der Gotteslehre von der gleichberechtigten Gewichtung von Wille und Intellekt, bzw. Weisheit bei Thomas von Aquin hin
zu der Dominanz des Willens in den beiden genannten Erscheinungsformen
bei Wilhelm von Ockham stellt für uns den hermeneutischen Schlüssel zur
Bestimmung des Verhältnisses von Theologie und Philosophie dar und soll
im Folgenden kurz nachgezeichnet werden.

Während nämlich Thomas bzgl. des Gottesverständnisses ganz in der
Konsequenz seiner versuchten Synthese zwischen griechischer Philosophie
und biblischer Theologie den Willen und die Weisheit, bzw. den Intellekt
Gottes als gleichwertig ansieht, – die Waage ist ausbalanciert – verschiebt
sich im Gefolge anhaltender intensiver und zunehmend kritischerer Auseinandersetzungen mit der Philosophie des Aristoteles die Gewichtung des
Verhältnisses von Wille und Intellekt Gottes immer deutlicher zugunsten
des Willens Gottes, bis schließlich bei Ockham beide ihre Unabhängigkeit
voneinander verlieren und Ockham sie miteinander identifiziert.[80]

Diese Verschiebung – und damit die zunehmende Dominanz des schöpferischen Gottes – wollen wir im Folgenden skizzieren und ihre Bedeutung im Hinblick auf das Verhältnis von Theologie und Philosophie diskutieren.

Die kritischen Anfragen der Theologen gegenüber einer zu unbekü-
merten Rezeption der aristotelischen Philosophie in die Theologie nehmen
im 13. Jahrhundert immer mehr zu und gipfeln schließlich in der 1277 er-
folgten Verurteilung von 219 Thesen der *lateinischen Averroisten* durch

---

Ockham kritikwürdig werden. Ein Beispiel für diese Unmittelbarkeit des schöpferischen Willens Gottes ist, dass nach Ockham in Relativierung der Traditon Gott auch ohne „Zweitursa-
chen" *(causae secundae)* handeln kann. Im Zusammenhang mit dieser Frage [„Utrum voluntas
Dei sit causa immediata et prima omnium eorum quae fiunt", OT IV, I dist. 45, q. 1; = OT IV
661, 11] antwortet Ockham „Circa tertium dico quod voluntas Dei, sicut et essentia Dei, est
causa immediata omnium eorum quae fiunt, quamvis demonstrari non possit ex puris naturalibus." OT IV 668, 8 ff. Klaus Bannach hat diese *schöpferische Unmittelbarkeit* zum hermeneutischen Schlüssel zum Verständnis Ockhams gemacht und zahlreiche andere Zusammenhänge
für das Wirken der *schöpferischen Unmittelbarkeit* identifiziert, Bannach, K., 1975.

[79] Klaus Bannach hat die Wirkung dieses biblisch orientierten Gottesbildes, das sich in Ockhams wichtiger Neuinterpretation der scotischen Unterscheidung von *potentia dei absoluta*
und *potentia dei ordinata* niederschlägt, in aller wünschenswerten Klarheit und Präzision im
Hinblick auf philosophische Fragestellungen in seiner umfassenden Monographie untersucht,
Bannach, K., 1975.

[80] Ockham verhandelt das Problem des Willens und Intellekts Gottes im Rahmen seiner
trinitätstheologischen Diskussionen in I. Sent. I dist. 9–18 (= OT III) an zahlreichen Stellen,
OT III 92, 139 f, 141–147, 151 f, 265 f, 323, 337, 348 f, 351 f, 356 f, 418.

den Pariser Bischof Etienne Tempier.[81] Diese Verurteilung geht maßgeblich auf den theologischen Berater des Bischofs, den Dominikaner Heinrich von Gent, zurück, der auch der theologischen Komission angehört, die die Verurteilung ausspricht. Auch einige Thesen Thomas' von Aquin werden in dieser Verurteilung als häresieverdächtig eingestuft, obwohl sich gerade Thomas darum bemüht hatte, die Ansprüche christlichen Propriums und den wissenschaftlichen Standard Aristoteles', auszubalancieren. Heinrich von Gent nun stellt im Kontext seiner schöpfungstheologisch motivierten Vorbehalte gegenüber Aristoteles auch die Frage neu, wie der Wille und der Intellekt Gottes zueinander zu gewichten sind. Gemäß der biblischen Tradition im Sinne der Freiheit des schöpferischen Handelns Gottes und damit der Kontingenz der Geschöpfe betont Heinrich von Gent stärker den Willen Gottes beim Schöpfungsvorgang als seinen Intellekt. Während nämlich der Philosoph aufgrund seiner Betonung der Notwendigkeit dem Intellekt Gottes eine größere Bedeutung beimesse, müsse der Theologe aufgrund des Gedankens der Freiheit Gottes[82] den Willen stärker betonen.[83] Der Wille Gottes, etwas zu erschaffen, geht demnach dem Wissen Gottes um das zu Erschaffende voraus.[84] Diese stärkere Betonung des Willens Gottes für seine schöpferische Tätigkeit zieht bei Heinrich von Gent sowohl eine Abwertung der Ideen – die Urbilder des Geschaffenen – in Gottes Intellekt wie auch tendenziell die Aufhebung der Unterscheidung von Essenz und Existenz nach sich. Die Ideen haben im Hinblick auf das Sein Gottes nur noch ein „vermindertes Sein", sie sind *entia deminuta*,[85] während durch die stärkere Betonung des Willens Gottes die Verbindung der Essenz zum In-

---

[81] Die Erforschung dieser Gruppe orthodoxer, theologiekritischer Aristoteliker an der Pariser Artistenfakultät ist inzwischen in ihrer inhaltlichen Gewichtung und soziologischen Zuordnung weiter präzisiert, teilweise revidiert worden, vgl. dazu Bannach, K. 1975, 97. Die Grundprobleme, um die es uns hier geht, sind davon aber nicht betroffen, nämlich 1. Die Selbständigkeit der Philosophie gegenüber der Theologie und die damit – vielleicht taktisch motiviert – postulierte *doppelte Wahrheit*, um Widersprüche zu vermeiden, 2. Der passive Intellekt ist in allem Menschen derselbe (Monopsychismus), 3. Die Ewigkeit der Welt.

[82] „deus non vult de necessitate quae sunt extra ipsum. Propter quod quando facit ea in esse existentiae. […] non de necessitate volendi omnia, quia poset aliqua velle nec vult nec volet", Quodl. V qu. 4 und 5, fol. 159r; vgl. Bannach, K., 1975, 151.

[83] „Unde quod eius scientia sit per se causa rerum, non potest dicere theologus, qui point quod deus agit libera voluntate, ita quod posset eas agere et non agere, sed philosophus qui ponit quod non agit eas nisi per intellectum et de necessitate, ut iam patebit ex dictis Avicennae. Propter quod philosophis etiam potius posset ponere intellectum die practicum et ideas praqcticas quam theologus", Quodl. VIII qu. 2, fol. 301r; vgl. Bannach, K., 1975, 152 f.

[84] „idem est intellectus practicus et speculativus: inquantum tamen operanda sunt non novit, nisi quasi praecedente determinatione voluntatis", zitiert nach Bannach, K., 1975, 153, Fn. 352.

[85] „Sic enim ista eadem entia respectu entis, quod deus est, sunt *deminuta entia*: non tamen sic deminuta sicut sunt entia operata ab intellectu nostro, quia illa nullo modo nata sunt habere aliquod esseverum extra intellectum praeter esse cognitum quod habent in intellectu. Ista autem non sunt sic deminuta respectu entis quod deus est: et existentia in esse cognitio: quin in illo esse sint aliquid ad se per essentiam quod natum est deo efficiente etiam existere extra divi-

tellekt Gottes geschwächt wird. Der schöpferische Wille Gottes ist gewissermaßen direkter auf die Existenz des zu erschaffenden bezogen, wodurch die Unterscheidung zwischen Essenz und Existenz ihren Sinn verliert. Sie bezeichnet nach Heinrich von Gent nur noch verschiedene Blickwinkel ein und derselben Sache.[86] Duns Scotus knüpft an Heinrich von Gent in dieser Hinsicht an und verstärkt die Dominanz des göttlichen Willens gegenüber dem Intellekt Gottes. Auch Duns kommt es darauf an, im Sinne des biblischen Schöpfungsverständnisses, die Freiheit des göttlichen Willens und damit die Kontingenz der Schöpfung zum Ausdruck zu bringen und seine Dominanz gegenüber dem Intellekt festzuhalten.[87] Die Verhältnisbestimmung zwischen Intellekt und Wille Gottes wird bei Duns Scotus außerordentlich kompliziert, da Duns das Problem zu lösen hat, die Kontingenz des Geschaffenen, die Möglichkeit, dass in der Schöpfung Neues entsteht, das Vorauswissen des Zukünftigen durch Gott, die Unveränderlichkeit Gottes und die Rolle der Ideen gedanklich untereinander auszugleichen.[88] Für unsere Zwecke reicht es, festzuhalten, dass, als Konsequenz dieser Betonung des Willens, der Intellekt nunmehr nur eine nachträgliche, reflexive Rolle beim Schöpfungsvorgang einnimmt, indem sich in ihm die Ideen des Geschaffenen nach ihrem Geschaffensein spiegeln.[89] Außerdem führt Duns innerhalb dieses nunmehr so aufgewerteten göttlichen Willens eine folgenreiche Differenzierung ein. Duns unterscheidet nämlich zwischen *potentia*

---

num intellectum praeter esse cognitum in esse existentiae, quod est esse verum et perfectum", Quodl. IX qu. 2, fol. 344vs; vgl. Bannach, K., 1975, 148.

[86] „essentia und existentia bezeichnen die Kreatur unter jeweils verschiedenen Aspekten von Gottes schöpferischem Handeln: essentia, sofern sie Gegenstand göttlichen Wissens in seiner ewigen Unveränderlichkeit ist, sofern sie Abbild göttlicher Ideen ist; existentia, sofern ihr durch den göttlichen Willen ein zeitlich aktuelles Sein zukommt", Bannach, K., 1975, 151.

[87] „Unde quando intellectus divinus apprehendit ‚hoc esse faciendum‘ ante voluntatis actum, aprhendit ut neutram, sicut cum apprehendo ‚astra esse paria‘; sed quando per actum voluntatis produciter in esse, tunc est apprehensum ab intellectu divino ut obiectum verum secundum alteram partem contradictinis. Oportet igitur assignare causam contingentiae in rebus ex parte voluntatis divinae", zitiert nach Bannach, K., 1975, 169.

[88] Die Kompliziertheit dieses zu lösenden Problems und die Lösung von Duns Scotus ist vorbildlich dargestellt in: Bannach, K., 1975, 154–183.

[89] „Non dico quod essentia primo repraesentat intellectui divino terminos illius complexionis, et ex hoc complexionem (sicut accidit in intellectu nostro), tunc enim intellectus divinus vilisceret, sed sicut dictum est in principio istius, intellectus divinus sicut immediate est ratio intellectui divino intelligendi terminos, ita et complexionem: sicut si haberem actum videndi stantem, nunc video album et amoto albo – sine mutatione in actu videndi – viderem aliud ut nigrum, ita intellectus divinus videt veritatem alicuius complexionem factam et operatam a voluntate (quam veritatem immediate sibi repraesentat essentia sua), quae non relucet sub ratione factibilis in essentia nisi postquam determinatum sit a voluntate divina", zitiert nach Bannach, K., 1975, 174. „Gott erkennt das Geschaffene nicht durch einen Vorhang irgendwelcher Ideen hindurch, sondern unmittelbar in seinem Wesen; die Ideen sind vielmehr erst ein Reflex von Gottes Erkenntnis der Dinge. Es ist dies der Punkt, wo bei Duns das Motiv der schöpferischen Unmittelbarkeit Gottes zu den Dingen zum Vorschein kommt", Bannach, K., 1975, 163.

*dei absoluta* und *potentia dei ordinata*.[90] Beides greift Ockham auf – die Betonung des göttlichen Willens und die Unterscheidung zwischen *potentia dei absoluta* und *potentia dei ordinata*.[91]

Bei Ockham verstärkt sich diese Tendenz noch, den Willen Gottes gegenüber dem Intellekt immer stärker zu betonen.[92] Dabei sind folgende Motive wirksam.

### 3.1.1.2 Gottes Intellekt und seine Essenz

Ockham kritisiert die starke Betonung der Rolle des göttlichen Intellekts bei Duns insofern, als er bestreitet, dass das primäre Erkenntnisobjekt des göttlichen Intellekts die göttliche Essenz sei.[93] Dies wird von ihm sehr sorgfältig und differenziert begründet.[94] Dadurch nun, dass dem göttlichen Intellekt gewissermaßen ein Zuständigkeitsbereich gestrichen wird, verliert der Intellekt gegenüber dem Willen Gottes erheblich an Gewicht. Mehr noch, man kann sagen, dass unter der Hand der Ockhamschen Interpretation der Rolle des Intellekts dieser gewissermaßen in den Willen übergeht, denn die Essenz als das vermittelnde Zwischenglied zu den Kreaturen wird damit überflüssig. Aber nicht nur entfällt die Rolle der Essenz als der Bereich in Gott, in dem die Ideen der Kreaturen in Gott virtuell vorgeprägt sind, die Essenz selbst scheint für Ockham ein problematisches Konzept zu werden, zum einen, weil sie durch die Streichung der Ideen eine wichtige Funktion verliert, zum anderen aber auch im Sinne der Anwendung seines *razor* Prinzips, das die Essenz überflüssig erscheinen lässt.[95] Der Ver-

---

[90] Duns, Opera, 1950 ff, VI, 364, 11–19; 366, 8–19.

[91] Zum Verhältnis der Verwendungsweise der *potentia dei absoluta* und der *potentia dei ordinata* bei Ockham und Duns vgl. Leppin, V., 1995, 47–51; Leff, G., 1975, 16; Courtenay, W. J., 1985, 254 f; Courtenay, W. J., 1990, 120; Randi, E., 1987, 44 f; Randi, E., 1986, 209 f; Miethke, J., 1969, 145–149.

[92] Vgl. die differenzierte und sorgfältige Nachzeichnung der ockhamschen Gedankengänge in: Bannach, K., 1975, 182–225.

[93] Ockham problematisiert diese theologische Position von Duns Scotus in Sent. I dist. XXXV, qu. 3 wenn er fragt: „Tertio quaero utrum divina essentia sit primum obiectum intellectus sui" und bündig erklärt „Ista opinio dicit multa quae non intelligo".

[94] Auf die Argumente kann und braucht hier nicht im einzelnen eingegangen zu werden, vgl. Bannach 1975, K., 182–189. Ein Argument besteht darin, dass Ockham die Vollkommenheit der göttlichen Erkenntnis, d. h. des Intellekts, nicht an eine Rangfolge der Vollkommenheiten innerhalb der Essenz binden will, die er schlichtweg leugnet, weswegen letztlich die Essenz Gottes als Objekt der göttlichen Erkenntnis überflüssig wird. „Primum quod essentia divina est primum inter omnia in deo perfectione et origine […] arguo sic: ubicumque est prius perfectione ibi correspondet posterius perfectione. Sed nihil est in deo posterius perfectione, ergo nihil est prius perfectione. […] Omne posterius perfectione est imperfectus, sicut omne prius perfectione est perfectius. Sed nihil in deo realiter est imperfectius quocumque. Tunc enim aliquid imperfectionis esset in deo. […] ergo inter essentiam divinam et sapientiam nullus est ordo imperfectione", Sent. I, dist. XXXV, qu. 3; zitiert nach Bannach, K., 1975, 184 f.

[95] Pointiert resümiert daher Klaus Bannach die Konsequenz dieser Ausschaltung der Essenz Gottes als primäres Erkenntnisobjekt des göttlichen Intellekts: „Es liegt eben im Wesen des

lust einer distinkten erkennbaren Funktion des Intellekts führt dazu, dass
Ockham nunmehr Intellekt und Wille Gottes miteinander identifiziert[96]
und sie beide in die Essenz Gottes verlegt.[97] Zugleich verbindet er sie aber
funktional trinitätstheologisch mit den *opera ad extra* und macht sie auf
diese Weise schöpfungstheologisch relevant. Der Intellekt wird mit dem
Sohn,[98] der Wille mit dem Heiligen Geist verbunden.[99]

### 3.1.1.3 Gottes Intellekt und seine Schöpfung

Das Zurückdrängen des Essenzgedankens kann auch aus der Perspektive
der Schöpfungstheologie betrachtet werden. Das schon benannte Grund-
motiv des ockhamschen theologischen Denkens, das Motiv der *schöpferischen Unmittelbarkeit*, macht auch die göttlichen Ideen der Kreaturen in
der Essenz Gottes überflüssig. Der Schöpfungsvorgang wird bei Ockham
nicht mehr im Rückgriff auf die Vorprägungen der Kreatur in den Ideen
formuliert. War dieser Schöpfungsvorgang bei Heinrich von Gent noch als
ein Übergang von *esse essentiae* zum *esse existentiae*, bei Duns Scotus als ein
Übergang von *esse deminutum* zum *ens completum* verstanden worden,[100]
so kommt Ockhams Schöpfungsverständnis ohne Vorprägungen im Sinne
einer allgemeinen Idee aus. An die Stelle der allgemeinen Idee in der Essenz
tritt bei Ockham der Modell-, bzw. Exemplumbegriff, der besagt, dass je-

---

vollkommenen göttlichen Erkenntnisaktes, alles Seiende in gleicher Weise erkennen zu können,
d. h. Gott erkennt *alles, was ist, gleich unmittelbar*, ja man muß sagen: Gott erkennt sich als
Gott, indem er sich als Schöpfer der Kreatur erkennt", Bannach, K., 1975, 190 f.

[96] Im Zusammenhang mit der Frage nach dem Verhältnis des Willens Gottes zum Heiligen
Geist [„Utrum voluntas sit principium productivum Spiritus Sancti"; OT III 307, 14; dist. 10,
q. 1] antwortet Ockham: „Tamen in Deo est simpliciter falsa, quia in Deo actus voluntatis et
actus intellectus et voluntas sunt omnibus modis idem, nec plus distinguitur actus voluntatis a
voluntate quam distinguitur voluntas a voluntate." OT III 329, 8–11. Es gibt also in Gott keine
zwei unterschiedliche Prinzipien mehr. Daher kann Ockham gegen Duns sagen: „Primo, quia
prius ostensum est (vgl. OT III 141–147; dist. 7, q. 2) quod intellectus et voluntas in Deo nullo
modo distinguuntur ex parte rei, et ita per consequens non sunt talia duo principia productiva
in Deo", OT III 350, 23–351, 2.

[97] Im Zusammenhang mit der Frage „Utrum absolutum sub ratione essentiae vel sub ratione aliqua attributali sit potentia generandi" [OT III 133, 1 ff; = I. Sent. I dist. 7, q. 2] argumentiert Ockham gegen Scotus: „Primo modo dico quod intellectus est principium cuiuslibet
productionis et similiter voluntas, quia ipsa voluntas est simpliciter indistincta et ab essentia et
ab intellectu, et ideo quidquid attribuitur uni et alteri." OT III 142, 5–8.

[98] „Secundo modo intellectus connotat ipsam generationem et voluntas ipsam spirationem.
Et tunc quando dicitur [I. Sent. d. 2, q. 1] quod Filius procedit per modum intellectus et Spiritus
Sanctus per modum voluntatis, vel intellectus est principium producendi Verbum et voluntas
est principium producendi Spiritum Sanctum, vel Pater producit Filium per intellectum et Spiritum Sanctum per voluntatem, [...]", OT III 142, 18–23.

[99] „Si tamen esset aliqua distinctio, posset rationabiliter dici quod sola voluntas esset principium Spiritus Sancti, et eodem modo quod solus intellectus esset principium elicitivum Verbum." OT III 327, 14–17.

[100] Bannach, K., 1975, 209.

des einzelne Geschaffene im göttlichen Intellekt, nicht mehr in der göttlichen Essenz, gewissermaßen als Unikat vorgeformt ist.[101] Es gibt daher im göttlichen Intellekt so viele Modelle, wie es geschaffene Einzeldinge oder Kreaturen gibt.[102] Ockham verwandelt daher die allgemeine Idee in das konkrete Modell, das in der einzelnen Kreatur realisiert ist.[103] Die Essenz als Ort vorgeprägter allgemeiner Ideen entfällt, Schöpfung ist Schöpfung aus dem Nichts.[104]

### 3.1.1.4 Gottes Intellekt und sein Heilsplan

Die stärkere Betonung der schöpferischen Freiheit Gottes und seines geschichtlichen Handelns seit der Verurteilung von 1277 nötigt die Theologie, sich stärker dem Problem des göttlichen Vorauswissens, der *futura contingentia* zu stellen. Während Thomas von Aquin und Duns Scotus noch einen vorherbestimmten göttlichen Heilsplan in der göttlichen Essenz voraussetzen,[105] gibt Ockham diese Idee eines präexistenten göttlichen Heilsplans in der Essenz Gottes auf.[106]

### 3.1.2 Die Unterscheidung zwischen potentia dei absoluta und potentia dei ordinata

Ockham greift die scotische Unterscheidung zwischen *potentia dei absoluta* und *potentia dei ordinata* auf und akzentuiert sie neu. Sie wird bei ihm terminus technicus und eine Grundfigur seines theologischen Denkens. Um die Bedeutung dieser Unterscheidung für das Verhältnis von Theologie und Philosophie einschätzen zu können, muss geklärt werden, wie dieses Verhältnis von *potentia dei absoluta* und *potentia dei ordinata* bei Ockham zu verstehen ist. Das theologische Verständnis der *potentia absoluta* hat ein

---

[101] „Ideo dico quod ideae sunt ponendae praecise ut exemplaria quaedam, ad quas intellectus divinus adspiciens producat creaturas, cuius ratio est, quod secundum beatum Augustinum, ubi supra, propter hoc praecise ponendae sunt ideae in deo. Quia deus est rationabiliter operans", zitiert nach Bannach, K., 1975, 236.

[102] „Septimo sequitur, quod deus habet infinitas ideas sicut ab eo sunt infinitae res producibiles […]", zitiert nach Bannach, K., 1975, 237.

[103] „[…] inter omnia cognita nihil melius potest poni a theologo esse idea quam ipsamet creatura […]", zitiert nach Bannach, K., 1975, 234.

[104] „[…] creatio est simpliciter de nihilo ita quod nihil intrinsecum et essentiale rei praecedat […]", In Sent. I, dist. II, qu. 4. Klaus Bannach resümiert: „Schöpfung bedeutet nicht nur den Übergang der credibilia von einer Seinsverfassung in die andere, sondern absolute Neusetzung der Kreatur durch Gottes souveränen schöpferischen Willen", Bannach, K., 1975, 214.

[105] „So gesehen wird die Heilsgeschichte zu einem Abbild der inneren notwendigen Ordnung des göttlichen Wesens, denn Gottes Handeln zielt zunächst immer auf das, was wegen seiner größeren Vollkommenheit seinem Wesen am nächsten liegt", Bannach, K., 1975, 254.

[106] „Wir werden noch sehen, dass Ockham aus diesen Gründen die Spekulationen über einen in Gott präexistenten Schöpfungs- und Heilsplan aufgibt und an ihre Stelle den Gedanken der unmittelbaren conservatio aller Dinge durch Gottes schöpferische Macht setzt", Bannach, K., 1975, 200.

Äquivalent in der Philosophie, und zwar im logischen Prinzip, dass alles, was keinen Widerspruch beinhaltet, möglich ist. Zunächst ist festzuhalten, dass Ockham gegenüber Duns Scotus die *Einheit* Gottes in Sein und Handeln betont,[107] so dass diese Unterscheidung nicht als Ausdruck zweier völlig verschiedener Wirkungspotenzen *in* Gott selbst missverstanden werden kann.[108] Sie gründen vielmehr beide in *einer* Willensaktivität, die sich aber in *potentia absoluta* und *potentia ordinata* differenziert. Daher kann es auch keinen Widerspruch zwischen beiden Handlungsweisen geben, etwa im Sinne einer permanenten Konkurrenz oder eines Widerspruchs zwischen diesen beiden Wirkungsweisen.[109] Der *absoluta* Aspekt des Willens legt vielmehr den Schwerpunkt auf die Freiheit Gottes zu schöpferischem Handeln, die Neues, Kontingentes in der Heilsgeschichte hervorbringt, – nicht misszuverstehen als reine Willkür – der *ordinata* Aspekt legt den Schwerpunkt auf die Bindung Gottes an das, was bereits von ihm in Natur und Geschichte als gültig (an)geordnet ist. Daraus folgt auch beispielsweise, dass die *potentia dei absoluta* nicht in die Vergangenheit wirken kann.[110] Schematisch kann man diese Zuordnung folgendermaßen zusammenfassen.

| Gott ist Einheit von Sein und Tun | |
| --- | --- |
| Potentia dei absoluta | Potentia dei ordinata |
| Zukunft | Vergangenheit |
| Kontingenz | Kontinuität |
| Neuschöpfung | Bewahrung |

Dieses neue Verständnis von Gottes schöpferischem Handeln hat nun verschiedene Auswirkungen auf philosophische Grundprobleme ontologischer und erkenntnistheoretischer Art, die im Folgenden kurz benannt

[107] „Gegenüber Scotus hebt Ockham stark die Einheit des göttlichen Wesens hervor, das in dem, was es ist und in dem, was es tut, völlig identisch ist. Denn Scotus' Zurückführung der geschaffenen Wirklichkeit in ihrer quidditativen Bestimmtheit auf den göttlichen Intellekt und in ihrer faktischen Kontingenz des Daseins auf den göttlichen Willen legt den Einwand nahe, hier werde das göttliche Wesen in zwei verschiede Seinsprinzipien aufgespalten", Bannach, K., 1975, 18.

[108] „Haec distinctio non est sic intelligenda quod in Deo sint realiter sint duae potentiae quarum una sit ordinata et alia absoluta, quia unica potentia est in Deo ad extra, quae omni modo est ipse Deus." OT IX 585, 15–586, 18. (Quodl. VI qu. 1).

[109] Es kann Gott daher nicht „inordinate" handeln. „[...] deus nihil potest facere inordinate", zitiert nach Bannach, K., 1975, 19.

[110] Expos. aur., De futuris contingentibus q. 1: „Si haec propositio sit modo vera: haec res est, semper post erit vera: haec res fuit, nec potest deus de potentia sua absoluta facere, quod haec propositio sit falsa", zitiert nach Hochstetter, E., 1927, 19, Anm. 1.

werden sollen. Später im Kontext der entsprechenden Fragestellungen wird auf sie genauer eingegangen.

### 3.1.2.1 Potentia dei absoluta und Ontologie

Obwohl Ockham von einem geplanten Metaphysikkommentar schreibt,[111] von dem nicht klar ist, ob er je geschrieben wurde oder verloren ging, und damit keine zusammenhängende Darstellung metaphysischer Fragestellungen vorhanden ist, finden sich dennoch zahlreiche verstreute Hinweise in seinem Werk zu metaphysischen Problemen. Zunächst entfällt für Ockham der klassische metaphysische Gottesgedanke[112] des *primum movens*,[113] der verursachenden Erstkausalität[114] zugunsten der Erhaltungskausalität[115], die dem Gedanken der *schöpferischen Unmittelbarkeit* eher entspricht. Analog dazu betont Ockham, dass Gott in seinem Wirken nicht an die traditionellen *causae secundae* gebunden ist, sondern direkt, also unmittelbar seine Wirkungen hervorbringen kann.[116]

Ebenso ist für Ockham der metaphysische allgemeine Seinsbegriff, der für Thomas eine so wichtige Rolle als Verbindung zwischen Theologie und Philosophie gespielt hatte, überflüssig. Damit entfällt auch jede seinsmäßige Gemeinsamkeit zwischen Schöpfer und Geschöpf, Grundlage der tho-

---

[111] OP IV 14, 118 f und dazugehörige Anmerkung.

[112] Die Rolle der Metaphysik in Ockhams Theologie ist überaus kompliziert. Bis zu Philotheus Boehners Arbeiten war es Stand der Diskussion, dass Ockham die Möglichkeit einer Metaphysik in Zweifel gezogen, bzw. bestritten hatte. Seit Philotheus Boehner urteilt man vorsichtiger. Zur Summierung der Diskussion, vgl. Leppin, V., 1995, 146–160. Als Ergebnis kann jedoch festgehalten werden, dass Ockham sowohl in den Quodl. wie auch im Sentenzenkommentar eine Metaphysik unabhängig von der Theologie sieht. Vgl. Leppin, V., 1995, 160.

[113] Meta II 2, 994a1–994b31.

[114] „Der Grundsatz, dass alles, was sich bewegt, durch ein anderes bewegt sein muß – ein Grundsatz, der zur Ontologie des Mittelalters gehört –, wird von Ockham ausdrücklich preisgegeben", Rombach, H., 1965, 85. Ockham diskutiert diese Frage im Kontext seiner Auseinandersetzung mit Duns Scotus, der an dieser klassischen Denkfigur festhält. „[Opinio Scoti]. Circa primum dicitur quod potest probari quod est aliquod ens primum et primitate causalitatis effectivae et primitate causalitatis finalis et primitate eminentiae." In Librum Primum Sententiarum Ordinatio, OT II 338, 1 ff. Ockham gibt zwar zunächst zu, dass diese Meinung von vielen Philosophen geteilt wird („et est ratio quasi omnium philosophorum", OT II 354, 17 f), unter Verweis auf die Vermeidung des Problems den unendlichen Regresses („Sed non est ponere processum in infinitum in conservantibus, [...]", OT II 355, 23 f) ersetzt er dann die Erstkausalität durch die Erhaltungskausalität („Sic igitur videtur per istam rationem quod oportet dare primum conservans et per consequens primum efficiens." OT II 356, 2 ff.

[115] Zum Gottesbeweis über die Erhaltungskausalität vgl. die Studie von Philotheus Boehner; Boehner, P., 1958 (= ²1992), 399–420. Der Gedanke der Erhaltungskausalität wird auch von Descartes aufgegriffen. Vgl. Hübener, W., TRE VIII, 1981, 499–510.

[116] „Quidquid Deus producit mediantibus causis secundis potest immediate sine illis producere et conservare", Quodl. VI, 6; Damit steht Ockham in der Tradition der Verurteilung von 1277, in der ausdrücklich zugunsten der Allmacht Gottes die These verurteilt wurde, dass Gott nur durch die *causae secundae*, also nicht unmittelbar, wirken könne. „Quod deus non potest en effectum causae secundariae sine ipsa causa secundaria", These 63.

masischen *analogia entis*.[117] Das dem Seienden vorgegebene Sein entfällt zugunsten des radikalisierten Gedankens der Schöpfung aus dem Nichts.[118] Auch der Wesensbegriff, d. h. der Zusammenhang zwischen Substanz und Akzidenz wird für Ockham unter dem Gesichtspunkt der *potentia dei absoluta* problematisch. Gott kann durch seine *potentia absoluta* eine Substanz ohne Akzidenz und ein Akzidenz ohne Substanz schaffen.[119] Ockham gibt durch diese theologisch motivierte radikale Kritik am allgemeinen Seinsbegriff und am individuellen Wesensbegriff nicht nur den ontologischen Grundbestand der Welt preis, sondern schafft damit auch völlig neue erkenntnistheoretische Probleme, insofern nämlich ein Allgemeines im Sinne des aristotelisch-thomasischen Wesens am Einzelnen durch den radikalen Gedanken der Schöpfung des Einzelnen aus dem Nichts nicht mehr erhebbar ist.[120]

### 3.1.2.2 Potentia dei absoluta und Erkenntnistheorie
### 3.1.2.2.1 Potentia dei absoluta und der Universalienstreit
Da dieser radikale Schöpfungsgedanke die Seinsanalogie infragestellt, verwundert es nicht, dass Ockham das Universalienproblem[121] – seit der Antike bei Plato und Aristoteles eigentlich ein typisch philosophisches Problem der Erkenntnistheorie, das erst in der Scholastik mit der Theologie verbunden wird, mit dem Ende der Scholastik aber wieder aus der Theologie verschwindet – in ständiger Diskussion mit Duns Scotus im theologischen Kontext der Frage nach der Univokation und Äquivokation, d. h. der Frage nach der Gemeinsamkeit von Gott und Geschöpf verhandelt.[122]

---

[117] Im Zusammenhang der Frage „Utrum aliquod universale sit univocum deo et creaturae" (OT II 292, 8) hält Ockham gegen Duns Scotus fest: „quia nihil quod est in creatura realiter, – [...] – potest Deo attribui." OT II 300, 4f.

[118] Sent. II. q. 8.

[119] „Sed Deus potest facere accidens sine substantia media in ratione effectus, ergo potest facere quocumque accidens sine alio et substantiam sine accidente in ratione effectus et sic de omnibus aliis absolutis", Sent I d. 30, q. 1., zitiert nach Rombach, H., 1965, 85.

[120] Inwieweit diese Aspekte der Kritik einzelner metaphysischer Topoi eine grundsätzliche Kritik an der Metaphysik darstellt, ist schwer zu beurteilen. Ockham hätte in diesem Fall die erst mit der Neuzeit einsetzende grundsätzliche Metaphysikkritik vorweggenommen. Vgl. Rentsch, T., Artikel Metaphysikkritik I. Der polemische Gebrauch des Titels Metaphysik, in: Rentsch, Th., HWPh V, 1980, Sp. 1280ff.

[121] Vgl. die ausführliche und auf die jeweilige Problemkonstellation abhebende Darstellung der Universalienproblematik Ockhams bei Klaus Bannach; Bannach, K., 1975, 314–360. Wichtige Texte zur Universalienproblematik bei Ockham sind: Sent I dist. 1–8, Sent I Prol qu. 9, Sent I dist. 3, qu. 5.

[122] „Utrum universale sit vera res extra animam", heißt die Frage in OT II 99, 10f. Diese zunächst rein erkenntnistheoretisch anmutende Frage stellt Ockham jedoch in einen theologischen Kontext, wenn er in seiner Antwort anhebt: „Circa identitatem et distinctionem Dei a creatura est quaerendum an Deo et creatura sit aliquid commune univocum praedicabile essentialiter de utroque". Die Ockhamsche Lösung des Universalienproblems ist also theologisch durch die Frage nach dem Verhältnis von Schöpfer und Geschöpf motiviert. Dies stimmt auch

Auch Ockhams Lösung des Universalienproblems muss daher im Horizont der Theologie gesehen werden. Es ist nämlich Ockhams Betonung der unmittelbaren schöpferischen Wirksamkeit Gottes,[123] die ihn dazu führt, jedes Geschöpf in seiner individuellen und unvergleichlichen Besonderheit als von Gott unmittelbar aus dem Nichts geschaffen anzusehen.[124] Da es in diesem Sinne ontologisch nur Singularia gibt,[125] muss sich Ockham das Problem nach der erkenntnistheoretischen Interpretation des Allgemeinen und seiner anthropologischen Basis neu stellen.[126] Aber nicht nur für das Erkenntnis*objekt* stellen sich neue erkenntnistheoretische Probleme, auch für das Erkenntnis*subjekt* wird der Gedanke der *potentia dei absoluta* bedeutsam.

In der Ockhaminterpretation wurde lange die von Ockham behauptete Möglichkeit Gottes, dem menschlichen Intellekt die Erkenntnis eines nicht anwesenden Gegenstandes zu ermöglichen, die *cognitio intuitiva non existentis*, als Täuschung des Menschen durch einen unkalkulierbaren Willkürgottes qua *potentia dei absoluta* interpretiert. Gleichzeitig sei damit die Erkennbarkeit der Welt in Frage gestellt und dem erkenntnistheoretischen Skeptizismus Tür und Tor geöffnet. Neben der vehementen Bestreitung dieser Interpretation durch Ockham selbst,[127] zeigt eine genaue Analyse des Problemzusammenhangs, wie sie von K. Bannach[128] vorgenommen wurde, die Irrigkeit dieser Interpretation. Die erkenntnistheoretische Be-

---

damit überein, dass Ockham sich erst nach der Abfassung seines Sentenzenkommentars intensiv mit Aristoteles und damit seiner Lösung des Universalienproblems beschäftigt.

[123] Bannach, K., 1975, 355.

[124] Diese Betonung des Schöpferischen bei Gott hat einen starken Nachhall bei verschiedenen Theologen und auch Philosophen des 14. Jahrhunderts. So lesen wir bei Johannes Buridan über Gottes Schöpferkraft: „debet sibi attribui posse libere conservare et non conservare annichilare et non annichilare infinitos mundos facere et destruere omnis exclusio alicuius talium connotaret diminutionem et non esset deo attribuenda", Physik VIII q. 3, fol. 112 c, zitiert nach Paqué, R., 1970, 235. Dieser Betonung der Schöpferkraft Gottes entspricht analog die Betonung seines Willens. Entsprechend äußert sich Buridan: „Primus motor est voluntas. Sic summe libera quod ab eterno voluit creare tunc et alias non creare et movere tunc et alias non movere et quicquid voluit facere potuit facere licet non econverso et quicquid voluit facere fecit vel faciet et multa voluit que potuisset non voluisse", zitiert nach Paqué, R., 1970, 236.

[125] „Ad auctoritatem Avicennae dico quod non debet intelligi quod ‚equinitas est tantum equinitas' ita quod equinitas nec sit una nec plures, nec in intellectu nec in effectu, quia realiter equinitas est in effectu et realiter est singularis. Sicut enim equinitas est realiter creata a Deo, et similiter equinitas est distincta realiter a Deo, ita equinitas est realiter et veraciter singularis", Sent I dist. 2, qu. 6, 219.

[126] Anthropologie und Erkenntnistheorie sieht K. Bannach in diesem theologischen Kontext der „schöpferischen Unmittelbarkeit" Gottes. „Die Insistenz Ockhams auf der schöpferischen Souveränität Gottes hat die überaus wichtige anthropologische Einsicht zur Folge, dass auch die intellektuelle Aktivität des Menschen von ihrer schöpferischen Seite her begriffen werden muß", Bannach, K., 1975, 355.

[127] Quodl VI. qu. 5.

[128] Bannach, K., 1975, 360–369.

deutung des *potentia dei absoluta* Gedankens in diesem Kontext besteht nicht in einer Täuschungsabsicht Gottes, sondern in der Antwort auf die Frage, wie die Erkenntnis eines Gegenstandes – in Gestalt eines inneren mentalen Bildes – bei Abwesenheit dieses Gegenstandes zu erklären sei.[129] Auch im Hinblick auf die Erweiterung der Erkenntnisgrenzen des Menschen spielen bei Ockham theologische Überlegungen insofern eine Rolle, als er eine zeitweise und außergewöhnliche Erkenntnis Gottes und besondere theologische Erkenntnisse schon im *status viatoris*[130] – beispielsweise beim raptus Pauli – für möglich hält.

Zusammenfassend kann daher nun festgehalten werden, dass die genannten Verschiebungen in der Gotteslehre, d.h. die stärkere Betonung des Willens und damit des Schöpferischen, sowohl eine Auswirkung in der Ontologie, Erkenntnistheorie – und damit in der Anthropologie – wie auch in der Lösung des Universalienproblems hatte.

Insgesamt kann man aus der Sicht der Bedeutung des *potentia dei absoluta* Gedankens für das Verhältnis von Theologie und Philosophie, bzw. Glauben und Wissen, folgendes konstatieren:

Das Verhältnis von Theologie und Philosophie entzieht sich – aufgrund der Natur des Schöpferischen – einer formelhaften Systematik, die *schöpferische Unmittelbarkeit* zeigt sich in jedem Zusammenhang je neu und anders. Ockham ist daher viel freier im Umgang mit Aristoteles,[131] fast eklektisch, weder ein Anhänger der ancilla-Theorie des Thomas noch ein Parteigänger des Prinzips der *doppelten Wahrheit*, die er im übrigen in seinem Werk nirgends erwähnt.[132] Trotzdem beginnt mit Ockham eine Tendenz, die Glaube und Wissen stärker voneinander trennt. Denn die Freiheit des willentlichen schöpferischen Handelns Gottes ist mit den Mitteln der Vernunft nur schwer einholbar, die daher nun viel stärker funktional auf weltlichen Erkenntnisgewinn ausgerichtet werden kann.[133]

---

[129] „omnis res absoluta, distincta loco et subiecto ab alia re absoluta, potest per divinam potentiam absolutam existere sine illa, quia non videtur verisimile quod si Deus vult destruere unam rem absolutam existentem in caelo quod necessitetur destruere unam aliam rem existentem in terra. Sed visio intuitiva, tam sensitiva quam intellectiva, est res absoluta, distincta loco et subiecto ab obiecto", OT I 38, 16–39, 3.

[130] „[…] dico quod Deus de potentia sua absoluta potest causare notitiam evidentem in intellectu viatoris aliquarum veritatum theologiae et forte aliquarum non", OT I 49, 10–13.

[131] Vgl. dazu den Prologus der expositio in libros physicorum Aristoelis, OP IV 3 f.

[132] Angesichts dieser Lage ist dem Urteil Sigrid Müllers zuzustimmen: „Die These, dass Ockham Philosophie und Theologie auseinander reißt, ist in dieser Undifferenziertheit nicht länger haltbar", Müller, S., 2000, 6.

[133] In diesem Sinne argumentiert Hermann Deuser: „Weil Gott unter diesen Bedingungen nicht mehr als der erste Gegenstand der (allgemeinen, notwendigen) Vernunft nachgewiesen werden kann, sondern kraft seiner Sonderstellung (*potentia absoluta*) für den religiösen Glauben immer schon autoritativ oder evidentiell vorausgesetzt ist, kann es bis in die Neuzeit dann zur Trennung von Glauben und Wissen kommen", Deuser, H., 2001, 145.

Was folgt daraus für seinen theologischen und philosophischen Wissenschaftsbegriff und dessen anthropologische Verortung?

### 3.1.3  Die rationale Einholbarkeit der potentia dei absoluta

Ockham thematisiert mit dieser Betonung des Schöpferischen in Gott ein theologisches Problem von großer Wichtigkeit. Seine Lösung in Gestalt der *schöpferischen Unmittelbarkeit* mit all den bereits genannten Konsequenzen wirft allerdings die Frage auf, inwieweit diese schöpferische Aktivität Gottes für den Menschen rational nachvollziehbar ist. Das Problem kann auch aus der Perspektive Gottes formuliert werden. An welche rationalen Formen ist Gott in seinem Schaffen noch gebunden, wenn sein Schaffen nicht vollständig irrational sein soll? Ockham nennt zwei „rationale Konstanten", die rationale Grenzen von Gottes Handeln markieren und damit zugleich minimale menschliche Erkenntnisbedingungen für göttliches Handeln garantieren. Die eine Bedingung ist, dass Gott nicht gegen den logischen Satz vom Widerspruch handeln,[134] die andere, dass Gott nicht gegen seine bereits gesetzten Ordnungen verstoßen kann.[135] Damit sind die rationalen Grenzen für Gottes schöpferisches Wirken gezogen, innerhalb derer er das in der Zukunft je Neue hervorbringen kann. Diese sehr enge Grenzziehung der rationalen Bedingungen für Gottes Handeln wirft allerdings das Problem auf, wie denn dieser rationale Minimalismus sich mit den Forderungen der Wissenschaft nach einer viel umfassenderen Rationalität verträgt, also z. B. Allgemeinheit, wie sie in den aristotelischen Wissenschaftskriterien gefordert wird. Mehr noch, die aristotelischen Wissenschaftskriterien der Allgemeinheit und Notwendigkeit sind ja zu den ockhamistischen Motiven der absoluten Singularität des Geschaffenen und der durchgängigen Kontingenz des Seienden und der Kategorie der Möglichkeit anstelle der Notwendigkeit für Gottes Handeln geradezu gegenläufig. Wie ist unter diesen Bedingungen überhaupt noch Wissenschaft möglich und unter welchen anthropologischen Bedingungen kann sie sich vollziehen?

### 3.2  Der theologisch-philosophische Kontext von Wissenschaft

Im Gegensatz zu Thomas' Einleitungsteil der STh hat Ockham im Prologus seines Sentenzenkommentars eine sehr umfangreiche wissenschaftstheoretisch-erkenntnistheoretische Einleitung verfasst. Während Thomas in seiner Einleitung nur kurz die Begrenztheit des menschlichen Erkenntnisvermögens streift, um sogleich zur Notwendigkeit der *revelatio* überzugehen und dann seine ancilla-Theorie zu formulieren, schließt Ockham an seine Einleitungsfrage *„Utrum sit possibile intellectum viatoris habere*

---

[134] OT IV 36.
[135] „[...] quia Deus nihil potest facere inordinate." OT IX 586, 20 f.

*notitiam evidentem de veritatibus theologiae*" umfangreiche Kapitel an, in denen er die Struktur menschlichen Erkennens untersucht. Im Kontext dieser erkenntnistheoretischen Erörterungen diskutiert Ockham auch den Begriff der Wissenschaft. Dieser Aufriss des Sentenzenkommentars verdeutlicht, dass bei ihm die Wissenschaftstheorie von vornherein in einem theologisch-anthropologischen Kontext steht.

Dies gilt allerdings nicht für die wissenschaftstheoretischen Erörterungen im Prologus des Aristoteleskommentars *Expositio in libros physicorum Aristotelis*,[136] in denen nicht die Theologie der Bezugspunkt ist, sondern Aristoteles. Bemerkenswert ist, dass Ockham sich gegenüber der Philosophie des Aristoteles interpretatorische Freiheit wahrt[137] und ihn keineswegs als irrtumsfreie philosophische Autorität behandelt.[138] Entsprechend dieser Zielrichtung sind die wissenschaftstheoretischen Erörterungen im Prologus anders geartet, auch wenn beide in der entscheidenden Definition von Wissenschaft übereinstimmen.[139]

### 3.3 Die Habituslehre als anthropologischer Ort von Wissenschaft

Ockham unterscheidet im Sentenzenkommentar zwei Begriffe von Wissenschaft.[140] Der eine ist an der zeitgeschichtlichen universitären Wissenschaftspraxis orientiert,[141] der andere ist aus der aristotelischen Habituslehre entnommen und kommt der Notwendigkeit seiner anthropologischen Verortung in der Wissenschaftstheorie im Sinne seiner theologisch motivierten Untersuchung der Möglichkeiten und Grenzen menschlichen Erkenntnisvermögens sehr entgegen.[142] Diese Verortung der Wissenschaft in der Anthropologie im Sinne eines zu befestigenden Habitus ist aufschlussreich, markiert er doch gegenüber Thomas eine sehr viel stärkere Betonung des Tätigseins. Dieser Aspekt von Wissenschaft hatte bei Thomas noch gefehlt – im Anthropologieteil der STh vor dem Gesetzestraktat ist davon überhaupt nicht die Rede.

---

[136] OP IV 3, 4–14.

[137] „Eapropter opiniones recitandas mihi nullus ascribat, cum non quid iuxta veritatem catholicam sentiam, sed quid istum philosophum approbasse vel secundum sua principia, ut mihi videtur, approbare debuisse putem, referre proponam." OP IV 4, 25–29.

[138] „De intentione autem eius diversa et adversa, cum ipse *Scripturae Sacrae* auctor non fuerit, sine periculo animae licitum est sentire." OP IV 4, 29 f; vgl. ebenso OP IV 4, 24 f.

[139] Die in Kap. 3.4 genauer erörterte Definition von Wissenschaft verwendet Ockham sowohl im Prologus des Sentenzenkommentars (OT I 87, 20–88, 2) und im Prologus der Expositio OP IV 6, 46 ff.

[140] „Ad primum istorum dico quod scientia, […], dupliciter accipitur", OT I 8, 19 f, vgl. auch Leppin, V., 1995, 30–34.

[141] OT I 9–11,5

[142] EN VI, 3, 1139b 16 f; Praed 7, 6b 1–7; Phys-A VII 3, 246b 3 f; 247b 1 ff.

Im Anschluss an seine Unterscheidung zweier intellektueller Vermögen im Menschen, dem *actus apprehensivus* und dem *actus iudicativus*,[143] ordnet er dem intellektuellen *actus* einen Habitus zu und differenziert ihn analog zu den beiden intellektuellen Vermögen des *actus apprehensivus* und *actus iudicativus*,[144] wobei letzterer auf ersteren aufbaut.[145] Der Wissenschaft betreibende Habitus ist also ein Vermögen des Intellekts.[146] Er vollzieht sich dann darin, Schlüsse aus Prinzipien zu ziehen.[147] Dabei können der *habitus scientiae* und der *habitus fidei* ungebrochen nebeneinander stehen.[148]

Ockham nennt diesen Wissenschaft betreibenden Habitus, speziell derjenige, der dem *actus iudicativus* zugeordnet ist, *habitus veridicus*.[149] Ganz im Sinne der aristotelischen Konzeption ist er für Ockham eine Qualität der Seele,[150] die er näher als Qualität des Intellekts charakterisiert.[151] Dieser Habitus kann nach Ockham nur aktiviert werden, wenn die willentliche Ausrichtung sich mit dem *intellectus activus* vereint.[152] In der Praxis

---

[143] „Et sic patet quod respectu complexi potest esse duplex actus, scilicet actus apprehensivus et actus iudicativus", OT I 16, 17 f.

[144] „Secunda distinctio est quod sicut respectu complexi est duplex actus, sic respectu complexi est duplex habitus correspondens, scilicet unus inclinans ad actum apprehensivum et alius inclinans ad actum iudicativum." OT I 17, 3–6.

[145] „Prima conclusio praeambula est ista quod actus iudicativus respectu alicuius complexi praesupponit actum apprehensivum respectu eiusdem." OT I 17, 15 ff; vgl. auch OT I 17, 24 f; OT I 18, 20–24.

[146] „Et isto modo subiectum scientiae est ipsemet intellectus, quia quaelibet scientia talis est accidens ipsius intellectus." OP IV 9, 73 f.

[147] „quia habitus principii inclinat ad actum conclusionis, ideo actus principii est causa sufficiens ad sciendum conclusionem." OT I 18, 18 ff; vgl. auch OT I 218, 20; OT VI 285, 1–10.

[148] OT VI 307, 14–21.

[149] „Quod autem ista sit scientia proprie dicta, potest probari, quia ista scientia est habitus veridicus." OT I 88, 14 f; vgl. auch OT I 220, 17 f.

[150] Ockham bezeichnet *scientia* noch nicht im wissenschaftstheoretischen Prolog des Sentenzenkommentars als Habitus, sondern erst in seinen philosophischen Werken, z. B. im Prologus der *Expositio in libros physicorum Aristotelis*. „Circa primum dicendum est quod scientia vel est quaedam qualitas existens subiective in anima […]", OP IV 4, 44 f. „Et per consequens multo fortius habitus qui est scientia, erit qualitas animae." OP IV 5, 25 f. Die Qualität der Seele, die Wissenschaft betreibt, findet Ockham im Willen und Intellekt („[…] ergo volitio vel intellectio est aliqua talis qualitas;" OP IV 5, 16), die durch Wissenschaft betreibende Praxis verändert werden, OP IV 5, 11–15. Außerdem ordnet Ockham verschiedenen Wissenschaften (Metaphysik, Mathematik, Naturphilosophie) im Anschluss an Aristoteles verschiedene Habitus zu, OP IV 6, 51–60. Weitere Stellen: OP VI 3,7 ff und OP VI 5,18.

[151] „Et isto modo subiectum scientiae est ipsemet intellectus, quia quaelibet scientia talis est accidens ipsius intellectus." OP IV 9, 2 f.

[152] Ockham übernimmt mit mit dem *intellectus activus* den νοῦς ποιητικός von Aristoteles, vgl., De An. III 5, 430a 10–20. „Tamen teneo oppostitum propter auctoritates Sanctorum et philosophorum quae non possunt salvari sine activitate intellectus, sicut patet de intellectu agente, III De An. [430a 10–20]." OT VIII 191, 731–734. „Et posita ista volitione cum habitu inclinante sine omni activitate intelectus, causabitur intellectio illius obiecti. Et posita activitate intellectus sine omni actu volendi, non potest sufficienter reddi causa praedictae cognitionis." OT VIII 190, 723–726; vgl. auch OT VI 365, 3 ff.

wissenschaftlicher Tätigkeit erzieht sich die Seele zur wissenschaftlichen Lebenseinstellung.[153] An diesem am intellektuellen Habitus und seinen Funktionen des *apprehendere*, *iudicare* und *ex principiis concludere* orientiert Ockham dann auch seine Unterscheidung der *scientia* in die strenge *scientia proprie dicta* die weniger strenge *scientia large dicta*.[154]

### 3.4 Die Definition von Wissenschaft

Im Zuge seiner erkenntnistheoretischen Ausrichtung im Prologus des Sentenzenkommentars gibt Ockham eine intellektorientierte – analog dem aristotelischen νοῦς – Definitionen von *scientia proprie dicta* und ihre Anwendung auf die Objekte wissenschaftlicher Erkenntnis, die *propositiones*

[Art. I: Quae propositio est scibilis scientia proprie dicta?]
„Circa primum dico quod propositio scibilis scientia proprie dicta est propositio necessaria, dubitabilis, nata fieri evidens per propositiones necessaries evidentes, per discursum syllogisticum applicatas ad ipsam". OT I 76, 13–16.

[Art. II: Quid est scientia {proprie dicta}?]
„Circa secundum: quid est scientia? Dico, quod scientia, […], est notitia evidens veri necessarii, nata causari per praemissas applicatas ad ipsum per discursum syllogisticum". OT I 87, 20–88.

Die *scientia* Definition im Prologus des *Sentenzenkommentars*[155] kehrt fast wörtlich im Prologus der *Expositio in libros physicorum Aristotelis* wieder, allerdings als Abschluss einer Reihe von vorläufigen Umschreibungen der *scientia* mit ansteigendem Grad begrifflicher Strenge.[156] In der dieser Defi-

---

[153] „Patet in illuminatione medii et in generatione scientiae in anima, quando anima mutatur de ignorantia ad scientiam." OT V 78, 12 ff.

[154] „Similiter, posito quod hoc non est possibile de scientiis naturaliter adquisitis, tamen eadem veritas potest pertinere ad aliquam scientiam proprie dictam et ad aliquam scientiam large dictam pro firma adhaesione, cuiusmodi est theologia pro magna sui parte, sicut postea patebit." OT I 11, 1–5. Wie später Ockham weiter ausführt (OT I 183–206, q. VII nach der Wissenschaftlichkeit der Theologie), gehört insbesondere die Theologie zu dieser weniger strengen Fassung des Wissenschaftsbegriffs, der *scientia large dicta*. Der Theologie fehlt nämlich die Evidenz ihrer Sätze und Prinzipien (OT I 199, 19–22), die ein Merkmal der *scientia proprie dicta* ist. Trotzdem, so argumentiert Ockham, tut dies der Würde der Theologie (*dignitatis theologiae*) keinen Abbruch, weil in der Theologie die Sicherheit der Erkenntnis (*certitudo*, OT I 200, 1–8), nicht wie in der Wissenschaft durch Evidenz (OT I 199, 19–23), sondern durch *Anhangen* im Glauben gewährleistet ist (*adhaesio*, OT I 200, 6–11).

[155] OT I 87, 20–88, 2.

[156] In dieser aufsteigenden Reihe begrifflicher Strenge wandelt sich unter der Hand auch der von Ockham verwendete *scientia* Begriff. Während er ihn in den ersten Umschreibungen wohl eher im Sinne von Wissen verwendet, ist er erst in der vierten Definition im strengen Sinne von Wissenschaft zu verstehen, in den ersten drei Definitionen allgemeiner im Sinne von Wissen. Die einfachste Form von Wissen ist demnach bei Ockham die *certa notitiae alicuius veri* (OP IV 5, 29) im Sinne eines sicheren Alltagswissens. Es folgt die Erkenntnis, die an der Evidenz des

nition folgenden näheren Erläuterung nennt Ockham aufgrund des unterschiedlichen Kontextes – theologisch motivierte Erkenntnistheorie im OT, Kommentar der Physik des Aristoteles im OP – unterschiedliche Aspekte. Es sollen nun zunächst die Aspekte des Wissenschaftsverständnisses des Prologus des Sentenzenkommentars durchgegangen werden, die Besonderheiten des Prologus der *Expositio in libros physicorum Aristotelis* werden danach gesondert aufgeführt. Der erkenntnistheoretische Fragehorizont des Prologus des Sentenzenkommentars öffnet sich daher auch im weiteren Verlauf der Fragestellung dem eigentlichen Ziel der Untersuchung, nämlich der Frage nach der Wissenschaftlichkeit der Theologie und damit des Glaubens. Im Unterschied dazu schließt der Prologus der *Expositio in libros physicorum Aristotelis* mit der Erörterung des Gegenstandes der eingeführten Wissenschaftsdefiniton, der *scientia realis*. Wir wenden uns zunächst der Erörterung der Wissenschaftsdefinition des Prologus des Sentenzenkommentars zu. Im Text, der auf diese Definition im Sentenzenprologus folgt, erläutert Ockham wiederum in Analogie zum aristotelischen Wissenschaftskonzept der zweiten Analytiken die einzelnen Merkmale der Wissenschaft.[157]

### 3.4.1 Kriterien der Wissenschaftlichkeit
### 3.4.1.1 Evidenz

Das Kriterium der Evidenz nimmt bei Ockham einen wesentlich breiteren Raum ein im Vergleich zu der eher gelegentlichen Erwähnung bei Thomas. Volker Leppin hat den Weg nachgezeichnet, auf dem dieses Kriterium von Thomas von Aquin[158] zu Thomas von Sutton über Duns Scotus, Heinrich von Gent und Cowton bis hin zu Ockham zunehmend an Wichtigkeit gewonnen hat und darüber hinaus wohl auch eine bildungspolitische Dimension hatte.[159] Diese zunehmende Wichtigkeit der *notitia evidens* spiegelt sich auch in der Einschätzung Ockhams selbst wieder, wenn er sie gleich zu Beginn des Prologus des Sentenzenkommentars als *perfectissima notitia possibilis* preist.[160]

---

unmittelbaren kontingenten Augenscheins, bzw. der Sinne orientiert ist *evidenti notitia*, (OP IV 6, 35), der allerdings der Charakter der Notwendigkeit fehlt. Es handelt sich also um kontingentes Erfahrungswissen. Auch wenn Ockham dies in diesem Zusammenhang nicht eigens thematisiert, so ist die *notitia intuitiva* die dieser Wissensform zugeordnete Erkenntnisweise. Erst der nächsten Erkenntnisweise, der *scientia notitia evidens alicuius necessarii* (OP IV 6, 43) eignet der Charakter der Notwendigkeit, die nicht mehr aus der Evidenz der unmittelbaren sinnlichen Erfahrung entsteht, sondern ihre Evidenz der Notwendigkeit der logischen Operationen des Verstandes verdankt. Ihre Gegenstände sind die *principiae* und *conclusiones* des Verstandes. Dann folgt die obige strenge Definition der Wissenschaft, die Ockham noch von der *sapientia* und dem *habitus principiorum* abgrenzt.

[157] APo I 2, 71b20–22.
[158] De Ver. XIV, 1 ad 7; STh II–II 4, 8.
[159] Leppin, V., 1995, 37 ff; 66–74; 82–88.
[160] „notitia evidens veritatis est perfectissima notitia possibilis haberi de aliqua veritate;", OT I 4, 18 f.

Die *notitia evidens*, die hier mit *evidente Erkenntnis* übersetzt werden
soll, wird zwar von Ockham in der nachfolgenden Erläuterung seines *scientia* Begriffs nicht näher definiert, sondern nur beispielhaft erläutert, aber
über seinen Prologus verstreut finden sich eine Reihe von Aspekten, aus
denen man den Bedeutungsumfang seines Evidenzbegriffs rekonstruieren
kann. In seiner Erläuterung zur *scientia* Definition beschränkt er sich zunächst darauf, offenbar in Anlehnung an die aristotelische Abgrenzung von
(ἐπιστίμη) und δόξα, evidente Erkenntnis gegen Meinung, Vermutung und
Glaube abzugrenzen.[161] Da sich aber bei Ockham Erkenntnis immer im
Raum der Sprache, d. h. der *propositiones* und damit des Urteils vollzieht,[162]
dürfte sich der Evidenzbegriff bei Ockham auf die Urteilsform innerhalb
einer Proposition beziehen. Dies wird gestützt durch eine Definition der
*notitia evidens*, die Ockham gleich zu Beginn seines Prologus vorlegt.[163]
Wie vollzieht sich ein solches Urteil, vor allem, wie vollzieht sich die Evidenz eines Urteils? Der Evidenzcharakter eines Urteils klingt bei Ockham
terminologisch an, wenn er die *notitia evidens* als eine *propositio per se
nota* bezeichnet. Die Evidenz des Urteils kommt dann dadurch zustande,
dass es sich aus den bereits bekannten Termini zusammensetzt,[164] sofern
korrekt geschlossen wird, wobei Ockham den empirischen Objektbezug
festhält. Diese Evidenzerzeugung innerhalb des Sprachraums der Termini
in Verbindung mit der *notitia intuitiva* zeigt sich auch darin, dass Ockham die aus mittelbarer Erfahrung gewonnenen evidenten Erkenntnisse,
die nur durch die *notitia abstractiva* durchaus möglich sind, ausdrücklich
aus der *notitia evidens* ausnimmt und damit auch aus der *scientia proprie
dicta*.[165] Eine *notitia evidens* ist also zusammengefasst die Erkenntnis einer

---

[161] „[...] excluditur et opinio et suspicio et fides et huiusmodi, quia nulla illarum est evidens", OT I 88, 3 f.

[162] Ockham nennt die Propositionen auch *complexum*, das sich aus inkomplexen Termini
zusammensetzt. „[...] dico quod notitia evidens est cognitio alicuius veri complexi, ex notitia
terminorum incomplexa immediate vel mediate nata sufficienter causari." OT I 5, 18–21.

[163] „[...] dico quod notitia evidens est cognitio alicuius veri complexi, ex notitia terminorum
incomplexa immediate vel mediate nata sufficienter causari", OT I 5 18–21.

[164] „Dicendum quod propositio per se nota est illa quae scitur evidenter ex quacumque notitia terminorum ipsius propositionis, sive abstractiva sive intuitiva." OT I 6, 15 ff.

[165] Ockham unterscheidet zwischen *notitia intuitiva*, die die unmittelbare sinnliche Erkenntnis eines anwesenden Gegenstandes meint, und *notitia abstractiva*, die nur die mittel-
bare Erkenntnis eines Gegenstandes bezeichnet, d. h. der Gegenstand kann auch abwesend sein
und die Vorstellungskraft ist der Ort seiner Vergegenwärtigung. Ockham unterstreicht anhand
eines Beispiels, dass der *notitia abstractiva* der Evidenzcharakter abgeht und sie daher nicht
zu den evidenten Erkenntnisarten und damit zu den *propositiones per se nota* zu zählen ist. „Si
autem tantum cognosceret Sortem et albedinem existentem in Sorte abstractive, sicut potest
aliquis imaginari ea in absentia eorum, non sciret evidenter quod Sortes esset albus, et ideo non
est propositio per se nota", OT I 6, 23–7, 3. Diesen Erfahrungsbezug der *notitia evidens* streicht
Ockham auch noch einmal später heraus „sed tantum fit evidens per experientiam suptam ex
notitia intuitiva, [...]", OT I 78, 1–12.

Proposition (= *complexum*), in der die Termini unter der Mitwirkung der unmittelbaren *notitia intuitiva* als Erfahrungsgrundlage – nicht jedoch der *notitia abstractiva* – zu einem Urteil zusammengefasst werden. In moderner Terminologie kann man die *notitia evidens* als eine Erkenntnis in Gestalt eines Urteils interpretieren, das zur Gruppe der synthetischen Urteile a posteriori gehört. Allerdings darf die empirische Grundlage der Evidenz nicht überschätzt werden, denn Ockham bezeichnet selbst die *notitia intuitiva* als nicht sehr verlässliche und undeutliche Erkenntnisquelle.[166]

Neben diesem reinen erfahrungsorientierten Evidenzbegriff kennt Ockham aber auch noch einen anderen Evidenzbegriff, der – modern gesprochen – nicht auf die Erfahrung, sondern auf die Bedingung der Möglichkeit von Erfahrung bezieht. Es handelt sich in Anlehnung an Aristoteles um die Evidenz (*per se notum*) der Prinzipien.[167]

Darüber hinaus kennt aber Ockham auch Prinzipien, die aus Erfahrung gewonnen werden und zählt auch diese zur *scientia proprie dicta*. Er postuliert die Existenz solcher erfahrungsabhängigen Prinzipien,[168] gibt dafür Beispiele[169] an und erläutert ein methodisches Vorgehen, wie diese Prinzipien aus Erfahrung gewonnen werden.[170] Ockham kommt es offenbar darauf an zu betonen, dass dieses Verfahren von der Syllogistik verschieden ist

---

[166] „Est tamen advertendum quod aliquando propter imperfectionem notitiae intuitivae, quia scilicet est valde imperfecta et obscura, […] potest contingere quod vel nullae vel paucae veritates contingentes de re sic intuitive cognita possunt cognosci." OT I 33, 8–12.

[167] Ockham erläutert in OT I 187, 21 *evidens* durch *per se notum*. „Et ita est in aliis scientiis quod principia aliqua earum dicuntur esse per se nota, quamvis non quaelibet notitia terminorum sit causa sufficiens notitiae evidentis illarum veritatum." OT II 439, 22–25.

[168] „Unde sciendum quod aliqua conclusio est demonstrabilis per principia per se nota, ita quod ultimata resolutio stat ad principia per se nota, aliqua autem stat ad principia non per se nota sed ad principia nota tantum per experientiam." OT I 83, 22–25; vgl. ebenso OT I 98, 5 f; OT I 319, 25 f.

[169] Ockham nennt die Prinzipien, dass Feuer Wärme erzeugt, *calor est calefactivus*, und dass Schwere nach unten zieht, *gravitas inclinat dorsum*, OT I 84, 1–5.

[170] Ockham erläutert im wesentlichen in Anlehnung an Aristoteles (OT I 93, 22 f / EN I 7 [1098b 3 f]) ein Induktionsverfahren, bei dem er diskutiert, wie viele Erfahrungsfälle notwendig sind, um ein erfahrungsabhängiges Prinzip theoretisch zu rechtfertigen. „Ad primum istorum dico quod aliquando sufficit unum experimentum ad habendum principium artis et scientiae, et aliquando requiruntur multa experimenta." OT I 92, 18 ff. Gehört ein Prinzip zu einer untersten Spezies, genügt ein Beispiel, OT I 92, 20 ff. Er nennt als Beispiel das erfahrungsabhängige Prinzip „[…] ista herba est sanativa, igitur omnis herba talis speciei est sanativa, […]", OT I 92, 13 f. Fällt aber etwas unter verschiedene Species, dann sind mehrere Experimente notwendig, OT I 92, 25–93, 2. Volker Leppin nennt dieses Verfahren das *Gleichförmigkeitsprinzip* und weist zu Recht darauf hin, dass damit die aus der Erfahrung gewonnenen Prinzipien ein ontologisches Fundament in der Artenordnung haben – sofern sie sich darauf beziehen, Leppin, V., 1995, 68 ff. Man könnte dieses *Gleichförmigkeitsprinzip* auch genauso gut starkes *Kausalitätsprinzip* nennen, das darin besteht, dass gleiche Ursachen gleiche Wirkungen hervorbringen. Die Formulierung Ockhams legt eine solche Bezeichnung nahe: „Est autem sibi notem quod omnia individua eiusdem rationis habent effectus eiusdem rationis […]", OT 87 I 8 ff.

und grenzt es daher von ihr ab, ohne es mit einem neuen terminus technicus zu belegen.[171] Neu ist offensichtlich bei diesem Verfahren der empirisch-methodische Zugang zur Erkenntnisgewinnung. Der erfahrungsabhängige Aspekt dieser Prinzipien kommt dadurch zum Ausdruck, dass diese prinzipiell bezweifelbar sind.[172] Gerade dieser Erfahrungsbezug der Prinzipien schließt sie aus dem syllogistischen Verfahren der Gewinnung notwendiger Erkenntnisse aus, weswegen Ockham die evidenten erfahrungsabhängigen Prinzipien im Erläuterungsteil seiner Wissenschaftsdefinition auch nicht zur *scientia proprie dicta* rechnet.[173]

### 3.4.1.2 Notwendigkeit

Das Notwendigkeitskriterium steht bei Ockham unter dem theologischen Vorbehalt, dass die Freiheit Gottes – unter den Einschränkungen des Widerspruchssatzes und der *potentia ordinata* – an keinerlei Notwendigkeit gebunden ist.[174] Nur Gott allein ist notwendig,[175] die Kreatur nicht.[176] Gott hätte daher die Welt nicht nur überhaupt ganz anders schaffen können,[177] sondern kann auch die innerweltlichen Notwendigkeiten in den Grenzen der beiden genannten rationalen Konstanten außer Kraft setzen.[178] Trotz dieses Vorbehaltes ist für Ockham gerade das Notwendigkeitskriterium dasjenige, das vermöge der Sicherheit, die es vermittelt, die besondere Nobilitas der Erkenntnis erzeugt.[179]

---

[171] Er spricht von der Syllogistik als von einem *medium intrinsecum* dem neuen empirisch-methodischen Vorgehen als von einem *medium extrinsecum*, OT I 91, 25–92, 2.

[172] „Et tamen ista non sunt per se nota sed dubitabilia", OT I 84, 3 f.

[173] „quia per illam distinguitur ab aliquibus principiis primis quae non sunt per se nota, et per consequens sunt dubitabilia, quia tamen non possunt fieri nota per discursum syllogisticum et ideo non sunt scibilia scientia proprie dicta." OT I 77, 23–78, 1.

[174] Im Zusammenhang mit der Frage nach der Ewigkeit der Bewegung und des ersten Bewegers führt Ockham den Schöpfungsbegriff ein und betont gegen Aristoteles die Schöpfung aus dem Nichts, d. h. göttliches Schaffen ist an keinerlei Vorgaben gebunden („quia creare est aliquid de nihilo producere", OP VI 121, 126 f). In diesem Sinne schränkt auch dieser Schöpfungsbegriff das Notwendigkeitskriterium ein: „Unde dicendum quod ista est descriptio: ‚creare est aliquid producere sine causa necessario requisita'." OP VI 121, 134 f.

[175] „[…] quia sic nihil est necessarium nisi solus Deus." OP VI 6, 38 f, vgl. ebenso: OP I 555, 51–54.

[176] „Sed isto modo nulla creatura est necessaria, […]", OT I 497, 15.

[177] Im Zusammenhang mit seiner Frage „Utrum Deus posset facere mundum meliorem isto mundo" im Sentenzenkommentar antwortet er: „Probabile autem reputo quod Deus posset facere alium mundum meliorem isto distinctum ab isto specie, et maxime quoad aliquas res distinctas specie et quoad pluralitatem specierum." OT IV 655, 6 ff; vgl. ebenso: „Ex istis patet solutio quaestionis quod Deus potest facere aliqua quae non facit, quia causa libera contingenter agens potest facere aliter quam facit", OT IV 636, 21–637,1.

[178] „Sed isto modo nulla creatura est necessaria, nec aliquis effectus sic necessario dependet a quacumque causa." OT I 497, 15 f.

[179] „Sed forte maior nobilitas est propter maiorem certitudinem propositionis, hoc est propter maiorem necessitatem propositionis." OT I 359, 7 ff.

Unter diesem Gesichtspunkt der Infragestellung ontologischer Notwendigkeit durch die schöpferische Freiheit Gottes verwundert es zunächst nicht, dass Ockham das Notwendigkeitskriterium nicht ontologisch verortet, sondern vor allem in den Operationen des Intellekts[180] lokalisiert und ausdrücklich die unmittelbare Erfahrung (*notitia evidens contingentium*), vermittelt durch die *notitia intuitiva* als ontologische Grundlage der Notwendigkeit nicht akzeptiert und damit als Quelle für die *scientia proprie dicta* ausschließt.[181] Wenn aber die Erfahrung als Quelle ontologischer Notwendigkeit ausscheidet, wie kann dann überhaupt Wissenschaft mit dem Anspruch auf Notwendigkeit entstehen? Ockhams Lösung besteht darin, dass er trotz ontologischer Kontingenz Notwendigkeit denken kann, und zwar in der Sprache. Ockham verwandelt so *propositiones de necessario* in *propositiones necessariae*.[182] Notwendigkeit, so könnte man sagen, wird von Ockham aus der Ontologie gestrichen und wird neben Kontingenz und Möglichkeit eine Kategorie der Modallogik. Dies zeigt sich dann auch in den Aussageformen der Wissenschaft, den *propositiones*, die keine kontingenten Aussagen, d.h. erfahrungsabhängige, umfassen dürfen.[183] In diesem Sinne steht Ockham ganz in der Tradition aristotelischen notwendigen Beweiswissens, wie sie in den zweiten Analytiken konzipiert ist. Im Prologus der *Expositio in Libros Physicorum Aristotelis* hält Ockham diese wissenschaftstheoretische Sicht der Notwendigkeit als eine mögliche Form Wissenschaft zu bestimmen fest[184] und präzisiert Notwendigkeit in seiner *Summa Logica* als eine Proprietät der *propositiones*, die allen gemeinsam ist.[185] Wie kommt diese Proprietät nun zustande, worin besteht sie? Sie be-

---

[180] Dies kommt besonders in seinen philosophischen Werken, besonders der *Summa Logica*, zum Ausdruck, wenn er die Notwendigkeit der logisch korrekten Demonstrationes aus *necessariae praemissae* betont. „Quod enim conclusio sit necessaria, patet ex definitione demonstrationis, quia demonstratio est syllogismus faciens scire propositionem necessariam, igitur conclusio est necessaria." OP I 512, 12 ff. Vgl. auch OP I 506, 27–30; 512, 14 f; Ockhams Passion, logische Notwendigkeiten zu konstruieren wird besonders deutlich, wenn er verdeutlicht, aus erfahrungsmäßig einander ausschließenden Aussagen logische Aussagen zu konstruieren, die wiederum notwendig sind. Vgl. dazu OP II 419, 8–420, 25.

[181] „[…] excluditur evidens notitia contingentium quae non est scientia proprie dicta, quia non est veri necessarii." OT I 88,5 f.

[182] Beckmann, J.P., 1995, 82.

[183] Ockham spricht dies deutlich in der Erläuterung seiner Definition wissenschaftlicher Propositionen (OT I 76, 13 ff) an: „Prima condicio, quod sit ‚necessaria propositio', patet: per hoc enim excluditur propositio contingens quae quamvis possit esse evidenter nota, quia tamen non est necessaria sed potest esse falsa ideo non est scibilis scientia proprie dicta." OT I 76, 17–20.

[184] „Alia distinctio scientiae est quod aliquando scientia accipitur pro notitia evidenti conclusionis, aliquando pro tota notitia demonstrationis." OP IV 6, 51 f. Die lateinische *demonstratio* entspricht der griechischen ἀπόδειξις.

[185] „Una proprietas communis omni propositioni requisitae ad demonstrationem est necessitas." OP I 511, 9–512, 1.

steht nicht darin, dass die Propositionen immer und ewig wahr sind – im Sinne einer ontologischen Aussage.[186] Dieser ontologische Notwendigkeit-scharakter kommt allein Gott zu.[187] Vielmehr entsteht der Notwendigkeit-scharakter – gewissermaßen rein sprach- und logikimmanent –, wenn aus notwendigen Prämissen korrekte Schlüsse mittels demonstrativer Syllo-gismen gezogen werden.[188] Notwendigkeit ist dann vorhanden, wenn eine Proposition auf keine Weise falsch sein kann.[189] Die Notwendigkeit ist also sowohl in den Prämissen, wie auch im Schlussverfahren anzusiedeln. Ock-ham unterscheidet zwei Arten von Notwendigkeit innerhalb der Sprachlo-gik, die *necessitas absoluta* und die *necessitas ex suppositione*.[190] Die *neces-sitas ex suppositione* kann auch als konditionale Notwendigkeit bezeichnet werden, die auf zwei konditional miteinander verknüpften kontingenten Sätzen beruht, die isoliert für sich genommen, keine Notwendigkeit besit-zen.[191] Die *necessitas absoluta* eines Satzes besteht darin, dass das Gegenteil einen Widerspruch hervorrufen würde.[192] Das von Ockham dazu heran-gezogene Beispiel *homo est risibilis* überzeugt allerdings nicht so recht im Hinblick auf die rein sprachlogische Verortung des Notwendigkeitskriteri-ums. Denn dass der Mensch die Fähigkeit zu lachen hat, kann nur aufgrund von Erfahrung festgestellt werden. Das Gegenteil muss also – eine andere Erfahrung vorausgesetzt – nicht *notwendig* einen Widerspruch hervorru-fen. Damit sind wir bei der Frage, ob bei Ockham der sprachlichen Not-wendigkeit nicht doch eine ontologische Notwendigkeit zugrunde liegt.[193]

---

[186] „Quod non est sic intelligendum quod propositiones illae sunt quaedam entia perpetua et incorruptibilia. Hoc enim falsum est." OP I 512, 21 ff.

[187] „et sic solus Deus est perpetuus, necessarius et incorruptibilis." OP I 512, 29 f.

[188] „Quod enim conclusio sit necessaria, patet ex definitione demonstrationis, quia demons-tratio est syllogismus faciens scire propositionem necessariam, igitur conclusio est necessaria." OP I 512, 12 ff. Ockham präzisiert weiter unten im Text *propositionem necessarium* durch *pri-ores et notiores praemissis*, OP I 512, 18, sonst läge ein Zirkelschluss vor. Solche Prämissen können z. B. Sätze sein, die Prinzipiencharakter haben, Beckmann, J. P., 1995, 79.

[189] „Quia ad conclusionum demonstrationis sufficit, cum aliis condicionibus, quod illa con-clusio sit necessaria, ita quod nullo modo possit esse falsa, sed si propositio sit, quod ipsa sit necessario vera." OT I 138, 8–11, vgl. auch OT I 222, 13; OP I 512, 30 ff; 275, 72–79; OP VI 6, 39–42.

[190] „Circa primum dico quod duplex est necessitas: scilicet absoluta, et ex suppositione." OT IX 590, 13 ff; vgl. die Ausführungen in der Summa Logica III–2, Kap. 5, OP I 512, 30–514.

[191] Ockham erläutert dies anhand des Satzes „[...] ,si Petrus est praedestinatus Petrus sal-vabitur', [...]", OT IX 590, 21 f. Dass Petrus erwählt ist, ist kontingent, ebenso dass Petrus gerettet wird. Aber die konditionale Verknüpfung dieser beiden kontingenten Sätze führt zu einer notwendigen Konklusion.

[192] „Necessitas absoluta est quando aliquid est simpliciter necessarium, ita quod eius oppo-situm esse verum includit contradictionem." OT IX 590, 14 ff.

[193] Insbesondere Volker Leppin hat den Nachweis zu führen versucht, dass die sprachliche Notwendigkeit auf einer ontologischen Notwendigkeit aufruht. Seine Untersuchungsergeb-nisse beruhen auf der Konstanz der Artenordung, an die auch Gott gebunden ist, die sich in ihren jeweiligen Essenzen ausdrückt. Ockham unterscheidet also sehr wohl im Sinne der Tradi-

In der Tat kennt auch Ockham eine ontologische Grundlage der Not-wendigkeit der Propositionen, auch wenn dies nur vereinzelt in seinem Werk thematisiert wird.[194] Diese Art von sprachlicher und ontologischer Notwendigkeit liegt vollkommen innerhalb der Logik des aristotelischen Substanz-Akzidenz Schemas. Die Notwendigkeit des Beispielsatzes *homo est risibilis* ist sprachlogisch in der Subjekt-Prädikat Struktur angesiedelt, die ihrerseits das Substanz-Akzidenz Schema widerspiegelt. Beispielhaft wird dies deutlich in der Konstanz der Artenordnung.[195]

Innerhalb dieses philosophischen Kontextes ist allerdings kein Weg, der zum Notwendigkeitsbegriff als Kriterium des Gesetzesbegriffs im Sinne eines Naturgesetzes führen könnte. Es sei daher weitergefragt, ob es in Ockhams Werk nicht doch Ansätze in diese Richtung gibt, die zu einem naturwissenschaftlichen Notwendigkeitsbegriff führen.[196]

---

tion zwischen Essenz und Existenz. Auf diesen beiden Aspekten aufbauend kann dann Volker Leppin von einer „essentiellen Notwendigkeit" als Grundlage der sprachlichen Notwendigkeit sprechen, Leppin, V., 1995, 51–58.

[194] Innerhalb der Frage „Utrum relatio rationis distinguatur a rebus absolutis" (OT IX 693) bemerkt Ockham: „[…] sed veritas, sive iste conceptus ,veritas', ultra propositionem quam significat, connotat quod ita sit in re sicut importatur per propositionem; et ,falsitas' importat quod non sit ita in re sicut importatur per propositionem." OT IX 697, 90–93. Es wurde mit Recht darauf hingewiesen, dass Ockham das thomasische Wahrheitskonzept *veritas est ada-equatio rei et intellectus* nicht übernommen hat, sondern einen Wahrheitsbegriff im Sinne einer Aussagenkohärenz der Propositionen vertritt. Die o. g. Bemerkung erinnert jedoch ganz stark an den thomasischen Wahrheitsbegriff.

[195] Ockham verhandelt dieses Problem innerhalb der Frage „Utrum Deus posset facere mundum meliorem isto mundo" (OT IV 650, 14) anhand des Beispiels, ob Menschen die Fä-higkeit haben, nicht zu sündigen. Das *melior* erklärt Ockham ausdrücklich mit Hilfe des aris-totelischen Substanz-Akzidenzschemas. „[…] dico quod aliquid potest esse melius aliquo, vel bonitate essentiali et substantiali, vel bonitate accidentali." OT IV 651, 18 ff. Mit Hinweis auf die tatsächlich existierende Species Mensch stellt er fest, dass „Igitur nulli individuo eiusdem speciei repugnat peccare." OT IV 652, 21 f. Mit Berufung auf Augustinus, der gelehrt hatte, dass Gott auch Menschen hätte schaffen können, die nicht sündigen (OT IV 652, 16 f, 23), hat Gott gleichwohl die Fähigkeit, ein anderes nicht sündigendes Menschengeschlecht zu erschaffen. „Sed Deus, per Augustinum, potest facere hominem cui repugnat peccare. […] et per conse-quens Deus potest facere individuum alterius speciei quam fecit, et per consequens mundum alterius speciei, et eadem ratione meliorem." OT IV 652, 22–653, 4, vgl. auch OT IV 652, 7–10; OT IV 655, 5–17.

[196] Georg Picht hat darauf hingewiesen, dass die moderne Physik und ihr Gesetzesbegriff durch die Streichung der *causa formalis* aus den aristotelischen *causae* in Verbindung mit der Übertragung des aristotelischen Notwendigkeitsbegriffs auf die Natur zustande gekommen sei. „Der neuzeitliche Begriff des Naturgesetzes ist das Ergebnis dieser Projektion der strikten Notwendigkeit in den Bereich der der natürlichen Abläufe in der Zeit", Picht, G., 1990, 441. Bei Ockham liegt indessen noch ein ganz im Rahmen der aristotelischen Syllogistik sich bewe-gender Notwendigkeitsbegriff vor, der noch nicht im Sinne einer strikten wissenschaftlichen Definition auf den für die neuzeitliche Naturwissenschaft wichtigen Bewegungsbegriff über-tragen wird. Inwieweit man bei Ockham von einer solchen Übertragung des Notwendigkeits-begriffs auf die Natur im wissenschaftlichen Sinne bereits sprechen kann, muss im einzelnen an seinem Bewegungsbegriff und seinem Raum und Zeitbegriff eruiert werden, die dann so

Tatsächlich verwendet Ockham solche Notwendigkeitsbegriffe, die in seinen Werken in abgestufter Schärfe begrifflicher Fassung erhebbar sind. Zunächst steht Ockham in einer Sprachtradition, in der gewissermaßen in vorwissenschaftlicher Diktion vom allgemeinen Lauf der Natur die Rede ist, der die Notwendigkeit zwischen Ursache und Folge selbstverständlich voraussetzt. In dieser Sprachtradition ist vom *communis cursus naturae* die Rede. Im Zusammenhang der Frage der Jungfrauengeburt, bei der ja gerade der *communis cursus naturae* in Frage steht, präzisiert Ockham ihn im Sinne eines Zusammenhangs von Ursache und Wirkung[197] und erläutert ihn anhand der Konstanz der Artenordnung.[198] In einer weiteren begrifflichen Schärfung spricht Ockham auch von einer „Notwendigkeit der Natur", *necessitas naturae*,[199] obwohl – im Anschluss an Aristoteles – nicht alle Verläufe in der Natur Notwendigkeitscharakter haben, sondern einen gewissen Spielraum aufweisen.[200] Er versucht, sich dieser ontologischen Notwendigkeit auch methodisch zu nähern. Wie bereits beim Evidenzkriterium kommt Ockham nun auch im Kontext des Notwendigkeitskriteriums auf das Problem der Induktion. Er zeigt in Auseinandersetzung mit der Induktionstheorie des Aristoteles, die Kontingentes ausschließt,[201] die Notwendigkeit innerhalb der Induktion anhand des Beispiels einer Heilpflanze, die für das Prinzip der Konstanz der Artenordnung steht.[202] Wenn ein Exemplar einer Spezies von Pflanzen Heilwirkungen zeigt, dann mit Notwendigkeit alle anderen auch. In seinen Physikkommentaren, etwa in *Summula Philosophiae Naturalis*[203] und in *Expositio in Libros Physicorum Aristotelis*[204] widmet er dem Problem nach der Notwendigkeit in der Na-

---

formuliert sein müssen, dass sie mit einer Verbindung der Notwendigkeit kompatibel sind. Die Frage ist daher, wie weit sich Ockham bereits von der griechischen Ontologie entfernt, um das leisten zu können, was Georg Picht als die Abkehr der modernen Naturwissenschaft von der griechischen Ontologie diagnostiziert hat: „Die Physik der Neuzeit hingegen hat das Programm, im Widerspruch zur griechischen Ontologie auch die Sphäre der Veränderung in der Zeit der strikten Notwendigkeit zu unterwerfen", Picht, G., 1990, 441.

[197] „Vel secundum communem cursum naturae, quo modo omnis effectus productus a causa immediate producitur a Deo tamquam a causa partiali, [...]", OT VI 178, 7 ff.

[198] „Ideo ponenda est in animalibus et plantis et herbis et huiusmodi viventibus quae producunt alia sibi similia in specie, quia illa producta non possunt, secundum communem cursum naturae, produci ab aliquo alterius speciei." OT VI 179, 16–20, ebenso OT VI 178, 19 ff.

[199] „Respondeo et dico quod quando effectus sequitur causam naturali necessitate, [...]", OT VIII 293, 162 f.

[200] Im Kommentar Ockhams zu Aristeteles' Perihermenias schließt sich Ockham Aristoteles an: „Ex quibus concludit quod manifestum est de multis futuris quod non ex necessitate eveniunt, sed aliqua ad utrumlibet et aliqua ut in pluribus." OP II 419, 16 ff.

[201] OT I 91, 12–18.

[202] „Quia scilicet scietur evidenter conclusio necessaria per unam contingentem evidenter notam, ex qua contingente sequitur formaliter conclusio illa demonstrabilis. Sicut sequitur formaliter: haec herba sanat, igitur omnis herba eiusdem speciei sanat", OT I 91, 21–25.

[203] „Cap. 12. Quomodo causa naturalis agit casualiter", OP VI 242.

[204] „Cap. 13, De Necessitate in Rebus Naturalibus".

tur, die durch die *causa naturalis* verbürgt ist je eine eigene Quästio. Dabei setzt er das Prinzip voraus, dass gleiche Ursachen in der Vergangenheit gleiche Wirkungen in der Zukunft hervorbringen müssen. Man könnte dies als Uniformitätsprinzip bezeichnen.[205] Dagegen lehnt Ockham Wirkungen aus der Zukunft auf die Gegenwart, wie sie in der aristotelischen *causa finalis* zum Ausdruck kommen, in Übereinstimmung mit dem Kommentator Averroës ab.[206] Besonders interessant im Hinblick auf das Konzept des Naturgesetzes ist Ockhams Beispiel für Notwendigkeit bei raum-zeitlichen Bewegungsvorgängen. Innerhalb des geozentrischen Weltbildes verdeutlicht Ockham die Stellung des Mondes, wenn die Erde sich zwischen Sonne und Mond schiebt.[207]

Zusammenfassend kann festgehalten werden, dass Ockham eine Reihe von verschiedenen Notwendigkeitsbegriffen mit abgestufter begrifflicher Strenge in der Natur kennt, angefangen von dem Erfahrungswert des *communis cursus naturae*, über den Begriff der *necessitas naturae*, bzw. der *causa naturalis*, dem Induktionsschluss mit Notwendigkeitscharakter auf der ontologischen Basis der Konstanz der Artenordnung und schließlich der Notwendigkeit bei Bewegungsvorgängen. Diese Notwendigkeitsbegriffe sind allesamt Erfahrungswerte und reichen daher nicht an die Strenge des syllogistischen Notwendigkeitsbegriffs heran, den Ockham zum Maßstab der *scientia proprie dicta* erhoben hat. Sie sind daher nicht konstitutiv für sein Wissenschaftsverständnis.

### 3.4.1.3 Beweisbarkeit (Syllogistik)

Ockham steht mit seiner Rezeption der aristotelischen Syllogistik[208] als eines für alle Wissenschaften geltenden Instruments der Logik[209] bereits in einer Rezeptionstradition,[210] über die er allerdings weit hinausgeht, wenn er

---

[205] „Sed magis latet quomodo causa naturalis casualiter agit, pro eo quod causa naturalis semper uniformiter agit et propter eundem finem: […]", OP VI 242, 3 ff. Vgl. auch OP VI 242, 16 f; 243, 20–24.

[206] „Secundo notandum, secundum Commentatorem, quod ista conclusio ‚natura agit propter finem' demonstrari non potest, […]", OP VI 36, 24–37, 1.

[207] „Nam sicut si terra interponitur inter solem et lunam, necesse est lunam eclipsari, ita etiam si luna eclipsatur, necesse est terram interponi inter solem et lunam." OP IV 401, 53 ff. Es ist interessant, dass Ockham hier nicht Notwendigkeit im Zusammenhang des zeitlichen Verlaufs einer solchen Himmelsbewegung thematisiert, sondern sich mit der Notwendigkeit der entsprechenden Syllogistik einer solchen Aussagen im Hinblick auf ihre Ableitbarkeit aus Prinzipien begnügt, OP IV 401, 50–53, 55–61.

[208] Vgl. den Bezug der Definition der wissenschaftlichen Propositionen in OT I 76, 13 ff und der Wissenschaftsdefinition in OT I 88, 1 f auf Analytica Posterior 71b 18 ff; 20 ff. „Beweis (ἀπόδειξις) nenne ich den zum Wissen (ἐπιστήμη) führenden Schluss (συλλογισμός)", Apo I 2, 71b 18.

[209] „Et ideo omnis scientia utitur logica tamquam instrumento, […]", OT I 201, 12 f.

[210] Wichtigster Gewährsmann für die Rezeption ist gemäß OT I 77, 2–6 Robert Grosseteste.

die Syllogistik in seinem Prologus des Sentenzenkommentars im erkenntnistheoretischen Kontext einführt und sie ausdrücklich zu einem wirklich
relevanten Wissenschaftskriterium erhebt. Sowohl in seiner Definition
der Wissenschaft[211] wie auch in seiner Definition der wissenschaftlichen
Propositionen[212] nennt Ockham die Syllogistik als ein methodisches Verfahren und identifiziert es damit als Wissenschaftskriterium.[213] Dem syllogistischen Verfahren kommt Notwendigkeitscharakter zu,[214] sowohl im
Hinblick auf die Notwendigkeit der Prämissen,[215] als auch im Hinblick auf
die Notwendigkeit der syllogistischen Konklusionen.[216] Die Inkorporation
eines solchen umfangreichen logischen Apparates in die Theologie war in
diesem Umfang bei Thomas von Aquin noch nicht der Fall. In seiner Definition der syllogistischen Vorgehensweise[217] schließt sich Ockham in seiner
Summa Logicae der aristotelischen Definition des *Beweiswissens* an.[218] Aus
der Vielzahl der syllogistischen Schlussfiguren bei Aristoteles hebt Ockham
im Anschluss an Aristoteles' Topik[219] neben dem *syllogismus topicus*[220] und
dem *mixtus syllogismus*[221] vor allem die *demonstratio*[222] als wissenschaftlich besonders wichtig hervor und widmet ihr das ganze III. Kapitel seiner
Summa Logicae.[223] Wiederum im Anschluss an Aristoteles ist es allein die
*demonstratio* die im Sinne des Beweiswissens zur wissenschaftlichen Er-

---

[211] OT I 88,1 f.

[212] OT I 76, 13 ff.

[213] Vgl. die Gegenüberstellung der beiden Definitionen auf S. 204.

[214] „Una proprietas communis propositioni requisitae ad demonstrationem est necessitas."
OP I 511, 9–512, 1.

[215] „[…] igitur necessario praemissae, propter quas scitur conclusio, sunt necessariae." OP I
512, 16 f; ebenso OP I 512, 17–21.

[216] „[…] quia demonstratio est syllogismus faciens scire propositionem necessariam, igitur
conclusio est necessaria." OP I 512, 13 f.

[217] „Syllogismus est oratio in qua ex duabus praemissis, dispositis in modo et in figura, de
necessitate sequitur conclusio." OP I 361, 59 f.

[218] Die von Ockham genannten *praemissis* sind zwar sinngemäß, aber nicht expressis verbis
in Aristoteles' Definition genannt. „Auch das beweisende Wissen (ἀποδεικτικὴ ἐπιστήμη) erfolgt
aus wahren (Annahmen) [griechisches Äquivalent zu *praemissis* fehlt bei Aristoteles] und ersten
(πρὲτων), unmittelbaren (ἀμέσων), bekannteren (γνοριμωτέρων) und früheren als der Schluss-Satz
(συμπέρασμα), und sie sind auch für ihn ursächlich", APo 71b 20 ff.

[219] Vgl. OT I 80, 5–8; To 100a 27 ff.

[220] „Syllogismus topicus est syllogismus ex probabilibus." OP I 359, 17.

[221] „Mixtus syllogismus quidam est mixtus ex necessario et inesse, quidam ex necessario et
contingenti." OP I 361, 51 f.

[222] „[…] dico quod demonstratio potest accipi largissime et impropriissime, et sic omnis
syllogismus ex necessariis potest dici demonstratio." OT I 81, 1 ff. In diesem Sinne liefert Ockham in seiner Summa Logicae eine Definition des *syllogismus demonstrativus*: „Syllogismus demonstrativus est ille in quo ex propositionibus necessariis evidenter notis potest adquiri prima
notitia conclusionis." OP I 359, 14 ff.

[223] „Et quia nobilior est demonstratio, ideo primo de demonstratione oportet dicere." OP
I 505, 2 f.

kenntnis führt,[224] und zwar mit Berufung auf Aristoteles[225] durch notwendige Schlussfolgerungen aus unbezweifelbaren Prämissen.[226] Um welche Prämissen handelt es sich hier? Die Erläuterungen zur Definition der wissenschaftlichen Propositionen[227] wie auch zur *scientia* Definition,[228] in der Ockham auch *praemissae* verwendet, ist allerdings unbefriedigend. Zwar grenzt Ockham die *praemissae* deutlich gegen den Erfahrungsbezug,[229] die evidenten Prinzipien[230] und bezweifelbare Prinzipien ab,[231] gibt jedoch keine Definition und auch kein Beispiel für Prämissen, aus denen man bezweifelbare Konklusiones herleiten kann. Da Ockham weder die Erfahrung noch die Ratio als Quelle der *praemissae* anerkennen will, ist nicht ganz deutlich, wie denn solche *praemissae* zu gewinnen seien.

Allerdings gibt er in einem späteren Kapitel des Prologus des Sentenzenkommentars im Kontext der Diskussion über zeitliche Verläufe in der Natur einen Hinweis,[232] wie aus kontingenten Propositionen durch eine sprachliche Transformation notwendige Propositionen erzeugt werden

---

[224] „[…] secundum doctrinam Aristotelis, demonstratio est syllogismus faciens scire." OP I 505, 12 f; vgl. APo I 2, 71b 17 f. Demnach ist es das Charakteristikum des *syllogismus demonstrativus* Wissen durch den syllogigstischen Diskurs zu erzeugen (*causari* in OT I 88, 1, 8 ff). Ockham schließt sich hier fast an den Wortlaut in der Zweiten Analytik an, OP I 505, 13: *faciens scire* = συλλογισμὸν ἐπιστημονικόν).

[225] OT I 89, 16 f und OT I 95, 24 verweisen auf APo I 13, 78a 22–30.

[226] Vgl. die Definition des Syllogismus und des Syllogismus demonstrativus in OP I 361, 59 f; und OP I 359, 14 ff. Auffällig ist, dass Ockham in der allgemeinen Definition des Syllogismus von den *praemissis* spricht, in der Definition des Syllogismus demonstrativus hingegen von den *propositiones necessarias*. Dies entspricht auch dem Sprachgebrauch der beiden Wissenschaftsdefinitionen in OT I 76, 15 (*propositio necessaria*) und OT I 88, 1 (*praemissas*). Darüber hinaus ist der Sprachgebrauch in der Erläuterung zur Definition der *scientia proprie dicta* in OT I 76, 13 ff nicht ganz eindeutig. Mal spricht Ockham von den *propositiones nececcariae*, OT I 81, 4, mal von den *praemissae necessariae*, OT I 81, 14.

[227] OT I 76, 13 ff.

[228] OT I 87, 20–88, 2.

[229] „quod sit ‚necessaria propositio', patet: per hoc enim excluditur propositio contingens quae quamvis possit esse evidenter nota, quia tamen non esset necessaria sed potest esse falsa ideo non est scibilis scientia proprie dicta", OT I 76,17–20. Auch in der scientia Definition schließt Ockham den Erfahrungsbezug der *praemissae* aus und gibt als Beispiel *luna est eclipsabilis* an, da eine solche Erkenntnis allein aus Erfahrung ohne Anwendung eines syllogistischen Verfahrens gewonnen werden kann, OT I 88, 12 f.

[230] „quod sit ‚propositio dubitabilis', patet: quia per hoc excluditur propositio per se nota quae quamvis sit necessaria und possit esse evidenter nota, quia tamen non est dubitabilis ideo non est scibilis scientia proprie dicta." OT I 76, 21–77, 1. Ebenso: „Igitur notitia propositionis per se notae non est nata causari ex notitia praemissarum, et per consequens non est demonstrabilis nec scibilis scientia proprie dicta." OT I 81, 21–82, 2.

[231] OT I 83, 22–84, 6.

[232] Ockham führt in diesem Zusammenhang in Anlehnung an Aristoteles (Aristoteles, APo II 12, 95a 10–96a 19) die Anwendung von Propositionen auf Vergangenheit, Gegenwart und Zukunft ein: „Unde exemplificat ibi de propositionibus de praesenti et de praeterito et de futuro", OT I 155, 10 f.

können,[233] die Ockham dann näherhin als Hypothesen erläutert. Dieses Prinzip der Umformung kontingenter Propositionen[234] in notwendige Propositionen[235] durch Überführung in hypothetische und konditionale Aussagen wird von Ockham in seiner Summa Logicae weiter erläutert. Der strenge Notwendigkeitsbegriff im Kontext des syllogistischen Verfahrens nötigt Ockham also, wissenschaftliche Aussagen in Form von Hypothesen und Möglichkeitsaussagen zu formulieren.

Auch das Kriterium der Syllogistik lässt Wissenschaft ganz im Bezugsraum des Intellekts verbleiben. Ockham grenzt die evidente Erkenntnis, die durch Syllogistik zustande kommen soll, sowohl von einer evidenten Erkenntnis der Prinzipien ab, da diese nicht durch das syllogistische Verfahren entstehen, als auch von einer erfahrungsbezogenen evidenten Erkenntnis.[236]

### 3.4.1.4 Allgemeinheit im Kontext der Universalienfrage

Während Thomas von Aquin das Allgemeinheitskriterium an die Spitze seiner kurzen wissenschaftstheoretischen Erörterung im Einleitungsteil der Summa Theologiae gestellt hatte und anhand dieses Kriteriums seine ancilla-Theorie entfaltete, beginnt Ockham seinen Prolog mit ausführlichen erkenntnistheoretischen Erörterungen, in deren Verlauf er die beiden wichtigen Erkenntnisweisen der *notitia intuitiva* und *notitia abstractiva* als Erkenntnisweisen identifiziert, die durchlaufen werden müssen, um zu einer Allgemeinerkenntnis zu kommen. In deutlichem Unterschied zu Aristoteles' und Thomas' Position, die das Allgemeine in Gestalt des Hylemorphismus im Einzelnen gesehen hatten, ist für Ockham der Gegenstand der Erkenntnis des Allgemeinen gerade nicht die Anwesenheit eines allgemeinen Formprinzips im Einzelnen, sondern eine Vielzahl von streng individuierten Dingen,[237] deren Allgemeinheitscharakter dann auch nur in einer

---

[233] „Hoc est, de contingentibus formantur propositiones necessariae hypotheticae, scilicet conditionales vel temporales", OT I 157, 11 ff.

[234] „Ex isto etiam patet quomodo de contingentubus potest esse scientia; quia secundum quod veniunt in demonstrationem necessaria sunt, hoc est propositiones formatae de terminis importantibus talia contingentia quae veniunt in demonstrationem sunt necessariae, quae non sunt mere de praesenti et de inesse, categoricae et affirmativae, sed vel sunt negativae vel hypotheticae vel de possibili vel alio modo, vel aequivalentes eis." OP I 513, 64–514, 2.

[235] „Hoc tamen non obstante dicendum est quod multae propositiones compositae ex talibus terminis possunt esse principia vel conclusiones demonsttrationis, quia propositiones conditionales et de possibili et aequivalentes eis possunt esse necessariae." OP I 513, 51–54.

[236] „[...] excluditur notitia evidens primorum principiorum, quia illa non potest haberi per discursum syllogisticum. Dico autem ‚nata causari', quia non est necessarium quod de facto causetur per tales praemissas. Quia potest per experientiam causari. Potest enim aliquis sine syllogismo evidenter scire quod ‚luna est eclipsabilis' per solam experientiam, sine omni syllogismo, [...]", OT I 88, 7–12.

[237] „et sic cognitio abstractiva non est aliud quam cognitio alicuius universalis abstrahibilis a multis, [...]", OT I 30, 14 f. „[...] quia quodlibet universale natum est esse signum plurium et natum est praedicari de pluribus." OP I 48, 25 f. Ebenso OP I 48, 31 ff; OP I 49, 50.

Gemeinsamkeit von Merkmalen denkbar ist, die durch Abstraktion[238] als Konzept ihr fundamentum *in anima*[239] haben, aber dennoch intentional als *intentiones animae* auf die Dinge gerichtet bleiben.[240] Diese Verschiebung in der Fragestellung bzgl. des Gegenstandsbereichs des Universalen kann kaum überschätzt werden, da sie sowohl eine Abwendung von der Hierarchie der allgemeinen Wesenheiten[241] wie auch eine Abwendung von der Tiefe der erkenntnistheoretisch nicht zugänglichen Essenzen[242] und Substanzen markiert und an ihre Stelle die Oberfläche der wechselwirkenden Akzidenzien tritt.[243] Real ist demnach nichts wesenhaft allgemein Essenzielles[244] im Einzelnen, sondern jedes Einzelne hat seine eigene unverwechselbare nur ihm eigene Essenz.[245] Real ist nur das einmalig Individuierte,[246] das auch der Ausgangspunkt aller Erkenntnis ist.[247]

Erst nach den genannten erkenntnistheoretischen Präliminarien der *notitia intuitiva* und *notitia abstractiva* kommt Ockham im Prologus des Sentenzenkommentars zu den beiden genannten wissenschaftstheoreti-

---

[238] „et ita obiectum intellectus in illa intellectione prima non est magis abstractum quam obiectum sensus. Potest tamen postea intellectus abstrahere multa: et conceptus communes, et intelligendo unum coniuctorum in re non intelligendo reliquum. Et hoc non potest competere sensui. Si autem illa abstractio intelligatur universaliter, intelligenda est a parte intellectionis, quia illa est simpliciter immaterialis; non autem sic cognitio senistiva", OT I 65, 2–9.

[239] „Et si universale sit vera qualitas existens subiective in anima, sicut potest teneri probabiliter, [...]", OT I 30, 16.

[240] „[...] dicendum est, quod quodlibet universale est quaedam intentio animae significans plura, pro quibus significatis potest supponere." OP I 83, 62 f; ebenso: OP I 53, 79 f.

[241] Bereits Erich Hochstetter macht darauf aufmerksam. „Der Stufenbau der den Einzeldingen inhärierenden Wesensbegriffe war mit ihnen [d. h. den species] in Fortfall gekommen und zugleich die ihre objektive Gültigkeit tragende Inhaltsgleichheit von Spezies und Universale. Damit war zunächst aller Begriffserkenntnis und somit aller realen Wissenschaft der Boden entzogen", Hochstetter, E., 1927, 46.

[242] „His visis dico ad primam quaestionem loquendo de cognitione intuitiva naturali, quod angelus et intellectus noster intelligunt alia a se non per species eorum, nec per essentiam propriam, sed per essentias rerum intellectarum", zitiert nach Hochstetter, E., 1927, 46. „Huiusmodi autem universalia non sunt res extra animam. Propter quod non sunt de essentia rerum nec partes rerum extra, sed sunt quaedam entia in anima, [...]", OP I 83, 70 ff.

[243] „Et tale universale non est nisi intentio animae, ita quod nulla substantia extra animam nec aliquod accidens extra animam est tale unversale." OP I 49, 56 ff, ebenso OP I 53, 78 f.

[244] „[...] nulla natura realis est communis, nec est a parte rei aliqua natura communis secundum quodcumque esse." OT IV 138, 2 f.

[245] „Omnis res se ipsa vel per aliquid sibi intrinsecum distinguitur essentialiter ab omni alia re a qua essentialiter distinguitur; [...]", OT II 184, 18 f.

[246] „[...] quaelibet res singularis se ipsa est singularis. Et hoc persuadeo sic: quia singularitas immediate convenit illi cuius est, igitur non potest sibi convenire per aliquid aliud; igitur si aliquid sit singulare, se ipso est singulare." OT II 196, 3–6; vgl. zahlreiche ähnliche Stellen im ersten Buch des Sentenzenkommentars und den logischen Werken, vgl. auch OT IV 134, 13 ff; OT IV 136, 10–25; OT IV 138, 1–25.

[247] „Ad tertium dico quod obiectum motivum intellectus est praecise singulare. Et dico quod omne singulare est motivum intellectus, quia omne singulare potest intelligi notitia intuitiva, quantum est ex natura animae et intellectus nostri." OT II 540, 6–9.

schen Definitionen. Im darauf folgenden Kontext der Fragestellung, ob die Theologie eine Wissenschaft sei, tritt dann die Universalienfrage in referierender Auseinandersetzung mit Aristoteles[248] im Zusammenhang erkenntnistheoretischer und wissenschaftstheoretischer Fragen in Form der vieldiskutierten Fictumtheorie auf.[249] Ockham argumentiert, dass aufgrund des begrenzten Konzeptcharakters der Universalien *in mente*, der Intellekt naturaliter nicht die Wahrheiten der Theologie erkennen könne,[250] und folglich die Theologie auch keine Wissenschaft sei.[251] Im Prologus wird also erstaunlicherweise die Universalienfrage nur gelegentlich gestreift und erst im rein theologischen Kontext der Frage nach einer seinsmäßigen Gemeinsamkeit zwischen Gott und Mensch gewinnt die Universalienfrage ihre eigentliche,[252] davon sekundär abgeleitete erkenntnistheoretische Bedeutung. Um die Frage nach einer seinsmäßigen Ähnlichkeit zwischen Gott und Mensch zu beantworten, muss Ockham den langen Umweg[253] über die Universalienfrage gehen.[254] Auf die komplizierten, bereits genannten Auseinandersetzung mit Scotus in dieser Frage, braucht hier nicht weiter eingegangen zu werden.[255] Es reicht, die Konsequenzen des ockhamschen Gottesbildes für die Universalienfrage zu beleuchten. Es ist vor allem der verschärfte Schöpfungsgedanke, genauer gesagt der Gedanke der Schöpfung

---

[248] OT I 152: AP I 4, 73b 32 f; I 4 f, 73b 39–74a2; I 10, 76b 11 ff; I 7, 75a 39 f.

[249] „Et istud est dicendum si teneatur quod conceptus non est intellectio vel cognitio sed aliquid fictum per actum intelligendi, habens tale esse obiectivum quale habet res in esse subiectivo", OT I 204, 1 ff. Die Begriffe obiectivum und subiectivum bedeuten in der mittelalterlichen Fachterminologie genau das Entgegengesetzte wie im modernen Sprachgebrauch. Es scheint, dass Ockham die zunächst vertretene *fictum* Theorie, d.h. die Theorie, dass das Allgemeine nur im Denken als Fiktion (also als ‚obiectivum') existierte, in Auseinandersetzung mit Gegnern überarbeitet hat (‚redactio secunda'). Darauf deutet sein Hinweis am Ende der langen Diskussion über die Natur der Universalien in OT II 99–292 hin. „Cui non placet ista opinion de talibus fictis in esse obiectivo potest tenere quod conceptus et quodlibet universale est aliqua qualitas existens subiective in mente, quae ex natura sua ita est signum rei extra sicut vox est signum rei ad placitum instituentis." OT II 289, 11–15.

[250] „Sed talis intellectio non sufficit ad veritates theologicas habendas", OT I 204, 15 f.

[251] „Ad tertiam dico quod theologia quoad aliquam sui partem inter scientias proprie dictas nec est prima nec infirma nec media, quia non est scientia proprie dicta quoad illam partem." OT I 205, 5.

[252] Der größere Kontext ist OT II Quästio. IV–IX. In OT II 99, q. IV geht es zunächst um die rein erkenntnistheoretisch anmutende Frage *utrum universale sit vera res extra animam*, die Ockham dann gleich theologisch näher präzisiert „Circa identitatem et distinctionem Dei a creatura est quaerendum an Deo et creaturae sit aliquid commune univocum praedicabile essentialiter de utroque." OT II 99, 9 ff.

[253] Insgesamt umfasst die Auseinandersetzung mit der Universalienfrage in OT II 99–292 fast 200 Seiten!

[254] „Sed quia ista quaestio et multa dicta et dicenda in quaestionibus sequentibus dependent ex notitia naturae univoci et universalis, ideo ad evidentiam dictorum et dicendorum quaeram primo aliquas quaestiones de natura universalis et univoci." OT II 99, 11–15.

[255] Siehe OT II 100–122.

aus dem Nichts, der Ockham dazu führt, die Trennung zwischen Gott und Geschöpf stärker zu betonen, mithin die Univocität, also die Seinsähnlichkeit auszuschließen und als weitere Konsequenz daraus,[256] die Vorgegebenheit einer allgemeinen Essenz in Gott, die der Schöpfung einer unverwechselbar einzelnen Kreatur vorausgeht, als überflüssig und mit dem strikten Schöpfungsgedanken als logisch inkonsistent zu bezeichnen.[257] Kurz gesagt: Schöpfung aus dem Nichts macht die ontologische Vorgabe einer allgemeinen Essenz der Geschöpfe in Gott überflüssig und betont statt dessen die essentielle Individualität des Einzelnen,[258] des direkt von Gott aus dem Nichts Geschaffenen. Wie schon in den rein erkenntnistheoretischen Erörterungen des Prologus können wir auch hier im theologischen,[259] wie später auch im philosophischen Kontext,[260] die Zurückdrängung des Essenzgedankens beobachten. Daher fallen die Essenzen, sowohl in ihrer Gestalt als gewissermaßen göttliche Blaupausen, als auch in Gestalt essentieller Gemeinsamkeiten des Individuierten, z. B. im Hinblick auf den Formaspekts, als ontologische Grundlage eines *fundamentum in re* der Universalien aus. Von daher ist es nur ein kleiner Schritt, ihr *fundamentum in re* überhaupt zu leugnen, den Ockham auch vollzieht und den Universalien eine ontologische Verankerung überhaupt abspricht.[261] Dieser theologisch motivierte

---

[256] „Dico tamen quod nihil Deo et creaturae est univocum accipiendo univocum stricte, quia nihil est in creatura, nec essentiale nec accidentiale, quod habeat perfectam similitudinem cum aliquo quod realiter est in Deo." OT II 317, 1–5; vgl. auch OT II 310, 24–311, 16.

[257] „Item, si opinio ista esset vera, nullum individuum posset creari si aliquod individuum praeexisteret, quia non totum caperet esse de nihilo si universale quod est in eo prius fuit in alio.", OP I 51, 29 ff.

[258] „Tertio sic: individuum alicuius speciei potest creari de novo quantumcumque maneant alia individua eiusdem speciei prius creata vel producta ; sed creatio est simpliciter de nihilo, ita quod nihil essentiale et intrinsecum rei simpliciter praecedat in esse reali; igitur nulla res non variata praeexistens in quocumque individuo est de essentia istius individui de novo creati, quia si sic, aliquid essentiale isti rei praecederet, et per consequens non crearetur. Igitur non est aliqua res universalis de essentia istorum individuorum, quia si sic, illa praeexisteret omni individuo post primum productum, et per consequens omnia producta post primum productum non crearentur, quia non essent de nihilo." OT II 115, 18–116, 3.

[259] „[…] et quod nullum universale est de essentia seu quidditate cuiscumque substanitae; […]", OT II 291, 22–292, 1.

[260] Vgl. Summa Logica: „[…] concedi debet quod nullum universale est de essentia cuiuscumque substantiae.", OP I 69, 64 f, weitere Stellen, OP I 69, 61–70, 3; OP I 83, 70–73; Vgl. in Expositionis in libros artis logicae proomium: „Viso quod universalia non sunt in re, nec sunt de essentia rerum extra, sed tantum sunt quaedam signa in anima declarantia res extra, […]", OP II 15, 163 ff, vgl. auch OP II 15, 152 ff, u. ö.

[261] „Ideo dico ad quaestionem quod in individuo non est aliqua natura universalis realiter distincta a differentia contrahente, […]", OT II 158, 20–23. „Huiusmodi autem universalia non sunt res extra animam. Propter quod non sunt de essentia rerum nec partes rerum extra, sed sunt quaedam entia in anima, distincta inter se et a rebus extra, quarum aliqua sunt signa rerum extra, aliqua sunt signa illorum signorum." OP I 83, 70–73. „[…] quia res de se singularis nullo modo nec sub aliquo conceptu est universalis." OT II 244, 2 f.

Grundgedanke der strengen Individuierung allen Seins hat nun allerdings wissenschaftstheoretische Konsequenzen, denn nur von Allgemeinem, nicht aber von Einzelnem ist Wissenschaft möglich, obwohl Ockham den Allgemeinheitscharakter der Wissenschaft nicht näher begründet, sondern mit Bezug auf Aristoteles[262] sich mit einem Hinweis darauf begnügt.[263] Wie aber kann unter den ontologischen Voraussetzungen der strengen Individuiertheit und des Wegfalls der Essenzen als Bezugspunkt für Allgemeinheit Wissenschaft im Sinne von Allgemeinheit überhaupt möglich sein?[264]

Einerseits sagt Ockham, Gegenstand der Wissenschaft sei das Einzelding,[265] andererseits das, was für das Einzelding supponiert.[266] Diese scheinbare Widersprüchlichkeit löst sich auf, wenn man bedenkt, dass das Einzelding und die supponierende Aussage über das Einzelding auf *verschiedene Weise* Gegenstände sind. Die allgemeinen, supponierenden Begriffe sind unmittelbar Gegenstand des Bewusstseins,[267] die Einzeldinge sinnlich vermittelt. Mit dieser Differenzierung im Gegenstandbegriff bekommt Ockham auch die Beziehung, die Wechselwirkung zwischen Gegenstand und Wahrnehmung, bzw. Erkennen des Gegenstandes in den Blick.[268] Ockhams Lösung dieses Problems besteht daher auch in einer Verschiebung der ontologischen Fragerichtung und einer Neuausrichtung der Erkenntnistheorie. Gegenstand der Universalien sind nämlich nun weder die platonischen Ideen *ante rem*, noch die aristotelischen Formprinzipien *in re*, sondern eine Vielzahl von Singularia,[269] die durch ihre Akzidenzien[270] mit dem erken-

---

[262] OP II 45, 36 ff; Meta I 1, 980b26–981a6.

[263] „Tamen de individuis non est scientia proprie dicta, sed de universalibus tantum, pro individuis; [...]", OP II 45, 40 ff.

[264] Bereits Hochstetter erkennt das Problem, dass mit Ockhams Position im Universalienstreit letztlich eine Umorientierung im Wirklichkeitsbegriff verbunden ist: „Mit der Umschichtung der Objektwelt, mit der Ausmerzung der allgemeinen Ideen oder Begriffe aus dem Bereich des – irgendwie – objektiv Gegebenen hatte die gesamte Begriffserkenntnis zunächst ihren Gegenstand verloren", Hochstetter, E., 1927, 78.

[265] „Sed scientia isto modo est de rebus singularibus, quia pro ipsis singularibus termini supponunt." OT II 138, 2 f.

[266] „[...] dico quod scientia realis non est semper de rebus tamquam de illis quae immediate sciuntur sed de aliis pro rebus tantum supponentibus." OT II 134, 2–5.

[267] „[...] immediate sciuntur [...]", OT II 134, 5.

[268] Auf diese Unterscheidung im Gegenstandsbegriff hat Jan P. Beckmann aufmerksam gemacht, Beckmenn, J. P., 1995, 103.

[269] „Tamen de individuis non est scientia proprie dicta, sed de universalibus tantum, pro individuis; et hoc propter eorum infinitatem, [...]", OP II 45, 40 ff. „[...] sed omne illud quod est universale praedicabile de pluribus ex natura sua est in mente vel subiective vel obiective, [...]", OT II 291, 20 ff; „Quod etiam ratione confirmari potest, nam omne universale, secundum omnes, est de multis praedicabile; [...]", OP I 53, 94 ff.

[270] Ockham stellt zunächst zur Diskussion, ob die Universalia sich überhaupt auf die Akzidenzien beziehen können: „Item, si nullum universale esset substantia, igitur omnia universalia essent accidentia, et per consequens omnia praedicamenta essent accidentia, et ita praedicamentum substantiae esset accidens, et per consequens aliquod accidens esset per se superius ad

nenden Subjekt wechselwirken und deren Gemeinsamkeiten durch einen Erkenntnisakt qua Abstraktion erhoben werden.[271] Da die Universalien nunmehr nur noch Gemeinsamkeiten der mit dem erkennenden Subjekt wechselwirkenden Akzidenzien sind, sich also nicht mehr auf allgemeine Wesenheiten, bzw. auf die Substanz beziehen,[272] können sie nur noch subjektiv *in mente*,[273] Ockham nennt sie *intentio animae*,[274] als Ergebnis einer abstrahierenden Tätigkeit des Intellekts gedacht werden,[275] auch wenn Ockham eine ausgearbeitete Abstraktionstheorie nicht entwickelt. Diese abstrahierten Gemeinsamkeiten der Singularia werden nun in Verknüpfungen von Zeichen, *signa*, als allgemeine Sätze in mente formuliert.[276] Im Aufstellen eben solcher Aussagen und Sätze *in mente* besteht nun Wissenschaft, die dann allerdings keine ontologische Verankerung mehr hat. Wenn aber Wissenschaft sich nur *in mente* in der logisch richtigen Verknüpfung von Zeichen gemäß der Suppositionslehre vollzieht, dann muss die traditionelle thomistische Wahrheitslehre *veritas est adaequatio rei et intellectus* revidiert werden. In der Tat ist hier Ockham konsequent, indem er die thomistische Wahrheitsdefinition der Korrespondenz durch die suppositionslogische der Kohärenz ersetzt.[277]

---

substanitam." OP I 58, 25–28. Und er tendiert in seiner eigenen Antwort auf dieses Problem dazu, die Universalien auf die Akzidentien zu beziehen: „Ad ultimum habent dicere illi qui ponunt intentiones animae esse qualitates mentis, quod omnia universalia sunt accidentia. Non tamen omnia universalia sunt signa accidentium, sed aliqua sunt signa substantiarum tantum et illa quae sunt tantum signa substantiarum constituunt praedicamentum substantiae, alia constituunt alia praedicamenta. Concedendum est igitur quod praedicamentum substantiae est accidens, quamvis declaret substantias et non accidentia. Es ideo concedendum est quod aliquod accidens, illud scilicet quod est signum tantum substantiarum, est per se superius ad substantiam." OP I 60, 93–101.

[271] „Et ita isto modo universale non est per generationem sed per abstractionem, quae non est nisi fictio quaedam." OT II 272, 17 f.

[272] „Igitur universalia non sunt substantiae, nec de substantia alicuius rei, sed tantum declarant substantias rerum sicut signa." OT II 254, 3–6.

[273] „[…] potest tenere quod conceptus et quodlibet universale est aliqua qualitas existens subiective in mente, quae ex natura sua ita est signum rei extra sicut vox est signum rei ad placitum instituentis." OT II 289, 12–15; Mensching, G., 1992, 323, 327 f.

[274] „ergo sola intentio animae vel signum voluntarie institutum est universale." OP I 53, 97 f. „Igitur illud quod primo et immediate denominatur universale est tantum ens in anima, et per consequens non est in re." OT II 236, 8 f; OT II 252, 1 ff; OP I 59,65; OP I 60, 93 ff.

[275] „Sed in intellectu sunt communia et universalia. Et ideo nulla natura realis est communis, nec est a parte rei aliqua natura communis secundum quocumque esse." OT IV 138, 1 ff.

[276] „Dicendum est igitur quod quodlibet universale est una res singularis, et ideo non est universale nisi per significationem, quia est signum plurium." OP I 48, 31 ff; OP I 49, 60 ff.

[277] „[…] videndum est, quid ad veritatem propositionum requiritur. Et primo de propositionibus singularibus de inesse et de praesenti et de recto tam a parte subiecti quam a parte praedicati, et non aequivalentibus propositioni hypotheticae. Circa quod dicendum est quod ad veritatem talis propositionis singularis quae non aequivalet multis propositionibus non requiritur quod subiectum et praedicatum sint idem realiter, nec quod praedicatum ex parte rei sit in subiecto vel insit realiter subiecto, nec quod uniatur a parte rei extra animam ipsi subiecto,

### 3.5  Die Wissenschaftskonzeption Ockhams in der
Expositio in libros physicorum Aristotelis

Während der Prologus des Sentenzenkommentars die Wissenschaftskonzeption im Hinblick auf ihre theologische Bedeutung entfaltet, und zwar vor allem unter dem Gesichtspunkt des Absteckens der menschlichen Erkenntnisgrenzen in Bezug auf die Wahrheiten der Theologie, erörtert Ockham seine wissenschaftstheoretische Konzeption in der *Expositio in libros physicorum Aristotelis*, mit Blickrichtung auf die Wissenschaftlichkeit der *scientia naturalis*. Obwohl die verbindliche *scientia* Definition im Prologus der *Expositio in libros physicorum Aristotelis*[278] und im Prologus des Sentenzenkommentars[279] sinngemäß übereinstimmen, weißt ihre weitere Erörterung im Aristoteleskommentar einige Besonderheiten auf. Die Besonderheiten der Wissenschaftskonzeption für die Theologie sollen hier nicht weiter erörtert werden, da hierzu bereits eine umfangreiche Untersuchung vorliegt.[280] Welche Besonderheiten weißt die Anwendung der Wissenschaftskonzeption im Prologus der *Expositio in libros physicorum Aristotelis* im Hinblick auf ihre Funktion im Aristoteleskommentar auf?

Zunächst ist die Pluralisierung des Wissenschaftsverständnisses zu nennen,[281] das Ockham von Aristoteles für die weltlichen Wissenschaften übernimmt. Diese Pluralisierung im Wissenschaftsbegriff ist bei Ockham – wie bei Aristoteles – anthropologisch in dem Sinne begründet, dass verschiedenen Wissenschaften verschiedene Habitus entsprechen.[282] Von einer Einheit der Wissenschaft kann daher bei Ockham nicht mehr die Rede sein. Darüber hinaus ist Ockham nun einer der ersten, der für wissenschaftliches

---

– sicut ad veritatem istius ‚iste est angelus' non requiritur quod hoc commune ‚angelus' sit idem realiter cum hoc, quod ponitur a parte subiecti; nec quod insit illi realiter, nec aliquid tale –, sed sufficit et requiritur quod subiectum et praedicatum supponant pro eodem. Et ideo si in ista ‚hic est angelus' subiectum et praedicatum supponant pro eodem, propositio erit vera." OP I 249, 8–250, 17.

[278] OP IV 6,47–50.

[279] OT I 76, 13 ff; OT I 87, 20–88, 2.

[280] Leppin, V., 1995, 169 ff. Nur soviel sei am Rande vermerkt, dass Ockham trotz der Nichtapplizierbarkeit der rationalen Wissenschaftskriterien auf die Theologie an ihrer Wissenschaftlichkeit festhalten will. Dies versucht er dadurch, dass er die Sicherheit, die diese Kriterien für die weltliche Wissenschaft liefern, für die Theologie durch die Sicherheit der *adhaesio*, d.h. des Anhangens im Glauben gewährleistet sieht. Glauben und Wissen sind daher unter rationlem Gesichtspunkt de facto voneinander getrennt, auch wenn Ockham wohl kein Verfechter einer *doppelten Wahrheit* gewesen ist. Es ist klar, dass diese Lösung unter rationalen Gesichtspunkten nicht befriedigen kann.

[281] „Ex istis etiam patet quod quaerere quid est subiectum logicae vel philosophiae naturalis vel metaphysicae vel mathematicae vel scientiae moralis, nihil est quaerere, quia talis quaestio supponit quod aliquid unum sit subiectum logicae et similiter philosophiae naturalis, quod est maifeste falsum, quia nihil unum est subiectum totius sed diversarum partium diversa sunt subiecta." OP IV 9, 98–10, 1; vgl. ebenso OP IV 6, 53–61; OP IV 8, 64–69.

[282] „[…] sed philosophia naturalis est collectio multorum habitum […]", OP IV 7, 25 f.

Arbeiten die *Methode*, d. h. vor allem die logische und sprachliche Analyse, in den Vordergrund stellt, sieht man einmal von nicht wirksam gewordenen Vorläufern wie Robert Grosseteste und Roger Bacon ab.

### 3.5.1 Die Veränderung im wissenschaftlichen Objektbegriff im Vergleich zu Thomas

Mindestens ebenso wichtig ist die zweite Verschiebung, die Ockham im wissenschaftlichen Objektbegriff vornimmt. Der Weg des wissenschaftlichen Objektbegriffs führt von der zeitlosen Essenz, bei Thomas vor allem in *de ente et essentia*, über die zeithaften akzidentiellen Wechselwirkungen bis hin zur Satzerkenntnis, den *propositiones*, die er bereits in der Wissenschaftsdefinition im Prolog des Sentenzkommentars als Akte des intellektuellen Habitus[283] angeführt hatte.[284] Nicht mehr das zeitenthobene Wesen einer Sache ist von wissenschaftlichem Interesse, sondern die zeithafte Wechselwirkung des Wesens durch seine Akzidenzien mit dem Erkennenden. Die eigentlichen Objekte der Naturwissenschaft, der *scientia naturalis*, wie Ockham sie nun nennt, sind nicht reale Dinge der äußeren Welt, sondern Sätze über diese Dinge. Ockhams Begrifflichkeit schwankt hier zwischen *conceptiones*, *propositiones*[285] und *termini*[286]. Da Sätze Allgemeinheitscharakter haben, kann Ockham in einem produktiven Missverständnis der aristotelischen Position im Universalienstreit sich auf ihn berufen, obwohl Aristoteles die satzhafte Fassung der Unversalien nicht kannte.[287] Ockham bezieht sich immer wieder an verschiedenen Stellen auf das Allgemeinheitskriterium, meist unter direkter Nennung von Aristoteles. Insbesondere im philosophischen Werk sind die Hinweise zahlreich.[288]

---

[283] Zur Erklärung dieser Fähigkeit des Intellekts, *propositiones*, also Sätze zu bilden und in ihnen dann durch den *habitus iudicativus* (OT I 16, 12–18) Urteile auszusprechen, führt Ockham im Anschluss an Averroes [In De An. III, 21]eine rudimentäre Abstraktionstheorie an. „Intellectus enim intelligit primo ista singularia, deinde componit ea. Ex istis auctoribus patet quod intellectus nullam propositionem potest formare, nec per consequens apprhendere, nisi primo intelligat singularia, id est incomplexa", OT I 21, 16–19.

[284] OT I 76, 13 ff.

[285] „Sed proprie loquendo scientia naturalis est de intentionibus animae communibus talibus rebus et supponentibus praecise pro talibus rebus in multis propositionibus, quamvis in aliquibus propositionibus , […], supponant tales conceptus pro se ipsis." OP IV 11, 21 f.

[286] „Tamen metaphorice et improprie loquendo dicitur scientia naturalis esse de corruptibilibus et mobilibus, quia est de illis terminis qui pro talibus supponunt." OP IV 11, 24 f.

[287] „Et hoc est quod dicit Philosophus [APo I 4 f, 73b 26–74a 13] quod scientia non est de singularibus, sed est de universalibus supponentibus pro ipsis singularibus." OP IV 11, 22 ff.

[288] „Tertio notandum est quod omnis disciplina incipit ab individuis. Unde Philosophus II *Posteriorum* [APo II 19 (100a3–8)] et I *Metaphysicae* [Meta I 1, 980b26–981a6] vult quod ex sensu, qui non est nisi singularium, fit memoria, ex memoria experimentum, et per experimentum accipitur universale quod est principium artis et scientiae. […] Tamen de individuis non est scientia proprie dicta, sed des universalibus tantum, pro individuis; […]", OP II 45, 35–42; vgl auch OP IV 25, 126–129.

Die Abwendung der wissenschaftlichen Beschäftigung von der Essenz einer Sache hat noch weitere Konsequenzen.[289] Stoff und Form werden daher als konstituierende Elemente der Essenzen wissenschaftstheoretisch überflüssig und von den vier aristotelischen *causae* bleiben nur noch die *causa finalis* und die *causa efficiens* als Ausdruck akzidentiellen Seins wissenschaftlich relevant.[290] Diese wissenschaftliche Ausrichtung auf die *causa finalis* und die *causa efficiens* bringt auch die Momente der Veränderung, der Bewegung und der Zeit stärker in den Fokus eines rational-wissenschaktlichen Zugriffs, der über den qualitativen aristotelischen Begriff κίνησις hinausgeht. So ist für Ockham im Unterschied zu Thomas von Aquin eine Wissenschaft von der Bewegung möglich.[291] Ockhams Kritik an den vier aristotelischen *causae* bleibt bei dieser Reduktion auf zwei *causae* nicht stehen. Von den beiden genannten wird die *causa finalis* noch einmal Gegenstand der Kritik,[292] mit der sich Ockham in die Reihe der Kritiker an der *causa finalis* seit Avicenna und Scotus einreiht, so dass Ockham schließlich behauptet, die *causa efficiens* reiche allein aus, um Veränderungen zu erklären.[293]

Hatte Aristoteles noch zwei Arten von *causa finalis* unterschieden, diejenige aus menschlichen Handlungszusammenhängen, die der τέχνη, und diejenige, die in der Sache selbst liegt, also der φύσις, so ist diese Unterscheidung für das MA nicht geläufig, was zu einigen Unklarheiten führt. Ockham äußert sich im wesentlichen in vier Schriften zur *causa finalis* und damit zur teleologischen Weltdeutung, in der *Expositio in Libros Physicorum Aristotelis*,[294] den *Quaestiones Variae*,[295] den *Quodlibeta*[296] und schließlich in den *Summula Philosophiae Naturalis*.[297] Das Problem, das die mittelalterlichen Autoren empfinden, besteht darin, wie es bei der *causa finalis* zu verstehen sei, dass etwas, das noch gar nicht existent ist, also das erstrebte Ziel, Ursache sein kann für einen realen Effekt. Die Lösung der kritischen mittelalterlichen Autoren, der sich Ockham anschließt, besteht darin, dass die *causa finalis* nur in der Vorstellung der Menschen

---

[289] „Quia proprie loquendo causa materialis est de essentia illius cuius est causa; sed subiectum scientiae non est de essentia scientiae, […]", OP IV 8, 57 f.

[290] „[…] nulla scientia habet nisi duas causas, proprie loquendo de causa, quia nullum accidens habet nisi tantum duas causas, scilicet finalem et efficientem." OP IV 7, 30 ff; vgl. ebenso OP IV 8, 44 ff.

[291] „Ex praedictis patet quomodo de corruptibilibus et mobilibus potest esse una scientia, nam talibus est unum commune de quo necessario praedicantur propriae passiones." OP IV 12, 64 ff.

[292] „Sed de causatione causae finalis est magis dubium." OT VIII 107, 188.

[293] „Causatio autem efficientis satis nota est, quae est efficere quoddam vel agere." OT VIII 107, 181 f.

[294] OP IV Lib. II, Cap. 12, 366–394.

[295] OT VIII Qu. IV, 98–154.

[296] OT IX Qu. 1–2, 293–309.

[297] OP VI Cap. 4., 220–247.

existiert.[298] Daher kann von ihrer Wirkung nur metaphorisch gesprochen werden.[299] Wenn aber die *causa finalis* nur ein Sein *in anima* hat, real also gar nicht existiert, ist es nur ein kleiner Schritt, ihre Existenz überhaupt in Frage zu stellen. Nachdem sich Ockham in den *Quodlibeta* in dieser Hinsicht abwägend geäußert hatte,[300] vollzieht er diesen Schritt auch in seinen *Summula Philosophiae Naturalis*.[301] Damit verabschiedet Ockham die Teleologie als wissenschaftlichen Beschreibungsmodus. Seine Physiker-Theologen Nachfolger im 14. Jahrhundert, insbesondere Johannes Buridan, können daran anknüpfen. Darüber hinaus argumentiert Ockham dagegen, Gott als eine *causa finalis* anzusehen.[302] Auf diese Weise wird der umfassende teleologische Horizont, in den Thomas Welt und Mensch hineingestellt hatte, aus wissenschaftlichen Überlegungen heraus eliminiert.

Mit der erkenntnistheoretischen Elimination der Essenzen wie auch der Verabschiedung der Teleologie hat Ockham eine erhebliche Ausdünnung der klassischen Ontologie vorgenommen. Dieser Verschiebung in der ontologischen Ausrichtung entspricht erkenntnistheoretisch Ockhams Abkehr von Thomas' dreistufiger Abstraktionstheorie und seine Reduktion des Erkenntnisprozesses auf die an unmittelbarer sinnlicher Erfahrung orientierte *notitia intuitiva* einerseits und der Konstruktion rationaler Satzerkenntnis der *propositiones* durch die *notitita abstractiva* andererseits.[303] Es liegt daher in der Logik der Sache, dass Ockham nur eine sehr bruchstückhafte Abstraktionstheorie entwickelt hat.

### 3.6 Weltverhältnis und die Entdeckung des dynamischen Gottes bei Ockham

Im vorangegangenen Kapitel wurden die Verschiebungen im Gottesbegriff im Hinblick auf ihre Bedeutung auf Ontologie, Erkenntnistheorie und im Hinblick auf den aristotelischen, demonstrativen Wissenschaftsbegriff

---

[298] „Dico ergo quod causa finalis ad hoc quod moveat agens, non requiritur habere entitatem illam in re extra, sed sufficit illam habere in anima." OT VIII 114, 339–342, ebenso: OT VIII 116, 368 ff.

[299] „Ex quo sequitur quod motio ista finis [= causa finalis] non est realis, sed motio metaphorica." OT VIII 108, 196 f; vgl. Aristoteles, De generatione et corruptione, 324b 14 f.

[300] „Si dicis: illud quod non est, non est causa alicuius: Dico quod falsum est; sed opportet addere quod nec est nec amatur nec desideratur, et tunc bene sequitur quod non sit causa." OT IX 294, 35–38.

[301] „[…] causa finalis potest causare sive existat sive non, ita quod causat vel potest causare et quando est et quando non est." OP VI 223, 58 ff.

[302] „Secundo dico quod non potest probari quod Deus sit causa finalis agentis naturalis sine cognitione, quia tale agens uniformiter agit ad producendum effectum suum sive Deus intendatur sive non." OT IX 303, 59–62, weitere Stellen: OT IX 302, 40–43; OT IX 303, 51–58.

[303] Fast sensualistisch mutet Ockhams Beispiel der sinnlichen Erkenntnis an: „sic enim possem dicere quod calor est materia visionis meae et quod calor est causa materialis apprehensionis et sensationis." OP IV 8, 50 f.

untersucht. Dabei hat sich gezeigt, dass insbesondere die Betonung des Willens Gottes gegenüber seinem Intellekt Konsequenzen für Ontologie, Erkenntnistheorie und Wissenschaftstheorie bei Ockham nach sich gezogen hat. Die Betonung des Willens Gottes und seiner *schöpferischen Unmittelbarkeit* führt ontologisch zur Konzeption des radikal individuierten geschaffenen Seins, so dass auf diese Weise der aristotelische Essentialismus verloren geht. Dies wiederum hat erkenntnistheoretische Konsequenzen dergestalt, dass die Universalien nicht mehr *in re* verortet werden können. Wissenschaftstheoretisch führt dies dazu, dass der Objektbegriff der Wissenschaft sich im Prinzip von den Gegenständen auf die Aussagen über die Gegenstände und die Methoden, Ockhams *razor*, verlagert. Gleichzeitig öffnet Ockham den im Prinzip erfahrungsarmen aristotelischen strengen Begriff von demonstrativer Wissenschaft der Empirie, indem er evidente Erfahrungserkenntnisse zulässt. Die Konsequenzen des gewandelten Gottesbildes auf das Selbstverständnis und Weltverhältnis des Menschen in Ockhams Theologie sind also beträchtlich.

Darüber hinaus können weitere Elemente in Ockhams Denken identifiziert werden, die auf eine solche Wandlung hindeuten. Ockhams Elimination des umfassenden teleologischen Horizonts von Mensch und Welt, seine ausführlichen Reflexionen im Prologus des Sentenzenkommentars über die Bedingungen menschlicher Erkenntnis, seine breit angelegten wissenschaftstheoretischen Überlegungen, seine neuartige Position im Universalienstreit, seine Akzeptanz der Möglichkeit einer Wissenschaft von der Bewegung, sowie schließlich die Verschiebungen im Objektbegriff sind Elemente, die sich im Vergleich zu Thomas als Hinweise auf eine Verschiebung im Gefüge anthropologischer Antriebs- und Erkenntnisstrukturen und damit auch auf eine Änderung im menschlichen Weltverhältnis deuten lassen, die Voraussetzung für einen naturwissenschaftlichen Zugriff auf die Natur ist. Es ist sicher kein Zufall, dass dieser Zugriff eine Generation nach Ockham bei der ersten Generation von Physiker-Theologen, wie Johannes Buridan, Nicole Oresme, Thomas Bradwardine, Marsilius von Inghen, Albert von Sachsen und den *calculatores* im Merton College in Oxford in die Tat umgesetzt wurde. Es sollen daher nun Grundelemente der ockhamschen Anthropologie[304] im Horizont dieser Fragestellung der Änderung

---

[304] Bisher liegt keine zusammenhängende Monographie zur Anthropologie Ockhams vor. Die anthropologischen Forschungen zu Ockham haben sich bisher weitgehend auf seine Erkenntnistheorie beschränkt. Die Artikel von Hochstetter (Hochstetter, E., 1950, 1–20) und Etzkorn (Etzkorn, G.J., 1990, 265–284) stellen die beiden bisher ausführlichste Auseinandersetzung mit Ockhams Anthropologie dar. Einen summarischen Überblick liefert Leff (Leff, G., 1975, 528–560), der die Gottesebenbildlichkeit, die intellektive Seele in ihren Aspekten des Willens und der Erkenntnis, die sensitive Seele und die Habitus behandelt . Dazu kommen zwei Artikel von Riesenhuber (Riesenhuber, K., 1988, ders., 1990, 170–183, beide japanisch). Auch Jürgen Goldsteins Buch (Goldstein, J., 1998) enthält eine Reihe interessanter Beobach-

des Weltverhältnisses vor dem Hintergrund der Vorgaben der Tradition beleuchtet werden, bevor die Konsequenzen der ockhamschen Erkenntnistheorie bei den genannten Physiker-Theologen untersucht werden.

## 4 Ockhams Anthropologie

Bedingt hauptsächlich durch seine erkenntnistheoretischen Analysen
nimmt Ockham eine im Vergleich zu Thomas dreifache Umstrukturierung
menschlicher Handlungs- und Erkenntnishorizonte vor. In *existentieller*
Hinsicht ist Gott nicht mehr das selbstverständliche Ziel menschlichen
Strebens, in *intellektueller* Hinsicht ist das Sein nicht mehr das primäre
Objekt des Intellekts, in *ethischer* Hinsicht ist das Handeln in Bezug auf
das im Sein verankerte Gute hin keine unbefragte Voraussetzung mehr.

### 4.1 Die Ausblendung des teleologischen Horizonts

War für Thomas die teleologische Ausrichtung alles Geschaffenen auf Gott
der natürliche Weg zum Heil, für den Menschen offenkundig in seinem
Streben nach der *visio beatifica*, sowie seiner Teilhabe am ewigen Gesetz
durch das Naturgesetz ein konstitutives Prinzip der gesamten Schöpfungs-
und Heilsordnung, und damit sogar ein Organisationsprinzip der Summa
Theologica, so fällt dieser umfassende teleologische Horizont für Ockhams
Theologie und Anthropologie weg – deutlich ablesbar an seinen langen erkenntnistheoretischen und wissenschaftstheoretischen Erörterungen im
Prologs des Sentenzenkommentars und seiner bereits genannten Kritik
an der *causa finalis* in physikalischer[305] und in theologischer[306] Hinsicht.
Der Grund für diesen Wegfall liegt in Ockhams Kritik an der für Thomas
so wichtigen *inclinatio* als natürlicher Neigung zur *visio beatifica*.[307] Ockham argumentiert dabei so, dass die an der *inclinatio* beteiligten natürlichen

---

tungen zur Anthropologie, sowie das Kapitel über den Willen in Dominik Perlers Abhandlung
über Prädestination, Zeit und Kontingenz bei Ockham (Perler 1988, 254–294); außerdem liegen
zwei russische Untersuchungen vor (Grebenjuk, N.J., 1991A, 1991B) sowie: Fuchs, O., 1952.

[305] Vgl. in den Quodlibeta IV (= OT IX, qu. 1 und 2). Ockham wirft die Grundsatzfrage
auf, wie die *causa finalis* Ursache sein kann, obwohl sie selbst noch gar nicht existiert. „Unde
hoc est speciale in causa finali, quod potest causare quando non est." OT IX 294, 31, und lässt
die Antwort auf differenzierte Weise offen. „Si dicis: illud quod non est, non est causa alicuius:
Dico quod falsum est; sed opportet addere quod nec est nec amatur nec desideratur, et tunc
bene sequitur quod non sit causa. Nunc autem finis potest amari et potest desiderari quamvis
non sit; et ideo potest esse causa finalis licet non sit." OT IX 294, 35–39.

[306] Auf die Frage „Utrum posit probari sufficienter quod dues sit causa finalis alicuius effectus" (OT I X, qu. 2, 301) antwortet Ockham: „Et dico quod non potest probari sufficienter
quod Deus sit causa finalis secundae intelligentiae in se, nec etiam sui effectus, quia secunda
intelligentia est agens per cognitionem libere aut naturaliter." OT IX 302, 40–43.

[307] „Ad argumentum principale dico quod voluntas non naturaliter inclinatur in finem ultimum, nisi accipiendo inclinationem naturalem secundum quod fit secundum communem
cursum", OT I 507, 9 ff. Der Wille kann sich also durchaus gegen die Einsicht der Vernunft

Kräfte, der Verstand durch Zweifel,[308] der Wille durch Ablehnung,[309] ja sogar auch der Glaube[310] sich diesem Ziel verweigern können.

## 4.2 Die Ausblendung des Seinshorizonts

Ockham nimmt an der ihm vorgegebenen Tradition der Metaphysik[311] als der Wissenschaft von den allgemeinsten Prinzipien des Seins ebenfalls Veränderungen vor, deren Gesamttendenz – analog zu Ockhams *razor* – einer ontologischen Ausdünnung[312] ebenfalls in Beziehung steht zu Umschichtungen in der Anthropologie. Ockham unterscheidet sich ausgehend von Aristoteles[313] in seiner *Metaphysik*[314] sowohl von der Tradition Avicennas, Averroës', Thomas' von Aquin wie auch der von Duns Scotus. Während für Avicenna Gegenstand der Metaphysik das Sein ist, insofern es dem menschlichen Verstand als primäres Objekt aufscheint,[315] ist es für Thomas von Aquin im Sinne einer philosophischen Theologie der allgemeinste Be-

---

wenden."Et tamen hoc non obstante, voluntas inclinatur ad contrarium illius dictati a ratione recta." OT VIII 447, 836 f.

[308] „sed intellectus potest credere nullam beatitudinem esse possibilem, quia potest credere tantum statum quem de facto videmus esse sibi possibilem; ergo potest nolle omne illud quod isti statui quem videmus repugnant, et per consequens potest nolle beatitudinem", OT I 503, 12–17.

[309] „sed aliquis potest efficaciter velle non esse, et potest sciri evidenter quod non esse beatum est consequens ad non esse; ergo potest velle non esse beatus, et per consequens nolle beatitudinem." OT I 504, 2–5.

[310] „Confirmatur ratio, quia etiam aliqui fideles credentes se posse consequi beatitudinem si non peccarent elegerunt peccare, scientes se vel credentes propter tale peccatum poenam aeternam habituros", OT I 504, 10–13, ebenso OT I 505, 5–10.

[311] Bis zu den grundlegenden Arbeiten von Philotheus Boehner wurde Ockham als Antimetaphysiker interpretiert. Vgl. Junghans H., 1968, 186–190.

[312] Vgl. hierzu die aufschlussreiche Darstellung der Verschiebung im Metaphysikverständnis des Mittelalters: Honnefelder, L., 1996, 165–186.

[313] Nach Aristoteles sind die Organe metaphysischer Erkenntnis sowohl die Intuition als Quelle der Weisheit wie auch der Verstand als Organ diskursiven Denkens. „So dürfen wir denn in der philosophischen Weisheit eine Verbindung von intuitivem Verstand und diskursiver Erkenntnis erblicken", EN 1141a19. Ockham teilt diese Verbindung von Metaphysik – Wissenschaft und Weisheit – Verstand: „Ergo si sapientia esset respectu alicuius unius, sicut est intellectus et scientia, sapientia non distingueretur ab intellectu et scientia", OT I 223, 1 ff; andere Stellen: OT I 222, 19 ff; 224, 1 ff.

[314] Von Ockham ist kein Kommentar zu Aristoteles' Metaphysik überliefert. Unklar ist, ob er einen geschrieben hat oder vorhatte, einen zu schreiben, vgl. OP IV 14, 118 ff. Zur Diskussion vgl. Leppin, V., 1995, 153.

[315] Im Zusammenhang mit der Frage, „Utrum solus Deus sit debitum obiectum fruitionis", OT I 429, referiert Ockham Avicenna (Avicenna, Metaphysik., I, c. 6; Riet, G. van, 1977 ) und seine These einer philosophischen Gotteserkenntnis über den Seinsbegriff. „Praeterea, naturaliter est cognoscibile quod ens est primum obiectum intellectus, ergo naturaliter est cognoscibile quod quodlibet contentum sub ente est distincte cognoscibile ab intellectu. Igitur naturaliter potest cognosci quod divina essentia potest nude et perfecte videri ab intellectu, [...]", OT I 432, 18–433, 1; ebenso OT II 445, 21–24.

griff des Seins,[316] der Gott, Mensch und Welt umfasst und daher über die *analogia entis* dem Menschen Teilhabe am Sein ermöglicht. Zugleich umfasst dieser Begriff des Seins auch das Gute, Wahre und die Einheit (*bonum, verum, unum; ens et verum convertuntur*). Duns Scotus hingegen verlagert den Seinsbegriff in den Bereich der Aussagen über transkategoriales Sein.[317] Metaphysik wird ihm Wissenschaft der Aussagen über das den Kategorien des Seins vorausliegende Sein (*scientia de transcendentibus*). Diese sehr formale Definition führt dazu, dass allgemeine Aussagen über dieses Sein nach Scotus nur dann sinnvoll und damit zulässig sind, wenn Nichtwidersprüchlichkeit vorliegt (*non-repugnantia*).[318] Ockham widerspricht im großen Kontext seiner Frage nach den erkenntnistheoretischen Bedingungen natürlicher Gotteserkenntnis diesem Seins- und Erkenntnisverständnis Avicennas,[319] Averroës'[320] und Thomas' und verschärft die bei Scotus schon angelegte Abwendung von der Seins- und Hinwendung zur Satzerkenntnis.[321] Metaphysik als Wissenschaft des Seins wird Ockham in seiner Frage nach der Univocität[322] zur Wissenschaft über Sätze,[323] indem er die Frage stellt, in welchem Sinne von einem gemeinsamen Sein zwischen Gott und Mensch überhaupt gesprochen werden kann. Von einem gemeinsamen Sein zwischen Gott und Mensch kann natürlich überhaupt nicht gesprochen werden – was angesichts seines voluntaristischen Gottesbildes auch nicht verwundert – sondern von einem gemeinsamen Sein ist nur im Kontext von Aussagen zu sprechen. In diesem Sinne stellt Ockham diese Frage neu: „Et isto modo nihil est quaerere an ens dicat conceptum univocum Deo et creaturae, sed debet quaeri an sit aliquis unus conceptus praedicabilis in quid de

---

[316] Vgl. Thomas von Aquin, De Ver. I, 1; X, 10; X; 11, XII, 10; STh I 3, 7; 9, 1; ScG I 16; I 30; I 80; STh I 45, 4, 1.

[317] Vgl. Honnefelder, L., 1987.

[318] Vgl. Ockhams Referat der Position Duns' in OT II 187ff.

[319] „Primo modo dico quod non potest naturaliter cognosci quod ens est primum obiectum intellectus, quia non potest naturaliter cognosci quod quodlibet contentum sub ente est sic cognoscibile ab intellectu." OT I 436, 23–437, 1; ebenso OT II 458, 13–22.

[320] „Et ita, de virtute sermonis, dictum Commentatoris [cf. OT I 252, 1ff] est falsum quando dicit quod ens est subiectum metaphysicae." OT I 258, 20f.

[321] In diesem Sinne spricht Ludger Honnefelder von drei Typen von Metaphysik im Mittelalter, der *Onto-Theologie* Thomas von Aquins, der *Transzendentalwissenschaft* Scotus' und der *universalen formalen Semantik* Ockhams, L. Honnefelder, 1987, 171, 177, 182; ähnlich Gerhard Leibold; Leibold, G., 1990, 123–127.

[322] „Utrum aliquod universale sit univocum Deo et creaturae", OT II 292.

[323] „Metaphysik wurde damit bei Ockham zur Wissenschaft von der Prädizierbarkeit des Terminus ‚seiend' in einer Welt durchgängiger Kontingenz. Ihre Prinzipien sind Widerspruchsfreiheit, Singularität und Kontingenz. […]. Wissenschaftliche Allgemeinheit und Notwendigkeit verdankt sie nicht ihren Gegenständen, sondern ihren Aussagen; ihr Vorgehen ist nicht apriorischer, sondern aposteriorischer Natur. Damit wurde Metaphysik in den Kreis der wissenschaftlichen Disziplinen integriert, zwar um den Preis der Eingrenzung ihres Anspruchs, doch mit dem Vorzug der Reflexion auf die Möglichkeiten menschlicher Vernunfterkenntnis", Beckmann, J.P., LdM, 1993, Sp. 574.

Deo et creaturis."[324] Nach ausführlichen Erörterungen,[325] auf die hier nicht näher eingegangen werden muss, kommt Ockham zu dem Schluss, dass aufgrund der seinsmäßigen unübersteigbaren Differenz zwischen Gott und Mensch, von einem gemeinsamen Sein nur im Sinne von prädizierenden Aussagen gesprochen werden kann.[326] Metaphysik als Erkenntnisweise des Seins ist daher für Ockham ein irregeleitetes Unternehmen,[327] vielmehr geht es um Versprachlichung metaphysischer Probleme.[328] In der Anthropologie entspricht dieser metaphysischen Umschichtung zweierlei: Zum einen fällt der bei Thomas von Platon rezipierte Teilhabegedanke (μέθεξις) weg und damit überhaupt die metaphysische Ausrichtung der Anthropologie. Dies führt zum anderen zu einem verstärkten Maß an Rückbezüglichkeit in der Anthropologie, die sich in einer Stärkung der Erkenntnistheorie, der Urteilsfunktionen des Verstandes und einer Stärkung der Bedeutung des Willens äußert. Schließlich bedarf auch nach dieser metaphysischen Neuorientierung die Ethik einer neuen Verankerung, da Ockhams neuer Seinsbegriff eine Konvergenz von Sein und Sollen nicht mehr zulässt.[329]

### 4.3 Die Ausblendung des ethischen Horizonts

Mit dem vor allem gegenüber Thomas neuen Metaphysikverständnis fällt auch für Ockham die metaphysische Verankerung der Ethik weg. Sein und Sollen fallen nicht länger zusammen. Das *ens* als *verum et bonum* kann daher für Ockham auch nicht mehr Gegenstand des Strebens und Erkennens sein. Damit fällt auch der Gewissheitsgrund der Ethik weg und Ockham muss Ethik neu begründen. Ethik wird – aus diesem metaphysischen Horizont herausgefallen – eine Sache des sich selbst bestimmenden Willens und damit primär des Handelns.

Sieht man diese drei Elemente, das *existentielle*, *intellektuelle* und *ethische*, der Anthropologie Ockhams zusammen, so haben sie eines gemein-

---

[324] OT II 306, 20–307, 3.

[325] OT II 306–336.

[326] „Ad argumentum principale patet quod quantumcumque Deus et creatura sint realiter primo distincta, tamen possunt habere aliquem conceptum unum praedicabilem de eis." OT II 336, 17 ff.

[327] „et ideo sic accipiendo terminos haec est falsa ‚ens est subiectum metaphysicae', [...]", OT II 23, 25 f.

[328] „[...] dicitur quod ens est subiectum metaphysicae non tantum in voce sed etiam in conceptu. Quia quaero pro quo supponit ‚ens' quando dicitur quod ens est subiectum metaphysicae. Non pro substantia nec pro accidente, quia utraque istarum est falsa ‚substantia est subiectum metaphysicae', ‚accidens est subiectum etc.'. Igitur tantum supponit pro se puta pro conceptu entis, et ille conceptus est subiectum metaphysicae." OT VI 345; „Metaphysik ist als Transzendentalwissenschaft nur möglich als Sprachkritik", Leibold, G., 1990, 126.

[329] „Ist die Letztbegründung des Sittlichen aber hypothetisch, so fällt die evidente ontologisch-metaphysische Grundlage für eine philosophische Ethik ebenso wie für eine Moraltheologie fort", Müller, S., 2000, 143.

sam. Ockham löst das Sein, das Erkennen und das Handeln des Menschen aus dem transanthropologischen Grund, der bei Thomas von Aquin als Verwurzelung und damit als Beheimatung des Menschen gelten konnte. In diesem Sinne kann man von einer Reduktion, oder gar von einem Verlust in der Anthropologie Ockhams sprechen. Dieser Verlust ist jedoch der Preis, den Ockham zahlt, wenn er vor dem Hintergrund seines gewandelten Gottes- und Metaphysikverständnisses zu einer Dynamisierung des Menschen kommt.

## 4.4 Theologische Aspekte der Anthropologie Ockhams

Zur Anthropologie Ockhams tragen wesentlich drei Elemente bei. Zum einen die Vorgaben der theologischen Tradition, Thomas und Scotus, die rezipierte Anthropologie Aristoteles' und schließlich die Auswirkungen seines radikalen Gottesverständnisses auf die Anthropologie. Ockham hat allerdings aus diesen Elementen im Gegensatz zu Thomas in seinem OT keine zusammenhängende theologische Anthropologie entwickelt, sondern streift anthropologische Fragestellungen in jeweils anderen spezifischen Argumentationszusammenhängen.

### 4.4.1 Die Erkenntnisbedingungen des viators

Die bereits genannten drei ausgeblendeten Horizonte signalisieren, dass Ockham die Anthropologie weit weniger in einen theologischen Gesamtduktus einbettet als Thomas von Aquin. Dies wird in der mehrfach erwähnten Tatsache deutlich, dass Ockham in seinem Prologus des Sentenzenkommentars die erkenntnistheoretischen Betrachtungen und ihre anthropologischen Grundlagen ins Zentrum stellt. Um der Frage der Wissenschaftlichkeit der Theologie willen schreitet Ockham erst einmal im Prologus die Grenzen menschlicher Erkenntnisbedingungen aus. Diese Gesamttendenz lässt sich schon allein daran erkennen, dass Ockham das Motiv des *viators* von William von Ware aufnimmt und – dieser Funktion entsprechend an passendem Ort im Prologus – verschärft. William von Ware hatte es gegenüber Thomas von Aquin im Hinblick auf die eingeschränkten Erkenntnisbedingungen des Menschen in Bezug auf die Gotteserkenntnis und die *visio beatifica* eingeführt.[330] Der *viator*, d.h. der irdische Pilger auf dem Weg zur Gotteserkenntnis und Heilsaneignung im Unterschied zum *beatus* auf der einen Seite und dem *damnatus* auf der anderen Seite, ist im Prologus der Adressat der Anfragen Ockhams im Hinblick auf die natürlichen Möglichkeiten und Grenzen der Erkenntnis der theologischen Wahrheiten[331] und der Erlangung des Heils. Erkenntnistheorie und Soteriologie

[330] Leppin, V., 1995, 111, 163.
[331] In diesem Sinne heißt Ockhams Eingangsfrage im Prologus: „Utrum sit possibilis intellectum viatoris habere notitiam evidentem de veritatibus theologiae", OT I 3.

sind noch im Gesamtduktus verbunden. Insgesamt gesehen ist Ockham im Hinblick auf die Möglichkeit natürlicher Gotteserkenntnis sehr zurückhaltend.[332] Während dem Intellekt des *beatus* eine intuitive Erkenntnis der *deitas* möglich ist,[333] dem *damnatus* ohnehin nicht,[334] kann auch der *viator* nicht mit einer intuitiven Gotteserkenntnis, Ockham spezifiziert diese als *distincta notitia deitatis*,[335] durch seinen Intellekt rechnen.[336] Diese *distincta notitia deitatis*, d. h. die spezifisch christlichen Glaubensinhalte, sind dem *viator* unmittelbar, d. h. als evidente unmittelbare intuitive Einsichten, im Gegensatz zur *visio beatifica* des *beatus*, nicht zugänglich.[337] Wohl aber kann er sie vermittelt, also abstraktiv, erkennen.[338] Darüber hinaus besteht natürlich die Möglichkeit, dass Gott sie ihm vermöge seiner *potentia absoluta*, wie im *raptus Pauli*, vermittelt.[339] Auch die göttliche Essenz ist nur der begnadeten Seele – der *beatificabilis anima intellectiva* – erkennbar.[340] Mit dem *viator-beatus* Motiv baut Ockham in der Anthropologie einen großen Spannungsbogen auf, der den Menschen einerseits ganz an die Gegenwart des Gegebenen bindet, andererseits auf die Zukunft des *beatus* verweist. Diese Zukunftsbezogenheit der Anthropologie erklärt sich letztlich aus der eschatologischen Tradition der Franziskaner. Mit der eingeschränk-

---

[332] „Sed Deus non cognoscitur primo in se a nobis pro statu isto: [...]", OT II 389, 9 f.

[333] „Per primum excluditur intellectus beati, qui notitiam intuitivam deitatis habet;", OT I 5, 13 f.

[334] „per secundum excluditur intellectus damnati, cui non est illa notitia possibilis [...]", OT I 5, 14 f.

[335] OT I 3, 5; 4, 1; 72, 13.

[336] „[...] dico quod intellectus viatoris est ille qui non habet notitiam intuitivam deitatis sibi possibilem de potentia Dei ordinata", OT I 5, 11 ff. Bereits Aristoteles hatte gelehrt, dass eine intuitive Gotteserkenntnis nicht möglich sei, OT I 4354 f.

[337] „si aliqua talis contingens non possit evidenter cognosci ex notitia intuitiva creaturae, necessario ad hoc quod evidenter cognoscatur oportet praesupponere notitiam intuitivam deitatis, et per consequens viator talem veritatem contingentem non potest evidenter cognoscere. Et ideo si ista ‚Deus est incarnatus' non possit evidenter cognosci ex notitia intuitiva naturae humanae, oportet habere notitiam intuitivam deitatis; [...] Similiter, tales veritates ‚resurrectio mortuorum est futura', ‚anima beata perpetuo beatificabitur', et huiusmodi veritates de futuro contingentes, cum sit manifestum eas non posse evidenter cognosci ex notitia intuitiva cuiuscumque creaturae, nullo modo possunt a viatore evidenter cognosci." OT I 50, 13–51, 4.

[338] „ex praedictis concludo quod notitia deitatis distincta est communicabilis viatori, manenti viatori, quia sola intuitiva repugnant viatori. Igitur si abstractiva potest fieri sine intuitiva, sequitur quod abstractiva notitia distincta deitatis potest esse in viatore, manente viatore." OT I 49, 4–9; „Tamen Deus potest causare notitiam abstractivam et deitatis et aliarum rerum sine notitia intuitiva praevia, et ita notitia abstractiva deitatis est communicabilis viatori." OT I 72, 8–11, vgl. OT I 72, 13–18.

[339] „[...] dico quod Deus de potentia sua absoluta potest causare notitiam evidentem in intellectu viatoris aliquarum veritatum theologiae [...]", OT I 49, 10 ff; vgl. auch Quodl. VI, q. 1; OT IX 587, 55 ff; schon Augustinus und Thomas haben diese Möglichkeit der Gotteserkenntnis erörtert.

[340] „anima intellectiva est beatificabilis, potest videre divinam essentiam, potest habere caritatem." OT I 235, 16 f.

ten Erkenntnismöglichkeit Gottes in *statu viatoris* und dem aktiven und handelnden Element im Erkenntnisprozess, das weiter unten aus Ockhams anthropologischen Fragmenten rekonstruiert wird, ist aber eine insgesamt aktivere und gestalterische Zuwendung zur Welt verbunden, das einer Abschwächung des *peregrinatio* Motivs entspricht. Es ist daher treffsicher, wenn Erich Hochstetter urteilt, Ockham habe die Verwandlung des *homo viator* zum *homo faber* ansatzweise für die auf ihn folgende Generation vorbereitet.[341]

Wenn Ockham die natürlichen Erkenntnisbedingungen des Menschen auf diese Weise einschränkt, wie steht es dann bei ihm mit dem traditionellen Zugang des Menschen zu Gott über die *vestigia trinitatis*?

### 4.4.2  Die Erkenntnisbedingungen angesichts der vestigia trinitatis

Während Augustinus und mit den dargestellten Modifikationen auch Thomas von Aquin *intelligentia, memoria* und *voluntas* deutlich als *vestigia trinitatis* identifiziert,[342] ist dies bei Ockham nicht der Fall. Aufgrund seiner Ablehnung der *analogia entis*, seines voluntaristischen Gottesbildes, und seiner geringeren dogmatischen Gewichtung der Trinitätslehre sollte man dies – ähnlich wie bei Karl Barth – auch erwarten. Die Begründung ist jedoch bei Ockham anders gelagert. Ockham argumentiert, dass beim Menschen nur in abgeschwächter Form von den *vestigia trinitatis* die Rede sein kann, weil die gleichzeitige Einheit und Verschiedenheit der Personen in der Trinität als Urbild der *vestigia* beim Menschen nicht zutrifft. Beim Menschen sind *voluntas, memoria* und *intelligentia* nicht wirklich in der Essenz unterschieden, daher kann von ihnen nicht als *vestigia trinitatis* gesprochen werden.[343] Die Begründung liefert Ockham im Sentenzenkommentar erst viel später im Rahmen anthropologischer Argumentation ei-

---

[341] „Daß Ockham den Menschen und damit sich selbst noch als ‚viator mundi' begriffen hat, wird niemand ernstlich bestreiten", Hochstetter, E., 1950, 2, „[…] daß schon im cinquecento aus dem „Weg" die Werkstatt wurde, in der der Mensch sich als Schmied seiner Welt und seines Schicksals zu verstehen suchte (Leon Battista Alberti, Gianozzo Manetti), wobei die alte Wegvorstellung nur noch in einer säkularisierten Abwandlung erhalten blieb, […]", E. Hochstetter, 1950, 1.

[342] Augustinus nennt in *De Trinitate* IX (PL 42, 959–971) *mens, notitia* und *amor* als *vestigial trinitatis*, in *De trintiate* X (PL 42, 971–984) die bekanntere Trias *memoria, intelligentia* und *voluntas.*

[343] Im Rahmen der Quaestio „Urtum creatura rationalis sit imago trinitatis", OT II 552, wirft Ockham dies zunächst als Frage auf, „[…] quia non videtur quod imago quocumque modo dicta consistat praecise in ipsa substantia animae, quia imago necessario requiret distinctionem aliquam; sed in ipsa substantia animae nulla est distinctio; igitur nullo modo habet rationem imaginis." OT II 560, 4–8, um dann in seiner definitiven Antwort die *vestigia*, bzw. *Imago* nur in abgeschwächter Form anzuerkennen, weil die Unterscheidung zwischen *volition* und *intellectus* in der Essenz der Seele (*distinctionem aliquam*) nicht vorhanden sei. „Ad argumentum principale patet quod [nec] in anima nec in creatura rationli est distinctio realis intrinseca et essentialis; est tamen ibi distincio extrinseca et accidentialis." OT II 568, 12–15.

nerseits und seines *razor* Arguments andererseits. Zwar sind *intellectus* und *voluntas* in der Essenz miteinander verknüpft,[344] aber Ockham unterscheidet verschiedene potentiae der substanzhaft gedachten rationalen Seele,[345] z. B. *voluntas*[346], *intellectus*, aber auch sensitive, appetitive und kognitive,[347] wobei insbesondere die sensitive *potentia* deutlich von der intellektuellen und voluntativen zu unterscheiden ist.[348] Daher sind *voluntas* und *intellectus* in der Essenz der Seele als Potentia ununterscheidbar, in actu aber verschieden. In diesem substanzhaften Verständnis der menschlichen Person steht Ockham einerseits ganz in der aristotelischen Tradition, andererseits akzeptiert er die christliche Zuspitzung des Personenbegriffs im Hinblick auf die Bedeutung der Rationalität und Individualität des Menschen, wie sie insbesondere in der Definition der Person durch Boethius zum Ausdruck kommt. Festzuhalten bleibt, dass Ockham sich dieser klassisch christologisch motivierten Definition unter Brechung seiner eigenen erkenntnistheoretischen Überlegungen anschließt,[349] trinitätstheologisch die Lehre von den *vestigia trinitatis* abschwächt, gleichzeitig aber den Transzendenzbezug der Anthropologie aufrechterhält, denn, wie wir noch sehen werden, seiner Betonung des Willens in Gott, der *potentia dei absoluta*, entspricht die Heraushebung des Willens in Ockhams Anthropologie.[350]

---

[344] „[…] licet una essentia omnino indistincta sit intellectus et voluntas, tamen dicitur illa essentia rationalis per essentiam quando elicit actum intelligendi […]“, OT VI 368, 16 ff; „[…] intellectus et voluntas sunt omnino idem, et ideo quidquid est in intellectu est in voluntate et e converso“, OT I 396; OT I 402; 491.

[345] „Sed distinguo de potentia animae: […]“, OT V 435, 8 f.

[346] „Descriptio voluntatis est quod est ‚substantia animae potens velle‘.“ OT V 435, 14 f.

[347] „[…] sive uterque actus sit cognitivus sive appetitivus sive sensitivus sive intellectivus, tunc ex distinctione talium actuum necessario sequitur distinctio potentiarum.“ OT V 445, 3–7.

[348] „[…] ideo necessario sequitur ex istis actibus quod potentiae sensitivae distinguuntur realiter ab intellectu et voluntate.“ OT V 446, 4 ff.

[349] „Definitio autem exprimens quid nominis personae potest esse ista: persona est suppositum intellectuale. Et ita differunt ista sicut superius et interius. Et potest dici quod ista descriptio personae est eadem tam cum definitione Boethii quam Richardi. Quia Boethius sic descripsit personam: ‚persona est rationabilis naturae individua substantia‘, volens per ‚individuam substantiam‘ intelligere suppositum substantiale, et per ‚rationalem naturam‘ intellectualem.“ OT IV 62, 5–12.

[350] Es wäre eine reizvolle Aufgabe, einmal dem Zusammenhang zwischen Transzendenzvorstellung und Anthropologie detaillierter nachzugehen. Während der dualistischen Transzendenzvorstellung der Gnosis eine dualistische Anthropologie entspricht (σῶμα – σῆμα), der Einheitsmetaphysik Plotins des τὸ ἕν die ἕνωσις im Erkenntnis- und Erlösungsvollzug, der trinitarischen Relationalität Augustins die Relationalität von *memoria, intelligentia* und *voluntas* – wobei die Aufwertung der *memoria* bei Augustin gegenüber der gedächnislöschenden Aktivität der plotinschen ἕνωσις ein bemerkenswertes Detail darstellt – entspricht der ockhamschen Aufwertung der *potentia Dei absoluta* eine Aufwertung des menschlichen Willens. Struktur der Transzendenz und Struktur der Anthropologie entsprechen sich also.

## 4.5  Philosophische Aspekte der Anthropologie Ockhams

In Ockhams Anthropologie spielen in philosophischer Hinsicht Elemente des aristotelischen Menschenbildes, wie die Habituslehre, die Erkenntnistheorie, die Diskussion um das Verhältnis von Intellekt und Wille, sowie das substanzielle Seelenverständnis eine wichtige Rolle. Dazu kommt die immer wieder anklingende Auseinandersetzung mit den radikalen Aristotelikern um den *intellectus possibilis* und den *intellectus agens*. Dies und die Brechung der aristotelischen Anthropologie durch die christliche Tradition macht deutlich, dass Ockham nicht ein passiver Rezipient aristotelischen Gedankenguts ist, sondern es in seinem Sinne umformt und sich der bereits christlich modifizierten Definition der Person durch Boethius anschließt.[351]

### 4.5.1  Die anthropologischen Grundstrukturen:
### Seele – Wille – Intellekt

Ockham geht zunächst von der Aufeinanderbezogenheit von Leib (*forma corporeitas*) und Seele aus.[352] Die Seele denkt er sich im Sinne aristotelischer Philosophie substanzhaft.[353] Allerdings trennt sich Ockham von der thomasischen Interpretation des Willens als eines Akzidenz der Seele und wertet auf diese Weise den Willen auf.[354]

Innerhalb dieser substanzhaften Seele unterscheidet er eine sensitive Seele, die materiell und ausgedehnt ist, und eine nicht materielle, unausgedehnte rationale Seele,[355] die sich ihrerseits wieder in Intellekt und Wille als Potenzen,[356] d.h. als Handlungsmöglichkeiten, der Seele aufgliedert.[357] Die rationale Seele ist für Ockham wertvoller – *nobilior* – als die sensitive See-

---

[351] Zur detaillierten Diskussion des Personenbegriffs und seiner christologischen Funktion bei Boethius vgl. Lutz-Bachmann, M., 1983, 48–70.

[352] „[...] secundum opinionem quam reputo veram, in homine sunt plures formes substantiales, saltem forma corporeitas et anima intellectiva. [...] Similiter antequam corpus recipiat animam intellectivam praecedit forma corporeitatis, et illa non corrumpitur in adventu animae intellectivae. Quia forma corporeitatis praecedit animam intellectivam duratione et manet in corpore cum anima intellectiva, [...]“, OT V 137, 8–11; 14–17.

[353] Aristoteles hatte die Seele mit Hilfe des Begriffs der Substanz οὐσία definiert: „καθόλου μὲν οὖν εἴρηται τί ἐστιν ἡ ψυχή· οὐσία γὰρ ἡ κατὰ τὸν λόγον“, De An. II, Kap. 1, 412b10.

[354] „Unde etiam dicentes [= Thomas] quod voluntas et intellectus sunt accidentia animae in quibus primo recipiuntur intellectiones et volitiones et habitus, dicunt contra Philosophum.“ OP VII 311, 119ff. Ausführliche Auseinandersetzung mit Thomas in OT V 425–431.

[355] „sed anima sensitiva in homine est extensa et materialis, anima intellectiva non, quia est tota in toto et tota in qualibet parte;“, OT IX 159, 62–65.

[356] „[...] nam descriptio exprimens quid nominis intellectus est ista quod ‚intellectus est substantia animae potens intelligere‘. Descriptio voluntatis est quod est ‚substantia animae potens velle‘.“ OT V 435, 13f.

[357] „Ideo dico, [...,] quod potentiae animae, de quibus loquimur in proposito, scilicet intellectus et voluntas – [...] – sunt idem realiter inter se et cum essentia animae.“ OT V 435,4–8.

le.[358] In der Substanz, in der Essenz der Seele sind beide, Intellekt und Wille geeint[359] und ununterscheidbar[360]. Er begründet die Ununterscheidbarkeit des Intellekts und des Willens in ihrer Potentialität (*potentia animae*) in der Substanz der Seele mit seinem Razorargument.[361] In ihrer Aktivität – *in actu* – hingegen erscheinen sie unterschieden.[362] In der Seele sind Wille und Intellekt als *Fähigkeit real* geeint, in ihrer *Tätigkeit nominal* geschieden.[363] Die Willenstätigkeit konnotiert also in der Seele mit dem Intellekt und umgekehrt. Aufgrund dieser Unterscheidung kann Ockham auch dem Argument entgehen, dass aufgrund der Identität des Willens und des Intellekts in der Seele der Wille erkennen und der Intellekt wollen kann. Die Selbstheit (*perseitas*) der Akte des Intellekts und des Wollens bleiben gewahrt.[364]

Ockham diskutiert auch das Verhältnis von Wille und Intellekt insbesondere in Bezug auf die Realisation von Handlungen. So verbleibt er einerseits ganz in der thomasischen Tradition, wenn er dem Handeln des Willens die Einsicht des Intellekts vorschaltet,[365] andererseits ist für Ockham in bewusster Abgrenzung zu Thomas von Aquin der Wille wertvoller,

---

[358] „Et tunc dico quod anima intellectiva est nobilior in homine quam sensitiva, quia pono quod in homne distinguuntur realiter intellectiva et sensitiva." OT V 442, 8 ff.

[359] „[...] sicut alias [Sent II q. 24 K] ostendetur, intellectus et voluntas sunt omnino idem, et ideo quidquid est in intellectu est in voluntate et e converso" OT I 396, 13 f; „licet una essentia omnino indistincta sit intellectus et voluntas, [...]", OT VI 368, 16 f; vgl. auch OT I 402, 14 ff; OP I 31, 44 ff; OT V 435, 4–8; OP VII 614, § 21.

[360] Ockham führt hier noch eine dreifache begriffliche Differenzierung ein, indem er zwischen Wort-, Konzept- und Dingaspekt des Willens und Intellekts unterscheidet. Er nimmt also eine Nominal- und Realdefinition vor. In den beiden erstgenannten sind Wille und Intellekt selbstredend verschieden, im letztgenannten sind sie in ihrer substantialen Verwurzelung geeint, in ihrer aktualen Realisation verschieden, OT V 435, 15–21.

[361] „Quod autem intellectus et voluntas, [...], sint penitus indistinctum, probatur. Tum quia frustra fit per plura quod potest fieri per pauciora." OT V 436, 19–22.

[362] „[...] sciendum quod non obstante identitate intellectus et voluntatis, tamen actus intelligendi et volendi sunt distincti. Et ideo volo uti intellectu et voluntate prout connotant istos actus, propter quam connotationem aliquid potest attribui intellectui et negari a voluntate, [...]", OT III 418, 19–23; vgl. auch OT V 435, 19 ff; 436, 8.

[363] „[...] dico, [...] quod potentiae animae, de quibus loquimur in proposito, scilicet intellectus et voluntas [...] sunt idem realiter enter se cum essentia animae. Sed distinguo de potentia animae: nam potentia uno modo accipitur pro tota descriptione exprimente quid nominis, alio modo accipitur pro illo quod denominatur ab illo nomine vel conceptu." OT V 435, 4–11.

[364] „Si dicat circumstantiam causae efficientis cum nota perseitatis, sic voluntas vult per voluntatem primo modo dicendi per se et non per intellectum. [...] Primo modo haec est vera ‚voluntas est volitiva', ‚voluntas est potens velle'; ‚intellectus est intellectivus', ‚intellectus est potens intelligere', et haec similiter ‚voluntas vult per voluntatem et non per intellectum, 'intellectus intelligit per intellectum et non per voluntatem', quia per voluntatem connotatur actus volendi qui non connotatur per intellectum et econtra." OT V 439, 11–21.

[365] „[...] potest concedi quod intellectus est prior voluntate, quia actus intelligendi qui connotatur per intellectum est prior actu volendi qui connotatur per voluntatem, quia actus intelligendi est causa efficiens partialis respectu actus volendi, et potest esse naturaliter sine actu volendi sed non e converso." OT V 441, 14–442, 2.

*nobilior*, als der Intellekt,[366] so dass der Wille sich auch gegen die Einsicht des Intellekts entscheiden kann,[367] eine Möglichkeit, die bei Thomas undenkbar war. Der Affekt steht über dem Intellekt, weil der *actus diligendi*, der mit dem Akt der Liebe konnotiert,[368] über dem *actus intelligendi* steht. Insgesamt bekommt also der Wille bei Ockham auch in diesem Kontext eine deutlich höhere Bewertung.

Aber nicht nur dies, für Ockham ist die Freiheit des Willens eine entscheidende anthropologische Prämisse, die zwar nicht rational bewiesen werden kann, aber durch Erfahrung evident ist, z.B der Erfahrung eine sittlich begründete Entscheidung zu wollen oder nicht zu wollen.[369] Ockham macht also diese Erfahrungstatsache des möglichen Auseinanderklaffens von *ratio* und *voluntas* im Handlungsvollzug zum methodischen Ausgangspunkt seines Freiheitsverständnisses. Der Wille ist immer mit Intentionalität gekoppelt.[370]

Was versteht Ockham unter Freiheit des Willens? Zunächst ist die *Entscheidungsfreiheit* zu nennen, unter verschiedenen Möglichkeiten eine bestimmte auszuwählen,[371] zu wollen oder nicht zu wollen,[372] oder auch nacheinander verschiedene einander entgegengesetzte Entscheidungen zu treffen.[373] Die Freiheit einer Willensentscheidung zeigt sich auch gerade darin, dass der Wille sich gegen besseres Wissen und gegen bessere Einsicht entscheiden kann. Der Wille hat also die Fähigkeit im vollen Bewusstsein

---

[366] „[...] potest concedi quod voluntas est nobilior intellectu, quia actus diligendi qui connotatur per voluntatem est nobilior actu intelligendi qui connotatur per intellectum." OT V 441, 11–14; 442, 10–14.

[367] In den Quodlibeta Septem antwortet Ockham auf die Frage (quaestio 16) „Utrum possit probari sufficienter quod voluntas libere causet actus suos efficiente" auf folgende Weise: „[...] voluntas non necessario conformetur iudicio rationis, potest tamen conformari iudicio rationis tam recto quam erroneo." OT I 503, 18 f.

[368] OT I 403, 2.

[369] „[...] non potest probari per aliquam rationem, quia omnis ratio hoc probans accipiet aeque ignotum cum conclusione vel ignotius. Potest tamen evidenter cognosci per experientiam, per hoc quod homo experitur quod quantumcumque ratio dictet aliquid, potest tamen voluntas hoc velle vel non velle vel nolle." OT IX 88, 23–28.

[370] „intentio autem est actus voluntatis." OT IX 256, 70; weitere Stellen: OT IX 88, 25–28.

[371] „[...] potest voluntas ex sua libertate – sine omni alia determinatione actuali vel habituali – actum illum vel eius oppositum elicere vel non elicere." OT VII 359, 6 ff. Die schließt auch unterschiedliche moralische Qualitäten ein, wie auch die Freiheit zu sündigen: „Praeterea nullus actus est virtuosus nec vitiosus nisi sit voluntarius et in potestate voluntatis, quia peccatum adeo est voluntarium etc.;", OT IX 254, 26 ff.

[372] „Sed voluntas tamquam potentia libera est receptiva nolle et velle respectu cuiuscumque obiecti, igitur si potest in velle respectu Dei, eadem ratione potest in nolle respectu Dei." OT VII 350, 18–21.

[373] Ockham verdeutlicht dies am Beispiel des Kirchgangs einmal mit guter Absicht, dann mit schlechter Absicht. „[...] secundum quod potest successive conformari volitioni rectae et vitiosae; patet de ire ad ecclesiam, primo bona intentione, et postea mala intentione." OT IX 254, 23 ff.

seiner eigenen Potenz und Freiheit, zu sündigen,[374] bzw. gegen die Einsicht
der Vernunft sich gegen das Gute[375] und gegen Gott als letztes Ziel des
Lebens zu entscheiden[376] oder umgekehrt sich den Geboten Gottes anzu-
vertrauen.[377]

Ferner ist die *Handlungsfreiheit*, seine Fähigkeit zur *Selbstbestimmung*
zu nennen, d. h. dass der Wille der Grund seiner eigenen Willenshandlun-
gen ist, ohne natürlichen Bedingungen zu unterliegen.[378] Der Wille hat also
die Fähigkeit, in der Welt kontingent Neues zu bewirken.[379] Ockham hält
die Freiheit des Menschen so hoch, dass an ihr selbst die Allmacht Gottes
ihre Grenze findet. Denn Gott kann zwar kraft seiner *potentia absoluta*
alles bewirken – außer den Akten des freien Willens.[380]

Diese Tendenz der Hervorhebung des Willens, seine stärkere Betonung
und die emphatische Bekräftigung seiner Freiheit tritt auch deutlich hervor
in einer zweifachen Ausgliederung des Willens aus traditionellen ethisch-
theologischen Bezugsgrößen, die ihn in der thomasischen Tradition in ein
teleologisches Gesamtgefüge eingegliedert hatten. Ockham leugnet im Namen der Freiheit des Menschen in Abgrenzung von Thomas[381] sowohl die
immanente teleologische Antriebsstruktur des Willens – die *inclinatio*[382] –
wie auch die transzendente Ausrichtung auf das letzte Ziel des menschli-

---

[374] „Probatur, quia voluntas potest velle oppositum illius quod dictatum est a ratione. Unde
si intellectus dictet quod omne dulce est gustandum, voluntas potest discordare a ratione et
velle oppositum. […]. Sed actus quo voluntas vult oppositum illius quod dictatum est a ratione
est contra iudicium rationis, et per consequens est actus vitiosus." OT VI 421, 14–20; weitere
Stellen: OT IX 254, 26 f.

[375] „Igitur non necessario tendit in bonum in universali, sed potest illud bonum nolle." OT
VII 351, 17 f.

[376] „Igitur non obstante quod intellectus dictet hoc esse finem ultimum, potest voluntas nolle
illum finem." OT VII 351, 3 ff.

[377] „Praeterea, omnis voluntas potest se conformare praecepto divino." OT VII 352, 5 f.

[378] „Et ideo respectu illius actus non oportet in aliquo quod determinetur voluntas nisi a se
ipsa." OT VII 359, 8 f.

[379] „[…] voco libertatem potestatem qua possum indifferenter et contingenter diversa ponere, ita quod possum eumdem effectum causare et non causare, […]"; OT IX 87, 11–14. „[…]
voluntas agit contingenter ad utrumlibet. Hoc probatur, quia voluntas est causa activa suae
activitatis; et non naturalis, igitur libera et contingens." OP VI 736, 54–60; weitere Stellen: OP
IV 319, 111 ff; OT I 501, 18–24; OT IV 580, 4–9; 579, 23 f; OT VII 358, 2–5.

[380] „Praeterea omnis actus alius a voluntate potest fieri a solo Deo,[…]". OT IX 254, 19. Hier
liegt allerdings eine Inkonsistenz bei Ockham vor. Denn gleichzeitig behauptet Ockham, dass
Gott den menschlichen Willen dahingehend beeinflusst, dass er ihn hasst. „Sed Deus potest
praecipere quod voluntas creata odiat eum, igitur voluntas creata potest hoc facere.", OT VII
352, 6 f. Weitere Stellen zum Gotteshass: OT V 342 f, 352 ff.

[381] OT VI 392, 14–393,11; Thomas von Aquin, STh I–II 63, 1 resp.

[382] „Ad argumentum principale dico quod voluntas non naturaliter inclinatur in finem ul-
timum, […]", OT I 507, 9 f. Ebenso ihäriert daher dem Willen naturaliter keine moralische
Qualität: „[…] dico primo quod de virtute sermonis nullus actus est necessarius virtuosus." OT
IX 254, 36 f.

chen Lebens – die *beatitudo*.[383] Insgesamt gesehen kann man also bei Ockham eine deutliche Höherbewertung des Willens und eine Bevorzugung des Handelns vor dem Erkennen konstatieren.

## 4.6 Anthropologie und Ethik

Die Verortung der Ethik in der Anthropologie bei Ockham deutet an, dass weder die traditionelle Deutungen seiner Ethik im Kontext eines *voluntaristischen Gottesbildes*,[384] in der Gott als willkürlicher Autokrat eine totalitäre Ethik dekretiert,[385] noch die Deutung seiner Ethik als *positivistische Ethik* die Besonderheit der Ockhamschen Ethikkonzeption in Gänze abdecken. Vielmehr gilt es, diese traditionellen Interpretationen als Teilaspekte in einem Gesamtbild zu erkennen, in dem der ethische Gestaltungsspielraum des Menschen und die Interventionsmöglichkeiten Gottes kraft seiner *potentia absoluta* aufeinander bezogen sind. Der hermeneutische Schlüssel zum anthropologischen Verständnis der Ethik bei Ockham liegt in Ockhams Bild von der relativen Freiheit des Menschen angesichts der Allmacht Gottes.[386] Von daher ist in Analogie zur Untersuchung der Möglichkeiten und Grenzen der theoretischen Vernunft im Rahmen der Erkenntnistheorie nun mit den Möglichkeiten und Grenzen der praktischen Vernunft, der *recta ratio* in der Diktion Ockhams, zu rechnen.[387]

Mit dem Konzept der *recta ratio* steht Ockham in aristotelischer Tradition. Die *recta ratio* entspricht dem aristotelischen ὀρθὸς λόγος. Insgesamt hat er in der Antike ein weites Bedeutungsspektrum. Er kann (1) eine Klugheitsmaxime für die persönliche Lebensführung und die sozialen Verhältnisse stehen, (2) für ein ethisch theoretisches Konzept und schließlich (3)

---

[383] „[…] conclusio erit ista quod voluntas contingenter et libere – […] – fruitur fine ultimo ostenso in universali, quia scilicet diligere beatitudinem potest et non diligere, et potest appetere sibi beatitudinam potest et non appetere", OT I 503, 6–10, „ergo potest nolle omne illud quod isti statui quem videmus repugnant, et per consequens potest nolle beatitudinam", OT I 503, 15 f. „Ergo potest velle non esse beatus, et per consequens nolle beatitudinem", OT I 504, 4 f.

[384] Als Beispiel für diese verkürzende Sichtweise sei hier genannt: „Ockham considerably developed the implications of the ‚voluntaristic ethics‘ of the Franciscans. […]. All obligation has its foundation in the divine command and in man's dependency on God". Luscombe, D. E., 1982, 714.

[385] So urteilt de Wulf: „Dieu est une autocrate, qui pourrait sans tenir comte de ce qu'il y a de rationnel ou non dans ses volontés, provoquer chez l'homme des actes d'amour aussi bien que des actes de haine". Wulf, M. De, ⁶1947, 42.

[386] In diesem Sinne ist Sigrid Müller zuzustimmen, wenn sie schreibt: „[…] im Kontext der franziskanischen Tradition erhält die rechte praktische Vernunft, die *recta ratio*, eine neue Bedeutung: Ockham kann ihr Wirken als vernünftigen Selbstbezug des Menschen zu seinem Gott beim Handeln deuten und so den Begriff einer religiös-sittlichen Identität unter der Bedingung der Freiheit von Gott und Mensch entwerfen", Müller, S., 2000, 16.

[387] In jüngerer Zeit wird ein solcher Forschungsansatz u. a. von folgenden Autoren verfolgt: Müller, S., 2000; Freppert, L., 1988; Adams M. McCord, 1986, 1–36.

eine objektive Regel für analytisches Denken bis hinein in mathematische Schlussfolgerungen. Aristoteles entwickelt um den Begriff des ὀρϑὸς λόγος eine Tugendlehre. Er definiert den ὀρϑὸς λόγος als: „Ein Handeln gemäß dem ὀρϑὸς λόγος liegt dann vor, wenn der unvernünftige Teil der Seele den vernünftigen (λογιστικόν) nicht hindert, sich in der ihm eigentümlichen Tätigkeit auszuwirken. Dann nämlich wird die Handlung dem ὀρϑὸς λόγος gemäß sein".[388] Damit verweist Aristoteles auf einen inneren Richtungssinn im Handeln, der affektive Elemente in den rationalen Teil des Wissens, der Leistung und der Klugheit (λογιστικόν) integriert. Durch diese Steuerung der Affekte durch den λόγος im Vollzug einer Handlung wird der ὀρϑὸς λόγος Teil der Tugendlehre (ἀρετή), in der er der Klugheit (φρόνησις) nahe steht. Der ὀρϑὸς λόγος kann daher mit „rechte Einsicht" übersetzt werden, in der affektive und rationale Elemente als handlungsleitende Faktoren gemäß des aristotelischen Konzeptes des rechten Maßes in einem ausgewogenen Verhältnis stehen.[389] Die aristotelische Lehre vom ὀρϑὸς λόγος sagt also insbesondere, dass im ὀρϑὸς λόγος selbst der handlungsleitende Richtungssinn integriert ist.[390]

Vom Verhältnis – plakativ vereinfachend ausgedrückt – autonomer Selbststeuerung durch die *recta ratio*[391] zu göttlicher Fremdsteuerung[392]

---

[388] Magna Moralia II 10, 1208a 5–12; ähnlich im Anschluss an diesen Text: „[...] Wenn also die Leidenschaften den Nous nicht daran hindern, das ihm eigene Werk (ἔργον) zu vollziehen, dann wird dies das dem ὀρϑὸς λόγος Gemäße sein", Magna Moralia II, 10, 1208a 13–21.

[389] „οὐ γὰρ μόνον ἡ κατὰ τὸν ὀρϑὸν λόγον, ἀλλ' ἡ μετὰ τοῦ ὀρϑοῦ λόγου ἕξις ἀρετή ἐστιν. ὀρϑὸς δὲ λόγος περὶ τῶν τοιούτων ἡ φρόνησις ἐστιν", EN VI 1144b29ff; weitere Texte: EN VI 1138b 23ff; EN 1103b 33f; EN I 1102b 14–17; EN III 1119b 7–19.

[390] M. Rhonheimer urteilt: „Der eigentliche Logos, der ungehindert seine Energeia entfalten kann, ist als Logos immer schon orthos Logos", Rhonheimer, M., 1994, 150.

[391] Die *recta ratio* als Gegensatz zum göttlichen Willen wird von verschiedenen Autoren neuerdings gegenüber dem Allmachtsgedanken neu untersucht.

[392] In diesem Sinne wurde in völliger Verkennung der aristotelischen Tradition der Innenlenkung der ethischen Handlungen und Entscheidungen durch die *recta ratio* (ὀρϑὸς λόγος) im Mainstream der bisherigen Deutung der Ethik Ockhams diese Innenlenkung durch den der Außenlenkung Gottes ersetzt, d. h. die *recta ratio* wird zum blinden Empfangsorgan der Gebote Gottes ohne jeden Eigenanteil am ethischen Entscheidungs- und Handlungsprozess. In diesem Sinne heißt es bei Louis Vereecke: „Mais l'ensemble des décrets divins, de ses précepts purement arbitraires trouve cepedant son expression dans l'homme: c'est la loi naturelle. In ne peut s'agir de mettre cette expression de la volonté divine au coeur même de la volonté humaine, car la loi doit être quelque chose d'extérieure à la faculté soumise à l'obligation. Cette loi naturelle, extérieure à la volonté, et pourtant l'expression dans l'homme des préceptes divins, c'est la droite raison telle que Dieu l'a constituée: ‚Dans l'ordre actuel, nul acte n'est parfaitement vertueux s'il n'est accompli sous le commandement de la raison droite'. Pourquoi? Parce que celle-ci a été établi messagère fidèle de la volonté divine au sein de l'être humain: ‚Si la volonté divine veut que l'homme fasse ceci ou cela, la droite raison dictera que l'homme doit le vouloir'. La loi naturelle n'est donc pas la traduction humaine des exigences éternelles de l'être, ni l'expression de nos inclinations naturelles et de nos vertus: c'est le simple écho, la simple transmission aveugle de l'ordre de la volonté divine arbitraire", Vereecke, L., 1958, 137.

hängt die Wertung der Ethik Ockhams ab.[393] Um dieses Verhältnis genauer zu bestimmen, wird am Ende dieses Abschnitts der Verdienstcharakter
ethischen Handelns untersucht, weil sich gerade in ihm die menschlichen
und göttlichen Anteile meritorischer Akte vor dem Hintergrund der Anthropologie und Ethik am besten bestimmen lassen. Wie sieht nun Ockhams anthropologische Verortung der Ethik vor dem Hintergrund der
auch schon bei Thomas beginnenden Subjektivierung aus?[394]
   Da bei Thomas sowohl die *inclinatio* wie auch die *beatitudo* dem Willen
eine moralische Qualität, bzw. Ausrichtung verleihen, entsteht für Ockham
nach Wegfall dieser beiden Instanzen das Problem, die ethische Dignität,
die *virtus* des Willens neu zu begründen, denn der reine Wille ist bar jeder
moralischen Orientierung.[395] Zwar kennt Ockham auch natürliche (unbe-
wusste) Antriebe, die der eigentlichen Handlung vorangehen, doch haben
diese naturalen Antriebe keine moralische Qualität, erst ein entsprechender
Habitus bringt sie hervor.[396] Mehr noch, der Wille kann dem *appetitus sensitivus* geradezu entgegengesetzt sein.[397] Sowohl die Trennung des Willens
von seiner bei Thomas noch vorhandenen moralischen Qualität wie seine Verknüpfung mit der Freiheit des Willens, d.h. auch mit kontingenten
Akten, stellt Ockham vor das Problem, die Sittlichkeit des Willens neu zu
reflektieren und zu begründen.
   Ockham füllt dieses Vakuum für die Begründung der moralischen Qualität des Willens philosophisch durch den Rückgriff auf die aristotelische

---

[393] In diesem Sinne urteilt etwa Günter Mensching: „Das einzelne menschliche Subjekt wird
so einerseits in einer neuen Weise zur Quelle der Moralität und ist dies doch nur durch verin-
nerlichte Abhängigkeit gegenüber der obersten Macht. Die Ambivalenz der sich emanzipierenden Subjektivität der Moderne ist hierin angelegt", Mensching, G., 1992, 350.

[394] Ockham hat weder eine eigene Ethik geschrieben, noch einen Kommentar zu Aristoteles'
Ethik hinterlassen. Als Textgrundlage für die Untersuchung dient Ockhams Erörterungen im
*Sentenzenkommentar*, den *Quodlibeta* und den *Quaestiones variae*. Diese Arbeit beschränkt
sich auf die akademischen Schriften Ockhams; auf die Frage des Verhältnisses der akademischen Schriften zu den politischen Schriften wird nicht eingegangen.

[395] „Et sic nullus actus voluntatis erit bonus vel malus nisi quadam denominatione extrinseca." OT VI 372, 13 ff. Dies gilt besonders im Hinblick auf Thomas (STh IIIm q. 11), der behauptet hatte, im sensitiven Teil der Seele seien Tugenden vorhanden: „Prima est quod in parte
sensitiva sunt virtutes aliquae ponendae." OT VI 352, 1 f; ebenso „Quantum ad primum est una
opinio [= Thomas STh I–II 63, 1 resp.] quae ponit quod virtutes insunt nobis a natura." OT
VI 392, 14 f.

[396] „Ideo dico quod aliquid est naturale quia ex naturalibus causatur ante omnem actum
secundum, et sic est aliquid naturale in homine inclinativum ad actum virtutis vel vetii. Secundo
dico quod illud non est habitus sed qualitas pure naturalis vel qualitates." OT VI 395, 6–11;
„[…] in appetitu sensitivo est ponendus habitus inclinans ad actum. Secunda, quod ille habitus
non est proprie virtus." OT VI 358, 18 f.

[397] „Et voluntas ex libertate sua non vult illud quod desiderat appetitus sensitivus […]", OT
VIII 272, 11 f.

Habituslehre[398] einerseits und die Lehre von der *recta ratio*,[399] d. h. die traditionelle aristotelische Lehre vom ὀρθὸς λόγος,[400] andererseits, theologisch durch die Liebe zu Gott.[401] Darüber hinaus ist trotz Ockhams Ablehnung der finalen Komponente in der *inclinatio* und der *beatitudo* das Handlungsziel wichtig,[402] sowohl für eine christliche wie eine nichtchristliche Ethik.[403]

Ein Habitus als erworbenes Verhalten[404] kann sowohl aus dem Prozess der Verstärkung einer bereits vorhandenen Verhaltensdisposition[405] wie

---

[398] In seiner quaestio „Utrum Habitus Virtuosus sit in Parte Intellectiva Subiective", OT VI, q. XI, kommt Ockham zu dem Schluss, dass allein der Wille der Ort des moralischen habitus sei. „Quarta, quod solus habitus voluntatis est proprie virtus." OT VI 358, 21 f, und „[...] quia habitus ille proprie est solum virtus cuius actus est solum virtuosus; sed solus actus voluntatis est virtuosus. Probatur: quia solus actus voluntatis est laudabilis vel vituperabilis; igitur solus ille est virtuosus." OT VI 366, 1–4.

[399] „Confirmatur, quia nullus actus est virtuosus vel vitiosus nisi quia est conformis vel difformis rectae rationi. Igitur prima virtuositas actus moralis erit in ratione recta et non in voluntate – patet." OT VI 372, 16–19.

[400] „τὸ μὲν οὖν κατὰ τὸν ὀρθὸν λόγον πράττειν κοινὸν καὶ ὑποκείσθω, ῥηθήσεται δ᾽ ὕστερον περὶ αὐτοῦ, καὶ τί ἐστιν ὁ ὀρθὸς λόγος, καὶ πῶς ἔχει πρὸς τὰς ἄλλας ἀρετάς" EN 1103b32 ff zitiert in OT VI 422, 5 f.

[401] „Tertio dico quod ille actus necessario virtuosus modo praedicto est actus voluntatis, quia actus quo diligitur Deus super omnia et propter se, est huiusmodi; nam iste actus sic est virtuosus quod non potest esse vitiosus, nec potest iste actus causari a voluntate creata nisi sit virtuosus; tum quia quilibet pro loco et tempore obligatur ad diligendum Deum super omnia, et per consequens iste actus non potest esse vitiosus;", OT IX 255, 60–256, 66.

[402] „Sed fines sunt obiecta primaria actus voluntatis, quia quando voluntas non diligit aliquid nisi propter finem, magis diligit finem, quia sine illo non diligeret aliud." OT VI 380, 13 ff; ebenso OT VI 381, 11–14; OT II 414, 15–19.

[403] „Philosophi autem in adquirendo virtutes morales habuerunt alium finem quam christiani. Verbi gratia: abstinere ab actu fornicandi propter Deum, et quia Deus praecipit sic abstinere, ita quod Deus est hic causa fnalis, vel praeceptum Dei, istius abstinentiae. Et sic est de omnibus aliis virtutibus adquisitis a bono christiano, quia simper Deus est principalis finis intentus. Philosophus autem, licet abstineat a talibus, tamen totalilter propter alium finem, quia vel propter conservationem naturae ad proficiendum in scientia vel propter aliquid tale." OT VII 58, 9–17.

[404] „[...] that he defines habit in function of certain definite facts of observation or experience. It is an acquired ability through repitions of acts to do things in a manner or with a degree of perfection unknown before". Fuchs, O., 1952, 104, 5–8. „[...] quia habitus generatur ex actibus, et ex similibus actibus similes generantur habitus." OT VII 283, 17 ff [EN 1103a30–1103b22].

[405] In diesem Sinne unterscheiden sich Habitus und Verhaltensdisposition nicht real, wohl aber in der Intensität und Dauer. „[...] notandum quod habitus et dispositio non differunt semper realiter [...], omnis habitus est quaedam dispositio, licet non e converso aliquando. [...] potest aliqua qualitas esse de facili mobilis propter defectum alicuius causae conservantis eam in subiecto, non obstante quod fuerit multum intensa. Et tunc illud idem numero omnino invariatum a parte sui quod est primo dispositio, postea propter solam causam advenientem sibi, conservantem eam, dicitur habitus." OP II 272, 64–78. Ockham verdeutlicht dies am Beispiel der Phantasievorstellung (actus imaginandi). „[...] dico quod in potentia apprehensiva sunt ponendi habitus, quia post frequentiam actuum imaginandi redditur aliquis promptus ad

auch durch wiederholte Akte des Willens als neues Vermögen (*aliquid additum*)[406] auf der intellektuellen, volitiven, sensitiven und physischen Ebene erzeugt werden.[407] Dabei ist der *habitus* als solcher zunächst ethisch indifferent.[408] In Anlehnung an Aristoteles nennt Ockham fünf *habitus: intellectus, sapientia, ars, scientia* und *prudentia*.[409] Um nun den auch ethisch indifferenten reinen Willen als *potentia naturalis* zu einem ethischen Willensimpuls zu transformieren, bedarf es der Tugenden, der *virtutes*, die qua *habitus* den Willen in eine ethisch wertvolle Richtung lenken. *Virtus* und *voluntas* bedingen sich wechselseitig. Kraft freier Entscheidung richtet sich der Wille auf die *virtus*, umgekehrt wird die *virtus* allein in einer Willensaktivität wirksam.[410] In diesem wechselseitigen Bedingungsverhältnis von *virtus* und *voluntas* bilden sich Verhaltensmuster als innere Haltungen aus,

---

consimiles actus; et nullo modo redditur promptus ad tales actus ante omnem actum imaginandi; igitur ex illis actibus generatur habitus." OT IX 282, 26–30. Da also ein habitus in gewisser Weise naturaliter vorgeprägt ist, kann Ockham [OT VI 394, 7 f] auch Aristoteles' Theorie [De An. III429b30–430a2] ablehnen, nach der die Seele eine *tabula nuda* sei, vielmehr hat sie *habitus imperfecti*, OT VI 394, 10. Strenggenommen ist diese Vorprägung allerdings kein habitus, sondern nur eine *qualitas naturalis*. „[…] et sic est aliquid naturale in homine inclinativum ad actum virtutis vel vitii. Secundo dico quod illud non est habitus pure naturalis vel qualitas." OT VI 395, 8 ff.

[406] Ockham widmet dieser Frage eine eigene quaestio in OT VI lib.III, q.XII: „Utrum omnis habitus virtuosus generetur ex actibus", OT VI 391 ff. Er wendet dabei großen argumentativen Scharfsinn auf, das kausale Verhältnis zwischen *actus* und *habitus* zu klären (OT VI 397–398) und kommt zu einer Art kybernetischen Lösung, bei der sich *actus* und *habitus* gegenseitig verstärken. „[…] et per consequens actus potest esse causa habitus, et ille habitus potest esse causa alterius actus et sic deinceps." OT VI 398, 8 ff. Auf diese Weise können völlig neue *habitus* erworben werden: „[…] potentia executiva corporalis post multos actus elicitos potest in consimiles actus, in quos non potuit ante, vel saltem non ita faciliter potuit ante in tales actus, sicut patet in scriptoribus, textoribus, et aliis artificibus; igitur in illis potentiis est aliquid additum vel ablatum; et non apparet quod aliquid sit ablatum; igitur est aliquid additum, et illud voco habitum." OT IX 281, 11–282, 17. Die Internalisierung denkt sich Ockham nach der Art eines kybernetischen hierarchischen Regelkreises in sechs Stufen: „[…] iste est ordo in generando illum habitum: primo enim est ibi potentia naturalis sicut fundamentum. Secundo, habilitas naturalis quae dicitur mos, et de illa dicitur VI *Ethicorum* quod quaedam sunt virtutes naturales et quaedam principales. Tertio est ibi passio vel passibilis qualitas qua movetur in bonum et avertitur a malo. Quarto est actus elicitus et frequentatus circa praedictam materiam. Qinto sequitur generatio habitus. Sexto consequuntur actus eliciti ab habitu perfecte virtuoso." OT VI 398, 16–399, 6.

[407] „[…] habitus dupliciter accipitur: uno modo pro omni re existente in substantia subiective de difficili amissibilis, […]. Aliter accipitur pro aliqua re accidentali, generata in aliqua potentia ex actu vel ex actibus illius potentiae, […]", OP II 273, 95–99.

[408] Ockham verdeutlicht dies am Beispiel eines Schreibers und Kantors. „Et per consequens in manu scriptoris et in ore cantoris ponerentur virtutes morales subiective, quia ex actibus talibus frequenter elicitis potest generari habitus, et tamen nullus ponit virtutes in talibus organis." OT VI 359, 17 ff.

[409] Vgl. EN 1139b17 f.

[410] „Sed virtutes prius numeratae et multae aliae sic sunt virtutes quod non requirunt aliquem actum positivum in parte sensitiva ad hoc quod generentur, nec aliquem habitum per

die gute Handlungen hervorbringen.[411] Es ist das Ineinander von *habitus virtuosus* und Wille, das auf das Gute ausgerichtet ist.[412]

Diese naturaliter gegebene Freiheit des Willens kann sich christlich transformieren, indem sie sich bestimmte, von Gott oder Christus ausgehende Verhaltensweisen internalisiert, wie Armut, Kasteiungen oder auch Jungfräulichkeit.[413] Hier wird auch die besondere franziskanische Tönung Ockhams deutlich. Psychologisch gesehen unterbricht die Armut als bewusster Verzicht auf äußere Güter und innere Erfüllung den Mechanismus von Wunsch und Befriedigung, lenkt damit die seelische Energie nach innen und trägt auf diese Weise sowohl zur Stärkung des Willens wie auch der inneren Freiheit bei – gewissermaßen als franziskanische Vorform der protestantischen innerweltlichen Askese. Dem entspricht, dass Ockham auch die dem Willen widerstrebenden Leidenschaften und autonom ablaufenden körperlichen Aktivitäten dem Willen unterwerfen will.[414]

Tugendhaftes Wirken des Willens darf dabei nicht von den Umständen abhängen,[415] obwohl gerade die Situationsgebundenheit in eine ethische Entscheidungsfindung einfließen muss.[416] Das tugendhaft geführte Leben indes reicht noch nicht aus, um in einer ethischen Konfliktsituation eine ethisch angemessene Entscheidung zu treffen. Daher braucht auch der *habitus virtuosus* noch einen zusätzlichen Steuerungsmechanismus, der bei einer Entscheidungsfindung assistiert. Diese ethische Instanz ist die praktische Vernunft, die *recta ratio*.[417] Sie ist allerdings nicht völlig unabhängig vom Willen, da der Wille diese praktische Verstandestätigkeit stimuliert.[418]

---

consequens generatum ex actibus, sed solum requirunt actus voluntatis ex quibus generentur." OT VI 373, 17–374, 3.

[411] „[…] non est possibile quod sit peccatum actuale sine omni actu positivo, nec habituale sine omni habitu." OT VI 373, 7f.

[412] „[…] voluntas indeterminate fertur in obiectum suum, et potest ferri bene et male. Igitur indigent habitu inclinante ad hoc quod bene feratur." OT VI 354, 11f.

[413] „Ideo dico quod pautertas, virginitas etc. sunt virtutes quae generantur ex actibus voluntatis debito modo circumstantionatis, puta virginitas ex actu volendi continere propter Deum, paupertas ex actu volendi omnibus renuntiare propter Christum, humilitas ex actu volendi tolerare adversa, puta non opponendo se nec murmurando nec resistendo propter Christum." OT VI 373, 8–14.

[414] „Ad aliud dico quod corpus aliquando resistit voluntati. Patet in multis motibus corporalibus, quia ira, desiderium et tales passiones causantur ex dispositionibus corporalibus variis. Et illae non sunt in potestate voluntaits ita quod possit eas omninno compescere." OT VI 368, 1–5.

[415] „Unde si omnes circumstantiae requisitae ad actum virtuosum ponantur praeter rectam rationem, non erit ille actus perfecte virtuosus." OT VI 422, 19ff.

[416] „Nunc autem obiecta partialia virtutis moralis sunt circumstantiae, puta locus et tempus, inter quas est praecipua recta ratio, cui actus debet conformari ad hoc quod sit virtuosus perfecte." OT VII 49, 25–50,1; vgl. auch OT VI 423, 12ff.

[417] „Et tota ratio est quia actus virtuosus necessario requirit aliquam rationem rectam in intellectu […]", OT VIII 425, 1ff; weitere Stellen: OT VIII 394, 443ff; OT IX 325, 66f; OT III 432, 19ff.

[418] OT VIII 428, 428–433.

Daher macht erst die Übereinstimmung mit der *recta ratio*, der praktischen Vernunft, einen tugendhaften Willensakt zu einer vollkommenen Tugend.[419] Was genau hat man sich unter der *recta ratio* im Sinne Ockhams vorzustellen? In welcher Weise übernimmt er, in welcher Weise modifiziert er das vorgegebene aristotelische Verständnis der *recta ratio*? Ockham liefert keine eindeutige Definition, teilweise sogar einander widersprechende Umschreibungen.[420] Einerseits setzt Ockham die *recta ratio* mit der *prudentia* gleich,[421] andererseits ist sie für ihn Aristoteles zitierend ein *habitus*,[422] schließlich ist sie das Organ einer prinzipiengesteuerten Entscheidungsfindung.[423] Sigrid Müller hat folgendes Verständnis von *recta ratio* erarbeitet, das alle Aspekte dieses Begriffs in den verschiedenen Kontexten Ockhams umfasst:

1. Habitus der Klugheit, d.h. das Gesamt der aus Erfahrung gewonnenen, weniger allgemeinen Prinzipien und vor allem Schlussfolgerungen.
2. Akt der Klugheit, d.h. ein Urteil aus Erfahrung oder die Anführung eines Prinzips aus Erfahrung.
3. Ausführungsbefehl des Verstandes, der sich auf evidentes wie erfahrungsbezogenes Handlungswissen bezieht und in einem einfachen „Ja" oder „Nein" zu einer Schlussfolgerung besteht.[424]

Die *recta ratio* ist dabei der Ort der sittlichen Entscheidung, gespeist aus theoretischen Prinzipien[425] und praktischen Erfahrungen,[426] die dem Wil-

---

[419] „Cuius ratio est quia omnis perfecta virtus moralis est conformis rationi rectae, quia aliter non est virtus, sicut prius dictum est [= OT VI 422, 14–21]." OT VI 427, 1 ff; „Item, talis habitus non dicitur proprie virtus nisi quia inclinat ad actus conformes rectae rationi." OT VI 362, 11 f; vgl. auch OT VI 359, 9–17.

[420] Jürgen Miethkes Gleichsetzung von *recta ratio*, *prudentia* und *conscientia* wird der Komplexität des Textbefundes nicht gerecht, Miethke, J., 1969, 330.

[421] „Et per consequens impossibile est virtutem moralem esse sine recta ratione quae est actus prudentiae." OT VII 50, 1 f.

[422] „Quod probatur, quia de ratione virtutis perfectae et actus eius est quod eliciatur conformiter rectae rationi, quia sic definitur a Philosopho, II Ethicorum: Recta autem ratio est prudentia in actu vel in habitu." OT VI 422, 3–7.

[423] „Et sicut ista principia sunt communia, ita habitus sunt communes istorum principiorum qui vocantur prudentiae, ita quod notitia istius principii communis est causa partialis immediata notitiae conclusionis in speciali." OT VI 425, 10–13.

[424] Müller, S., 2000, 164.

[425] Um zu einer sittlichen Entscheidung zu kommen, bedarf die *recta ratio* Entscheidungskriterien. Diese können sich aus theoretischen Prinzipien und – das ist neu bei Ockham – aus praktischen Erfahrungen speisen. Ockham nennt einige dieser Prinzipien. „Uno modo quantum ad principia practica generali omni virtuti, quae principia sunt praemissae partiales inferentes conclusiones practicas quibus habitis possunt in voluntate elici actus virtutis, et sine illis non. Exemplum: hoc est unum tale principium ,omne dictatum a ratione recta propter debitum finem, et sic de aliis circumstantiis, est faciendum'. Aliud ,omne bonum dictatum a recta ratione est diligendum'. Ista et multa alia sunt principia communia omni virtuti sine quibus non potest elici actus virtuosus." OT VI 425, 2–10.

[426] „[…] puta quod ,omne dictum a recta reatione est faciendum' quae possunt esse praemissae in syllogismo practico", OP 554 § 86, 4 f.

len dann die Ausführung einer ethischen Entscheidung oder eines tugendhaften Verhaltens in einer bestimmten Situation delegiert.[427] Im Vergleich
zu Aristoteles fällt die viel stärkere Erfahrungsbezogenheit der *recta ratio*
auf. Ähnlich wie im Wissenschaftskonzept, besonders auffällig in den kontingenten, erfahrungsabhängigen evidenten Prinzipien, ist also auch in der
Ethik bei Ockham gegenüber den Vorgaben des Philosophen eine stärkere
Betonung der Erfahrung zu konstatieren. Im Vergleich zu Thomas lässt
sich sagen, dass die *recta ratio* dabei weit weniger als die thomasische praktische Vernunft durch die *lex naturalis* und die Prinzipien festgelegt ist.
Darüber hinaus ist die *recta ratio* im Unterschied zu Thomas auch nicht
Teilhaberin an der *lex aeterna*. Es entfällt also für die ockhamsche *recta
ratio* der vorgegebene thomasische Vernunftcharakter der Welt, der gerade
durch seine Vernünftigkeit auch schon den Weg zum guten Handeln weist.
Die Wandlung im Gottesverständnis Ockhams hin zu der Betonung des
Willens zuungunsten der Weisheit hat daher unmittelbare Konsequenzen
für die Ethik. Ockham kennt keine mit der Weisheit Gottes verknüpfte *lex
aeterna* mehr. An die Stelle der *lex aeterna* tritt die Kontingenz des Seins
und des Verhaltens. Daher werden der *recta ratio* nun in der jeweiligen Ent-
scheidungssituation Deutungsleistungen abverlangt,[428] die nicht unbedingt
weder von einem vorgegebenen Moralkanon, noch von einem unmittelbar erkennbaren Willen Gottes, noch von der *lex aeterna* abgedeckt sind.[429]
Aus diesem Grund ist die *recta ratio* in ihrer sittlichen Entscheidungsfindung auch auf Erfahrungswerte angewiesen. Diese Erfahrungswerte liefert
die *prudentia*.

Die praktischen Erfahrungen im sittlichen Entscheidungsprozess ver-
dichten sich einerseits in der *prudentia*, bauen sie andererseits aber auch
erst auf. Ockham charakterisiert wie schon beim *actus* und *habitus* das Verhältnis von *recta ratio* und *prudentia* als ein kybernetisches Verstärkungs-
verhältnis,[430] nicht ohne konsequenterweise mehrfach die rein betrachtende
*prudentia*[431] zugunsten der handelnden *prudentia* abzuwerten.[432] *Prudentia*
als erfahrungsbezogenes Erkenntnisorgan entsteht aus dem Zusammenspiel

---

[427] „quia nullus virtuose agit nisi ex recta ratione respectu cuius dictante sic esse agendum."
OP VII 550, 8 f; vgl. auch OP VII 550, 3 f.

[428] Müller, S., 2000, 112 f.

[429] Diese autonome und erfahrungsbezogene Tendenz der *recta ratio* wird eingeschränkt
durch die *schöpferische Unmittelbarkeit* Gottes, auf die Ockham im Kontext der Diskussion
um die *praedestinatio* zu sprechen kommt, allerdings nur an einer singulären Stelle. „Sed eo
ipso quod voluntas divina hoc vult, ratio recta dictat quod est volendum." OT IV 610, 3 ff.

[430] „[…] dico quod virtus moralis perfecta non potest esse sine prudentia, et per consequens
est necessaria connexio inter virtutes morales et prudentiam." OT VI 422, 1 ff.

[431] „Secundo dico quod conformitas actus voluntatis ad prudentiam habitualem non sufficit
ad actum virtuosum." OT VIII 412, 85 f; vgl auch OT VIII 414, 120 f; 420, 246 ff.

[432] „Igitur prudentia habitualis non sufficit ad actum rectum, sed necessario requiritur prudentia actualis.", OT VIII 413, 99 ff.

von theoretischer (*intellectus speculativus*) und praktischer Vernunft (*intellectus practicus*), das der *prudentia* handlungsleitende theoretische Prinzipien aus dem *intellectus speculativus* und erfahrungsbezogene Prinzipien aus dem *intellectus practicus* liefert.[433] Dabei ist der *intellectus speculativus* auf allgemeine abstrakte Prinzipien ausgerichtet, der *intellectus practicus* auf das Einzelne.[434] Daher geht die *prudentia* mit Hilfe des *intellectus practicus* induktiv vor. Gegenüber der thomasischen Tradition ist die einzelne Situation als Quelle empirischer ethischer Urteilsfindung deutlich aufgewertet und wird nicht länger als Applikationsort allgemeiner ethischer Prinzipien, sei es in Gestalt der *conclusio* oder der *determinatio* angesehen.[435] Diese Höherbewertung der einzelnen Situation in der Ethik entspricht in der Erkenntnistheorie die Ausrichtung auf das Einzelne als Referenzpunkt der Erkenntnis.

Indem die *prudentia* in allen Aktionszusammenhängen von *voluntas-actus-habitus-virtus* implizit anwesend ist, wirkt sie als Erkenntnisweise in der *recta ratio*.[436] Daher kann Ockham die *recta ratio* und die *prudentia* gelegentlich auch gleichsetzen, wie überhaupt das Verhältnis beider zueinander nicht mit definitorischer Schärfe festgeschrieben ist. *Virtus* und *recta ratio* greifen immer ineinander, die *recta ratio* ist den *virtutes* nicht im Sinne einer deduktiven Abhängigkeit übergeordnet.[437] In diesem Sinne ist die *recta ratio* ein Begriff zweiter Ordnung und daher konnotativ. Folgende Umschreibung Sigrid Müllers ist hilfreich: „Die rechte Vernunft ist somit Teil des Verstandes, doch gegenüber dem schlussfolgernden Verstand ebenso wie gegenüber der Klugheit dem Ursprung nach eigenständige *ratio*. Damit kann man die rechte Vernunft beschreiben als die Fähigkeit zum spontanen sittlichen Urteil."[438] Insgesamt ruht also die sittlich wertvolle Handlung in einem kybernetischen Modell vom Menschen, in dem positive, sich gegenseitig verstärkende Regelkreise den Menschen zu einem sittlich handelnden Individuum machen. Dabei konstituieren sich im sittlichen Handlungsvollzug verschiedene Hierarchieebenen sittlichen Handelns, bei denen die

---

[433] Zu den theoretischen Prinzipien vgl. OT VIII 281, 223 ff; OT VI 425, 6 f; OT I 348, 1 f; OT VI 425, 7 f; zu den praktischen vgl. OT VIII 282, 227–232.

[434] „Et per consequens tunc intellectus practicus est respectu alicuius singularis sed non praecise respectu singularis, sed frequenter et ut in pluribus est tunc etiam respectu universalis." OT I 355, 15.

[435] „Ein Paradigmenwechsel deutet sich darin an, dass anders als in der von Aristoteles und Thomas her bestehenden Tradition dem partikulären Wissen der Klugheit und nicht mehr dem in der Moralwissenschaft gefassten Allgemeinen die größere Sicherheit bei der Handlungsanleitung zugesprochen wird", Müller, S., 2000, 161.

[436] „[…] quia de ratione virtutis perfectae et actus eius est quod eliciatur conformiter rectae rationi, […] Recta autem ratio est prudentia in actu vel in habitu." OT VI 422, 4 ff.

[437] „[…] quia omnis perfecta virtus moralis est conformis rationi rectae, quia aliter non est virtus, sicut prius dictum est [OT VI 422, 14–21] […]." OT VI 427, 1 f.

[438] Müller, S., 2000, 165.

jeweils komplexere Ebene die weniger komplexe umgreift. Schematisch lässt sich diese ineinandergreifende Regelkreisstruktur folgendermaßen veranschaulichen:[439]

[(voluntas ↔ actus ↔ habitus) ↔ virtus] ↔ [(virtus ↔ recta ratio) ↔ prudentia]

Bei diesem Modell liegt also keine einlinige Kausalität vor, sondern ein kybernetisches Regelkreisdenken, in dem – modern gesprochen – *bottom up* Kausalität und *top down* Kausalität miteinander verknüpft sind. Ein solches Modell vom Menschen mit positiven Rückkopplungsmechanismen trägt aber entschieden zum autonomen *Selbstaufbau* des Menschen bei, zumal dann, wenn theologisch gesehen dem Menschen durch Handeln gemäß der *recta ratio* ein Verdienst in Aussicht gestellt werden kann. Da die Ethik letztlich in der Freiheit des Menschen wurzelt, ist diese zugleich die Grenze der *potentia absoluta*, auch wenn es noch einzelne Spitzensätze gibt, wie z.B. den Gotteshass als Dekret der *potentia absoluta*. Der ethische Zusammenhang zeigt auf diese Weise, dass in Ockhams Theologie die *potentia absoluta* Gottes, seine *schöpferische Unmittelbarkeit* durchaus mit der menschlichen Autonomie zusammengehen kann. Dieses Modell des Aufbaus der sittlich handelnden und entscheidenden Persönlichkeit, in dem autonome und theonome Elemente ineinanderspielen, kommt in Ockhams Stufenmodell der *virtutes* in fünf Graden besonders deutlich zum Ausdruck,[440] dem ein Stufenmodell der *prudentia* in vier Graden zugeordnet ist.[441] Ockham unterscheidet fünf Stufen und Ebenen der sittlichen Entwicklung eines Menschen.

In der ersten Stufe geht es um ein beliebiges Ziel, das durch vernünftige und der Situation angemessene Handlungen erreicht werden soll.[442] In der zweiten Stufe wird dieses Ziel durch lebensbedrohliche Umstände erschwert.[443] In der dritten Stufe geht es darum, eine Handlung um der Vernunft willen auszuführen.[444] Die vierte Stufe stellt nochmals erschwerte

---

[439] Diese Regelkreisstruktur kommt besonders in folgenden Ausführungen Ockhams zum Ausdruck: „[...] quod nulla virtus moralis nec actus virtuosus potest esse sine omni prudentia, quia nullus actus est virtuosus nisi sit conformis rectae rationi, quia recta ratio ponitur in definitione virtutis, II Ethicorum [Aristoteles, Nikomachische Ethik, 1106b36–1107a2]; „igitur quilibet actus et habitus virtuosus necessario requirit aliquam prudentiam." OT VIII 362, 496f.

[440] Vgl.OT VIII 335ff, ebenso in OP VII 543, 22–31 § 62; OP VII 554f, § 87.

[441] OP VII 542, 1–543, 21§ 62. Ockham differenziert in diesen vier Stufen die Anteile spekulativ-theoretischer und erfahrungsbezogen-praktischer Prinzipien im Entscheidungsprozess der *prudentia*, wobei die erfahrungsbezogenen Prinzipien deutlich höher in dieser Rangordnung verortet sind.

[442] „[...] quis vult facere opus conformiter rectae rationi propter honestatem operis in se, sicut propter finem." OP VII 543, 23f.

[443] „[...] non intendit transgredi secundam rectam rationem etiam propter mortem." OP VII 543, 25f.

[444] „[...] et hoc solum quia dictatum est a recta ratione." OP VII 543, 27.

Bedingungen her, insofern alle relevanten Aspekte einer Handlung (Umstände, das Gebot der Vernunft, Motivation, um der Vernunft willen zu handeln) mit der Forderung verknüpft werden, diese Handlung aus Liebe zu Gott auszuführen.[445] In der fünften Stufe geht es darum, heroisch eine Handlung gegen die eigenen Neigungen auszuführen.[446] Ähnlich wie beim Verzicht – der *paupertas* – spielt hier das Element der Selbstüberwindung eine wichtige Rolle.

An diesem Modell wird deutlich, wie die sittlich autonomen Elemente des Willens und der praktischen Vernunft und die theonomen Elemente der Liebe zu Gott und des göttlichen Willens im sittlichen Entscheidungsprozess ineinander verflochten sind. Die Aufgabe der praktischen Vernunft besteht in jedem Falle darin, die konstitutiven Faktoren einer ethischen Entscheidunssituation (Umstände, Gottesliebe, Erfahrung, Gebote, Vernunft, Tradition, Wille Gottes, Intentionen) sinnvoll zu koordinieren, ohne dass ihr bei dieser Aufgabe weder ein vorgegebenes Regelwerk noch die Teilhabe an der Vernunftstruktur der Welt wie bei Thomas erleichternd zur Verfügung stünde. Vielmehr muss die praktische Vernunft in einer kontingenten Welt bei Ockham als ein sehr flexibles, viele Faktoren integrierendes, dynamisches lernfähiges personales Integrationszentrum verstanden werden, bei der die Orientierung am zu erkundenden Willen Gottes und der Liebe zu ihm die einzigen konstanten Elemente darstellen.

Auch in diesem Kontext kommt demnach ein aktives gestalterisches Element des Willens zum Ausdruck. Dennoch verbürgt weder der *habitus* und die *recta ratio* allein, noch das Handlungsziel die sittliche Qualität einer Handlung.[447] Erst die mit dem äußeren Handlungs*vollzug* innerlich konform gehende Handlungs*intention* macht einen volitiven Akt sittlich, wie Ockham an verschiedenen Beispielen des Auseinanderklaffens von Handlungsvollzug und Handlungsintention verdeutlicht. Man kann auch von einem Neuansatz Ockhams in der Ethik im Sinne einer *Intentionsethik* sprechen.[448] Insgesamt ist festzuhalten, dass in Ockhams Ethik starke Elemente vorhanden sind, die dem Aufbau einer sittlichen Persönlichkeit sehr dienlich sind. Dazu gehören die Verinnerlichung,[449] die Stärkung des

---

[445] „[…] quando praedicta facit propter amorem Dei." OP VII 543, 28.

[446] „Quintus, quando sive propter Deum sive propter honestatem vult aliquid facere quod excedit naturam, et hoc actu imperativo exsecutionis." OP VII 543, 29 ff.

[447] „Si dicas quod habitus et actus virtuosus et recta ratio sunt eiusdem supposisti: certe illud non sufficit ad hoc quod sit virtus." OT VI 360, 2 ff.

[448] Perler, D., 1988, 266.

[449] Diese Verinnerlichungstendenz kommt auch bei Ockhams Haltung zum Bußsakrament zum Ausdruck, die innerhalb der thomasischen Trias des Bußsakraments, der *contritio cordis*, die *confessio oris* und die *satisfactio operis* (STh III 90, 3) die *contritio cordis* besonders betont. Die Gnade des Bußsakraments kann nach Ockham nur dann wirksam werden, wenn sie von einem starken inneren Impuls der Reue (*contritio cordis*) getragen ist. Die mehr am äußerlichen Sakramentalismus orientierte „beginnende Reue" (*attritio*) reicht ihm nicht mehr

Willens und die Betonung der bewusst zu wollenden Zielgerichtetheit.[450]
Damit vollzieht Ockham bei der Begründung der Ethik einen wichtigen,
entscheidenden Schritt. Ethisch ist ein Verhalten nicht, das im Sinne der
*inclinatio* dem Willen naturaliter *inhäriert*, sondern ethisch ist ein Verhalten aufgrund der moralischen Indifferenz des Willens dann, wenn es qua
habitus *erworben* wird. Damit wird für das ethische Verhalten das aktive
Bemühen durch ständige Internalisierung der habitus die entscheidende
Größe. Wieder tritt uns das Motiv der Willenssteigerung entgegen.

Vor dem Hintergrund dieser nun erarbeiteten großen Bedeutung der Anthropologie und des Phänomens der Willenssteigerung wird nun zum Abschluss noch einmal die Frage nach dem Verhältnis von autonom menschlichen und göttlichen Anteilen anhand meritorischer Akte gestellt.

Wann hat menschliches Handeln verdienstlichen Charakter und welche Anteile hat an diesem Handeln menschliche Autonomie einerseits und
Theonomie andererseits? Vorbehaltlich der Ausnahmesituationen, dass
Gott ohne jedes menschliche Zutun einem Menschen Verdienste zurechnen
kann, die ihm gar nicht zukommen,[451] ist zunächst deutlich, dass für Ockham verdienstliches Handeln im Sinne einer ungeschuldeten Akzeptanz[452]
durch Gott in der Freiheit des menschlichen Willen angesiedelt ist.[453] Der
freie Wille und sein rechter Gebrauch im Handeln ist aber Voraussetzung
dafür, dass der Mensch in der *virtus* ein ethisch hoch stehendes Verhalten
im Sinne der *habitus* entwickelt. Ein solches Verhalten ist auch auf natürliche Weise möglich,[454] wie das Beispiel der Philosophen beweist,[455] gleichwohl ist es noch nicht verdienstlich.[456] Aber andererseits betont Ockham

---

aus. Vergleichbares gilt ihm für die Hochschätzung des Gewissens. Für Thomas stehen die
äußeren instrumentellen Sakramente noch im Zentrum („Die Sündenvergebung beruhe zwar
auf der Wirkung der Bußtugend, in erster Linie jedoch auf dem Bußsakrament", Benrath, G. A.,
TRE VII, 1981, 462), für die nominalistischen Theologen im Gefolge Ockhams ist die innere
*contritio* die entscheidende Voraussetzung für das Wirksamwerden der Gnade („*principalior est
vera cordis contritio*"; „*nunquam confert primam gratiam instrumentaliter sine contritione*",
Benrath, G. A., TRE VII, 1981, 463).

[450] Sigrid Müller spricht hier von *Interiorisierung, Voluntarisierung* und *Intentionalisierung*,
Müller, S., 2000, 105 f.

[451] Wie z. B. bei Paulus: „Unde sicut Paulus habens peccata sine omni merito recipit gratiam,
ita posset Deus sibi conferre vitam aeternam sine omni merito et habitu supernaturali." OT VI
280, 18–281, 2.

[452] „Quia nullus actus ex puris naturalibus, nec ex quacumque causa creata, potest esse meritorius, sed ex gratia Dei voluntarie et libere acceptante." OT III 471, 17–472, 5.

[453] „[…] quia nihil est meritorium quod non est in potestate voluntatis." OT VIII 18, 366 f;
„Confirmatur quia omnis actus meritorious et actus peccati est in potestate voluntatis, quia aliter non esset peccatuum nec demeritum." OT VIII 319, 727 ff; „Quia sic solus actus voluntatis
est bonus vel malus moraliter." OT VI 375, 12 f; vgl. auch OT VI 281, 21–28.

[454] „Tamen virtus potest esse moralis sufficienter quantum ad moralitatem naturalem si habeat circumstantias debitas tali virtuti secundum naturam." OT VI 374, 14 ff.

[455] „sicut philosophi fuerunt virtuosi sine omne caritate; […]", OT VI 374, 16 f.

[456] „sed actum meritorium non possunt [= philosophi] habere sine caritate." OT VI 374, 17 f.

an zahlreichen Stellen, dass ein solches meritorisches Handeln ohne *caritas* nicht möglich ist[457] und verwirft deutlich eine pelagianische Lösung.[458] Allerdings vertritt Ockham kein durch reine Gnade veranlasstes meritorisches Handeln, was daran deutlich wird, dass für Ockham meritorische und peccatorische Akte gegeneinander aufgerechnet werden können.[459] Außerdem postuliert Ockham, dass die Gnade nicht aktiv am Zustandekommen verdienstlichen Handelns beteiligt ist,[460] sondern er argumentiert analog zur Erhaltungskausalität im Sinne einer Erhaltungsgnade.[461]

Was aber qualifiziert eine Willensaktivität und eine durch den Willen geleitete Handlung als verdienstlich? Darunter versteht Ockham einerseits ein zweckfreies Handeln, das um Gottes und um Gottes Ehre willen geschieht,[462] z. B. das Beten und die Liebe zu Gott.[463] Andererseits ist verdienstliches Handeln an die Funktion der *recta ratio* gebunden,[464] handelt der Mensch danach, hat sein Handeln verdienstlichen Charakter.[465] Zusammenfassend kann also gesagt werden, dass von menschlicher Seite die Freiheit des Willens, das Handeln gemäß der *recta ratio* und eine habituelle Internalisierung der *virtutes* eine notwendige, aber keinesfalls hinreichende

---

[457] „Aliae autem virtutes requirunt naturaliter loquendo tam actum quam habitum in parte sensitiva, et generantur ex actibus voluntatis, et requirunt caritatem ad hoc quod causent actum meritorium, ita quod in omni actu meritorio caritas est causa efficiens partialis." OT VI 374, 10–14. „potest dici quod secundum rei veritatem, ad actum meritorium eliciendum requiritur caritas tamquam causa partialis illius actus." OT VIII 316, 669 f; vgl. auch OT VIII 288, 39–42; 340,255 ff; OT VI 2191–6.

[458] OT VIII 318, 714–718; 320, 749–752.

[459] „[…] quam etiam actus meritorious repugnat omni actui peccati." OT VIII 317, 687.

[460] „Quia licet ad ponendum caritatem respectu actus meritorii sit auctoritas expressa, non tamen dicit auctoritas quod caritas est cuasa activa respectu actus meritorii." OT VIII 288, 46–49.

[461] „[…] licet caritas non sit activa respectu illius actus quantum ad productionem primam, tamen est activa quntum ad conservationem, et causa conservativa ita vere est activa sicut causa productiva." OT VIII 290, 86–89.

[462] „[…] quia actus meritorious est quo diligo Deum propter se vel propter honorem divinum." OT VIII 318, 696 f; OT VIII 290, 83 ff; 290, 98 ff.

[463] „Et hoc maxime verum est de actu meritorio, quia nullus actus non-meritorius potest dici novo meritorius nisi quia continuatur vel causatur ex amore Dei." OT IX 260, 64–66. „Sed deligere Deum super omnia est actus acceptus Deo, et magis habet rationem acceptabilis ex natura sua quam habitus, tum quia est magis meritorius, tum quia est magis in potestate voluntatis, […]", OT III 448, 26–449, 4.

[464] „Similiter nullus actus est moraliter bonus vel virtuosus, nisi sibi assistat actus volendi sequi rectam rationem, […]", OT IX 260, 67 f.

[465] OT VI 389, 18–24. Ockham argumentiert hier, dass bei einem direkten Eingriff Gottes in das ausbalancierte Handlungsgefüge des Menschen kein meritorischer Akt seitens des Menschen vorliegt, folglich gilt auch der Umkehrschluss. An diesem Argument wird deutlich, dass Ockhams Ethik durchaus noch im Horizont seiner Theozentrik steht, allerdings gilt, dass ähnlich wie im Fall der Erkenntnistheorie des Prologus Ockham die Grenzen und Möglichkeiten natürlicher Sittlichkeit ausschreitet. Aber: Sowohl Erkenntnistheorie und Ethik stehen immer unter dem Vorbehalt göttlicher Intervention.

Voraussetzung für verdienstliches Handeln darstellt. Bis zu diesem Bereich kann auch der heidnische Philosoph naturaliter vorstoßen. Erst wenn der Mensch beginnt, den Umkreis der moralischen Selbsthärtung zugunsten unverrechenbarer zweckfreier Tätigkeit zu verlassen – das kann neben dem Beten sogar das Studium der Geometrie sein[466] – kommt die *caritas* ins Spiel, die zuallererst einen Freiraum des Willens gegenüber der zweckbezogenen Intentionalität des Willens eröffnet. Damit ist der zweckfreie Raum des Spielerischen und des Gebets der Raum der Gnade, der sich dem Menschen nach entsprechender Vorbereitung im Bereich der freien Willensentscheidung und der *virtus* im Zusammenspiel von Wille und Gnade erschließt. Ockham verwendet hier das Wort *coagere*, um das Zusammenspiel zwischen Mensch und Gott zu verdeutlichen.[467]

Ethisches Handeln ist daher bei Ockham weder Kadavergehorsam gegenüber einem unberechenbaren Willkürgott, wie es die Tradition einer rein theonomen Interpretation Ockhams behauptete, noch der Ausdruck vorneuzeitlicher Subjektivität, wie es vor allem diejenigen Interpreten behaupten, die in Ockham einen Kronzeugen des emanzipatorischen Aufbruchs in die Moderne sehen wollen. Vielmehr deutet das *coagere* an, dass Ockham nach einer Lösung gesucht hat, die sowohl der Souveränität Gottes Rechnung trägt wie auch die menschliche Autonomie und Freiheit positiv wertet. Man kann daher bei Ockham von einer Art Synergismus sprechen.

## 4.7 Anthropologie und Erkenntnistheorie

In Analogie zur anthropologischen Verortung der Ethik gilt es nun Ockhams Erkenntnistheorie unter dem Gesichtspunkt zu untersuchen, ob sich eine ähnliche Tendenz der Ausrichtung auf das Individuelle wie in der Ethik auch im Erkenntnisprozess beobachten lässt und ob dies mit der in der Ethik beobachteten Individualisierung und Stärkung der Eigenaktivität einhergeht. In diesem Kontext gilt es auch zu beachten, welche Rolle die *potentia dei absoluta* spielt.

Bei der Analyse von Ockhams erkenntnistheoretischen Erörterungen gilt es zunächst den Kontext zu beachten, in dem Ockham argumentiert, um seinen eigenen Intentionen gerecht zu werden. Ähnlich wie die Ethik, ist auch Ockhams Erkenntnistheorie zum größten Teil in seine Theologie eingebettet, d. h. die meisten Texte zur Erkenntnistheorie finden sich im theologischen Teil seines Schaffens, weit weniger im philosophischen Teil, abgesehen von seinen logischen Untersuchungen, die allerdings für die

---

[466] OT VI 375, 3–9.

[467] „Nam manifestum est quod Deus dat cuilibet naturalia quibus potest consequi actum meritorium, et Deus paratus est coagere cuilibet ad actum meritorium, […], et dat praeceptum et consilium ut exsequatur actum meritorium." OT IV 674, 15–20; vgl. ebenso OT VIII 291, 119–123; 292, 127–131; allerdings kann Gott das Schwergewicht im *coagere* deutlich auf seine Seite verlagern: „ergo Deus se solo potest facere actum meritorium." OT IV 621, 19f.

anthropologische Verortung der Erkenntnistheorie keine Beutung haben. Schon dieser rein quantitative Sachverhalt deutet darauf hin, dass es Ockham nicht um eine rein philosophisch motivierte Erkenntnistheorie ging.

Innerhalb des OT sind es vor allem der Prologus des Sentenzenkommentars und zwei längere Passagen im Sentenzenkommentar selbst,[468] in dem Ockham erkenntnistheoretische Fragen diskutiert. Die Funktion dieser Erörterungen im Prologus besteht darin, vor dem Hintergrund der Erkenntnisbedingungen des *viators* die Frage der Wissenschaftlichkeit der Theologie zu klären. Erkenntnistheorie steht also im Dienste der Theologie und damit letztlich im Dienste des Glaubens. Dabei geht Ockham davon aus, dass die Erkenntnisbedingungen des *viators* in Bezug auf Gott erheblichen Defiziten unterliegen und daher von einer intuitiven Gotteserkenntnis keine Rede sein kann.[469] Der *viator* Ockhams ist also sehr viel stärker als in der vorhergehenden Tradition auf sich selbst verwiesen. Daher signalisiert dieser im Vergleich zu Thomas deutlich höhere intellektuelle Aufwand in seinem fast kantisch anmutenden Rückbezug auf die Bedingungen der Subjektivität im Erkenntnisprozess eine größere Rolle der Anthropologie und vor allem eine größere Reflexion auf die Rolle der Eigenaktivität des Menschen.

Wie sehen Ockhams erkenntnistheoretische Überlegungen im Rahmen dieses größeren Kontextes aus? Wie bereits im Gesamtaufriss der Anthropologie deutlich wurde, sind *intellectus* und *voluntas* in der *substantia* eins, in *actu* aber als verschieden zu betrachten. Den *intellectus in actu* unterteilt Ockham in zwei Formen, den *actus apprehensivus* und den *actus iudicativus*,[470] d. h. die wahrnehmende und die urteilende Funktion, wobei sich die wahrnehmende Funktion nicht nur auf sinnliche Gegenstände, sondern auch auf geistige Gehalte beziehen kann.[471] Die urteilende Funktion kann entweder einem Sachverhalt zustimmen (*assentire*) oder ihn ablehnen (*dissentire*). Die wahrnehmende Funktion ist noch einmal in eine sensitive Fähigkeit und eine intellektuelle Fähigkeit unterschieden, und geht der urteilenden voraus.[472] Die letztere judikative Funktion kann zu einer komplexen oder inkomplexen Erkenntnis führen. Die inkomplexe Erkenntnis nun untergliedert sich

---

[468] In OT II 483–523 diskutiert Ockham die Quaestio VI „Utrum prima notitia intellectus primitate generationis sit notitia intuitiva alicuius singularis" und in OT V 261–267 behandelt Ockham erkenntnistheoretische Fragestellungen im Rahmen der Erkenntnisbedingungen der Engel.

[469] „Circa primum dico quod intellectus viatoris est ille qui non habet notitiam intuitivam deitatis sibi possibilem de potentia Dei ordinata." OT I 5, 11 ff.

[470] „Est igitur prima distinctio ista quod inter actus intellectus sunt duo actus quorum unum est apprehensivus, [...]", OT I 16, 6 f. „Alius actus potest dici iudicativus, [...]", OT I 16, 12 f.

[471] „[...] unus [actus] est apprehensivus, et est respectu cuiuslibet quod potest terminare actum potentiae intellectivae, sive sit complexum sive incomplexum; quia apprehendimus non tantum incomplexa sed etiam propositiones et demonstrationes et impossibilia et necessaria et universaliter omnia quae respiciuntur a potentia intellectiva." OT I 16, 7–12.

[472] „Ita quod respectu complexi est primo actus apprehensivus et post sequitur actus iudicativus." OT VI 65, 9 f.

wiederum in die *notitia intuitiva* und die *notitia abstractiva*. Für unsere Fragestellung bedeutsam ist die Tatsache, dass Ockham diese beiden Erkenntnisweisen völlig unabhängig vom Erkenntnisobjekt bestimmt, und sie damit als zwei verschiedene Erkenntnisweisen des Subjekts versteht. Damit ist der enge Konnex zwischen Erkenntnissubjekt und Erkenntnisobjekt, der bei Thomas noch ungebrochen existiert hatte, aufgeweicht.

Die Unterscheidung von *notitia intuitiva* und *notitia abstractiva* übernimmt Ockham von Scotus, füllt sie jedoch mit einem neuen Sinn.[473] Während Scotus die *notitia intuitiva* auf das Einzelne und die Anwesenheit des Allgemeinen in Gestalt der *species intelligibilis* im Einzelnen bezieht, ist für Ockham aufgrund seiner neuen Position im Universalienstreit ein Allgemeines im Einzelnen nicht mehr denkbar.[474] Damit wird aber auch der rationale Zugriff auf die Wirklichkeit zum Problem. Denn worauf soll sich nun die Ratio beziehen? Kann sich die Ratio auch auf Einzelnes beziehen? Daher ist der Gegenstand der *notitia intuitiva* für Ockham nur das Einzelne, wobei die Rolle der Ratio in diesem Erkenntnisprozess erst neu bestimmt werden muss. Erich Hochstetter hat die Konsequenzen dieser Veränderungen in der Erkenntnisordnung gegenüber Scotus deutlich herausgestellt.[475] Schematisch kann man dieses komplexe Gefüge sich folgendermaßen veranschaulichen (s. Schema auf der nächsten Seite).

### 4.7.1 Die notitia intuitiva

Der Erkenntnisvorgang bei Ockham sei nun im Folgenden dargestellt. Er beginnt auf der elementaren Ebene der *notitia intuitiva*. Die *notitia intuitiva* ist in der Forschung Gegenstand zahlreicher Untersuchungen gewesen.[476] Sie kann sich einerseits subjektiv auf innere Zustände des Menschen bezie-

---

[473] Hochstetter, E., 1927, 28.

[474] Hochstetter, E., 1927, 42. Ockham lehnt die *species intelligibilis* ab. „[...] dico quod species neutro modo dicta est ponenda in intellectu, quia numquam ponenda est pluralitas sine necessitate. Sed sicut alias ostendetur, quidquid potest salvari per talem speciem, potest salvari sine ea aeque faciliter." OT IV 205, 14–18; Bereits Heinrich von Gent hatte die *notitia intuitiva* direkt auf das Erkenntnisobjekt bezogen ohne Umweg über die *species intelligibilis*, Boehner, P., 1958B, Reprint ²1992, 268. „Ad notitiam autem intuitivam sufficiunt potentia disposita, et obiectum praesens cum cuasis extrinsecis, quia nihil plus experimur requiri ad eam. [...]. Igitur propter notitiam intuitivam non oportet ponere species tales." OP VII 617, 6–10.

[475] „Indem die neue Wirklichkeitsauffassung das individuelle Einzelding zum Zielpunkt des Erkennens gemacht und zugleich durch Entfernung aller überindividuellen, begrifflichen Einlagerungen jeden rationalen Zusammenhang zerrissen hatte, war zunächst der Anschluß der Vernunfterkenntnis an das Objektive verloren gegangen. Es mußte also ein unmittelbares intellektuelles Erfassen desselben angenommen werden, auf dem als Basis dann, anders als bei Duns, die abstrakte Begriffserkenntnis ihrer objektiven Gültigkeit nach gegründet werden konnte", Hochstetter, E., 1927, 29.

[476] Literaturübersicht in Tachau, K., 1988, 115f. Die wichtigsten Texte sind Hochstetter, E., 1927, 27–55; Boehner, P., 1958B, [²1992], 268–299; Day, S., 1947; Leff, G., 1975; Miethke, J., 1969, 163–227.

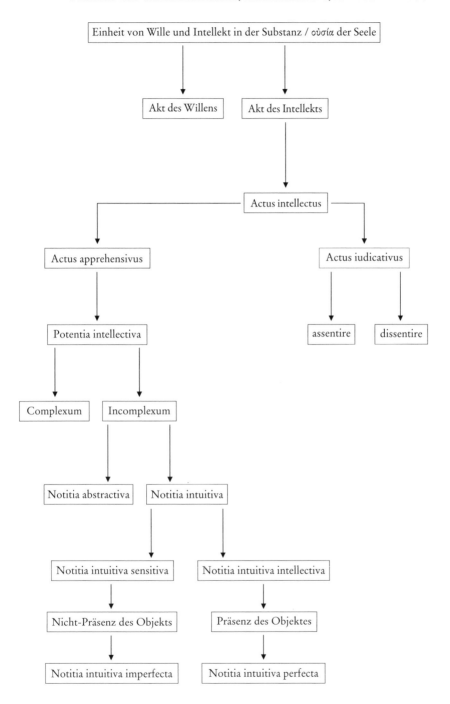

hen, wie Wille, Begehren oder auch Traurigkeit.[477] Dieser subjektive Bezug
der *notitia intuitiva* findet in der Wahrnehmung des fast schon an Descartes
erinnernden *ego intelligo* seinen deutlichsten Ausdruck.[478] Sie kann sich aber
andererseits auch und vor allem objektiv auf äußere Gegenstände beziehen.
In jedem Falle ist für Ockham ihr Evidenzcharakter bedeutsam, sowohl im
Subjekt als die Gewissheit der Selbsterfahrung des *ego intelligo*, wie auch
außerhalb des Subjekts in der Evidenz der sinnlichen Erfahrung.

Entscheidend ist die Einsicht, dass es sich bei der *notitia intuitiva* um
eine Erkenntnisform handelt, die auf die Singularität und Individualität
des Einzelnen zugeschnitten ist. Zwar beruft sich Ockham mit dieser Ausgangsbasis seiner Erkenntnistheorie auf Averroës und damit Aristoteles,[479]
trotzdem stellt sie die erkenntnistheoretische Konsequenz der ontologischen Priorität des unverwechselbar individuierten Seins dar, gründet daher
letztlich in Ockhams Schöpfungstheologie: Gott schafft jedes Geschöpf in
seiner singulären Besonderheit, das als solches erkannt werden will.

Ockhams Argument, dass der Ausgangspunkt der Erkenntnis das Sin-
gulare sei,[480] auf das sich die *notitia intuitiva* bezieht,[481] stellt eine deutliche
Abkehr von der aristotelischen und thomasischen Tradition insofern dar,
als Ockham erstens behauptet, dass Singulare sei erkennbar,[482] zweitens,
dass auf dieses Singulare die *notitia intuitiva* bezogen sei und drittens, dass

---

[477] „Patet etiam quod intellectus noster pro statu isto non tantum cognoscit ista sensibilia,
sed in particulari et intuitive cognoscit aliqua intelligiibilia quae nullo modo cadunt sub sensu,
[…], cuiusmodi sunt intellectiones, actus voluntatis, delectatio consequens et tristitia et huiusmodi, quae potest homo experiri inesse sibi, […]", OT I 39, 18–40, 4.

[478] „Quod enim talia cognoscantur a nobis in particulari et intuitive, patet, quia haec est
evidenter mihi nota ‚ego intelligo‘", OT I 40, 4 ff.

[479] In Bezug auf Averroës [In De An. III, t. 21 (hg. von F. S. Crawford, 455)] und Aristoteles
stellt Ockham fest: „Ex istis auctoritatibus patet quod intellectus nullam propositionem potest
formare, nec per consequens apprehendere, nisi primo intelligat singularia, id est incomplexa",
OT 21, 16–19.

[480] „sed potentia sensitiva terminatur in cognitione singularis; igitur ibi incipit cognitio intellectiva." OT II 474, 10 ff; „Secunda conclusio est ista quod primum distincte cognitum potest
esse singulare. […] sed singulare potest ante omnem actum intelligendi esse distincte cognitum
a sensu; […]", OT II 474, 19–23. „Circa secundum, supposito quod quaestio intelligatur de
cognitione propria singulari, dico tunc primo quod singulare praedicto modo acceptum cognitione sibi propria et simplici est primo cognitum." OT IX 73, 28–31; In aller Ausführlichkeit
der Auseinandersetzung mit der scotischen *species intelligbilis* Theorie in I. Sent. d. 3, q. 6:
„Secunda conclusio, quod omnis res extra animam est realiter singularis et una numero, quia
omnis res extra animam vel est simplex vel composita", OT 196, 13 ff; in ausführlicher Auseinandersetzung mit Aristoteles aus naturphilosophischer Sicht in der *Expositio in libros physicorum Aristotelis*, OP IV 22–25. „et ita singulare est illud quod primo intelligitur ab intellectu
primitate generationis." OP IV 22, 35 ff; ebenso OP IV 23, 2 f.

[481] „[…] prima notitia singularis est intuitiva." OT II 492, 16; ebenso OT IX 76, 89–92.

[482] Dies gilt vor allem in Abgrenzung von Thomas, der in STh I 86, 1 resp. schreibt: „quod
singulare in rebus materialibus intellectus noster directe et primo cognoscere non potest." OT
II 483, 16 f.

das Singulare vor dem Universalem erkannt werde.[483] Damit trennt sich Ockham nicht nur von der traditionellen Sicht der Funktionen von *sensus* und *intellectus*, nach der die Sinnlichkeit auf das Partikulare bezogen sei, der Intellekt auf das Universale,[484] sondern auch vom ontologischen Bezug dieser Differenzierung im Erkenntnisgegenstand, d.h. seiner Zusammensetzung aus individuierender, unerkennbarer Materie und erkennbarer Form. Dem steht auch nicht entgegen, dass Ockham diese Zuordnung von *ratio-universal* und *sensus-singulare* anerkennt. Doch kommt es ihm darauf an, die strikte Trennung zwischen dem Intellekt und der Sinnlichkeit dergestalt zu überwinden,[485] dass auch der Intellekt qua *notitia intuitiva intellectiva* das Singulare erkennen kann und dies in Form eines Urteils tut.[486] Der Intellekt wird also bei Ockham qua *notitia intuitiva* durchaus in den empirischen Erkenntnisprozess in Bezug auf die Singularia einbezogen, während er bei Aristoteles vom empirisch-kontingenten unberührt bleibt und nur die Sinne beeinflusst werden.[487]

Die Abkehr von der Verortung des Universalen in der Essenz bedeutet aber auch, dass das Universale und der Abstraktionsprozess zur Erkenntnis des Allgemeinen neu bestimmt werden müssen. Ferner wird dem scotischen Wissenschaftsbegriff durch diese Abwendung von der *species intelligibilis* der Boden entzogen und bedarf einer neuen Begrün-

---

[483] „Et primo, quod singulare intelligitur. Secundo, quod prima notitia singularis est intuitiva. Tertio, quod singulare primo intelligitur." OT II 492, 15 ff; ebenso: „Secundum probo, quia notitia singularis aliqua potest esse intuitiva, […]; igitur notitia intuitiva rei singularis est simpliciter prima." OT II 494, 14–19. Weitere Stellen: OT II 497, 24–498, 2. Ockham widmet der Frage nach der Priorität des Singularen im Erkenntnisprozess eine lange Quaestio: „Utrum prima notitia intellectus primitate generationis sit notitia intuitiva alicuius singularis.". Ouaestio VI, OT II 483–521 und kehrt die Reihenfolge um. Nicht das Universale wird zuerst erfasst, wie traditionell argumentiert wurde „Sic igitur dicunt isti [Thomas und Heinrich Gandavensis] quod singulare non intelligitur primo et directe", sondern das Singulare durch die *notitia intuitiva*.

[484] De. 417b 22 f, sowie in: Phys-A, 189a 5 ff: „τὸ μὲν καθόλου κατὰ τὸν λόγον γνέριμον, τὸ δὲ καθ' ἕκαστον κατὰ τὴν αἴσθησιν".

[485] Katherine H. Tachaus Argument einer strikten Trennung zwischen Sinnlichkeit und Intellekt im Erkenntnisprozess ist also gerade nicht zuzustimmen. „[…] like his contemporaries, Ockham adopted a dichotomy between sensation and intellection". Tachau, K.H., 1988, 115.

[486] „[…] concedo quod universale est comprehensibile ab intellectu et singulare a sensu, et cum hoc stat quod non tantum universale sit comprehensibile ab intellectu sed etiam singulare." OT II 505, 7–10; „[…] dico quod obiectum motivum intellectus est praecise singulare. Et dico quod omne singulare est motivum intellectus, quia omne singulare potest intelligi notitia intuitiva, quantum ex natura animae et intellectus nostri." OT II 540, 6–10; „[…] dico quod intellectus primo intelligit singulare intuitive. Tum quia intellectus intelligit illud quod est in re intuitive; sed nihil est tale nisi singulare." OT V 284, 1 ff; ebenso OT I 21, 17 f; OT II 505, 1–6; OT III 348, 1 f (in Bezug auf die Unabhängigkeit der notitia intuitiva von der Sprache); OT IV 255, 16 ff; OT IX 73, 33–36; OT IX 73, 38–41; „Jede Sinneswahrnehmung ist also oft bis zur Ununterscheidbarkeit verschmolzen mit einer intellektuellen Erkenntnis. Dies ist die notitia intuitiva intellectiva. […]. Auch unser intellektuelles Erkennen reicht also bis an die Einzeldinge heran", Hochstetter, E., 1927, 38.

[487] De An. II 417b15–25.

dung.[488] Das Universale kann sich dann nicht mehr auf den Formaspekt der Essenz als der Verbindung von Form und Materie beziehen,[489] sondern muss nicht nur einen anderen Gegenstand haben,[490] sondern auch auf andere Weise entstehen. Gegenstand des Universalen ist nunmehr eine Menge von Singularia,[491] deren Gemeinsamkeit durch einen Abstraktionsprozess[492] induktiv in Wechselwirkung mit den Akzidenzien im Intellekt nach einem Reflexionsvorgang[493] aufscheint.[494] Zur Erkenntnis des Universalen ist daher ein Abstraktionsprozess notwendig, dessen Schwierigkeiten Ockham durchaus erkennt,[495] auf deren unterster Stufe die *notitia intuitiva* steht. Auch Aristoteles kennt einen Abstraktionsprozess, doch ist er bei ihm anders zu verstehen.[496]

---

[488] Erich Hochstetter bringt dies mit aller wünschenswerten Klarheit zum Ausdruck: „Der Stufenbau der den Einzeldingen inhärierenden Wesensbegriffe war mit ihnen [= species intelligibilis] in Fortfall gekommen und zugleich die ihre objektive Gültigkeit tragende Inhaltsgleichheit von Species und Universale. Damit war zunächst aller Begriffserkenntnis der Boden entzogen. Die neue Wirklichkeit erforderte neue Fundamente für die reale Wissenschaft, eine neue Theorie der Begriffsbildung und eine neue Erklärung für die objektive Gültigkeit der Begriffe. Basis für alles dies ist Ockham die intellektuelle Erkenntnis des empirischen Einzeldings", Hochstetter, E., 1927, 46. Ockham leugnet entsprechend die Notwendigkeit, eine *species* im Erkenntnisprozess anzunehmen. „Prima est quod ad cognitionem intuitivam habendam non oportet aliquid ponere praeter intellectum et rem cognitam, et nullam speciem penitus." OT V 268, 1 ff; „[...] species non est ponenda propter superfluitatem [...]", OP II 351, 2.

[489] Ockham diskutiert diese Frage ausführlich in der Quaestio IV des Sentenzenkommentars I, Ordiantio „Utrum universale sit vera res extra animam", OT II 99–152.

[490] „Sed universale, sicut declaratum est prius [= OT II 108–152], non est de essentia cuiuscumque rei singularis; [...]", OT II 475, 3 f.

[491] „[...] sed notitia universalium in diversis hominibus incipit a notitia diversorum singularium diversarum specierum, [...]", OT II 502, 6 ff.

[492] Ockham deutet diesen Abstraktionsprozess im Sinne eines Stufenschemas an: „Est igitur iste processus, quod sensus primo sentit singulare sensibile; secundo, intellectus intelligit illud idem singulare sensibile; tertio, intellectus intelligit formam vel universale; et quarto, iudicat differentiam inter illa, quia praecognoscit utrumque; [...]", OT II 515, 19–516, 1; vgl. auch OT II 518, 20 ff; im Vergleich mit allgemeinen mathematischen Strukturen, vgl. OT II 509, 9–13. Es scheint, dass Ockham eine Abstraktionstheorie auch in Bezug auf die *notitia abstractiva* entwickeln wollte. „Sciendum tamen quod notitia abstractiva potest accipi dupliciter: uno modo quia est respectu alicuius abstracti a multis singularibus; et sic cognitio abstractiva non est aliud quam cognitio alicuius abstrahibilis a multis [...] Aliter accipitur cognitio abstractiva secundum quod abstrahit ab existentia et non existentia et ab aliis condicionibus quae contingenter accidunt rei vel praedicantur de re." OT I 30, 12–31,13.

[493] „Ex isto sequitur quod universale nunquam intelligitur nisi per reflexionem, [...]", OT II 492, 7 ff.

[494] „[...] et abstractum tali modo est universale et per se commune ad illa a quibus abstrahitur, sequitur quod nihil intelligitur nisi unum commune ad omnes materias, et ita universale ad aliquas formas vel ad aliqua composita non intelligeretur, vel saltem non primo, sed tantum per quandam reflexionem." OT II 490, 6–11.

[495] „[...] quia ad notitiam alicuius veritatis contingentis non sufficit notitia intuitiva sensitiva, sed oportet ponere praeter illam etiam notitiam intiutivam intellectivam." OT I 25, 14 ff; OT II 498, 20–499, 2.

[496] APo II 19, 100a3–100b17; De An. III 428b. Die Erkenntnis durchläuft die Rangfolge der Erkenntnisvermögen: αἴσθησις – δόξα – φαντασία – νοῦς – φρόνησις – ἐπιστήμη.

Im Bezug der *notitia intuitiva* auf das Einzelne steckt implizit ein neues Problem, dem bisher wenig Aufmerksamkeit geschenkt wurde. Es stellt sich nämlich die Frage, wie das Einzelne in seiner Beziehung zu anderen Einzelnen zu sehen ist. Als neues Problem erscheint damit, das Verhältnis von einzelnen Dingen zueinander in einem gemeinsamen Sehraum zu klären, bzw. es wird notwendig, das Verhältnis von Ding und Raum neu zu durchdenken, was wiederum mit dem Bewegungsbegriff zusammenhängt. Dieser visuelle Raumbezug der *notitia intuitiva* wird auch noch durch eine technische Neuerung des 14. Jahrhunderts besonders verstärkt. Die Erfindung der Brille gestattet sowohl die Feinstruktur eines Gegenstandes deutlicher in Augenschein zu nehmen, wie auch die räumlichen Distanzen zu variieren. Diese sinnliche Raumorientierung der *notitia intuitiva* – verstärkt durch die Erfindung der Brille – lässt den Erkenntnisbezug auf das akzidentielle Erscheinungsbild eines Dinges zuungunsten seines essentiellen Seins deutlicher hervortreten und markiert damit einen deutlichen Wechsel in der Bestimmung des Erkenntnisobjekts.[497] Die akzidentielle Erscheinung wird aufgewertet, das essentielle Sein wird abgewertet. Dies wird auch von Ockham expressis verbis thematisiert, wenn er die Unerkennbarkeit der Substanz anspricht und behauptet, dass Erkenntnis nur in Bezug auf die Akzidenzien möglich sei[498] und bezeichnenderweise ausgerechnet in diesem Zusammenhang das Problem der Bewegung anspricht.[499] Die Beschränkung der Erkenntnis auf die akzidentielle Oberflächenstruktur der Dinge und die Neuausrichtung der Erkenntnis auf die Probleme des Raumes, der Zeit und der Bewegung gehen also Hand in Hand. Auch das Interesse Ockhams an Fragen der Perspektive signalisiert den Beginn der Konstituierung des erkennenden Subjekts in einem sich weitenden und zu erkundenden Sehraum.[500]

---

[497] Es ist daher sicher kein Zufall, dass Ockham den Raumbezug der *notitia intuitiva* einschließlich seiner Erwähnung der Brille in der Quaestio „Utrum sensibile imprimat speciem suam in mdeio realiter distinctam ab eo", OT VI 43, thematisiert. „Item, si res videtur in speculo, aut intuitive aut abstractive. Non primo modo, quia per cognitionem intuitivam potest intellectus iudicare de situ et distantia rei. Sed per visionem in speculo non, quia illud quod est multum citra speculum apparet multum ultra speculum, […]", OT VI 78, 4–9.

[498] „Sicut si aliquis intuitive videret substantiam, nunquam per hoc distincte cognosceret aliquod accidens in particulari", zitiert nach Hochstetter, E., 1927, 140; „[…] secundum veritatem differentiae substantiarum sunt nobis ignotae. Imo magis sunt nobis ignotae quam accidentia, cum nobis non innotescant nisi per accidentia", zitiert nach Hochstellter, E., 1927, 140. „Nur durch ihre Akzidentien können wir Kenntnis von den Substanzen haben", Hochstetter, E., 1927, 140.

[499] „Verbi gratia, nullam substantiam incorpoream nec corpoream inanimatam nec animal aliquod cognoscimus in se, vel cognitione propria. Tamen accidentia istorum cognoscimus, sicut qualitates sensibiles, operationes earum et motus et huiusmodi." OT III 192, 20–23; auch die Genera differenziert Ockham nach ihrem akzidentiellen Erscheinungsbild. „Et sic semper propter diversa accidentia quae apprehendimus, dicimus aliqua esse in eodem genere et non in alio." OT III 193, 10 ff.

[500] Ockham kannte das optische Werk Abu Ali Hasan Ibn al-Haitham (965–ca. 1040, lat. Alhazen) , das auch Fragen der Perspektive behandelt, vgl. OT VI 83, 21 f, und zitiert es im

Es deutet sich daher sowohl vor dem Hintergrund der Ausrichtung auf das kontingent Einzelne wie auch durch die Ausrichtung auf den neu entdeckten empirischen Sehraum ein neuer Wissenschaftsbegriff auf induktivempirischer Grundlage an, ohne dass man wie Hochstetter so weit gehen muss, in Ockham einen Empiristen zu sehen.[501]

Ockham differenziert noch einmal zwischen *notitia intuitiva sensitiva* und *notitia intuitiva intellectiva*,[502] sowie *notitia intuitiva perfecta* und *notitia intuitiva imperfecta*[503] und charakterisiert die *notitia intuitiva* insgesamt als vage und unklare (*imperfecta et obscura*) Erkenntnis.[504] Wichtig ist sie jedoch dennoch, insofern sie die Sicherheit über die Existenz oder Nicht-Existenz eines konkreten Gegenstandes vermittelt.[505] Dafür ist auch die reale Präsenz des betreffenden Gegenstandes notwendig.[506] Dann wird sie auch *notitia intuitiva perfecta* genannt. Die *notitia intuitiva imperfecta* hingegen bedarf nicht der realen Gegenwart eines Objekts und kann sich daher z. B. auch auf Erinnerungen beziehen.[507] In diesem Sinne bezieht sich die *notitia intuitiva sensitiva* immer auf kontingente, empirische Gegenstände.[508] In dieser sinnlichen Ausgangsbasis aller Erkenntnis ist sich Ockham mit Aristoteles einig. Die Sicherheit ihrer Existenz verbürgt die

---

Zusammenhang seiner Diskussion des Verhältnisses von Raum-Licht-Sehen. Alhazen hat über 100 Bücher zu Themen der Optik, Mathematik, Physik, Medizin und der experimentellen wissenschaftlichen Methode verfasst. Sein optisches Werk (Katib al-Manazir) wurde ins Lateinische (De aspectibus) übersetzt und hat maßgeblich die optischen Studien Roger Bacons, Witelos, John Peckhams und auch noch Johannes Keplers beeinflusst. 1572 wurde es von Friedrich Risner unter dem Titel „Opticae thesaurus" veröffentlicht. Die optischen Gesetzmäßigkeiten der Brechung und Refraktion wurden von ihm exakt angegeben. Er hat mit der antiken Theorie gebrochen, nach der beim Sehen ein Strahl vom Auge ausgeht. Statt dessen postulierte er, dass die Strahlen vom Objekt ausgehen und auf das Auge treffen. Vgl. Tachau, K. H., 1988; Alhazen 1572; Schramm, M., 1963: Sabra, A. I. 1989.

[501] Hochstetter, E., 1927, 26; vgl. die sorgfältige Begründung bei Leppin, V., 1995, 81.

[502] OT I 33, 5 ff.

[503] „Sed intuitiva subdividitur, quia quaedam est perfecta, quaedam imperfecta." OT V 261, 6 f.

[504] „Est tamen advertendum quod aliquando propter imperfectionem notitae intuitivae, quia scilicet est valde imperfecta et obscura, [...], potest contingere quod vel nullae vel paucae veritates contingentes de re sic intuitive cognita possunt cognosci", OT I 33, 8–12; OT I 68, 17 ff.

[505] „[...] quia notitia intuitiva rei est talis notitia virtute cuius potest sciri utrum res sit vel non, ita quod si res sit, statim intellectus iudicat eam esse et evidenter cognoscit eam esse, nisi forte impediatur propter imperfectionem illius notitiae." OT I 31, 10–13; OT V 256, 13 f; 259, 2 ff; 261, 1 f; 286, 16–287, 2.

[506] „[...] quamvis naturaliter notitia intuitiva non posit esse sine existentia rei, quae est vere causa efficiens notitiae intuitivae mediata vel immediata, [...]", OT I 38, 6 ff.

[507] In diesem Falle bezeichnet Ockham die *notitia intuitiva imperfecta* als cognitio *recordativa*. „Cognitio autem intuitiva imperfecta est illa per quam iudicamus rem aliquando fuisse vel non fuisse. Et haec dicitur cognitio recordativa; [...]", OT V 261, 13–18.

[508] „Et universaliter omnis notitia incomplexa termini vel terminorum, seu rei vel rerum, virtute cuius potest evidenter cognosci aliqua veritas contingens, maxime de praesenti, est notitia intuitiva." OT I 31, 25–32, 3; vgl. ebenso OT I 31, 4 ff.

sinnliche Vermittlung der Wahrnehmung, z. B. die Farbe.⁵⁰⁹ Insofern räumt Ockham der Sinnlichkeit als Quelle der Erkenntnis für die *notitia intuitiva* einen hohen Stellenwert ein. Überhaupt dokumentiert sich gerade in der *notitia intuitiva* in Verbindung mit der Sinnlichkeit Ockhams Interesse, der Erkenntnis einen sicheren Stand zu vermitteln.⁵¹⁰

Die sinnliche Erfahrung ist daher in Verbindung mit der *notitia intuitiva sensitiva* die Basis und Quelle aller kontingenten Erfahrungserkenntnis.⁵¹¹ Die *notitia intuitiva* ist also das Organ der Wahrnehmung kontingent empirischer Sachverhalte. Diese können durchaus Evidenzcharakter haben.⁵¹² Er nennt sie auch *cognitio intuitiva imperfecta*.⁵¹³ Die Tatsache, dass Ockham überhaupt kontingent empirischen Sachverhalten Evidenzcharakter zuschreibt, markiert eine deutliche Abkehr von der aristotelisch-platonischen Metaphysik und ihrer Rezeption durch Thomas, die den Evidenzcharakter entweder in der transempirischen Idealität der Ideen (Plato: ἰδέα), den Prinzipien oder Gründen (Aristoteles: ἀρχή, αἰτία) oder in den rationalen, durch sich selbst einsichtigen Prinzipien (Thomas: *principia per se nota*) gesehen hatte, der gegenüber die konkrete sinnliche Realität als defizitär, d. h. kontingent, singulär und nicht notwendig, eingestuft wurde. Nach Aristoteles kann es daher vom Kontingenten auch keine beweisende Wissenschaft geben,⁵¹⁴ ebenso wenig vom Sinnlich-Einzelnen.⁵¹⁵ Wissen-

---

⁵⁰⁹ „Sicut si Sortes in rei veritate sit albus, illa notitia Sortis et albedinis virtute cuius potest evidenter cognosci quod Sortes est albus, dicitur notitia intuitiva", OT I 31, 23 ff.

⁵¹⁰ „Hence we witness in Ockham two tendencies: 1. to base knowledge on the safe ground of reality in intuitive knowledge and 2. to eliminate any element, as for instance a species, that could becloud the immediate vision of reality and which, preventing the mind from an immediate contact with things, could lead philosophy along the road of skepticism", Boehner, P., 1958B, [²1992], 269.

⁵¹¹ „Et ista est notitia a qua incipit notitia experimentalis, quia universlaiter ille qui potest accipere experimentum de aliqua veritate contingente, [...]", OT I 32, 21–24; „Et ideo [...] scientia istorum sensibilium quae accipitur per experientiam, de qua ipse loquitur, incipit a sensu, id est a notitia intuitiva sensitiva istorum sensibilium, ita universaliter notitia scientifica istorum pure intelligibilium accepta per experientiam incipit a notitia intuitiva intellectiva istorum intelligibilium." OT I 33, 2–7; vgl. ebenso OT I 31, 25–32, 3; OT I 32, 10 f; OT I 41, 4–8; OT I 90, 15–19; OT V 261, 7 f; OT IX 79, 17 ff.

⁵¹² Ockham ist an dieser Stelle allerdings nicht ganz klar. Zwar anerkennt er einerseits die *notitia intuitiva* als Quelle der Evidenz, andererseits will er sie auf die *notitia intuitiva intellectiva* eingeschränkt wissen. „igitur ad hoc quod evidenter cognoscatur requiritur aliqua notitia intuitiva. Sed manifestum est quod non sufficit notiatia intuitiva mei; igitur requiritur notitia intuitiva intellectionis." OT I 40, 13–16.

⁵¹³ „Cognitio autem intuitiva imperfecta est illa per quam iudicamus rem aliquando fuisse vel non fuisse." OT V 261, 13 f. Die *cognitio intuitiva imperfecta* ist daher mit der *cognitio abstractiva* identisch, OT V 262, 5 f; OT V 266, 10–20.

⁵¹⁴ „Τοῦ δ' ἀπὸ τύχης οὐκ ἔστιν ἐπιστήμη δι' ἀποδείξεως", APo I 30, 87b19.

⁵¹⁵ „Οὐδὲ δι' αἰσθήσεως ἔστιν ἐπίστασθαι", APo I 30, 87b28, „Wenn aber nun nichts neben den einzelnen Dingen existiert, so wäre nichts gedacht, sondern alles nur sinnlich erfasst, und es gäbe von nichts eine Wissenschaft, es sei denn, jemand erklärte die Sinneswahrnehmung zu einer Wissenschaft", Meta III 4, 999b1 ff.

schaftliche Gewissheit ist nach Aristoteles nur vom Allgemeinen möglich. Ockham kehrt dieses aristotelische Gewissheitsverhältnis vom Allgemeinen zum Einzelnen um. Nach Aristoteles gilt es vom Einzelnen zum Allgemeinen aufzusteigen,[516] um im Allgemeinen die Sicherheit der Erkenntnis zu gewinnen. Ockham jedoch verortet die Sicherheit der Erkenntnis in der *notitia intuitiva* des Einzelnen. Diese erkenntnistheoretische Möglichkeit einer unmittelbaren Erkenntnis des Einzelnen durch die *notitia intuitiva* kann Ockham durchaus theologisch deuten, wenn er sie mit der unmittelbaren Wahrnehmung Gottes vergleicht.[517]

Von dieser Basis ausgehend, wird die *notitia intuitiva imperfecta* Basis für wissenschaftliche Erkenntnisse in Gestalt von Propositionen, d. h. der *notitia intuitiva perfecta*.[518] Erst die enge Verknüpfung von Sinnlichkeit und Intellekt, d. h. von *notitia intuitiva sensitiva* und *notitia intuitiva intellectiva* führt zu einer Erkenntnis eines individuellen Gegenstandes in der Form eines Urteils durch den *intellectus*.[519] Ockham verdeutlicht die *notitia intuitiva* an dem Satz „Sokrates ist weiß". Diese Proposition besteht aus zwei Teilen, dem Subjekt Sokrates und der Weißheit, die mit einer Kopula miteinander verbunden sind. Beide Teile, Sokrates und die Weisheit, können durch einen *actus apprehensivus* wahrgenommen werden. Aber erst die Verbindung beider Elemente miteinander durch den *intellectus iudicativus*[520] formt aus dieser sinnlichen Wahrnehmung eine Erkenntnis in Gestalt der *notitia intuitiva*.[521]

In dieser positiven Einschätzung der Sinnlichkeit als Ausgangspunkt aller Erkenntnis weiß sich Ockham mit Aristoteles einig.[522] Sie stellt qua *notitia*

---

[516] Phys-A I, 184a 23–26.

[517] „Unde dico primo quod in nulla notitia intuitiva, nec sensitiva nec intellectiva, constituitur res in quocumque esse quod sit aliquod medium inter rem et actum cognoscendi. Sed dico quod ipsa res immediate, sine omni medio inter ipsam et actum, videtur vel apprehenditur. Nec plus est aliquod medium inter rem et actum propter quod dicatur res videri, quam est aliquod medium inter Deum et creaturam propter quod dicatur Deus ‚Creator'." OT IV 241, 19–242, 1.

[518] „Perfecta cognitio intuitiva est illa de qua dictum est quod est cognistio experimentalis qua cognosco rem esse etc. Et illa cognitio est causa propositionis universalis quae est principium artis et scientiae, [...]", OT V 261, 8–11.

[519] „Credo enim, quod omnia judicia, quae attribuuntur sensui respectu aliquorum objectorum, sunt actus intellectus, quia statim quando sensus habet operationem circa sensibile, habet intellectus cognitionem intuitivam respectu ejusdem, qua habita potest intellectus complexa formare et de eis judicare per actum assentiendi vel dissentiendi. Et quia istae operations sunt ita connexae, ideao non percipitur, utrum judicium tale sit actus sensus vel intellectus", Sent II q. 18 P, zitiert nach Hochstetter, E., 1927, 38.

[520] OT I 31, 10 ff.

[521] „Sicut si Sortes in rei veritate sit albus, illa notitia Sortis et albedinis virtute cuius potest evidenter cognisci quod Sortes est albus, dicitur notitia intuitiva." OT I 31, 23 ff; ebenso OT I 6, 16–7, 3.

[522] „Et ideo sicut secundum Philosophum I *Metaphysicae* (980b25–982a2) et II *Posteriorum* (100a3–9) scientia istorum sensibilium quae accipitur per experientiam, de qua ipse loquitur, incipit a sensu, id est a notitia intuitiva sensitiva istorum sensibilium, [...]", OT I 33, 2 ff.

*intuitiva sensibilia* einen realen Kontakt zum erkannten Objekt her[523] und ist das Medium einer realen Präsenz eines Objektes.[524] Darüber hinaus ist die Sinnlichkeit für Ockham auch die Quelle der Wahrheit der Erkenntnis, was daran deutlich wird, dass Ockham offensichtliche Sinnestäuschungen wegzuerklären sucht.[525]

Jedoch ist neben der realen Präsenz eines Gegenstandes die Permanenz des sinnlichen Eindrucks dieses Gegenstandes für Ockham zur Konstitution einer *notitia intuitiva* noch wichtiger. Denn vor dem Hintergrund ihrer Aufrechterhaltung kann Ockham argumentieren, dass es auch eine *notitia intuitiva* eines nicht existierenden Objektes geben kann,[526] vorausgesetzt, Gott ermöglicht qua *potentia absoluta* die Permanenz des sinnlichen Eindrucks.[527]

Darüber hinaus kann Gott eine *notitia intuitiva* eines nicht existierenden Objektes in einem Menschen provozieren,[528] da er aufgrund seiner Allmacht[529] nicht an die *causae secundae*,[530] d.h. in diesem Falle an die Existenz eines Objektes, das einen sinnlichen Eindruck hervorruft, gebunden ist, sofern damit kein Widerspruch entsteht.[531] Dies ist eine theologische Implikation, keine philosophische These. Allerdings bedeutet dies nicht, wie Volker Leppin überzeugend aus dem Kontext der Auseinandersetzungen um Ockhams umstrittene Äußerungen in Avignon rekonstruiert hat, dass Ockham einem undurchsichtigen *dieu trompeur* das Wort redet.[532] Entspre-

---

[523] „[…] quia notitia intuitiva necessario habet annexem relationem realem et actualem ad ipsum obiectum; […]“, OT I 34, 13f.

[524] „[…] quia in notitia intuitiva obiectum est praesens in propria existentia; […]“, OT I 34, 19f.

[525] Hochstetter, E., 1927, 49.

[526] „Quintum patet per idem, quia ad notitiam intuitivam non requiritur quod res sit praesens in propria exsistentia, sicut probatum est.“ OT I 38, 1ff; „Ex istis sequitur quod notitia intuitiva, tam sensitiva quam intellectiva, potest esse de re non existente.“ OT I 38, 15f.

[527] Ockham verdeutlicht dies an der Wahrnehmung des Lichts eines Sterns, das auch als sinnlicher Eindruck erhalten werden kann, wenn der Stern zerstört ist [„Sicut si videam intuitive stellam exsistentem in caelo, illa visio intuitiva, sive sit sensitiva sive intellectiva, distinguitur loco et subiecto ab obiecto viso; igitur ista visio potest manere stella destructa.“ OT I 39, 3–6], sofern Gott den Eindruck des Lichtes erhält. „Patet etiam quod res non existens potest cognosci intuitive, quantumcumque primum obiectum illius actus non existat – […] – quia visio coloris sensitiva potest conservari a Deo ipso colore non existente; […]“, OT I 39, 11–14. Die Erhaltung des Sinneseindrucks durch Gott muss supranatural gedacht werden, vgl. Hochstetter, E., 1927, 33.

[528] „[…] cognitio intuitiva potest esse per potentiam divinam de obiecto non existente“, OT IX 604, 12f.

[529] „Quod probo primo per articulum fidei: ‚Credo in Deum Patrem omnipotentem‘.“ OT IX 604, 13f.

[530] „Praeterea in illo articulo fundatur illa propositio famosa theologorum ‚quidquid Deus producit mediantibus causis secundis, potest immediate sine illis producere et conservare‘. Ex ista propositione arguo sic: omnem effectum quem potest Deus mediante causa secunda, potest immediate per se; sed in notitiam intuitivam corporalem potest mediante obiecto; igitur potest in eam immediate per se“, OT IX 604, 18–605, 24.

[531] OT IX 604, 13ff.

[532] Leppin, V., 1995, 79.

chend kann dieser theologische Absolutismus auch nicht ohne Beachtung
des historischen Kontextes als Argument für eine theologisch motivierten
Skeptizismus betrachtet werden.[533]

Insgesamt gesehen stellt demnach die *notitia intuitiva* den Ausgangspunkt für alle Erkenntnis dar, insbesondere für die *notitia abstractiva*.[534]

### 4.7.2 Die notitia abstractiva

Ockham führt zwei Arten von *notitia abstractiva* ein. Die eine Art ist
gewissermaßen der Gegenbegriff zur *notitia intuitiva*. Die *notitia abstractiva* unterscheidet sich von der *notitia intuitiva* vor allem in zweierlei
Hinsicht. Zum einen ist die reale Präsenz eines Objektes nicht notwendig, um eine *notitia abstractiva* zu erlangen, zum anderen vermittelt sie
daher keine kontingente Erfahrungserkenntnis,[535] auch keine evidente
Erfahrungserkenntnis,[536] wohl aber die Erkenntnis analytischer Propositionen.[537] Daher gehört auch die *notitia recordativa* zur *notitia abstractiva*.[538]
Die sinnliche Vermittlung der *notitia intuitiva* ist immer die Voraussetzung
der *notitia abstractiva*, d.h. es kann keine *notitia abstractiva* geben, wenn
nicht eine *notitia intuitiva* vorausgegangen ist.[539] Beide, die *notitia intuitiva*

---

[533] So z.B. Konstanty Michalski: „Mais il est une chose qui appartient en propre au nova-
teur d'Oxford, c'est l'idée destructice qui eut un grosse influence sur les esprits du XIVᵉ siècle
[…]. Dieu peut produire en notre esprit une connaisssance intuitive sans que l'object de cette
connaissance intuitive soit réellment present à nos sens […]. Cette affirmation d'Ockham était
basée sur ce principe que Dieu peut produire en nous par action immediate tout se qu'il produit
habituellment par l'intermédiaire du cré. L'application constante […] de ce principe dans le do-
maine de la connaissance devait inévitablement faire naître la méfiance et l'esprit sceptique […].
Ce fut l'un des facteurs dissolvents introduit dans la synthèse scolatique de cette époque". Zitiert nach Miethke, J., 1969, 177; ebenso Gilson, E., 1941, 61–91; Pegis, A.C., 1944, 465–480.

[534] „Et tunc secundum istam viam potest concedi quod cognitio intuitiva, tam intellectus
quam sensus, sit causa partialis cognitionis abstractivae quae praedicto modo habetur." OT V
257, 21 ff; OT V 258, 10; OT V 316, 14–317, 9; OT V 328, 19 f.

[535] „Aliter accipitur cognitio abstractiva secundum quod abstrahit ab existentia et non existentia et ab aliis conditionibus quae contingenter accidunt rei vel praedicantur de re." OT I
31,4–8. Weitere Stellen: OT I 32, 4–9; 34, 13–16; OT V 334, 19–22; 335, 4f. Ockham verdeutlicht dies an der Erkenntnis, bzw. Wahrnehmung von Sokrates: „Unde si aliquis videat intuitive
Sortem et albedinem existentem in Sorte, potest evidenter scire quod sortes est albus. Si autem
tantum cognosceret Sortem et albedinem existentem in Sorte abstractive, sicut potet aliquis
imaginari ea in absentia eorum, non sciret evidenter quod Sortes esset albus, et ideo non est
propositio per se nota",OT I 6, 21–7, 3.

[536] „Similiter, per notitiam abstractivam nulla veritas contingens, maxime de praesenti, potest
evidenter cognosci." OT I 32, 10 f.

[537] „Dicendum quod propositum per se nota est illa quae scitur evidenter ex quacumque
notitia terminorum ipsius propositionis, sive abstractiva sive intuitiva." OT I 6, 15 f.

[538] „Ad sextum dubium dico quod actus recordandi est abstractivus, quia est actus comple-
xus qui est abstractivus, non intuitivus", OT VII 312, 1 ff.

[539] „Secundo dico quod cognitio simplex propria singulari et prima tali primitate est cognitio intuitiva. Quod autem ista cognitio sit prima patet, quia cognitio singularis abstractiva
praesupponit intuitivam respectu eiusdem obiecti et non econverso." OT IX 73, 37–41; „[…]

und die *notitia abstractiva* gehören zur *cognitio incomplexi*.[540] Die *notitia intuitiva* und *notitia abstractiva* unterscheiden sich nicht im Hinblick auf das Erkenntnisobjekt, sondern im Hinblick auf die Erkenntnisweise.[541] Man könnte also argumentieren, dass Ockham beim Erkenntnisprozess – ähnlich wie später auf andere Weise Kant – von zwei verschiedenen Erkenntnisquellen im Menschen ausgeht.

Die andere Art der *notitia abstractiva* bezeichnet Allgemeinbegriffe, die auf verschiedene Gegenständen bezogen sind und die durch einen Abstraktionsprozess induktiv gewonnen werden.[542] Sie stellen auf diese Weise einen völlig neuen Zugang zum Universalienproblem dar, da erstens mehrere Elemente involviert sind, zweitens eine Abstraktionsleistung erforderlich ist und drittens diese Universalien nur als Produkte des menschlichen Geistes verstanden werden können. Auch bei dieser Erkenntnisleistung des menschlichen Geistes muss daher von einer aktiven Tätigkeit der Erkenntnisfunktionen[543] ausgegangen werden,[544] auch wenn Ockham selbst

---

nullus potest naturaliter cognoscere abstractive aliquam rem in se nisi praecognoscat eandem intuitive, […]", OT II 410, 10 f.

[540] „Dico igitur quantum ad istum articulum quod respectu incomplexi potest esse duplex notitia, quarum una potest vocare abstractiva et alia intuitiva." OT I 30, 5–8.

[541] „Ideo dico quod notitia intuitiva et abstractiva se ipsis differunt et non penes obiecta nec penes causas suas quascumque, quamvis naturaliter notitia intuitiva non possit esse sine existentia rei, quae est vere causa efficiens notitiae intuitivae mediata vel immediata, […]", OT I 38, 5–8.

[542] „Sciendum tamen quod notitia abstractiva potest accipi dupliciter: uno modo quia est respectu alicuius abstracti a multis singularibus; et sic cognitio abstractiva non est aliud quam cognitio alicuius universalis abstrahibilis a multis, de quo diceretur post." OT I 30, 12–15.

[543] „Durch die Negation der Rezeptivität der Erkenntnis wird der Weg zu einer Deutung des Erkennens geeignet, welche dieses in erster Linie als Tätigkeit begreift", Imbach, R., 1981, 237.

[544] In der Interpretationsgeschichte der Erkenntnistheorie Ockhams existieren zwei Lager, die hinsichtlich der Frage der Beteiligung des Willens, bzw. hinsichtlich der schöpferischen Eigenaktivität im Erkenntnisprozess des Menschen entgegengesetzte Positionen vertreten. Beginnend mit Erich Hochstetter betont die eine Richtung [Hochstetter, E., 1927, 62–138; Boehner, P., 1958C, Reprint ²1992, 156 ff, 174 ff, 201 ff; Pinborg, J., 1967, 177; Miethke, J., 1969, 195 f] die völlige Passivität des Intellekts und die Nichtbeteiligung des Willens im Erkenntnisprozess, während die andere das Gegenteil behauptet. „Der Intellekt erscheint bei ihm rein rezeptiv, die Spontaneität des Menschen kommt erst ganz ‚spät' im Erkenntnisvorgang, im willentlichen Moment der Urteilsbildung zum Zuge", Miethke, J., 1969, 195. Umgekehrt betonen andere Autoren [Bannach, K., 1975, 336; Imbach, R., 1981, 236f; Goldstein, J., 1998, 210] die schöpferische Eigenleistung des Intellekts und Willens im Erkenntnisprozess. „Der menschliche Intellekt muß die ihm in seiner Umwelt begegnenden Einzeldinge zu einem Sinnganzen ordnen und zusammenfügen. Gottes schöpferische, die Jeweiligkeit der Dinge konstituierende Souveränität bedeutet gleichzeitig, daß das menschliche Erkennen als schöpferischer Prozeß verstanden werden muß", Bannach, K., 1975, 336. Ruedi Imbach weist jedoch mit Recht darauf hin, dass die von Erich Hochstetter (Hochstetter, E., 1927, 103) wie auch von Philotheus Boehner, Jan Pinborg (Pinborg, J., 1967, 177) und Jürgen Miethke (Miethke, J., 1969, 195 f) propagierte Passivität des Intellekts im Erkenntnisprozess, die bei Ockham vorkommt, den Kontext außer Acht lässt. Ockham will sich in den betreffenden Stellen nur gegen das erkenntnistheoretische Konzept des intellectus agens (νοῦς

gelegentlich die Passivität des Intellekts und Willens im Erkenntnisprozess betont.[545] Auch der *intellectus agens* ist bei der Hervorbringung der *ficta* aktiv.[546] Ockham spricht im Zusammenhang mit der Bildung der Abstrakta geradezu von einer *virtus productiva* des *intellectus*.[547]

Er weist mit dieser Art von Abstrakta der wissenschaftlichen Betrachtung eine neue Richtung.[548] Entsprechend tentativ verfährt er hier. Einerseits entwickelt Ockham für diese Art der *notitia abstractiva* Ansätze einer Abstraktionstheorie,[549] die sich an der Wechselwirkung mit den Akzidenzien mehrerer verschiedener Dinge orientiert.[550] Bei dieser Art von Abstraktion geschieht der abstrahierende Prozess dadurch, dass von verschiedenen individuellen akzidentiellen Besonderheiten abgesehen wird.[551] Ausgangspunkt ist daher immer eine Vielzahl von Objekten, nie ein Einzelnes. Auch

---

ποιητικός) abgrenzen, das gerade gebraucht wird, um ein Allgemeines in den Dingen zu extrahieren (Imbach, R., 1981, 236). „Si dicas quod intellectus agens facit universale, quia facit speciem quae indifferenter repraesentat multa, contra: tunc eodem modo dicam quod sensus facit universale, quia facit speciem indifferenter repraesentantem multa." OT V 304, 6–9. Darüber hinaus hat Ockham gerade auch den *intellectus agens* und den *intellectus possibilis* gleichgesetzt. „[...] intellectus agens et possibilis sunt idem omnino re et ratione." OT V 442, 24.

[545] „[...] dico quod universalia et intentiones secundae causantur naturaliter sine omni activitate intellectus vel voluntatis a notitiis incomplexis terminorum per istam viam." OT VIII 175, 402 ff.

[546] „Ideo dico quod actio intellectus est realis quia terminatur ad cognitionem realem intuitivam vel abstractivam, modo praedicto. Et quando dicit quod intellectus agens facit universale in actu, verum est, quia facit quoddam esse fictum et producit quendam conceptum in esse obiectivo, qui terminat eius actum, qui tantum habet esse obiective et nullo modo subiective. Et sic facit universale, sicut alias dictum est [OT II 271–292]." OT V 304, 21–305, 4.

[547] OT II 272, 4,12.

[548] Hochstetter urteilt: „Erst die zweite Gruppe abstraktiven Erkennens, das aus dem Zusammenhang der Einzelobjekte einzelne ihnen mit anderen gemeinsame Züge heraushebt und in einem Akt zusammenfasst, das begriffliche Erkennen, stellt Ockham unmittelbar vor die neuen Aufgaben, welche er sich mit seiner Kritik der bisherigen Metaphysik selbst geschaffen hatte", Hochstetter, E., 1927, 78.

[549] So z. B. „[...] notitia abstractiva potest accipi dupliciter: uno modo quia est respectu alicuius abstracti a multis singularibus; et sic cognitio abstractiva non est aliud quam cognitio alicuius universalis abstrahibilis a multis, [...]", OT I 30, 12–15. „Post tamen postea intellectus abstrahere multa: et conceptus communes, et intelligendo unum coniunctorum in re non intelligendo reliquum." OT I 65, 4 ff; Darüber hinaus wendet sich Ockham expressis verbis mit Hinweis auf die Individualität des Seins (OT II 488, 9 ff) gegen eine Abstraktionstheorie, die sich an der *species intelligibilis* orientiert. „Praeterea, ratio sua non valet, quia non plus intellectus intelligit abstrahendo speciem intelligibilem a materia quam abstrahendo speciem intelligibilem a forma extra, quia ita repugnat intellectui recipere aliquid tali modo quo est forma sicut repugnat sibi recipere aliquid materialiter." OT II 488, 12–16.

[550] „Verbi gratia, intellectus intelligit primo hanc albedinem primo sensatam, et similiter hunc calorem, et sic de aliis accidentibus hominis." OT II 518, 18 ff.

[551] Hochstetter, E., 1927, 86 f; Schulthess urteilt: „Diese passive Art von Abstraktion als ‚gezielte oder bewusste Unaufmerksamkeit' ist eigentlich auch die aristotelische ἀφαίρεσις: Sie ist ein bloßes Weglassen im Gegensatz zum Zufügen (πρόσθεσις) [z. B. Meta XI 3, 1061a29–b3; Meta XIII 2, 1077b9]". Schulthess, P., 1992, 231.

der Begriff der *species* gehört zu dieser Art von abstrakten Begriffen[552] und wird im Einzelfall durch Abstraktion gewonnen.[553] Diese Art der Abstraktion, die sich auf die *species* bezieht, geschieht durch Weglassen verschiedener Merkmale, bei ihr ist der Intellekt und der Wille in der Tat passiv,[554] weil die zu erkennende Gemeinsamkeit *in re* liegt und nicht erst durch den Intellekt erzeugt werden muss.[555] Daher reicht für sie die passive *apprehensio* aus.[556] Auch die Abstraktion bestimmter Gemeinsamkeiten aus verschiedenen Individuen geschieht durch diese Art weglassender Abstraktion, in der kein Willensmoment und keine konstruktive Aktivität des Intellekts involviert ist. Ockham erläutert dies am Beispiel der Weißheit von Plato und Sokrates[557] und anderen analytischen Aussagen a priori wie auch synthetischen Aussagen a posteriori.[558]

Wird hingegen ein Urteil gefällt, d. h. tritt der *actus iudicativus* in Aktion, oder wird ein syllogistisches Schlussverfahren angewendet, so ist immer ein Willensakt am Werk.[559] Ebenso ist bei dem Vergleichsprozess verschiedener Objekte, die nicht passiv apprehensiv einer *species* zugeordnet werden können, ein Willensmoment involviert.[560]

---

[552] „[…] conceptus generis numquam abstrahitur ab uno individuo", OT IX 77, 135 f.

[553] Ockham führt als Beispiel die *species* Mensch an, die durch den Vergleich verschiedener Menschen, z. B. Plato und Sokrates, gewonnen werden kann. „[…] ex hoc ipso quod Sortes et Plato se ipsis differunt solo numero, et Sortes secundum substantiam est simillimus Platoni, omni alio circumscripto, potest intellectus abstrahere aliquid commune Sorti et Platoni quod non erit commune Sorti et albedini, nec est alia causa quaerenda nisi quia Sortes est Sortes et Plato est Plato, et uterque est homo". OT II 211, 15–20.

[554] „Die species ist dieselbe bei Sokrates und bei Plato, nicht aber insofern sie etwas Identisches an den Individuen wäre oder insofern sie durch einen actus intellectus generiert würde, sondern insofern eben Plato und Sokrates je homines sind und diese Erkenntnis naturaliter verursachen", Schulthess, P., 1992, 239.

[555] „[…] omnis conceptus abstractus a re aequaliter respicit omne sibi simillimum, […]", OT II 308, 1 f.

[556] „Ad aliud [= OT VIII 159, 70 ff] dico quod universalia et intentiones secundae causantur naturaliter sine omni activitate intellectus vel voluntatis a notitiis incomplexis terminorum per istam viam [cf. OT V 305–308]." OT VIII 175, 402 ff.

[557] „Sic est imaginandum quod intellectus nihil plus facit ad hoc quod Sortes sit similis quam ad hoc quod Sortes sit albus. Immo ex hoc ipso quod Sortes est albus et Plato est albus, Sortes est similis Platoni, omni alio imaginabili circumscripto. Et ita Sortes est similis Platoni propter sola absoluta, omni alio vel in re vel in intellectu circumscripto." OT IV 316, 10–15.

[558] „Et ideo simpliciter concedendum est quod intellectus nihil facit ad hoc quod universum sit unum vel quod totum sit compositum vel quod causae approximatae causent vel quod triangulus habeat tres etc., et sic de aliis, non plus quam facit ad hoc quod Sortes sit albus vel ad hoc quod ignis sit calidus vel aqua frigida." OT IV 316, 24–317, 4.

[559] „Ideo dico quod praedicti actus discurrendi, syllogizandi etc., non sunt actus apprehensivi. Quia facere syllogismum non est nisi formare propositiones dispositas in modo et figura, et sic est de discursu. Isti inquam actus sufficienter causantur a notitiis incomplexis terminorum et ab actu voluntatis quo voluntas vult talia complexa formare." OT VIII 174, 387–391.

[560] „Ideo dico quod iste actus comparativus causatur sufficienter a notitiis incomplexis terminorum et actu voluntatis quo vult apprehensa simplici apprehensione comparare diversimode. Quia sine actu voluntatis non potest actus comparativus causari, […]", OT VIII 176, 429–432.

Daher, aufgrund der Mehrzahl der Objekte, ist es unmöglich, dass diese Art der abstraktiven Erkenntnis der intuitiven unmittelbar folgt. Darüber hinaus kennt Ockham auch Abstrakta, z. B. den Begriff Qualität, oder den Begriff des Seins, die nicht in den Dingen selbst anwesend sind, und auch nicht durch den soeben beschriebenen Abstraktionsprozess entstehen, sondern sich nur durch ein *esse in anima* auszeichnen.[561] Sie haben konnotativen Charakter.[562]

### 4.7.3 Der Habitus im Erkenntnisprozess der notitia intuitiva und notitia abstractiva

Ockham ordnet sowohl die *notitia intuitiva* wie auch die *notitia abstractiva* in die Habituslehre ein und führt eine differenzierte Diskussion, wie die Beziehung zwischen diesen beiden Erkenntnisweisen und der Habituslehre zu denken sei.[563] Da die *notitia intuitiva* immer ein wechselndes Objekt zu seiner Konstitution benötigt, verwundert es nicht, dass Ockham zunächst argumentiert, die *notitia intuitiva* könne keinen Habitus generieren.[564] Da jedoch die *notitia intuitiva* immer auch von einer *notitia abstractiva* begleitet sei,[565] Ockham nennt sie *notitia abstractiva prima*, die kein Objekt zu ihrer Konstitution benötigt, kann nun doch die *notitia intuitiva* über den Umweg der *notitia abstractiva* einen Habitus hervorbringen.[566] Indem Ockham die Erkenntnis der Allgemeinheit der *species intelligibilis* durch die habituelle Erkenntnis des *conceptus communis* ersetzt, bringt er durch die Verbindung von *volitio*, *habitus* und *inclinatio* ein deutlich handlungsorientiertes und volitives Element in den Erkenntnisprozess ins Spiel.[567]

---

[561] „Et si universale sit vera qualitas existens subiective in anmima, sicut potest teneri probabiliter, concedendum esset quod illud universale potest intuitive videri, et quod eadem notitia est intuitiva et abstractiva, isto modo accipiendo notitiam abstractivam; [...]", OT I 30, 16–31, 2.

[562] „Postea abstrahit multos conceptus, sicut conceptum entis, conceptum qualitatis, et habet multos conceptus connotativos, sicut dependere, esse in alio, substare alii, et sic de multis aliis." OT II 518, 20–519, 1.

[563] Vgl. OT V 261–267; 277; 294; 316 f; 335 ff.

[564] „[...] respondeo quod ex nulla cognitione intuitiva sensitiva vel intellectiva generari potest habitus." OT V 264, 14 f.

[565] „Et est hic notandum quod stante cognitione intuitiva alicuius rei, habeo simul et semel cognitionem abstractivam eiusdem rei." OT V 261, 19 ff; „Ponendo cognitionem intuitivam habere semper secum necessario cognitionem abstractivam incomplexam, [...]", OT V 263, 7 f.

[566] „Sed de cognitione abstractiva aliud est, quia post primam cognitionem intuitivam habitam experitur quis quod magis inclinatur ad intelligendum illam rem quam prius vidit quam ante omnem cognitionem intuitivam. Sed hoc non potest esse per habitum generatum ex cognitione intuitiva, ut probatum est, igitur generatur ex cognitione abstractiva simul existente cum cognitione intuitiva." OT V 264, 25–265, 5.

[567] „Ideo dico quod actus voluntatis est cuasa immediata quare plus cognoscitur unum tale obiectum et non aliud, quia scilicet voluntas vult unum cognosci et aliud non. Et posita ista volitione cum habitu inclinante sine omni activitate intellectus, causabitur intellectio illius obiecti. Et posita activitate intellectus sine omni actu volendi, non potest sufficienter reddi causa praedictae cognitionis. Et ita est in multis argumentis quae probant activitatem intellectus, quod

Dies wird noch deutlicher, wenn Ockham darauf hinweist, dass beim Vergleichsvorgang verschiedener Individuen ein Willensakt am Werk ist.[568]

### 4.7.4  Die notitia connotativa

Von besonderer Bedeutung für unsere Fragestellung sind die konnotativen Begriffe.[569] Wiewohl Ockham im streng individuierten Seienden den Ausgangspunkt und Zielpunkt aller Erkenntnis ausmacht, so muss er doch feststellen, dass es Begriffe gibt, die zwar in gewisser Weise am Singularen haften, aber sich dennoch nicht direkt auf das Singulare beziehen, sondern nur mitgedacht werden, d. h. in Bezug auf die Hauptbedeutung eines Begriffs eine Nebenbedeutung oder Mitbedeutung darstellen. Im Gegensatz zu den sich direkt auf die Einzeldinge beziehenden *nomina absoluta* heißen sie *nomina connotativa*.[570] Konnotative Begriffe bezeichnen niemals ein Einzelding, sondern werden mit dem Einzelding in Verbindung mit anderen jeweils nur mitgedacht, konnotieren. Konnotative Begriffe bezeichnen daher auch kein eigenständiges Sein. Es ist gerade Ockhams Radikalität seiner Ontologie des Einzelnen, die zur Konzeption von konnotativen Begriffen zwingt. Ockham nennt verschiedene Gruppen von Begriffen, die konnotativen Charakter haben. Dazu zählen insbesondere die Qualitäten,[571] die Quantitäten,[572] die Relationen,[573] also damit die aristotelischen Kategorien mit Ausnahme der Substanz, der Seelenvermögen,

---

plus probant activitatem voluntatis quam intellectus, quia multa talia sine actu voluntatis non possunt salvari." OT VIII 190, 720–191, 3; Miethke, J., 1969, 172 f; Sebastian Day argumentiert, die Habituslehre im Kontext der Erkenntnistheorie habe die *species intelligibilis* Lehre abgelöst. Day, S., 1947, 188 f.

[568] OT VIII 176, 428–434.

[569] Auf die Debatte um die reduktionistische bzw. nichtreduktionistische Interpretation der konnotativen Begriffe soll hier nicht weiter eingegangen werden. Vgl. dazu die opponierenden Darstellungen von: Spade, P. V., 1975, 55–76 und Panaccio, C., 1990.

[570] Ockham erläutert diese wichtige Unterscheidung in seiner Summa Logicae (SL I cap. 10). „Nomina mere absoluta sunt illa quae non significant aliquid principaliter et aliud vel idem secundario, […]", OP I 35, 6 f, „Nomen autem connotativum est illud quod significat aliquid primario et aliquid secundario." OP I 36, 38 f.

[571] Z. B. iustus, animatus, albus, humanum, die sich jeweils qualitativ auf bestimmte Gegenstände beziehen.

[572] „et quantitas continua et permanens non est nisi res habens partem distantiam a parte, ita quod ista est definitio exprimens quid nominis ipsius. Tales etiam consequenter habent ponere quod ‚figura', ‚curvitas', ‚rectitudo', ‚longitudo', ‚latitudo' et huiusmodi sunt nomina connotativa." OP I 37, 72–76 (= SL I Cap. 10)

[573] Als *nomina relativa* z. B. diversus, pater, filius, causa [OP I 155, 30–35], sowie ‚simile'. „Si enim definiatur ‚simile', debet dici sic ‚simile est aliquid habens qualitatem talem qualem habet aliud', vel aliquo modo consimili debet definiri." OP I 37, 61 ff. Auch die Bewegung gehört zu den Relationsbegriffen. „[…] concedo quod ‚motus' est nomen relativum; […]", OP VI 425, 58; ebenso die Zeit, die daher auch ein konnotativer Begriff ist. „[…] quod tempus est nomen relativum vel saltem connotativum; […]", OP VI 495, 50 f. Zur Relationentheorie Ockhams vgl. Martin, G., 1949, 139 ff; ebenso: Greive, H., 1967, 248–258.

der transzendenten Entitäten[574] und der mathematischen Objekte.[575] Auch die Zeit zählt nach Aristoteles zu den Kategorien.[576] Verschiedene Einteilungen dieser Gruppen sind möglich.[577] Gemäß seiner an Aristoteles anknüpfende Unterscheidung von Realdefinition und Nominaldefinition[578] haben konnotative Begriffe keine Realdefinition, sondern nur eine Nominaldefinition,[579] in die der Kontext und die Relationen des betreffenden konnotativen Begriffs eingehen. Streng genommen muss man daher eine doppelte Ontologie bei Ockham konstatieren. Die eine bezieht sich auf die Individualität des existierenden Einzelnen, die andere auf die Relationalität der konnotierenden Begriffe.

Da konnotative Begriffe sich nicht direkt wie die *notitia intuitiva* aus einem Wahrnehmungsakt eines Dinges ergeben, und insofern die reine passive Apperzeption überschreiten, stellt sich bei ihnen die Frage nach dem Eigenanteil des Intellekts und des Willens in besonderer Weise. Entsprechend betont Ockham auch deutlich die Aktivität des Intellekts und des Willens bei der Erzeugung konnotativer Begriffe, wie z. B. der *relatio rationis*.[580] Diese Anforderung an Intellekt und Wille gilt insbesondere für Konstitution der Begriffe der Bewegung und der Zeit. Ist die Bewegung schon ein konnotativer Begriff, so ist die Zeit noch einmal ein davon abgeleiteter konnotativer Begriff, gewissermaßen ein konnotativer Begriff zweiter Ordnung. Obwohl Ockham an der Objektivität der Zeit festhält,[581] ist es nach Ockham, ausgehend von der aristotelischen Zeitdefinition, in der Zeit als das Maß der Bewegung verstanden wird, die besondere Tätigkeit der Seele, die dieses Maß durch ihre Tätigkeit erkennbar werden lässt.[582] Es ist daher nahe liegend, wenn Jürgen Miethke nach einer eingehenden

---

[574] „Sub istis [= nomina connotativa] etiam nominibus comprehenduntur omnia talia ‚verum‘, ‚bonum‘, ‚unum‘, ‚potentia‘, ‚actus‘, ‚intellectus‘, ‚intelligibile‘, ‚voluntas‘, ‚volibile‘ et huiusmodi." OP I 38, 81 ff.

[575] „Ockham agrees with contemporary nominalists in the sense that he does not regard mathematical terms and concepts as absolute terms and concepts. Ockham regards them as connotative terms and concepts", Goddu, A., 1993, 108.

[576] Kate 12, 14a26–39. Vgl. OT IX 714–720.

[577] Gottfried Martin unterscheidet sechs verschiedene Klassen von konnotativen Begriffen; Martin, G., 1949, 223 f.

[578] APo II 13, 96a20–97b39; To I 101b38–102b26; 139a24–151b24. „Definitio autem dupliciter accipitur. Quaedam est definitio exprimens quid rei et quaedam est definitio exprimens quid nominis." OP I 84, 14 f.

[579] Miethke, J., 1969, 203.

[580] „Et quantum ad hoc potest aliquo modo salvari dictum unius doctoris qui ponit quod relatio rationis potest causari per actum intellectus et per actum voluntatis quamvis non sit proprie dictum intellectum causare respectum rationis." OT IV 386, 9–13.

[581] „[…] dico quod de virtute sermonis haec est concedenda ‚tempus potest esse sine anima‘, accipiendo tempus pro motu caeli qui nunc est tempus, quia iste motus potest esse etiam si nulla anima esset." OP VI 532, 103 ff.

[582] „Sed tempus non potest esse tempus sine anima sicut motus primus non potest esse tempus sine anima, […]", OP VI 532, 106 f.

Analyse des ockhamschen Zeitbegriffs im Kontext konnotativer Begriffsbildung zum Schluss kommt, dass der Wille bei der Konzeption der konnotativen Begriffe eine konstitutive Rolle zukommt.[583] Der Zeitbegriff
Ockhams soll abschließend noch einmal im größeren systematischen und
historischen Zusammenhang untersucht werden. Dabei soll vor allem die
Frage nach der Subjektivität, der Objektivität der Zeit und die Rolle des
Intellekts und Willens bei der Bildung des Zeitbegriffs im Blick sein.

## 4.8 Anthropologie und Zeit

Vier herausragende Gestalten der Antike, Plato (427–347 v. Chr.), Aristoteles (384–322 v. Chr.), Augustinus (354–430) und schließlich Plotin
(205–270) bestimmen die Fragestellungen und Lösungsstrategien hinsichtlich des Zeitproblems, innerhalb deren bis zum heutigen Tag die Fragen
nach der Natur der Zeit diskutiert werden. Es sind vor allem drei Problemkreise, die je nach historischer Konstellation immer wieder nach einer philosophischen Lösung drängen. Die erste Frage gilt der Ontologie der Zeit,
besonders augenfällig in Augustins berühmter Formulierung „Was ist die
Zeit?" in seinen Confessiones. Die zweite Frage gilt dem Problem, ob die
Zeit subjektiv ein Phänomen des menschlichen Bewusstseins sei oder eine
objektive Verankerung im Sein besitze. Die dritte Frage schließlich betrifft
das Problem der Messbarkeit der Zeit.

### 4.8.1 Das Zeitproblem in der Antike

Platons Philosophie der Zeit kann als eine Integration der beiden extremen
Positionen Parmenides' und Heraklits verstanden werden, die die griechische Philosophie in eine Aporie geführt hatten, aus der Platon sie befrei-
te.[584] Während Heraklit (550–480 v. Chr.) den Werdecharakter allen Seins
betont und daher der Zeit und ihrem Verfließen eine fundamentale Rolle
einräumt, ist es für Parmenides (540–470 v. Chr.) aus Elea in Unteritalien
gerade die Zeitenthobenheit des Seins in Gestalt der ewigen Gegenwart, die
seinen philosophischen Eros anzieht. Die ewige Gegenwart, als Einheit der
Modi der Zeit in der Form von Vergangenheit, Gegenwart und Zukunft, ist
zugleich der Ort der Vergegenwärtigung der zeitlos gedachten Ewigkeit. In

---

[583] „Wenn wir also Ockhams Analyse der Bildung des Zeitbegriffs auf die Bildung von konnotativen Begriffen überhaupt verallgemeinern dürfen [Anm. 323: Und Ockham selbst legt
das nahe, indem er sich in quaest. Phys., q. 49 auch auf die „similitido" bezieht (Boehner, 126,
189 f)], so ist also eine Mitwirkung eines Willensaktes bei der Erfassung von verschiedenen res
singulares im gemeinsamen Begriff von ihm nicht nur nicht ausgeschlossen, sondern sogar ausdrücklich behauptet worden", Miethke, J., 1969, 224.
[584] Zur Zeitdiskussion der Antike vgl. Kunz, S., 1985, 185–195.

dieser zeitlosen Gegenwart ist der Vergänglichkeitscharakter der Zeit aufgehoben. Die Wahrheit und das Sein sind ihm zeitlos.[585]

Heraklit hingegen betont in seiner berühmten Sentenz (πάντα ῥεῖ) gerade die Zeitgebundenheit des Seins und ihren unhintergehbaren Werdecharakter. Beide Philosophen betonen unterschiedliche Aspekte der Zeit. Während Parmenides das Augenmerk auf Konstantes im Zeitfluss richtet und dies in so extremer Weise tut, dass der real zu konstatierende Verlaufcharakter der Zeit als Illusion erscheinen muss, ist umgekehrt Heraklit nicht in der Lage, aus seiner Betonung des Fliessens der Zeit konstante, sich durchhaltende – eben zeitenthobene Strukturen – zu identifizieren.

### 4.8.1.1  Die Zeittheorie Platons

Platons Zeittheorie bringt diese beiden Sichtweisen der Zeit zusammen, indem er einerseits den Verlaufcharakter der Zeit betont, andererseits die Zeitenthobenheit der Ewigkeit im Blick hat und schließlich eine Theorie entwickelt, die beide Momente miteinander verbindet. Entsprechend kennt Platon zwei verschiedene Begriffe für die Zeit, αἰών für die Ewigkeit des stehenden Jetzt, χρόνος für den Verlaufcharakter der irdischen Zeit. Es ist der Kontext seiner Kosmogonie, in der er in der Fluchtlinie seiner Ideenlehre den Verlaufcharakter der irdischen Zeit, erkennbar insbesondere in den harmonischen Himmelsbewegungen, als ein Abbild der Ewigkeit interpretiert und auf diese Weise αἰών und χρόνος miteinander verbindet.[586] So hält Platon einerseits deutlich an der Zeitenthobenheitskonzeption des Parmenides fest,[587] ohne andererseits den irdischen Verlaufcharakter der Zeit zu leugnen, der als Abbild in den Bewegungen der Planeten erkennbar ist.[588] Dennoch bleibt auch bei Platon die irdische Zeit in ihrem bloßen Ab-

---

[585] „So ist nur noch die Rede von einem Weg, der uns bleibt: Daß das Seiende ist. Merkzeichen hat dieses gar viele. Niemals ist es geworden, so kann es auch nimmer vergehen. Ganz ist es, einzig nach Art und ohne Bewegung und Ende. Niemals war es noch wird es je sein, nur Gegenwart ist es, ununterbrochene Einheit, wo sollt' einen Ursprung es haben?", Parmenides in: Nestle, W., 1978, 116 f; „Wie denn sollte in Zukunft das Seiende sein, wie geworden? Ist es geworden und wird es erst sein, so ist es nicht wirklich. Drum ist das Werden erloschen, verschollen ist ganz das Vergehen", Parmenides in: Nestle, W., 1978, 117.

[586] „So sann er darauf, ein bewegliches Abbild (εἰκών) der Ewigkeit (αἰών) zu gestalten, und macht, indem er dabei zugleich den Himmel ordnet, von der im Einen (ἐν ἑνί) verharrenden Ewigkeit ein in Zahlen (κατ' ἀριθμὸν) fortschreitendes ewiges Abbild, und zwar dasjenige, dem wir den Namen Zeit (χρόνος) beigelegt haben", Platon, Timaios 37d.

[587] „Dem stets sich selbst gleich und unbeweglich Verhaltenden aber kommt es nicht zu, in der Zeit jünger oder älter zu werden, noch irgendeinmal geworden zu sein oder es jetzt zu sein oder es in Zukunft zu werden und überhaupt nichts von all dem, was das Werden den im Bereich der sinnlichen Wahrnehmung bewegenden Dingen anheftete. Vielmehr sind diese entstanden als Formen der die Ewigkeit nachbildenden und nach Zahlenverhältnissen umlaufenden Zeit", Platons, Timaios 38a.

[588] „Aufgrund solcher Überlegung und Absicht des Gottes bezüglich der Entstehung der Zeit sind nun, damit die Zeit erzeugt werde, Sonne, Mond und fünf andere Sterne, die den Na-

bildcharakter gegenüber dem Ewigen deutlich defizitär.[589] Durch diese Verbindung von αἰών und χρόνος entsteht das Problem, wie der Übergang von einem zum anderen zu verstehen ist. Platon versucht eine Lösung dieses Problem, indem er eine neue Kategorie einführt, die weder dem αἰών noch dem χρόνος angehört, weder der Ruhe, noch der Bewegung: Den Augenblick (Τὸ ἐξαίφνης).[590] Er soll zwischen dem αἰών und dem χρόνος dergestalt vermitteln, dass die Zeit das Abbild der Ewigkeit werden kann und dass Zeit aus der Ewigkeit hervorgehen kann.[591]

Es kommt aber bei Platon durch diesen Gedanken des Abbildes überraschenderweise ein neuer Gesichtspunkt ins Spiel, der bei den beiden Vorgängern Platons noch nicht im Blick war. Indem nämlich die irdische Zeit einerseits Abbild der Ewigkeit ist, ist sie Kontinuum des Immergleichen. Indem aber andererseits die Ewigkeit nur erscheint, d.h. nicht real präsent ist, sondern nur als Abbild, ist in ihr zugleich Sukzession und Verfließen vorhanden. Die Zeit als Erscheinung des reinen ewigen Seins ist demnach stehende Einheit in fließender Sukzession. Damit ist zugleich die *Kreisförmigkeit* der Zeit behauptet und die *Richtung* ihres Verlaufs kann nicht in den Blick kommen. Diese Verbindung von Einheit und fließender Sukzession gilt nun auch für die Zahlenreihe. Jede Zahl ist einerseits Teil der wachsenden Zahlenfolge und andererseits eine Einheit in sich selbst und für sich selbst. Zeit und Zahl sind also strukturanalog, isomorph und können daher aufeinander abgebildet werden. Oder anders gewendet: *Die Zeit wird durch die Zahl messbar*. Mit diesem neuen Gedanken der Messbarkeit der Zeit eröffnet Platon einen neuen Problembereich, der von seinem Schüler Aristoteles aufgegriffen und weiterentwickelt wird.

### 4.8.1.2 Die Zeittheorie Aristoteles'
Die Besonderheit der platonischen Lösung des Zeitproblems, die Verbindung von αἰών und χρόνος, ist bei Aristoteles nicht mehr im Blick. Vielmehr stellt Aristoteles den bei Platon bereits anklingenden Gedanken der Messbarkeit der Zeit, bei Platon noch durch die Progression der Zahlen-

---

men Planeten führen, zur Abgrenzung und Bewahrung der Zahlenwerte der Zeit entstanden", Platon, Timaios 38c.

[589] „Die Zeit entstand also mit dem Himmel, damit, sollte je eine Auflösung stattfinden, sie, als zugleich erzeugt, zugleich aufgelöst würden, […]", Platon, Timaios 38b.

[590] „Denn aus der Ruhe (ἔκ γε τοῦ ἑστάναι) geht nichts noch während des Ruhens über noch aus der Bewegung (ἐκ τῆς κινίσεως) während des Bewegt-Seins; sondern dieses wunderbare Wesen (αὔτη φύσις ἄτοπός), der Augenblick (τὸ ἐξαίφνης), liegt zwischen der Bewegung und der Ruhe als außer aller Zeit seiend (ἐν χρόνῳ οὐδενὶ οὖσα), und in ihm und aus ihm geht das Bewegte über zur Ruhe und das Ruhende zur Bewegung. […]. Geht es aber über, so geht es im Augenblick über, so dass, indem es übergeht, es in gar keiner Zeit (ἐν οὐδενὶ χρόνῳ ἂν εἴη) ist und sich dann weder bewegt noch ruht", Platon, Parmenides 156e.

[591] Zur platonischen Theorie des Augenblicks vgl. Link, C., 1984, 51–84; Gawoll, J-J., 1994, 152–179.

reihe, ins Zentrum seiner Zeittheorie und verbindet ihn mit seiner am Naturbegriff orientierten Bewegungslehre (Physik, Kap. III), so dass bei Aristoteles Zeit immer in der Triade: Natur (φύσις) – Bewegung (κίνησις) – Zeit (χρόνος) zu denken ist.[592] Der Platonschüler konzentriert sich also ganz auf den Verlaufscharakter der Zeit, den χρόνος. Er widmet nun dieser irdischen Verlaufszeit eine lange und sorgfältige Analyse in seiner Physik, Kap. IV, 10–14. In konzentrischen gedanklichen Kreisbewegungen spitzt Aristoteles darin das Zeitproblem immer genauer auf vier Problembereiche zu:

1. Die Frage nach der Existenz eines unteilbaren Zeitpunkts, d.h. es geht ihm um das Problem des Kontinuums der Zeit, bzw. der Diskretion der Zeit.
2. Die Frage nach der Beziehung von Zeit und Bewegung
3. Die Frage nach der Messbarkeit der Zeit
4. Die Frage nach der Beziehung zwischen Zeit und Bewusstsein

Nachdem der Stagirite den Zusammenhang von Zeit (χρόνος), Veränderung (μεταβολή) und Bewegung (κίνησις) sichergestellt hat,[593] versucht er die Beziehung zwischen Zeit und Bewegung näher zu bestimmen,[594] indem er weder die Identität von Zeit und Bewegung, noch die Trennung von Zeit und Bewegung als theoretisch mögliche Verhältnisbestimmung behauptet.[595] Vielmehr ist zur Klärung des Verhältnisses von Zeit und Bewegung die Einführung eines weiteren Begriffes notwendig. Dies ist der Begriff des Maßes (ἀριθμός). So kommt Aristoteles im Kontext seiner Bewegungslehre zu einer klaren Eingrenzung und Präzisierung des Zeitproblems und definiert Zeit als „Maßzahl der Bewegung im Blick auf das Frühere und Spätere"[596] und betont in seiner abschließenden Darstellung dieser Definition noch einmal die Kontinuität (συνεχής) der Zeit in Analogie zur Kontinuität der Bewegung.[597] Bewegung und Zeit sind so ineinanderverschränkt, dass sie sich wechselseitig definieren und messen. Nicht nur misst die Zeit die Bewegung, sondern auch umgekehrt die Bewegung die Zeit.[598] Allerdings

---

[592] Natur konstituiert sich für Aristoteles aus Bewegung und Veränderung, Potentialität, Aktualität und dem Weg der Verwirklichung der Potentialität zur Aktualität, d.h. der Entelechie (Phys-A III). „Ἐπεὶ δ' ἐστὶν ἡ περὶ φύσεως ἐπιστήμη περὶ μεγέθη καὶ κίνησιν καὶ φρόνον", Phys-A III 4, 202b30f.

[593] „[…] ὅτι οὐκ ἔστιν ἄνευ κινίσεως καὶ μεταβολῆς χρόνος", Phys-A IV, Kap. XI 219a.

[594] „Ληπτέον δέ, ἐπεὶ ζητοῦμεν τί ἐστιν ὁ χρόνος, ἐντεῦθεν ἀρχομένοις, τί τῆς κινήσεώς ἐστιν", Phys-A IV 9, 219a3f.

[595] Phys-A IV 9, 219a2f; Phys-A IV 12, 221b10ff.

[596] „ὅταν δὲ τὸ πρότερον καί ὕστερον, τότε λέγομεν χρόνον· τοῦτο γάρ ἐστιν ὁ χρόνος, ἀριθμὸς κινίσεως κατὰ τὸ πρότερον καὶ ὕστερον", Phys-A IV 11, 219b1ff, 4ff; ebenso: Phys-A IV 11, 220a25.

[597] Phys-A IV 11, 220a25.

[598] „Οὐ μόνον δὲ τὴν κίνησιν τῷ χρόνῳ μετροῦμεν, ἀλλὰ καὶ τῇ κινήσει τὸν χρόνον, διὰ τὸ ὁρίζεσθαι ὑπ' ἀλλήλων·", Phys-A IV 12, 220b15–18.

liegt hier bei Aristoteles in gewisser Weise eine gedankliche Inkonsistenz vor, wenn er an anderer Stelle wiederum behauptet, die Zeit umfasse (περιέχεσθαι) die Dinge,[599] so wie der Raum die Dinge umfasse, eine Aussage, die ja gerade die enge Verknüpfung der Zeit mit der Bewegung aufhebt und den Gedanken der Absolutheit der Zeit im Keim enthält.

Von den vier Arten der Bewegung, die Aristoteles kennt, Veränderung (ἀλλοίωσις), Wachstum (αὔξησις), Werden (γένεσις) und Ortsveränderung (φορά) ist es allein letztere, die aufgrund ihrer Gleichförmigkeit (ὁμαλής) einem Messvorgang unterworfen werden kann.[600] Im Interesse der Messbarkeit spezifiziert Aristoteles gleich anschließend die Gleichförmigkeit der Ortsbewegung noch einmal als Rotation der Sphären (σφαῖρα), da sie als Bezugsmaß, als Standard, für die quantitative Erfassend von Bewegung und Zeit am besten geeignet ist,[601] wobei im Prinzip jede Art von Kreisbewegung (κυκλοφορία) als Standard für ein Zeitmaß in Gestalt der Periodizität (περίοδον)[602] geeignet ist.[603] Damit ordnet Aristoteles bewusst die Zeit der Kategorie der Quantität[604] zu, nachdem er explizit die Frage nach dem Wesen der Zeit gestellt hatte.[605]

Auf diese Weise der Verknüpfung von Zeit, Zählen und Bewegung ist allerdings das Zeitproblem noch nicht erschöpfend behandelt, denn durch den Zählakt kommt unweigerlich die Rolle des Bewusstseins in den Blick, und damit die Anthropologie. Dieser anthropologische Rückbezug über den Zählakt ist neu gegenüber Platon. Aristoteles beginnt seine Erörterung des anthropologischen Aspekts der Zeit sogar ohne ausdrücklichen Bezug auf die Wahrnehmung äußerer Bewegung, wenn er allein auf die Selbstwahrnehmung des Bewusstseins (ψυχή) reflektiert, das in der Dunkelheit ohne Sinnenkontakt zur Außenwelt allein sich selbst und die interne Ab-

---

[599] Phys-A IV 12, 221a28 ff.

[600] „Ἀλλοίωσις μὲν οὖν οὐδ' αὔξησις οὐδὲ γένεσις οὐκ εἰσὶν ὁμαλεῖς, φορὰ δ' ἐστίν", Phys-A IV 14, 223b20 f.

[601] „διὸ καὶ δοκεῖ ὁ χρόνος εἶναι ἡ τῆς σφαίρας κίνησις, ὅτι ταύτῃ μετροῦνται αἱ ἄλλαι κινίσεις καὶ ὁ χρόνος ταύτῃ τῇ κινίσει." Phys-A IV 14, 223b21–24.

[602] Phys-A IV 14, 223b25–35.

[603] „ἡ κυκλοφορία ἡ ὁμαλὴς μέτρον μάλιστα, ὅτι ὁ ἀριθμὸς ὁ ταύτης γνωριμέτατος", Phys-A IV 14, 223b19 f. Aristoteles könnte den kosmischen Bezug seiner Zeittheorie von Platon (Platon, Timaios 37c–e, 38c) übernommen haben. Vgl. dazu: Conen, C. F., 1964, 21–29.

[604] Dies tut er auch expressis verbis in seiner Kategorienschrift, wo er Zahl und Zeit als Quantität auffasst. Die Zahl ist dabei eine diskrete, die Zeit eine kontinuierlich Quantität. „ἔστι δὲ διωρισμένον μὲν οἷον ἀριθμὸς καὶ λόγος, συνεχὲς δὲ γραμμή, ἐπιφάνεια, σῶμα, ἔτι δὲ παρὰ ταῦτα χρόνος καὶ τόπος", Kate, VI 4b–22–25; „Andere heißen Quanta in der Weise, in der in der Bewegung und Zeit Quanta sind; denn auch diese nennt man Quanta – und zwar kontinuierliche – deshalb, weil jene Dinge zerlegbar sind, deren Affektionen sie sind. Ich meine hier nicht das, was bewegt wird, sondern das, worin es bewegt wurde; denn da dies ein Quantum ist, ist auch die Bewegung ein Quantum, und da diese eines ist, ist es auch die Zeit", Meta V 13, 1020a28–32.

[605] „Τί δ' ἐστὶν ὁ χρόνος καὶ τίς αὐτοῦ ἡ φύσις [...]", Phys-A IV 10, 218a33.

folge von Wahrnehmungsakten zum Gegenstand hat.[606] Noch deutlicher
wird der anthropologische Bezug der Zeit für Aristoteles, wenn die Wahr-
nehmungsakte des Bewusstseins im Hinblick auf äußere Bewegungen der
Natur in den Blick kommen.[607] Dies führt Aristoteles weiter zur Frage,
ob die Zeit überhaupt ohne Bewusstsein existiert,[608] genauer gesagt ohne
zählendes Bewusstsein,[609] ein Problem, das im Anschluss an Aristoteles
auch schon in der Antike ungemein kontrovers diskutiert wurde.[610] Wenn
nun, so argumentiert Aristoteles weiter, die Zahl als gezählte, quantifizierte
Zeit, nur im Bewusstsein als zählendes Bewusstsein – als Intellekt (ψυχῆς
νοῦς) – existiert, bzw. nur das Bewusstsein zählen kann, dann kann man den
Schluss ziehen, dass die Zeit ohne Bewusstsein nicht existiert.[611] Allerdings
zieht Aristoteles nicht die radikale Konsequenz der Subjektivierung der
Zeit, sondern schränkt sogleich ein, indem er die Existenz eines *Substrats
der Zeit* („τοῦτο ὅ ποτε ὄν ἐστιν ὁ χρόνος") für möglich hält,[612] mithin die Existenz einer objektiven Grundlage für die Zeit. So hat Aristoteles über den
Umweg einer quantitativ-physikalischen Zeitdefinition in seiner Physik,
mit einem Echo in *De Anima* das subjektive Zeitbewusstsein entdeckt,[613]
als erster philosophisch in Ansätzen diskutiert und damit das Zeitproblem
auch zu einem Thema der Anthropologie gemacht. Augustinus sollte diesen anthropologischen Aspekt des Zeitproblems zum Kern seiner Zeitphilosophie machen.

### 4.8.1.3  Die Zeittheorie Augustins

Augustinus setzt sich im Rahmen schöpfungstheologischer und gnaden-
theologischer Überlegungen im XI. Buch seiner Confessiones ähnlich wie
Platon mit der Differenz zwischen Ewigkeit und Zeit auseinander. Er ist
der erste Denker des Abendlandes, der eine Bewusstseinstheorie der Zeit
entwickelt, in der er versucht, biblisches und neuplatonisches Erbe zu
integrieren. Im Sinne der griechischen Philosophie hält er an der ewigen
Gegenwart des Seins fest und teilt mir ihr die Abwertung der Modi der Zeit

---

[606] „ἅμα γὰρ κινήσεως αἰσθανόμεθα καὶ χρόνου· καὶ γὰρ ἐὰν ᾖ σκότος καὶ μηδὲν διὰ τοῦ σώματος
πάσχωμεν, κίνησις δέ τις ἐν τῇ ψυχῇ ἐνῇ, εὐθὺς ἅμα δοκεῖ τις γεγονέναι καὶ χρόνος", Phys-A IV 11,
219a5 ff.

[607] „Ἄξιον δ᾽ ἐπισκέψεως καὶ πῶς ποτε ἔχει ὁ χρόνος πρὸς τὴν ψυχίν, καὶ διὰ τί ἐν παντὶ δοκεῖ εἶναι ὁ
χρόνος, καὶ ἐν γῇ καὶ ἐν θαλάττῃ καὶ ἐν οὐρανῷ." Phys-A IV 14, 223a16–19.

[608] „Πότερον δὲ μὴ οὔσης ψυχῆς εἴη ἂν ὁ χρόνος ἢ οὔ", Phys-A IV 14, 223a21.

[609] Phys-A IV 14, 223a22 ff.

[610] Vgl. Conen, C.F., 1964, 156–169; Perler, D., 1988, 180.

[611] „εἰ δὲ μηδὲν ἄλλο πέφυκεν ἀριθμεῖν ἢ ψυχὴ καὶ ψυχῆς νοῦς, ἀδύνατον εἶναι χρόνον ψυχῆς μὴ οὔσης",
Phys-A IV 14, 223a25 ff. Ein guter Überblick über die Interpretation dieser schwer zu deutenden Stelle findet sich in: Cohen, P.F., 1964, 156–169.

[612] „ἀλλ᾽ ἢ τοῦτο ὅ ποτε ὄν ἐστιν ὁ χρόνος, οἷον εἰ ἐνδέχεται κίνησιν εἶναι ἄνευ ψυχῆς", Phys-A IV
14, 223a27 ff.

[613] De An. 430b8; 426b24 ff.

– Vergangenheit, Gegenwart und Zukunft. Dem Streben des menschlichen Herzens traut Augustinus die Schau der – griechisch gedachten – ewigen Gegenwart zu.[614] Die biblische Tradition hingegen vermittelt ihm den kontingenten, nicht zyklischen Charakter der Zeit. Der kosmische Bezug der Zeit geht Augustinus fast völlig verloren,[615] nachdem er sich auch mit der aristotelischen Zeittheorie auseinander gesetzt hat und dabei insbesondere ihren kosmisch physikalischen Aspekt kritisiert.[616]

Allein die menschliche Seele scheint ihm noch der Ort der Manifestation der Zeit. Er ordnet im Ringen um die Frage der Realität der Zeit den Modi der Zeit, d. h. Vergangenheit, Gegenwart und Zukunft, die geistigen Funktionen der Erinnerung, Anschauung und Erwartung zu.[617] Durch diese Verknüpfung der Zeit mit der menschlichen Geistestätigkeit wird die subjektive Zeiterfahrung eine Funktion der Stärke des Geistes. Es ist demnach der Geist, der die subjektive Zeit misst.[618]

### 4.8.2 Die Zeittheorie Ockhams

Mit den Vorläufern aus der Antike sind wichtige Eckpunkte der Zeitproblematik benannt, die im ausgehenden Mittelalter neu diskutiert werden. Platon betont mit seiner Differenz von Ewigkeit und Zeit den transzendenten Bezug der Zeit. Aristoteles sichert mit seiner detaillierten Zeitanalyse den physikalisch kosmischen, und damit objektiven Charakter der physikalischen Verlaufszeit und bereitet die Einsicht in die Subjektivität der Zeiterfahrung vor, die Augustinus wiederum in einer eingehenden psychologischen Analyse entfaltet und schöpfungstheologisch einbettet.

---

[614] „Wann wird es sehen, dass eine lange Zeit nur lang wird durch viele vorübergehende Vorgänge, die nicht zugleich sich abspielen können, dass aber im Ewigen nichts vergeht, sondern dass es ganz gegenwärtig ist, während keine Zeit nie ganz gegenwärtig sein kann", Confessiones, Buch XI 11.

[615] Kurt Flasch urteilt über das Verhältnis von augustinischer und aristotelischer Zeittheorie: „Bei Augustin ist die Zeit die Ausdehnung der Seele, ohne dass ihre Naturbasis geleugnet wäre. Das Gewicht hat sich aber verlagert, weg von der Kosmologie, hin zur Seelentätigkeit", Flasch, K., 1993, 124.

[616] „Heißest Du mich zustimmen, wenn mir jemand sagt, die Zeit sei Bewegung eines Körpers? Nein. Denn ein Körper bewegt sich nur in der Zeit. So höre ich es, und Du sagst es. Dass aber die Bewegung des Körpers selbst Zeit sei, höre ich nicht. Das sagst du nicht", Confessiones, Buch XI 24.

[617] In seinen Confessiones analysiert er: „Was aber jetzt klar und deutlich ist, das ist dies: Weder das Zukünftige ist noch das Vergangene, und man wird auch von rechts wegen nicht sagen, es gebe drei Zeiten, Vergangenheit, Gegenwart und Zukunft. Vielleicht sollte man richtiger sagen: Es gibt drei Zeiten, Gegenwart des Vergangenen, Gegenwart des Gegenwärtigen und Gegenwart des Zukünftigen. Denn diese drei sind in der Seele, und anderswo sehe ich sie nicht. Gegenwart des Vergangenen ist die Erinnerung, Gegenwart des Gegenwärtigen ist die Anschauung, Gegenwart des Zukünftigen ist die Erwartung Confessiones", Buch XI 20, 26.

[618] „In dir mein Geist, messe ich meine Zeiten", Confessiones, Buch XI 27, 16.

Es ist aber die Rezeption der aristotelischen Zeittheorie, die den Charakter der spätmittelalterlichen Diskussion um die Theorie der Zeit bestimmt. Mit der im 13. Jahrhundert einsetzenden Aristotelesrezeption, bei der auch der Physikkommentar des Averroës eine wichtige Rolle spielt,[619] dreht sich die Diskussion seit der Intervention von 1277 zunächst um die aristotelische Behauptung der Ewigkeit der Welt.[620] Eine Generation später jedoch hat sich der Frageschwerpunkt deutlich verschoben.[621] Es geht nun darum,

i.   wie das Verhältnis innerer subjektiver und äußerer objektiver Zeit zu bestimmen ist,[622]
ii.  wie das Maß der Zeit zu denken ist,
iii. in welcher Weise eine Zeitstrecke zu denken ist, als Kontinuum oder als Diskretion.[623]

Der Schwerpunkt liegt auf der Frage nach der Verhältnisbestimmung von subjektiver und objektiver Zeit. Man kann darin eine Akzentverlagerung von der Theologie hin zur Anthropologie der Zeit erkennen. Die Tatsache, dass nunmehr das Zeitproblem in dieser Form gestellt wird, hängt auch damit zusammen, dass 1277 die radikale augustinische Lösung der völligen Subjektivierung der Zeit abgelehnt und verurteilt wurde, um die Objektivität der Zeit im Interesse der Schöpfungstheologie zu sichern. Abgelehnt wird 1277 These 200, die auf eine Subjektivierung der Zeit hinausläuft.[624] Auch Averroës hatte in diese Richtung der Subjektivierung der Zeit gedacht, allerdings ausgehend von der aristotelischen Überlegung des subjektiven Anteils beim Zählakt.[625] Ebenso argumentieren Dietrich von Freiberg,[626]

---

[619] Averroës, 1562.

[620] An dieser Debatte, angestoßen durch Heinrich von Gent im Zusammenhang mit der Lehrverurteilung von 1277 (Satz 87) beteiligen sich vor allem Heinrich von Gent selbst, Thomas von Aquin, Boethius von Dacien, Siger von Brabant und Aegidius Romanus. Vgl. Macken, R., 1971, 211–272.

[621] Im *Corpus Philosophorum Teutonicorum Medii Aevi* (CPTMA) finden sich eine Reihe von Untersuchungen zur Zeitphilosophie mittelalterlicher Autoren.

[622] „Die Frage, die in der Philosophie des 13. und 14. Jahrhunderts eine zentrale Rolle gespielt hat, wurde dahin formuliert, ob das *tempus*, verstanden im Sinn der aristotelischen Definition, eine außerseelische Realität habe, ob es *aliquid praeter animam* sei, ob ihm ein *esse in re extra* oder nur *in anima* zukomme", Maier, A., 1955A, 49.

[623] Dieser Problemzusammenhang soll hier nur erwähnt, aber nicht weiter verfolgt werden. Er spielt in der zweiten Hälfte des 13. Jahrhunderts eine große Rolle, insbesondere in den Werken von Albertus Magnus und Ulrich von Straßburg. Jeck, U.R., 1998, 81–97; Breidert, W., ²1970.

[624] „Quod evum et tempus nichil sunt in re, sed solum in apprehensione", Flasch, K., 1989, 246.

[625] Averroës, 1562, 202.

[626] Dietrich von Freiberg, Opera Omnia, Bd. III, Rehn, R. (Hg.), 1983, 242–273. Dietrich entfaltet allerdings das Problem der Zeit nicht wie Aristoteles anhand des Bewegungsproblems, sondern anhand des Problems des Kontinuums (De natura continuum, Kap 1–2). In der Interpretation der Stelle bei Aristoteles, die das „Zeitsubstrat" thematisiert, sieht Dietrich hingegen ganz von diesem Aspekt ab und legt den Schwerpunkt auf die Tätigkeit der *anima* zur Konstitution der Zeit. „Philosophus etiam in IV Physicorum quaerens et determinans propositam

der die aristotelische Zeittheorie mit den Reflexionen Augustins aus seinen Confessiones verbindet,[627] und Siger von Brabant[628] in die Richtung einer Subjektivierung der Zeit.[629] Seinen Höhepunkt findet diese Tendenz einer völligen Hereinnahme der Zeit in die Subjektivität in der Mystik Meister Eckharts,[630] dem sich im *nunc aeternitatis*, im Nû,[631] der quantitative Verlaufscharakter der Zeit zur qualitativen Ewigkeitserfahrung öffnet. Das Zeitproblem wird im 14. Jahrhundert auf vielfältige Weise von zahlreichen Autoren diskutiert.[632]

Einer der Gesprächspartner in dieser Nachfolgegeneration ist für Ockham Johannes Duns Scotus[633] (ca. 1266–1308), ein anderer Heinrich von Gent[634] (1217–1293). Heinrich von Gent wendet sich in der langen Quästio im Jahr 1279[635] „utrum tempus possit esse sine anima"[636] gegen die augustinische Subjektivierung der Zeit und argumentiert für die Objektivität der aristotelischen Zeitauffassung. Er vertritt in recht formalistischer Weise eine dreifache ontologische Gliederung der Zeit, eine objektiv-äußere – *ens subiective* –, eine subjektiv-innere – *ens obiective*[637] – und eine zwischen beiden vermittelnde, *partim … partim*.[638] Wichtig sind auch die Kommentare von Averroës zur Zeittheorie des Aristoteles, die Ockham ausführlich

---

[627] Vgl. Jeck, U.R., 1994.

quaestionem dicit, ex quo tempus non est nisi numerus, et numerus non est, nisi sit numerans, et numerans non est nisi anima, concludit tempus non esse, nisi anima sit. […]. Est ab anima ergo tempus in actu, maxime cum prius et posterius in motu et secundum id, quod sunt, et inquantum prius et posterius non sunt in esse naturae, sed secundum acceptionem animae tantum, ut dictum est", Rehn, R., 1983, 264.

[627] Vgl. Jeck, U.R., 1994.

[628] Flasch, K.,1989, 246.

[629] Rehn, R., 1984, 1–11.

[630] Meister Eckhart, Quaestio „utrum in deo sit idem esse et intelligere", n. 4, LW 5, 1964–2000, 41; Kunz, S., 1985.

[631] Zur besonderen Bedeutung des Nû als der Verbindung zwischen kontinuierlicher Verlaufsform der Zeit und der Ewigkeitserfahrung vgl. Largier, N., 1989.

[632] Dazu gehören: Heinrich von Gent (1217–1293), Dietrich von Freiberg (1240–1318/20), Petrus Johannis Olivi (ca. 1248–1296), Heinrich von Harcley (1270–1317), William von Alnwick (1270–1333), Walter Burley (1275–1344), Petrus Aureoli (ca. 1280–1322), Nikolaus Bonetus (1280–1343), Johannes Buridan (ca. 1300–1358), Albert von Sachsen (1316–1390), Nicole Oresme (1325–1382), Marsilius von Inghen (1340–1396).

[633] Johannes Duns Scotus, Ordinatio, II, d. 2, pars 1, q. 2, nn. 116 f (OT V 192, 3–9); Auf die eklektische Zeittheorie von Duns Scotus braucht hier nicht näher eingegangen zu werden. Eine gute Zusammenfassung bietet Perler, D., 1988, 181–192.

[634] Henricus Gandavensis, Quodl. III, q. 11, OT V 183, 4–10; Macken, R., 1971, 211 ff.

[635] Maier, A., 1955A, 53.

[636] Heinrich von Gent, Quodl. III qu. 11.

[637] Der mittelalterliche Sprachgebrauch von objektiv und subjektiv ist umgekehrt wie der heutige. Objektiv im mittelalterlichen Sinne meint das Innerseelische, subjektiv hingegen das Äußere.

[638] OT V 183, 4–10; Zur genaueren Charakterisierung der Zeittheorie Heinrich von Gents vgl. Perler, D., 1988, 195 ff.

studiert und dessen Betonung der Subjektivität der Zeit er in seine zeit-theoretischen Diskussionen integriert.

Auch für Ockham ist der Frage- und Diskussionshorizont einerseits ganz durch die aristotelischen Überlegungen zur objektiven Bestimmung der Zeit als Maß der Bewegung und ihre subjektive Vergegenwärtigung im Zählakt bestimmt, andererseits durch die Ablehnung der augustinischen Lösung von 1277. Augustinus spielt aber keine Rolle in seiner direkten Argumentation, kann höchstens als stiller Gesprächspartner im Hintergrund angenommen werden. Auch Platon spielt keine Rolle.[639] Entscheidend ist Aristoteles' Zeittheorie. Wie schon im 13. Jahrhundert in Bezug auf die aristotelische Bewegungslehre, geht auch im 14. Jahrhundert in Bezug auf die aristotelische Zeit- und Bewegungslehre die Ideengeschichte und Sozialgeschichte konform. Für die zeitgeschichtliche sozialgeschichtliche Problemkonstellation sind auch Elemente der sozialen Organisation der Zeit von Bedeutung gewesen, da durch die Stadtentwicklung, die ökonomische Entwicklung einschließlich des aufkommenden Fernhandels und des Bankwesens ein erhöhter zeitlicher Mess- und Koordinationsbedarf notwendig gewesen ist. Dieser kann aber nur erfüllt werden, wenn ein objektives Zeitkonzept vorliegt, das mit diesem Bedarf im Einklang steht.

Es ist bemerkenswert, dass bei Ockham die Zeitproblematik innerhalb seines Opus einen unverhältnismäßig breiten Raum einnimmt. In vier großen, zusammenhängenden Texten äußert sich Ockham dazu, beginnend mit dem Sentenzenkommentar,[640] dem Aristoteleskommentar zu Physik IV,[641] sowie in einigen Quaestiones.[642] Schon die Form der Quästio X in OT V 183–233 „Utrum tempus habeat esse reale extra animam" signalisiert eine deutliche Akzentverschiebung gegenüber Aristoteles und kann als Reflex auf die antiaristotelische Denkaufgabe von 1277 gedeutet werden. Während sein antiker Gesprächspartner von äußerer physikalischer Bewegung ausgeht und erst ganz zum Schluss seiner Analyse im Buch IV seiner Physik auf den subjektiven Charakter der Zeit zu sprechen kommt, geht Ockham in seiner Fragestellung umgekehrt von der Subjektivität der Zeit aus und fragt nach ihrer objektiven Natur.

Hier bleibt er (zunächst) ganz im Horizont der aristotelischen Argumentation, indem er die Beziehung zwischen Zeit und Bewegung deutlich

---

[639] Eine sorgfältige Analyse des zeitgeschichtlichen Diskussionszusammenhangs, der auch eine Reihe unbekannter scholastischer Kleinmeister einschließt, gibt Maier, A., 1955A, 55 ff.

[640] „Utrum tempus habeat esse reale extra animam", OT V 183–233; OP V 203–313.

[641] Im wesentlichen Paraphrase, aber kurze Darstellung seiner Konnotationstheorie.

[642] OP VI 344–391, „De tempore et loco", freie Diskussion; OP VI 493–554, Quaestiones, die sich an den aristotelischen Fragestellungen orientieren.

herausstellt[643] und sich so der aristotelischen Zeitdefinition anschließt.[644] Ockham schließt auch den Gedanken einer absoluten Zeit, d. h. die Existenz der Zeit a se unabhängig von Bewegung, ausdrücklich aus.[645]

Damit ist auch zugleich ein dinglich-ontologisches Verständnis von Zeit ausgeschlossen, ein Verständnis als *ens absolutum*.[646] Ein solches Zeitverständnis hatte Heinrich von Gent vertreten, das Ockham kritisiert.[647] Der entscheidende Gedankenfortschritt Ockhams gegenüber Heinrich von Gents Zeittheorie besteht darin, dass er die ontologische Frage nach dem Wesen der Zeit im Kontext seiner Sprachphilosophie in eine semantische Frage umformuliert und somit fragt, was der Begriff der Zeit bedeutet. Im Horizont dieser sprachphilosophischen Umformulierung des Problems wendet er sich dann der aristotelischen Zeitdefinition zu.

Wie aber ist nun die Ontologie der Zeit als ein Moment an der Bewegung in einem semantischen Sinne zu verstehen? Grundsätzlich lehnt Ockham die Lösung ab, Bewegung und Zeit seien Synonyme.[648] Jede Zeit schließt Bewegung ein, nicht jedoch jede Bewegung Zeit, da der Messakt dafür notwendig ist. Der Messvorgang ist also für die Zeitwahrnehmung notwendig. Es muss daher der Begriff der Bewegung und des Maßes nun näher bestimmt werden. Dazu reduziert Ockham den reichhaltigen und differenzierten aristotelischen Bewegungsbegriff auf die rein räumliche Bewegung (φορά), schließt sich der aristotelischen Kosmologie weitgehend an und diskutiert an diesem Modell der Sphären den Messvorgang der Zeit,[649] der die in der Bewegung inhärierende Zeitstruktur auf den Begriff bringt. Ockham unterscheidet zwei objektive und einen subjektiven Messvorgang der Zeit. Die beiden objektiven orientieren sich an kosmischen Bewegungen.[650] Er leugnet daher die Kraft der Seele, ein Zeitphänomen außerhalb ihrer selbst hervorbringen zu können.[651]

---

[643] „[…] probo quod tempus non est aliquid absolutum distinctum realiter a rebus permanentibus et a motu." OT V 185, 9 ff; weitere Stellen: OP VI 387, 10 f.

[644] „Ubi sciendum quod secundum Philosophum, IV *Physicorum* [220a24 ff], tempus est numerus motus secundum prius et posterius." OT V 188, 1 ff.

[645] „Et similiter haec est vera ‚motus potest esse sine tempore', sed haec est falsa ‚tempus potest esse sine motu', et causa est quia tempus importat actum animae actualiter mensurantis ultra motum, quia tempus est motus a quo anima cognoscit quantus est alius motus." OP VI 504, 52–56.

[646] „Ad quaestionem igitur primo probo quod tempus non est aliquid absolutum distinctum realiter a rebus permanentibus et a motu." OT V 185, 9 ff.

[647] Perler, D., 1988, 198–206.

[648] „[…] sed bene sequitur quod ista duo nomina ‚motus' et ‚tempus' non sunt synonyma, nec convertuntur, nec habent eandem definitionem, quia quamvis possit concedi quod omne tempus sit motus, non tamen debet concedi quod omnis motus sit tempus." OP VI 513, 83–86.

[649] OT V 191,12–192, 3.

[650] Der erste Zeitbegriff bezieht sich auf die supralunaren Sphären, der zweite auf sublunare beliebige Bewegungen, der dritte auf intramentale Bewegungen, OT V 191, 11–192, 20.

[651] „Nec valet si dicatur quod anima facit tempus esse quoddam totum, quia anima per sui considerationem non posset alicui dare esse reale extra animam." OT V 186, 9–13.

Auch im opus philosophicum schließt sich Ockham zunächst der aristotelischen und averroistischen Position an, die argumentiert hatten, dass
objektive Zeit nur der äußersten Sphäre des Fixsternhimmels, dem *primum
mobile velocissimus, uniformissimus* und *regularissimus* zukomme,[652] argumentiert dann aber bereits eine Quästio später, dass im Prinzip jede kosmische Bewegung als Standard der Zeitmessung fungieren kann.[653] Bevorzugt
sind jedoch die regulären Bewegungen, insbesondere Kreisbewegungen,[654]
mehr noch, jede Bewegung überhaupt, auch die künstlichen Bewegungen
technischer Geräte,[655] also die Uhren.[656] Die regulären Bewegungen wer-

---

[652] Auf die Frage „Utrum secundum intentionem Philosophi haec sit vera ‚motus caeli est
tempus'" antwortet Ockham: „Ad istam quaestionem dico quod motus caeli velocissimus, uniformissimus et regularissimus inter omnes motus caelestes qui est nobis maxime notus est tempus propriissime acceptum secundum intentionem Philosophi." OP VI 508, 12–15. Vgl. auch:
Miethke, J., 1969, 217; Maier, A., 1955A, 92 ff; Mansion, A., 1934, 275–307.

[653] „Tunc dico quod tempus potest accipi tribus modis ut habet rationem mensurae, […].
Primo modo accipitur propriissime et strictissime pro motu velocissimo maxime noto, sive
sit motus actavae sphaerae sive nonae, sive solis sive lunae, qui sit nobis maxime notus. Et hoc
quia tali motu mensuramus alios motus inferiores, sicut per motum solis mensuramus motus
inferiores, et per motum lunae similiter […]", OT V 191, 11–20; „Sed motui interiori, et etiam
motui imaginato, competit definitio temporis." OT V 200, 1 f. „Igitur talis inferior motus, sive
realis sive imaginatus, est tempus." OT V 200, 6.

[654] „[…] motus circularis est primus in genere motuum, qui tamen motus sunt mensurabiles,
sequitur quod motus circularis sit mensura omnium aliorum. Sed tempus est mensura. Ergo
tempus primo competit motui circulari." OP V 304, 24–27.

[655] „Sic enim per motus nostros proprios et opera nostra mensuramus motus superiores, puta
motum solis, sicut patet per experientiam, et per consequens talis motus potest dici tempus." OT
V 192, 1 ff. Der Beginn der Entkopplung des Zeitmaßes von den kosmischen Bewegungen und
die Verbindung des Zeitmaßes mit einer beliebigen regulären Bewegung kommt besonders in
Quaestio 42 zum Ausdruck, in der Ockham argumentiert, dass für den Fall des Stillstandes der
himmlischen Bewegungen, wie zu Zeiten des Josua geschehen, die kreisförmige Bewegung einer
Töpferscheibe zum Messen der Zeit nicht dienen könne, weil die *Existenz* der Zeit eben doch an
die Himmelsbewegung gebunden sei. „Ad argumentum principale nego consequentiam quia si
omnia corpora caelestia starent, sicut fuit in tempore Iosue, adhuc aliquis motus inferior posset
mensurare alios motus, puta motus rotae figuli et aliquis motus imaginatus. Sed isto casu positu,
tunc non esset tempus quod esset idem cum motu caelesti." OP VI 510, 63–67. In der darauffol-
genden Quaestio 43 hingegen lässt er die Uhr als Zeitmessinstrument zu, sofern sie sich an den
kosmischen Bewegungen, die die Zeit hervorbringen, orientieren. Der scheinbare Widerspruch
löst sich auf, wenn man Ockham so interpretiert, dass er die Hervorbringung der Zeit durch die
*motus velocissimus* et *regularissimus* der obersten Sphäre von der Messung der Zeit durch Instrumente unterscheidet. In der Literatur wird dieser Widerspruch nicht gesehen, weil das o. g. Zitat
aus OP VI 510, 63–67 so interpretiert wird, als könne auch bei Stillstand der Himmelsbewegungen die Zeit mit der Töpferscheibe (*rotae figuli*) gemessen werden, Goddu, A., 1984, 140; Perler,
D., 1988, 201. Im Text steht aber gerade „[…] *nego* consequentiam […]". Erst seine Schüler Albert
von Sachsen und Marsilius von Inghen werden diese Unterscheidung zwischen Hervorbringung
der Zeit und Maß der Zeit fallen lassen, Maier, A., 1955A, 132; Miethke, J., 1969, 219.

[656] „Tertia conclusio est quod aliquis percipiens tempus non necessario apprehendit motum
caeli in conceptu composito proprio mutui caeli, quia potest percipere motum horologii et per
illum mensurare alios motus, non formando aliquem conceptum proprium motui caelesti." OP
VI 518, 35–40.

den ihm so zum universellen Zeitmaß, mit dem auch irreguläre Bewegungen gemessen werden können.[657] Damit überwindet Ockham in Bezug auf das Zeitproblem den kosmischen Dualismus des Stagiriten, der streng zwischen der göttlich ewigen supralunaren und der vergänglich irdischen Sphäre unterschieden hatte. In Quaestio 43 im Opus Philosophicum stellt er nämlich ausdrücklich die Frage, ob auch eine sublunare Bewegung als Zeitmaß fungieren kann.[658] Im Hinblick auf die Verwendung von Uhren und ihrer regulärer zyklischer Bewegung, mit der sich das Maß der Zeit der Uhr und der Sonne etwa wechselseitig definiert, beantwortet er diese Frage ausdrücklich positiv.[659] Zeit wird ihm auf diese Weise zu einer quantifizierbaren Größe.[660] In dieser Überwindung des kosmischen Dualismus des Aristoteles steckt noch eine weitere Konsequenz in Bezug auf das Zeitproblem, die man als Homogenisierung der Zeit bezeichnen könnte. Aufgrund der Vielheit der kosmischen Bewegungen müsste es, so hatte Aristoteles die Frage aufgeworfen,[661] auch eine Vielheit von Zeiten geben. Mit Hinweis auf Argumente des Kommentators argumentiert Ockham hingegen nicht für eine Pluralität von Zeiten,[662] sondern für eine einheitliche standardisierte Zeit, die Zeit wird also homogenisiert.[663]

Schließlich ist mit dieser Überwindung des kosmischen Dualismus ein Aspekt verbunden, der für den weiteren naturwissenschaftlich-technischen Umgang mit der Zeit wichtig ist. Es handelt sich um die Entsakralisierung der Zeit. Denn die vollkommenen Kreisbewegungen der supralunaren Sphäre als Urbild vollkommener himmlischer Ordnung lassen auch die

---

[657] „quo facto, potest sequi in anima perceptio qua scitur quod aliquid continue movetur et uniformiter, per cuius motum potest anima mensurare alios motus difformes et irregulares; [...]", OP VI 519, 56–59.

[658] „Ad istam quaestionem dico primo quod aliquis motus interior, per cuius notitiam possumus devenire in cognitionem alicuius motus caelestis nobis ignoti, potest dici tempus." OP VI 510, 9 ff.

[659] „tum quia per motum horologii nobis notum mensuramus motum solis et operationes nostras, maxime quando innotescit nobis quod iste motus est uniformis et regularis, nam facienti horologium est notum quantum solis transivit de circulo, etiam si sol continue sit sub nube. Per motum etiam solis mensurat motum horologii et ordinat ipsum sic quod cum primum mobile complet motum diurnum, horologium complebit circulum suum, et ita mensurat motum horologii per motum diurnum, quo motu horologii noto potest postea mensurare alios motus, puta motum diurnum et motum solis, et per consequens uterque motus potest vocari tempus respectu alterius." OP VI 510, 12–511, 21; vgl. auch OP V 305, 68 ff, 72–82.

[660] „Et ita patet manifeste quod motus inferior mensurans motum caeli est tempus, quia nihil aliud est mensurare unum per aliud nisi ex notitia quantitatis unius devenire in notitiam quantitatis alterius." OP VI 511, 34–37; weitere Stellen: OT V 210, 8; 202, 11; 231, 8–11; OP VI 499, 79 f; 528, 25–28.

[661] Phys-A IV 10, 218b3 ff.

[662] „Sed plura esse tempora est impossibile, [...]", OP V 206, 22; Kontext: OP V 205, 12–206, 23.

[663] „Et ideo cum ex isto impossibili ‚plures sunt caeli' non sequitur evidenter plura esse tempora, [...]", OP V 206, 32 f.

Zeit an dieser sakralen Ordnung partizipieren. Indem aber Ockham zulässt, dass Zeit und Bewegung auch von technischen Geräten gemessen
werden können, den z. Z. Ockhams erfundenen Uhren, entkleidet er sie
ihrer himmlischen Würde und macht sie zu einer quantitativen und damit
dem Maßbegriff zugänglichen Verfügungsmasse.[664]
Dieses Maß der Zeit ist in den Dingen selbst vorhanden, objektiv.[665] Damit ist die Objektivität der Zeit, gebunden an die Bewegung, sichergestellt.
Mit dieser so verstandenen Objektivität der Zeit sind in Überwindung des
aristotelischen kosmischen Dualismus die Aspekte der Quantifizierbarkeit,[666] der Homogenisierung und der Entsakralisierung verbunden, Aspekte, die für den beginnenden naturwissenschaftlich-technischen Umgang
mit der Zeit unabdingbar sind.[667] Neben diesen beiden objektiven kosmischen Zeitmaßen kennt aber Ockham noch ein subjektives. Er nennt es
*tempus motus imaginatus* oder *conceptus*.[668] Für dieses Zeitmaß gilt, dass
die Wahrnehmung der subjektiven inneren Veränderung, das *in aliquo esse
transmutabili*, Maß für eine äußere Bewegung sein kann.[669] Diese drei Zeit-
maße bezeichnen jedoch keine drei verschiedenen Zeiten, sondern betrachten Zeit nur unter je einem bestimmten Aspekt, sie sind also nur nominal,
nicht real verschieden.[670]

---

[664] „Et sic tempus est quantitas." OT V 210, 8.

[665] OT V 188, 10–20; „[…] quod tempus primo modo, secundo et quarto est tantum in re
extra et haberet esse si nulla anima esset, quia illis modis tantum significat motus reales et partes
eorum, puta affirmationes et negationes, quae omnia sunt ex natura rei et in re." OT V 196,
18–22; „Patet igitur quod tempus est realiter extra animam, nec dependet realiter ab anima;
[…]", OP VI 389, 68 f ; vgl. auch OP V 213, 40.

[666] Auch Ockhams Zeitgenosse Wilhelm von Alnwick (1270–1333), Schüler von Duns
Scotus und Redaktor seiner Schriften, vertritt die Quantifizierbarkeit der Zeit: „Tempus est
quantitas, sed non praecise quantitas continua nec praecise quantitas discreta […]", zitiert nach
Maier, A., 1955A, 75. Ockham steht also durchaus in einer übergreifenden zeitgeschichtlichen
Geistesströmung.

[667] Trotz ihrer umfassenden Kenntnis der Werke Ockhams und der spätscholastischen Naturphilosophie verkennt Anneliese Maier gerade den objektiven Aspekt der Zeit bei Ockham,
wenn sie bezüglich der Zeitvorstellung Ockhams resümiert: „Die radikalste Subjektivierung
haben wir bei Wilhelm von Ockham. Es ist bekannt, dass für ihn die Zeit kein selbständiges
gegenständliches Moment ist, das sich realiter von der Bewegung unterscheidet", Maier, A.,
1955A, 83.

[668] „Tertio modo dicitur tempus motus imaginatus sive conceptus qui tantum habet esse
obiective in anima et nullo modo subiective." OT V 192, 3ff; vgl. auch OP VI 517–520.

[669] „Percipiendo autem nos esse in aliquo esse transmutabili, percipimus motum; et percipiendo motum percipimus tempus." OT V 192, 17ff.

[670] „Quia virga et ulna quantum ad quid rei nullo modo differunt sed solum quantum ad
quid nominis, quia in definitione indicante quid nominis ulnae debet poni pannus et certifica-
tio de quantitate panni, quia ulna connotat pannum et certificationem quantitatis eius. Eodem
modo est de tempore, quod non differt a motu secundum quid rei sed solum secundum quid
nominis, quia tempus est numerus et mensura, ut prius dictum est." OT V 193, 21–194, 7.

Aber ähnlich wie Aristoteles[671] und Averroës[672] reflektiert auch Ockham auf die subjektiven Wahrnehmungsbedingungen dieser objektiven Verlaufsform der Zeit. Ohne die wahrnehmende Erinnerung des Vorher und Nachher in einem Bewegungsverlauf gemäß der aristotelischen Zeitdefinition in Gestalt des Maßes und der Zahl, kann sich kein Bewusstsein der Zeit ausbilden.[673] Die Zeit, so Ockham, ist daher ohne die Aktivität der Seele in Gestalt der Wahrnehmung, Erinnerung und des Zählens nicht denkbar.[674] Dennoch hält Ockham an der Objektivität der Zeit insofern fest, als sie eben nur in Verbindung mit der Bewegung hervorgebracht wird.[675] Die Erkenntnis der Zeit *als Zeit* hingegen ist an die Erkenntnisstruktur des Menschen gebunden.[676] Damit hat Ockhams Zeittheorie sowohl einen real-objektiven wie auch einen imaginativ-subjektiven Anteil.[677] Wie aber sind diese beiden Elemente aufeinander bezogen? Betrachtet man die Zeit nur unter der ontologischen Fragestellung, d. h. entweder unter ihrem objektiven Bewegungsaspekt oder ihrem subjektiven Maßaspekt, so sind Objektivität und Subjektivität der Zeit in der Tat nicht untereinander vermittelbar. Die Vermittlung zwischen Objektivität und Subjektivität der Zeit ist nur vor dem Hintergrund der Transformation der ontologischen Frage nach dem Wesen der Zeit in eine semantische Frage und Ockhams Ontologie der radikalen Individuiertheit des Seienden verstehbar. In der sprachphilosophischen Interpretation wird die Zeit von einem absoluten, bezeichnenden Dingbegriff zu einem konnotativen, bedeutenden Begriff, der Subjektivität und Objektivität der Zeit verbindet.

---

[671] Phys-A IV 14, 223a25 ff.

[672] „Et ideo Commentator dicit in diversis locis quod esse temporis completur per animam [et] quod esse non praedicatur de tempore nisi anima sit." OP V 294, 115 ff; weitere Stellen: OP V 217, 34–38; 218, 52–55; 293, 85 f; 302, 130 f; OP VI 388, 27–30.

[673] „Et ita tempus est numerabile ab anima, ita quod hoc totum numrabile ab anima, vel aliquid aequipollens ei, debet poni in definitione temporis. Unde ille qui non considerat prius et posterius, non percipit tempus, sicut patet de illis dormientibus qui non considerant. Ex his patet, quod si anima non posset esse, nihil posset esset tempus, quia nihil posset esse numerus vel mensura." OP VI 387, 19–388, 25, „Et ideo nihil posset esse tempus si anima non posset esse." OP VI 388, 44 f.

[674] „[…] sed haec est falsa ,tempus potest esse sine motu', et causa est quia tempus importat actum animae actualiter mensurantis ultra motum, quia tempus est motus a quo anima cognoscit quantus est alius motus. Et ideo impossibile est quod tempus sit tempus nisi per animam." OP VI 504, 53–57.

[675] Similiter haec est vera ,tempus potest esse sine anima', accipiendo subiectum pro eo quod est, quia motus qui est tempus potest esse sine anima", OP VI 504, 59 ff; „Patet igitur quod tempus est realiter extra animam, nec dependet realiter ab anima." OP VI 389, 68 f.

[676] „Et ideo dico quod quamvis tempus possit esse motus sine anima, tamen tempus non potest esse tempus sine anima." OP VI 504, 65 ff; vgl. auch OP VI 389, 70 ff.

[677] Zu diesem Ergebnis kommt auch André Goddu: „,Time' signifies something extra-mental and something mental", Goddu, A., 1984, 139, ohne jedoch darauf aufmerksam zu machen, dass es gerade der konnotative Charakter der Zeit ist, der diese Integration ermöglicht.

In der Versprachlichung aber ihres konnotativen Charakters, also im Maß und der Zahl, tritt nun die Arbeit der subjektiven Vergegenwärtigung in Erscheinung. Diese Vergegenwärtigung der Konnotativität der Zeit in Gestalt von Maß und Zahl als eines Moments der Bewegung ist eine aktive Arbeit der Seele,[678] die in der Versprachlichung besteht.[679] Konnotative Begriffe haben nach Ockham sowohl eine objektiven wie einen subjektiven Teil.[680] In diesem doppelten Sinne ist die Zeit ein konnotativer Begriff,[681] der die Objektivität und Subjektivität der Zeit gleichermaßen sichert.[682] Es ist daher irreführend, wenn wie in der bisherigen Forschungsliteratur, die Subjektivität der Zeit gegen ihre Objektivität ausgespielt wird.[683] Es kommt Ockham gerade auf die Verbindung und sinnvolle Verknüpfung beider Bereiche an. Wie ist dieser Umformungsprozess von der ontologischen zur semantischen Fragestellung zu verstehen und welchen Erkenntnisgewinn bringt er?

Dazu muss zunächst die Unterscheidung zwischen *significatum principale* und *significatum totalis* in Bezug auf die Semantik des Begriffs Zeit verdeutlicht werden. Der Terminus *significatum principale* bedeutet entweder den subjektiven oder den objektiven Aspekt der Zeit.[684] Der Terminus

---

[678] „Modo tam mensura quam numerus, sive sit numerus numeratus sive numerus quo numeramus, non potest esse sine actu animae mensurantis et numrantis, et per consequens connotant actum animae." OT V 194, 7–10.

[679] „Et ideo licet in definitione exprimente quid rei tempiris non oportet ponere actum animae, tamen in definitione exprimente quid nominis oportet ponere actum animae." OT V 194, 10ff; 194, 19ff.

[680] „Si autem quaeratur de significato totali sive de toto quod connotatur per nomen, sic est partim in anima et partim extra animam in re extra." OT V 197, 5ff; OT V 227, 20–228, 2.

[681] „Ut autem competit motui tertio modo dicto, sic est quantum ad suum significatum principale in anima, quia sic significat motum imaginatum et connotat actum animae mensurantis et similiter connotat motum realem extra mensuratum. Et sic aliquid connotatum per tempus sic acceptum est in anima et aliquid in re extra." OT V 197, 14–19; „Ita nec tempus sequitur motum sicut aliquid sibi inhaerens, sed sicut aliquid quod ultra motum connotat rationem mensurae quantum ad suum significatum totale", OT V 225, 9–12.

[682] „Et secundum illum intellectum concedo quod tempus componitur ex ente extra animam et ente in anima, quia hoc nomen tempus significat res extra animam et actum animae, et utrumque ponitur in definitione exprimente quid nominis temporis." OP VI 534, 38–41.

[683] So lehnt Moser (Moser, S., 1932, 164) die „Subjektivierung der Zeit" ebenso ab wie Shapiro (Shapiro, H., 1956, 339) den „subjectivist approach", während Anneliese Maier in der Subjektivierung gerade das Proprium der ockhamschen Zeittheorie erblickt. „Die radikalste Subjektivierung haben wir bei Wilhelm von Ockham. Es ist bekannt, dass für ihn die Zeit kein selbständiges gegenständliches Moment ist, das sich realiter von der Bewegung unterscheidet", Maier, A., 1955A, 83.

[684] „Ex istis ad quaestionem, utrum tempus habeat esse extra animam: quia aut quaeritur de tempore quantum ad suum significatum principale aut quantum ad suum significatum totale. Si primo modo, patet ex dictis supra quod tempus primo modo, secundo et quarto est tantum in re extra et haberet esse si nulla anima esset, quia illis modis tantum significant motus reales et partes eorum, puta affirmationes et negations, quae omnia sunt ex natura rei et in re." OT V 196, 15–22.

*significatum totale* integriert das *esse subiective* und das *esse obiective* der Zeit.[685] Der konnotative Begriff der Zeit ist eine *significatio totale*. Der konnotative Begriff der Zeit markiert den Übergang von einer gegenstandsbezogenen Realdefinition eines Begriffs, die den Gegenstand bestimmt, zu einer kontextbezogenen Nominaldefinition eines Begriffs, die die Bedeutung eines Wortes erklärt. Einen gegenständlich realen Bezug haben absolute Begriffe.[686] Sie entsprechen Ockhams Ontologie der Individuiertheit des Einzelnen und haben aufgrund dieses Realbezugs keine Nominaldefinition.[687] In konnotativen Begriffen werden hingegen Eigenschaften des Objekts mitgedacht, sie konnotieren. Sie bedeuten etwas direkt (*primario*) und indirekt (*secundario*), haben eine Haupt-, Neben- und Mitbedeutung und werden durch eine Nominaldefinition festgelegt.[688] Qualitäten beispielsweise können konnotative Begriffe sein. Die Frage ist, inwieweit konnotative Begriffe einer Definition, also einer Nominaldefinition zugeführt werden können. In Fortführung der Gedanken Ockhams könnte man folgendermaßen argumentieren. Um eine Nominaldefinition eines konnotativen Begriffs durchführen zu können, muss es möglich sein, das Kontextspektrum eines konnotativen Begriffs gänzlich in eine Nominaldefinition einzubeziehen. Anders ausgedrückt bedeutet dies, ein Verfahren angeben zu können, den Kontext vollständig zu erfassen. Dies wiederum setzt voraus, dass der Kontext aus endlich vielen Elementen besteht, die in einem abgeschlossenen Verfahren erfasst werden können. Diese Voraussetzung ist beim Zeitbegriff insofern gegeben, als durch die exakte Darstellung des Maßvorgangs das gesamte Spektrum des Kontextes sprachlich darstellbar ist.

Der Begriff Zeit ist nun als konnotativer Begriff kontextbezogen. Dieser Kontext, der notwendig ist, um die Bedeutung des Begriffs Zeit festzulegen, wird durch das Verfahren des Messens und Zählens definiert, das sowohl den subjektiven Anteil des Messens und Zählens wie den objektiven

---

[685] „Si autem quaeratur de significato totali sive de toto quod connotatur per nomen, sic est partim in anima et partim extra animam in re extra. Non quod componatur ex ente in anima et ente in re extra, sicut nec creatio actio componitur ex Deo et creatura nec album ex albedine et subiecto, sed quod in definitione exprimente quid nominis ponitur aliquid in re, puta motus realis tanquam principale significatum et actus animae tanquam connotatum." OT V 197, 5–12.

[686] „Nomina mere absoluta sunt illa quae non significant aliquid principaliter et aliud vel idem secundario, sed quidquid significatur per illud nomen, aeque primo significatur, [...]", OP I 35, 6–8.

[687] „Et ita est de nominibus mere absolutis quod stricte loquendo nullum eorem habet definitionem exprimentem quid nominis." OP I 36, 32 ff.

[688] „Nomen autem connotativum est illud quod significat aliquid primario et aliquid secundario. Et tale nomen proprie habet definitionem exprimentem quid nominis, et frequenter oportet ponere unum illius definitionis in recto et aliquid in obliquo." OP I 36, 38–41; Zur Definition der Definition vgl. Ockhams Ausführungen in OP I 84–89.

Teil der Bewegung als Element dieses Verfahrens integriert. Damit stellt der konnotative Terminus Zeit auf der semantischen Bedeutungsebene eine komplexere Beziehung zum Objekt her als die absoluten Begriffe auf der Bezeichnungsebene. Die notwendige Kontextbezogenheit, das Durchdenken eines Verfahrens, stellt wesentlich höhere Anforderungen an die intellektuellen und volitiven Fähigkeiten des Menschen, insofern sie einerseits durch die Verlegung von der Bezeichnungs- auf die Bedeutungsebene einen Distanzierungsvorgang voraussetzen, andererseits durch die Konstitution eines komplexen Bedeutungszusammenhangs die Beziehung von Subjekt zu Objekt auf einer höheren sprachlichen Ebene wieder herstellen. Auch das Verhältnis zur Zeit verdeutlicht also in Ockhams Anthropologie eine deutliche Zunahme autonomer Eigenaktivität. Es zeigt sich zudem, dass dieses Zeitkonzept nicht rein theoretischer Natur ist, sondern dadurch, dass Ockham in seiner Diskussion die Verwendung der Uhr als Zeitmesser theoretisch rechtfertigen kann, leistet er einen wichtigen Beitrag zur Entstehung der naturwissenschaftlichen Forschung. Zur Verdeutlichung sei die Struktur der konnotativen Erkenntnis noch einmal schematisch zusammengestellt.

| Begriffliche Erkenntnis | Erkenntnisform | Subjekt | Beziehung zum Objekt | Objekt |
|---|---|---|---|---|
| **Absoluter Begriff** | Notitia intuitiva | Erkennendes Subjekt | Bezeichnung | Einzelner Gegenstand |
| **Konnotativer Begriff** | Verfahren | Verstehendes Subjekt | Bedeutung | Komplex von Relationen zwischen Gegenständen und Subjekt |

Zusammenfassend kann man daher sagen, dass, ähnlich wie bei Heinrich von Gent, Ockham einen subjektiven von einem objektiven Teil der Zeit unterscheidet. Der Unterschied zu seinem Gesprächspartner besteht jedoch darin, dass Ockham die Zeit im Kontext seiner Sprachphilosophie und Ontologie des radikal Einzelnen deutet und daher für ihn Zeit im objektiven Sinne ein konnotativer Begriff ist, in subjektiver Hinsicht jedoch an die Aktivität des Subjekts in Gestalt von Wahrnehmen, Erinnern und Zählen gebunden ist. Auf diese Weise gelingt es Ockham sowohl die Zeitlichkeit, die Bewegung, wie auch ihre subjektive Vergegenwärtigung zu sichern. Dass diese subjektive Vergegenwärtigung in Gestalt einer Weiterentwicklung und Modifizierung der aristotelischen Zeitphilosophie in der Form der Homogenisierung, Quantifizierung und Entsakralisierung der Zeit geschieht, verbunden mit Ockhams Tendenz der Versprachlichung, dass sich das erkennende Subjekt am Bewegungsproblem abarbeiten muss, um die Zeit zu deuten, scheint retrospektiv eine notwendige Voraussetzung der nachfolgenden naturwissenschaftlichen Weltbemächtigung gewesen zu sein, als deren Symbol die Uhr erscheint, die Subjektivität und Objektivität der Zeit verbindet.

Entsprechend hat Ockhams Zeittheorie viele Anhänger gerade unter seinen naturwissenschaftlichen Schülern, etwa Johannes Buridan und dessen Schüler Nicolaus Oresme, Albert von Sachsen, Nicolas Bonetus und Marsilius von Inghen gefunden. Von einem seiner Schüler stammt auch die Zusammenfassung seiner Zeittheorie in der Schrift *Tractatus de successivis*.[689] Es scheint allerdings, dass der im 14. Jahrhundert verstärkt einsetzende naturwissenschaftliche Umgang mit dem Zeitproblem, insbesondere in der Schule um Buridan in Paris und bei den Mertonians in Oxford anhand der Bewegungsfrage, implizit und unreflektiert ein an der Uhr orientierter Zeitbegriff verwendet wird, der die diffizile philosophische Frage nach der Art, wie denn die Zeit als Moment an der Bewegung zu denken sei, beiseite lässt und in praxi schon mit einem naturwissenschaftlichen Begriff einer absoluten Zeit arbeitet. So kommt Anneliese Maier in ihrer Monographie über das Zeitproblem im 14. Jahrhundert zu genau diesem Schluss.[690] Tatsächlich findet sich aber bereits im 14. Jahrhundert ein Denker, der den aristotelischen Zusammenhang von Zeit und Bewegung völlig auflöst und zu einem Begriff von absoluter Zeit gelangt. Der franziskanische Ordensbruder Ockhams, Gerardus Odonis[691] (?–1348), sein Hauptwidersacher im Armutsstreit, kennt bereits den Begriff der absoluten Zeit.[692] Ähnlich ist es mit Nicolaus Bonetus (1280–1343). Er unterscheidet zwischen einer natürlichen Zeit, die mit der Bewegung verknüpft ist und einer mathematischen Zeit, die von der Bewegung völlig abstrahiert.[693] Der aristotelische Konnex zwischen Zeit und Bewegung wird in der Folgezeit in der philosophischen und naturwissenschaftlichen Diskussion immer weiter aufgelöst,[694] bis schließlich im 17. Jahrhundert Newton den Begriff der absoluten Zeit

---

[689] Ediert von Boehner, P., 1944, Pars 3, 96–122.

[690] „Die Naturphilosophen des 14. Jahrhunderts haben als Physiker tatsächlich mit diesem Zeitbegriff gearbeitet, aber als Philosophen haben sie an dem ockhamistischen festgehalten", Maier, A., 1955A, 133.

[691] Eine andere Überlieferung seines Namens ist Geraldus Othonis, oder Ottonis.

[692] „Prima est quod tempus habuit esse ante mundi initium et inceptionem cuiuslibet creaturae, sic quod fuit ab aeterno […] Secunda conclusio quam ponit est ista, quod tempus non est passio nec sequela motus", Maier, A., 1955, 134; weitere Literatur zu Odonis' Zeitbegriff, vgl. Schabel, C., 2002A, 62–81; Schabel, C., 2002B, 351–377; Rijk, de L. M., 1993, 173–193, 378.

[693] „[…] one must understand that time can be considered in two ways: naturally and mathematically", Duhem, P., 1985, 355; „Similarly, time taken materially, in its natural existence, is different with respect to various movements. There is no unique time for temoral things; there are several times at once. Considered mathematically, on the other hand, there is clearly a single time for all temporal things; the multiplicity of movements does not carry for time and equal multiplicity", Duhem, P., 1985, 358 f.

[694] Wichtige Teilnehmer an dieser Diskussion sind Franzisco de Suárez (1548–1619), Bernardino Telesio (1509–1588), Petrus Ramus (1515–1572), Pierre Gassendi (1592–1655); eine ausführliche Darstellung dieser Entwicklung, vgl. Ariotti, P. E., 1973, 141–168.

prägt, dem sein Lehrer Isaac Barrow (1630–1677) schon stark vorgearbeitet hatte. Ihm ist die Zeit schon eine reine Quantität.[695]

## 4.9  Weltverhältnis und Dynamisierung des Menschen und der Natur bei Wilhelm von Ockham

Die Ausgangsfrage nach den anthropologischen Verschiebungen als Voraussetzung für eine autonome Weltbemächtigung im Sinne des entstehenden naturwissenschaftlichen Umgangs mit der Welt kann nun nach dem Durchgang durch die Aspekte der Zeit, Ethik, Erkenntnistheorie und Philosophie beantwortet werden. In der Tat hat sich an verschiedenen Aspekten dieser Bereiche gezeigt, dass Ockhams Anthropologie Elemente aufweist, die im Sinne einer Willenssteigerung, Subjektivierung, Autonomie und eines neuen Weltverhältnisses, das einerseits Distanzierung, andererseits sprachlichen Zugriff einschließt, interpretiert werden kann. Dies soll nun zusammenfassend diskutiert werden.

Vor dem Hintergrund des Verlusts der Einbettung des Menschen in einem umfassenden statischen metaphysisch-theologischen Seins- und Deutesystem, wie es das System Thomas von Aquins darstellt, das Sein, Zielbestimmung des Menschen und Ethik einschließt, war es für Ockham notwendig, die Stellung des Menschen neu zu bestimmen.[696] Ockham reagierte auf diesen metaphysischen Orientierungsverlust mit der Entdeckung des autonomen Subjekts als realitätsstiftender Kraft,[697] das sich allerdings direkt auf den schöpferischen Gott bezogen weiß. Die Besonderheit der ockhamschen Autonomie schließt also diesen theonomen Bezug nicht aus, wie in der Neuzeit, sondern dieser ist geradezu Voraussetzung für die Freisetzung des Menschen und seiner Freiheit.

Diese Neubestimmung des Menschen zeigte sich bei Ockham rein äußerlich zunächst darin, dass er die Erkenntnisbedingungen des Menschen als *viator* im Prolog des Sentenzenkommentars thematisiert. Reflexion auf Erkenntnisbedingungen ist aber immer mit einem Akt der Subjektivierung verbunden. Ockham unternimmt hingegen in seinen allgemeinen anthropologischen Erörterungen einen weiteren Schritt in Richtung auf Willenssteigerung und Autonomie, wenn er im Gegensatz zu Thomas dem

---

[695] „But does time not imply motion? Not at all, I reply, as far as its absolute, intrinsic nature is concerned; no more than rest; the quantity of time depends on neither essentially; whether things run or stand still, whether we sleep or wake, time flows in its even tenour", Isaac Barrow, in: Whewell, W., 1860, 160ff.

[696] „Ockhams Rationalität beugt sich ganz dem gewachsenen Problemdruck, der die Idee des hochmittelalterlichen Systems in der Form der summa nicht mehr als adäquate Theorieform erscheinen läßt", Goldstein, J., 1998, 219.

[697] „Die Aufkündigung der Eingebundenheit rationaler Erkenntnis in die sie bestimmende ontologische Ordnung abgestufter Allgemeinheit ließ einen neuen Realitätsbegriff entstehen, in dem sich das Subjekt als konstitutive Größe erfuhr", Goldstein, J., 1998, 150.

Willen eine deutlich höhere Würde – er ist *nobilior* – zuerkennt, wenn er den Willen in Abgrenzung zu Thomas auch die Möglichkeit zubilligt, gegen die Einsicht des *intellectus* zu handeln. Schließlich kommt Ockhams Betonung des Willens und damit auch der Willenssteigerung und der Autonomie des Menschen gerade in seinem emphatischen Freiheitsverständnis in Gestalt der Entscheidungsfreiheit, Handlungsfreiheit und Selbstbestimmung besonders deutlich zum Ausdruck.

Für die Erkenntnistheorie und die Ethik lässt sich konstatieren, dass die Ontologie des radikal Einzelnen und die anthropologischen Aspekte der Willenssteigerung und Autonomie miteinander verschränkt sind, insofern in der konkreten ethischen Einzelentscheidung dem Individuum in der *recta ratio* größere Deutleistungen abverlangt werden, als in der thomasischen *lex naturalis*.

Die Radikalität, mit der Ockham die Individualität des Einzelnen behauptet, hat unmittelbare Konsequenzen für die Erkenntnistheorie. Denn es ist nun die *notitia intuitiva*, die die Aufmerksamkeitsleistung zur Erkenntnis des Einzelnen erbringen muss. Gleichzeitig ist in der *notitia intuitiva* ein Moment reflexiver Rückbezüglichkeit eingeschlossen, wenn Ockham ihr die Wahrnehmung bzw. Erkenntnis innerseelischer Zustände zuschreibt. Die Emphase individueller Erkenntnisleistung kommt bei Ockham auch sprachlich in seinen oft verwendeten Redewendungen des *ego intelligo*, bzw. *ego dico* zum Ausdruck, Formulierungen, die in der Anonymität des thomasischen Schrifttums undenkbar gewesen wären. Sein Verzicht schließlich auf ein umfassendes theologisches System korrespondiert seinem intellektuellen Stil, sich auf jeweils einzelne konkrete Probleme zu konzentrieren. Man hat dies den problemorientierten Stil Ockhams genannt.[698]

Diese auf das Einzelne ausgerichtete Aufmerksamkeitsleistung kommt auch in Ockhams Verbindung von *intellectus* und *sensus* im Erkenntnisakt zum Ausdruck, der den aristotelischen Dualismus im Erkenntnisprozess

*sensus / individuum : intellectus / universalitas*

überwindet. Diese Konzentration auf das Einzelne lässt aber auch zugleich die Anforderungen an den Erkenntnisakt des Allgemeinen steigen. Denn das Allgemeine erschließt sich dem Erkennenden nun nicht mehr als das Wesen einer Sache als Tiefenstruktur *in re* im Sinne einer Realdefinition, vielmehr muss es erst im Akt des Vergleichs mehrerer einzelner Dinge an der akzidentiellen Oberflächenstruktur durch eine Abstraktionsleistung intellektuell erzeugt werden. Das Allgemeine wird somit das Produkt einer

---

[698] Bottin spricht von einem „problemorientierten Stil" und „offener Rationalität", Bottin, F., 1990, 51–62.

aktiven Abstraktionsleistung des menschlichen Intellekts.[699] Das Einzelne als seinskonstitutives Element lässt nun auch dessen Beziehung zum umgebenden Raum in einem neuen Licht erscheinen. Das bisher von Aristoteles geprägte Ding-Raum Verhältnis,[700] wird von Ockham in Ansätzen neu bestimmt, insofern durch die markante auch räumliche Abgrenzung der individuierten Einzeldinge ihre räumlichen Relationen intellektuell in den Blick kommen und zu einer Aufgabe des Erkenntniswillens werden können. Die intellektuelle Beherrschung des Distanzbegriffs und der des Bezugssystems werden so zum Problem. Alexandre Gosztonyi urteilt, dass Ockham bereits in Richtung auf die Definition eines räumlichen Bezugssystems denkt.[701]

Die Konzentration Ockhams auf das Individuelle hat auch Konsequenzen für seine Sprachphilosophie. Wie bereits deutlich geworden, erzwingt Ockhams Betonung des Individuellen eine Neubestimmung derjenigen Begriffe, die nicht eingrenzbar Individuelles bezeichnen. Die Konnotationsbegriffe sind das Ergebnis dieser Neubestimmung, die einen Willensakt im Erkenntnisprozess provozieren, wie bereits beim Zeitproblem deutlich wurde. Die nominale Definition von Konnotationsbegriffen erfordert eine Erfassung entweder innersprachlich eines überschaubaren Kontextspektrums auf der Bedeutungsebene oder in Bezug auf Welterkenntnis eines Verfahrens oder einer operationalen Definition. Mit diesem operationalen Umgang mit konnotativen Begriffen stößt Ockham ein neues Tor der intellektuellen und praktischen Weltbemächtigung auf. Denn es ist gerade dieses Prinzip der operationalen Definition von philosophischen Problemzusammenhängen, die diese Probleme einer naturwissenschaftlichen Bewältigung zuführen. Darin deutet sich fast schon ein instrumentel-

---

[699] „Indem er das Allgemeine als eine extramentale Entität leugnete und es zu einem Bewusstseinsprodukt machte, gab er der Universalienfrage eine neue Richtung, die wegweisend bleiben sollte – trotz der Aporien, die Ockhams Ansatz enthält", Goldsein, J., 1998, 149.

[700] Aristoteles hat sich ausführlich in seiner Physik mit dem Raumproblem beschäftigt und kommt nach eingehender Diskussion darüber, was der Raum nicht ist, zu folgender positiven Definition: „ὥστε τὸ τοῦ περιέχοντος πέρας ἀκίνητον πρῶτον, τοῦτ' ἐστιν ὁ τόπος", Phys-A IV 4, 212a20ff, „Der Ort [Raum] ist die unmittelbare unbewegbare Grenzfläche des umfassenden Körpers". Alexandre Gosztonyi urteilt über Aristoteles' Raumtheorie: „Der Raum ist, da er als Kategorie nur Akzidens ist und somit kein eigenes substantielles Sein hat, eine Eigenschaft des Körpers. Raumsein hängt vom Körpersein ab, doch dies bedeutet nicht, daß der Raum mit der Körperlichkeit schlechthin zusammenfallen würde. Der Raum ist die sphärische Grenze des Körpers", Gosztonyi, A., 1976, 106.

[701] „Neues bringt Ockhams Bestimmung bei aller Anlehnung an Aristoteles insofern, als er als erster die *Distanz* zur Festlegung des Ortes einführt. Während bisher die äußerste Himmelssphäre als unbeweglich galt – bei Ockham die ‚Pole des Universums' –, ergänzt er das Bezugssystem mit der Einführung des Mittelpunkts als ‚Gegenpol', so dass die Unbeweglichkeit eines gegebenen Ortes auf die Konstanz der Entfernung von einem gegebenen Bezugskörper oder von einer Reihe solcher Körper zurückgeführt wird. […]. In Ockhams Theorie des Gegenpols liegt bereits ein Ansatz zur Festlegung eines absoluten Bezugssystems", Gosztonyi, A., 1976, 175.

ler Vernunftbegriff an, den Ockham auch in seiner Rollenzuweisung der Logik offensichtlich voraussetzt und den er sicher nicht zufällig mit der Mechanik vergleicht.[702] Diese Versprachlichungstendenz ist sowohl Ausdruck volitiver Bemächtigung von Welt durch sprachliche Symbolbildung wie auch Ausdruck einer dieser Autonomisierung entsprechenden Distanzierung von Welt. Welt wird zur Sprache und zum Symbol.[703] Ockhams Beitrag zur Entstehung naturwissenschaftlichen Denkens ist daher nicht, wie in der Nachfolge Erich Hochstetters oft argumentiert wurde, in einem voraussetzungslosen Empirismus zu suchen,[704] sondern auch in jener Tendenz zur Versprachlichung. Auch Ockhams methodisches Verständnis von Wissenschaft, wie es besonders in seinem Ökonomieprinzip zum Ausdruck kommt, kann in Sinne einer volitiven Weltbemächtigung gedeutet werden.[705] Schließlich ist auch in judikativen Akten ein Willensmoment involviert.[706]

Diese Beispiele verdeutlichen, dass in Ockhams Erkenntnistheorie eine Reihe von Elementen vorhanden sind, die eine aktive Beteiligung des Willens im Erkenntnisprozess stärker fordern, als in der thomasischen Abbildtheorie des Erkennens. Weltbemächtigung im Erkennen schießt bei Ockham eine deutliche Beteiligung des Willens ein.

Dasselbe gilt auch für die Weltbemächtigung durch das Handeln, also die Ethik. Ethik kann sich für Ockham nicht mehr auf eine Partizipation an einer Weltvernunft stützen, die alles Sein und Handeln umgreift. Ethik in

---

[702] „Logica enim est omnium artium aptissimum instrumentum, sine qua nulla scientia perfecte sciri potest, [...]. Sicut enim mechanicus sui instrumenti perfecta carens notitia utendo eodem recipit pleniorem, sic in solidis logicae principiis eruditus dum aliis scientiis operam impedit sollicite simul istius artis maiorem adquirit peritiam." OP I 6, 9–15.

[703] „Die Logik saugt [...] gewissermaßen in die Abbildhaftigkeit der Vorstellungen, die als die Teile der im Satz geschehenen ‚Aussage' verstanden werden, die gesamte Welt in ein bildhaftes Bewusstsein auf, das sie in einer Art Dopplung oder Zweitausgabe gleichen Aussehens für die Erkenntnis abbildet und wiederholt. Indem diese Welt der Abbilder im Bewusstsein mit dem Erkenntnisakt gleichgesetzt wird, konstituiert sie sich als eine Art zweiter Bereich der Realität. Das ens rationis wird ebenfalls zum ens reale", Paqué, R., 1970, 144; Ähnlich werden auch metaphysische Probleme der Versprachlichung zugeführt: „Die gesamte ontologisch fundierte und affirmative Metaphysik unterliegt bei Ockham einer Transformation durch Versprachlichung. Dabei löst Ockham die Metaphysik nicht von ihrer Ausrichtung auf das Seiende, aber das Seiende als ein Subjekt der Metaphysik steht nicht mehr für ein bestimmtes Ding, sondern für den Begriff des Seienden, der als solcher Subjekt der Metaphysik ist". Paqué, R., 1970, 144.

[704] „[...] dass der neuzeitliche Begriff von Natur und Realität sowie vermutlich auch das technische Denken sich nicht in einer voraussetzungslosen Naturbeobachtung, sondern in einer so genannten ‚sprachlogischen Diskussion' des Verhältnisses von Wort und Sache im Rahmen der damaligen ‚terministischen Suppositionslehre' herausgebildet haben", Paqué, R., 1970, 2 f.

[705] „Hoc probatur, quia frustra fit per plura quod potest fieri per pauciora." OT V 268, 5.

[706] „Durch die Negation der Rezeptivität der Erkenntnis wird der Weg zu einer Deutung des Erkennens geeignet, welche dieses in erster Linie als Tätigkeit begreift", Imbach, R., 1981, 237. „In dieser Urteilslehre zeigt sich noch einmal, dass die Kritik am Realismus dazu führt, das Erkennen als Handeln auszulegen", Imbach, R., 1981, 237.

einer kontingenten Welt voller kontingenter Ereignisse fordert den Willens
als Entscheidungsinstanz völlig neu heraus. Ethik ist für Ockham daher
nicht mehr die Anwendung allgemeiner Prinzipien auf Einzelfälle, sondern
die Erhebung von situationsbezogenen Informationen, die der *recta ratio*
als erfahrungsbezogener Vernunft und der *prudentia* helfen, zu einem an-
gemessenen situationsspezifischen Urteil zu kommen. Dieser Mangel an
subjektunabhängigen allgemeinen Prinzipien erfordert aber in besonderer
Weise die Konstitution eines ethischen Subjekts als Kompensation heraus.
Aber gerade die Leugnung der ethisch gebundenen *inclinatio*, die Leugnung der Ausgerichtetheit des Willens auf die *beatitudo* erfordert eine Neu-
konstituierung des reinen Willens als sittlich fundierten Willens. Bei dem
geschilderten kybernetischen Verstärkungsprozess aus *habitus* und *virtus*,
verbunden mit dem fünfgliedrigen Stufenmodell sittlichen Handelns, das
gerade auch die Selbstüberwindung besonders herausstellt, entsteht überhaupt erst die *bona intentio* des Willens als Grundlage seiner Intentionsethik. Der Wille ist also in der Ethik sowohl im ethischen Entscheidungsprozess der *recta ratio* wie auch in der Konstitution des sittlichen Subjekts
besonders gefordert.

Schließlich kann auch Ockhams Behandlung des Zeitproblems sowohl
nach seiner subjektiven, wie auch nach seiner objektiven Seite hin als Moment einer Autonomiebewegung des Menschen gedeutet werden. Im Gegensatz zu Aristoteles geht Ockham bereits davon aus, dass die Zeit *in anima* sei. Zeit ist also in jedem Falle ein subjektives Phänomen. Aber durch
die Konnotativität des Zeitbegriffs, der die subjektive Vergegenwärtigung
des Messprozesses wie auch die objektive Fundierung der Zeit in der Bewegung umgreift, ist nicht nur die Selbstgewissheit des Willens angesprochen, sondern auch sein Bezug zur Welterfassung durch Messung, die in der
Quantifizierung der Zeit in Gestalt der Uhr in Weltbemächtigung übergeht.
Ähnliches kann man zum ockhamschen Raumbegriff sagen, der im Unterschied zu Aristoteles bereits Ansätze zu einem Bezugssystem umfasst, in
dem Relationen im Raum darstellbar sind. Dieses angedeutete relationale Raumverständnis ist sowohl für eine perspektivisch, auf ein autonomes
Ich bezogene Raumorientierung notwendig, wie auch eine raumorientierte
Dynamik.

Es bleibt noch zu bestimmen, ob mit dieser subjektiven Änderung des
Weltverhältnisses auch eine Änderung im objektiven Bereich, der katego-
rialen Grundverfasstheit der Welt einhergeht.[707] Dazu muss ein Blick auf
Ockhams Behandlung der aristotelischen Kategorien geworfen werden.
Hier zeigt sich nun ein überraschender und bezeichnender Befund.

---

[707] Aristoteles ist der erste, der eine solche Kategorisierung des Seins vornimmt, vgl. Oehler,
K., ³1997; Ein wichtiger philosophischer Beitrag in der Moderne stammt von Nikolai Hartmann, Hartmann, N., 1940.

In der Tat hat Ockham in diesem Sinne eine bedeutsame Veränderung an der aristotelischen Kategorienlehre vorgenommen. Ockham hat aufgrund seiner Philosophie des ontologischen Primats des Einzelnen und der sprachphilosophischen Konsequenzen, die er daraus zieht, eine Reduktion der 10 aristotelischen Kategorien auf zwei außerhalb der Seele existierende durchgeführt, nämlich die der Qualität und die der Substanz.[708] Dabei spielt die Kategorie der Quantität eine besondere Rolle, weil Ockham nicht mehr anerkennt, dass sie ein Akzidenz der Substanz ist, sondern vielmehr mit der Substanz zusammenfällt. Damit verabschiedet sich Ockham auch in diesem Kontext vom philosophischen Essentialismus. Auch diese Neuorientierung im Bezug auf die Kategorien des Seins ist mit einem volitiven Weltverhältnis verbunden.[709]

In seiner Summa Logica wendet sich Ockham gegen einige *moderni*, die behaupten, die Quantität sei ein Mittleres zwischen Substanz und Qualität. Indem er gegen diese argumentiert, wähnt er sich in Übereinstimmung mit Aristoteles, wenn er seinerseits behauptet, die Quantität sei real von der Substanz nicht unterschieden,[710] sondern mit ihr identisch.[711] Außerhalb seiner philosophischen Überlegungen über den Primat des Einzelnen ist es vor allem seine Argumentation in seinem *tractatus de quantitate et tractatus de Corpore Christi*, in dem er die Konsequenz der Identität von Substanz und Quantität zieht.[712] Diese Reduktion der 10 aristotelischen Kategorien auf zwei, die real außerhalb der Seele existieren, mit dem besonderen Akzent auf der Kategorie der Quantität, kann kaum hoch genug eingeschätzt werden. Denn in ihr liegt implizit die philosophische Legitimation für den nachfolgenden Umgang in den Naturwissenschaften mit der Welt unter dem Signum der Quantifizierbarkeit, und damit ihrer mathematischen Beherrschung, beschlossen.[713]

---

[708] Kaufmann, M., 1994, 78.

[709] Entsprechend urteilt Imbach: „Hier vollzieht sich eine wichtige Umwandlung der aristotelischen Kategorienlehre. Nur zwei der 10 Kategorien, Substanz und Qualität, beziehen sich direkt auf die extramentale Wirklichkeit. Alle anderen Kategorien sind konnotative Begriffe und setzen, sofern in ihnen mehreres zusammengedacht wird, die ordnende Tätigkeit eines Denkenden voraus", Imbach, R., 1981, 238; Kategorie der Quantität, vgl. Imbach, R., 1987, 43–51.

[710] „Et Aristoteles non plus ponit corpus, quod est quantitas, esse distinctum realiter a substantia quam ponit lineam et superficiem distingui a corpore." OP I 134, 63 ff.

[711] Istae rationes probant quod quantitas longa, lata et profunda non est res distincta a substantia et qualitate." OP I 135, 105 f.

[712] „Igitur ipsa substantia est quaedam quantitas, quod est propositum." OT X 57, 82 f.

[713] Ockham ist hier kongenial mit Aegidius Romanus, der noch viel deutlicher als Ockham den Begriff der *quantitas materiae* geprägt hat, der dem modernen Begriff der Masse in der Physik nahe kommt. Max Jammer argumentiert, dass vor allem drei theologische Fragestellungen zum modernen Begriff der Masse beigetragen haben, der Schöpfungsbegriff, der Tod und die Probleme der Transsubstantiation, Jammer, M., 1997, 40 f. Insbesondere ist es auch in diesem Kontext der Diskussion um das Verhältnis von Substanz zu Akzidenz wieder der Wandel

Zum großen Teil in Korrelation mit Ockhams voluntaristischer Theologie und seiner daraus folgenden Ontologie des Einzelnen haben sich im Bereich von Ockhams Anthropologie, Ethik, Erkenntnistheorie und dem Raum- und Zeitproblem die Motive der Willenssteigerung, der Autonomie, der Subjektivierung einerseits und schließlich der Weltbemächtigung im Handeln und der Sprache andererseits gezeigt.

Diese anthropologische Grundorientierung musste erreicht werden, um die Besonderheit jenes Weltverhältnisses näher zu bestimmen, das zur Entstehung der Dynamisierung von Natur postuliert und vorausgesetzt werden musste. Wir sind jetzt in der Lage, dieses Weltverhältnis auf den Begriff zu bringen. Dem aktiv auf die Welt gerichteten Willen in Gestalt des Erkennens und Handelns entspricht als korrespondierende ontologische Grundkategorie die der Quantität. Unter dem Signum der Kategorie der Quantität firmiert der naturwissenschaftliche Weltumgang. Genau diese Umschichtung in der Kategorienlehre führt Ockham – wie wir sahen – durch. Er nimmt also philosophisch vorweg, was sich später als dynamisches naturwissenschaftliches Weltverhältnis konstituieren sollte. Denn die Dynamik des wissenschaftlichen Weltverhältnisses ist eine Dynamik der Quantitäten – nicht eine der aristotelischen Qualitäten des teleologischen Weltverhältnisses. Diese Dynamik von Quantitäten bedarf eines Bezugs von homogenem Raum, homogener Zeit und homogener Materie. Erst vor diesem Hintergrund können allgemeine Gesetze der Dynamik formuliert werden. Ockham liefert, wie wir sahen, erste Bausteine für eine solche Fassung von Raum und Zeit. Er kann daher durchaus als Wegbereiter eines naturwissenschaftlichen Weltverhältnisses angesehen werden, selbst wenn er keine naturwissenschaftlichen Experimente durchgeführt, keine Gesetze entdeckt und auch das Konzept des Naturgesetzes nur in einem Alltagsverständnis (*communis cursus naturae*) kannte. Interessanterweise

---

der Blickrichtung und des erkenntnistheoretischen Interesses, weg von den Substanzen, hin zu den Akzidentien, der den Weg zum Begriff einer quantifizierbaren Masse ebnet. Max Jammer analysiert in diesem Sinne die theologische Leistung von Aegidius Romanus: „Aquinas's explanation of the problem of transubstantiation led to a certain looseness and ambiguity in the use of the term ‚accident‘ and also to a blurring of the Averroistic distinction between indeterminate and determinate dimensions. It is no longer the actual inherence in a subject – the accidents of the consecrated *hostia* do not inhere in substance – that characterizes accidents, but their aptitude to inhere. This shift in definition contributes to a gradually increasing recognition of an independent reality of accidents – a process which in the development of nominalism led to the important result that the concept of an accident without subject in which it inheres does not involve any contradiction. With these remarks in mind we are now in a position to understand how Aegidius Romanus, a disciple of Aquinas, formed the concept of quantitas materiae as a measure of mass or matter, independent of determinations of volume and or weight". Jammer, M., 1997, 44 f; ebenfalls stellt in seinem Sentenzenkommentar (II. Buch) Johannis Petrus Olivi die Kategorie der Quantität als maßgeblich für alle körperlichen Vorgänge heraus, Dempf, A., 1974, 4.

sind die subjektiven Anteile bei diesem neuen Weltverhältnis passgenau auf die objektiven zugeschnitten. Der *notitia intuitiva* entspricht nämlich die Qualität, dem handelnden Weltumgang die Quantität. Von nun an können Gesetzmäßigkeiten in Gestalt quantifizierter Relationen vor dem Hintergrund eines homogenen Raum- und Zeit- und Materiebegriffs formuliert werden. Nun sind die Voraussetzungen dafür geschaffen, dass sich eine Perspektive öffnet, die den Weltumgang unter diesem Gesichtspunkt einer umfassenden Quantifizierung auf der Grundlage von Gesetzen in Raum und Zeit organisiert. Dies kann nun zur *Gesamt*perspektive auf die Welt werden, nachdem bei Thomas dies nur eine kleine, unbedeutende Teilperspektive für den ausgesonderten Bereich der supralunaren Sphäre hatte sein können.

Erst diese Autonomie des Menschen und seine Zentrierung um ein organisierendes Ich, gestattet es ihm, seine Weltgestaltung unter dieser philosophischen Leitkategorie des 14. Jahrhunderts, der der Quantität, zu inszenieren.

Unsere Dynamisierungsthese in Gestalt der quantitativen Dynamisierung des menschlichen Weltverhältnisses, sowie in Gestalt der Dynamisierung des Menschen selbst, soll zum Schluss noch einmal einer zweifachen Überprüfung unterzogen werden. Erstens geht es darum, die mit Ockham anhebende Konstituierung der allgemeinen Rahmenbedingungen der Dynamisierung des Weltverhältnisses nun auch im Hinblick auf die konkreten Aspekte naturwissenschaftlichen Weltzugangs aufzuschlüsseln, anders gesagt, Ockhams Beitrag zur Entwicklung naturwissenschaftlichen Denkens im Rahmen dieser nun möglichen Dynamisierung des Weltverhältnisses zu eruieren. Es geht dann zweitens darum, die Entwicklung dieser Dynamisierung in der auf Ockham folgenden Generation, speziell der Ockhamisten, bzw. der ersten Generation der christlichen Physiker-Theologen, die auf Ockham in Paris und Oxford folgt, in Augenschein zu nehmen. Wird diese bei Ockham erhobene neue Form des dynamischen Weltverhältnisses in konkrete Wissenschaft umgesetzt? Dazu soll uns exemplarisch die Gestalt Johannes Buridans dienen, ist es doch gerade auch Johannes Buridan gewesen, der durch seine zahlreichen Schüler, Marsilius von Inghen, Albert von Sachsen und Nikolaus Oresme einen wichtigen Einfluss auf die Wissenschaftsgeschichte genommen hat.[714] Wir beginnen mit Ockhams Beitrag zur Entstehung naturwissenschaftlichen Denkens.

---

[714] Ritter, G., Bd. I, 1921; Bd. II, 1922.

# II  Ockhams Einfluss auf die Entstehung der Naturwissenschaft im 14. Jahrhundert

Der Einfluss der Philosophie Ockhams auf die Entstehung naturwissen-schaftlichen Denkens der ersten Physiker-Theologen-Generation der Christenheit im 14. Jahrhundert und der nachfolgenden Entstehung empi-risch ausgerichteter Naturwissenschaft ist ebenso oft von Philosophen und Wissenschaftshistorikern behauptet wie bestritten worden. In den Schriften Pierre Duhems gilt er noch als Vorläufer moderner Naturwissenschaft.[715] Anneliese Maier hat dieses Bild deutlich korrigiert. Zu welchem Urteil man in dieser komplizierten Frage gelangt, hängt davon ab, welchem der für den naturwissenschaftlichen Weltumgang konstitutiven Faktoren man das Hauptgewicht beimisst. Zu diesen Faktoren gehören der Naturbegriff, die empirische Ausrichtung naturwissenschaftlichen Forschens, die naturwis-senschaftlichen Methoden, einzelne naturwissenschaftliche Probleme, wie z. B. der Bewegungsbegriff, die Theoriegebundenheit der Naturwissen-schaft, aber auch der für diese Zeit noch wichtige metaphysische und theo-logische Gesamtzusammenhang. Der metaphysische wie der theologische Kontext haben auf unterschiedliche Weise stimulierend auf die Konstitu-tion naturwissenschaftlichen Weltumgangs gewirkt. Während die theologi-sche Deutung der Natur als positive Schöpfung Gottes überhaupt erst die Natur als eine positive Größe in den Blick kommen lässt,[716] lenkt die Kritik Ockhams am metaphysischen Seinsbegriff die wissenschaftliche Aufmerk-samkeit auf die konkrete Welt der einzelnen Dinge, die nach Ockham allein Seinscharakter haben und nunmehr Gegenstand der Physik sind.[717] Auch in diesem Fall gilt, dass monokausale Erklärungen zu kurz greifen. Es sollen daher im Folgenden diese einzelnen Faktoren durchgegangen werden.

---

[715] Duhem, P., 1908A; ders., 1909.

[716] Carl Friedrich von Weizsäcker vertritt die These, dass es gerade der schöpfungstheologi-sche und inkarnatorische Hintergrund der mittelalterlichen Theologie war, der den allgemei-nen Bezugsrahmen konstituierte, innerhalb dessen sich empirische Forschung überhaupt erst entwickeln konnte. Erst dieser theologische Bezugsrahmen wertete die natürliche Welt so auf, dass es im Gegensatz zur philosophischen Antike einen Sinn machte, sich überhaupt mir ihr zu beschäftigen. Vgl. Weizsäcker, C. F. von, 1964, 110 f.

[717] Gordon Leff urteilt in diesem Sinne: „Applied to nature the implication is that there is no longer being beyond individual being. That effectively meant the end of metaphysics as the study of being itself; for, as a transcendental term, as we already know, it can either be taken univocally when it is the most universal of all terms and without existential import; or it con-sists in ten equivocal ways of describing real individual being according to the ten categories. It then comes within the ambit of physics which is concerned precisely with individual being in its different physical modes. Since for Ockham real being is only physical – existing in time and space – it can be considered only by physics. That is the supreme consequence of Ock-ham's conception of the natural world. […]. Ockham's reduction of being to individual being therefore means the corresponding reduction of metaphysics to either logic or physics", Leff, G., 1975, 562.

## 1 Ockhams Naturbegriff

Ockhams *Naturbegriff* unterscheidet sich von dem der Tradition insofern, als er die Teleologie aus dem Naturgeschehen streicht, ihr auf diese Weise ihren Eigenwert nimmt, und sie ganz unter die *causa efficiens* stellt, eine wichtige Voraussetzung für den wissenschaftlich objektivierenden Umgangs mit der Natur. Wenn auch auf diese Weise der Natur die Eigenaktivität abgesprochen wird, so bekommt sie von Ockham dennoch den alleinigen Realitätscharakter zugesprochen, insofern sie nicht mehr als Abschattung der platonischen Ideen angesehen wird. Mit der gleichzeitigen Individualisierung ihrer Entitäten ist Ockham gezwungen, die notwendige Allgemeinheit naturwissenschaftlicher Aussagen neu zu konzipieren, was unter den Auspizien seiner Grundkonzeption zur induktiv-hypothetischen Methode führt. Ein weiterer Aspekt ist in diesem Zusammenhang zu nennen, der in der bisherigen Forschung kaum beachtet wurde. Die in der Theologie lange existierende, auf Augustin zurückgehende Tradition der Zwei-Bücher-Theorie, die Metapher des *liber scripturae* und *liber naturae* als Quelle der Offenbarung Gottes, fehlt bei Ockham vollständig.[718] Angesichts des *potentia absoluta* Gedankens ist dies auch nur konsequent und konsistent. Naturwissenschaftliche Forschung kann daher nicht als eine Form der Gotteserkenntnis interpretiert werden, wie dies später in der Wissenschaftlichen

---

[718] Hans Blumenberg hat die Geschichte der Metapher der beiden Bücher geschrieben und führt sie zu Recht auf Augustins Kampf gegen die verschiedenen Spielarten der Gnosis zurück. In diesem Sinne schreibt Blumenberg: „Wenn es richtig ist, dass die Metapher vom Buch der Welt oder der Natur etwas zu tun hat mit der Rechtfertigung der Schöpfung angesichts der Erlösung, also mit der Abwehr des gnostischen Dualismus und seiner einen und einzigen absoluten Heilsquelle, dann müsste die Metapher fast naturwüchsig aus der Rhetorik Augustins zu erwarten sein. Und dem ist so", Blumenberg, H., 1986, 48. In der Tat hatte Augustinus diese Metapher aus apologetischem Interesse gegen den Materie-Geist Dualismus der Manichäer konzipiert, um mit der Schöpfungslehre auch das Geschaffensein der von den Manichäern dem Bösen zugerechneten Materie zu verteidigen. In diesem Sinne schreibt er gegen die Manichäer: „Aber wenn ihr begonnen hättet auf das Buch der Natur als Werk des Schöpfergottes von allem zu schauen, [...], so wäret ihr nicht in diese gottlosen Verrücktheiten verfallen und blasphemischen Fantasien mit denen ihr, in Unkenntnis dessen, was das Böse wirklich ist, alles Übel auf Gott zurückführt", Augustinus, contra Faustum Manichaeum, zitiert nach Nobis, H. M., HWPh I, 1971, Sp. 958. Ebenfalls: Augustinus, in: Enarratio in Psalmum XLV 6 f: „Liber tibi sit pagina divina, ut haec audias; liber tibi sit orbis terrarum, ut haec viedeas. In istis codicibus non ea legunt, nisi qui litteras noverunt; in toto mundo legat et idiota". Einer der Hauptvertreter der der Zwei-Bücher-Theologie im Mittelalter ist Alanus de Insulis. In seinem Rosenhymnus findet sich der Text: „Omnis mundi creatura quasi liber et pictura nobis est et speculum", Nobis, H.M., HWPh I, 1971, Sp. 958 f. „At si universam creaturam ita prius aspiceres, ut auctori deo tribueres, quasi legens magnum quendam *librum naturae* rerum atque ita si quid ibi te offenderet, causam te tamquam hominem latere posse tutius crederes quam in operibus dei quicquam reprehendere auderes, numquam incidisses in sacrilegas nugas et blasphema figmenta, quibus non intellegens, unde sit malum, deum inplere conaris omnibus malis", Augustinus, in: Opera Omnia, Patrologiae Latinae Tomus 42, Contra Faustum Manicheum libri triginta tres, Buch 32, Abschnitt 20, CSEL 25,1, 782, 7–14.

Revolution des 17. Jahrhunderts der Fall sein wird. Für Galileo Galilei und Robert Boyle (1627–1691) ist diese Metapher wieder präsent.[719] Allerdings gibt es bei Ockham bereits in keimhaften Ansätzen den Gedanken der Mathematisierbarkeit der Natur. Zwar versteht der *venerabilis inceptor* Mathematik noch ganz im Sinne der aristotelischen demonstrativen Wissenschaftskonzeption[720] – in diesem Sinn ist Mathematik sogar Wissenschaft par excellence – doch kennt Ockham auch schon den Gedanken der Applizierbarkeit der Mathematik auf die Natur, bezeichnenderweise, und hier weicht er von seinen eigenen ontologischen Prämissen ab, mit Berufung auf den relationalen suppositionalen Charakter der Mathematik.[721] Dieser Gedanke der Applizierbarkeit der Mathematik auf die Natur im Kontext seiner eigenen Erkenntnistheorie ist insofern keimhaft, als Ockham dafür keinerlei konkrete Beispiele angibt. Allerdings taucht bei ihm schon vereinzelt in Übereinstimmung mit Scotus der Gedanke auf, dass Mathematik die

---

[719] Galilei hat die Metapher vom Buch der Natur sinngemäß im Zusammenhang der Auseinandersetzung der kirchlichen Diskussion um das heliozentrische Weltbild in einem Brief von 1615 an seine Gönnerin und Freundin Christina von Lothringen verwendet, später im *Il Saggiatore* expressis verbis verwendet. „Denn die Heilige Schrift und die Natur gehen gleicherweise aus dem göttlichen Wort hervor, die eine als Diktat des Heiligen Geistes, die andere als gehorsamste Vollstreckerin von Gottes Befehlen. […]. Und Gott offenbart sich nicht weniger herrlich in den Wirkungen der Natur als in den heiligen Worten der Schrift", Nobis, H.M., HWPh I, 1971, 958; Fischer, E.P., 1995, 116f. Im *Il Saggiatore* schreibt dann Galilei noch präziser: „Das Buch der Natur kann man nur verstehen, wenn man vorher die Sprache und die Buchstaben gelernt hat, in denen es geschrieben ist. Es ist in mathematischer Sprache geschrieben, und die Buchstaben sind Dreiecke, Kreise und andere geometrische Figuren, und ohne diese Hilfsmittel ist es menschenunmöglich, auch nur ein Wort davon zu begreifen", Galilei, G., 1623; vgl. ebenso Fischer, E.P., 1995, 108f.

[720] „Et tales sunt demonstrationes mathematicae, propter quod in eis parva vel nulla requiritur experientia, et demonstratur in eis semper vel frequenter per definitionem subiecti tamquam per medium. Et quia in paucis scientiis habemus demonstrationem proprie a priori nisi in mathematicis in quibus communiter passio demonstratur de subiecto suo primo per definitionem subiecti tamquam per medium, ideo frequenter dicit Aristoteles indistincte quod passio est demonstrabilis de subiecto et quod definitio est medium; […]", OP I 527, 58–66; vgl. ebenso OT I 170, 9f und OT I 167, 1. Aristoteles hatte die Mathematik den Prinzipienwissenschaften zugeordnet. Aus ihren Prinzipien können sichere Konklusionen im Sinne seines demonstrativen Wissenschaftskonzepts hergeleitet werden. „Die genauesten Wissenschaften aber sind die, welche sich am meisten auf das Erste beziehen; die nämlich, welche sich auf weniger Prinzipien beziehen, sind genauer als die, welche noch Zusätze beinhalten: so ist die Arithmetik genauer als die Geometrie „, Meta I 2, 982a25.

[721] „Ad quartum concedo quod passiones mathematicae sint relativae vel relationes, non tamen sequitur propter hoc quod demonstruatur realitas scientiarum mathematicarum. Quia ad realitatem scientiae non requiritur quod extrema propositionis scitae sint realia, sed sufficit quod supponant pro realitatibus, sicut est superius declaratum [I. Sent. d. 2, q. 4, II, 134–138]. Et ideo passiones mathematicae, quamvis sint tantum intentiones vel concetus in anima sicut passiones aliarum scientiarum humanitus inventarum, tamen supponunt et stant pro veris rebus, et ideo vere sunt scientiae reales.", OT IV 318, 17–319, 2.

Sprache ist, in der sich Quantitäten besonders gut ausdrücken lassen[722] – in schöner Übereinstimmung mit der Quantifizierung der Substanz. Damit ist der Weg frei für ein funktionales Verständnis von Mathematik, das nicht mehr in das aristotelische Konzept einer rein theoretischen Wissenschaft passt.[723] Dennoch hat Ockham noch nicht die Konzeption von Mathematik, die es gestattet, sie auf Bewegungsvorgänge anzuwenden.[724] Im Gegenteil, Mathematik abstrahiert von den Bewegungen. In diesem Sinne steht er noch ganz im Bann der aristotelischen Tradition der Anwendung der Mathematik auf die Natur, die Bewegungsvorgänge von der Mathematisierung ausschließt.[725] Diese aristotelische Tradition wird erst bei der Nachfolgegeneration in Oxford und Paris verlassen. Mathematik wird nunmehr das intellektuelle Werkzeug, Bewegungsvorgänge zu erfassen.

## 2 Ockhams Empirismus

Was nun den Schwerpunkt auf den *empirischen* Aspekt der Naturwissenschaft betrifft, so herrscht in der älteren Forschungsliteratur vor Erich Hochstetter die Meinung vor, Ockhams Erkenntnistheorie habe aufgrund der Ausrichtung auf rein logische Betrachtungen keinen Zugang zu empirischer Weltbemächtigung und könne daher auch keinen Beitrag zur Entstehung naturwissenschaftlichen Denkens und Handelns geleistet haben.[726]

---

[722] „Item, secundum eum [= Scotus], quantitas est subiectum mathematicae et non substantia quanta.", OT VIII 33, 123 f.

[723] Aristoteles kennt drei theoretische Wissenschaften, Mathematik, Physik und Theologie, Meta VI 1, 1026a6–19; Meta XI 7, 1064b1–14. Sie zeichnen sich gerade durch ihre *Zweckfreiheit* aus, also gerade nicht durch ihre funktionale Verzweckung und zielen nicht auf eine aktive Umgestaltung der Natur. „Und wir sind der Meinung, dass die Wissenschaft, die um ihrer selbst willen und des Wissens wegen erstrebt wird, eher Weisheit sei als die, die ihrer Resultate wegen gewählt wird", Meta I 1, 981b15. Thomas Heath kommentiert die Essenz des aristotelischen Wissenschaftsverständnisses: „In all this we see the charakteristic Greek spirit and outlook. Knowledge for its own sake and apart from its uses or applications", Heath, T., 1949, Reprint ²1970. Thomas Heath hat die bisher umfassendste Darstellung der Mathematik bei Aristoteles geschrieben.

[724] „[…] sequitur quod mathematica abstrahit ab aliquibus quae considerat physica. Nam illa quae considerat mathematica, abstracta sunt intellectu a motu quem considerat physica, quamvis in re extra non sint abstracta ab eis;", OP IV 259, 4–7; vgl. ebenso OP IV 264, 179–182 und OP IV 265, 8–13.

[725] „The objects of mathematics are in general without motion; the only exception ist those of astronomy", Heath, T., 1949, Reprint ²1970, 12, „Die sogenannten Pythagoreer also handeln von ferner liegenden Prinzipien und Elementen als die Naturphilosophen. Der Grund dafür ist, dass sie die Prinzipien nicht von den Sinnesdingen ableiten; denn die mathematischen Dinge sind ohne Bewegung – ausgenommen diejenigen, von denen die Astronomie handelt", Meta I 8, 989b28 ff.

[726] Erich Hochstetter nennt als Gruppe dieser Forscher v. Harnack, Windelband, Siebeck und Überweg-Heinze; Hochstetter, E., 1927, 119, 174.

Auch neuerdings wird diese These wieder vertreten.[727] Dagegen hält Erich Hochstetter die Zurückdrängung der aristotelischen Syllogistik und ihre zunehmende Ersetzung durch die Empirie einschließlich des Begriffs der Naturnotwendigkeit und die Forderung und methodische Herausarbeitung einer streng kausalen induktiven Forschung für die eigentliche Weichenstellung zur Entstehung der empirisch ausgerichteten Naturwissenschaft.[728] Es muss daher genau eruiert werden, was nun als konstitutives Element der empirischen Naturwissenschaft gelten kann. Streitpunkt ist in dieser Diskussion, inwieweit die *termini* rein subjektiven Charakter haben und so eines empirischen Bezugs ermangeln, oder ob der Begriff *terminus* sehr wohl auf extramentale Gegenstände verweise.[729] Diese empirische Ausrichtung Ockhams wurde von Volker Leppin mit Hinweis auf die Unzuverlässigkeit der evident kontingenten Erkenntnis, die ja auf der von Ockham selbst eingestandene Vagheit und Unzuverlässigkeit der *notitia intuitiva* aufruhen, relativiert.[730] Gleiches gilt für das empirische Prinzipienwissen. Letztlich neigt aber auch Volker Leppin in Ockhams Zielkonflikt, den strengen aristotelischen demonstrativen Wissenschaftsbegriff mit seiner empirischen Ausrichtung der *notitia intuitiva* auszubalancieren, dazu, der Empirie das Übergewicht zuzugestehen, weil Ockham evident aus Erfahrung erkennbare Prinzipien anerkenne und daher der strenge aristotelische demonstrative Wissenschaftsbegriff mit der Empirie verbunden werden kann.[731] Frederic C. Copleston legt ebenfalls den Schwerpunkt auf die Kontingenz der Erfahrung, merkt aber zugleich mit Recht kritisch an, dass kontingente Einzelerkenntnisse noch keine Wissenschaft im Sinne einer Theoriebildung ausmachen,[732] wenn sie nicht nach konzeptionellen

---

[727] „So wird jetzt angezweifelt, dass Ockham als Wegbereiter einer empirisch basierten Naturwissenschaft gelten kann", Müller, S., 2000, 8 ff.

[728] Hochstetter, E., 1927, 179; ebenso Guelluy, R., 1947, 280; „[…] in diesem Allen haben wir, auf empiristischem Boden, die Keimzellen, aus deren Verbindung mit der (schon vor Ockham in den Lösungsversuchen der Form-Latituden-Probleme angelegten) rationalistischen Unterwerfung des Gestaltbegriffs unter arithmetische und geometrische Prinzipien, allmählich die Methode der neuen Naturwissenschaft erwuchs", Hochstetter, E., 1927, 179.

[729] Hochstetter, E., 1927, 176 f. „Die Möglichkeit der Realwissenschaft für Ockham kann also aus Argumentationen aus einer mangelnden objektiven Beziehung ihrer Begriffe heraus so wenig angezweifelt werden, wie die Helmholzsche Zeichentheorie Anlaß zu skeptischer Stellungnahme gegenüber seinen naturwissenschaftlichen Entdeckungen geben könnte", Hochstetter, E., 1927, 177 f.

[730] Leppin, V., 1995, 81.

[731] Leppin, V., 1995, 82.

[732] Dieser Aspekt klingt auch bei André Goddu an: „In sum, then, Ockham's ‚empiricism' possessed two principal characteristics: (1) a tolerance for incompleteness in explanation of empirical questions, especially in relation to identification of causes, and (2) the emphasis on economy as a systematic part of criticism and as a disposition for protection against superfluity", Goddu, A., 1990, 226.

Gesichtspunkten interpretiert werden.[733] Diese Gefahr ist allerdings bei Ockham nur bedingt gegeben. Denn die notwendige Allgemeingültigkeit von Propositionen über kontingente Sachverhalte oder Ereignisse ist durch Ockhams Prinzip der Induktion ausbalanciert, das seinerseits wiederum auf dem Uniformitätsprinzip der Natur beruht.[734] Trotzdem zeigt sich in dieser Form der auf Erfahrung aufruhenden Allgemeinheit der wissenschaftlichen Propositionen eine immanente Grenze der Ockhamschen Wissenschaftskonzeption und damit seiner besonderen Form der Empirie. Die an Ockhams ontologischer Grundthese von der Individuiertheit allen Seins, der Reduktion der aristotelischen Kategorien auf die Substanz und Qualität und der Kontingenz der Ereignisse aufruhende *präpositionale Struktur* wissenschaftlicher Erkenntnisse, kann nicht mit der Kategorie der Relation operieren, da diese nur ein konnotativer Begriff, also abhängig von einer individuellen Substanz, gedacht werden kann. Daher kann im ockhamschen Wissenschaftsverständnis nicht die Relation von Größen zu einem tragenden Grundkonzept werden. Relationen von Größen, mathematisch dargestellt im Konzept der Funktionsgleichung, die die Naturgesetze mathematisch repräsentieren, sind aber konstitutive Elemente modernen empirischen wie theoretischen Umgangs mit der Welt. Diese Grundlage ist beispielsweise für das wissenschaftlichen Konzept, das die Bewegung beschreibt, unerlässlich. Dabei stellen Relationen von Raum- und Zeitgrößen die Grundfigur einer wissenschaftlichen Aussage dar. Auch am Bewegungsbegriff ist also die innere Grenze der Wissenschaftskonzeption Ockhams erkennbar. Bewegung ist für Ockham eben nur ein konnotativer, kein relationaler Begriff. Erst seine Nachfolger, vor allem Buridan in Paris und die Mertonians in Oxford werden die konzeptionellen Werkzeuge schaffen, um auch Bewegungen in Gestalt von Relationen wissenschaftlich aussagen zu können. Hingegen hat sein Denken in theoretischen Alterna-

---

[733] „It is doubtless possible to regard the Ockhamist philosophy as a potentially favouring the growth of empirical science. For if the way in which things are is a purely contingent fact, the only way of discovering how they are is to investigate the matter empirically. It is true, of course, that observation, or what Ockham calls ‚intuitive knowledge‘ would not, by itself, get us very far in science", Copleston, F.C., 1990, 271.

[734] Ernst A. Moody formuliert dies mit aller wünschenswerten Klarheit: „Ockham invokes as justification for such generalized propositions a rule of induction, described as a medium extrinsecum, that corresponds to the principle of the uniformity of nature (eiusdem rationis) act or react in similar manner to similar conditions", Moody, E.A., 1975B, 426; allerdings übertreibt Ernst A. Moody, wenn er dies mit dem Konzept des *communis cursus naturae* in Verbindung bringt, eine Phrase, die bei Ockham nur drei mal in völlig anderen Zusammenhängen vorkommt. „[…] the application of this rule of induction in establishing general premises or laws on the basis of experience of particular cases is valid only within the general hypothesis of the common course of nature (ex suppositione communis cursus naturae)", Moody, E.A., 1975B, 426. Erst die Ockhamschüler Johannes Buridan und Bernard von Arezzo werden diese Formulierung des *communis cursus naturae* sehr viel ausgeprägter verwenden, um die Verlässlichkeit ontologischer Grundstrukturen für den wissenschaftlichen Weltumgang zu sichern.

tiven, gespeist aus seinem Gottesbegriff der *potentia absoluta*, insgesamt einem empiriefreundlichen Klima vorgearbeitet.[735]

Darüber hinaus relativiert sich der Beitrag Ockhams zur Entstehung des naturwissenschaftlichen Weltumgangs, wenn man bedenkt, dass bereits das 13. Jahrhundert mit einer Reihe empirisch ausgerichteter Naturphilosophen aufwarten kann. Am bekanntesten sind die Arbeiten von Roger Bacon (1212–1292), Albert dem Grossen (1206–1280), der Schlesier Witelo (1230/35–ca. 1275), Dietrich von Freiberg († 1311) und Robert Grosseteste (1175–1253), auch wenn sich diese wissenschaftliche Aktivität mehr an Einzelpersonen festmacht, als an einer ganzen Bewegung, wie die der Ockhamisten, innerhalb der es zudem noch mannigfaltige Richtungen gab, die Teile von Ockhams Philosophie und Physik übernommen, andere Teile hingegen abgelehnt haben. Die Wirkung dieser frühen empirisch ausgerichteten Naturphilosophen des 13. Jahrhunderts auf die empirische Ausrichtung des 14. Jahrhunderts, also die Existenz einer nichtockhamistischen empirischen Tradition, bedarf noch weiterer Forschung.

### 3  Ockhams Methodik

Legt man hingegen den Schwerpunkt auf die *methodische* Ausrichtung der Naturwissenschaft, so kann ein Wechsel im Methodenkanon einer Wissenschaft ein Indiz für eine signifikante Veränderung in einer Wissenschaft sein, bzw. auch einen Wechsel im Weltzugang des Menschen signalisieren.[736] In diesem Sinne kann man den demonstrativen Charakter von Aristoteles' wissenschaftlicher Methodik in seinem Organon von der Methodik der Scholastik und schließlich von der Methodik der entstehenden Naturwissenschaften im 17. Jahrhundert unterscheiden.[737]

Was nun Ockham betrifft, so ist unschwer sein *razor* ein wichtiger Beitrag zur Entstehung des methodisch geleiteten naturwissenschaftlichen Denkens. Jürgen Goldstein hat dies anhand von Ockhams Anwendung des *razor* Prinzips[738] auf das Bewegungsproblem und Probleme der Optik

---

[735] „Although Ockham was not concerned with establishing a new physics and cosmology to replace that of Aristotle, his critical treatment of Aristotle's arguments and his constant insistance on the possibility of different theories equally capable of accounting for the facts to be explained were influential in creating the intellectual environment in which later fourteenth-century philosophers explored new physical theories and laid some of the foundations for the scientific revolution of the seventeenth century", Moody, E.A., 1975B, 430.

[736] Eine umfassende Geschichte der wissenschaftlichen Methoden ist noch nicht geschrieben worden.

[737] Moody, E.A., 1985, 239–281; Es ist gerade die Abgrenzung von der aristotelischen demonstrativen Wissenschaftskonzeption in seinem *Organon*, die Francis Bacon im 17. Jahrhundert dazu veranlasst hat, seine empirisch ausgerichtete Wissenschaftskonzeption unter dem epochemachenden Signum des *Novum Organon* zu konzipieren.

[738] „Hoc probatur, quia frustra fit per plura quod potest fieri per pauciora." OT V 268, 5.

herausgearbeitet.[739] Danach hat Ockham gegen die im Mittelalter konkurrierenden drei Theorien der Wahrnehmung[740] beim Sehakt durch Anwendung seines *razors* die Theoriekomponenten erheblich reduziert, indem er allein den Gegenstand und den Intellekt als wahrnehmungskonstitutive Agenten anerkannte,[741] ohne dadurch das Problem der Wahrnehmung zu simplifizieren.[742]

## 4  Ockhams inhaltliche Beiträge

Was die *inhaltliche* Seite der Werke Ockhams im Hinblick auf ihre naturwissenschaftliche Bedeutung anbelangt, so ist von Alois Dempf behauptet worden, Ockham habe in *de successivis* die Grundgedanken des kopernikanischen Weltsystems vorweggenommen.[743]

Auch der *breitere geistesgeschichtliche* Referenzrahmen spielt eine Rolle. Hans Blumenbergs Argument, die *potentia absoluta* in Ockhams Theologie als driving force zur empirischen Weltbemächtigung zu interpretieren, wird sich in dieser überspitzten Form kaum aufrechterhalten lassen, zumal ihm bei Ockham kein adäquater Begriff von empirischer Forschung korrespondiert. Die große Bedeutung der *notitia intuitiva* als Zugangsweise zur Empirie ist zu sehr auf das Singuläre und den unmittelbaren sinnlichen Eindruck ausgerichtet, um als Basis für eine konzeptionell operierende Naturwissenschaft dienen zu können. Dennoch kommt in Hans Blumenbergs These eine wichtige Beobachtung zum Ausdruck. Ockhams Ablehnung einer natürlichen Theologie entspricht der von ihm immer zugelassenen Möglichkeit einer unmittelbaren Intervention Gottes in das Naturgeschehen unter Umgehung der *causae secundae*. Die im Prinzip von Gott aufkündbare immanente Ordnung seiner Schöpfung hat wohl dazu beigetragen, dass Ockham keine entsprechende Terminologie entwickelt hat, die im naturphilosophischen oder naturwissenschaftlichen Bereich seiner *potentia ordinata* entsprochen hätte. Es ist daher nur folgerichtig, dass Ockham nicht den Begriff des Naturgesetzes kennt, sondern nur den des *commu-*

---

[739] Goldstein, J., 1998, 244–247.

[740] Es handelt sich um die materialistische Theorie der antiken Atomisten, die von einer unmittelbaren Berührung des Auges durch die *species* ausgeht, um Platos Theorie, die von einem aktiv vom Auge ausgehenden Sehstrahl spricht und schließlich die Theorie von Aristoteles, der die Bedeutung des Mediums unterstreicht. Vgl. Goldstein, J., 1998, 242 f, Lindberg, D. C., 1976, deutsch 1987.

[741] Die *species* fällt weg. „Prima est quod ad cognitionem intuitivam habendam non oportet aliquid ponere praeter intellectum et rem cognitam, et nullam species penitus." OT V 268, 1–4.

[742] Goldstein, J., 1998, 242 ff.

[743] So Alois Dempf: „Dieser Traktat [De successivis] ist ein Kompendium des Physikkommentars Ockhams und enthält verschlüsselt die neue heliozentrische Astronomie ohne die zwei Fehlgriffe des Oresmius und Copernicus", Dempf, A., 1974, 3.

*nis cursus naturae*, den die beiden Ockhamschüler Johannes Buridan und
Bernhard von Arezzo später verwenden werden und der in gewisser Weise
als Vorläufer des Konzepts Naturgesetz gelten kann.[744]

Auch Ernst A. Moody hat diesen Beitrag der Theologie in Gestalt der
Bekämpfung der natürlichen Theologie und der metaphysisch ausgerichteten Ontologie zur Konstituierung einer empirisch ausgerichteten Haltung
zur Welt unterstrichen.[745]

Nach dem bisher über natürliche Theologie Gesagten, dem Fehlen des
Konzepts Naturgesetz, der eingeschränkten Bedeutung des *communis cursus naturae*, der fehlenden Metapher des *liber naturae* und der Grenzen seiner Erkenntnistheorie in Bezug auf ihre empirische Ausrichtung liegt die
Bedeutung dieses theologischen Gesamtrahmens weniger in seiner direkten
Applizierbarkeit auf empirische Forschung, sondern vielmehr in – gewissermaßen transzendentaler Weise – der Konstitution eines objektivierenden
Weltverhältnisses überhaupt. Damit ist gemeint, dass der vom Evangelium
getragene Glaube erst jenen Freisetzungsprozess, Individuationsprozess
und Dynamisierungsprozess hervorruft, der die Voraussetzung dafür ist,
dass die notwendige Distanzierung zur Natur eintritt, die damit zum ent-
sakralisierten Objekt werden kann, das sich den Kategorien der Quantität
fügt. Da unter diesen Auspizien auch die menschliche Rationalität in ihrem
Verhältnis zum Glauben und zur Theologie als Wissenschaft neu bestimmt
werden muss, kommt es bei Ockham zu einem radikalen Umbau des Wissenschaftskonzepts und der Rolle der Rationalität. Um den Glauben zu
sichern, bestimmt Ockham die Grenzen der Rationalität neu, schränkt ihre
Zuständigkeit in Glaubensfragen deutlich ein, kündigt die kunstvolle thomasische Synthese von *ratio* und *fides* auf, und damit ihre propädeutische
Rolle in Bezug auf die Übernatur. Das aber heißt konkret, dass die Rationalität ontologisch-religiös abgewertet und funktional-wissenschaftlich aufgewertet wird. Erst unter diesem nunmehr wissenschaftlich funktionalen
Verständnis von Rationalität kann sie die konzeptionellen Werkzeuge für

---

[744] Die Lebensdaten von Bernhard von Arezzo (Bernardus Aretinus) sind unbekannt. Er ist
vor allem durch seine Diskussionen mit Nicolaus von Autrecourt in Erinnerung geblieben, die
in seinem Briefwechsel mit ihm von 1320–1327 dokumentiert sind. Vgl. Rijk, L. M. van, Leiden
1994; Imbach, R./Perler, D., 1988; zur Verwendung des Terminus *communis cursus naturae* bei
Bernhard von Arezzo vgl. McDermott, A.Ch., 1973, 357; zur Verwendung bei Johannes Buridan vgl. King, P., 1987, 121; Miethke, 1969, J., 191; Maier, A., 1955B, 334; Grant, E., 1986, 58;
bei Ockham, Sylla, E. D., 1975, 359.

[745] „Even if we view the whole scholastic age as belonging to the history of theology, we
will still find empiricism raising its head within theology, and metaphysics being attacked by
theologians on theological as well as on philosophical grounds. To regard the late medieval
empiricist movement as antischolastic, or as a revolt of secular philosophy against theology, is
historically indefensible. Those scholastics who criticized metaphysics and natural theology,
such as Peter Aureoli, William of Ockham, or Robert Holcot were theologians", Moody, E. A.,
1975B, 288; ebenso Moody, E. A., 1975B, 414.

einen handelnd-erkennenden Weltumgang entwickeln. Genau dies tut auch Ockham durch seine Summa Logica und seine Sprachphilosophie, die auf rationale Klarheit im Erkenntnisprozess zielen.

## 4.1 Ockhams innovativer sprachanalytischer Beitrag

Ockhams sprachphilosophische Arbeit wurde von Buridan aufgegriffen und weitergeführt. Buridan entwickelt eigenständig die Logik weiter und trägt zur Klärung der konnotative Begriffe bei, die bei ihm appellative Begriffe heißen.[746] Der Grundgedanke Ockhams und Buridans, sprachliche Klarheit im Erkenntnisprozess anzustreben ist von kaum zu überschätzender Bedeutung und kreativer Kraft für den Prozess wissenschaftlichen Fortschritts. Auf die Analogie der Philosophie Ockhams zur analytischen Philosophie des 20. Jahrhunderts hat bereits Ernst A. Moody hingewiesen und Marilyn McCord-Adams hat dieser Beziehung ihr Lebenswerk gewidmet. Es ist gerade die operational-sprachliche Definition wissenschaftlicher Grundkonzepte, die zu Differenzierungen von Problemzusammenhängen, oder gar zu überraschenden neuen Lösungen führt. Gerade das Beispiel Ockhams der Überführung der ontologischen Frage nach der Zeit in eine semantische markiert den Wechsel in die sprachanalytische Herangehensweise an philosophische Probleme. Später wird in der Wissenschaftsgeschichte dieser semantische Aspekt durch die Definition einer Operation noch stärker konkretisiert. Zugespitzt könnte man diese operational-definitorische Vorgehensweise auch als eine Sprach*handlung* bezeichnen, die auf diese Weise den Übergang vom Erkennen zum Handeln markiert. Dieses wichtige Procedere in der Klärung und Revolutionierung wissenschaftlicher Konzepte soll mit ein paar geschichtlichen Beispielen verdeutlicht werden.

Durch die operationale Methode der Abzählbarkeit (Cantorsches Diagonalverfahren) durch Georg Cantor (1845–1918) werden Differenzierungen im mathematischen Begriff der Unendlichkeit deutlich – die Differenzierung der Unendlichkeit in verschieden starke Mächtigkeiten –, die ohne diese Methode sprachlicher Klärung unentdeckt geblieben wären.[747] Das gleiche gilt für Georg Cantors Entdeckung der Möglichkeit einer Arith-

---

[746] „An appelative term, in Buridan's use, corresponds to what Ockham called a connotative term, and to what Aristotle, in the Categoriae, called a denominative term", Moody, E. A., 1975B, 375.

[747] Das Cantorsche Diagonalverfahren ist eine Methode, die Unendlichkeit der natürlichen Zahlen $\mathbb{N}$ mit der Unendlichkeit der reellen Zahlen $\mathbb{R}$ zu vergleichen. Cantor entdeckte, dass es keine eineindeutige Zuordnung zwischen den Elementen von $\mathbb{N}$ und $\mathbb{R}$ gibt, so dass die Unendlichkeit der Elemente von $\mathbb{R}$ gewissermaßen größer ist als die Unendlichkeit der Elemente von $\mathbb{N}$. Unendlichkeit ist also nicht gleich Unendlichkeit. Diese Differenzierung im Unendlichkeitsbegriff bezeichnete Cantor mit dem Begriff der Mächtigkeit.

metik auf der Grundlage unendlicher Mengen,[748] der so genannten aktualen Unendlichkeit.[749] Ebenso ist an Albert Einsteins (1879–1955) operationale Definition des Begriffs der Gleichzeitigkeit zu erinnern,[750] die die traditionellen Begriffe von Raum und Zeit revolutioniert hat. Kurt Gödel (1906–1978) hat mit seinen beiden Theoremen, dem Unvollständigkeitstheorem und dem Unentscheidbarkeitstheorem, die Differenzierung von Wahrheit und Beweisbarkeit – es gibt wahre mathematische Aussagen, die nicht beweisbar sind – mathematisch untermauern können und die Unvollständigkeit hinreichend komplexer mathematischer Systeme bewiesen.[751] Die operationale Klärung des Konzepts Chaos in der Chaostheorie hat zu der wichtigen Unterscheidung von Determinismus und Berechenbarkeit geführt, d. h. ein chaotischen System ist zwar deterministisch, aber trotzdem nicht berechenbar.[752] All diese Entwicklungen stehen natürlich in keinem direkten geschichtlichen Zusammenhang mit Ockham. Aber Ockham ist der erste, der auf die sprachliche Vermittlung und Klärung von Erkenntnisprozessen aufmerksam gemacht hat. In diesem Sinne ist er ein früher Wegbereiter dieser modernen Beispiele.

Damit hat Ockham durch seine Theologie die breitest möglichen allgemeinen Rahmenbedingungen geschaffen, in dem sich ein wissenschaftlicher Umgang mit der Welt vollziehen kann. Seine Schüler und Nachfolger beginnen, diesen allgemeinen Rahmen mit Inhalt zu füllen: Die ockhamistische Bewegung.

---

[748] Cantor konnte zeigen, dass die Menge der natürlichen Zahlen $\mathbb{N} = \{1, 2, 3, 4, \ldots\}$ wiederum als Einheit aufgefasst werden und die als Grundmenge für arithmetische Operationen fungieren kann. In diesem Sinne definiert er die Menge der natürlichen Zahlen $\mathbb{N} = \{1, 2, 3, 4, \ldots\}$ als kleinste Einheit der Arithmetik des Unendlichen und nennt sie $\aleph_0$. Ihr folgen weitere $\aleph$s. Also $\aleph_1, \aleph_2, \ldots \aleph_{\omega+1}, \aleph_{\omega\omega}, \aleph_{\aleph0}$ Die russische Mathematikerin Sonja Kowalewski urteilt über Cantors Einstellung zu seinem $\aleph$s: „Diese Mächtigkeiten, die Cantorschen Alephs, waren für Cantor etwas Heiliges, gewissermaßen Stufen, die zum Throne der Unendlichkeit, zum Throne Gottes emporführten. Seiner Überzeugung nach waren mit diesen Alephs alle überhaupt denkbaren Mächtigkeiten ausgeschöpft", zitiert nach Bandmann, H., 1992, 19.

[749] Das Problem der Unendlichkeit hat seit Origenes, Minutius Felix, Augustinus, Gregor von Nyssa und Cusanus immer wieder auch die Theologen im Hinblick auf das endliche Fassungsvermögen der menschlichen Rationalität (*finitum non capax infiniti*), im Kontext der Christologie (Extracalvinisticum), bzw. der Unendlichkeit Gottes (Cusanus) beschäftigt. Georg Cantor selbst verstand seine Mathematik als einen Hilfsdienst für die Theologie, die Unendlichkeit Gottes besser denken zu können. Er stand daher im engen Gedankenaustausch mit Dominikanerpatres in Rom.Vgl. Cantor, G., 1932, Reprint 1980, 378; zum Kontakt mit römischen Theologen zu dem Problem der Unendlichkeit vgl. Bandmann, H., 1992, 41 f; Achtner, W., 2005.

[750] Vgl. dazu Albert Einsteins operationale Definition der Gleichzeitigkeit durch mit Hilfe von Lichtsignalen synchronisierte Uhren: Einstein A., 1905, Nr. 17, 891–921.

[751] Zur Einführung vgl. Nagel, E./Newman, J.R., 1958; ebenso Kropač, U., 1999, 200–237.

[752] Vgl. Kropač, U., 1999, 76–121.

## 4.2  Ockhams unmittelbare Schüler

Diese ockhamistische Bewegung der *moderni* hat mit Sicherheit zu einem allgemeinen intellektuellen Klima beigetragen, das experimentelle Forschung ermöglichte, die in den beiden ersten Zentren naturwissenschaftlichen Forschens im 14. Jahrhundert, dem Merton Collge in Oxford um Bradwardine und in Paris um Buridan, wenn auch nicht systematisch, so doch zumindest in Oxford in Ansätzen praktiziert wurde. In den letzten Jahren ist es zu einer immer differenzierteren Betrachtungsweise der Schülerverhältnisse Ockhams gekommen, so dass die Entstehung der Bewegung der *moderni* nunmehr in ihrer facettenhaften Auffächerung deutlich geworden ist. Das heißt, es ist wichtig festzuhalten, dass es sich dabei keineswegs um eine homogene Gruppe oder gar um eine ockhamistische Schule handelt,[753] sondern um eine überschaubare Anzahl von Einzelpersönlichkeiten, die zudem in vielen Einzelpunkten entweder von Ockham abweichen oder ihn eigenständig weiterentwickeln und zudem auch nicht immer in einem direkten Schülerverhältnis zu ihm gestanden haben. Auch die Einflüsse Ockhams in Oxford und Paris sind deutlich voneinander zu unterscheiden und bedürfen weiterer Forschung.[754] Zu den *moderni* in Oxford kann man in abgestufter Abhängigkeit von Ockham zählen: Adam Wodeham[755] († 1349), Robert Holkot[756] († 1349), dazu mit Einschränkung

---

[753] Schon Philotheus Boehner spricht nicht mehr von einer Ockhamistischen Schule, wie bei Thomas und Scotus, sondern sieht Ockhams Wirkung eher in einer Art inspiratorischem Effekt. „It seems he had few disciples. It is difficult to find an ‚Ockhamist' school in the same sense as we encounter a Thomist or Scotist school. Ockham's teachings had, rather, a stimulating effect", Boehner, P., 1964,li. Und William J. Courtenay urteilt: „Perhaps surprisingly, at this early stage there is little or no indication that Ockham had any followers at Oxford. We know of no one at Oxford between 1317 and 1327 who can be so characterized, at least not without considerable qualification", Courtenay, W.J., 1987A, 91; und er kommt zu folgendem Gesamtergebnis: „Yet every so-called Ockhamist who has been studied had proved to be somewhat independent, rejecting Ockham's arguments and conclusions on issues considered of major importance to his thought", Courtenay, W.J., 1995, 268f; ebenso Tachau, K., H., 1988, 275–312; eine kurze Zusammenfassung der Diskussion um die Wirkungsgeschichte mit besonderem Akzent auf den institutionellen Reaktionen, vgl. Leppin, V., 2003, 273–277.

[754] William J. Courtenay (Courtenay, W.J., 1987A, 89–107) hat in Auseinandersetzung mit James A. Weisheipls Beitrag zu dieser Frage (Weisheipl, J.A., 1968, 174–188; Weisheipl, J.A., 1984, 607–658) eine differenzierte Darstellung der Abhängigkeitsverhältnisse der Schüler Ockhams von Ockham vorgelegt und die Schülerschaft und Abhängigkeit Adam Wodehams und Robert Halcots deutlich relativiert. Dennoch kommt er zum Schluss seiner Untersuchung einerseits zum Ergebnis: „The evidence we have examined does not allow us to talk about an Ockhamist school or Ockhamist movement. There is no Oxford parallel to the appearance of the label *Ockhamistae*, which did occur at Paris as early as the late 1320s", relativiert es dann aber noch einmal: „it is probably also sufficient to allow us to continue to speak of the importance of Ockham for fourteenth-century Oxford thought", Courtenay, W.J. 1987A, 106f.

[755] Geburtsdatum nicht bekannt.

[756] Geburtsdatum nicht bekannt. Zum Verhältnis Ockhams zu Robert Holcot vgl. die wichtigen Arbeiten von Beryl Smalley (Smalley, B., 1960, 133–202) und Fritz Hoffmann (Hoffmann,

William Crathorn[757], Robert of Halifax[758], Thomas Buckingham[759], auch mit Vorbehalt die Mertonians Thomas Bradwardine[760] (1290/1300–1349), William Heytesbury[761] und John Dumbleton[762] und Richard Swineshead[763]. Zu den *moderni* in Paris wären zu zählen Gregor von Rimini[764] (ca. 1305–1358), Johannes von Mirecourt[765], Nicolaus von Autrecourt († nach 1350), Johannes Buridan (ca. 1300–1361), Albert von Sachsen (?–1390), Nicolaus Oresme (1320–1382), der Buridanschüler Marsilius von Inghen († 1396), Heinrich von Langenstein (1325–1397), Heinrich von Oyta[766], Rektor der Universität von Prag.[767] Bei aller Inhomogenität dieser Gruppe haben sie doch gerade die Eigenständigkeit in ihrem problemorientierten Denken gemeinsam und stehen in diesem Sinne in bester ockhamistischer Tradition.

Die Besonderheit der beginnenden experimentellen Naturwissenschaft des 14. Jahrhunderts kommt bei aller notwendigen Detailforschung jedoch erst dann in den Blick, wenn man sich den Unterschied in den *Themen* des

F., 1963, 624–639); seinen Sentenzenkommentar verfasst er in Auseinandersetzung mit William Crathorn. Im zeitgenössischen Diskussionskontext steht seine Unterscheidung zwischen *logica naturalis* und *logica fidei*, in der er z. B. die Anwendung der aristotelischen Logik auf die Trinitätstheologie bestreitet, Aris, M.-A., LdM VII, 1995, Sp. 907.

[757] Geburts- und Sterbedatum nicht bekannt. Crathorn hat sich insbesondere durch seine Auseinandersetzung mit Robert Holcot in Bezug auf Sprachphilosophie, Erkenntnistheorie und Naturphilosophie hervorgetan, Hoffmann, F., LdM III, 1986, Sp. 336.

[758] Geburts- und Sterbedatum nicht bekannt.

[759] Geburts- und Sterbedatum nicht bekannt.

[760] Thomas Bradwardine war von 1323–1335 Fellow des am Merton College, ab 1333 Baccalaureus der Theologie, 1348 Doctor der Theologie, starb 1349 als Erzbischof von Canterbury an der Pest. Neben seinen theologischen Werken, ist er naturwissenschaftlich vor allem durch seine Bücher *Arithmetica speculativa*, *Geometria speculativa*, einen Traktat über das Bewegungsgesetz des Aristoteles und einen Traktat *De continuo* hervorgetreten, Gericke, H., 1992, ²1993.

[761] Geburts- und Sterbedatum nicht bekannt. William Heytesbury war Mathematiker und Theologe. Er wurde bekannt durch sein Werke *Regule solvendi sophismata* sowie *Sophismata*, in denen er ab ca. 1335 gut ockhamistisch logische Trugschlüsse behandelt. Außerdem beschäftigt er sich mit der Frage nach quantitativen Änderungen von Qualitäten sowie dem Problem des Kontinuums. In den *Regule* gibt er den ersten Beweis für das Gesetz der gleichmäßig beschleunigten Bewegung. Von 1330–1348 ist er Fellow am Merton College und 1371 vielleicht auch Kanzler der Universität, 1341 Gründungsmitglied des Queen's College, Folkerts, M., LdM IV, 1989, Sp. 2206; Wilson, C., 1960.

[762] Geburts- und Sterbedatum nicht bekannt.

[763] Geburts- und Sterbedatum unbekannt. Fellow am Merton College 1335 und 1344 und Verfasser eines *Liber calculationum*, in dem es um Rechnungen bzgl. Quantitäten der Qualitäten geht, Gericke, H. 1992, ²1993, 137.

[764] Gregor von Rimini war Augustinertheologe und in seiner Rechtfertigungslehre von Ockham beeinflusst, Zumkeller, A., LdM IV, 1989, Sp. 1684 f.

[765] Geburts- und Sterbedatum unbekannt.

[766] Geburts- und Sterbedatum unbekannt.

[767] Eine vollständige Liste der als Ockhamschüler eingestuften Gelehrten, bzw. Anhänger findet sich in Werner, K., 1887.

13. und denen des 14. Jahrhunderts klarmacht. Die Forscher des 13. Jahrhunderts waren im wesentlichen an den Problemen der Optik interessiert, d. h. an einer am *Raum* orientierten wissenschaftlichen Fragerichtung. Die Physiker-Theologen des 14. Jahrhunderts hingegen entdecken als neues Thema das Problem der *Bewegung*,[768] d. h. sie bedürfen der Kategorien des *Raumes* und der *Zeit*. Allein dieser Sachverhalt ist schon bemerkenswert und bekräftigt den immer wieder bemerkten Aspekt der Dynamisierung des 14. Jahrhunderts, die nunmehr als eine *Tiefenstruktur* dieser aufgewühlten Zeit gedeutet werden kann. Allerdings ist das Interesse an der Bewegung als solche noch nicht aussagekräftig. Denn auch Aristoteles' ganze Philosophie kann als eine Philosophie der Bewegung interpretiert werden. Entscheidend ist daher, auf die Abweichungen der Bewegungstheorien des 14. Jahrhunderts von denen des Aristoteles zu achten. Die Physiker-Theologen des 14. Jahrhunderts kritisieren die aristotelische Bewegungstheorie in vierfacher Hinsicht. Zum einen ist die himmlische Bewegung von der irdischen weder qualitativ, noch hinsichtlich ihrer Verursachung, z. B. durch die Intelligenzen der aristotelischen Kosmologie, zu unterscheiden.[769] Darüber hinaus wird die Theorie vom natürlichen Ort aufgegeben. Außerdem wird die aristotelische Bewegungstheorie der Kraftübertragung durch die Luft, die ἀντιπερίστασις,[770] die schon Ockham kritisiert hatte, aufgegeben und durch die Impetustheorie ersetzt. Schließlich findet eine ausgiebige Diskussion über die Rolle der *causa finalis* bei Bewegungsvorgängen statt.[771] Buridan ist der erste, der sie für überflüssig erklärt[772] und damit die

---

[768] Vergleicht man allein den Umfang und den Differenzierungsgrad mit der die Theologen, Philosophen und Physiker des 14. Jahrhunderts das Bewegungsproblem im Vergleich zu denen des 13. Jahrhunderts behandeln, so wird der enorme Unterschied schnell deutlich. Zum Vergleich sei lediglich Robert Kilwardby (1215–1279) aus dem 13. Jahrhundert herangezogen. In seinem Werk *De Ortu Scientarum* weiß er auf seine Frage „Quare physica dicatur esse de corpore mobili cum videatur multa alia tractare, et quomodo illa omnia ad corpus mobile reducuntur" (Kilwardby 1976, 21) nicht viel mehr zu antworten als ganz im Sinne der aristotelischen Physik. „Quia igitur principium naturaliter motivum animati corporis est anima, et principium motivum caelestis est motor primus, ideo naturalis de anima et de motore primo considerat non secundum eorum substantias, sed secundum quod sunt principia motus", Kilwardby, R., 1976, 22. Diese *principia mutus* werden dann aber nicht weiter ausgeführt. Vgl. Copleston, F.,1953, 157.

[769] „There is no need to suppose that the heavenly bodies are made of a special element (the quintessence or fifth element), which can move only in circular motion. Nor is it necessary to postulate Intelligences of the spheres to account for the shere's movements. Motion on earth and motion in the heavens can be explained in the same way. Just as man imparts an impetus to the stone which he throws into the air, so God imparted an impetus to the heavenly bodies when He created them", Copleston, F., 1953, 159.

[770] Phys-A IV 8, 215; Phys-A VIII 10, 267a18; AP II 15, 98a25; Philoponos' Kritik an der Antiperistasis – Lehre, vgl. Commentary on Aristotle's ‚Physics', Vitelli, H., 1887/88, 639.3–642.9; Antiperistasis bei Buridan, vgl. King, P., 1991, 43–64.

[771] Maier, A., 1955B, 273–299.

[772] Insbesondere in quaest. 7 „uturm finis sit causa" und quaest. 13 „utrum in operationibus naturalibus necessitas proveniat ex fine vel ex materia" des II. Buchs der Physik.

Teleologie des Naturgeschehens leugnet und zum Begriff des Naturgesetzes heranführt – das wiederum unter der philosophischen Kategorie der
Quantität firmiert.[773]

---

[773] „Was Buridan an die Stelle der Finalität im Naturgeschehen setzt, ist also nichts anderes
als das Naturgesetz im modernen Sinn. Das ist ein Schritt von fundamentaler Bedeutung“,
Maier, A., 1955C, 334.

# Die Dynamisierung der quantifizierten Welt

## 1 Initiationsphase: Johannes Buridans neue Dynamik

Die Dynamisierungsthese soll nun abschließend noch einmal bei Johannes Buridan, der als Pariser Artist im Umfeld der Ockhamisten anzusiedeln ist,[1] wo in den 30er Jahren des 14. Jahrhunderts der Ockhamismus mit Nicolaus von Autrecourt und Bernard von Arezzo als Hauptkombattanten heftig diskutiert wurde,[2] überprüft werden. Auch die Mertonians in Oxford, auch *Oxford caculatores* genannt, Thomas Bradwardine und seine Schüler John Dumbleton, William Heytesbury, bzw. Hentisburis und Richard Swineshead wären dazu geeignet, zumal bei ihnen der Mathematisierungsgrad der Bewegungsvorgänge weiter fortgeschritten ist als bei Buridan in Paris.[3] Die Mertonians stellen den kinematisch-mathematischen Aspekt der Bewegung in den Vordergrund, Buridan den dynamisch-physikalischen. Erst Domenicus Soto gelingt es 1572 den dynamischen und den kinematischen Aspekt in einer Theorie zusammenzudenken.[4] Buridan hat die *artes liberales* in Paris gelehrt, war Rektor der Universität von Paris in den Jahren 1327/28 und 1340, hat jedoch niemals ein Theologiestudium absolviert.[5] Die Beziehung Buridans zu Ockham ist nicht ohne Widersprüchlichkeiten. Einerseits übernimmt er bestimmte Stränge ockhamschen Denkens und radikalisiert sie, andere lehnt er ab, bzw. entwickelt sie weiter.[6] Darüber hinaus ist Buridan bei der Abfassung der beiden Pariser Nominalistenstatute

---

[1] Die früheren Zweifel von Konstanty Michalski (Michalski, K., 1922, 76 f) und Etienne Gilson (Gilson, E., 1945, 675), Buridan dem Ockhamismus zuzurechnen, sind durch die Arbeiten von Ernst A. Moody, der die Abhängigkeit Buridans von Ockham in Buridans Texten aufgezeigt hat, ausgeräumt.

[2] Moody, E. A., 1975, 137.

[3] „Die Wirkung Ockhams auf seine Zeitgenossen in Oxford war wesentlich geringer als bisher angenommen", Müller, S., 2000, 8. vgl. dazu auch: Wieland, G., 1982, 667 f; Courtenay, W. J., 1995, 271; Weisheipl, J., 1968, 163–213; Moody, E. A., 1975B, 189 ff.

[4] Soto, Domenicus, 1572; Moody, E. A., 1975, 200; Clagett, 1959, 555 f; weitere Literatur Funkenstein, A., 1986, 174.

[5] Zupko, J., 2003, xi ff.

[6] Theodore K. Scott urteilt: „What Ockham had begun, Buridan continued, but with an even clearer realization of ends in view. While Buridan never acknowledges his debt to Ockham, it is obvious not only in this handling of specific issues, but in his whole philosophic attitude. If Ockham initiated a new way of doing philosophy, Buridan is already a man of a new way. If Ockham was an evangelist of a new creed, Buridan is inescapably its stolid practicioner", zitiert nach Zupko, J., 2003, 161; vgl. auch, Scott, T. K., 1971, 15–41.

von 1339 und 1340 gegen Ockham selbst und gegen den Ockhamismus im allgemeinen beteiligt gewesen.[7]

### 1.1 Johannes Buridans Anthropologie –
### Wille und Intellekt im Dienst der zu quantifizierenden Welt

Auch Buridan bewegt sich in der ersten Version seines Kommentars über *De Anima* (QDA$_1$) noch im Rahmen der aristotelischen Philosophie des Substanz- und Essenzgedankens in der Anthropologie, auf der Wille und Ratio aufruhen.[8] Doch bei ihm ist in seiner dritten Version seines Kommentars über *De Anima* (QDA$_3$) deutlich eine Abkehr des Interesses an der Erkennbarkeit der Essenz der Seele feststellbar, die Aristoteles und Thomas trotz der Beteuerung der Schwierigkeit eines solchen Unterfangens doch immer noch durch eine Realdefinition, bzw. durch Rückschluss von den Akzidenzien erkennen wollten.[9] Dieses Interesse ist bei Buridan erloschen.[10] Das Erkenntnisinteresse des Willens und die Erkenntnisfähigkeit Intellekts richten sich nun auf die Welt.

Dieser Verzicht auf die essentialistische Fragestellung in der Anthropologie Buridans entspricht der allgemeinen Tendenz des 14. Jahrhunderts, sich den realen Oberflächenphänomenen zuzuwenden.[11] Der Wille richtet sich immer deutlicher auf Welt*erkenntnis*, Welt*aneignung* und Welt*gestaltung*. Die Vernunft wird auf diese Weise instrumentalisiert, technisiert, löst sich von ihrer ontologischen Tiefendimension.[12] Wird die Intentionalität des Willens auf diese Weise in Bezug auf seine weltlichen Ziele betont, so liegt es nahe, auch von seiner Freiheit auszugehen. Tatsächlich ist Buridan ein starker Verfechter der Freiheit des Willens.

---

[7] Moody, E. A., 1975C, 127.

[8] Zupko, J., 1998, 125.

[9] „In contrast with Thomas, who wants to attribute more robust qualities, such as per se subsistence, to the human soul, Buridan does not think that psychology is in a position to reveal anything about the inherent nature of the soul, and so he does not speculate about it", Zupko, J., 2003, 209.

[10] Jack Zupko hat diesen Vorgang eingehend untersucht und kommt zu folgendem Ergebnis. „For in the final version of this work, Buridan is not at all inclined to say, with Aquinas and that earlier time-slice of himself, that the science of psychology gives us a window on the inherent structure of the soul. A chasm has now opened up between metaphysics and natural philosophy. Thus, although psychological inquiry proceeds on the assumption of a certain nominal definition of the soul, its real definition belongs to metaphysics, not psychology [QDA$_3$I.1:123ra–rb]", Zupko, J., 1998, 128.

[11] Vgl. S. 295 ff.

[12] Paul Tillich hat die Ambivalenz dieses geistesgeschichtlichen Vorgangs auf den Begriff gebracht, indem er zwischen zwischen *technischer* und *ontologischer* Vernunft unterscheidet. In diesem Sinne kann die Wandlung in Erkenntnistheorie von Thomas von Aquin über Ockham hin zu Buridan als ein Weg von der ontologischen Vernunft zur technischen Vernunft gedeutet werden, Tillich, P., [8]1984, 87–127.

In welchem Traditionszusammenhang steht er mir dieser Betonung der Willensfreiheit? Buridan schließt sich in seinem Verständnis der Freiheit des Willens ganz Ockham an,[13] der argumentiert hatte, die Freiheit des Willens sei nicht beweisbar, aber aus Erfahrung evident, eine Position, die sich zur Zeit Buridans als allgemeine Überzeugung durchgesetzt hatte.[14] Was diese Position für unsere Fragestellung interessant und wichtig macht, ist die Tatsache, dass Buridan mit der Überzeugung der Willensfreiheit apologetische Absichten insofern verbindet, als er damit auch gegen einen landläufigen akademischen Skeptizismus argumentiert, wie er sich vor allem bei Nicholas von Autrecourt artikuliert.[15] Es geht Buridan also auch um die *Erkenntnis*intentionalität des Willens und damit darum, die Weltbewältigung des Menschen durch Wille und Erkenntnis sicherzustellen. Dem entspricht, dass Buridan die Verlässlichkeit weltlicher Ordnungsstrukturen deutlicher betont als Ockham, wie vor allem in seinem Begriff des *communis cursus naturae* zum Ausdruck kommt,[16] der bei Ockham noch unterentwickelt ist. Insofern Wille und Erkenntnisvollzug bei Johannes Buridan miteinander verbunden sind, wie sich in seiner empirischen Ausrichtung zeigt, ist für unsere Fragestellung sekundär, ob Buridan primär als Volunta-

---

[13] OT IX 88, 23–28.

[14] „By the time Buridan was writing, it was common for those who defended voluntarist positions of the will – i.e., those who viewed the will as an independent, self-determining power – to argue for the will's freedom as simply evident by experience", Zupko, J., 2003, 245.

[15] „Buridan's remarks have, like Augustine's, the implicit aim of rebutting skeptical objections against the possibility of knowledge, including the knowledge that we are free", Zupko, J., 2003, 246.

[16] Bedeutung, Geschichte und Wirkungsgeschichte der Phrase *communis cursus naturae* ist noch weitgehend unerforscht. Der Spezialist für mittelalterliche Wissenschaftsgeschichte, Peter King, Toronto, teilt auf Anfrage folgendes mit: „The phrase seems to come from the late thirteen century, and was used to describe how Nature typically works – specifically, excluding both the haphazard and random misfirings of causal processes (such as the begetting of ‚monsters') and the operation/interference of God. There is a discussion of how physics, and natural science generally, only counts as knowledge under the assumption of the common course of nature, in the fourteenth-century thinker Jean Buridan". Ihm stimmt ebenfalls per Anfrage Jack Zupko zu: „It [= ‚communis cursus naturae'] seems to enter the philosophical vocabulary as a result of the theological distinction between God's absolute and ordained power. That is God's ordained power was thought to govern the common course of nature: the regularity of its operations, the predictability of its principles, and so on. But God retains the ability to intervene in the natural order miraculously, in which case God would be acting by virtue of God's absolute power. An often cited example was the story from the book of Daniel of the three men who survived Nebuchadnezzar's fiery furnace: medieval thinkers argued that they were able to do so because God miraculously blocked the natural effect of the fire in the furnace, which is to burn. Buridan is interested in the question of whether our acquaintance with the ‚communis cursus naturae' can afford us real scientific knowledge, since there will of course be exceptions to natural laws in the case of miracles". Buridan verwendet diese Formulierung in seinem Physikkommentar, Buch 1, Quaestio 4, Buridan, J., 1964; vgl. ebenso McDermott, A.C., 1973, 357; King, P., 1987, 121; Miethke, 1969, J., 191; Maier, A., 1955B, 334; ausführliche Diskussion in Zupko, J., 2003, Kap. 12–13; Zupko, J., 1993, 191–221; Grant, E., 1986, 58.

rist, Intellektualist oder eine eigenständige Mischung aus beiden angesehen werden kann. Da die Textgrundlagen bei Buridan ausgesprochen kompliziert sind, verwundert es nicht, dass die voluntaristische[17], intellektualistische[18] oder verschieden geartete Mischungen beider[19] aus Buridan alle mit plausiblen Argumenten erhoben werden können.[20] Entscheidend ist, dass Wille und Intellekt bei Ockham auf die Weltbemächtigung bezogen sind. Dieser allgemeinen Tendenz von Buridans Anthropologie entspricht auch seine starke Betonung des irdischen Glücks des Menschen.[21]

In diesem Sinne kann man durchaus von einer Dynamisierung des Willens und Intellekts bei Buridan sprechen.[22] Viel interessanter als dies ist aber für unsere Fragestellung, dass Buridan diese Dynamisierung auch für die moralischen Qualitäten des Menschen behauptet, genauer gesagt, für die *virtutes*, die er ähnlich wie Ockham in einem sich verstärkenden Prozess von Eigenaktivität entstehen sieht.[23] Hier nun wird der Antiessentialismus, die Subsumtion selbst seelischer Qualitäten unter die Kategorie der Quantität,[24] die nun ihrerseits dynamisiert werden können, besonders

---

[17] „In his commentary Buridan examines, in addition to the problem of the freedom of man, that of the freedom of choice. And if he takes the side of intellectualism in treating of the first of these problems, then conversely, he comes out in favor of a modified voluntarism when he speaks of the second", Korolec, J.B., 1974, 126.

[18] „Voluntas potest illud non velle quod per intellectum indicatur esse bonum, aliter enim non esset domina sui actus", zitiert nach Zupko, J., 2003, 253 [QNE III 5:44{lxiiii} vb]. Für die intellektualistische Variante spricht, dass Buridan in klassisch thomistischer Manier im Intellekt die Instanz sieht, die dem Willen die sittliche Qualität eines zu erstrebenden Guts prüft. „The necessity of the will to will the absolute good as such, when presented with it as such, the will's inability to choose the lesser good as such, the will's final acceptance of the object in accordance with the judgement of the practical intellect, the subordination of the liberty of opposition to the liberty of final ordination, and the intellectual act in which beatitude consists: all these are clear marks on Buridan's intellectualism", Monahan, E.J., 1954, 84.

[19] „For Buridan, uncertainty is the central concept which explains both free will and incontinence. If all judgements were firm, neither free will nor incontinence would exist. Buridan's psychology is thus based on the primacy of the intellect, but he sees human action as the result of an uncertain and ambiguous process in which the will is often free to choose its reason", Saarinen, R., 1986, 139.

[20] Eine sorgfältige Darstellung und Diskussion liefert auch Gerhard Krieger. Krieger, G., 1986, 146–208; vgl. auch: Krieger, G., 2003; Michael, B., 1985.

[21] Wichtig ist der Kommentar Buridans zur Nikomachischen Ethik, in der er das irdische Glück des einzelnen in den Mittelpunkt stellt und eine eigenständige Bezeichnung für den nach irdischem Glück strebenden Menschen prägt, den *homo felicitabilis*. Dieser Kommentar findet starke starke Verbreitung in Europa, Markowski, M., 1996, 335.

[22] Zupko kommt sogar zu dem Schluss: „Indeed, if we were to formulate a slogan to capture their view of intellectual cognition, it would be ‚thinking is like moving'", Zupko, J., 2003, 226.

[23] QNE II.7:27va.

[24] Buridan argumentiert in der dritten Revision seiner Kommentierung von *De Anima* (QDA₃), dass die Kategorie der Substanz als eine wissenschaftliche Kategorie für die Psychologie sinnlos ist, da empirisch nicht zugänglich. „Nota quod naturalis non considerat substantiae secundum rationes earum simpliciter quidditativas, sed solus metaphysicus. Physicus

deutlich, wenn Buridan das Wachstum, bzw. die Abnahme der *virtutes* in Analogie zu den quantitativen Prozessen in der Natur interpretiert,[25] auch wenn in seiner Beschreibung noch rudimentäre Elemente der aristotelischen Form-Materie Philosophie anklingen.[26] Die Beschreibung seelischer Qualitäten in physikalischer Weise wird jedoch besonders deutlich, wenn Buridan quantitative Kategorien auf die *virtutes* anwendet und ihren dynamischen Entwicklungsaspekt unter dem Gesichtspunkt in physikalischer Weise mit seiner *impetus* Theorie zu beschreiben sucht.[27] Buridans Dynamisierung des Menschen wird auch erkennbar, wenn er gegen Einwände von Gegnern, die Seele sei kein *ens mobile* apodiktisch feststellt, sie sei eben genau dieses.[28]

Mit dieser Verbindung von Physik und Anthropologie wird nun deutlich, dass die Mensch-Welt Beziehung unter der übergeordneten Kategorie der *quantitativen Dynamisierung* betrachtet werden kann.[29]

## 1.2 Johannes Buridans Physik – Die Impetustheorie als Initiation einer neuen Dynamik

Buridans Bewegungslehre und Dynamik steht nicht in der Tradition der Ockhamschen Bewegungstheorie, wiewohl er das Element der Individuiertheit des Seins und der Kontingenz und der Dynamisierung ebenfalls aufweist.[30] Auch die ständigen Interventionsmöglichkeiten Gottes qua *po-*

---

enim solum considerat substantias in ordine ad motum et operationes ipsarum. Et quia formae naturales, ad operationes suas, requirunt certam materiam et approbationem per dispositiones qualitativas et quantitativas, ideo oportet quod naturalies diffiniant formas per suas proprias materias. Ideo bene oportet animam diffiniri per corpus physicum organicum diffinitione naturali", QDA₃II.3:34.

[25] So urteilt Zupko: „Buridan's explanation of moral virtues reflects the outlook of someone who sees moral psychology as applied physics", Zupko, J., 2003, 241.

[26] „et ideo videtur esse dicendum de virtutibus in nobis sicut de aliis formis naturalibus perficientibus suam materiam, quod in materia sua talem habent a natura inchoationem sulum quod suum proprium susceptivum et perfectibile per eas. Et per consequens habens inclinationes naturaliter ad eas suscipiendas, sicut materia inclinatur ad formam. Et perfectibile ad suam perfectionem recipiendam praeexistat a natura in nobis, hoc enim susceptivum est potentia animae appetiva sive intellectualis sive sensualis", QNE II.1:22va [= Quaestiones super decem libros Ethicorum Aristotelis ad Nicomachum].

[27] Von den *virtutes* spricht Buridan als „vermehrbar und verminderbar" *(augmentabilis et diminutibilis).* QNE II.8: 27vb.

[28] „[...] dico quod sufficit ad hoc quod illa scientia sit naturalis quod consideret de aliqua parte integrali vel essentiali [integrali vel essentiali/totali] *entis mobilis* in ordine ad operationes vitales", QDA₃I.1:123ra

[29] Jack Zupko urteilt: „Buridan sees psychology, including moral psychology, as part of the more general science of mobile being, so that he would have found it perfectly natural to explain virtue in terms of impetus, the relatively sophisticated analysis of motion already at his disposal in physics", Zupko, J., 2003, 242 f.

[30] „Buridans Quästionenkommentare betreffen fast alle naturphilosophischen Schriften des Aristoteles. Die Einstellung zur Natur fand in diesen Werken ihren Ausdruck. Das wis-

*tentia absoluta* unter Umgehung der *causae secundae*[31] werden von Buridan deutlich zurückgedrängt.[32] Der grundlegende Gedanke der immanenten Selbsterhaltung von Bewegung, unabhängig von göttlicher Intervention, kommt auch in Buridans Begriff des *communis cursus naturae* zum Ausdruck, der nunmehr auch die Grundlage empirischer Erkenntnis darstellt,[33] und als Vorläufer des modernen Konzepts des Naturgesetzes betrachtet werden kann.[34] Ockham hatte seine Bewegungstheorie im Kontext seiner Philosophie des Einzelnen und der damit zusammenhängenden Theorie konnotativer Begriffe konzipiert, insofern dafür eine Referenz auf einen umgebenden Raum notwendig ist. Immerhin hat aber Ockham den aristotelischen Raumbegriff kritisiert, bei dem der Raum noch ganz als die Oberfläche eines Dinges betrachtet wird. Daher ist für ihn Bewegung ein konnotativer Begriff. Diese rein sprachkritische Analyse des Bewegungsbegriffs auf der Grundlage seiner Ontologie des Einzelnen führt ihn dann auch dazu, dass für ihn der Kraftbegriff zur Erklärung der Bewegung keine Rolle spielt – im Gegensatz zu den zeitgenössischen Impetustheorien. Ockham kennt also eigentlich keine Bewegung. Ockhams Bewegungstheorie stellt gewissermaßen eine Zwischenstufe bei der Entwicklung des Bewegungsbegriffs und damit der Dynamik dar, die keine ernsthaften Anhänger gefunden hat. Der Verlust einer sinnvollen Bewegungstheorie ist der Preis, den Ockham zahlen muss für seine Philosophie des Primats des Einzel-

---

senschaftliche Interesse wurde auf die kontingenten singulären Dinge und ihre individuellen Phänomene ausgerichtet. Als Gegenstand der Physik nahm Johannes Buridan diesen Terminus ‚das Bewegt Seiende' *(iste terminus ens mobile)* an. Daraus ergibt sich, dass Johannes Buridan in der Betrachtung der Wirklichkeit eine Wende vollzog: Das Individuelle und das Kontingente können auch Gegenstand der wissenschaftlichen Untersuchung werden", Markowski, M., 1996, 331 f.

[31] Gott kann ohne *causae secuandae* handeln, vgl. OT IV 284ss; OT IV 661–668.

[32] „He calls those who improperly use the concept of divine omnipotence ‚wicked men' who, by means of their insistance that principles and conclusions can be falsified through cases supernaturally possible [possunt falsificari per causas supernaturaliter possibiles] are bent upon destroying the natural and moral sciences", Zupko, J., 2003, 199.

[33] „Es gibt eine ‚firmitas veritatis simpliciter' und eine ‚firmitas veritatis ex suppositione *communis cursus naturae*', dementsprechend ist die Evidenz unseres subjektiven assensus eine zweifache: die ‚evidentia propositionis simpliciter' (die dem ersten Prinzip – dem Satz vom Widerspruch – zukommt) und die ‚evidentia secundum quid sive ex suppositione', die unserer Erfahrungserkenntnis eignet", Miethke, 1969, J., 191; Hier ist vor allem auch die Auseinandersetzung mit Nicolaus von Autrecourt zu nennen, gegen dessen Erkenntnisskeptizismus, der auf Gottes immer möglicher Intervention beruht, er die Stabilität und Verlässlichkeit der Natur in Gestalt des *communis cursus naturae* als sichere Erkenntnisgrundlage hervorhebt. Johannes Buridan wehrt sich demnach gegen eine Grenzüberschreitung der Theologie in den Bereich der Naturphilosophie, die sich bei Ockham anbahnende Trennung von Naturphilosophie und Theologie ist hier vollzogen, Zupko, J., 2003, 183–226.

[34] „Was Buridan an die Stelle der Finalität im Naturgeschehen setzt, ist also nichts anderes als das Naturgesetz im modernen Sinn. Das ist ein Schritt von fundamentaler Bedeutung", Maier, A., 1955B, 334.

nen, die ihm die Relation als ontologische Grundkategorie, wie sie für den Bewegungsbegriff in Bezug auf den Raum unerlässlich ist, als unerheblich erscheinen lassen muss. Ockham hat bereits den qualitativen aristotelischen Bewegungsbegriff verlassen. Aber der Mangel an einem adäquaten Raumbegriff, der Mangel an der Kategorie der Relation, seine sprachanalytische Fixierung auf das Einzelne und die darauf bezogenen konnotativen Begriffe – eben auch der Bewegungsbegriff – verhindern, dass er an einem am Raum orientierten quantitativen Bewegungsbegriff ankommt.

Buridans Bewegungstheorie und Dynamik steht nicht in der Ockhamschen Tradition, sondern in einem geschichtlich weiter ausladenden Traditionszusammenhang, der bis zu dem spätantiken christlichen Philosophen und Theologen Johannes Philoponos[35] (ca. 490–570) zurückreicht.[36] Es ist jedoch unklar, ob durch die Traditionsgeschichte der Ideen des Johannes Philoponos irgendein Einfluss auf die Konzeption der Impetustheorien des 14. Jahrhunderts ausgeübt wurde. Sicher ist, dass wahrscheinlich aufgrund der Anathematisierung des Theologen Johannes Philoponos auf dem dritten Konzil von Konstantinopel von 680 die Verbreitung aller seiner Schriften im christlichen Abendland verboten wurde, so dass er über den Traditionsstrom des westlichen Christentums im lateinischen Mittelalter weder bekannt noch zitierfähig war. Wenn auch die Tradition der Gedanken des Philoponos innerhalb der arabisch-islamischen Welt nicht abgebrochen war, sondern im Gegenteil über die Verlagerung der alexandrinischen Schule nach der Eroberung Alexandriens über die Zwischenstationen Antiochia, Harran nach Bagdad überaus lebendig war und Philoponos' Theorien intensiv diskutiert wurden, so ist doch auch dieser arabisch-islamische Traditionsstrom für das lateinische Mittelalter im Hinblick auf die Rezeption der Impetustheorie des Johannes Philoponos kaum von Bedeutung gewesen. Erst die Humanisten, insbesondere Gianfrancesco Pico della Mirandola (1463–1494) werden Johannes Philoponos intensiv studieren und edieren. Über diese Brücke dürfte Philoponos' Impetustheorie auch Galilei bekannt geworden sein.[37]

Trotz der unbezweifelbaren Anteile der Kritik des christlichen Philosophen Johannes Philoponos in der ausgehenden Antike an der aristotelischen

---

[35] Zum Stand der Diskussion der historisch greifbaren Tatbestände bzgl. des christlichen und arabisch-islamischen Traditionsstroms vgl. Weisheipl, J. S./Carroll, W. E. (Hg.), 1985, 30; Wolff, M., 1978, 157–160; Clagett, M., 1959, 505–525; vgl. ebenso Funkenstein, A., 1986, 164–167.

[36] „Im Spektrum der vertretenen Bewegungstheorien im 14. Jahrhundert ist nun auffällig, dass Ockham anfangs die dort seltene These einer actio per distans aufnimmt [OT VI 66 ff], nach deren Aufgabe dann aber nicht der im 14. Jahrhundert häufig vertretenen Impetustheorie zustimmt, sondern im Grunde keine dieser Theorien zu seiner eigenen Position macht. Er operiert mit der Formel ,movens et motum sunt simul' [OP V 615, 109]. Bedeutsam ist dabei, dass er es ablehnt, eine an sich bestehende Bewegung anzunehmen, die als real existierende auf den von ihr unterscheidbaren bewegten Gegenstand bewegend wirkt", Goldstein, J., 1998, 245.

[37] Wolff, M., 1978, 160.

Bewegungslehre, genauer an der aristotelischen Erklärung für unnatürliche Bewegung, bzw. Bewegungsänderung, trotz des sicher vorhandenen Beitrags der arabischen Gelehrten an der Tradierung der Dynamik des Johannes Philoponos kann aufgrund seiner überaus geringen Bekanntheit im Mittelalter davon ausgegangen werden, dass die Naturphilosophen des 14. Jahrhunderts zu einer eigenständigen Kritik an der aristotelischen Bewegungstheorie und einer eigenständigen Konzeption der Impetustheorie gelangt sind.[38] Fällt also die genetische Erklärung der Entstehung der Impetustheorien des 14. Jahrhunderts über eine ideengeschichtliche Vermittlung der Theorie des Johannes Philoponos weg, dann muss nach einer anderen Ursache für ihre Entwicklung bei einer Reihe von Autoren im 14. Jahrhundert gesucht werden.

Johannes Buridan kann daher sowohl als Erfinder der Impetus-Theorie wie auch der Trägheit gelten.[39] Darüber hinaus steht Johannes Buridans Theorie im Kontext anderer zeitgenössischer Impetustheorien, z.B. der Impetustheorie von Franciscus de Marchia,[40] Petrus Johannis Olivis[41] und Nikolaus Oresmes. Diese verbreitete Diskussionstätigkeit signalisiert, dass das Phänomen der Bewegung und der Bewegungsänderung den Status wissenschaftlichen Interesses gewonnen hatte, der – wie im Falle Petrus Johan-

---

[38] Ähnlich urteilen auch Michael Wolff und Anneliese Maier; vgl. Wolff, M., 1978, 168; Maier, A., ²1951, 133 f.

[39] Um zum Konzept der Trägheit zu gelangen, muss bereits von den natürlichen Wahrnehmungen abstrahiert werden, wenn man so will, von der Ockhamschen *notitia intuitiva* als Quelle der verlässlichen Erkenntnis. An ihre Stelle tritt das Gedankenexperiment, bzw. das ideale Experiment als Erkenntnisquelle. Dies wird von verschiedenen Wissenschaftstheoretikern in unterschiedlicher Weise immer wieder thematisiert. Vgl. dazu Funkenstein, A., 1986, 153. Albert Einstein etwa beschreibt dieses Wahrnehmungs- und Erkenntnisprinzip folgendermaßen: „the idealized experiment shows the clew which really forms the foundation of the mechanics of motion – namely that bodies would continue moving forever if not hindered by external obstacles. This discovery tought us that intuitive conclusions based on immediate observation are not always to be trusted", zitiert nach Funkenstein, A., 1986, 153.

[40] Zur Literatur zu Franciscus de Marchia vgl. Funkenstein, A., 1986, 167; der Text der Impetustheorie des Franciscus de Marchia ist abgedruckt in Clagett, M., 1959, 526–531, allerdings ohne den theologischen Kontext, aus dem heraus Marchia seine Impetustheorie entwickelt.

[41] Auch in Petrus Johannis Olivis Impetustheorie kündigt sich eine Änderung des Wirklichkeitsverständnisses in Gestalt der Dynamisierung an, die sich bei ihm insbesondere im Kraftbegriff äußert. Michael Wolff urteilt: „Das Neue und Revolutionäre im begrifflichen Apparat dieser Theorie ist eine neue Auffassung von Kausalität: Die unmittelbaren Wirkursachen von Bewegung und Geschwindigkeit werden in dieser Theorie nicht mehr, wie es zuvor in der ganzen philosophischen und wissenschaftlichen Tradition üblich gewesen war, als körperliche Dinge aufgefasst, die Bewegung und Geschwindigkeit auf andere Körper übertragen; vielmehr wird die Bewegungs- und Geschwindigkeitsübertragung von einem Körper auf den anderen durch die Vermittlung unkörperlicher Kräfte erklärt, die der bewegende Körper im bewegten Körper gleichsam einpflanzt. Die unmittelbaren Ursachen sind nach der Impetustheorie also nie äußere Körper, sondern immer innere, abgeleitete, quantifizierbare Kräfte", Wolff, M., 1994, 414.

nis Olivis – sogar die Einführung des neuen wissenschaftlichen Konzepts der *Kraft* erforderte.

Auch die Einführung diesen neuen Kraftbegriffs in die wissenschaftliche Diskussion, im Unterschied zum dinglichen Verständnis der Erklärung von Bewegungsänderung kann mit der sich entwickelnden Form des dynamischen Weltverhältnisses in Einklang gebracht werden. Denn der physikalische Kraftbegriff ist ein Analogbegriff in Bezug auf die menschliche Selbsterfahrung bei Tätigkeit. Menschliche Tätigkeit ist immer mit Kraftaufwand verbunden. Die Anwendung des Begriffs der Kraft auf die Natur als wissenschaftliches Erklärungsprinzip ist demnach das Ergebnis *analogen Denkens*.[42] Analoges Denken scheint eine der Quellen für innovatives wissenschaftliches Denken zu sein.[43]

Der lebensgeschichtliche Kontext dieses wissenschaftlichen Interesses kann in dem Aufblühen der wirtschaftlichen und kulturellen Aktivität der frühen Städte der Toskana und der Provence gesehen werden, in denen sowohl Petrus Johannes Olivi wie auch Franciscus de Marchia als Franziskanermönche wirkten, und deren wirtschaftliche Aktivitäten sie nachhaltig trotz des franziskanischen Armutsideals unterstützten.[44] Insbesondere Petrus Johannis Olivi ist zugleich einer der bedeutendsten Ökonomen des

---

[42] In der modernen Wissenschaft wird dieses Prinzip der Innovation durch Analogiebildung zunehmend schwieriger. Der Grund liegt in dem extrem hohen Abstraktionsgrad ihrer Theorien, der eine Rückbindung an erfahrungsbezogene und anschauliche Lebenskontexte kaum noch ermöglicht. Ein Lebenskontext ist aber für eine auf Anschauung aufruhende Analogiebildung notwendig. Dies lässt sich nirgends besser beobachten als beim Begriff der Kraft selbst. Denn nach der allgemeinen Relativitätstheorie Albert Einsteins ist für die Anziehung von Körpern keine anschaulich wirksame Kraft mehr notwendig. Vielmehr ist es die Krümmung der Raumzeit in einem vierdimensionalen Raum, ausgedrückt durch den mathematisch abstrakten Begriff des metrischen Tensors $g_{\mu\nu}$. Diese Krümmung zwingt beispielsweise die Planeten aus rein geometrischen Gründen auf ihre Bahnen. Es sind die jeweils kürzesten Linien in einem Riemannschen Raum, die so genannten geodätischen Linien (Mittelstaedt, P., [7]1989, 76 f; Weinberg, S., 1972, 77). Man kann daher bei Albert Einstein von einer *metrischen Theorie der Gravitation* sprechen (Kanitscheider, B., 1984, 166). Diese Metrik muss je empirisch bestimmt werden und hängt von der Massenverteilung ab. Sie wird im metrischen Tensor $g_{\mu\nu}$ ausgedrückt. In technischer Terminologie heißt das: „$ds^2 = gx_{\mu\nu}dx_{\mu}d_{\nu}$". Die Funktionen $g_{\mu\nu}$ beschreiben in Bezug auf das gewählte willkürliche Koordinatensystem sowohl die metrischen Verhältnisse im raumzeitlichen Kontinuum als auch das Gravitationsfeld" (Einstein, A., [5]1984, 66). Es deutet sich in diesen modernen Bewegungstheorien – analog zu den neuen Bewegungstheorien des 14. Jahrhunderts – möglicherweise wiederum eine Änderung des Weltverhältnisses an, das auch auf religiösen Impulsen aufruhen könnte. Das Bekenntnis Albert Einsteins zur kosmischen Religiosität" ist bekannt.

[43] Als Beispiele seien hier nur kurz die Erfindung der Druckerpresse durch Johannes Gutenberg und die Erfindung des Motorflugs durch die Gebrüder Wright erwähnt. Johannes Gutenberg hat sich bei der Erfindung der Druckerpresse von der Weinpresse inspirieren lassen, die Gebrüder Wright bei der Erfindung des Propellers durch die Schiffsschraube. Beide Erfindungen beruhen also auf dem Prinzip der Analogiebildung.

[44] Wolff, M., 1978, 170 ff.

Mittelalters, der sich im Interesse einer wachsenden Ökonomie und der Finanzierung städtischer Aufgaben für die Aufhebung des kirchlichen Zinsverbotes ausspricht.[45] Ähnlich ist auch Johannes Buridan, wie auch sein Schüler Nicolaus Oresme, in die Diskussion wirtschaftspolitischer Fragen involviert, speziell gilt sein Interesse der Problematik des Verhältnisses von Real- und Nominalwert des Geldes.[46] Das Interesse an der Dynamik der Physik geht also Hand in Hand mit der beginnenden wirtschaftlichen Dynamik, die ihrerseits wiederum auf einer nunmehr religiösen Hochwertung menschlicher Arbeit und Aktivität aufruht.[47] In letzter Analyse ist es also wiederum die Verschiebung in der Anthropologie vom Erkennen zum Handeln – und damit einer positiven Rückkopplung zwischen Erkennen und Handeln – die dem Interesse an einer modifizierten aristotelischen Bewegungstheorie zugrunde liegt. Mit diesem veränderten lebensgeschichtlichen Kontext stimmt auch die Akzentverschiebung in der Fragestellung der Bewegungstheorie zusammen.

Denn das Besondere dieser Theorie für unsere Fragestellung besteht darin, dass das Phänomen der *unnatürlichen* Bewegung in das Zentrum der wissenschaftlichen Aufmerksamkeit rückt. Dies setzt voraus, dass nunmehr entsprechende Rezeptionsbedingungen und Rezeptionsinteressen vorhanden sind, die eben mit der nun in vielfachen Zusammenhängen bemerkten Tendenz der Dynamisierung zusammenhängen könnten. Buridans Impetustheorie zur Erklärung einer erzwungenen Bewegung, die von der natürlichen Bewegung eines Körpers, zu seinem natürlichen Ort zu gelangen, abweicht, besteht in drei Punkten. Erstens bricht er mit dem aristotelischen Prinzip *Omne quod movetur ab alio movetur*,[48] zweitens lehnt er die Erklärung ab, dass es zur Aufrechterhaltung einer Bewegung einer Kraft bedürfe, die in diesem Falle dem Körper durch die Luft übermittelt wird, drittens überwindet er den Dualismus von kosmischer und irdischer Bewegung, indem er sein neues Impetuskonzept auch auf himmlische Bewegungen anwendet.[49] An die Stelle der kontinuierlichen Kraftübermittlung durch die

---

[45] Wolff, M., 1978, 178 ff.

[46] Beide bekämpfen die Politik der französischen Könige, die Verschuldungsproblematik des Staates durch eine Verschleierung des Realwertes des Geldes – also durch Falschmünzerei – zu lösen, Wolff, M., 1978, 199 ff.

[47] Michael Wolff hat deutlich herausgearbeitet, dass in Petrus Johannis Olivis Theorie des Geldes diese Hochwertung der Arbeit deutlich zum Ausdruck kommt. Er zitiert Olivi: „Was größeren Fleiß erfordert, wird gewöhnlich eines größeren Preises gewürdigt", Wolff, M., 1978, 182 f.

[48] Dieses Prinzip wird im Mittelalter in Bezug auf drei Probleme diskutiert, 1. dem freien Fall, 2. der Bewegung eines Projektils, 3. der Himmelsbewegung.

[49] „Once introduced to explain one group of movements in which it seems manifest, ‚impetus' soon becomes a key concept to explain every movement as one of its aspects. The universality of impetus is a logical consequence of its postulation. There can be no sufficient reason why it should be confined to projectile bodies only. It has rather to be conceived as a universal

Luft,[50] wie sie in der aristotelischen Theorie der ἀντιπέριστασις zum Ausdruck kommt, setzt Buridan die *einmalige* Kraftübermittlung durch den *impetus*. Dies gilt auch für die kosmischen Bewegungen, bei denen Buridan ebenfalls an die Stelle der Kraft und Bewegung übertragenden Intelligenzen einen einmaligen göttlichen Akt der Bewegungsinitialisierung, also einen *impetus* setzt, der für die fortfolgende Selbsterhaltung der Bewegung ausreicht.[51] An die Stelle der aristotelischen Überzeugung, dass jeder Bewegungsvorgang[52] – keine kontinuierliche Kraftübertragung vorausgesetzt – zur Ruhe tendiere, bei lokalen, räumlichen Bewegungen zum natürlichen Ort, setzt Buridan das Prinzip der Trägheit, die *inertia*. Diese Bewegung kann auch im Prinzip quantifiziert werden.[53] Die Quantifizierung der Bewegung schließt eine teleologische Betrachtung der Bewegung im Sinne der *causa finalis* aus – die Buridan auch rigoros bekämpft[54] – und beschränkt ihre Erklärung auf die *causa efficiens*. Sie allein kann sinnvoll mit dem neuen Konzept des Impetus verknüpft werden. Buridan führt also als neue physikalische Konzepte den *impetus*, die *inertia*, sowie als weitere Ideen die Geschwindigkeit und ihre Quantifizierung ein.[55] Er erkennt sogar den Zusammenhang zwischen Geschwindigkeit und mitgeteiltem Impuls.[56]

---

factor in every movement. [...] Given the initial impetus, the celestial bodies will continue to move *uniformiter* indefinitely. Buridan could thus discharge the ‚intelligences‘ as the efficient cause moving the spheres", Funkenstein, A., 1986, 170 f.

[50] „διὸ καὶ ἐν ἀέρι καὶ ἐν ὕδατι γίγνεται ἡ τοιαύτη κίνησις, ἣν λέγουσί τινες ἀντιπερίστασις εἶναι", Phys. VIII, 267a16 f.

[51] „The characteristic of permanence which Buridan assigned to his impetus made it plausible for him to explain the everlasting movement of the heavens by the imposition of impetus by God at the time of the world's creation: ‚[...] it does not appear necessary to posit intelligences of this kind, because it could be answered that God, when He created the world, moved each of the celestial orbs as He pleased, and in moving them impressed in them impetuses which moved them without his having to move them any more [...]. And these impetuses which he impressed in the celestial bodies were not decreased or corrupted afterwards because there was no inclination of the celestial bodies for other movements. Nor was there resistance which would be corruptive or repressive of that impetus‘. The use of impetus to explain the continuing movement of the heavens is the closest that Buridan comes to the inertial idea of Newton's mechanics. It can scarcely be doubted that impetus is analogous to the later inertia, regardless of ontological differences", Clagett, M., 1959, 524 f.

[52] Phys-A VII.

[53] „Thus Buridan gives a *quasi-quantitative* definition of impetus at the time of its imposition. We must say ‚quasi‘ because there is no formal discussion of its mathematical description", Clagett, M., 1959, 523.

[54] Maier, A., 1955C, 300–338.

[55] „The concept of impetus, as defined and used by Jean Buridan, represents a new factor in the analysis of motion, not involved in the Aristotelian dynamics. And the concepts in terms of which it is defined likewise are new – namely that of „Quantity of matter", and that of velocity [...]. Thus it functions in the definition of impetus, exactly as mass does in the definition of momentum; and impetus is here defined by the product of mass and velocity, so that it is equivalent to what we call momentum in Newtonian mechanics", Moody, E. A. 1975B, 199.

[56] Wolff, M., 1978, 221 f.

Das konzeptionell Neue, revolutionär Neue, an beiden Konzepten besteht darin, dass im Gegensatz zu den beiden Aspekten der Bewegungslehre des Stagiriten nunmehr ein Körper *das Prinzip seiner Dynamik in sich selbst* trägt, d. h. die Bewegung – einmal angestoßen – erhält sich selbst. Es bedarf zur Aufrechterhaltung einer Bewegung keiner Kraft mehr (Aristoteles: *„omne quod movetur ab alio movetur"*), es reicht, wenn einem Körper zum Beginn seiner Bewegung eine Kraft, ein *impetus* mitgeteilt wird.[57] Die eigentliche Bedeutung dieser Bewegungstheorie geht jedoch weit darüber hinaus, eine neue Lösungsstrategie für ein sehr spezielles physikalisches Problem zu sein. Es liegt in ihr die Verabschiedung vom aristotelischen Wirklichkeitsverständnis schlechthin beschlossen. Ist die Tendenz der aristotelischen Physik durch das Gefälle: *Bewegung – Ruhe* gekennzeichnet, so ist das neue Wirklichkeitsverständnis durch die Selbsterhaltung der Bewegung, also, wenn man so will, *Bewegung – Bewegung* charakterisiert. Kann man das aristotelische Wirklichkeitsverständnis einer inhärierenden ontologischen Schwäche zeihen, so ist der buridansche Wirklichkeitsbegriff, der der ontologischen Selbsterhaltung, dieser Schwäche ledig geworden. Dies ist ein entscheidender erster Schritt hin zur Dynamisierung der gesamten Wirklichkeit in der Moderne.[58] Den zweiten Schritt wird Isaac Newton tun, wenn er den Blick der Aufmerksamkeit von der Bewegung auf die Bewegungs*änderung* richtet und dazu seinen Kraftbegriff entwickelt.

Die Mertonians und die Pariser Schule haben entscheidende Schritte in ihrer Physik zur Transformation des Wirklichkeitsverständnisses von der Statik des Aristoteles zur Dynamik der Moderne getan. Wenn sie dennoch nicht zum Ziel gekommen sind, so liegt dies daran, dass sie in empirischer Hinsicht mit der erkenntnistheoretischen Grundausstattung der *notitia intuitiva* und der *notitia abstractiva*, sowie der *notitia connotativa* nicht die nötige konzeptionelle Stärke hatten, um experimentell überprüfbare Thesen zu formulieren und zu testen. Dies korrespondiert mit einer konzeptionellen Schwäche in der Mathematik, die Bewegungsvorgänge auch tatsächlich quantitativ zu erfassen. Dies hängt wiederum damit zusammen, dass die notwendige Quantifizierung deswegen nicht konzeptionell erfasst werden konnte, weil die dazu notwendige Homogenisierung von Raum, Zeit und Materie auf der Grundlage der aristotelischen Naturphilosophie nicht möglich war. Es musste dazu erst der naturphilosophische Deuterah-

---

[57] Eine differenzierte Darstellung der Buridanschan Impetustheorie bei Drake, S., 1975, 32 ff.

[58] Man kann noch einen Schritt weitergehen und selbst die Theorie der Beschleunigung bereits im 14. Jahrhundert bei den Mertonians in Oxford finden. Thomas Bradwardine ist der erste, der eine vollständige mathematische Theorie der Bewegung formuliert, die dann von seinen Schülern John Dumbleton, William Heytesbury und Richard Swineshead weiterentwickelt wird, so dass auch Beschleunigungsvorgänge über den Begriff der Instantangeschwindigkeit ausgedrückt werden können, Moody, E. A., 1975B, 189 ff.

men der aristotelischen Raum-, Zeit- und Materiekonzeption überwunden werden. Erst vor diesem Hintergrund konnte dann die dazu notwendige Differential- und Integralrechnung, in der Raum, Zeit und Materie quantifiziert werden, im 17. Jahrhundert entwickelt werden.

Johannes Buridans wissenschaftliche Arbeit, seine erkenntnistheoretischen Weichenstellungen, seine Logik und Bewegungslehre sind durch seine Schüler in den neuen Universitäten Europas verbreitet worden. Insbesondere hat Nikolaus Oresme Buridans Bewegungstheorie weiterentwickelt, indem er deutlicher zwischen kontinuierlicher und beschleunigter Bewegung unterscheidet.[59] Albert von Sachsen[60] und Marsilus von Inghen haben dazu beigetragen, dass die Universitäten in Heidelberg, Prag,[61] Wien,[62] Erfurt und Krakau[63] mit buridanschem Geist erfüllt wurden und haben auf diese Weise auch der neuen dynamischen Sichtweise auf die Welt zum Durchbruch verholfen. Mit seinem Begriff des *communis cursus naturae* hat er zugleich eine Vorform des Konzepts Naturgesetz geprägt, das in die neuen Struktur des sich entwickelnden Weltverhältnisses der *quantitativen Dynamisierung* eingebettet ist. Jedoch liegt die Grenze seiner Begriffsbildung in der Unmöglichkeit, Raum, Zeit und Materie zu quantifizieren. Wir müssen uns daher nun der Aufgabe unterziehen, diesen Quantifizierungsprozess von Raum, Zeit und Materie auf der Grundlage der Homogenisierung von Raum, Zeit und Materie zu analysieren. Es wird sich dabei zeigen, dass die aristotelischen Begriffe von Raum, Zeit und Materie in einem Jahrhunderte während Prozess im Sinne der Homogenisierung und damit Quantifizierung umgebildet wurden, so dass sie als die entscheidenden Kategorien für die Formulierung des Konzepts Naturgesetz fungieren konnten. Bei diesem Transformationsprozess spielten theologische, naturphilosophische und innerphysikalische Motive eine Rolle. Dies soll nun im Einzelnen entfaltet werden.

---

[59] „Indeed, Oresme did improve upon Buridan's theory of impetus in that he recognized the ambiguity of Buridan's concept. Impetus, for Buridan, served to explain both the continuation of projectile (coerced) motion and the acceleration of falling bodies; it was both the cause of motion and caused by motion. Oresme reserved it for the explanation of acceleration alone, and hence ceased to regard impetus as a res natura permanens", Funkenstein, A., 1986, 173.

[60] Insbesondere Albert von Sachsen hat die beschleunigte Fallbewegung weiter studiert und war von großem Einfluss auf die Naturphilosophie Italiens des Cinquecento, Wolff, M., 1978, 225.

[61] Nach 1366 wird Prag ein bedeutendes Zentrum der buridanschen Physik, Markowsi, M., 1996, 332.

[62] Ende des 14. Jahrhunderts übernimmt Wien die Prager Sicht und bringt in Gestalt der Wiener mathematischen Schule eigene Entwicklungen hervor. Georg Peuerbach (1423–1461) und Regiomontanus (1436–1476) sind ihre innovativsten Geister, Hamel, J., 1994, 79–85. In Krakau entsteht aus dieser naturphilosophischen Sicht die Astronomie, später wird Kopernikus diese Astronomie in Krakau studieren, Markowski, M., 1996, 333.

[63] Zum Einfluss Buridans auf die neu gegründete Universität Krakau, vgl. Markowski, M., 1988, 245–260.

## 2 Inkubationsphase: Die Formung des quantifizierenden Weltverhältnisses durch die Homogenisierung von Raum, Zeit und Materie

Die Homogenisierung des Materiebegriffes vollzog sich in zwei Etappen. Die erste bestand darin, den Substanzbegriff zu eliminieren und durch den Begriff der Quantität, ursprünglich ein Akzidenz der Substanz, zu ersetzen. Der zweite Schritt bestand in der Überwindung des aristotelischen dualistischen Materiebegriffs, der zwischen himmlischer und irdischer, bzw. supra- und suplunarer Materie unterschieden hatte.

Die Homogenisierung von Raum und Zeit vollzog sich über Jahrhunderte in einem langen und komplizierten geistesgeschichtlichen Prozess, an dessen Ende die berühmten Definitionen Isaac Newtons vom absoluten Raum und der absoluten Zeit stehen. Bezugspunkt dieser Entwicklung ist der aristotelische Raumbegriff, mit dem sich alle Autoren immer wieder auseinandersetzen. Er weist eine Reihe von Merkmalen auf, die der Entwicklung des homogenen, isotropen und unendlichen Raumbegriffs entgegenstanden. Dazu musste er zunächst von der Fessel seiner Verknüpfung mit dem Dingbegriff gelöst und seine Inhomogenität und Anisotropie überwunden werden.[64] Die aristotelische Definition des Raumbegriffs hat darüber hinaus die Entwicklung der Idee der Relativbewegung erschwert. Zudem war Aristoteles' Lehre von der Endlichkeit des Raumes und der Unmöglichkeit der Leere hinderlich.[65] All diese Aspekte werden weiter unten ausführlich beleuchtet.

Analoges gilt für den Zeitbegriff. Auch er musste von seiner Verknüpfung mit dem Bewegungsbegriff gelöst werden, so wie es bei Aristoteles' enger Verkoppelung von Zeit und Bewegung der Fall ist.[66] Erst durch diese Entkoppelung von Zeit und Bewegung einerseits und Raum und Gegenstand andererseits konnten sie zu jenen eigenständigen Kategorien werden, die für die Formulierung von Naturgesetzen *in* Raum und Zeit notwendig sind. In dieser Form sind Raum und Zeit konstitutiv für die klassische Mechanik Isaac Newtons. Dieser komplizierte geistesgeschichtliche Prozess kann hier nicht in allen Einzelheiten nachgezeichnet werden.

Es mögen ein paar Hinweise auf wichtige historische Zwischenstationen der Ideengeschichte genügen.[67] Dabei soll nicht vergessen werden, dass

---

[64] „ὥστε τὸ τοῦ περιέχοντος πέρας ἀκίνητον πρῶτον, τοῦτ' ἐστιν ὁ τόπος", Phys-A IV 4, 212a20ff.

[65] Diese hemmenden Faktoren werden sehr gut summiert in: Gosztonyi, A., 1976, Bd. 1, 109.

[66] „ὅταν δέ τὸ πρότερον καί ὕστερον, τότε λέγομεν χρόνον· τοῦτο γάρ ἐστιν ὁ χρόνος, ἀριθμὸς κινήσεως κατὰ τὸ πρότερον καὶ ὕστερον", Phys-A IV 11, 219 b 1 ff.

[67] Es gibt für unsere Fragestellung vier gute Monographien über die Geschichte des Raumbegriffs. Zur Geschichte des Raumbegriffs mit dem Schwerpunkt auf physikalischen Theorien, vgl. Jammer, M., ¹1957, ²1969; zur Geschichte des Raumbegriffs mit dem Schwerpunkt auf der Philosophie, vgl. Gosztonyi, A., 1976; zur Geschichte des Raumbegriffs im Spannungsfeld von Naturwissenschaft und Theologie, vgl. Grant, E., 1981B; zur Geschichte des Raumbegriffs im Mittelalter, vgl. Aertsen, J. A./Speer, A. (Hg.), 1998.

gerade der Raumbegriff große existenziell-religiöse Bedeutung hat. Dies wird vor allem bei Blaise Pascal und Giordano Bruno deutlich, wie weiter unten entfaltet wird. Die treibenden Kräfte bei der Konstituierung des Raumbegriffs der klassischen Mechanik sind theologischer und naturphilosophischer Art, beide in Abgrenzung vom aristotelischen Raumbegriff. Dieser lange geistesgeschichtliche Weg zur Konstitution des homogenen, dreidimensionalen, isotropen, unendlichen und leeren Raumes sei nun an exemplarischen Figuren der Geistesgeschichte skizziert.

## 2.1 Die Homogenisierung des Raumes

Die Verurteilung von 1277 durch den Pariser Bischof Etienne Tempier hat auch einen Aspekt, der die aristotelische Raumvorstellung aus theologischen Gründen kritisiert. Nach Aristoteles ist die Welt in der Zeit unendlich, im Raum aber endlich.[68] Die Welt wird nach Aristoteles von der äußersten Sphäre (οὐσίαν τὴν τῆς ἐσχάτης τοῦ παντὸς περιφορᾶς) begrenzt.[69] Diese hat – gemäß seiner Definition[70] – keinen Ort und führt eine rotierende Bewegung aus. Diese beiden Aspekte stehen offensichtlich in einem Widerspruch. Denn wie kann etwas, das keinen Ort hat, eine Bewegung ausführen, da gemäß seiner eigenen Definition Bewegung auch den Aspekt der Ortsveränderung umfasst (φορά)? Aristoteles hilft sich mit der Hilfshypothese, dass eine Rotationsbewegung keine Ortsbewegung sei.[71]

Die Endlichkeit der Welt in räumlicher Hinsicht folgt logisch aus Aristoteles' Definition des Raumes,[72] genauer gesagt aus seiner Definition des Ortes (τόπος), mit der er sich bewusst von der platonischen Raumdefinition (χώρα) abgrenzt.[73] Denn wenn der Raum das Umgrenzende eines Körpers ist,[74] dann kann man jeden Gegenstand in seiner räumlichen Begrenztheit in Beziehung setzen zu einer umfassenderen Grenze, beispielsweise den Seemann zu seinem Boot, das Boot zum Fluss, den Fluss zum Flussbett, das

---

[68] Aristoteles entfaltet seine Raumtheorie an verschiedenen Stellen in seinen Schriften. Die wichtigsten sind in: Kategorien (Kap. VI), Physik (Buch IV), De Caelo (Buch I, Kap. IX); Summarische Zusammenfassungen bieten Gosztonyi, A., Bd. 1, 1976, 90–110; Jammer, M., 1960, 15–21.

[69] Aristoteles, De Caelo, I 9, 278b12.

[70] „ὁ δ' οὐρανός, ὥσπερ εἴρηται, οὐ που ὅλος οὐδ' ἔν τινι τόπῳ ἐστίν, εἴ γε μηδὲν αὐτὸν περιέχει σῶμα", Phys-A IV 5, 212b9f.

[71] „Διὸ κινεῖται μὲν κύκλῳ τὸ ἄνω, τὸ δ᾽ πᾶν οὔ που." Phys-A IV 5, 212b14f.

[72] Phys-A IV 4, 212a20ff, siehe oben.

[73] Nach Plato gibt es drei Urkategorien, Seiendes, Raum und Werden sogar vor Erschaffung der Welt. „ὄν τε καὶ χώραν καὶ γένεσιν εἶναι, τρία τριχῇ, καὶ πρὶν οὐρανὸν γενέσθαι", Platon, Timaios 52d–e.

[74] Es ist sehr auffällig, dass dieses Raumverständnis sehr an der Fläche, d. h. an einem zweidimensionalen Raum orientiert ist. Dem entspricht, dass die griechische Geometrie, wenn überhaupt nur in Ansätzen, eine mathematische Behandlung der Dreidimensionalität angestrebt hat. Die griechische Geometrie ist eine Geometrie der Fläche.

Flussbett zur Erde, die Erde schließlich zur die Welt begrenzenden äußersten Sphäre.[75] Nun beweist aber Aristoteles, dass außerhalb der äußersten Sphäre kein weiterer Körper – etwa in Form einer weiteren äußersten Sphäre – existiert,[76] folglich kann es auch keinen begrenzenden Ort geben, also gibt es jenseits der äußersten Sphäre weder einen Raum noch eine Zeit.[77] Die Welt ist daher durch die äußersten Sphäre räumlich klar begrenzt und hat außerdem einen klaren Mittelpunkt, nämlich den Erdmittelpunkt. Eine Bewegung der Welt insgesamt innerhalb eines solchen nicht existierenden, weil unmöglichen leeren Raumes außerhalb der äußersten Sphäre macht daher nach Aristoteles keinen Sinn. Aristoteles hatte die Möglichkeit eines Raumes unabhängig vom Körper (παρὰ τὰ σώματα) durchaus erwogen,[78] aber wegen der Unklarheit ihres kategorialen Status zugunsten seiner eigenen neuen Definition, die sich aus der Diskussion um die Unmöglichkeit eines vom Körper getrennten Raumes ergab, wieder verworfen.[79] Andererseits schreibt Aristoteles dem Raum eine Struktur zu, er ist also nicht homogen, wenn er von dem natürlichen Ort eines Körpers spricht.[80] Er hat 6 Dimensionen (ἓξ διάστασῃ) mit jeweils ausgezeichneten Richtungen, links und rechts, oben und unten, vorn und hinten, Eigenschaften, die dem Raum unabhängig vom Menschen zukommen. Der Raum ist also nicht isotrop.[81]

Genau an dieser Stelle der Unmöglichkeit einer Bewegung des Kosmos im leeren unendlichen Raum setzt nun die Verurteilung von 1277 an. Der Bischof verbietet die These „Quod Deus non possit movere celum motu recto. Et ratio est, quia tunc relinqueret vacuum" (Nr. 49).[82] Auch eine weitere These des Aristoteles wird 1277 verboten, nämlich, dass es noch eine

---

[75] Jammer, M., 1960, 18.

[76] Aristoteles, De Caelo, I, Kap. IX, 278a22–279a10.

[77] „ἔξω δὲ τοῦ οὐρανοῦ δέδεικται ὅτι οὔτ' ἔστιν οὔτ' ἐνδέχεται γενέσθαι σῶμα. φανερὸν ἄρα ὅτι οὔτε τόπος οὔτε κενὸν οὔτε χρόνος ἐστὶν ἔξωθεν.", Aristoteles, De Caelo, I, Kap. IX, 279a17 ff.

[78] „Ὅτι μὲν οὖν ἔστι τι ὁ τόπος παρὰ τὰ σέματα, καὶ πᾶν σῶμα αἰσθητὸν ἐν τόπῳ, διὰ τούτων ἄν τις ὑπολάβοι", Phys-A IV 1, 208b28 ff.

[79] Die klassische Definition des Raumes bei Aristoteles in Phys-A IV 4, 212a20 ff folgt der ausführlichen Diskussion um die kategoriale Unmöglichkeit eines körperlosen leeren Raumes. Welcher Kategorie sollte der Raum zugeordnet werden, fragt Aristoteles. „Οὐ μὴν ἀλλ' ἔχει γ' ἀπορίαν, εἰ ἔστι, τί ἐστι, πότερον ὄγκος τις σέματος ἤ τις ἑτέρα φύσις· ζητητέον γὰρ τὸ γένος αὐτῦ πρῶτον", Phys-A IV 1, 209a3 f. Dies tut er, obwohl in seiner Kategorienlehre (Kate 4, 2a: ποῦ) dem Raum, verstanden als körperlichen Behälter durchaus einen eigenen kategorialen Status zuerkannt hatte. Hier liegt offensichtlich eine Unstimmigkeit in Aristoteles selbst vor.

[80] Die Lehre von dem natürlichen Ort eines jeden Körpers ist eine Besonderheit der aristotelischen Physik. Sie besagt, dass jeder Körper, wenn er sich selbst überlassen bleibt, seinem Ort (εἰς τὸν αὑτοῦ τόπον) im Kosmos zustrebt, der ihn auch anzieht. Der Körper selbst hat also eine innere Tendenz (φοραὶ τῶν φυσικῶν σωμάτων) zu seinem Ort, wie auch der Raum eine Struktur auf weist, die entsprechenden Körper durch eine Kraft anzuziehen (ὅτι καὶ ἔχει τινὰ δύναμιν), so dass sie schließlich auf ihrem natürlichem Ort (τόπου μέρη καὶ εἴδη) zur Ruhe kommen. Jede Bewegung strebt nach Aristoteles diese Ruhe an, Phys-A IV 1, 208b8–14.

[81] Phys-A IV 1, 208b13–25.

[82] Flasch, K., 1989, 147 f.

Vielzahl von Welten geben könne, „Quod prima causa non posset pluros mundos facere" (Nr. 34).[83] Auch eine solche Möglichkeit hat Konsequenzen für das Raumverständnis. Denn gesetzt den Fall, es gäbe weitere Welten, dann folgt daraus sofort, dass zwischen ihnen eine Art von Raum sein muss. Beide Verbote richtet sich dagegen, die Allmacht Gottes an die Grenzen der aristotelischen Physik zu binden. Indirekt steckt auch in der ersten Verurteilung der Gedanke eines leeren, dreidimensionalen Raumes, in dem sich die Welt bewegen müsste, wenn Gott dies wollte. Es besteht also aus dieser theologischen Perspektive ein Zusammenhang zwischen Gott und Raum, eine Beziehung, die uns in der folgenden Entwicklung immer wieder begegnen wird. Bereits unmittelbar nach dieser Verurteilung nimmt der Franziskaner Richard von Middleton im 13. Jahrhundert dieses Argument auf.[84] Insbesondere haben aber die Physiker-Theologen und Naturphilosophen des 14. Jahrhunderts sich bei ihrer Konzeption eines unendlichen, leeren Raumes auf die Verurteilung von 1277 bezogen und diesem neuen Raumkonzept göttliche Attribute beigelegt.[85] Das im Nominalismus durch Selbststeigerung des Willens gestärkte Ich entdeckt nun das Einzelne in seiner Beziehung zum Raum. Es wurde bereits im Kontext der Diskussion von Ockhams erkenntnistheoretischem Primat des Einzelnen die Entstehung des Raumproblems in Abgrenzung von der aristotelischen Definition des Ortes (τόπος) angesprochen. Während im Universalienstreit der Hochwertung des Einzelnen als alleiniger ontologischer Größe die Abwertung der allgemeinen Wesensdefinition und damit die Verschiebung des Interesses an der ontologischen Tiefendimension des Wesens eines Seienden hin zur akzidentiellen Oberfläche entspricht, wird in der Kunst des 14. Jahrhunderts ebenfalls der Einzelne in seinem Eigenwert entdeckt und das Interesse der Künstler verschiebt sich von der Darstellung eines unpersönlich allgemein Menschlichen – wie besonders in der Ikonographie praktiziert – hin zu den akzidentiellen Besonderheiten des einzelnen Menschen im Porträt.[86] Dabei wird der *Sehraum* von einem fiktiven Beobachter aus organisiert, d.h. es entsteht in der Malerei die Perspektive, wie sie zum ersten Mal von Giotto in der Kathedrale von Assisi – einer Franziskanerkirche! – realisiert wurde. Die Perspektive in einem Bild ist aber nur dann möglich, wenn ein Ich in

---

[83] Flasch, K., 1989, 131.

[84] Jammer, M., 1960, 79.

[85] „A few fourteenth-century Scholastics moved beyond the merely hypothetical and boldly proclaimed the real existence of an infinite, extracosmic void space, which they identified with God's immensity. [...]. In the fourteenth century Thomas Bradwardine, Jean de Ripa, and Nicole Oresme proclaimed the existence of a real, extracosmic, infinite void space filled by an omnipresent deity. Oresme explicitly identified infinite, indivisible space with God's immensity", Grant, E., 1986, 56 f; 1981B.

[86] „Begriffe und bildnerische Konzepte, die zur Ausbildung des Porträts unabdingbar waren, wurden unter nominalistischen Vorzeichen allererst möglich", Böhm, G., 1985, 16.

der Lage ist, den Raum auf das eigene Ich als wahrnehmendes, bzw. organisierendes Subjekt zu beziehen.

Das aber heißt, dass das Ich eine entsprechende Stärke besitzen muss, um den Raum perspektivisch in der Wahrnehmung zu organisieren.[87] Der Nominalismus und die Raumwahrnehmung der Perspektive sind also nur zwei Seiten ein und der selben Medaille. Als symbolischen Akt dieser nominalen Raumwahrnehmung von einem organisierenden Ich aus kann auch die Besteigung des Mont Ventoux durch Francesco Petrarca (1304–1374) gelten.[88] Etwas überspitzt kann man daher sagen, dass im Nominalismus das Ich beginnt, sich den Raum zu eigen zu machen, dass es anfängt, den Raum quantifizierend zu beherrschen. Im Nominalismus beginnt daher, erkenntnistheoretisch ausgehend von der Hochwertung des Einzelnen, anthropologisch ausgehend von einem hinreichend starken Ich mit Erkenntniswillen, der Mensch sein Weltverhältnis in Bezug auf den Raum neu zu organisieren. Der Raum wird ihm zusehends zu einem dreidimensionalen Sehraum, in dem erstens Distanzen zwischen Objekten quantifizierend festgelegt werden können und der zweitens als Bezugsgröße für quantifizierbare Bewegung verstanden werden kann. Damit fällt der Raum unversehens unter die Kategorie der Quantität, während er bei Aristoteles noch als äußere Grenze eines Objekts angesehen wurde.[89]

Dieser Quantifizierungsvorgang des Raumes sei hier noch einmal etwas detaillierter bei Ockham in seiner Auseinandersetzung mit Aristoteles nachgezeichnet. Während Aristoteles den Raum als Ort versteht und ihn definiert als die Grenze eines Körpers,[90] führt Ockham offensichtlich als erster den Distanzbegriff in die Raumdiskussion ein und verlässt damit die aristotelische Beschränkung des Raumbegriffs in seiner Verbindung mit einem Körper. Max Jammer hat eingehend die inneren Schwierigkeiten des aristotelischen Raumbegriffs herausgearbeitet, sobald man ihn in Beziehung bringt mit der räumlichen Bewegung (φορά). Denn es ist klar, dass die aristotelische Definition des Raumes als Grenze des Körpers nicht geeignet ist, Bewegung in Bezug auf einen umgebenden Raum begrifflich auszusagen. Zwar unterscheidet auch Aristoteles zwischen zwei Arten von Bewegung, solchen durch sich selbst (καθ' αὐτό) und solchen durch andere

---

[87] Panofsky, E., 1927, 258–330; Böhm, G., 1969.

[88] Petrarca ist eher bekannt als erster italienischer kosmopolitisch ausgerichteter Humanist, der in seiner Lyrik die menschliche Innerlichkeit entdeckt und thematisiert und auch auf diese Weise Repräsentant des beginnenden Individualismus im 14. Jahrhundert ist.

[89] Aristoteles scheint seine Definition des Raumes nicht ganz stringent durchzuhalten. In seiner Physik (Phys-A IV 4, 212a20 ff) spricht er vom Raum als der Grenze eines Körpers, während er in seiner Kategorienlehre in der Aufzählung der Kategorien, der Raum ist Kategorie Nr. 5: ποῦ?, offensichtlich von einem körperfreien Raum im Sinne eines Behälterverständnisses ausgeht. „ποὺ δὲ οἷον ἐν Λυκείῳ, ἐν ἀγορᾷ", Kate 4, 2a.

[90] „ὥστε τὸ τοῦ περιέχοντος πέρας ἀκίνητον πρῶτον, τοῦτ' ἔστιν ὁ τόπος", Phys-A IV, 4, 212a20 ff.

(συμβεβηκός, per accidens),[91] doch reicht diese Unterscheidung nicht aus, Bewegung entweder in Bezug auf einen umgebenden Raum oder in Bezug auf einen anderen Bezugskörper zu definieren.[92] Um eine solche Bewegung begrifflich exakt aussagen zu können, hätte es einer Definition des Raumes bedurft, die von einer Raumkonzeption ausgeht, bei der Körper und Raum voneinander getrennt sind, d. h. die aristotelische Verbindung von Raum und Körper hätte getrennt werden müssen. Genau für diesen Prozess der Auflösung des Raumbegriffs vom Dingbegriff liefert Ockham die ersten gedanklichen Ansatzpunkte. Zwar hält auch er noch an der aristotelischen Raumdefinition fest, solange es nur um Körper und Raum geht,[93] jedoch bringt das Bewegungsproblem anhand seines Beispiels des vor Anker liegenden Schiffes einen neuen Aspekt ins Spiel, der letztlich die aristotelische Raumdefinition sprengt. Dazu sehen wir uns dieses Bespiel genauer an.[94] Max Jammer urteilt, dass damit der Körper als definierende Größe des

---

[91] „Ἔστι δὲ κινούμενον τὸ μὲν καθ' αὑτὸ ἐνεργείᾳ, τὸ δ' κατὰ συμβεβηκός", Phys-A IV, 4, 211a18.

[92] Max Jammer urteilt: „Hier stoßen wir auf eine erste begriffliche Schwierigkeit in der aristotelischen Raumlehre, eine Schwierigkeit, die eines der wichtigsten Probleme für die mittelalterliche Physik wurde. Es liegt in folgendem: Wenn der Raum die konkave Oberfläche des umfassenden Körpers ist, und wenn Bewegung Raumveränderung ist, wie läßt sich dann der Begriff einer Bewegung ‚per accidens' mit diesen Definitionen in Einklang bringen? Fassen wir das Problem in moderne Begriffe, so war sich natürlich Aristoteles völlig darüber klar, daß sich die Bewegung nur mit Bezug auf einen zweiten Körper erschließen läßt, d. h. durch die Wahl eines unmittelbar umfassenden Körpers als eines Bezugssystems. So machte Aristoteles eine Schwierigkeit sichtbar, die im Laufe der Jahrhunderte viele Denker genarrt hat", Jammer, M., 1960, 74.

[93] Jammer, M., 1960, 75. Das wird ganz deutlich in Ockhams *Quaestiones in Libros Physicorum Aristotelis* (OP VI 397–813). Ockham stellt die Frage (Quaestio 72): „Utrum locus sit aliqua res absoluta distincta a corpore locante", Ockham, OP VI 579. Seine Antwort ist klar: „Ad istam quaestionem dico breviter quod non", Ockham, OP VI 598, 10. In seiner Begründung schließt sich Ockham ganz eng an die aristotelische Raumdefinition an (OP VI 598, 11–15). Sehr aufschlussreich ist, wie Ockham die sich anschließende Frage nach der Stellung des Raumbegriffs innerhalb des aristotelischen Kategoriensystems diskutiert, wenn man davon ausgeht, dass der Raum im Gegensatz zur aristotelischen Definition vom Körper getrennt wäre (OP VI 598, 22–34). Zunächst ist es nach Ockham offenkundig, dass ein solcher Raum keine Substanz und Qualität sein könne (OP VI 598,22 f). Dann erwägt er die Möglichkeit, dass der Raum eine Quantität sein könne. Wenn das der Fall wäre, müsste er entweder diskret oder kontinuierlich sein (OP VI 598, 23–26). Ockham argumentiert, er müsse eine *kontinuierlich* Quantität sein („quantitas continua permanens", OP VI 598, 26). Jede Quantität, so Ockham weiter, bestehe aber aus Länge, Fläche oder Tiefe und habe [drei] Dimensionen (OP VI 598, 26 ff). Wenn der Raum aber eine Länge hätte, wäre er eine Linie, hätte er hingegen eine Breite (*latitudo*), wäre er eine Fläche. Wenn er aber Tiefe hätte, müsste er ein Körper sein. Ein offenkundiger Widerspruch. Also schließt Ockham, dass der Raum nicht abgetrennt von einem Körper existieren könne. Ockham kann also die Kategorie der Quantität nicht auf einen leeren Raum anwenden. „si profunditas, est corpus. Et [quodcumque] eorum detur sequitur quod non sit alia res absoluta a corpore locante", Ockham, OP VI 598, 26–34.

[94] In seiner *Summulae in libros physicorum* schreibt Ockham (Übersetzung von Max Jammer): „Obwohl fortwährend neue Wassermassen um das Schiff fließen, und obwohl das Schiff nicht immer dieselbe Lage in Bezug auf die Teile des Flusses einnimmt, da diese sich fortwäh-

Ortes aufgegeben ist. An seine Stelle tritt nun der Distanzbegriff, d.h. die Relation zu einem anderen Bezugskörper, bzw. im Beispiel Ockhams der Mittelpunkt oder die Pole des Universums.

Distanzen aber sind quantifizierbar. Damit hat Ockham im Zusammenhang mit dem Bewegungsproblem den ersten gedanklichen Ansatz des quantifizierenden Umgangs mit dem Raum formuliert, der von einem entsprechend raumorganisierenden Ich aus möglich ist. Ockham stößt damit das Tor zu einem Problem des Raumes im Hinblick auf Bewegung auf, das die Wissenschaft für die nächsten 600 Jahre beschäftigen wird. Wird der Raum im Hinblick auf das Bewegungsproblem nämlich über den Distanzbegriff einer quantifizierenden Betrachtung unterworfen, so ist damit noch nicht entschieden, zu welcher Bezugsgröße sich der Distanzbegriff orientieren soll. Es ist nämlich sowohl der Raum als solcher als Bezugsgröße denkbar wie auch ein anderer Körper innerhalb des Raumes. Im ersten Fall gäbe es einen absoluten Raum und damit eine absolute Bewegung, im zweiten Fall ist der Raum relativ, und es ist nur eine relative Bewegung denkbar. Es wird hier deutlich, dass der Raumbegriff innerlich mit dem Bewegungsbegriff zusammengehört, dieser aber wiederum mit dem Zeitbegriff. Wie hat sich der Raumbegriff bei Ockhams Nachfolgern und Schülern im 14. Jahrhundert entwickelt? Insgesamt herrscht in der eingehenden Kritik des Aristoteles im 14. Jahrhundert die Tendenz vor, die aristotelische Verbindung von Ding und Raum aufzubrechen und dem dreidimensionalen Raum eine eigenständige Realität zuzuerkennen. In kosmischer Hinsicht gewinnt der Gedanke der Unendlichkeit des dreidimensionalen Raumes und des Vakuums gegen die aristotelische Tradition immer mehr Anhänger. Wichtige Träger dieser Diskussion waren Walter Burleigh, Johannes Buridan, Nikolaus Oresme und Thomas Bradwardine. Mit Hasdai Crescas (1340–1420) ist auch ein jüdisch-katalanischer Denker beteiligt.[95] Thomas Bradwardine als Mitglied der Oxforder Schule vertritt die Auffassung, dass es schon vor der Schöpfung einen unendlichen leeren Raum gebe, unabhängig von Körpern, der als Attribut Gottes anzusehen sei. Dieser, von ihm imaginär genannte Raum, ist Gegenstand der Geometrie.[96] Darüber hinaus ist Bradwardine in seinem einflussreichen Werk *De causa Dei contra Pelagium*, verfasst um 1344, wohl der erste gewesen, der in fünf Thesen die Existenz eines unendlichen, imagi-

---

rend verändern, so bleibt doch das Schiff mit Rücksicht auf den Fluß als ein Ganzes am gleichen Ort, solange es vor Anker liegt [...]. Wenn du ruhst, und selbst wenn alle Luft um dich und jeder Körper, der dich umgibt sich bewegt, so bist du doch stets am gleichen Ort, denn du bist stets in der gleichen Entfernung vom Mittelpunkt und von den Polen des Universums. Mit Rücksicht auf diese nennt man deshalb den Ort unbeweglich", Jammer, M., 1960, 75.

[95] Eine ausführliche Darstellung der Kritik Richard von Middletons und Hasdai Crescas bietet Jammer, M., 1960, 78–87.

[96] Gosztonyi, A., Bd. 1, 1976, 189.

nären und leeren Raumes mit Gottes Omnipräsenz in Verbindung bringt.[97]
Auch in der Pariser Schule sind wichtige Neuerungen zu konstatieren. Johannes Buridans Beitrag in dieser Frage ist allerdings konservativ im Sinne
der aristotelischen Philosophie. Bei ihm finden sich keine Argumente, die
auf die Verurteilung von 1277 rekurrieren könnten, was damit zusammenhängen könnte, dass er sich vor allem als Naturphilosoph verstand.[98] Sein
Beitrag zur Impetustheorie, die ja mit der Raumfrage indirekt zusammenhängt, wurde bereits erörtert. Sein Schüler Nikolaus Oresme hat dagegen
entscheidende Neuerungen am Raumkonzept des Aristoteles angebracht.
Oresme verlässt die aristotelische Raumkonzeption und postuliert einen
unendlichen, unbeweglichen, leeren, real existierenden, von den Körpern
unabhängigen dreidimensionalen Raum. In ihm schwebt der Kosmos. Er
ist ein Attribut Gottes.[99] Allerdings kann dieser Raum als Attribut Gottes
– genauso wie bei Thomas Bradwardine – nicht wahrgenommen werden,
Nikolaus Oresme nennt ihn daher imaginär. In Bezug auf die Bewegung ist
Nikolaus Oresme in seinem *Le livre du ciel et du monde* der Ansicht, dass es
keine Möglichkeit gibt, zu entscheiden, ob die Erde oder der Himmel sich
bewegt, theoretisch ist also nach ihm durchaus möglich, dass die Erde sich
axial im Kosmos bewegt.[100] Mit der Vorstellung vom unendlichen Raum als
imaginärem Attribut Gottes hat Nikolaus Oresme auch der Idee des absoluten Raumes als des Bezugssystems für die absolute Bewegung vorgearbeitet,
wie sie dann später Isaac Newton ausarbeiten sollte. Damit kann festgehalten werden, dass für das 14. Jahrhundert – in teilweiser Anlehnung an die
Verurteilung von 1277 – vor allem die Idee des unendlichen, leeren und dreidimensionalen Raumes und seine Verbindung mit Gottes Immensitas die
entscheidende Neuerung gegenüber Aristoteles darstellt. Im Unterschied
zu diesen theologischen Motiven ist die Kritik des jüdischen Naturphilosophen Hasdai Crescas an Aristoteles in seiner Schrift *Or Adonai* naturphilo-
sophisch motiviert und zielt vor allem darauf, die inneren Widersprüche der

---

[97] „1. Prima, quod Deus essentialiter et praesentialiter necessario est ubique, nedum in
mundo et in eius partibus universis; 2. Verumetiam extra mundum in situ seu vacuo imaginario
infinito. 3. Unde et immensus et incircumsriptus veraciter dici potest. 4. Unde et videtur patere
responsio ad Gentilium et Haereticorum veteres quaestiones: Ubi est deus tuus? Et ubi Deus
fuerat ante mundum? 5. Unde et similiter clare patet, quod vacuum a corpore potest esse, vacuum vero a Deo nequaquam", Grant, E., 1981B, 344, 135; Originaltext vgl. Bradwardine, T.,
De causa Dei, 1618, repr. 1964, 177. Diese Thesen sind ausführlich kommentiert in Grant, E.,
1981B, 135–144.
[98] Gosztonyi, A., Bd. 1, 1976, 192 f.
[99] „Er ist imaginär, leer und unendlich, er ist Gottes Unermesslichkeit selbst", Gosztonyi,
A., Bd. 1, 1976, 1994; Sarnowsky, J., 1998, 144; In seinem Werk *Le Livre du ciel et du monde*
schreibt Nikolaus Oresme „Ceste espasse [...] est infinie et indivisible, et est le inmensité de
Dieu et est Dieu meismes, aussi comme la duraction de Dieu appelee eternité est infinie et
indivisible et Dieu meisme", Oresme, N., 1968, 1, 24, 76.
[100] Gosztonyi, A., Bd. 1, 1976, 193.

aristotelischen Raumlehre aufzudecken und daraus die notwendigen Kon-sequenzen für die Raumlehre zu ziehen. Hasdai Crescas kommt zu dem Ergebnis, dass die aristotelische Verknüpfung von Ding und Raum sinnlos ist und spricht sich ebenfalls für einen unendlichen, leeren Raum aus. Dar-über hinaus bekämpft er die Lehre vom natürlichen Ort, postuliert also die Homogenität des Raumes.[101]

Auch im 15. Jahrhundert kommt es zu sehr wichtigen Veränderungen gegenüber der aristotelischen Raumkonzeption. Auch sie sind theologisch und metaphysisch motiviert, allerdings auf andere Weise als dies bei den theologischen Motiven der göttlichen Allmacht im Zusammenhang der Verurteilung von 1277 der Fall war. Nikolaus von Kues steht weder in der Rezeptions- und Kritiktradition des Aristoteles, noch in der theologischen Tradition von 1277. Er ist vor allem von Dionysios Areopagita inspiriert und müht sich theologisch um die Frage der Begreifbarkeit der Unendlich-keit Gottes. In diesem Kontext gibt es auch Folgerungen für die Raumkon-zeption. Nikolaus von Kues (1401–1464) hat die aristotelische Raumlehre vollständig verlassen. Aus dem Kontext seiner spekulativen theologischen Überlegungen kommt er dabei zu dem Ergebnis, dass der Raum ohne Zen-trum ist und Bewegungen relativ sind. Die Erde büßt ihre Mittelpunkt-stellung ein. Letztlich ist Nikolaus' von Kues Raumkonzept das Ergebnis seiner Gottesvorstellung der *coincidentia oppositorum*. Gott ist unendlich, in ihm fallen alle Gegensätze zusammen. Da aber die Welt Spiegel Gottes ist, muss auch – so schließt Nikolaus von Kues – die Welt unendlich sein,[102] insbesondere im Hinblick auf Raum und Bewegung. Daher argumentiert der Kusaner, dass die Welt kein Zentrum haben könne, da in einer unend-lichen räumlichen Welt das Zentrum mit dem Umfang zusammenfiele.[103] Folglich kann auch die Erde nicht Zentrum der Welt sein.[104] Da es im un-endlichen Raum keinen zentralen Bezugspunkt gibt, kann alle Bewegung nur relativ zu anderen Bewegungen bestimmt werden – der Grundgedanke der Relativitätstheorien Albert Einsteins.

Mit diesen beiden Gedanken des 14. und 15. Jahrhunderts, der Unend-lichkeit des Raumes, sowie der Relativität der Bewegung, sind die entschei-denden Rahmenbedingungen für die kopernikanische Revolution im 16.

---

[101] Gosztonyi, A., Bd. 1, 1976, 196 ff; Jammer, M., 1960, 80–90.

[102] „Consensere omnes sapientissime nostri et divinissimi doctores visibilia veraciter invisi-bilium imagines esse atque creatorem ita cognoscibiliter a creaturis videri posse quasi in speculo et in aenigmate", Nikolaus von Kues, docta ignorantia, Bd. I, Buch I, Kap. 11, 1964, 228.

[103] „Quia minimum com maximo coincidere necesse est. Centrum igitur mundi coincidit cum circumferentia. Non habet igitur mundus circumferentiam", Nikolaus von Kues, de docta ignorantia, Bd. I, Buch II, Kap. 11, 1964, 390.

[104] „Terra igitur, quae centrum esse nequit, motu omni carere non potest", Nikolaus von Kues, de docta ignorantia, Bd. I, Buch II, Kap. 11, 1964, 390.

Jahrhundert und der newtonschen im 17. Jahrhundert geschaffen. Wie sieht
die Raumkonzeption des Kopernikus aus?

Im 16. Jahrhundert verbleibt Nikolaus Kopernikus (1473–1543) überraschenderweise in seinem Werk *De revolutionibus orbium coelestum* (verfasst ca. 1510, veröffentlicht 1543) weitgehend im Rahmen der aristotelischen Raumdefinition. Allerdings scheint sie im Hinblick auf die genannten
gedanklichen Schwierigkeiten im Zusammenhang mit der Rotation der
äußersten Sphäre der entscheidende Anstoß für seine Revolution gewesen
zu sein, allerdings in Verbindung mit dem Gedanken der Relativität der
Bewegung, den Aristoteles noch nicht ausgesprochen hatte. Offensichtlich
ist er jedoch nicht von Nikolaus von Kues inspiriert, obwohl er nachweis-
lich seine Schriften kannte.[105] Die gedanklichen Schwierigkeiten bei der Behandlung der Bewegung der äußersten Sphäre, die Unvereinbarkeit der ihr
zugeschriebenen Bewegung und die Nichtexistenz ihres Ortes, bilden den
Ausgangspunkt seiner Überlegungen. Im Prinzip gab es auf dieses Problem zwei Lösungsmöglichkeiten. Entweder musste man die aristotelische
Raumdefinition ändern, daran hatten die nominalistischen Kritiker des 14.
Jahrhunderts und Hasdai Crescas gearbeitet, oder man musste fordern,
dass die äußerste Sphäre in Ruhe verharrt. Was aber ist dann mit der of-
fenkundigen Bewegung des Himmels?[106] Die Argumentation von Nikolaus
Kopernikus ist ebenso einfach wie einleuchtend. Warum, so argumentiert
er, soll man der äußersten Sphäre eine rotierende Bewegung zuschreiben,
wenn es viel vernünftiger ist, nicht das Umfassende, sondern das Umfasste,
also die Erde, als bewegt zu betrachten?[107] Kopernikus geht also im Unterschied zu Aristoteles von der Unbewegtheit der äußersten Sphäre aus,
während er die Erde nun als bewegt betrachtet, die Bewegung der äußersten Sphäre hält er für absurd.[108] Als Konsequenz ergibt sich, dass die Sonne
im Mittelpunkt des Kosmos stehen muss.[109] Entscheidend ist also für Ko-

---

[105] Jammer, M., 1960, 76.

[106] Jammer, M., 1960, 76.

[107] Gosztonyi, A., Bd. 1, 1976, 100–200; Jammer, M., 1960, 76f; „Cumque caelum sit, quod
confinet et caelat omnia, communis universorum locus, non statim apparet, cur non magis contento quam continenti, locato quam locant motus attribuatur"? Zeller, F./Zeller, C. (Hg.), 1949,
14.

[108] „Addo etiam, quod satis absurdum videretur, continenti sive locanti motum adscribi, et
non potius contento et locato, quod est terra", Zeller, F./Zeller, C. (Hg.), 1949, 20.

[109] Allerdings muss man auch sehen, dass der Gedanke der Zentralität der Sonne für Kopernikus nicht nur eine logische Folge der Ruhe der äußersten Sphäre war, sondern auch einen
Wert in sich hatte. Als Mensch der Renaissance, der viele Jahre in Italien gelebt und studiert
hatte, war er mit dem platonischen, neuplatonischen, pythagoräischen und auch hermetischen
Gedankengut vertraut. Bei Hermes Trismegistos spielt nun die Sonne eine hervorgehobene
Rolle, so dass ihre zentrale kosmische Stellung sehr gut mit dieser religiösen Einstellung zusammen passt. „Wer könnte dieses Licht [= Sonne] an einen besseren Platz setzen den ganzen
Tempel Gottes zu erhellen? Die Sonne wurde von den Griechen Weltenlenker und Weltseele
genannt: Sophokles spricht von der Allesschauenden, Trismegistos geradezu von der sichtbaren

pernikus der Gedanke der Relativität der Bewegung, nicht der Gedanke der Unendlichkeit des Raumes. Auch für Kopernikus bleibt die Welt in räumlicher Hinsicht endlich. Das Werk von Nikolaus Kopernikus wird in Deutschland durch den Theologen und Astronomen Michael Maestlin[110] (1550–1631), dem Lehrer Johannes Keplers rezipiert – Luther spricht sich gegen die kopernikanische Revolution aus[111] –, in England von einer ganzen Reihe von Gelehrten,[112] in Italien vor allem von Giordano Bruno, der Kopernikus' Kosmologie weiterbildet.

Eine Generation später, ebenfalls noch im 16. Jahrhundert, tritt mit dem italienischen Renaissancephilosophen Francesco Patrizzi (1529–1597) wiederum ein entschiedener Gegner des Aristoteles auf den Plan.[113] Francesco Patrizzi gehört zur Gruppe der neuplatonisch gesinnten Philosophen um

---

Verkörperung Gottes. So wird sie nun aufs Neue auf den königlichen Thron gesetzt und lenkt die umkreisende Familie der Planeten einschließlich der Erde – was für ein Bild! So einfach, so klar, so schön. Jetzt erst wird die Welt zum Kosmos von einer Ordnung, wie sie nirgends sonst aufgefunden werden kann", Stern, F. B., 1977, 11 f.

[110] Vgl. dazu die hervorragende Studie von Methuen, C., 1998, die die theologischen Rahmenbedingungen der Rezeption der kopernikanischen Revolution untersucht und die Weitergabe an Johannes Kepler.

[111] Die Rezeption des kopernikanischen Weltbildes im Protestantismus ist uneinheitlich. Während von Luther, abgesehen von einer gelegentlichen Äußerung im Rahmen einer Tischrede [„De novo quodam astrologo fiebat mentio, qui probaret terram moveri et non caelum, solem et lunam, ac si quis in curru aut navi moveretur, putaret se quiescere et terram, arbores moveri. Aber es gehet izunder also: Wer do will klug sein, der soll ihme nichts lassen gefallen, was andere achten. Er muß ihme etwas eigen machen, sicut ille facit, qui totam astrologiam invertere vult. Etiam illa confusa tamen ego credo saerae scripturae, nam Josua iussit solem stare, non terram", Luther, M., Tischreden Bd. 4, 1916, Nr. 4638], die erst 1566 veröffentlicht wurde [Bornkamm, H., 1943, Nachdr. 1974, 173], keine schriftliche Auseinandersetzung mit Kopernikus vorliegt, hat sich Melanchthon als Aristoteliker in seiner *Initia doctrinae physicae* von 1549 von Kopernikus kritisch abgesetzt [Bornkamm, H., 1943, Nachdr. 1974, 180]. Der Wittenberger Theologe Rheticus [= Georg Joachim (1514–1576), Hamel, J., 1994, 165–175, 206 ff] hingegen, von Melanchthon gefördert war ein glühender Anhänger und Verfechter der neuen Weltsicht des Kopernikus [Bornkamm, H., 1943, Nachdr. 1974, 176 f]. Andreas Osiander (1498–1552) hingegen, selbst Mathematiker und Bewunderer von Kopernikus, der dessen Werk in Nürnberg herausgab, versah es mit einer Einleitung, in der er das kopernikanische System als eine reine mathematische Hypothese bezeichnete. Unklar ist indessen, ob er damit Kopernikus' Theorie abschwächen oder durch den Hinweis auf den Hypothesencharakter der Theorie möglichen Einwenden bereits im Vorfeld begegnen wollte, um so die Rezeption zu erleichtern, Bornkamm, H., 1943, Nachdr. 1974, 177 f; Hamel, J., 1994, 227–236. Angesichts dieses uneinheitlichen Bildes in der Rezeption der kopernikanischen Weltsicht kann von einer Bekämpfung oder gar Verfolgung der neuen Weltsystems durch die Reformatoren keine Rede sein. Diese Einschätzung gilt bereits seit der großen Kopernikusbiographie von Leopold Prowe und den Forschungen Werner Elerts, Prowe, L., 1883/84; Elert, W., 1931, 366 f.

[112] Z. B. John Field, John Dee, Robert Recorde, Thomas Digges. Dies geht auf die Forschungen von Dorothea Singer-Waley zurück, vgl. Singer-Waley, D., 1950, 64 ff.

[113] Literatur: Jammer, M., 1960, 92 f; Gosztonyi, A., Bd. 1, 1976, 207 f, Cassirer, E., Bd. 1, 1991, 260–267.

Bernardino Telesio[114] (1508–1588), dessen Schüler er zeitweise ist, Giordano Bruno (1548–1600, Tod durch Verbrennen) und Tommaso Campanella (1568–1639). Dazu sind eine Generation später Pierre Gassendi (1592–1655) und William Gilbert (1540–1603), Entdecker des Erdmagnetismus, zu nennen. Francesco Patrizzi setzt sich ausführlich und sehr differenziert mit dem aristotelischen Raumbegriff auseinander. Da er in seiner Wirkungsgeschichte über die Cambridge Platonists offensichtlich Einfluss auf die Raumtheorie Isaac Newtons gewonnen hat, sei seine Kritik hier etwas ausführlicher dargestellt.[115] In seinem Werk *Nova de Universis Philosophia* entfaltet Francesco Patrizzi sein neuplatonisches Weltbild. In einem früheren Werk von 1587 mit dem Titel *De Rerum Natura libri II priores, alter de spacio physico, alter de spacio mathematico*, das später in sein Buch *Pancosmia* aufgenommen wird, geht Francesco Patrizzi von der Unabhängigkeit von Raum und Körper aus.[116] Er wirft diese These immer wieder als Frage auf.[117] Dabei geht er ausführlich auf die Ungereimtheiten der aristotelischen Raumkonzeptionen ein, insbesondere was die von Aristoteles postulierte Dimensionalität des Raumes und ihre Unvereinbarkeit mit seiner Raumdefinition betrifft.[118] Nachdem er auf den Widerspruch zwischen der 2-Dimensionalität der aristotelischen Raumdefinition als Oberfläche eines Körpers und der 3-Dimensionalität des Raumes aufmerksam gemacht hat, kommt er nach einigem Argumentieren dazu, dem körperlosen Raum die volle 3-Dimensionalität zuzuerkennen.[119]

---

[114] Bernardino Telesio hat ebenfalls entscheidende Beiträge zur Raumproblematik geleistet, dazu gehört die Ablehnung der Lehre vom natürlichen Ort, die Unabhängigkeit des Raumes vom Körper, der Raum als *Receptor* alles Seienden, die Unbeweglichkeit des Raumes, sowie des Existenz des Vakuums, Jammer, M., 1960, 91 f; Gosztonyi, A., Bd. 1, 1976, 205 f.

[115] Brickmann, P., 1943, 225.

[116] Francesco Patrizzi, *Nova de Universis Philosophia*, Ferrara 1591, Venedig 1593. Es liegt inzwischen eine englische Übersetzung seiner *Pancosmia* vor, die hier zugrunde gelegt wird, Brickmann, B., 1943, 224–243. „Therefore Space is prior to all these other degrees of things: they need it to exist, while Space itself needs none of them to exist", Brickmann, 1943, 226.

[117] „[…] is there any other Space apart from what is in particular bodies, that is, which is not a property of some body?", Brickmann, B., 1943, 229.

[118] Aristoteles' Definition der Dimensionalität zitierend geht Patrizzi ausführlich auf diesen Widerspruch ein. „In this statement the three dimensions which limit every body are attributed to *locus*, which, it is maintained, cannot be a body. Locus, therefore, has three dimensions, as has every body, but yet is not a body. But if it is not a body, what then is it? Not a line, certainly, this has only one dimension, not three. What then is it? Evidently something incorporeal, having all the dimensions of a body, yet not a body. Aristotle, indeed, who had attributed three dimensions to place, as if forgetting himself, later denied what he dad previously asserted. For he does deny it when he says: ‚Locus must be the boundary of the enclosing body, with which it touches the body enclosed'. In this account he defines *locus* as the *surface* of the surrounding body. This statement contradicts the former, or the former contradicts this one", Brickmann, B., 1943, 229.

[119] „For all these reasons it appears incorrect to say that *locus* consists of merely two dimensions; and it appears true that it consists of three dimensions by which the three dimensions of the located body are received, so that the length, width, and depth of the *locus* correspond to the

Desgleichen kommt er aufgrund des Bewegungsarguments zur Schlussfolgerung der Körperunabhängigkeit des Raumes.[120] Nachdem Francesco Patrizzi
auf diese Weise die Eigenständigkeit des Raumes gesichert hatte, fragt er, ob
es einen leeren Raum gebe und ob der Raum endlich oder unendlich sei.[121]
Er behauptet die Existenz des leeren Raumes außerhalb der Welt.[122] Dann
wendet er sich der Frage zu, ob der Raum endlich oder unendlich sei und
kommt zu einem überraschenden Ergebnis. Er behauptet, der Raum sei sowohl endlich wie auch unendlich, endlich im Hinblick auf die Begrenzung
durch die äußerste Sphäre, unendlich im Hinblick auf den Bereich jenseits
dieser äußersten Sphäre.[123] Offensichtlich beeinflusst diese Kombination von
endlichem und unendlichem Raum auch die sich anschließende Frage nach
dem Zentrum der Welt. Denn es ist offenkundig, dass die endliche umhüllte
Welt innerhalb des unendlichen Raumes eine bevorzugte Stellung einnimmt.
In der Tat spricht Francesco Patrizzi ihr auch zu, das Zentrum der Welt zu
sein.[124] Nach diesen Charakteristika des Raumes fragt Francesco Patrizzi
noch einmal nach dem ontologischen Status des Raumes. Im Unterschied
zu Aristoteles kennt er nur vier Kategorien: Spatium, locus, corpus und qualitas.[125] Der Raum – spatium – ist die grundlegendste Kategorie aller, er ist
der Schöpfung präexistent.[126] Rückblickend, nachdem er seine eigenen Kategorien aufgestellt und sein eigenes Raumverständnis entwickelt hat, fragt
Francesco Patrizzi noch einmal nach dem Verhältnis seines Raumkonzepts
zur aristotelischen Ontologie. Da er bereits die Körperunabhängigkeit seines

---

length, width, and depth of the located object, and are exactly equal to each other. The whole
*locus*, therefore, will not be merely the surface of a containing body, but also the depth within
the surface, along with the other dimensions", Brickmann, B., 1943, 230.

[120] „From the fact that while bodies change place the same space always remains fixed, it
is clearly evident that *locus* is something different from bodies located in it", Brickmann, B.,
1943, 231.

[121] Brickmann, B., 1943, 235.

[122] „Let it therefore be considered as proved conclusively by these reasons that there is em-
pty Space outside the world „, Brickmann, B., 1943, 236.

[123] „Approaching the question from another direction, I maintain that the Space outside the
world is both finite and infinite. It is finite on the side where it touches the outermost surface
of the world; finite not with respect to its own natural limit but with respect to the boundary
of the world. But where it recedes from the world and moves far away from it, it passes into the
infinite", Brickmann, B., 1943, 236 f.

[124] „For if from its center, which is the center of the world, lines are drawn in all directions to
the convex surface of the world, they will be equal, but finite. But if they are prolonged further,
and still further, as far as possible, they will still be equal, but infinite, for they can be extended
through the infinite, universal Space beyond the world. The center of Space, therefore, is at the
midpoint of the infinite *universum spacium*. And the Space around the center as far as the outer
surface of the world is the middle of the universal Space", Brickmann, B., 1943, 238.

[125] Brickmann, B., 1943, 240. Francesco Patrizzi unterscheidet den dreidimensionalen, leeren, unendlichen und körperlosen Raum (spatium) vom Ort (locus) eines konkreten Objekts.

[126] „Therefore Space was there before the formation of the world", Brickmann, B., 1943,
240.

Raumkonzeptes deutlich gemacht hat, verwundert es nicht, dass er es nicht in die aristotelische Ontologie von Substanz und Akzidenz unterbringen kann.[127] Der Raum ist demnach eine eigenständige Kategorie, die durch Ausdehnung charakterisiert ist und quantifiziert werden kann, aber nicht im Sinne eines quantifizierbaren Akzidenz.[128] Wie schwer es ist, den ontologischen Status des Raumes im Verhältnis zur vorgegebenen aristotelischen Tradition zu bestimmen, wird schließlich an seiner paradoxen Definition des Raumes als „unkörperlicher Körper" und „körperlicher Nicht-Körper" deutlich.[129] Diese paradoxe Definition hat allerdings einen wichtigen Effekt im Hinblick auf die Mathematisierung des Raumes. Denn diese Paradoxie schließt die beiden wichtigsten Bereiche der damaligen Mathematik zusammen, nämlich die Arithmetik als die Wissenschaft des Diskreten und die Geometrie als die Wissenschaft des Kontinuierlichen. Daher kann die Mathematik in beiderlei Gestalt auf den Raum in Gestalt der Geometrie, wie auch in Gestalt der Arithmetik angewandt werden.[130] Francesco Patrizzi hat daher auch einen entscheidenden Schritt über Aristoteles hinaus getan, was die Mathematisierung der Natur betrifft.[131] Er hat, so können wir festhalten, an zwei Punkten Aristoteles entscheidend kritisiert. Zum einen hat er wie kein Kritiker vor ihm die kategoriale Eigenständigkeit des Raumes betont und damit dessen Verknüpfung mit dem Substanz-Akzidenz Schema gelöst.[132] Zum anderen erlaubt es seine eigene paradoxe Definition des Raumes auch, theoretisch zu begründen, warum Arithmetik und Geometrie auf den Raum angewandt werden können. Damit fällt für ihn auch die aristotelische Raumdefinition, so dass er den Raum auch 3-dimensional, statt wie Aristoteles nur 2-dimensional auffassen kann. Schließlich behauptet er die Unendlichkeit des leeren Raumes jenseits der äußersten Sphäre. Francesco Patrizzi nimmt sich allerdings nicht des Problems der Bewegung, bzw. Nicht-Bewegung der äußers-

---

[127] „Indeed, if it is something, it will be either a substance of an accident. If it is a substance, it is either some incorporeal thing or a body. If it is an accident, it is either a quantity, a quality, or some other such thing. […]. It is therefore not embraced by any of the categories, and is prior to and outside them all. […]. Is it then a quantity, and thus an accident? – an accident prior to substance, and prior to body", Brickmann, B., 1943, 240.

[128] „Space therefore is substantial extension (*extensio hypostatica*), subsisting *per se*, inhering in nothing else. It is not quantity. And if it be a quantity, it is not that of the categories, but prior to it, and its source and origin. Nor can it be called an accident, for it is not the attribute of any substance. […]. It is a different sort of substance outside the table of the categories", Brickmann, B., 1943, 241.

[129] „Therefore it is an incorporeal body and a corporeal non-body", Brickmann, B., 1953, 241.

[130] Brickmann, B., 1943, 244.

[131] „Whence it appears that Aristotle was wrong in teaching that mathematics lacks purpose and utility", Brickmann, B., 1943, 245.

[132] Max Jammer urteilt treffend: „Die Werke des Telesio, Patrizzi und Campanella beweisen, dass man der italienischen Naturphilosophie das Verdienst zusprechen muss, den Raumbegriff vom scholastischen Substanz-Akzidensschema befreit zu haben", Jammer, M., 1960, 97.

ten Sphäre an, das Nikolaus Kopernikus eine Generation vorher beschäftigt hatte. Offensichtlich hat er sich dem kopernikanischen Weltbild, das spätestens 1543 bekannt war, nicht angeschlossen. Er bekennt sich daher expressis verbis dazu, dass die Erde Zentrum der Welt sei, ohne auch Nikolaus Kopernikus nur zu erwähnen.[133]

Zeitgenosse von Francesco Patrizzi ist Giordano Bruno (1548–1600), der als glühender Anhänger der kopernikanischen Revolution ein unstetes Wanderleben durch Europa führt, dabei in Wort und Schrift das kopernikanische Weltbild verbreitet,[134] bis er im Jahre 1600 auf dem Scheiterhaufen in Rom endet. Die Raumkonzeption von Giordano Bruno erwächst auf der Grundlage einer spekulativen Naturphilosophie und aus theologischen Motiven. Sie kann als eine Kombination und Weiterentwicklung der Raumvorstellung des Nikolaus Kopernikus und des Francesco Patrizzi angesehen werden. Mit Nikolaus Kopernikus teilt er die Idee der zentralen Stellung der Sonne im Planetensystem und die Idee der Relativgeschwindigkeit der Erde um die Sonne.[135] Mit Francesco Patrizzi teilt er die Idee des unendlichen Raumes.[136] Die Unendlichkeit des Raumes ist bei ihm theologisch motiviert, allerdings nicht im Sinne der Tradition von 1277, sondern – ähnlich wie bei Nikolaus von Kues – aus der Überlegung, dass eines

---

[133] „And thus it happens that the center of the world is always in the center of Space, the earth remains immovable in the same Space around the center, and likewise water, air and the entire heaven", Brickmann, B., 1943, 243.

[134] „Doch wer vermöchte trotz alledem die Großmut dieses Deutschen in vollem Maße zu würdigen, welcher ohne Rücksicht auf die törichte Menge sich so fest gegen den Strom der gegenteiligen Überzeugungen gestellt hat? […] er hat sich entschieden […] dazu bekannt, dass man […] zu dem Schluss gelangen müsse, es bewege sich eher unser Erdball gegenüber dem Universum, als dass die Gesamtheit der unzähligen Körper, […] diese als Mittelpunkt und Grundlage ihrer Umdrehungen […] anzuerkennen habe", Bruno, G., 1969, 70 f. Die beiden wichtigsten Werke Giordano Brunos, in denen er sich mit Kosmologie beschäftigt, sind: *Das Aschermittwochsmahl*, Bruno, G., 1969; und *Zwiegespräche vom unendlichen All und den Welten*, ²1904, 1973.

[135] Ausführlich setzt er sich damit im *Aschermittwochsmahl* im 5. Dialog auseinander. Vgl. Bruno, G., 1969; ebenso Stern, F. B., 1977, 16 f.

[136] Unendlichkeit des Raumes und Mittelpunktlosigkeit des Universums kommen sehr gut im dritten Dialog des Aschermittwochmahls zum Ausdruck: „Hierauf sagte Nundinius, es könne nicht wahrscheinlich sein, dass die Erde sich bewege, da sie den Mittelpunkt und Schwerpunkt des Weltalls darstellt. […]. Der Nolaner erwiderte, dasselbe könne der behaupten, der die Sonne für den Mittelpunkt des Weltalls und für fast unbeweglich halte, wie dies Copernicus und manche andere glaubten, die das Weltall für eine endliche begrenzte Größe halten. […]. Es bedeute aber gar nichts gegenüber dem Nolaner, da dieser das All für unendlich halte und daher keinen einzigen Körper in demselben für dessen Mittelpunkt erachte, sondern im Universum nur relative Mittelpunkte und Grenzen, mit Beziehung auf bestimmte Körper annehme", Bruno, G., Aschermittwochsmahl, 5. Dialog. In seinem Werk *Zwiegespräche vom unendlichen All und den Welten* kommt dies im ebenfalls im 5. Dialog: „Im All ist weder Mitte, noch Umkreis, sondern wenn Du willst, ist in allem eine Mitte und kann jeder Punkt als Mittelpunkt irgendeines Umkreises gelten", Bruno, G., ²1904, 1973.

unendlichen Gottes auch nur eine unendliche Welt würdig sei.[137] In zwei Punkten jedoch geht er über deren Raumvorstellung hinaus. Zum einen bricht er mit der Vorstellung der Sphären insgesamt, d. h. auch die aristotelische äußerste Sphäre ist für ihn überflüssig geworden.[138] Er ist der erste, in dessen Weltsystem die Planeten frei im Raum schweben. Zum anderen ist er auch der erste, der – nach vagen hypothetischen Spekulationen im Gefolge von 1277 – weitere Sonnensysteme mit Planeten in den Weiten des Kosmos postuliert.[139] Die Öffnung der Raumvorstellung ins Unendliche hat auch noch als weitere Konsequenz, dass Giordano Bruno die zentrale Stellung der Sonne im Universum leugnet. Sie ist eine unter vielen Sonnen. Weiterhin heißt dies, dass nicht mehr wie noch bei Nikolaus Kopernikus die Sonne der ruhende Bezugspunkt für Relativbewegung ist, sondern nun im Prinzip jeder Himmelskörper als Bezugspunkt für Bewegung gewählt werden kann. In Giordano Brunos Werk und Erleben ist auch der exis-

---

[137] „Denn ich fordere ja nicht den unendlichen Raum […] aus Hochachtung vor der bloßen Ausdehnung oder körperlichen Masse, sondern wegen der Existenzunwürdigkeit der ihm möglichen Naturen und körperlichen Arten, weil eben die unendliche Erhabenheit sich unvergleichlich besser in unzähligen Individuen darstellen muss, als einer begrenzten Anzahl. Daher muss notwendigerweise dem unzugänglichen göttlichen Angesicht auch ein unendliches Spiegelbild entsprechen, in welchem sich unzählige Welten als unzählige Glieder befinden", Bruno, G., *Zwiegespräche vom unendlichen All und den Welten*, 1. Dialog. Die anonyme Sprechweise Giordano Brunos über Gott legt nahe, dass er hier weniger von christlichem Glauben als von paganer Religiosität inspiriert ist. Fred B. Stern vermutet, dass hinter Giordano Brunos Unendlichkeitspathos die Inspiration durch die Lektüre der Lukrezschen Gesänge steht, in denen die Unendlichkeit des Kosmos emphatisch gepriesen wird, Stern, F.B., 1977, 24. „Da sich nun jenseits des Weltalls nichts findet nach unserer Einsicht, hat auch das Weltall kein Ende, fehlen ihm Grenzen wie Maße. Unwichtig bleibt auch, wo du deinen Standpunkt dir auswählst. Wo auch ein jeder sich hinstellen mag, ihm erstreckt sich nach allen Richtungen unterschiedslos das All in unendliche Weiten", (1. Gesang), Lukrez, 1994, 48; „Da ja der Weltraum, jenseits der Grenzen unseres Kosmos, sich in unendliche Weiten erstreckt, so wollen wir forschend klären: Was gibt es noch dort, das wir gründlich aufhellen möchten, das auch der Schwung der Gedanken frei zu durchschweifen versuchte? […] Derart tritt die Natur des Unendlichen deutlich zutage. Da nun der Weltraum sich allseits ins Unermessliche ausdehnt und sich die Urkörper zahllos in der unendlichen Tiefe unter dem Drängen ewiger Anstöße vielfältig tummeln, muss man als völlig unwahrscheinlich die Meinung verwerfen, unsere Erde allein und der Himmel nur seine geschaffen, während so zahlreiche Urkörper außerhalb zwecklos sich regten", (2. Gesang), Lukrez, 1994, 104.

[138] „[…] nicht […] wie man sich einbildet, dass diese Erde von soundsoviel Sphären umgeben sei, deren einige einen, andere zahllose Sterne enthalten; vielmehr durchkreisen alle diese großen Sternenwelten den freien Raum […]. Wir werden begreifen, dass das All nicht aus Kreisen und Sphären, deren eine die andere immer weiter umschließt, wie etwa die Schalen einer Zwiebel, aufgebaut sein kann", Bruno, G., 4. Dialog in: *Zwiegespräche von unendlichem All und den Welten.*

[139] Im Kontext der Diskussion über die Unmöglichkeit eines leeren Raumes bei Aristoteles kommt er im Gegensatz zu dem Stagiriten zu dem Schluss: „Wenn also in dem Raume, der sich mit der Größe der Welt deckt, diese Welt ist, so können ebenso gut in jenem Raum andere und in unzähligen anderen Räumen jenseits der Welt eine andere und unzählig andere Welten sein", Bruno, G., 1. Dialog in: *Zwiegespräche vom unendlichen All und den Welten.*

tenziell-anthropologische Aspekt der Raumerfahrung besonders stark ausgeprägt. Er ist der erste, der die Eierschalen des embryonalen, aristotelischen Kosmos zerbricht, indem er die Sphären am Himmel für überflüssig erklärt. Dieser existenzielle Aspekt kommt bei diesem phantasiebegabten poetischen Philosophen in einem Gedicht, in dem er – Lukrez gleich – die Unendlichkeit besingt, besonders plastisch zum Ausdruck:

> Und wer ist's, der die Schwingen mir verliehen,
> Mein Herz entflammt, der Ketten frei, verlachen
> Mich Schicksal heißt und Tod, mir los zu machen
> Des Kerkers Tür, aus der so wen'ge fliehen?
>
> Zeitalter, Jahre, Monde, Stunden ziehen
> Vorüber mir; – Zeit, deine Waffen machen
> Zunichte Stahl und Eisen, – deinem Rachen
> Entronnen ist mein Geist zur Seligkeit gediehen.
>
> Die Schwingen darf ich selbstgewiss entfalten,
> Nicht fürcht' ich ein Gewölbe von Kristall,
> Wenn ich der Äther blauen Dust zerteile.
>
> Und nun empor zu Sternenwelten eile,
> Tief unten lassend diesen Erdenball
> Und all' die nied'ren Triebe, die hier walten![140]

Er leitet damit einen immer noch nicht abgeschlossenen geistesgeschichtlichen Prozess ein, in dem der Mensch seine Stellung im Kosmos neu bestimmen muss, die seither zwischen entgrenzender unendlichkeitstrunkener Euphorie (Giordano Bruno), kosmischer Einsamkeit (Blaise Pascal) und Verlust von Geborgenheit schwankt (Jaques Monod, Stephen Weinberg). Blaise Pascal (1623–1662) hat beispielsweise im Unterschied zu Bruno die Unendlichkeit des Raumes nicht im Sinne der stimulierenden Ichentgrenzung Brunos verstanden, sondern die Unendlichkeit des Raumes als etwas den Menschen zutiefst Erschütterndes erlebt.[141] René Descartes (1596–1650) hingegen entwickelt seine Raumtheorie im Kontext seiner

---

[140] Bruno, G., ⁴1973, 26.

[141] Im berühmten Fragment 72 der Pensées, Kap. II, *Elend des Menschen ohne Gott*, schreibt Blaise Pascal: „Wer sich derart sehen wird, wird vor sich selbst erschaudern und wenn er sich so sich selbst vorstellt, geprägt in den Stoff, den die Natur ihm zuteilte, zwischen den beiden Abgründen des Unendlichen und des Nichts, wird er erbeben vor der Schau dieser Wunder, und ich glaube, dass, wenn sich seine Neugierde in Bewunderung verwandelt hat, er eher bereit sein wird, in aller Stille darüber nachzusinnen als sie anmaßend erforschen zu wollen. Denn, was ist zum Schluss der Mensch in der Natur? Ein Nichts vor dem Unendlichen, ein All gegenüber dem Nichts, eine Mitte zwischen Nichts und All. Unendlich entfernt von dem Begreifen der äußersten Grenzen, sind ihm das Ende aller Dinge und ihre Gründe undurchdringlich verborgen, unlösbares Geheimnis; er ist gleich unfähig, das Nichts zu fassen, aus dem er gehoben, wie das Unendliche, das ihn verschlingt", Pascal, B., Fragment 72, ⁸1978, 43.

philosophischen Grundorientierung, absolut sicheres Wissen zu erzeugen. Sicheres Wissen ist aber nur im Bereich des Denkens, d. h. aber letztlich der Mathematik möglich. Daher gibt es bei Descartes auch einen mathematisch-konstruktiven Aspekt der Raumauffassung, dergestalt, dass beliebige räumliche Gebilde kraft mathematischer Intuition konstruktiv erzeugt werden können. Dies ist der Beginn einer Mathematisierung des Raumes, der von dem gegebenen 3-dimenionalen Anschauungsraum völlig absieht und später in den nicht an die Anschauung gebundenen nichteuklidischen Geometrien weiter ausgearbeitet wird.[142] Die descartsche Antwort auf das philosophische Gewissheitsproblem, nur im Ich – cogito ergo sum – und im logischen Denken der Mathematik Gewissheit anzuerkennen, wirft indes das Problem auf, wie Denken und Sein zusammenhängen. René Descartes antwortet darauf mit seiner Theorie der beiden Substanzen, der *res cogitans* und der *res extensa*. In dieser erkenntnistheoretischen und ontologischen Unterscheidung wird auch der zweite Aspekt seiner Raumtheorie deutlich.[143] Denn zur res extensa gehören der Raum, die Ausdehnung und die Materialität, d. h. die Substanz.[144] Raum ist demnach nach Descartes nicht ohne Materialität denkbar.[145] Damit aber fällt Descartes wieder in alte metaphysische Schemata zurück.

Für die weitere Entwicklung des Raumbegriffs im Hinblick auf die genannten Charakteristika sind die Cambridge Platonists wichtig, insofern sie erstens die Raumtheorien der italienischen Renaissance aufnehmen und weiterentwickeln und zweitens insofern sie dadurch auch die endgültige Formulierung des Raumbegriffs in der klassischen Physik Isaac Newtons vorbereiten.[146] Die beiden wichtigsten Vertreter der Cambridge Platonists sind Henry More (1614–1687) und Joseph Raphson (1648–1715), die beide auf ähnliche Weise die innerhalb der Cambridge Platonists diskutierten Raumtheorien entwickeln.[147] Henry More, streng calvinistisch erzogen, wendet sich wegen der düsteren Prädestinationslehre vom Calvinismus ab und dem Platonismus zu, weil er in ihm eine größere Freiheit des Menschen sieht. Neben der platonisch-neuplatonischen Ausrichtung dieses

---

[142] Gosztonyi, A., 1976, 239–242.

[143] Gosztonyi, A., 1976, 242.

[144] Auf die Schwierigkeiten des descartschen Substanzbegriffs soll hier nicht weiter eingegangen werden. Einerseits ist er als formales Denkprinzip zu verstehen, andererseits als materielles Substrat, vgl. Gosztonyi, A., 1976, 243 f.

[145] „qu'il ne peut y avoir absolument d'espace sans corps", Gosztonyi, A., 1976, 245.

[146] Die klassische Darstellung der Cambridge Platonists, vgl. Tulloch, J., ²1874; zur Beeinflussung der Cambridge Platonists durch die italienischen neoplatonischen Renaissancephilosophen, vgl. Cassirer, E., 1932.

[147] „Since Newton never mentioned More's or Raphson's theories in print, he made no decorative use of them at all, and yet despite this silence – […] – what More and Raphson wrote was an important feature of the intellectual landscape in which Newton lived", Copenhaver, B. P., 1980, 546.

Kreises spielen auch Elemente der Raumauffassung der jüdischen Kabbala (mqm) für Joseph Raphson und Henry More eine wichtige Rolle.[148] Da Henry Mores Raumlehre bis auf den Heliozentrismus, den er vertritt, der Raumlehre Francisco Patrizzis sehr ähnlich ist, kann man vermuten, dass er auch dessen Werke gekannt hat. Joseph Raphson hat sich insbesondere in seinem Buch *De spatio reali* von 1702, Henry More in seinem *Enchiridium Metaphysicum* von 1671 mit der Raumfrage beschäftigt.[149] Wir konzentrieren uns hier auf das letztgenannte Werk, da es für die endgültige Fassung des Raumbegriffs bei Isaac Newton wichtig geworden ist. Insbesondere hat sich Henry More im 8. Kapitel seines *Enchiridium Metaphysicum* mit der Raumfrage auseinandergesetzt. Henry More entwickelt seine Raumtheorie in Auseinandersetzung mit René Descartes (1596–1650), dessen Philosophie er zunächst begeistert rezipiert, und mit dem er in brieflichem Gedankenaustausch steht. Dann jedoch wendet er sich von Descartes' Philosophie ab, weil er in ihr die Tendenz zum Materialismus und in der Konsequenz auch zum Atheismus wittert. Henry More aber kommt es darauf an, die Wirksamkeit geistiger Entitäten in der Natur gegen den vermeintlichen Materialismus descartscher Prägung zu retten. Dieses Interesse steht auch hinter seiner Auseinandersetzung mit der descartschen Raumlehre. Der Raum ist für Henry More eine solche geistige Entität.[150] Daher ist ihm die Entmaterialisierung des Raumes wichtig.[151] In seiner Auseinandersetzung mit Descartes entwickelt Henry More diesen Aspekt seiner Raumtheorie,[152] dem er eine Identifizierung von Raum und Stoff vorwirft.[153] Zwar verwendet Henry More auch noch den Substanzbegriff zur Charakterisierung des Raumes, doch ist er ihm eine unkörperliche und unmaterielle Substanz, die er auch *spiritus naturae* nennt,[154] d. h. der Raum ist eine eigenständige Realität und unabhängig von materieller Ausdehnung.[155] Diese These von der Immaterialität des Raumes sucht Henry More durch ein originelles Gedanken-

---

[148] Ausführlich untersucht hat dies Brian P. Copenhaver, vgl. Copenhaver, B.P., 1980, 489–548.

[149] Vorher hatte Henry More sich bereits in seinem Werken *Four letters to Descartes* (1648–1649), *Antidote against Atheism* (1652) und *Divine Dialogues* (1668) mit der Raumfrage beschäftigt. More, H., *Enchiridium Metaphysicum*, 1966, Part I, Kap. 6–8, 158–173.

[150] Diese Ansicht Henry Mores von der Wirksamkeit geistiger Entitäten und Kräfte in der Natur hat auch die Konsequenz, dass er die Beeinflussung des Naturgeschehens durch die geistigen Kräfte von Hexen für möglich hält und daher eine große Sammlung von Berichten über die Wirksamkeit von Hexen zur wissenschaftlichen Auswertung angesammelt hatte, Fierz, M., 1954, 98.

[151] Fierz, M., 1954, 89.

[152] Jammer, M., 1960, 42–50; Fierz, M., 1954, 86.

[153] Gosztonyi, A., 1976, 266.

[154] Gosztonyi, A., 1976, 268.

[155] Gosztonyi, A., 1976, 269.

experiment zu beweisen, das er in seinem *Divinus dialogus* beschreibt.[156] Diese Unabhängigkeit des Raumes von der Materie ermöglicht auch seine mathematische Messbarkeit.[157] Die Ähnlichkeit des Raumes mit dem Geistigen führt Henry More dazu, den Raum selbst als etwas Göttliches anzusehen.[158] Daraus ergibt sich für Henry More, dass ihm auch die Attribute Gottes zugesprochen werden müssen.[159] Für die folgende Entwicklung des Raumbegriffs bei Isaac Newton sind vor allem folgende Aspekte wichtig: 1. unendliche Ausgedehntheit, 2. sichere Erfassbarkeit, d.h. Mathematisierbarkeit, 3. Unbedingtheit, d. h. von sich aus existierend, 4. Allgegenwart, 5. Unkörperlichkeit und Immaterialität, 6. Allumfassendheit.

Besonders in Gestalt der Immaterialität des Raumes ist nun die aristotelische Raumlehre vollkommen überwunden. Allerdings ist diese Immaterialität bei Henry More positiv mit dem Geistbegriff umschrieben, der Raum ist eine geistige Entität, ein *spiritus naturae*. Diese Besonderheit in der Raumauffassung Henry Mores ist insofern wichtig, als er damit den newtonschen Begriff der Kraft in Gestalt einer immateriellen Fernwirkung vorbereitet.[160] Darüber hinaus lehrt Henry More auch die Relativität der Bewegung. Damit ist zugleich das Problem angesprochen, wie ein Bezugspunkt für Bewegung festgelegt werden soll, entweder in Gestalt eines absoluten oder relativen Bezugspunkts. Isaac Newton sollte hier ansetzen und seine Theorie des absoluten Raumes als Bezugspunkt der absoluten Bewegung postulieren. Mit Henry More sind fast schon alle entscheidenden Punkte der Raumauffassung genannt, die notwendig sind, um den Raum als homogene Bezugsgröße für Bewegung zu verstehen. In Isaac Newtons Raumtheorie kommen alle diese Motive expressis verbis zusammen, in seiner Raumtheorie sind alle Hemmnisse des aristotelischen Raumbegriffs,

---

[156] Markus Fierz hat dieses Gedankenexperiment sehr treffend zusammengefasst. „Man denke sich einen durchsichtigen Zylinder, etwa aus Glas. In diesem sei vom Zentrum seiner Deckfläche zum Umgange seiner Basis eine rote Gerade gezogen. Dreht man nun den Zylinder um seine Achse, so beschreibt die Gerade einen Kegel, der, wenn die Drehung hinreichend rasch erfolgt, auch als räumliches Gebilde sichtbar wird. Dieser Kegel ist etwas durchaus Wirkliches, Sichtbares. Aber er ist nicht in der Materie des Zylinders – in dieser gibt es ja nur die Gerade –, sondern im Raum. Also ist der Raum etwas Wirkliches und von der Materie Verschiedenes", Fierz, M., 1954, 90.

[157] Gosztonyi, A., 1976, 269.

[158] Gosztonyi, A., 1976, 269.

[159] Insgesamt nennt Henry More in Anlehnung an die kabbalistische Lehre vom Raum und Gott (מקם) zwanzig Eigenschaften, die dem Raum als göttliche Attribute zukommen. 1. unendlich ausgedehnt, 2. unbeweglich, 3. sicher erfassbar, 4. notwendig existierend, 5. das Eine, 6. das Einfache, 7. ewig, 8. vollkommen, 9. unbedingt, d. h. von sich aus existierend, 10. in sich subsistierend, 11. unvergänglich, 12. ungeschaffen, 13. unbeschreiblich und unfassbar, aber dennoch in den Attributen klar erkennbar, 14. allgegenwärtig, 15. unkörperlich, 16. alles durchwaltend, 17. alles umfassend, 18. wesenhaft seiend, 19. aktuell seiend, 20. reiner Akt, Gosztonyi, 1976, 270; More, H., 1671, Buch I, Kap. 8.

[160] Gosztonyi, A., 1976, 271.

die für die Formulierung von Naturgesetzen der Bewegung hinderlich waren, überwunden.

Von Henry More war auch Isaac Newtons Lehrer Isaac Barrow (1630–1677) beeinflusst. Er war als Theologe der erste Inhaber des Lehrstuhls für Mathematik in Cambridge, von dem er zugunsten des hochbegabten Isaac Newton zurücktrat, um sich weiteren theologischen Studien hinzugeben. Als Antitrinitarier und des Arminianismus Verdächtigter unternahm er eine lange Reise nach Konstantinopel, um dort die Kirchenväter zu studieren.[161]

Wir wenden uns nun der Raumlehre Isaac Newtons zu. Wie stand Isaac Newton zu der bisherigen Geschichte der Kritik an der aristotelischen Raumkonzeption? Die Bedeutung des Aristotelismus in der 2. Hälfte des 17. Jahrhunderts in England, in dem Isaac *Newtons Philosophiae Naturalis Principia Mathematica* erscheint, unterscheidet sich deutlich von der auf dem Kontinent. Während in Kontinentaleuropa der Aristotelismus innerhalb der Theologie in Gestalt des Thomismus fest integriert ist und sich der Antiaristotelismus der Physiker-Theologen des 14. Jahrhunderts nur subkutan verbreitet, die wissenschaftlichen Anstöße des antiaristotelischen Nominalismus des 14. Jahrhunderts sich nur außerhalb der Theologie auswirken können, ist die Situation in England anders. Seit ca. 1640 hat der Aristotelismus innerhalb der Zunft der Wissenschaftler als Paradigma ebenso abgedankt wie innerhalb des Puritanismus, der sich bewusst der neuen Naturphilosophie zuwendet.[162] Cartesianismus und Platonismus gewinnen an Boden. Vor dem Hintergrund dieser allgemeinen geistesgeschichtlichen Entwicklung verwundert es nicht, dass in Newtons *Philosophia Naturalis Principia Mathematica* die Auseinandersetzung mit Aristoteles nahezu vollkommen fehlt und stattdessen die Auseinandersetzung mit Descartes dominiert. Dabei gehen Aspekte der Raumtheorien seines Lehrers Isaac Barrow und Henry Mores als konstitutive Elemente ein. Isaac Newton ist

---

[161] Fierz, M., 1954, 62.

[162] Die Gründungsväter der Royal Society, unter ihnen der Bischof Wilkins, verschreiben sich einer natürlichen Theologie auf experimenteller Grundlage. Unter ihren Gründungsmitgliedern dominieren die Puritaner, Dillenberger, J., 1960, 111; im Vorwort zur zweiten Auflage von Newtons Principia kommt Roger Cotes zu einer vernichtenden Beurteilung der aristotelischen Philosophie. „Es gab nämlich Leute, die den einzelnen Arten der Dinge arteigene und verborgene Eigenschaften zuschrieben und wollten, dass davon wieder die Verhaltensweisen der einzelnen Körper abhingen, auf eine unbekannte Art und Weise. Darauf beruht das gesamte System der Scholastischen Lehre, die von Aristoteles und den Peripatetikern hergeleitet ist. Sie behaupten, dass die jeweiligen Wirkungen aus dem jeweiligen Wesen der Körper entstehen; aber woher jenes Wesen kommt, sagen sie nicht; also sagen sie überhaupt nichts. Und da sie sich ausschließlich mit den Bezeichnungen der Dinge befassen und nicht mit den Dingen selbst, so kann man das Urteil fällen, dass sie eine weitere philosophische Redeweise dazuerfunden, nicht aber, dass sie Philosophie gelehrt haben", Newton, I., 1988, 13.

Henry More in seiner Jugend begegnet,[163] vor allem aber werden ihm Mores Ideen durch seinen Lehrer Isaac Barrow vermittelt, der in seinen mathematischen Vorlesungen den Raum mit Gottes Allgegenwart und die Zeit als Gottes Ewigkeit bezeichnet.[164] Auch von Patrizzi, Gassendi und Campanella ist Newton beeinflusst.[165] Aus dieser Situation heraus wird klar, dass Newtons Raumlehre einen physikalisch-mathematischen und einen metaphysisch-religiösen Aspekt hat, beide sind jedoch aufeinander bezogen.

Der physikalische Teil der newtonschen Raumlehre ist von der Unterscheidung zwischen absolutem und relativem Raum geprägt,[166] ebenso von der Unterscheidung wahr und scheinbar sowie mathematisch und gewöhnlich. Der relative Raum ist der den Sinnen zugängliche, in ihm spielen sich die relativen Bewegungen ab.[167] Dieser Raum ist dreidimensional, unendlich, homogen und isotrop. In ihm gibt es keine aristotelischen natürlichen Örter.[168] Er ist auch unabhängig von Materie, vielmehr ist er seinerseits das die Materie Umfassende. Allerdings ist er nicht ganz leer, sondern von einem Spiritus erfüllt, den Isaac Newton einzuführen für notwendig hielt, um als vermittelndes Agens für die Schwerkraft zu dienen.[169] Denn Newton war der Ansicht, dass die Wirkung der Schwerkraft über den leeren Raum nicht möglich ist, Fernwirkungen lehnte er ab.

Isaac Newton war jedoch aufgrund von physikalischen Überlegungen und religiös metaphysischen Überzeugungen der Ansicht, dass dieser relative Raum für eine vollständige Physik nicht ausreicht. Er postulierte daher noch einen absoluten Raum. Aus seiner Raumdefinition und ihrer Erläuterung geht hervor, dass man, um die Existenz des absoluten Raumes einzusehen, „von den Sinnen abstrahieren muss",[170] d. h. er ist der unmittelbaren sinnlichen Erfahrung nicht zugänglich, gleichwohl physikalisch not-

---

[163] Jammer, M., 1960, 119.

[164] „In seiner Geometrie ist der Raum der Ausdruck für die göttliche Allgegenwart, sowie die Zeit der Ausdruck für die Ewigkeit Gottes ist", Jammer, M., 1960, 119 f; eine Zusammenfassung der Theorien von Raum und Zeit in der ersten Hälfte des 17. Jahrhunderts in England, vgl. Baker, J. T., 1930.

[165] Jammer, M., 1960, 118.

[166] „Der absolute Raum, der aufgrund seiner Natur ohne Beziehung zu irgendetwas außer ihm existiert, bleibt sich immer gleich und unbeweglich. Der relative Raum ist dessen Maß oder ein beliebiger veränderlicher Ausschnitt daraus, welcher von unseren Sinnen durch seine Lage in Beziehung auf Körper bestimmt wird, mit dem gemeinhin anstelle des unbeweglichen Raumes gearbeitet wird", Newton, I., 1988, 44.

[167] Weitere Literatur zum absoluten und relativen Raum, vgl. Toulmin, S., 1959.

[168] Schon William Gilbert hatte um 1600 diese Lehre abgelehnt, Newton war ihm darin gefolgt. „Sed non locus in natura quicquam potest: locus nihil est, non existit, vim non habet; potestas omnis in corporibus ipsis. Non enim Luna movetur, nec Mercurii, aut Veneris stella, propter locum aliquem in mundo, nec stellae fixae manent propter locum", Jammer, 1960, 97.

[169] Gosztonyi, A., 1976, 340 f.

[170] Newton, I., 1988, 47.

wendig.[171] Nach der Veröffentlichung der ersten Auflage seiner *Principia* im Jahre 1687 hat Isaac Newton allerdings erst in der zweiten Auflage im Jahre 1713, sowie der dritten im Jahre 1723 und in den *Opticks* sein metaphysisch-religiöses Verständnis des Raumes entwickelt.[172] Dies mag damit zusammenhängen, dass Newton erst in seiner zweiten Lebenshälfte sich mit religiösen Themen verstärkt auseinandergesetzt hat,[173] aber auch damit, dass er, durch seinen Herausgeber Roger Cotes bedrängt, eine atheistische Interpretation seines Werkes – wie es René Descartes widerfuhr – verhindern wollte.[174] Im Scholium Generale der zweiten Auflage bringt Newton den Raum mit den Attributen Gottes in Verbindung, d. h. anders als bei Henry More und seinem Lehrer Isaac Barrow ist der Raum selbst nicht göttlich, aber er teilt mit Gott das göttliche Attribute der Unendlichkeit.[175] Er untermauert diese Auffassung des Raumes mit biblischen Zitaten.[176] In den *Opticks*, insbesondere in der bekannten Query 28, gebraucht Newton die vieldiskutierte und vielfach interpretierte Formulierung, dass der Raum ein „Sensorium" Gottes sei.[177] Im Briefwechsel mit Leibniz lässt Newton

---

[171] Das Wirken von Kräften bei beschleunigten Bewegungen, wozu auch Rotation und Kreisbewegungen gehören, die Zentrifugalkräfte erzeugen, deutet nach Newton auf die Existenz dieses absoluten Raumes hin. Insbesondere ist die Abplattung der Erde an den Polen aufgrund der Rotation nach Newton ein Argument für die Existenz des absoluten Raumes, ebenso das berühmte Eimerexperiment (Jammer, M., 1960, 114). Die Postulierung des absoluten Raumes zieht auch die theoretische Möglichkeit einer absoluten Bewegung nach sich. Sie sollte gemäß Newtons Überzeugung auf den unbewegten Weltmittelpunkt innerhalb des absoluten Raumes bezogen werden. Allerdings war für Newton unklar, wo sich dieser absolute Weltmittelpunkt befinden sollte, da sowohl die Erde wie auch die Sonne wegen ihrer Bewegung ausschieden (Jammer, M., 1960, 109f; Gosztonyi, 1976, 337). Die Idee des absoluten Raumes ist seit Beginn umstritten gewesen, die physikalischen Argumente für seine Existenz nicht überzeugend. Allerdings hat er wissenschaftsgeschichtlich eine sehr produktive Rolle gespielt, da er dazu stimulierte, die absolute Bewegung tatsächlich experimentell zu bestimmen. Da diese Versuche im 19. Jahrhundert (Michelson, Morley) scheiterten, hat dieses Konzept dazu beigetragen, dass die spezielle Relativitätstheorie entstehen konnte. Die wesentlichen Motive zur Postulierung des absoluten Raumes sind daher bei Newton auch metaphysisch religiös gewesen.

[172] Newton, I., 1988, VII.

[173] Jammer, M., 1960, 120.

[174] Jammer, M., 1960, 120.

[175] „Die Herrschaft eines spirituellen Seins ist es, was Gott ausmacht. […]. Er ist ewig und unendlich, allmächtig und allwissend, das heißt, er währt von Ewigkeit zu Ewigkeit und ist da von Unendlichkeit zu Unendlichkeit; er lenkt alles und er erkennt alles, was geschieht oder geschehen kann. Er ist nicht ‚die Ewigkeit' und ‚die Unendlichkeit' sondern er selber ist ewig und unendlich; er ist nicht ‚die Zeit' und ‚der Raum' sondern er selber währt und ist da. Er währt immer und ist allgegenwärtig; und dadurch, dass er immer und überall ist, bringt er die Zeit und den Raum zum Sein", Newton, I., 1988, 227; vgl. auch Jammer, M., 1960, 121.

[176] Act XVII, 27, 28; Joh XIV, 2; Deut IV, 39 & X, 14; Ps 139, 7, 8, 9; I Kön VIII, 27; Hiob XXII, 12–14; Jer XXIII, 23, 24; ebenso nennt er Cicero, Thales, Anaxagoras und Virgil; Newton, I., 1988, 228.

[177] „[…] does it not appear from Phænomena that there is a Being incorporeal, living, intelligent, omnipresent, who in infinite Space, as it were in his Sensory, sees the things themselves

durch Samuel Clarke klarstellen, dass damit nur ein Vergleich im Hinblick auf die Sinne des Menschen gemeint ist.[178]

Erst in Isaac Newtons Raumlehre kommt die Überwindung aller Aspekte der aristotelischen Raumlehre zum Abschluss. Diese Aspekte seien hier noch einmal zusammenfassend genannt. Die Lehre vom natürlichen Ort bei Aristoteles ist vollkommen aufgegeben. Dies folgt unmittelbar aus dem Trägheitsgesetz. Während bei Aristoteles die Körper eine natürliche Tendenz zur Ruhe haben und ihren natürlichen Örtern zustreben, haben sie bei Newton eine natürliche Tendenz, ihren Bewegungszustand beizubehalten.[179] Die aristotelische Raumdefinition, Raum als 2-dimensionale Grenze eines Körpers im Kontext des Substanz-Akzidenz Schemas zu verstehen, ist vollkommen überwunden zugunsten eines materieunabhängigen, gleichwohl begeisteten 3-dimensionalen Raumbegriffs. Die Endlichkeit des Kosmos mit der äußersten Sphäre als räumlicher Grenze ist zugunsten des unendlichen, grenzenlosen dreidimensionalen, leeren Raumes aufgebrochen. Die Unterscheidung von sublunarem und supralunarem Raum fällt weg. An ihre Stelle tritt der einheitliche, universelle homogene Raum.

Erst mit dieser Struktur des Raumes sind die Voraussetzungen dafür geschaffen, dass Bewegung in allen ihren Formen, beschleunigt, unbeschleunigt, lineare Bewegung und Rotationsbewegung, wissenschaftlich, d.h. auch mathematisch ausgedrückt werden kann.

Am *Anfang* der Kritik am aristotelischen Raumbegriff standen mit dem Signal von 1277 theologisch-metaphysische Motive. Der Allmacht Gottes sollten keine Grenzen gesetzt werden. Diese Initialzündung der Aristoteleskritik führte in unterschiedlichen Bereichen zu dem geschilderten, Jahrhunderte währenden geistesgeschichtlichen Prozess der vollständigen Destruktion des aristotelischen Raumbegriffs im Kontext naturwissenschaftlicher Konzepte. Dabei spielten theologische Motive unterschiedlicher Art, Cusanus' und Brunos Unendlichkeitsspekulationen, der Allmachtsgedanke von 1277, und inneraristotelische Schwierigkeiten, die Crescas und Kopernikus aufdeckten ebenso eine Rolle wie die italienischen neoplatonischen Renaissancephilosophen um Campanella, Telesio und vor allem Patrizzi.

Am *Ende* der Kritik an Aristoteles stehen in Newtons Raumkonzeption wieder metaphysisch-theologische Motive. Aber ihre Funktion hat sich grundlegend gewandelt. Sie dienen nun nicht mehr der Aufsprengung der Grenzen eines metaphysischen Systems, sondern umgekehrt der metaphy-

---

initmately, and throughly perceives them, and comprehends them wholly by their immediate presence to himself", (Query 28), Newton, I., 1952, 370, ebenso Query 31, 403.

[178] Gosztonyi, A., 1976, 339.

[179] Das Trägheitsgesetz ist das erste der drei Newtonschen Gesetze. „Jeder Körper verharrt in seinem Zustand der Ruhe oder der gleichförmig-geradlinigen Bewegung, sofern er nicht durch eingedrückte Kräfte zur Änderung seines Zustands gezwungen wird", Newton, I., 1988, 53.

sischen Legitimation einer neuen Naturphilosophie, die auf der Grundlage
einer Konzentration auf die philosophische Leitkategorie der Quantität
aufruht, in der – im Gegensatz zu Aristoteles – die Mathematik zum beherrschenden intellektuellen Instrumentarium wird. In diesem Kontext der
metaphysischen Legitimation ist auch Newtons Verständnis der Naturgesetze, die die Bewegung steuern, zu sehen. Dies soll später noch einmal genauer ausgeführt werden. Zunächst wird der analoge Homogenisierungsprozess im Hinblick auf den Zeitbegriff dargestellt.

### 2.2 Die Homogenisierung der Zeit

Analog zur Kritik an der aristotelischen Raumvorstellung, die auf die Trennung des Raumbegriffs vom Körperbegriff hinausläuft, hat parallel dazu
eine Kritik am aristotelischen Zeitbegriff stattgefunden, die auf die Trennung des Zeitbegriffs vom Bewegungsbegriff hinauslief, so dass nunmehr
ein quantifizierbarer Zeitbegriff entstehen konnte. Auch diese Entwicklung sei noch einmal kurz skizziert. Dabei sind drei Stränge – in völliger
Analogie zur Destruktion des aristotelischen Raumbegriffs – der Kritik zu
unterscheiden. Der erste Strang ist theologisch orientiert und basiert auf
den im Spätmittelalter aufkommenden eschatologisch-apokalyptisch-chili-
astischen Bewegungen, die einen neuen, an der Zukunft orientierten Zeitbegriff hervorbrachten, der seinerseits die Frage der Berechenbarkeit der
Endzeit implizierte, so dass die Notwendigkeit eines quantifizierenden
Zeitkonzepts entstand.[180] Dieser Strang sei hier nur angedeutet und kann

---

[180] Dies ist in Kürze die These von Johannes Fried in seinem Buch *Aufstieg aus dem Untergang*. Dieser These kann hier nicht mit der gebotenen Differenziertheit nachgegangen werden,
da hierzu eine detaillierte Untersuchung des Zusammenhangs zwischen Kosmologie und Eschatologie notwendig wäre, die hier nicht durchgeführt werden kann. Inwieweit apokalypti-
sche Erwartungen tatsächlich in der Praxis die Entwicklung eines entsprechenden Zeitkonzepts
beeinflusst haben, einschließlich der technisch exakteren Zeitmessung, müsste ebenfalls im Detail geklärt werden. Indessen liegt der ideengeschichtliche Zusammenhang zwischen Apokalyptik und Zeichendeutung auf der Hand und kann auch bei einzelnen mittelalterlichen Autoren nachgewiesen werden. So schreibt Johannes Fried über Roger Bacon: „Das dringlichste Ziel
dieser Kunst aber hieß für Bacon und keineswegs bloß für ihn: Klarheit über den Weltfahrplan,
die Ankunft des Antichristen. Der Weg dahin war das Studium des Himmels, der Mathematik
und der Offenbarungsschriften. Er dehnte sich weit und war mühsam zu gehen. Es bedurfte des
ganzen ungeheueren Aufschwungs in der Beobachtung und mathematischer Deutung astronomischer Phänomene bis hin zur Gesetzhaftigkeit, wie er sich tatsächlich seit dem Hochmittel-
alter abzuzeichnen begann. Aber dieser Weg wurde trotz aller Hemmnisse beharrlich verfolgt",
Fried, J., 2001, 129 ff. Die Hochschätzung der Apokalyptik im 13. und 14. Jahrhundert kann
allerdings leicht durch die elf noch existierenden franziskanischen Kommentare zur Apokalyptik aus dieser Zeit verifiziert werden, Burr, D., 1990, 116 f. Sollte Frieds These stimmen, müsste sich in diesen Kommentaren ein Zusammenhang zwischen Apokalyptik und Kosmologie
nachweisen lassen. Ein solcher Zusammenhang kann allerdings nur dann existieren, wenn ein
deterministisches Weltbild, eine prädestinatorische Anthropologie und Theologie, sowie eine
allegorisch-symbolistische biblische Hermeneutik vorliegt. Alle diese Voraussetzungen treffen

im Rahmen dieser Arbeit in seinen historischen Verästelungen im Hinblick auf unseren Fragekontext nicht weiter verfolgt werden. Der zweite Strang ist philosophisch orientiert und mit dem Neuplatonismus der Renaissance verknüpft. Der dritte Strang entwickelt sich aus der Schwierigkeit, die innerphilosophischen Struktur der aristotelischen Zeitdefinition mit der fortschreitenden astronomischen Forschung als Anwendungsfall in Einklang zu bringen, was zunehmend schwierig und schließlich unmöglich wird. Wir beginnen mit dem zweiten, dem philosophischen Strang. In der aristotelischen Zeitdefinition waren Zeit und Bewegung miteinander verknüpft und die Entstehung der Zeit außerdem von der Rotation der äußersten Sphäre abhängig.[181] Zwar hat bereits Strato von Lampsakos[182] (Schulhaupt von 287–269 v. Chr.), der zweite Nachfolger von Aristoteles in der peripatetischen Schule, die Bewegungsunabhängigkeit der Zeit behauptet, in ihr sogar recht modern eine kontinuierliche Quantität gesehen,[183] ebenso Epikur,[184] doch blieb die aristotelische Sichtweise bis weit ins späte Mittelalter vorherrschend. Noch Nikolaus Kopernikus und Francisco de Suárez halten beide an der aristotelischen Zeitdefinition einschließlich der Erzeugung der Zeit durch die äußerste Sphäre fest.[185] Doch bereits Nikolaus von

---

für Ockhams Werk nicht zu. Dem deterministischen Weltbild widerspricht die *potentia dei absoluta,* der prädestinatorischen Anthropologie widerspricht Ockhams emphatischer Freiheitsbegriff. Analoges gilt für sein Gottesbild. Auch ein symbolistisch, allegorisches Schriftverständnis ist bei ihm nicht nachweisbar, vielmehr ist es am historischen und Literalsinn orientiert, vgl. Leppin, V., 1995, 204–209. Ferner ist Ockhams Eschatologie mehr an der Heilsfrage des Einzelnen interessiert, als an kosmischen Dimensionen, vgl., Leppin, V., 2002, 705–717; Mensching, G., 2002, 465–477. Dies schließt aber nicht aus, dass ein solcher Zusammenhang zwischen Apokalyptik und Kosmologie in anderen franziskanisch-heterodoxren Strömungen des 13. und 14. Jahrhunderts existiert haben kann. Sicher hingegen lässt sich sagen, dass die Notwendigkeit der exakten Kalenderberechnung für die Bestimmung des Ostertermins, wie auch die Einteilung des Tagesablaufs der Mönche in die exakten Zeiten der Stundengebete, die Idee eines quantifizierenden Zeitkonzepts befördert haben, North, J., 2005, 58–67.

[181] „ὅταν δὲ τὸ πρότερον καὶ ὕστερον, τότε λέγομεν χρόνον· τοῦτο γὰρ ἐστιν ὁ χρόνος, ἀριθμὸς κινήσεως κατὰ τὸ πρότερον καὶ ὕστερον", Phys-A IV 11, 219b1 ff; Zur Generierung der Zeit durch die äußere Sphäre vgl. De Caelo, Buch II, 283b–284b.

[182] Ariotti, P. E., 1973A, 145; Samburski, S., 1962, 10 f.

[183] Ariotti, P. E., 1973A, 145.

[184] Ariotti, P. E., 1973A, 145.

[185] „[…] there is only one time and it is given in the movement of the heaven […] for this movement is the only one in which all the conditions required for measurement are given", schreibt Francisco de Suárez, Ariotti P. E., 1973A, 145; „the movements of the inferior celestial spheres are measured by means of the movement of the first mobile, and it is in the latter, talking in absolute terms, time is given […] even though time may receive from the movements proper to the sun and the moon…the division and numeration of the first mobile is the measure of all corporeal movements that take place below it", Ariotti, P. E., 1973B, 36. Auch Nikolaus Kopernikus hält an der klassischen aristotelischen Zeitdefinition noch fest, wie ein Brief an den deutschen Astronomen Johannes Werner zeigt: „If one ist still in doubt […] he should remember that time is the number or measure of the motion of heaven considered as ‚before‘ and ‚after‘. From this motion we derive the year, month, day and hour. But the measure and

Oresme trägt eine folgenschwere Unterscheidung in die Zeit ein, wenn er als erster von der *Dauer* der Zeit spricht und sie mit Gott in Verbindung bringt,[186] Francisco de Suárez nimmt diesen Gedanken der Dauer auf.[187] Das Abhängigkeitsgefühl gegenüber den immer noch als heilig und sakral geltendenden vollkommenen himmlischen Bewegungen und ihren Zeitmaßen schwindet zusehends, wie es bereits bei Ockham deutlich wurde. Neben der am aristotelischen Bewegungsbegriff sich bildenden Überzeugung von der Subjektivität der Zeit, ist es aber gerade ihre Bannung in einen mechanischen Ablauf, also in die Uhr, die der Subjektivierung der Zeit im 14. Jahrhundert ihre epochemachende Bedeutung verleiht. Denn in noch viel ausgeprägteren Ausmaß hatte bereits Augustinus die Subjektivität der Zeit erkannt. Aber seine radikale Analyse ist gerade nicht im 14. Jahrhundert prägend geworden, sondern die aristotelische, die einen Weltzugang, ja eine Weltbemächtigung, vom Ansatz her ermöglichte. Von Augustins Subjektivität der Zeit führt aber kein Weg mehr zur Weltbemächtigung im Hinblick auch auf die Zeit. Genau diesen Doppelbezug, die Verbindung von Subjekt und Objekt, weist die Uhr auf, deren Verbreitung im 14. Jahrhundert boomartig in Europa zunahm, parallel zur Expansion der Städte.[188] Ihre technische Vervollkommnung und Verbreitung ist bisher als Symbol der frühen Neuzeit, bzw. des ausgehenden Mittelalters noch immer zuwenig gewürdigt worden.[189] Einer der Meister dieser technischen Vervollkommnung der Uhr, Richard of Wallingford (1291–1336), konzipierte als

the measured being related, are mutually interchangeable", Ariotti, P.E., 1973B, 31 f; Ariotti, P.E., 1973A, 145.

[186] „And of necessity, the third type is without beginning or end and without succession, but is at once complete as a whole; and this is the duration of God", Ariotti, P.E. 1973A, 148; Menut, A.D., Denomy, A.J., 1963, 164 f; „[...] this is the duration of God, as the Scripture states: God the exalted and sublime, that inhibits eternity. And the Scripture speaks thus of God Himself: For with Him there is no shadow of mutability. God is without past or future, completely in the present: Because neither any moments of past time is lost nor any anticipation of the future", Ariotti, P.E., 1973A, 148; Menut, A.D., Denomy, A.J., 1968, 164 f.

[187] „It must be said, in effect, that time is not really distinguishable from movement except by reason [... for] duration in reality is not distinguishable form that being of which it is the duration. New time is the duration of movement, hence it is not distinguishable form movement in reality, but only conceptually", Ariotti, P.E., 1973B, 35.

[188] Hier eine kurze Aufzählung der wichtigsten Stationen der Verbreitung der Uhr in Europa: Mailand 1309, die Kathedrale von Beauvais 1324, Cluny 1340, Padua 1344, Straßburger Münster 1350, Genua 1353, Bologna 1356, Ferrara 1362, Cippola, C.M., 1997, 40–43; Wendorff, R., 1985, 135 ff.

[189] „Freilich, eins ist sonderbar. Im Imbroglio der Stimmen, die einander die Legitimität ihres Anspruchs streitig machen, bleibt ein Datum stets ungenannt: Die Mechanische Uhr. Es ist umso sonderbarer, als die Mechanische Uhr tatsächlich, in einem überaus präzisen, greifbaren Sinn den Beginn einer Neuen Zeit verheißt, stellt sie doch nichts geringeres dar als eine Revolution der Zeit, die das zuvor so ungenaue, flüssige Zeitmaß ins Innere eines Räderwerks überführt und die sich damit eines jeglichen Angewiesenseins auf die natürlichen Elemente, auf Sonne, Wasser und Sand, ja selbst auf den Sternenhimmel entledigt", Burckhardt, M., 1997, 42.

Abt von St. Albans in der Nähe Londons eine höchst komplizierte Uhr, die auch die Bewegungen der Planeten und der Sonne darstellen konnte. Zuvor war er in Oxford, wo er vielleicht Ockham getroffen hat.[190] Die Uhr ist zugleich das erste Beispiel für das Symbol der beginnenden Neuzeit schlechthin: Die Maschine. Die maschinelle Zeit leistet zweierlei. Zum einen löst sie den Menschen von den natürlichen Zeitrhythmen der Natur, entkleidet sie so auch ihrer naturhaften Qualität, zum anderen macht sie die Zeit zu einem homogenen Kontinuum. Mit diesen beiden neuen Merkmalen fällt nunmehr auch die Zeit unter die philosophische Leitkategorie des 14. Jahrhunderts, unter die Kategorie der Quantität. Das besondere der anthropologischen Zeitdiskussion des 14. Jahrhunderts besteht darin, dass ihr die Subjektivierung der Zeit gelingt, zugleich aber ihre Objektivierung unter der Kategorie der Quantität, wodurch zugleich ihre objektive Verwendbarkeit sichergestellt ist. Vor diesem Hintergrund ist dann auch die völlige Trennung von Zeit und Bewegung im Interesse der Quantifizierbarkeit der Zeit im folgenden Jahrhundert plausibel. Der erste wirkliche Kritiker der aristotelischen Zeittheorie ist Bernardino Telesio (1509–1588), der in seinem Werk *De Rerum Natura Juxta Propria Principia* die Unabhängigkeit von Zeit und Bewegung postuliert.[191] Auch Petrus Ramus (1515–1572) bestreitet den Zusammenhang von Zeit und Bewegung und postuliert ihre Unabhängigkeit, indem er zwischen Zeit und der Messung der Zeit unterscheidet.[192] Auch für ihn gilt, wie schon für Nikolaus von Oresme, dass das Charakteristikum der Zeit ihre Dauer ist, die durch Instrumente gemessen werden kann.[193] Dieser praktisch-mechanische Umgang mit der Zeit wird zum ersten Mal im Werk von Galileo Galilei deutlich, der raum-zeitliche Diagramme verwendet, um Bewegungen in Abhängigkeit von der Zeit dar-

---

[190] „After lecturing at Oxford, Richard left home to become Abbot of St Albans, where he built a vast and intricate astronomical clock, the first mechanical clock of which we have any detailed knowledge, and far surpassing most others for the next two centuries", North, J., 2000, 33; „Ockham had overlapped in time at Oxford with Richard of Wallingford during his period of theological study, and it is very likely that they were at that stage at least aware of one another's existence", North, J., 2005, 83. Auch waren Ockham und Richard of Wallingford gleichzeitig in Avingnon, Richard wegen der Bestätigung seiner Wahl zum Bischof durch den Papst Johannes XXII., Ockham wegen Häresieverdacht, wo sie sich getroffen haben könnten, North, J., 2005, 83.

[191] „Just because we never apprehend time apart from motion, or motion apart from time, but always both together, Aristotle was not justified in declaring time to be a certain condition or affection belonging to motion [...]. Since time in no wise depends upon motion, but exists by itself, all the conditions it possesses it derives from itself, and not from motion", Ariotti, P. E., 1973A, 148; Telesio, B., 1565, Kap. 29.

[192] „And if all the chimes were silenced, if all motions, if all shadows would cease, not on this account would there be no time, but the measure of time would cease [...]", Ariotti, P. E., 1973A, 149.

[193] „And it is certainly thus that the geometers, like Archimedes, understand time in their discussion, not as the celestial motion, but as duration", Ariotti, P. E., 1973A, 150.

zustellen. Galileo Galilei hat sich theoretisch nicht mit der Zeit beschäftigt, aber seine Diagramme setzen die Unabhängigkeit der Zeit und damit ihre Quantifizierbarkeit, auf die die Aristoteleskritik hinausläuft, bereits voraus.[194] Galileis Zeitgenosse René Descartes kann nicht als Zeuge der Homogenisierung der Zeit, bzw. der Aufspaltung von Zeit und Bewegung, angesehen werden, da bei ihm im Zusammenhang der Zentrierung der gesamten Philosophie um das denkende Ich der Zeitaspekt der Bewegung – Ockham nicht unähnlich – zu einem Moment des Bewusstseins wird.[195] Dagegen hat der Arzt, Alchemist und Philosoph Jean Baptiste van Helmont (1579–1644), von der Inquisition verfolgt und angeklagt, in seinem Buch *De Tempore,* posthum 1648 publiziert,[196] einen Beitrag zur Zeittheorie geleistet, in dem er sowohl die Generierung der Zeit durch die äußerste Sphäre bestreitet, als auch den Zusammenhang von Zeit und Bewegung.[197] Zeit wird auch ihm zur Dauer und damit zur messbaren Quantität.[198] Allerdings spricht er sich überraschenderweise gegen die Mathematisierung der Zeit aus.[199] Wichtig für die weitere Entwicklung des Zeitbegriffs ist Jean Baptiste van Helmont auch insofern, als seine Werke in England im 17. Jahrhundert durch die Werke Walter Charletons[200] und die Übersetzungen durch John Chandler ab 1652 zur Verfügung standen, so dass sie wahrscheinlich die Cambridge Platonists beeinflusst haben, und damit auch Isaac Barrow und Isaac Newton.[201] Vor allem gilt dies auch für den Aspekt der Dauer der Zeit, der seit Jean Baptiste van Helmont zunehmend in den Vordergrund tritt und dann auch bei Barrow und Newton eine große Rolle

---

[194] Zu den Diagrammen Galileis, vgl. Ariotti, 1973A, 151.

[195] „Ich erfasse die stetige Dauer [duratio successiva] von Dingen, die sich bewegen, oder auch der Bewegung selbst nicht anders als die der unbewegten Dinge. Das ‚früher' und ‚später' einer beliebigen Zeiterstreckung wird mir nämlich nur durch das ‚früher' und ‚später' jener sukzessiven Dauer bekannt, die ich in meinem Bewusstsein [cogitatio] entdecke, das von den äußeren Dingen [res aliae] ‚begleitet' wird", Brief an Arnauld, 29. Juli 1648, AT V, 223; Christian Link urteilt über die descartsche Zeitphilosophie, dass er sie sowohl in den *Meditationes* wie auch in den *Regulae* vollständig an das Bewusstsein gebunden habe, Link, C., 1978, 223–233.

[196] Ariotti, P.E., 1973A, 152.

[197] Ariotti, P.E., „The author maintains that, even if there is no body or motion, still time, locality, relations in position, and distance remain the same as they are now. Imagine, outside heaven, an infinite locality, devoid of all body and motion, […] in a similar way I hold Time bound up with no locality, no body and finally no motion, but an entity separate from them, I therefore do not beg time from the circular movement of heaven, the first mobile", Ariotti, P.E., 1973A, 153.

[198] „Indeed, year, day, month and night are not time, but measuring units and accidents of what what happens in time. Thus, naturally, what to us is day, is night to another. Meanwhile, everywhere, time is the same, all over the world", Ariotti, P.E., 1973A, 153.

[199] Ariotti, P.E., 1973A, 155f.

[200] Sharp, L., 1973, 312, 322.

[201] Ariotti, P.E., 1973A, 152.

spielt.[202] Der Bischof und Mathematiker Pierre Gassendi (1592–1655) postuliert in seinem Werk *Exercitationes Paradoxicae Adversus Aristoteleos* von 1624 ebenfalls sehr deutlich seine Kritik an dem Zusammenhang von Zeit und Bewegung.[203] Daher verwundert es nicht, dass er mit seiner eigenen Zeitdefinition dem Konzept der absoluten Zeit Isaac Newtons sehr nahe kommt.[204] Wir wenden uns nun dem dritten Strang, der physikalisch-astronomischen Kritik an der aristotelischen Zeitdefinition zu. Die physikalisch-astronomische Kritik an Aristoteles' Zeitdefinition beruht auf der durch die kopernikanische Revolution zunehmende Schwierigkeit, eine reguläre und uniforme Bewegung von Himmelskörpern zu identifizieren, die als Maß für die Zeit gelten kann und die die Zeit hervorbringen kann. Hatten im aristotelischen System die um die Erde rotierenden Kristallsphären für die Messung und Erzeugung der Zeit gesorgt, so musste im System des Kopernikus an die Stelle der nunmehr stillstehenden Sphären eine andere reguläre und uniforme Bewegung treten. Dazu gab es zwei Möglichkeiten, nämlich die Eigenrotation der Erde und die Umläufe der Planeten. Dazu kam, dass durch die Entdeckung der supralunaren Verortung der Kometen durch Tycho Brahe, dem Keplers Lehrer Michael Maestlin schon vorgearbeitet hatte,[205] das ganze System der Kristallschalen, an deren konstanter Bewegung die aristotelische Zeitdefinition festgemacht war, unhaltbar geworden war,[206] damit auch die ganze aristotelische Unterscheidung von sublunar und supralunar. Aber die Eigenrotation der Erde erwies sich im weiteren Verlauf der Forschung und des Nachdenkens als eine nicht reguläre und uniforme Größe und damit für die Zeitmessung unbrauchbar.[207] Durch Keplers Entdeckung der ellipsoiden Form der Umlaufbahnen der Planeten, war auch diese Möglichkeit der Zeitmessung durch die Planeten-

---

[202] „[…] I […] have removed from Time all succession, for I first considered that when heaven stood still, no other time existed […] than exists now. I thus began to measure this duration apart from the succession of heavenly motion. […]. From that I soon learned that Duration which they call Time is a real Ens. […]. I have conceived of duration in time as something entirely divine and in this respect indistinguishable from eternity, yet distributed to things according to the measure allotted to each receiver […]", Ariotti, P.E., 1973A, 157.

[203] „He [i.e., Aristotle] does not show adequately that time is infinite and that it is continuous because it is movement or a mode of movement: *as if time could not exist without movement*", Ariotti, P.E., 1973A, 158.

[204] „[…] the fact that motion can accelerate or retard does not make the flow of time faster or slower. For *time has an invariable flow*, whether or not there be anything that moves, whether or not there be anything or nothing, it [i.e., time] *continues to flow without variation*", Ariotti, P.E., 1973A, 159; „I know only one time. This time one can call, I grant, ‚abstract' or consider it as much, in that it does not depend".

[205] „Once again, Maestlin is one of the very few observers to conclude, against Aristotle, that the comets are not in the sublunar sphere", Methuen, C., 1998, 174.

[206] Ariotti, P.E., 1973B, 40 f.

[207] Ariotti, P.E., 1973B, 37–40.

umläufe unmöglich geworden.[208] Es gab keine uniforme Bewegung der Planeten mehr. Infolge der kopernikanischen Revolution und ihrer Zerstörung
des aristotelischen Kristallhimmels als Ort der Generierung und der Messbarkeit der Zeit war die Möglichkeit nicht mehr vorhanden, die Zeit durch
himmlische Bewegung zu generieren und durch reguläre Himmelsbewegungen zu messen. Diese Implikationen wurden allerdings den Wissen-
schaftlern erst im Laufe der Jahrhunderte klar.[209] In dem Maße, in dem die
Möglichkeit abnahm, mit Hilfe natürlicher regulärer Bewegungen die Zeit
zu messen, wichen die Naturwissenschaftler immer mehr auf künstliche
reguläre Bewegungen, wie die Uhr oder das Pendel, aus.[210] Zur Zeit Isaac
Newtons bestanden also im Hinblick auf die Diskussion um die Natur der
Zeit zwei Probleme. Zum einen war der metaphysische Kontext der Generierung der Zeit durch den aristotelischen unbewegten Beweger – vermittelt durch die Bewegung der Kristallschalen – zerstört. Zum anderen war
durch die immer schwieriger zu bestimmenden regulären Himmelsbewegungen die exakte Messung der Zeit zum Problem geworden. Newtons
Zeitdefinition kann als eine Antwort auf diese beiden Problemkonstellationen, die theoretisch metaphysische, und die praktisch naturphilosophische verstanden werden. Die Zeitdefinition in seinen Principia ist völlig
symmetrisch zu der Raumdefinition aufgebaut und unterscheidet die absolute von der relativen Zeit.[211] Im Konzept der „absoluten, wirklichen und
mathematischen Zeit" ist die Verbindung zum aristotelischen Bewegungsbegriff vollständig aufgehoben. Zeit ist zu einer eigenständigen Größe geworden, die durch die Eigenschaft der Dauer gekennzeichnet ist. Damit
wird der Begriff der Dauer, der seit Nikolaus Oresme sich zwischen die
Bewegung und ihre Messbarkeit geschoben hatte, zum Hauptcharakteristi-
kum der absoluten Zeit. Die Dauer aber ist sehr viel deutlicher als die Bewegung der Quantifizierung zugänglich. Wie aber ist diese Quantifizierung
der Dauer der absoluten Zeit möglich? Hier greift wieder der aristotelische

---

[208] Ariotti, P. E., 1973B, 42, 44.
[209] Piero Ariotti urteilt: „By asserting that the planetary revolutions are ellipses and not cir-
cles, Kepler's first law denies the underpinning of the first type of reductionism [= Planeten-
bewegung]. By asserting that these motions are not uniform, the second law implies that they
cannot realize time. On the other hand, Kepler's, and Brahe's, contention that the rotation of
the Earth is not uniform implies the denial of reductionism of the second type [= Erdrotation].
Celestial reductionism of time as formulated by Aristotle and his followers has failed the test.
It is refuted and no londer tenable", Ariotti, P. E., 1973B, 43.
[210] Ariotti, P. E., 1973B, 49.
[211] „Die absolute, wirkliche und mathematische Zeit fließt in sich und in ihrer Natur gleichförmig, ohne Beziehung zu etwas außerhalb ihrer Liegenden, und man nennt sie mit einer anderen Bezeichnung ‚Dauer'. Die relative Zeit, die unmittelbar sinnlich wahrnehmbare und ladläu-
fig so genannte, ist ein beliebiges sinnlich wahrnehmbares und äußerliches Maß der Dauer, aus
der Bewegung gewonnen (sei es ein genaues, oder ungleichmäßiges), welches man gemeinhin
anstelle der wahren Zeit benützt, wie Stunde, Tag, Monat, Jahr", Newton, I., 1988, 44.

Grundgedanke der regulären Bewegung. Die relative Zeit nämlich ist das Maß der absoluten, insofern sie durch reguläre, periodische Bewegungen gekennzeichnet ist, also, wie Newton in seiner Definition sagt, durch Stunde, Tag, Monat und Jahr. Wir hatten aber bereits gesehen, dass es nach der kopernikanischen Revolution immer schwieriger wurde, diese Periodizität in der Natur aufzuspüren. Diese Schwierigkeit spricht Isaac Newton auch selbst direkt an, nachdem er in seiner Definition der absoluten und relativen Zeit die genannten Zeiträume (Tag, Monat, Jahr) als Maß der absoluten Zeit benannt hatte. Newton spekuliert, dass es in der Natur möglicherweise gar keine gleichförmige Bewegung als Maß der absoluten Zeit geben könne.[212] Erst durch die moderne Atomphysik konnten einwandfrei periodische Bewegungen als Maß der Zeit identifiziert werden. Neben dieser praktisch-astronomischen Zeitdefinition Newtons kann sie aber auch durch ihre metaphysische Erweiterung, wie er sie in seinem Scholium Generale vorgenommen hat, als Ersatz der zusammengebrochenen metaphysischen Generierung der Zeit bei Aristoteles verstanden werden. Es ist nämlich Gott selbst, der, wiederum analog und symmetrisch zum Raum, die Zeit hervorbringt. Und dies tut er nun völlig unvermittelt durch seine Allgegenwart ohne den dazwischengeschalteten Mechanismus der aristotelischen Sphären. Die absolute Zeit Newtons, in Gestalt ihrer bewegungsunabhängigen Dauer, wird demnach vom ständig präsenten Gott hervorgebracht und umfangen.[213]

## 2.3 Die Homogenisierung der Materie

Ausgangspunkt für die Entwicklung des modernen dynamischen Begriffs der Materie, d.h. der Masse, seit dem Mittelalter waren drei Materiekonzeptionen, die teilweise untereinander zusammenhängen. Für die geschichtliche Entwicklung hatten sie auch unterschiedlich große Bedeu-

---

[212] „Die absolute Zeit wird in der Astronomie von der relativen durch eine Verstetigung des landläufigen Zeitbegriffs unterschieden. Die natürlichen Tage, die man allgemein für passend hält, um damit die Zeit zu messen, sind nämlich ungleich. Diese Ungleichheit korrigieren die Astronomen, damit sie die Himmelsbewegungen aufgrund einer richtigeren Zeit messen können. Es ist möglich, dass es keine gleichförmige Bewegung gibt, durch die die Zeit genau gemessen werden kann. Alle Bewegungen können beschleunigt oder verzögert sein; aber der Fluss der absoluten Zeit kann sich nicht ändern", Newton, I., 1988, 46.

[213] „Er [= Gott] ist ewig und unendlich, allmächtig und allwissend, das heißt, er währt von Ewigkeit zu Ewigkeit und ist da von Unendlichkeit zu Unendlichkeit; er lenkt alles und er erkennt alles, was geschieht oder geschehen kann. Er ist nicht die ‚Ewigkeit' und ‚die Unendlichkeit', sondern er selber ist ewig und unendlich; er ist nicht ‚die Zeit' und ‚der Raum', sondern er selber währt und ist da. Er währt immer und ist allgegenwärtig; und dadurch, dass er immer und überall ist, bringt er die Zeit und den Raum zum Sein. Da jedes einzelne Teilchen des Raumes *immer* ist, und da jeder einzelne nicht mehr teilbare Augenblick der Zeit *überall* ist, so wird gewiss der Bildner und Herr aller Dinge nicht *niemals* oder *nirgends* sein", Newton, I., 1988, 227.

tung. Zunächst ist hier der empedokleische Materiebegriff zu nennen, der an sinnlichen Qualitäten orientiert ist, d. h. Erde, Wasser, Feuer, Luft. Er wurde von Aristoteles übernommen und war über ihn auch dem Mittelalter bekannt. Unmittelbar zusammmen hängt damit der zweite Begriff der Materie. Aristoteles unterscheidet nämlich streng zwischen sublunarer und supralunarer Materie. Erstere besteht aus den vier genannten Elementen, letztere aus dem fünften unzerstörbaren Element, der später so genannten „quinta essentia", die allein der supralunaren himmlischen Region angehört und Ausdruck des aristotelischen Dualismus von Himmlischem und Irdischem ist, der seine ganze Kosmologie durchzieht. Wichtig für unsere Fragestellung ist jedoch die aristotelische Bestimmung der Quantität der Materie innerhalb des Substanz-Akzidenz-Schemas. Für Aristoteles ist die Quantität der Materie ein Akzidenz der Substanz.

Wir werden uns bei der Darstellung der Herausbildung des dynamischen Materiebegriffs auf die Auseinandersetzung mit diesem aristotelischen Konzept beschränken. Die schrittweise Überwindung dieses letztgenannten aristotelischen Materiebegriffs erfolgt analog wie schon beim Konzept des Raumes und der Zeit aus naturphilosophischer, theologischer und physikalisch-astronomischer Richtung. Die naturphilosophische Diskussion wird im Mittelalter vor allem von den arabischen Gelehrten Avicenna und Averroës getragen. Sie rankt sich insbesondere um das Verständnis der Begriffe der Ausdehnung und der körperlichen Form und sei hier nur der Vollständigkeit halber genannt.[214] Sie hat keine unmittelbare Bedeutung für die Herausbildung des modernen dynamischen Massebegriffs. Wichtiger sind schon die theologischen Motive der Auseinandersetzung mit dem aristotelischen Quantitätsbegriff im Kontext des Substanz-Akzidenzschemas. Von den von Max Jammer genannten drei theologischen Motiven der Schöpfung, des Todes und der Transsubstantiation beschränken wir uns auf das letztere, da es das wichtigste ist.[215] Im Zusammenhang mit der Diskussion um das Verständnis der eucharistischen Wandlung im Rahmen des aristotelischen Substanz-Akzidenzschemas als philosophischer Deutekategorie war es bereits bei Thomas von Aquin zu einer Auflockerung der inneren Beziehung von Substanz und Akzidenz gekommen, d. h. das Akzidenz der Quantität der Materie löste sich zunehmend von seiner Verknüpfung mit der Substanz als Träger.[216] Eine gewisse Verselbständigung

---

[214] Näheres dazu vgl. Jammer, M., 1964, 38–41.

[215] Die schöpfungstheologische Auseinandersetzung hat einen Aspekt, der hier kurz benannt werden soll. Die mittelalterliche Theologie kannte nämlich schon eine Art Äquivalent zum modernen Konzept der Energie-Materieerhaltung. In einem mittelalterlichen Text heißt es: „Materia non est generabilis nec corruptibilis, quia omne quod generatur, generatur ex materia, et quod corrumpitur, corrumpitur in materiam. [...]. Creatura igitur materiam creare non potest", zitiert nach Jammer, M., 1964, 42.

[216] Jammer, M., 1964, 44 ff.

der Quantität ist also zu konstatieren. Im Kontext dieser Diskussion wird
im 13. Jahrhundert der Begriff der *quantitas materiae* durch Aegidius Romanus in der Diskussion bedeutsam.[217] Aegidius sucht mit diesem Begriff
einen neuen quantitativen Maßstab für den Materiebegriff, der verschieden
ist vom Volumen.[218] Im Nominalismus schließlich wird die Trennung der
Akzidenzien von der Substanz weiter vorangetrieben, Akzidenzien können nunmehr widerspruchslos ohne Substanz gedacht werden.[219] Bei Wilhelm von Ockham findet diese Tendenz ihren Höhepunkt, insofern er die
Differenz von Substanz und Akzidenz im Hinblick auf das Akzidenz der
Quantität aufhebt – wie wir bereits gesehen haben – und beide miteinander
identifiziert. Damit hat er einen entscheidenden Schritt zur wissenschaftlichen Handhabbarkeit des Materiebegriffs im Sinne des Übergangs vom
Erkennen zum Handeln getan. Die Möglichkeit der Quantifizierbarkeit
der Materie – legitimiert durch die Theologie – ist nämlich die Voraussetzung für die sich im 14. Jahrhundert unter der Ägide des Nominalismus
vollziehende wissenschaftliche Betrachtung der Bewegung. Damit sind
wir schon bei der physikalisch-astronomischen Betrachtungsweise des
Materiebegriffs, die sich mit der Emanzipation der Naturphilosophie von
der Theologie im 14. Jahrhundert vollzog. Die Kritik am Materiebegriff
kommt nämlich nun aus dem Kontext der physikalisch-naturphilosophisch
motivierten Analyse des Bewegungsbegriffs, d.h. auch der Materiebegriff
wird in den geistesgeschichtlichen Zusammenhang der Dynamisierung
der Natur einbezogen. Der wichtigste Vertreter in diesem Kontext ist Johannes Buridan. Er hat mit seinem Materieverständnis das aristotelische
Substanz-Akzidenzschema bereits verlassen und betrachtet Materie nur
noch unter dem dynamischen Aspekt der Bewegung. Genau dafür aber
verwendet er den bereits aus der theologischen Diskussion vorgeprägten
Begriff der *quantitas materiae* und verknüpft ihn in seiner Abhandlung
*Quaestiones super octo libros Physicorum* mit seiner bereits besprochenen
Impetustheorie.[220] Johannes Buridan kommt mit seiner Verknüpfung der
*quantitas materiae* mit der Dynamik dem modernen Begriff der Trägheit
schon sehr nahe.[221] Auch Nikolaus Oresme, Wilhelm von Alnwick und Albert von Sachsen folgen Buridan in dieser neuen Verortung des Begriffs der

---

[217] Jammer, M., 1964, 46 f.

[218] Jammer, M., 1964, 49.

[219] Jammer, M., 1964, 46.

[220] „Darum kann ein Körper, je mehr Materie er besitzt (*quanto plus de materia*), desto mehr
und desto intensiver an Impetus in sich aufnehmen", Jammer, M., 1964, 51; s.o.

[221] Max Jammer urteilt: „Die in einem Körper vorhandene Quantität der Materie bestimmt
nach Buridan und seiner Schule ganz generell den Widerstand, den ein physikalischer Gegenstand gegen eine bewegende Kraft ausübt. [...] Aber Impetus wurde noch nicht als Bewegungs-
größe und Widerstand nicht als Trägheit erfasst", Jammer, M., 1964, 52.

*quantitas materiae* in der Dynamik.[222] Der Gedanke des Widerstands gegen Bewegung kommt auch in Formulierungen wie *inclinatio ad quietem, inclinatio ad non moveri, inclinatio ad motum oppositum* dieser Autoren zum Ausdruck.[223] Diese Idee konnte jedoch physikalisch-naturphilosophisch nicht weiter entwickelt werden, da man sich die Bewegungen der Himmelskörper als durch Intelligenzen und Engel verursacht dachte. Es fehlte noch der Begriff der Kraft.

Bemerkenswerterweise fehlt ein dynamisches Verständnis der Materie bei Galilei fast völlig.[224] Erst Johannes Kepler entwickelt den Materiebegriff aufgrund seiner Entdeckung der Gesetze der Planetenbewegung in einem dynamischen Sinne weiter. Der Hintergrund ist die Entdeckung der ellipsoiden Form der Umlaufbahnen der Planeten. Dies führte zu dem Problem, ob diese Form der Bewegung als naturgemäß betrachtet werden konnte, da nach Aristoteles und Plato einzig die Kreisbewegung als ideale, vollkommene und natürliche Bewegung galt.[225] Daher versuchte Johannes Kepler eine dynamische Erklärung für diese Bewegung. Kepler entwickelte daher zur Erklärung der unvollkommenen Ellipsoidbewegung der Planeten den Begriff der Kraft, letztlich aus der mittelalterlichen Idee der Intelligenzen, die man sich als verantwortlich für die Bewegung der Planeten dachte.[226] Dies hatte wieder Rückwirkungen auf sein Verständnis der Masse. Denn nun wird ihm ganz im Sinne der Dynamik die Materie zu der Größe, die von einer wirkenden Kraft überwunden werden muss, damit ein Körper sich von einem Ort zum anderen bewegt.[227] Der nächste Gedankenfortschritt besteht darin, dass Kepler den Begriff der *quantitas materiae* mit der Idee der Trägheit verknüpft, so dass nunmehr die Quantität der Materie als Maß der Trägheit verstanden werden kann.[228]

Im Kontext seiner Planetentheorie präzisiert er dies.[229] Der Massenbegriff von René Descartes bringt keinen Fortschritt, da er Masse – wie wir

---

[222] Jammer, M., 1964, 52.

[223] Jammer, M., 1964, 60.

[224] Jammer, M., 1964, 53 f.

[225] Plato, Timaeus 40; Aristoteles, De Caelo, 268b15–21; 269a19 f; 270b32 f; Phys-A IV 14, 223b21–24; 241b20.

[226] Jammer, M., 1964, 55.

[227] „Wenn die Materie der Himmelskörper nicht mit Trägheit ausgestattet wäre, etwas der Schwere Ähnliches, so wäre keine Kraft für ihre Bewegung von Ort zu Ort erforderlich. Die kleinste bewegende Kraft würde genügen, ihr eine unendliche Geschwindigkeit zu verleihen. Da aber die Perioden der Planetenumdrehungen bestimmte Zeitintervalle haben und einige von ihnen länger, andere kürzer sind, ist es klar, dass die Materie Trägheit besitzen muss, die diese Unterschiede hervorruft", Jammer, M., 1964, 57 f.

[228] „Trägheit oder Widerstreben gegen Bewegung ist ein charakteristisches Kennzeichen der Materie. Sie ist umso stärker, je größer die Quantität der Materie in einem gegebenen Volumen ist", Jammer, M., 1964, 58.

[229] „Die Planetenkörper werden nicht als mathematische Punkte betrachtet, sondern sie sind offenbar materielle Körper, die mit etwas Schwere-ähnlichem ausgestattet sind, oder besser ei-

bereits im Abschnitt über die Homogenisierung des Raumes sahen – nicht als Problem der Dynamik diskutiert, sondern im Kontext des Problems der philosophischen Gewissheit. Die Gewissheit der Existenz der Materie ist ihm durch Gott verbürgt,[230] die Sicherheit ihrer Beschreibung durch die Klarheit und Distinktheit der Mathematik,[231] d. h. durch ihre räumliche Ausdehnung,[232] in der alle dem Zweifel unterworfenen sinnlichen Qualitäten ausgeschlossen sind und der Verstand das alleinige Sicherheit garantierende Erkenntnisorgan darstellt.[233]

Im Gegensatz zu Descartes formuliert Isaac Newton im Anschluss an einige Vorgänger einen rein dynamischen Begriff der Masse,[234] der sich in zwei Aspekte, den der trägen Masse und den der schweren Masse aufspaltet.[235] Dieser dynamische Aspekt wird zunächst nicht ganz deutlich, wenn Newton gleich zu Beginn seiner Principia die Materie durch Dichte und Volumen definiert.[236] In der anschließenden Erläuterung jedoch kommt der dynamische Aspekt der Masse – der schweren Masse – zum Vorschein und wird sogar in einem eigenen Theorem formuliert.[237] Im Unterschied

---

ner innewohnenden, sich gegen die Bewegung richtenden Widerstandsfähigkeit, die durch das Volumen des Körpers und die Dichte ihrer Materie bestimmt ist", Jammer, M., 1964, 59.

[230] Meditationes de Prima Philosophia, 6. Meditation, Nr. 10, „Wie könnte ich ihn [= Gott] noch für wahrhaftig halten, wenn sie einen [= die Vorstellungen] anderen Ursprung hätten als die körperlichen Dinge! Und folglich gibt es körperliche Dinge", Descartes, R., 1994, 193.

[231] Meditationes de Prima Philosophia, 6. Meditation, Nr. 1, „Es bleibt mir noch zu untersuchen übrig, ob es materielle Dinge gibt. Zum wenigsten weiß ich nun, daß sie, soweit sie Gegenstand der reinen Mathematik sind, existieren können, da ich diese klar und deutlich erfasse. Denn Gott ist ohne Zweifel imstande, alles das zu bewirken, was ich so klar aufzufassen imstande bin", Descartes, 1994, 177.

[232] In seiner zweiten Meditation der *Meditationes de Prima Philosophia* versucht Descartes am Beispiel eines Stücks Wachs die Natur der Materie zu ergründen und schreibt: „Aufgepasst! Wir bringen alles in Abzug, was nicht zu dem Stück Wachs gehört, und sehen zu, was übrig bleibt: Es ist lediglich etwas *Ausgedehntes* [extensum], Biegsames, Veränderliches", Descartes, 1994, 91. Zum Begriff der *Ausdehnung* als des entscheidenden Wesensmerkmals der Materie vgl., Jammer, M., 1963, 60; Röd, W., ³1995, 119–124; Bruchdahl, G., 1969, 90 ff.

[233] „Und siehe da, so bin ich schließlich ganz von selbst dahin gekommen, wohin ich wollte. Ich weiß jetzt dass die Körper nicht eigentlich von den Sinnen oder von der Einbildungskraft, sondern vom Verstand allein wahrgenommen werden, und zwar […] weil wir sie denken, […]", Meditationes de Prima Philosophia, 2. Meditation, Nr. 16, Descartes, R., 1994, 97.

[234] Newtons Terminologie ist hier nicht ganz einheitlich, mal spricht er von Materie, mal von Masse, mal schließt er sich der traditionellen Terminologie der *quantitas materiae* an.

[235] Es handelt sich bei diesen Vorgängern um Giovanni Alfonso Borelli (1608–1679), Giovanni Battista Baliani und Isaac Beeckmann (1588–1637), die Vorarbeiten zum Begriff der schweren Masse leisteten, vgl. Jammer, 1964, 64; Vorarbeiten zum Begriff der trägen Masse lieferte Christian Huygens über das Studium der Zentrifugalkräfte, vgl., Jammer, M., 1964, 64 ff.

[236] „Definition I: *Die Menge der Materie ist der Messwert derselben, der sich aus dem Produkt ihrer Dichte und ihres Volumens ergibt*", Newton, I., 1988, 37.

[237] „Die Materiemenge aber, von der hier die Rede ist, verstehe ich im folgenden jeweils unter den Begriffen Körper oder Masse. Sie ist feststellbar durch das Gewicht eines jeden Körpers", Newton, I., 1988, 37; später wird er dies im Kapitel *Über das Gefüge der Welt* als eigen-

zur schweren Masse ist unter der trägen Masse diejenige zu verstehen, die einer Bewegungsänderung Widerstand entgegen setzt, bzw. die für die Beibehaltung eines Bewegungszustandes bei Kräftefreiheit sorgt.[238] Damit hat Newton einen Begriff der Materie entwickelt, der vollständig an einer homogenen Quantität orientiert ist, die ihrerseits durch Bewegungsvorgänge definiert wird. Der qualitative, an sinnlichen Qualitäten orientierte Materiebegriff (Feuer, Luft, Wasser, Erde) ist ebenso überwunden wie der dualistische der veränderlichen sublunaren und unveränderlichen supralunaren Materie. Aus dem aristotelischen Akzidenz der quantitas ist über viele geschichtliche Zwischenstufen die Masse als Maß für Bewegungsänderung geworden, sei es durch Gewicht oder sei es durch Trägheit. Die Inhomogenität rein sinnlich verstandener Materiequalitäten, wie auch die Inhomogenität der dualistischen suplunaren und supralunaren Materie ist gänzlich in einem homogenen Materiebegriff aufgelöst, der seine Homogenität vollständig vom Bewegungsbegriff empfängt.

Es soll hier noch kurz auf die theologische Interpretation des Trägheitsprinzips durch Wolfhart Pannenberg eingegangen werden.[239] Nach Pannenberg ist das Trägheitsprinzip Ausdruck der prinzipiellen Leugnung der Kontingenz des Geschaffenen und daraus folgend die Leugnung der Notwendigkeit der göttlichen Präservatio,[240] die sich aus dem Zusammenspiel von geschöpflicher Freiheit und Abhängigkeit von Gott ergibt.[241] Von daher hat Pannenberg gegenüber dem – rein physikalischen – Trägheitsprinzip theologische Vorbehalte angemeldet, auch wenn er unter dem Gesichtspunkt der neuesten physikalischen Interpretation des Trägheitsprinzips dessen historischen Charakter betont und gleichzeitig die Philosophie als die eigentlich Dialogebene zwischen Naturwissenschaft und Theologie identifiziert. Aus der hier vorgelegen Arbeit ergibt sich eine völlig andere theologische Deutung des Trägheitsprinzips. Zunächst scheint auf rein physikalischer Ebene bei Pannenberg ein Missverständnis der Bedeutung

---

ständiges Theorem formulieren. „Proposition VII. Theorem VII. *Die Schwere kommt in allen Körpern zur Wirkung, und sie ist proportional der Materie in den einzelnen Körpern*", Newton, I., 1988, 189.

[238] „Definition III. *Die Materie eingepflanzte Kraft ist die Fähigkeit Widerstand zu leisten, durch die jeder Körper von sich aus in seinem Zustand der Ruhe oder in dem der gleichförmig-geradlinigen Bewegung verharrt*", Newton, I., 1988, 38; In der Erklärung dazu heißt es dann: „Durch die Trägheit der Materie wird bewirkt, dass jeder Körper sich nur schwer von seinem Zustand, sei es der Ruhe, sei es der Bewegung, aufstören lässt", Newton, I., 1988, 38.

[239] Vgl. Pannenbergs Äußerungen zum Trägheitsprinzip in Pannenberg, W., 1988, 3–21 und 1991, 66 ff, 69, 99, 101; zur Kritik an Pannenbergs theologischer Interpretation des Trägheitsprinzips, vgl. Russell, R. J., 1988, 23–43.

[240] „[…] any contemporary discussion regarding theology and science should first focus on the question of what modern science, and especially modern physics, can say about the contingency of the world as a whole and every part in it", Pannenberg, W., 1988, 9.

[241] Pannenberg, W., 1991, 67 f.

des Trägheitsprinzips vorzuliegen. Es bedeutet nicht Selbsterhaltung im Gegensatz zur Fremderhaltung durch Gott, es bedeutet auch nicht die Abwesenheit von Wechsel,[242] sondern es bedeutet, dass jeder Körper dem Wechsel seines Bewegungszustandes (Ruhe oder gleichförmig geradlinige Bewegung) einen Widerstand entgegensetzt. Dies hat mit den theologischen Kategorien der Selbsterhaltung oder Fremderhaltung zunächst gar nichts zu tun. Das physikalische Phänomen der Trägheit hingegen fügt sich bruchlos in die hier vorgestellte Interpretation des dynamisierten Welthandelns des Menschen. Denn erst vor dem Hintergrund des aktiv die Welt verändernden Menschen, der im Sinne des Umschwungs vom Erkennen zum Handeln sich die Welt unter der Kategorie der Quantität durch Aufbietung von Kraft dienstbar macht, wird auch der Widerstand gegen diese Veränderung erfahrbar. Genau dieser innerte Widerstand aber ist das Prinzip der Trägheit. Ohne dieses aktive Welthandeln des Menschen unter der Kategorie der Quantifizierbarkeit, die ihrerseits die Homogenisierung von Raum, Zeit und Materie voraussetzt, ist das Trägheitsprinzip gar nicht erkennbar. Daher wurde es, der Logik geschichtlicher Problemkonstellationen entsprechend, auch erst in der entstehenden Dynamik des 14. Jahrhunderts durch Buridan angedacht, aber erst in der ausgefeilten Dynamik Newtons im 17. Jahrhundert expressis verbis mit konzeptioneller Klarheit formuliert. Betrachtet man nun das Trägheitsprinzip im Duktus dieses Gedankengangs, dann bekommt es eine völlig andere theologische Bedeutung. Das Trägheitsprinzip ist dann nämlich ein empirisches Moment im Welthandeln des Menschen, eines neben vielen anderen, das keine besondere theologische Aufmerksamkeit beanspruchen kann, es ist lediglich ein Indikator der Widerständigkeit von Welt, die der Mensch erfährt, wenn er sich mit ihr erkennend-handelnd auseinandersetzt. Dieses Weltverhältnis des Menschen im Sinne der hier analysierten Dynamisierung scheint auch biblisch angemessener, denn eine kosmische Intervention Gottes im Sinne der von Pannenberg bemühten altlutherischen Konkursuslehre kann sich kaum auf biblische Zeugnisse stützen. Ein direktes Eingreifen Gottes in die Natur – sei es auch nur im Sinne der conservatio – im Sinne eines willkürlichen theistischen Interventionismus ist offensichtlich eine theologische Sackgasse. Dies heißt nicht, ein Handeln Gottes in der Natur theologisch auszuschließen, aber es muss anders gedacht werden.

---

[242] „[...] denn der Gedanke der Trägheit im Sinne von Descartes oder Newton abstrahiert von allem Wechsel", Pannenberg, W., 1991, 68.

## 3 Realisationsphase: Das Konzept des Naturgesetzes als Inbegriff der Dynamisierung der quantifizierten Welt

Es war das Ziel der drei letzten Abschnitte, über den Weg der Homogenisierung von Raum, Zeit und Materie zu zeigen, dass sich das entwickelnde menschliche Weltverhältnis seit dem Nominalismus des 14. Jahrhunderts einen begrifflichen Rahmen dieser drei Entitäten geschaffen hat, der sich ihrer Unterordnung unter den Leitbegriff der Quantität fügt. Dabei indizieren tendenziell die unterschiedlichen Motivationszusammenhänge bei der begrifflichen Klärung dieser drei Größen zugleich den postulierten Übergang vom Erkennen zum Handeln. Denn am Beginn der Diskussion über die Natur von Raum, Zeit und Materie standen immer die scholastischen Distinktionen theoretischen Erkennens innerhalb wichtiger theologischer Topoi. Der Raum wurde im Kontext der Allmacht Gottes, die Zeit innerhalb der Apokalyptik einerseits und bei Ockham im Kontext theologisch motivierter Erkenntnistheorie andererseits diskutiert. Die Diskussion um den Materiebegriff schließlich fand zunächst im Zusammenhang der eucharistischen Transsubstanziationsfrage statt. Indem aber, wie gezeigt werden konnte, im 14. Jahrhundert innerhalb der Anthropologie aufgrund der Höherwertung des Willens Handlungsaspekte eine stärkere Rolle spielen, wandern diese Diskussionen aus dem Bereich theologisch theoretischen Erkennens aus und finden zunächst ihren Ort in der sich von der Theologie emanzipierenden Naturphilosophie, um dann zum Schluss als physikalische Fachfragen zu enden, in denen Handlungsaspekte im Erkenntnisprozess, z. B. in Gestalt von Messungen oder in Gestalt erzwungener Bewegungen, eine stärkere Rolle spielen. Zum Schluss allerdings dieses langen geistesgeschichtlichen Prozesses stehen bei den Entitäten von Raum und Zeit wiederum – wie am Anfang – theologisch metaphysische Überlegungen, die aber nunmehr funktional gesehen nur der Abrundung und weltanschaulichen Sicherung der aufgebauten naturwissenschaftlichen Konzeption dienen – im deutlichen Kontrast zu ihrer kritischen Funktion zu Beginn dieses Prozesses.

Diese Homogenisierung von Raum, Zeit und Materie war erstens die Voraussetzung dafür, dass sie Gegenstand der Quantifizierung werden konnten, und zweitens dafür, dass das Konzept des Naturgesetzes erst im Kontext der Dynamik Isaac Newtons auch seine Durchschlagskraft entwickeln konnte. Denn die dynamischen Naturgesetze Newtons setzen alle Raum, Zeit und Materie als quantifizierbare Größen voraus. Diese Quantifizierbarkeit von Raum, Zeit und Materie war aber, wie wir sahen, das Ergebnis naturwissenschaftlicher und naturphilosophischer Begriffsklärung, die sich nur im Kontext des aufgezeigten neuen Weltverhältnisses einer Akzentuierung des Willens seit dem Nominalismus entwickeln konnte. Nun wird auch klar, warum der eigentliche Erfinder des Konzepts Naturgesetz, René

Descartes, ihm nicht zur wissenschaftlichen Durchschlagskraft verhelfen konnte. Denn seine Begriffe von Raum, Zeit und Materie sind keine unabhängigen Entitäten, fügen sich also nicht der Quantifizierung, der Raum ist ihm extensive Materie, umgekehrt ist Raum nur durch Ausdehnung definiert, nicht durch sein dynamisches Verhalten. Zeit ist ihm ein subjektives Phänomen. Da ihm diese drei Grundkategorien nicht als quantifizierbare Größen zur Verfügung standen, war er auch nicht in der Lage, die mathematisch exakten Bewegungsgesetze zu formulieren, eine Leistung, die erst Isaac Newton gelang. Aus den bisherigen Untersuchungen können wir daher die Schlussfolgerung ziehen, dass das Konzept des Naturgesetzes, wie es in der newtonschen Mechanik vorliegt, nur deswegen den Anfang der naturwissenschaftlichen Revolution des 17. Jahrhunderts markieren konnte, weil es zugleich am Ende des langen Prozesses der Klärung der Bedeutung von Raum, Zeit und Materie steht, der seinerseits auf den genannten anthropologischen Verschiebungen aufruht. Damit hat sich die am Ende der Forschungsgeschichte aufgestellte Vermutung bestätigt, dass das Konzept des Naturgesetzes als Indikator der Dynamik der Natur nur im Kontext der Anthropologie eines gewandelten menschlichen Weltverhältnisses entdeckt und verstanden werden kann. Es ist interessant zu sehen, dass sich in völliger Analogie zu den Entitäten von Raum und Zeit auch das Konzept des Naturgesetzes in Isaac Newtons *Philosophia Naturalis Principia Mathematica* in einen physikalisch handhabbaren Aspekt und einen metaphysisch deutenden Aspekt auseinanderlegt. In seiner eigentlichen Physik spricht Newton selbst eher von Gesetzen oder Axiomen. Diese bilden die apriorisch-axiomatische Grundlage seiner Bewegungslehre, der er sie daher auch voranstellt.[243] Aus diesen berühmten drei Grundgesetzen der Bewegung sind alle anderen konkreteren Bewegungsgesetze, wie das Fallgesetz und die Gesetze der Planetenbewegung deduzierbar.[244]

## 3.1 Das Konzept Naturgesetz im Rahmen der natürlichen Theologie

### 3.1.1 Naturgesetz und Dynamisierung der Natur
Neben diesen konkreten physikalischen Naturgesetzen oder Axiomen hat Newton aber in seiner *Philosophiae Naturalis Principia Mathematica* durch

---

[243] Unter dem Titel: „Axiome oder Gesetze der Bewegung" nennt Newton diese Gesetze und erläutert sie: „Gesetz I: *Jeder Körper verharrt in seinem Zustand der Ruhe oder der gleichförmig-geradlinigen Bewegung, sofern er nicht durch eingedrückte Kräfte zur Änderung seines Zustandes gezwungen wird*", [...], Gesetz II: *Die Bewegungsänderung ist der eingedrückten Bewegungskraft proportional und geschieht in der Richtung der geraden Linie, in jene Kraft eindrückt*", [...], Gesetz III: „*Der Einwirkung ist die Rückwirkung immer entgegengesetzt und gleich, oder: die Einwirkungen zweier Körper aufeinander sind immer gleich und wenden sich jeweils in die Gegenrichtung*", Newton, I., 1988, 53 f.
[244] Newton, I., 1988, 197, 230.

den Theologen Roger Cotes (1682–1716) in der zweiten Auflage von 1713 auch eine metaphysisch-theologische Deutung der Naturgesetze vorgelegt, die dieser als Herausgeber betreut hatte. Um diese Deutung recht würdigen zu können, muss man sie im Zusammenhang der theologischen Diskussion um das Verhältnis von Vernunft und Glaube sehen, die im 17. Jahrhundert besonders in England im Vergleich zur Diskussion im 13. und 14. Jahrhundert in einer neuen Problemkonstellation aufbricht. Dazu tragen fünf Faktoren bei. Während sie im 13. und 14. Jahrhundert bei Thomas von Aquin unter dem Eindruck der zu integrierenden Philosophie des Aristoteles und ihrem Rationalitätsstandard geführt wurde, im 14. Jahrhundert bei Ockham unter dem Gesichtspunkt des gewandelten Gottesbildes und des Ausschreitens der Erkenntnisbedingungen des Menschen, wird sie im 17. Jahrhundert in England vor dem Hintergrund erstens der erschütternden Erfahrungen der Religionskriege, zweitens der zunehmenden Kenntnis anderer Kulturen und ihrer Religionen, drittens der Entstehung heterodoxer theologischer Bewegungen, wie Deismus, Sozianismus, Hobbismus, Atheismus, Spinozismus, viertens der Diskussion mit Leibniz um den Gottesbegriff[245] und fünftens schließlich der vollständigen Diskreditierung der Philosophie des Aristoteles als Basis einer natürlichen Theologie geführt. Allerdings erreicht diese Diskussion nicht das argumentative Niveau, vor allem im Hinblick auf die Fähigkeiten und Grenzen der Vernunft, das es bereits im 13. und 14. Jahrhundert hatte. Die Theologen der natural theology stellen die transzendentale Frage nicht.[246] Im Umkreis von Newton sind als Naturwissenschaftler vor allem John Ray (1627–1705), Robert Boyle (1627–1691) und Robert Hooke (1635–1703), als Theologen Roger Cotes (1682–1716), Verfasser des Vorworts zur zweiten Auflage der Principia, Samuel Clarke (1675–1729), Newtons theologischer Berater im Briefwechsel mit Leibniz und Richard Bentley (1662–1742), theologischer Gesprächspartner Newtons beteiligt.[247] Als Forum für die Verteidigung der natürlichen Theologie

---

[245] In gewisser Weise kehrt damit die Diskussionslage zwischen Thomas und Ockham wieder, betont doch in Analogie zu Thomas die Weisheit Gottes, in Analogie zu Ockham Cotes und Newton den Willen Gottes. Durch das nunmehr allerdings geprägte Konzept des Naturgesetzes und den quantifizierenden Vernunftbegriff bekommt diese Diskussion eine neue Qualität.

[246] Dies zeigt sich z. B. in der Widmung des Briefwechsels zwischen Clarke und Leibniz an die Prinzessin von Wales. Clarke schreibt: „Das Christentum hat die Richtigkeit der natürlichen Religion zur Voraussetzung. Alles, was die natürliche Religion untergräbt, untergräbt folglich in noch viel stärkerem Masse das Christentum, und alles, was dazu führt, die natürliche Religion zu stärken, nützt dementsprechend den wahren Interessen der Christen. Darum ist die Physik, soweit sie die Religion berührt, von grundlegender Bedeutung, nämlich weil sie die Fragen hinsichtlich der Freiheit und des Fatums, hinsichtlich der Größe der Kräfte, der Materie und der Bewegung und hinsichtlich der Beweise von Gottes ständiger Herrschaft über die Welt auf der Grundlage von Naturerscheinungen zur Entscheidung bringt", Leibniz 1991, 14.

[247] Newton und die drei genannten Theologen sind allesamt Antitrinitarier.

und ihrer Verbindung mit neuesten wissenschaftlichen Einsichten dienten seit 1692 die *Boyle Lectures*, die Samuel Clarke beispielsweise 1704 und 1705 bestritt. Newton selbst war dem Anliegen der natürlichen Theologie sehr zugetan und verstand sein gesamtes wissenschaftliches Werk als eine Hinführung zum Schöpfergott,[248] allerdings unter anderen philosophischen Prämissen als denen des Aristoteles. Daher ist bereits der Titel seines Hauptwerks *Philosophiae Naturalis Principia Mathematica* Programm – in Abgrenzung zu Aristoteles, der die Anwendung der Mathematik auf die Natur abgelehnt hatte.[249] Roger Cotes unternimmt es nun in seiner Einleitung zur zweiten Auflage der Newtonschen Principia, das Konzept des Naturgesetzes in den Kontext der natürlichen Theologie zu integrieren. In Analogie zu Ockham vertritt er dabei ein voluntaristisches Gottesbild,[250] ohne allerdings wie Ockham nach den Erkenntnisbedingungen des Menschen zu fragen. Allerdings folgt wiederum in Analogie zu Ockham der menschliche Erkenntnismodus der Naturgesetze aus dem voluntaristischen Gottesbild, sie können nicht deduziert werden, sondern müssen empirisch erhoben werden, da der freie Ratschluss Gottes der menschlichen Vernunft nicht zugänglich ist.[251] Es führt also kein direkter Weg von der Erkenntnis der Naturgesetze zur Erkenntnis Gottes. Diesen Gedanken nimmt Newton in seinen Opticks selbst auf und weist darauf hin, dass aus der Freiheit Gottes folgt, dass er die Naturgesetze auch anders hätte einrichten kön-

---

[248] So schreibt er in einem Brief 1692 an Richard Bentley: „When I wrote my treatise upon our Systeme I had an eye upon such principles as might work with considering men for the believe of a Deity and nothing can rejoyce me more than to find it useful for that purpose", Jacob, M.C., 1976, 156; Zur detaillierten Besprechung der theologischen Ansichten Newtons vgl. Westfall, R., 193–220; Jammer, M., 1960, 120; Gosztonyi, A., 1976, 344.

[249] „And though every true Step made in this Philosophy brings us not immediately to the Knowledge of the first Cause, yet it brings us nearer to it, and on that account is to be highly valued", Newton, I., 1952, 370.

[250] „Auf keine andere Weise konnte wahrlich diese Welt entstehen, die durch die schönste Vielfalt der Formen und Bewegungen geschmückt ist, als aus dem vollkommen freien Willen Gottes, der alles vorhersieht und lenkt", Newton, I., 1988, 33; „Blind müsste sein, wer aus der besten und weisesten Einrichtung der Dinge nicht sogleich die unendliche Weisheit und Güte des allmächtigen Schöpfers erkennen würde, und von Sinnen, wer dies nicht bekennen wollte", Newton, I., 1988, 35.

[251] „Aus dieser Quelle [= Freiheit Gottes] sind also die so genannten Naturgesetze geflossen, in denen wahrhaftig viele Zeichen weisester Überlegung , aber keine des unausweichlichen Zwanges sichtbar werden. Daher müssen wir diese Naturgesetze nicht aus ungewissen Vermutungen folgern, sondern durch Beobachtung und Experiment erlernen. Wer glaubt, er könne die Grundlagen der wahren Physik und die Gesetze aller Dinge allein im Vertrauen auf die Kraft seines Verstandes und auf das inwendige Licht der Vernunft erkennen, der muss entweder behaupten, dass die Welt aus unausweichlichem Zwang schon immer bestanden habe, und dass die formulierten Gesetze aus dem gleichen unausweichlichen Zwang sich ergeben, oder dass, wenn die Ordnung der Natur durch den Willen Gottes entstanden sein sollte, dennoch er, der armselige Zwerg, den vollen Durchblick habe, was am besten geschehen solle", Newton, I., 1988, 33 f.

nen.[252] Sie sind demnach kein eigenständiger Zwischenbereich, etwa wie die platonischen Ideen, an die Gott selbst gebunden wäre. Im Gegenteil, Gott benutzt die Naturgesetze, um seinen Willen umzusetzen, ohne seinen Willen sind die Naturgesetze allein nicht in der Lage, die Schöpfung im Sinne blinder Notwendigkeit zu konstituieren.[253] Damit stellt sich nun die newtonsche Mechanik mit ihren zentralen Begriffen des quantifizierbaren (absoluten/relativen) Raumes, der quantifizierbaren (absoluten/relativen) Zeit, der quantifizierbaren Materie, des Konzepts des Naturgesetzes im Kontext einer natürlichen Theologie und eines voluntaristischen Gottes-bildes als ein in sich geschlossener Komplex von physikalischen, philoso-phischen und theologischen Elementen dar, dessen Zentrum die Dynamik der Natur ist. In ihm ist die Konzeptionalisierung der Dynamik der Natur zum begrifflichen Abschluss und zur Vollendung gekommen.

Mit Hilfe des Konzepts des Naturgesetzes konstituiert sich das natur-wissenschaftliche Subjekt, dem die Welt ein Insgesamt an determinierter Bewegung von quantifizierbarer Materie in Raum und Zeit ist. Damit kann das 14.–17. Jahrhundert mit seinen letzten Ausdifferenzierungen bis ins 19. Jahrhundert, als ein in sich zusammenhängender Zeitraum betrachtet werden, in dem sich diese historisch bedingte Form naturwissenschaftlich orientierter Rationalität im Kontext der Dynamik des Menschen und der Natur entfaltet.

Die natürliche Theologie des newtonschen Systems stellt funktional gesehen die weltanschauliche Abrundung und metaphysische Legitima-tion der newtonschen Dynamik dar. Die *Boyle Lectures*, durchgeführt zwischen 1692–1732, später ebenfalls die *Bampton* und *Gifford Lectures* fungieren dabei als öffentliches Forum zur Propagierung dieser Art natür-licher Theologie, wie gleichermaßen zur wissenschaftlichen Legitimation der Theologie im Sinne eines Gottesbeweises, wie wir ihn bei Roger Co-tes kennen gelernt haben, aber auch zur theologischen Legitimation der Naturwissenschaft. Diese natürliche Theologie wird nach Newton durch namhafte Theologen wie William Derham (1657–1735), William Whiston (1667–1752), Matthew Tindal (1655–1733), Joseph Butler (1692–1752), John Clarke (1682–1757), William Buckland (1784–1856), William Whe-well (1794–1860) und zahlreichen anderen parallel zur sich ausbreitenden

---

[252] „[…] it may be also allow'd that God is able to create Particles of Matter of several Sizes and Figures, and in several Proportions to Space, and perhaps of different Densities and Forces, and thereby to vary the Laws of Nature, and make Worlds of several sorts in several Parts of the Universe. At least, I see nothing of Contradiction in all this", Newton, I., 1952, 403 f.

[253] „Now by the help of these Principles, all material Things seem to have been composed of hard and solid Particles above-mentione'd, variously associated in the first Creation by the Counsel of an intelligent Agent. For it became him who created them to set them in order. And if he did so, it's unphilosophical to seek for any other Origin of the World, or to pretend that it might arise out of a Chaos by the mere Laws of Nature", Newton, I., 1952, 402.

Wissenschaftlichen Revolution des 17. Jahrhunderts weiterentwickelt und durch zahlreiche Veröffentlichungen popularisiert.[254] Sie findet auch ihren Weg nach Amerika, deren Gründungsväter vom Geist dieser natürlichen Theologie ergriffen waren. So hat beispielsweise Thomas Jefferson in die *Declaration of Independence* ganz bewusst den Terminus *Law of Nature* – nunmehr auch ein Terminus der politischen Philosophie – aus Newtons Mechanik einfließen lassen.[255] Der letzte, bedeutendste Vertreter und in einem gewissen Sinne der Vollender der natürlichen Theologie wird später William Paley (1743–1805) sein. Die Dynamisierung der Natur hat damit in Gestalt der Quantifizierbarkeit, des Konzepts des Naturgesetzes und der sie zu Beginn des 17. Jahrhunderts zunächst inspirierenden, dann – wie wir sehen werden – ab dem 19. Jahrhundert absichernden Funktion der natür-lichen Theologie eine geschlossene Gestalt gefunden. Wir können daher nunmehr die Fragestellung nach der Dynamisierung des Menschen wieder aufnehmen, die im Ausgang des Mittelalters ja die Voraussetzung für diese Dynamisierung der Natur geschaffen hatte.

### 3.1.2 Naturgesetz und Dynamisierung des Menschen
Die Dynamisierung der Natur hatte in Newtons System nach der Jahr-hunderte währenden Vorarbeit eine Vollendung und einen vorläufigen Abschluss gefunden. Wie aber entwickelte sich die Dynamisierung des Menschen weiter, die mit der Betonung des Willens und der neuen, no-minalistischen Erkenntnistheorie Ockhams ihren ersten Anstoß gefunden hatte? Diese Entwicklung soll und kann hier nicht in gleicher geschicht-licher Ausführlichkeit nachgezeichnet werden, wie dies im Teil über die Dynamisierung der Natur geschehen ist. Es seien hier nur sehr verkürzt ei-nige wichtige theologische Motive genannt, die zweifellos dazu beigetragen haben. Dazu gehören die Impulse der Reformation, die insbesondere durch das sich entwickelnde protestantische Berufsethos mit seiner religiösen Hochwertung der Arbeit, vor allem in seiner calvinistischen Variante, das Welthandeln positiv beeinflusst haben. Dazu gehört die Funktionalisierung der Wissenschaft im Sinne des *dominium terrae* in seiner rationalistischen Variante bei Descartes und seiner empiristischen Variante bei Francis Ba-con. Dynamisierung des Menschen heißt also bei Descartes Beherrschung

---

[254] Beispielhaft seien hier nur genannt: William Derham, 1713: *Physico-Theology: Or, A De-monstration of the Being and Attributes of God. From Works of Creation.* Matthew Tindal, 1730*: Christianity as old as Creation.* Zur Entwicklung der wissenschaftlichen Revolution seit Newton im 17., 18., und 19. Jahrhundert vgl. Jardine, L., 1999.

[255] Cohen, I. B., 1995, 114–121; „When in the Course of human Events, it becomes necessary for one People to dissolve the Political Bands which have connected them with another, and to assume among the Powers of the Earth, the separate and equal Station to which the *Laws of Na-ture* and of Nature's God entitle them, a decent Respect to the Opinions of Mankind requires that they should declare the causes which impel them to the Separation".

der Natur durch die Kenntnis der Naturgesetze.[256] Dynamisierung des Menschen heißt bei Francis Bacon (1561–1626) bewusste Verknüpfung von Denken und Handeln im Erkenntnisprozess und dient der Naturbeherrschung. Im Jahre 1620 hat er diese wissenschaftspolitische Grundausrichtung im *Novum Organon* – wie schon bei Descartes und Newton ebenfalls ein Werk der bewussten Abkehr von der aristotelischen zweckfreien, kontemplativen Wissenschaftstheorie – im Zusammenhang mit der berühmten *Instauratio Magna* (Große Erneuerung der Wissenschaft) niedergelegt.[257] Newton wie auch zahlreiche andere Naturforscher der Wissenschaftlichen Revolution des 17. Jahrhunderts haben sich hier ihr methodisches Rüstzeug geholt, insbesondere auch Männer wie z. B. John Ray, Robert Boyle und Robert Hooke, die ihre Wissenschaft in den Dienst der natural theology stellten. Das Weltverhältnis im Sinne wissenschaftlicher Naturbeobachtung wird hier zur religiösen Pflicht. Die Erforschung der Schmetterlinge, das Studium des ingeniösen Aufbaus des Fliegenauges wird unternommen zum Preise des Schöpfers.[258] Die fortschreitende Dynamisierung des Menschen in seinem Weltverhältnis, in seinem immer stärkeren Verschränken von Erkennen und Handeln speist sich also aus verschiedenen Quellen. In der natürlichen Theologie Englands vom 17. bis zum 19. Jahrhundert nimmt sie die Form wissenschaftlicher Erkenntnis und religiöser Motivation an. Auch einer der wichtigsten Gründungsväter der Vereinigten Staaten von Amerika, Benjamin Franklin, kann in diesem Kontext gesehen werden. In der Satzung (mission statement) der *American Philosophical Society,* die er

---

[256] „Sobald ich aber einige allgemeine Begriffe in der Physik erreicht und bei ihrer ersten Anwendung auf verschiedene besondere Probleme gemerkt hatte, wie weit sie reichten und wie sehr sie sich von den bisher gebräuchlichen unterschieden, so meinte ich damit nicht im Verborgenen bleiben zu dürfen, ohne gegen jenes Gesetz im Großen zu sündigen, das uns verpflichtet, für das allgemeine Wohl aller Menschen, so viel an uns ist, zu sorgen. Denn diese Begriffe haben mir die Möglichkeit gezeigt, Ansichten zu gewinnen, die für das Leben sehr fruchtbringend sein würden, und statt jener theoretischen Schulphilosophie eine praktische zu erreichen, wodurch wir die Kraft und die Tätigkeiten des Feuers, des Wassers, der Luft, der Gestirne, der Himmel und aller übrigen uns umgebenden Körper ebenso deutlich wie die Geschäfte unserer Handwerker kennen lernen und also imstande sein würden, sie ebenso praktisch zu allem möglichen *Gebrauch zu verwerten und uns auf diese Weise zu Herren und Eigentümern der Natur zu machen"*, Descartes, R., 1993, 58.

[257] „Weder die bloße Hand noch der sich selbst überlassene Verstand vermögen Nennenswertes; durch unterstützende Werkzeuge wird die Sache vollendet; man bedarf ihrer nicht weniger für den Verstand als für die Hand. Und so, wie die Werkzeuge die Bewegung der Hand wecken oder lenken, so stützen und schützen in gleicher Weise die Werkzeuge des Geistes die Einsicht", Bacon, F., 1990, 81; „Denn das Ziel meiner Lehre ist die Entdeckung nicht von Beweisgründen, sondern von Künsten, nicht von Dingen, die mit Prinzipien übereinstimmen, sondern von Prinzipien selbst, nicht von Möglichem, sondern von fest formulierten, gültigen Aussagen über die Werke. So folgt aus der unterschiedlichen Zielsetzung unterschiedliches Ergebnis. Wird dort ein Gegner durch Disputieren besiegt, *so soll hier die Natur durch die Tat unterworfen werden"*, Bacon, F., 1990, 41.

[258] Westfall, R., 1958, 46 f.

1743 in Philadelphia ins Leben gerufen hat, wird ein Philosophieverständnis entwickelt, dass vollständig Abschied nimmt vom aristotelisch-kontemplativen Wissenschaftskonzept und ganz auf der Linie von Descartes und Bacon liegt.[259]

William Paley wurde im letzten Kapitel als der Vollender der natural theology bezeichnet. Das soll nun präzisiert werden. Er bringt nämlich die natural theology in Analogie zu dem Begriffssystem Newtons auf ihren wissenschaftlichen Grundbegriff. Mit dem Begriff der *Anpassung* (fitness, adaption, purpose) prägt William Paley die zentrale wissenschaftliche Kategorie zur Charakterisierung des Weltverhältnisses von Mensch und Tier. In Analogie zu Newton bleibt Paley hingegen nicht bei dieser phänomenologischen Beschreibung stehen.[260] Vielmehr zieht er – so wie Roger Cotes in seiner Einleitung zur zweiten Auflage der Principia – eine theologische Schlussfolgerung, bzw. interpretiert die Anpassungsleistungen der Organismen im Sinne der natural theology. Denn für Paley kann die kunstvolle Einrichtung der Organe des Menschen und der Tiere, ihre Anpassung an die jeweiligen Erfordernisse einer spezifischen Umwelt, nur das Werk eines intelligenten Schöpfers sein. Wiederum in Analogie zu Newton verwendet er die Metapher vom Uhrmacher, um die Anpassungsleistung eines Organismus zu erklären. Paley lädt den Leser seiner natural theology ein, sich vorzustellen, auf einem Spaziergang eine Uhr zu finden. Die Inspektion der Uhr ergibt, dass es sich um ein planvolles, zweckbestimmtes Gebilde handelt. Es muss, also, so schließt Paley, von einem watchmaker hergestellt worden sein.[261] Analog verläuft dann sein Argument für jede andere

---

[259] „[...] all philosophical Experiments that let Light into the Nature of Things, tend to increase the Power of Man over Matter, and multiply the Conveniences or Pleasures of life", Wood, G.S., 2004, 48 f.

[260] Paley bezieht sich häufig auf Newton. „One principle of gravitation causes a stone to drop toward the earth and the moon to wheel round it. One law of attraction carries all the different planets of the sun", Brooke, J.H., ²1995, 192.

[261] „In crossing a heath, suppose I pitched my foot against a stone and were asked how the stone came to be there, I might possibly answer that for anything I knew to the contrary it had lain there forever; nor would it, perhaps be very easy to show the absurdity of this answer. But suppose I had found a watch upon the ground, and it should be inquired how the watch happened to be in that place, I should hardly think of the answer which I had before given, that for anything I knew the watch as well as for the stone? Why is it not as admissible in the second case as in the first? For this reason, and for no other, namely, that when we come to inspect the watch, we perceive – [...] – that its several parts are framed and put together for a purpose, e. g., that they are so formed and adjusted as to produce motion, and that motion so regulated as to point out the hour of the day; [...] This mechanism being observed – it requires indeed an examination of the instrument, and perhaps some previous knowledge of the subject, to perceive and understand it; but being once, as we have said, observed and understood – the inference we think is inevitable, that the watch must have had a maker – that there must have existed, at some time and at some place or other, an artificer or artificers who formed it for the purpose which we find it actually to answer, who comprehended its construction and designed its use", Paley, W., 1825, Kap. 1.

funktionelle Adaption eines Organs, wobei er insbesondere als Beispiel das menschliche Auges heranzieht.[262]

### 3.2  Zusammenfassung und Ergebnis:
### Die legitimatorische Funktion der natürlichen Theologie

In Newtons Mechanik ist eine spezifische Form von Dynamik in der Natur, die sich innerhalb der quantifizierbaren Grundkategorien von Raum, Zeit und Materie anhand der drei wichtigen Gesetze abspielt, zu ihrem begrifflichen Abschluss gekommen. Für Paleys Begriff der Anpassung gilt das Gleiche im Hinblick auf die spezifische Form der Dynamisierung des Menschen. Das Weltverhältnis des Menschen, das sich über die Jahrhunderte hinweg die drei Grundkategorien von Raum, Zeit und Materie geschaffen hatte, konkretisiert sich im Begriff der Anpassung noch einmal und kommt ebenfalls zum begrifflichen Abschluss. Wenn man so will, kann man bei beiden Bereichen von abgeschlossenen Formen eines Weltverhältnisses sprechen, in denen sich je eine spezifische Form von Dynamik realisiert. In beiden Fällen sind aber die naturwissenschaftlichen Beschreibungskategorien in einen deutenden metaphysisch-theologischen Kontext eingebettet, in den der natürlichen Theologie. In beiden Fällen wird die Argumentationsfigur von der Schöpfung auf den Schöpfer verwendet. Sie legitimiert den jeweiligen naturwissenschaftlichen Erkenntnisstand. Wie fragil indessen diese Weltverhältnisse mit ihren jeweils möglichen Formen von Dynamik des Menschen und der Natur waren, einschließlich der metaphysischen Deutung und natürlichen Theologie, werden wir jetzt sehen.

### 4  Die Krise der natürlichen Theologie und neue Formen der Dynamik

Die geschilderten Formen der Dynamik der Natur und des Menschen stellen in sich geschlossene Systeme dar, die jeweils in eine natürliche Theologie eingebunden sind. Beide Formen kommen einschließlich ihres Kontextes der natürlichen Theologie durch neue naturwissenschaftliche Theorien in eine Krise, die natürliche Theologie Paleys durch Darwins Evolutionstheorie von 1859,[263] die newtonsche Theorie durch die beiden Relativitätstheorien Einsteins von 1905 und 1917. Wir wenden uns zunächst den Gründen für die Ablösung der Theorie Newtons durch die Theorie Einsteins und

---

[262] Einige Kapitel später wendet er dann das watchmaker-Argument auf das menschliche Auge an. „Every observation which was made in our first chapter concerning the watch may be repeated with strict propriety concerning the eye, concerning animals, concerning plants, concerning, indeed, all the organized parts of the works of nature", Paley, W., 1825, Kap. 5.

[263] Bereits 1844 hatte Charles Darwin sein Manuskript fertig gestellt, es jedoch nicht veröffentlicht. Im Jahre 1858 erhielt er das Manuskript seines Kollegen Alfred Russel Wallace mit einer ähnlichen Evolutionstheorie. Von seinen Freunden bedrängt, veröffentlichte Darwin seine Theorie 1859 unter dem Titel *The Origin of Species by Means of Natural Selection*.

der natürlichen Theologie Paleys durch die Evolutionstheorie Darwins zu und fragen dann nach den neuen Formen der Dynamik, die sich für Natur und Mensch daraus ergeben.

Kritik an der Theorie vom absoluten Raum und der absoluten Zeit Newtons hatte es aus philosophischer Perspektive immer schon gegeben. Sie beginnt mit der Debatte zwischen Newton und Leibniz,[264] wird von Bischof George Berkeley[265] (1685–1753) weitergeführt und erreicht mit Ernst Machs Kritik einen vorläufigen Höhepunkt.[266] Neben dieser philosophischen Kritik sind vor allem ein empirischer und ein theoretischer Grund zu nennen, die die newtonsche Raum-Zeitlehre zu Fall brachten. Beide Gründe hängen mit der Entwicklung der Elektrodynamik im 19. Jahrhundert durch James Clerk Maxwell zusammen (1831–1879) zusammen.[267] Mit der Entwicklung der Elektrodynamik schien sich die Möglichkeit zu eröffnen, die absolute Bewegung eines Objektes zu messen, da man den Äther als Trägersubstanz mit dem absoluten Raum Newtons identifizierte, den Newton selbst sich ja auch schon, wie wir sahen, als mit einem feinen Pneuma – dem Äther – angefüllt dachte.[268] Die so genannten Michelson-Morley Experimente führten jedoch zu keinem Ergebnis, eine Bewegung gegenüber dem Äther konnte nicht festgestellt werden.[269] Damit war das Konzept des absoluten Raumes

---

[264] Gosztonyi, A., 1976, 355–374.

[265] Gosztonyi, A., 1976, 311–321.

[266] Ernst Mach kritisiert die Begriffe des absoluten Raumes und der absoluten Zeit aus der Perspektive der positivistischen Metaphysikkritik. „Diese absolute Zeit kann an gar keiner Bewegung abgemessen werden, sie hat also auch gar keinen praktischen und auch keinen wissenschaftlichen Wert, niemand ist berechtigt zu sagen, dass er von derselben etwas wisse, sie ist ein müßiger ‚metaphysischer‘ Begriff", Mach, E., 1991, 217; „Über den absoluten Raum und die absolute Bewegung kann niemand etwas aussagen, sie sind bloße Gedankendinge, die in der Erfahrung nicht aufgezeigt werden können", Mach, E., 1991, 223.

[267] Auch die Entwicklung der maxwellschen Elektrodynamik hat theologische Hintergründe, auf die hier aber nicht weiter eingegangen werden soll, vgl. Torrance, T. F., 1982, 1–25; Die Seiten 33–103 enthalten die Originalarbeit Maxwells.

[268] Zur Entwicklung des newtonschen Äthergedankens bis zu seiner Interpretation als Trägersubstanz für die elektrodynamischen Wellen, wie sie seit Maxwells Theorie gedacht wurde, vgl. Burtt, E. A., ²1959, 263–280.

[269] 1881 führte Albert A. Michelson (1852–1931) das erste dieser Experimente, 1887 zusammen mit Edward W. Morley (1838–1923) das zweite, methodisch verbessertere, durch. In beiden Experimenten konnte keine Bewegung relativ zum absolut ruhend gedachten Äther festgestellt werden. „The result of the hypothesis of a stationary ether is thus shown to be incorrect, and the necessary conclusion follows that the hypothesis is erroneous. This conclusion directly contradicts the explanation of the phenomenon of aberration which has been hitherto generally accepted, and which presupposes that the earth moves through the ether, the latter remaining at rest", Michelson, A. A., 1881, 128. Etwas vorsichtiger formulierten die beiden Autoren ihre Ergebnisse aus den präziser ausgeführten Experimenten von 1887. „It appears, from all that precedes, reasonably certain that if there be any relative motion between the earth and the luminiferous ether, it must be small", Michelson, A. A./Morley, E. W., 1887, 341. Vielmehr stellte sich heraus, dass die Lichtgeschwindigkeit in allen relativ zueinander bewegten Systemen eine Konstante darstellt. Diesen seltsamen experimentellen Sachverhalt versuchte man zunächst da-

und der absoluten Bewegung aus experimenteller Sicht in eine Krise geraten. Der theoretische Grund lag darin, dass die Gleichungen der Elektrodynamik nicht mit dem galileischen Relativitätsprinzip in Einklang zu bringen waren. Dieses Prinzip besagt, dass die physikalischen Gesetze unabhängig vom Bewegungszustand eines nicht beschleunigten Systems sein müssen, d. h. es darf keinen Unterschied machen, ob ein physikalisches Ereignis in einem gleichförmig bewegten System $A$ oder einem gleichförmig bewegten System $B$ stattfindet, beide sind gleichwertig und symmetrisch. Technisch gesprochen müssen die Naturgesetze galileiinvariant sein. Dies traf jedoch für die Gleichungen der Elektrodynamik nicht zu, weil die Lichtgeschwindigkeit $c$ keine Invariante der Galileitransformationen ist.[270] Warum diese Asymmetrie in der Natur? Unter dem Gesichtspunkt der Symmetrie sollte das Relativitätsprinzip für die gesamte Physik, also die newtonsche Mechanik wie die Elektrodynamik, gelten.

Neben diesen beiden wissenschaftlichen Gründen darf jedoch ein sozialgeschichtlicher, bzw. wirtschaftsgeschichtlicher Grund nicht unterschätzt werden, der damit zusammenhängt, dass Raum und Zeit durch die wirtschaftliche Expansion immer mehr zu Größen wurden, die aufgrund der zunehmenden wirtschaftlichen Verflechtungen und des Koordinationsbedarfs innerhalb des Verkehrswesens aufeinander abgestimmt werden muss-

---

durch zu erklären, dass man annahm, die bewegten Systeme erlitten in Bewegungsrichtung des Äthers eine Längenveränderung (Kontraktionshypothese von Hendrik A. Lorentz und George F. Fitzgerald), die ihrer Geschwindigkeit entspräche, so dass im Effekt diese Größenveränderung nicht festgestellt werden könne. Einstein hingegen versuchte nicht mehr, diese Konstanz der Lichtgeschwindigkeit durch unbegründete physikalische ad hoc Hypothesen hinwegzuerklären, sondern machte sie umgekehrt zur Grundlage seiner Relativitätstheorie. Die Folge dieses Lösungsansatzes war nun, dass die Transformationsgleichungen für relativ zueinander bewegte Systeme so abgeändert werden mussten, dass in allen diesen Systemen die Lichtgeschwindigkeit eine Konstante darstellt. Dies war aber rein mathematisch nur dadurch möglich, dass Raum und Zeit als Größen interpretiert werden mussten, die vom Bewegungszustand eines Systems abhängen, Raum und Zeit werden also relativ, es hat keinen Sinn mehr von einem absoluten Raum und einer absoluten Zeit im Sinne Newtons zu sprechen.

[270] „Die Lichtgeschwindigkeit ist also *keine Invariante* der Galileitransformation. Wenn diese Transformationsgleichungen für optische oder elektromagnetische Phänomene anwendbar wären, dann gäbe es ein und nur ein Intertialsystem, in dem die gemessene Lichtgeschwindigkeit genau $c$ beträgt. Das heißt, es gäbe ein einziges Inertialsystem, in dem der so genannte Äther ruht. Wir würden dann über eine physikalische Methode verfügen, ein absolutes (oder Ruhe-) System nachzuweisen. Wir könnten durch ein optisches Experiment, das vollständig in irgendeinem System abläuft, die Geschwindigkeit dieses Systems bezüglich des ,Ruhesystems' bestimmen. Wir wollen diese Überlegungen noch etwas formaler ausdrücken: Die Maxwellgleichungen zur Beschreibung der elektromagnetischen Phänomene, […], enthalten die Konstante $c = 1/\sqrt{\varepsilon_0 \mu_0}$, die für die Ausbreitungsgeschwindigkeit einer ebenen Welle im Vakuum gilt. Aus den Galileitransformationsgleichungen folgt, dass eine solche Geschwindigkeit – wie jede Geschwindigkeit – für Beobachter in verschiedenen Inertialsystemen nicht denselben Wert annehmen kann. Elektromagnetische Effekte müssten demnach verschiedenen Inertialbeobachtern unterschiedlich erscheinen. In der Tat ändern die Maxwellgleichungen bei einer Galileitransformation ihr Form, während die Newtonschen Gesetze unverändert bleiben", Resnick, R., 1976, 21.

ten. Dadurch wurde die Feststellbarkeit und Definierbarkeit von Gleichzeitigkeit zu einem immer dringenderem Problem, an dem seit den 1850er
Jahren viele Techniker und Forscher arbeiteten. Wie der amerikanische
Wissenschaftshistoriker Peter Galison überzeugend nachweisen konnte,[271]
hat Albert Einstein exakt im Schnittpunkt dieser drei Problemkontexte gearbeitet, inspiriert von Ernst Machs Kritik.[272] Denn in seinem Patentamt in
Bern musste er sich auch intensiv mit diesen Problemen der Uhrenkoor-
dination auseinandersetzen. Hier zeigt sich der enge Zusammenhang zwischen der Wirtschafts- und Sozial- und politischen Geschichte einerseits
und der Wissenschaftsgeschichte andererseits.[273] Durch Einsteins Lösung
des Problems im Rahmen der speziellen Relativitätstheorie im Jahre 1905,
Gleichzeitigkeit neu im Sinne einer operationalen Definition durch Uh-
renkoordination zu verstehen, in die die Besonderheiten der Elektrodynamik, nämlich die Konstanz der Lichtgeschwindigkeit in allen physikalischen
Systemen, mit einging, änderte sich auch das Verständnis von Dynamik in
der Natur. Dynamik findet nunmehr nicht mehr innerhalb von Raum und
Zeit statt, sondern Raum und Zeit selbst werden dynamisiert, indem sie
vom Bewegungszustand abhängen. Gleichwohl bleibt damit die Welt selbst
noch ein statisches System. Erst mit der Entwicklung der allgemeinen Relativitätstheorie im Jahre 1917 findet auch eine Dynamisierung der Natur im
Sinne einer kosmischen Geschichte statt. Der Urknall ist unter der Voraussetzung des Hubbleschen Rotverschiebung und einer entsprechenden Wahl
der Metrik (z. B. die Metrik von Friedmann) eine logische Konsequenz der
allgemeinen Relativitätstheorie.[274] Da Newton seine natürliche Theologie
– nicht nur, aber auch – mit seiner spezifischen Form von Raum und Zeit
in Verbindung gebracht hatte, gerät mit der Revolution Einsteins auch die
newtonsche Form der natürlichen Theologie in die Krise. Einsteins kosmische Religiosität kommt daher auch ohne die transzendenten Faktoren
Newtons und seine natürliche Theologie aus.[275] Der Entwicklungsgang
dieser verschiedenen Formen der Dynamik sei zum Schluss noch einmal
zusammenfassend überblicksmäßig zusammengestellt.

---

[271] Galison, P., 2003.

[272] Galison, P., 2003, 243.

[273] „Die Zeitkoordination im Mitteleuropa der Jahre 1902 bis 1905 war nicht nur ein geheim-
nisvolles Gedankenexperiment, sondern betraf vielmehr in entscheidendem Maße die Uhrenin-
dustrie, das Militär und die Eisenbahnen, war aber *zugleich* ein Symbol der interdependenten,
enorm beschleunigten Welt der Moderne. Einstein stattete seine physikalischen Prinzipien mit
der rings um ihn verkörperten, deutlich sichtbaren neuen Technik aus, namentlich der kon-
ventionalisierten Gleichzeitigkeit, die Eisenbahnlinien aufeinander abstimmte und Zeitzonen
definierte", Galison, P., 2003, 266.

[274] Zu den physikalischen Details vgl. Evers, D., 2000, 80–83, 93–96, 108 ff, 216–221.

[275] Einstein hat verschiedentlich seine religiösen Ansichten kundgetan, vgl. dazu Einstein,
A., ⁴1993, 37–47; eine eingehende Analyse der religiösen Einstellung Einsteins bietet Jammer,
M., 1995.

| Autor | Weltverhältnis: Raum – Zeit | Struktur der Bewegung | Bewegungsziel | Bewegungsursache |
|---|---|---|---|---|
| Aristoteles | Φορά, Maß der Bewegung, kein raum-zeitliches Weltverhältnis | Innere Insuffizienz der räumlichen Bewegung (φορά). Teleologisch | Bewegung – Ruhe (natürlicher Ort) Telos | Permanente Kraftzufuhr bei φορά, um Bewegung zu erhalten |
| Thomas von Aquin | Sehr eingeschränktes raum-zeitliches Weltverhältnis | Teleologisch | Telos | Inclinatio |
| Ockham | Kritik an φορά, Raum als konnotativer Begriff, Kopplung von subjektiver und objektiver Zeit (Uhr). Aufbau eines raum-zeitlichen Weltverhältnisses | Bewegung an sich nicht existent | ✕ | ✕ |
| Buridan | Implizites raum-zeitliches Weltverhältnis | Selbsterhaltung nach Impetus | Bewegung – Bewegung | Einmaliger Impetus zur Kraftzufuhr |
| Newton | Explizites raum-zeitliches Weltverhältnis; homogener Raum und homogene Zeit vorgegeben | Dynamisierung durch permanente Kraftzufuhr | Bewegung – Bewegungsänderung | Ständiges Wirken einer Kraft zur Bewegungsänderung $F = m \cdot a$ |
| Einstein: Spezielle RT | Komplexes raum-zeitliches Weltverhältnis: Raum und Zeit abhängig von Bewegung | Grenze der Dynamisierung wegen Endlichkeit der Höchstgeschwindigkeit (Lichtgeschwindigkeit) | Bewegung – Bewegungsänderung Endlichkeit der Bewegung | Ständiges Wirken einer Kraft zur Bewegungsänderung $F = m \cdot a$ |
| Einstein: Allgemeine RT | Komplexeres raum-zeitliches Weltverhältnis: Raum und Zeit abhängig von Bewegung und Materie | Grenze der Dynamisierung. Bewegung im vierdimensionalen Raum auf Geodäten | Bewegung – Bewegungsänderung Endlichkeit der Bewegung | Gekrümmte Raumzeit zwingt Körper auf die kürzeste Bahn im vierdimensionalen Raum (Geodäten) |

Eine analoge Krise der natürlichen Theologie wird durch die Evolutionstheorie Darwins ausgelöst. Auch hier zerbricht der theologische Deuterahmen aufgrund einer neuen wissenschaftlichen Theorie. Charles Darwin hatte als Theologiestudent die Werke Paleys intensiv studiert und war zunächst Anhänger seiner natürlichen Theologie und seines design Arguments.[276] Von ihm übernahm er den zentralen Begriff der Anpassung (fitness, adaption, purpose), den Paley ja als Ausdruck eines intelligenten designer Gottes gedeutet hatte. Angeregt durch seine Forschungsreise auf der HMS Beagle zu den Galapagosinseln, erschien ihm Paleys design Argument aber immer unplausibler. An die Stelle dieses design Arguments für den Schöpfergott setzte er nun eine wissenschaftliche Theorie, die das Phänomen der Anpassung auf natürliche Weise, ohne die Aktivität eines planenden, zweckstiftenden Gottes erklären konnte.[277] Mit den Mechanismen von Mutation und Selektion im Verbund mit dem Evolutionsgedanken bot Charles Darwin (1809–1882) also einen natürlichen Mechanismus zur Erklärung der Anpassungsleistung funktional orientierter biologischer Organe und Organsysteme an.[278] Damit war das design Argument der natürlichen Theologie überflüssig geworden und ein Gottesglaube auf dieser Grundlage ebenfalls. Diese potentielle Erosion des Gottesglaubens spiegelt sich auch im Leben von Charles Darwin selbst. Darwin begann als gläubiger Unitarier, wandelte sich zum Deisten und endete als Agnostiker. Welchen Beitrag leistet nun Charles Darwins Evolutionstheorie zur Dynamisierung des Menschen? Hier kann ein doppelter Beitrag konstatiert werden. Zum einen signalisieren die Mechanismen von Mutation und Selektion als Erklärung der Anpassung ein ständiges dynamisches Interagieren von Mensch und Umwelt, das

---

[276] „If we focus exclusively on Darwin's critique of Paley we certainly miss the beginning. This is because Darwin's original fascination with adaptive structures derived in part from their high profile in works of natural theology. There is a sense in which Darwin was deeply indebted to the very literature that he later subverted. If we are to believe his later testimony, Paley was the one and only author he read in Cambridge who was of any real use to him", Brooke, J. H., 2002, 35.

[277] So schreibt Darwin in seiner Autobiographie: „[…] the old argument from design in nature, as given by Paley, which formerly seemed to me so conclusive, fails, now that the law of natural selection has been discovered", Darwin, F., 1887, I, 309; Zur Abhängigkeit Darwins von Paley, vgl. Brooke, J. H., 2002, 35–38; Ospovat, D., 1981; Cannon, S. F., 1961; Barlow, N., 1958, 59; Interessant ist in diesem Zusammenhang, dass Darwin von einem *law* der Selektion spricht, was ja im Rahmen der natürlichen Theologie einen legislator voraussetzt. Diese zunächst noch vorhandene Gedankenverbindung löst Darwin später auf, vgl. dazu Brooke, J. H., 2002, 43 f; Darwin, F., 1887, I, 315.

[278] „According to the Darwin scholar Dov Ospovat, this belief in perfect adaptation, which Darwin took from natural theology, constrained his theory for several years after its first formulation. When Darwin later thought in terms of competition between relatively adapted forms rather than focusing on perfectly adapted forms the action of natural selection could be made continuous. It is an interesting example of how theological ideas, or their legacy, may shape scientific content", Brooke, J. H., 2002, 38; Ospovat, D., 1981.

dem Menschen nie endende und immer wieder neue Anpassungsleistungen abverlangt. Dies gilt sowohl für den biologischen, den sozialen wie auch den intellektuellen Bereich. Ob die Übertragung des Evolutionsgedankens auf den Menschen insgesamt, also auch auf den Bereich der Erkenntnistheorie, der Ethik und der Ästhetik dem Menschen angemessen ist, sei hier dahingestellt und nicht weiter diskutiert.[279] Dass aber der Mechanismus von Mutation und Selektion als Problemlösungsstrategie den Menschen in einen viel ausgeprägteren geschichtlich orientierten dynamischen Lebenszusammenhang stellt, ist unbezweifelbar. Zum anderen hat der Evolutionsgedanke im Verbund mit den Mechanismen von Mutation und Selektion aber eine noch viel weitergreifende Dynamisierung des Menschen zur Folge, insofern nämlich der Evolutionsgedanke die Artenkonstanz in Frage stellt und sie in ein Kontinuum gleitender Übergänge auflöst. Damit wird der Mensch Teil der Naturgeschichte und die bis dahin unbesehene Voraussetzung, dass Gott den Menschen als Krone der Schöpfung direkt geschaffen hat, für die Zeitgenossen zum theologischen Problem mit entsprechendem öffentlichkeitswirksamen Zündstoff, der ja dann auch in der berühmten Huxley-Wilberforce Debatte explodierte. Auf die verschiedenen Versuche, Schöpfung und Evolution in ein angemessenes theologisches Verhältnis zu setzen,[280] sei hier nicht weiter eingegangen.

Zusammenfassend können wir festhalten, dass nunmehr durch die Kombination der Dynamik der Natur, bzw. des Kosmos, wie sie sich aus der allgemeinen Relativitätstheorie Einsteins ergibt, und der Dynamisierung des Menschen, wie sie Darwins Evolutionstheorie zeigt, ein in sich zusammenhängendes Bild der Dynamisierung von Kosmos, Natur und Mensch entsteht.

---

[279] Exemplarisch für die Erkenntnistheorie sei genannt, Wuketits, F. W., 1990, für die Ethik Bayertz, K., 1993, darin auch der Aufsatz von Darwin über *Ursprung und Entwicklung der moralischen Gefühle*, Darwin, C., 1993, 37–48.

[280] Bereits Kardinal John Henry Newman (1801–1890) stand der Evolutionstheorie positiv gegenüber, Siebenrock, R., 1996, 363 f. Später wird Teilhard de Chardin (1881–1955) ein umfassendes metaphysisches System auf der Grundlage der Evolutionstheorie entwerfen, Chardin, T. de, 1985. Neuere Überlegungen stammen von Christian Link und Gerd Theißen, Theißen, G., 1984.

# Ergebnis

## 1 Rückblick: Die durchgängige Dynamisierung von Mensch und Natur

Die Ausgangsfrage dieser Arbeit bestand in der Frage nach den Entstehungsbedingungen der Dynamik der Moderne. Dabei war sowohl die Dynamik des Menschen in seinen Handlungs- und Erkenntnisvollzügen im Blick wie auch die Dynamik der Natur. Sehen wir uns zunächst noch einmal die Dynamisierung des Menschen an. Von den zahlreichen Antworten auf diese Frage hat sich diese Arbeit auf die These der grundlegenden Bedeutung des Nominalismus im 14. Jahrhundert konzentriert. Als Leitmotiv diente dazu zunächst eine Untersuchung des Konzepts des Naturgesetzes. Es zeigte sich dabei, dass eine rein begriffsgeschichtliche Untersuchung den weiteren geistesgeschichtlichen, sozialgeschichtlichen und anthropologischen Kontext außer acht lässt. Es wurde daher der Fragehorizont entsprechend erweitert und insbesondere das Augenmerk auf die grundlegende Struktur des menschlichen *Weltverhältnisses* gerichtet. Dabei zeigte sich, dass dieses Weltverhältnis mit der grundlegenden Kategorie der *Dynamisierung* umschrieben werden kann, bei dem das Handeln und die Handhabung gegenüber dem Erkennen eine deutliche Bedeutungszunahme erfahren. Elemente, die zu dieser Dynamisierung des Weltverhältnisses beigetragen haben und die untereinander zusammenhängen, sind die Gotteslehre, die Anthropologie und die Gewichtung der grundlegenden Kategorien der theoretischen Weltdeutung in den Naturwissenschaften und im praktischen Weltzugang der Ethik.

In der Gotteslehre konnte von Thomas von Aquin zu Wilhelm von Ockham eine deutliche Verschiebung von der Weisheit Gottes zum Willen Gottes festgestellt werden und damit eine besondere Bedeutung der *potentia dei absoluta*. Ockham entdeckt also im Sinne des franziskanischen Traditionsstromes neu den handelnden biblischen Gott und befreit ihn von fest gefügten, statischen metaphysischen Ordnungsstrukturen, z.B. der *lex aeterna* oder des metaphysischen Begriffs des Seins.

Dem entspricht auf anthropologischer Seite eine deutliche Bedeutungszunahme des Willens in der Anthropologie Ockhams, auch wenn sich Ockham in der philosophischen Terminologie seiner Anthropologie noch im Rahmen aristotelischer Begrifflichkeit bewegt. Ockham betont besonders die Freiheit des Willens, auch Gott gegenüber, als Basis für den aktiven handelnden Weltzugang. Der Wille wird aus dem thomasischen teleologischen Bezugsrahmen der erwarteten *visio beatifica* gelöst und für die *Weltgestaltung* freigesetzt. Sein Primat gegenüber der Vernunft zeigt sich in seiner Fähigkeit, sich auch gegen die Einsicht der Vernunft zu entscheiden. Seine Ausrichtung in Bezug auf diese Weltgestaltung wird deutlich in theoretischer Hinsicht in seiner Wirksamkeit auch im Erkenntnisprozess, z. B. seine Beteiligung in der Bildung konnotativer Begriffe, in praktischer Hinsicht in seiner Selbststeigerung durch die Internalisierung der *habitus*.

Diese Dynamisierung des Menschen ist die Voraussetzung dafür, dass nunmehr auch die Natur unter dem Aspekt der Dynamik betrachtet und selbst vom Menschen einem Dynamisierungsprozess unterworfen werden kann. Wie wirkt sich nun die Dynamik des Menschen auf die Naturwahrnehmung aus?

Die Dynamik im handelnden Weltzugang deutete sich zunächst in philosophischer Hinsicht in der zunehmenden Zurückdrängung des Substanz- und Essenzgedankens zugunsten der Kategorie der Quantität an,[1] die dem Konzept des Naturgesetzes zugrunde liegt. Bei Ockham findet auch eine Identifizierung der Substanz mit der Quantität statt, Johannes Buridan wendet die Kategorie der Quantität sogar auf die Psychologie an. Verstärkt in Erscheinung tritt diese Dynamisierung in praktischer Hinsicht erstens in Gestalt des beginnenden quantifizierenden Weltumgangs, wie in der Quantifizierung von Raum, Zeit und Materie, in der Technik, Wirtschaft und sogar Musik gezeigt werden konnte, zweitens in Gestalt des Interesses an den Bewegungsvorgängen, wobei der besondere dynamische Aspekt in der Untersuchung sowohl unnatürlicher, erzwungener Bewegungen, die die neuen Impetustheorien erklären sollen, wie auch in der Untersuchung beschleunigter Bewegungen deutlich wird. Der intellektuell handelnde Zugriff auf Bewegungen zeigt sich ferner in der zunehmenden Mathematisierung von Bewegungsvorgängen. Der Quantifizierung entspricht in gewisser Weise auch Ockhams ontologisches Primat des Einzelnen, da mit ihm leichter in quantifizierender Weise umgegangen werden kann. Der höhere geistige Aufwand beim Bilden abstrakter Begriffe vor dem Hintergrund des ontologischen Primats des Einzelnen, sowie der Beginn der Bedeutung der semantischen Untersuchungen, verdeutlicht am Begriff der Zeit, markieren zugleich den Beginn des seither in den Naturwissenschaften und Geisteswissenschaften praktizierten Aufbaus von symbolischen Parallelwelten zur Natur, die gleichermaßen zur Distanzierung und Beherrschbarkeit der Natur führen.

---

[1] Der Beginn dieses Zurückdrängens des Essenz- und Substanzgedankens datiert, wie gezeigt, schon im Spätmittelalter, jedoch erst im 16. Jahrhundert wird der Niedergang des substantial-essentialistischen Denkens zum Signum der entstehenden Naturwissenschaften. „The introduction and development of the idea on natural law, and the simultaneous downfall of essentialism, is a historical phenomenon, related to the rise of modern science since the 16th century", Stafleu, M. D., 1999, 104; Ebenso kommt die Quantifizierung im 17. Jahrhundert durch die Wissenschaftliche Revolution zum vollen Durchbruch, vgl. Westfall, R. S., 1992, 63–93.

Dieser neue Weltzugang im Handeln – in Gestalt der Dynamisierung, der Quantifizierung, der Willenssteigerung, des Primats des Einzelnen – hat auch Auswirkungen auf die ethische Praxis. Während in Thomas' von Aquin teleologischer Weltsicht die situationsunabhängige *lex naturalis*, eingebettet in die *lex aeterna*, den feststehenden deduktiven Rahmen für eine syllogistische Praxis der Urteilsfindung in einer Welt mit gesichertem ontologischen Bestand vorgibt, entwickelt Ockham für seine Welt der sich verändernden kontingenten Einzelsituationen seine Ethik, in der die erfahrungsbezogene und situationsbezogene *recta ratio* die entscheidende ethische Urteilsinstanz ist. Erst eine solche ethische Struktur ist auch einer Welt sich wandelnder Situationen und geschichtlicher Kontingenzen angemessen, die mit der Dynamisierung im aufgewühlten 14. Jahrhundert anhebt.

Die benannten Aspekte der Dynamisierung von Natur und Mensch sind mosaikartig Ausdruck einer Änderung der *Tiefenstruktur* der intellektuellen Erfassung und handelnden Gestaltung der Welt, die in ihrer Breite auch weitere Lebensbereiche umfasst. Dazu gehören in der Kunst die Entdeckung der Perspektive als Ausdruck der Wahrnehmung der Welt um ein organisierendes Ich, das sich wiederum der Dynamik der Willenssteigerung verdankt. Dazu gehört ferner die Entdeckung der Porträtmalerei, die der Individualisierung entspricht und in Ockhams Erkenntnistheorie ihr Pendant in der *notitia intuitiva* hat.

Der Begriff des Naturgesetzes war das Leitmotiv zum Einstieg in unsere Untersuchung. Das Spätmittelalter kannte nur Vorformen dieses Begriffs, wie z. B. *communis cursus naturae*. Er hat aber sowohl die anthropologischen Voraussetzungen für den erkennend-handelnden Weltzugriff in Gestalt der Willenssteigerung und Dynamisierung wie auch die konzeptionelle Neuorientierung des Denkens in Quantitäten, die ja in Naturgesetzen zum Ausdruck kommen, und Bewegungsabläufen vorbereitet. Damit waren alle Voraussetzungen geschaffen, die zu jener weiteren Dynamisierung der westlichen Gesellschaften im Zeitalter der Wissenschaftlichen Revolution unter dem Signum des neuen Konzepts des Naturgesetzes notwendig waren. Wenn es dennoch nicht schon im 14. Jahrhundert zur Konzeption des Naturgesetzes gekommen ist, so liegt dies an einer Reihe von Gründen. Zum einen bietet der theologische Gesamtrahmen der Betonung der Kontingenz ungünstige Voraussetzungen für den Gesetzesbegriff. Zum anderen ist der philosophische Rahmen der Erkenntnistheorie im Nominalismus nicht in der Lage gewesen, den Weg von der Allgemeinheit und Notwendigkeit von Aussagen im Sinne der Subjekt-Prädikatstruktur auf die Notwendigkeit von Relationen im Gesetzesbegriff zu erweitern. Dazu bildete die Konzentration auf das Einzelne und seine Prädizierung einen zu engen Rahmen, der erst langsam durch die Beachtung der Relationen zwischen den einzelnen Dingen anhand des Bewegungsbegriffs und deren Quantifizierung gesprengt wurde, so dass Notwendigkeit dann nicht mehr im Sinne der Syllogismen verstanden wurde, sondern im Sinne zeitlicher Sukzession von Zuständen. Diese in einem längeren historischen Prozess sich hinziehende Hinwendung zu den Relationen, denen in mathematischer Gestalt der Funktionsbegriff entspricht, konnte sich aber nur deswegen vollziehen, weil vorher der Nominalismus den ontologischen Bestand des Einzelnen betont, die empirische Erforschung wissenschaftstheoretisch abgesichert und die Homogenisierung von Raum, Zeit und Materie als Grundlage der Quantifizierung stattgefunden hatte.

Der entscheidende Beitrag von Ockham, den Mertonians und Johannes Buridan besteht, wie wir gesehen haben, darin, dass sie das menschliche Weltverhältnis dergestalt verändert haben, dass – in Abgrenzung von Aristoteles – Raum, Zeit und Materie als homogene Strukturen der Weltwahrnehmung entstehen konnten. *In* diesen Kategorien von Raum und Zeit konnte dann sowohl Bewegung, wie auch Bewegungsänderung von bewegter Materie in quantitativer Form ausgedrückt werden. Diese Konstituierung von homogenem Raum und homogener Zeit als Formen des Weltverhältnisses, in denen sich quantifizierbare Materie bewegt, ist aber die Voraussetzung für die Formulierung von Naturgesetzen der Bewegung und Bewegungsänderung, die sich auf den homogenen Raum und die homogene Zeit als Kategorien beziehen. Dieser Homogenisierungsprozess von Raum, Zeit und Materie war notwendig, um zur Formulierung des Konzepts des Naturgesetzes zu kommen, weil erst auf dieser Grundlage Raum, Zeit und Materie quantifiziert werden konnten. Ohne Quantifizierung macht das Konzept des Naturgesetzes keinen Sinn. Daher ist es kein Zufall, dass erst in Newtons Mechanik das Konzept des Naturgesetzes mit der vollständigen Ablösung von der aristotelischen Naturphilosophie auf der Grundlage eines homogenen Raum-, Zeit- und Materiebegriffs im Kontext einer neuen *quantifizierend-mathematischen* Naturphilosophie, die wiederum in eine natürliche Theologie eingebettet war, seine wissenschaftliche Durchschlagskraft entfaltete und eine in sich geschlossene Gestalt entwickelte. Damit wird nun auch klar, worin die eigentliche Form naturwissenschaftlicher Rationalität besteht. Im Unterschied zur aristotelisch teleologisch orientierten Rationalität, die immer auch wertkonnotiert ist, ist die naturwissenschaftliche Rationalität an der Bestimmung von Quantitäten ausgerichtet, wobei sowohl diese Form der Rationalität wie auch ihr Objekt, die Quantität, jeglicher Wertkonnotation entbehren. Damit war auf der Basis der Elimination der Teleologie aus der Naturwissenschaft die Basis für den naturalistischen Fehlschluss gelegt.

Parallel zu dieser Dynamisierung der Natur vollzog sich seit dem ausgehenden Mittelalter aus unterschiedlichen Motivationszusammenhängen eine Dynamisierung des Menschen und seines Weltverhältnisses, die schließlich in dem Begriff der Anpassung bei Paley und seiner Einbettung in eine natürliche Theologie – analog zu Newtons natürlicher Theologie – seinen Abschluss und seine geschlossene Gestalt fand. Mit den Relativitätstheorien Einsteins und der Evolutionstheorie Darwins wird die geschlossene Gestalt der jeweiligen Formen der Dynamisierung des Menschen und der Natur aufgebrochen und es zerbricht der Deuterahmen dieser natürlichen Theologie. Gleichzeitig werden neue Formen der Dynamisierung von Natur und Mensch offenbar, die schließlich in das Kontinuum einer durchgängigen Dynamik von Natur und Mensch im Sinne der Evolution des Kosmos, der Natur und des Menschen übergehen.

Diese Dynamik ist aber keineswegs abgeschlossen. Daher soll nun zum Schluss noch einmal auf die geschilderten potentiellen neuen Entwicklungen und Dynamisierungen aus der Einleitung zurückgekommen und die Frage gestellt werden, welche Probleme sie vor dem Hintergrund der Ergebnisse dieser Arbeit für die Theologie aufwerfen.

## 2 Ausblick: An der Schwelle zu einer neuen Dynamisierung zwischen Abgrund und neuer Schöpfung

Wir wollen uns in diesem Kapitel auf die Frage der Dynamisierung des Menschen beschränken.[2] Bisher bestand diese im wesentlichen darin, sich neue Habitate zu erobern und neue technische Möglichkeiten zu verschaffen, d. h. die Grenzen von Raum und Zeit auszuweiten. Das sich abzeichnende neue Habitat des Weltraums, oder gar in mittelfristiger Zukunft, neuer Planeten, steht noch in dieser Tradition. Aber seit der Entdeckung der genetischen Gesetze durch den Augustinermönch Gregor Mendel (1822–1884) im Jahre 1865,[3] der Entdeckung des Aufbaus der DNS durch James D. Watson (* 1928) und Francis H. Crick[4] (1916–2004), sowie der Entschlüsselung des Aufbaus der menschlichen DNS durch Craig Venter sind dem Menschen neue Möglichkeiten der genetischen Manipulation seiner selbst in die Hand gegeben,[5] sei es zur Heilung genetisch bedingter Krankheiten, sei es – in Zukunft vielleicht – zur gezielten genetischen Veränderung des Menschen,

---

[2] Es sei hier nur angedeutet, dass durch die Entwicklung der Quantenmechanik und der Chaostheorie auch die Dynamisierung der Natur insofern neu gedacht werden muss, als das Kriterium der Prognostizierbarkeit als ein Aspekt des Konzepts Naturgesetz wegfällt. Der Grund liegt darin, dass in der Quantenmechanik der strenge Determinismus, der es in der klassischen Mechanik gestattete, jedes einzelne Ereignis korrekt vorherzusagen, ersetzt werden musste durch Wahrscheinlichkeitsaussagen. In der Chaostheorie ist zwar der Determinismus noch vorhanden, lässt sich allerdings nicht mehr in korrekte Prognostizierbarkeit umsetzen; vgl. Kropač, U., 1999, 28–75, 76–121; Achtner, W., 1997. Dazu kommt die Theorie vom Multiverse, im Gegensatz zum Universe, die davon ausgeht, dass unsere Welt nur eine von unzähligen anderen ist, vgl. dazu Barrow, J., 2003, 275–292.

[3] Mendel, G., 1866.

[4] Watson, J. D./Crick, F. H., 1953, 737 f.

[5] The International Human Genome Mapping Consortium, 2001, 934–941; The Celera Genomics Sequencing Team, 2001, 1304–1351.

um bestimmte Eigenschaften bewusst hervorzubringen. Und nicht nur dies, sogar die Züchtung von Tier-Mensch Mischwesen (Chimären) wird von einigen Forschern bereits in Angriff genommen.[6] Auch die prinzipielle Trennung von Mensch und Maschine, die seit der Antike auf der strikten Unterscheidung von φύσις und τέχνη beruhte, beginnt sich aufzulockern.[7] Prothesen verschiedenster Art machten den Anfang, der Einbau künstlicher, organunterstützender Implantate und Maschinen folgte (Herzschrittmacher), bis schließlich heute die ersten Schritte unternommen werden, Neurochips als Hybridsysteme aus Nervenzellen und Siliziumchips herzustellen.[8] Damit wird die Frage nach der Identität des Menschen neu aufgeworfen. Wo beginnt der Mensch, wo endet die Maschine, oder wird es eine neue Mensch-Maschine Identität in Gestalt eines Cyborgs geben? Ist geistige Aktivität auf einer anderen materiellen Basis möglich – nämlich auf Siliziumchips – als auf der Kohlenstoffbasis menschlicher Gehirnzellen? Diese Frage verschärft sich noch, wenn man einen Schritt weiter geht und sie im Zusammenhang der KI-Forschung stellt. Wird es geistvolle, intelligente Roboter geben, ausgestattet mit Willen, künstlichem Bewusstsein und Intentionalität? Schließlich nähren sich moderne Unsterblichkeitshoffnungen davon, entweder den Leib tiefzufrieren, bis er wieder auferweckt werden kann, oder das Gehirn auf einen Computer downzuladen, auf dass es dort ewig weiterlebt. Das qualitativ Neue an diesen Entwicklungen der Dynamik des Menschen besteht zum einen in der Auflockerung der Artgrenzen (Mensch-Maschine, Cyborg; Mensch-Tier, Chimäre), zum anderen darin, dass der Mensch mit seinem jetzigen Wissen die Evolution selbst in die Hand nehmen zu können scheint, um sie nach seinen Vorstellungen

---

[6] So wurde in den 80er Jahren bereits die Schiege geschaffen, ein Mischwesen aus Schaf und Ziege. Das australische Unternehmen Stem Cell Sciences und das amerikanische Unternehmen Biotransplant arbeiten an einem Zwitterwesen aus Mensch und Schwein. Dazu haben sie Zellkerne von menschlichen Föten in Eizellen von Schweinen implantiert und die so entstandenen Wesen eine Woche lang wachsen lassen, bis zur Größe von 32 Zellen. Das Verfahren wurde 1997 in den USA zum internationalen Patent angemeldet. Forscher vom Max Planck Institut für biophysikalische Chemie in Göttingen haben menschliche embryonale Stammzellen in Affenhirne gespritzt. Ein Teil dieser Zellen hat sich zu Nervenzellen entwickelt. Die Tiere haben im weiteren Verlauf allerdings das Experiment nicht überlebt und starben an Tumoren.

[7] Die strikte Trennung zwischen φύσις und τέχνη in der Antike und damit ihr Vorbehalt der gegenüber der Technik zugunsten der Natur erklärt sich daraus, dass der Technik das Signum des Frevelhaften eignet. Im Protagoras erklärt Platon die Entstehung des Feuers im Rahmen eines Mythos durch Prometheus' frevelhaften Diebstahl von den Göttern. Aller Technik haftet seitdem das Stigma des potentiell Unheilvollen an, da der Frevel die Rache der Götter nach sich ziehen kann., so wie sie Prometheus selbst auch ereilt hat. „[…] und nachdem er so die feurige Kunst des Hephaistos [ἔμπυρον τέχνην τὴν τοῦ Ἡφαστου] gestohlen, gibt er sie den Menschen", Platon, Protagoras, 321e. Wie wir sahen, hat erst das Christentum diese mythische Angst vor der Technik überwunden und sie ganz in den Dienst seines *dominium terrae* gestellt.

[8] Daran arbeiten u.a. Peter Fromherz am MPI für Biochemie in Martinsried bei München, sowie Jerome Pine vom Caltech.

zu formen. Das wirft die Frage nach seinem Selbstverständnis auf. Ist der
Mensch, nachdem er sich bei Thomas von Aquin noch als *homo viator* verstehen konnte, dann ab Wilhelm von Ockham sich über Jahrhunderte als
*homo faber* verstand, nunmehr auf dem Weg zum *homo creator*?

Wie also sind diese sich abzeichnenden Entwicklungen theologisch zu
deuten und zu bewerten? Können die Ergebnisse dieser Arbeit dafür eine
Hilfestellung geben? Dies sei kurz erörtert. Nach der Trennung der Naturphilosophie von der Theologie im Mittelalter hat sich die Physik als
Weiterentwicklung der Naturphilosophie auf der Basis des verkürzten
aristotelischen Substanzbegriffs, nämlich dem philosophischen Begriff der
Quantität, beginnend mit Raum, Zeit und Materie, immer umfassendere
Bereiche der Wirklichkeit unterworfen, indem sie quantifizierende Naturgesetze aufspürte. Wie wir bereits bei Raum, Zeit und Materie sahen, hat sie
sich dabei die entsprechenden quantifizierbaren Größen durch begriffliche
Schärfung selbst geschaffen. Dieser expansive Prozess der Unterwerfung
der Wirklichkeit unter die Quantifizierung bemächtigt sich auch anderer
kategorialer Wirklichkeitszugänge, z. B. der der Qualität. Dies konnten wir
bei der Umformung der sinnlichen Qualität der Wärme in die abstrakte
Quantität der Temperatur anhand der scharfsinnigen Analyse Pierre Duhems und Ernst Cassirers sehen. Analoges gilt für die Umformung der
sinnlichen Qualität der Farbe in die abstrakte Quantität der Wellenlängen.
Auch in den geisteswissenschaftlichen Bereich hat dieser Vorgang inzwischen Einzug gehalten. Farben sind als Qualitäten nicht quantifizierbar
und also auch nicht messbar, Wellenlängen aber sehr wohl. Die geisteswissenschaftlichen Kategorien des Verstehens, der Bedeutung, des Sinns, der
Semantik werden ersetzt durch den quantifizierbaren Begriff der Information, wie er in Shannons und Kolmogorovs Informationstheorie entwickelt
wurde.[9] Die kategoriale Reduktion der Wirklichkeitserfassung bei der
Verkürzung des aristotelischen Substanzbegriffs auf den der handhabbaren Quantität, setzt sich also im Laufe der Wissenschaftsgeschichte fort als
kategoriale Expansion des Quantitätsbegriffs, der sich zunehmend andere
Kategorien unterwirft, und damit im Sinne des Umschwungs vom Erkennen zum Handeln handhabbar macht. Aus diesen Beobachtungen ergeben
sich folgende Fragen:

*Erstens.* Was geht bei dieser Umformung der kategorialen Wirklichkeitserfassung verloren?

*Zweitens.* Gibt es für diesen expansiven quantifizierenden Umformungsprozess der kategorialen Wirklichkeitserfassung eine inhärierende
Grenze, die darin bestehen könnte, dass es bestimmte Wirklichkeitskatego-
rien gibt, die prinzipiell der Quantifizierung unzugänglich sind, oder nur
um den Preis eines qualitativen Verlusts?

---

[9] Zum Informationsbegriff Shannons und Kolmogorovs vgl. Mainzer, K., 2003, 47–53.

*Drittens.* Es wird in der Theologie oft gefordert, dass für den Dialog mit den Naturwissenschaften die Philosophie als vermittelnde Disziplin fungieren sollte. Diese Forderung muss sich aber in der konkreten Praxis anhand konkreter Probleme bewähren. In dieser Arbeit wurde Schritt für Schritt die philosophische Kategorie der Quantität als Basiskategorie der Naturwissenschaft herausgearbeitet. Ist aber die philosophische Kategorie der Quantität als Brückenkategorie für den Dialog zwischen Naturwissenschaft und Theologie geeignet? Oder muss zur Deutung der sich anbahnenden neuen Entwicklungen in der Dynamisierung des Menschen nach neuen, auch neuen theologischen Kategorien gesucht werden? Anders gefragt: Ist die naturwissenschaftliche Form der Rationalität, die sich an der Quantifizierbarkeit, bzw. an der Umformung anderer Kategorien in die der Quantifizierung orientiert, geeignet, um zentrale theologische Topoi aus der Schöpfungslehre und der theologischen Anthropologie auszusagen? Schließlich: Sind die angedeuteten Entwicklungen in der Dynamisierung des Menschen theologisch überhaupt wünschenswert?

Auf diese Fragen kann und soll hier nicht umfassend geantwortet werden. Einige Hinweise mögen genügen. Die Antwort auf die erste Frage liegt auf der Hand. Der Prozess wissenschaftlicher Welterfassung ist mit einer Zurückdrängung unmittelbarer sinnlicher Erfahrung verbunden. Bei der Reduktion der Semantik auf Information geht auch die Kategorie der Bedeutung und des Sinns verloren. Die Antwort auf die zweite Frage ist äußerst schwierig. In der Frage der Qualia – also der sinnlichen Qualitäten – scheint einerseits eine prinzipielle Grenze vorzuliegen. Qualitäten kann man zwar quantifizierende Größen zuordnen (Temperatur, Wellenlänge, Information), aber ihre innere Eigenständigkeit bleibt davon unberührt. Andererseits könnte es durchaus sein, dass Qualitäten das Produkt komplexer Prozesse sind, also evolvieren oder emergieren. In diesem Falle müsste es möglich sein, einen mathematisierbaren Indikator für die Komplexität eines Systems anzugeben, der den Übergang zur Entstehung einer Qualität indiziert. Die letzte Frage ist die für die Theologie wichtigste und zugleich auch die schwierigste. Da Theologie selbst sich historisch an bestimmten Problemkonstellationen bildet, ist diese Frage auch allgemein gar nicht beantwortbar. Würde man die Frage im Kontext der thomasischen Theologie stellen, wäre sie eindeutig zu verneinen, da gerade die Teleologie die entscheidende philosophische Kategorie war. Darüber hinaus gab es kaum eine ausgebildete Naturwissenschaft. Man muss auch sagen, dass die Kategorie der Quantität als philosophische Brücke zwischen Physik und Theologie innerhalb natürlichen Theologie Newtons nicht funktioniert hat. Denn Newton selbst hat in seinen Opticks bekannt, dass zwar seine Naturphilosophie und Mechanik zur letzten Ursache – also Gott – hinführen solle, diese Ursache aber wohl kaum mechanisch sein könne.

Es scheint nach dem Gesagten, dass die philosophische Leitkategorie der Naturwissenschaft, die der Quantität, zu eng ist, um als Brücke für den Dialog mit der Theologie zu dienen. Es könnte allerdings sein, dass sich im Zuge der weiteren Entwicklung der Naturwissenschaft ein neuer philosophischer Leitbegriff herausbildet, der weitaus besser geeignet ist, eine solche Brückenfunktion zu übernehmen, nämlich, wie oben angedeutet, der der Emergenz.

Wird dann in der menschlichen Evolution, in der Dynamik des Menschen, im Kontext der oben angedeuteten Zusammenhänge Neues auf der Grundlage des *homo creator,* des *created co-creator* wie das neue Bild des Menschen in der amerikanischen Theologie genannt wird,[10] emergieren, oder sind die angedeuteten Entwicklungen in der Dynamik des Menschen eine abgrundtiefe Verirrung des Menschengeistes?

---

[10] „A dynamic theological anthropology with the concept of the created co-creator in its core is elaborated by theologian Philip Hefner: Humans are created by God to be co-creators in the creation that God has purposefully brought into being. The word *created* thus relates to being created by God as part of the evolutionary reality (a view sometimes criticized for demanding humans understood as *imago dei*). The word *co-creator* reflects the freedom of humans to participate in fulfilling God's purposes (a view sometimes criticized for super-elevating humans to the same level as God). The paradigm of the created co-creator is Jesus Christ who reveals that the essential reality of humans has never been outside God", Meisinger, H., 2003, 183; vgl. auch Klein, R. W., 2001; Hefner, P., 1993.

# Abkürzungen

| | |
|---|---|
| APo | Analytica Posteriora, Aristoteles |
| APr | Analytica Priora, Aristoteles |
| AT | Adam Tannery, Herausgeber der Werke von René Descartes (s. Literatur) |
| BBKL | Biographisch-Bibliographisches Kirchenlexikon |
| CIC | Codex Iuris Canonicis |
| CPTMA | Corpus Philosophorum Teutonicorum Medii Aevi |
| CSEL | Corpus Scriptorum Ecclesiasticorum Latinorum |
| De An. | De Anima, Aristoteles |
| De Gen. ad litt | De Genesi ad litteram, Augustinus |
| De Pot. | Quaestion disputata de potentia, Thomas von Aquin |
| De Ver. | De Veritate, Thomas von Aquin |
| DMA | Dictionary of the Middle Ages |
| DT | Expositio super Librum Boethii De Trinitate, Thomas von Aquin |
| EN | Ethica Nicomachia, Aristoteles |
| HWPh | Historisches Wörterbuch der Philosophie |
| Kate | Die Kategorien, Aristoteles |
| LdM | Lexikon des Mittelalters |
| LW | Lateinische Werke Meister Eckharts |
| Meta | Metaphysik, Aristoteles |
| MGG | Musik in Geschichte und Gegenwart |
| MPL | Migne Patrologiae cursus completus, Series latina, Bd. 32–47, Paris 1841–1849 |
| OP | Opus Philosophicum, Wilhelm von Ockham |
| OT | Opus Theologicum, Wilhelm von Ockham |
| PeHePoAn | In Aristotelis Libros Peri Hermeneias et Posteriorum Analyticorum Expostio, Thomas von Aquin |
| PhHW | Philosophisches Handwörterbuch |
| Phys-A | Physik, Aristoteles |
| Phys-B | Physik, Buridan: Suptilissimae quaestiones super octo physicorum libros |
| QDA$_1$ | Quaestiones de anima, erste Fassung, Johannes Buridan |
| QDA$_3$ | Quaestiones de anima, dritte Fassung, Johannes Buridan |
| QNE | Quaestiones super decem libros Ethicorum Aristotelis ad Nicomachum, Johannes Buridan |

| | |
|---|---|
| Quodl. | Quodlibeta, Heinrich von Gent, bzw. Ockham |
| ScG | Summa contra Gentiles, Thomas von Aquin |
| STh | Summa Theologica, Thomas von Aquin |
| SL | Summa Logicae, Ockham |
| To | Topik, Aristoteles |
| ThPh | Theologie und Philosophie |
| ThQ | Theologische Quartalschrift, Tübingen |
| TRE | Theologische Realenzyklopädie |

# Literatur

## Primärliteratur

### Quellentexte

AEGIDIUS ROMANUS, Theoremata de corpore Christi, Venetis 1502.

ALHAZEN, Opticae thesauris, hg. von F. Risner, Basilae 1572.

ANSELM VON CANTERBURY, Proslogion Untersuchungen, hg. von F. S. Schmitt (lat.-dt. Ausgabe), Stuttgart-Bad Cannstadt 1962.

ARISTOTELES, Werke in deutscher Übersetzung, hg. von E. Grumach, Bd. 8: Magna Moralia, übersetzt und kommentiert von F. Dirlmeier, Darmstadt ²1966.

–, Aristotelis de Caelo libri, hg. von D. J. Allan, Oxford 1973.

–, Metaphysik, hg. und übersetzt von F. F. Schwarz, Stuttgart 1984.

–, Analytica Posteriora, 2 Bd., hg. von W. Detel, Darmstadt 1993.

–, Physics, Books I–IV, übersetzt von P. H. Wicksteed/F. M. Cornford, London 1993.

–, Physics, Books V–VIII, übersetzt von P. H. Wicksteed/F. M. Cornford, London 1995.

–, Über die Seele, hg. von H. Seidl und übersetzt von W. Theiler (griech.-dt. Ausgabe), Hamburg 1995.

–, Topik, Über die sophistischen Widerlegungsschlüsse, hg. und übersetzt von H. G. Zekl, Hamburg 1997.

–, Kategorien, Hermeneutik oder vom sprachlichen Verstehen, hg. und übersetzt von H. G. Zekl, Hamburg 1998.

–, Erste Analytik, Zweite Analytik, hg. von H. G. Zekl, Hamburg 1998.

–, Nikomachische Ethik, übersetzt von F. Dirlmeier, Stuttgart 1999.

–, Nikomachische Ethik, hg. von R. Nickel und übersetzt von O. Gigon (griech.-dt. Ausgabe), Düsseldorf/Zürich 2001.

AURELIUS AUGUSTINUS, De Trinitate (Bücher V, VIII–XI, XIV–XV), hg. und übersetzt von J. Kreuzer, Darmstadt 2001.

–, Contra Faustum Manicheum, in: CSEL 25, Buch 32 (Sect. VI, Pass. I), hg. von J. Zycha, Prague/Vindobonae/Lipsiae 1891.

–, Augustini Sancti Aurelii opera omnia, in: Migne, Patrologiae cursus completus, Series latina, Bd. 32–47, Paris 1841–1849 (Migneausgabe).

–, Des heiligen Kirchenvaters Aurelius Augustinus Vorträge über das Johannesevangelium, übersetzt und mit einer Einleitung versehen von T. Specht (Reihe: Des Heiligen Kirchenvaters Aurelius Augustinus ausgewählte Schriften, Bibliothek Kirchenväter: [Reihe 1]), Kempten 1914.

AVERROËS, Aristotelis De Physico auditu, in: Aristotelis Opera cum Averrois commentariis, Bd. IV, Venetis 1562.

–, Philosophie und Theologie von Averroes, übersetzt von M. J. Müller, Weinheim 1991.

AVICENNA, Metaphysik, hg. von G. van Riet, Louvain I 1977, II 1980, III 1983.

BERNARDINO TELESIO, De rerum natura juxta propria principia (Bd. I–III 1565–1588), Bd. I: Rom 1565.

BLAISE PASCAL, Pensées. Über die Religion und über einige andere Gegenstände, hg. von E. Wasmuth, Heidelberg ⁸1978.

BOETHIUS, In Isagogen Porphyrii commentarum editio secunda, I,10, in: Corpus Scriptorum ecclesiasticorum latinorum, Bd. 48, hg. von S. Brand, Wien 1906 (Reprint New York 1966).

BOETHIUS VON DACIEN, De aeternitate mundi, Opera VI, 2, hg. von N. G. Green-Pedersen, Hauniae 1976.

BRADWARDINE, T., De cause Dei contra Pelagium et de virtute causarum ad suos Mertonenses libri tres [...] opera et studio Dr. Henrici Savili, Collegii Mertonensis in Academia Oxoniensis custodis, ex scriptis codicibus nunc, primum editi, London, apud Ioannem Billium 1618, reprinted in facsimile Frankfurt a. M. 1964.

CHARLES DARWIN, The Origin of Species by Means of Natural Selection, London 1985.

DIETRICH VON FREIBERG, De natura et proprietate continuorum, Opera Omnia III, hg. von R. Rehn, Hamburg 1983.

DOMINICUS SOTO, Super octo libros Physicorum Aristotelis, Salamanca 1572.

DUNS SCOTUS, Opera (Paris). Ioannis Duns Scoti Opera Omnia. Editio Nova. Juxta Editionem Waddingi XII Tomos Continentem a Patribus Franciscanis de Observantia accurate recognita, 26 Bd, Paris 1891–1895.

–, Opera (Vaticana), Doctor Subtilis et Mariani Ioannis Duns Scoti Ordinis Fratrum Minorum Opera Omnia, hg. von P. C. Balic, Vatican 1950 ff.

EUKLID, Die Elemente, Buch I–XIII, hg. von C. Thaer, Darmstadt 81991.

FRANCIS BACON, Neues Organon, Bd. 1, lat.-dt. Ausgabe, hg. von W. Krohn, Hamburg 1990.

FRANCISCO DE SUÁREZ, De Legibus ac Deo Legislatore. Selections from Three Works of Francisco Suarez S. J., Oxford 1944.

–, Disputationes metaphysicae, lat.-span. Ausgabe, 7 Bd., hg. von S. Rábade, Madrid 1960–1966.

FRANCESCO PATRIZZI, Nova de Universis Philosophia, Ferrara 1591, Venedig 1593.

GABRIEL BIEL, Collectorium ex Occamo circa quatuor sententiarum libros, Tübingen 1501.

GALILEO GALILEI, Il Saggiatore, Rom1623, Lecce 1995.

GIORDANO BRUNO, Das Aschermittwochsmahl, übersetzt von F. Fellmann, Frankfurt a. M. 1969.

–, Zwiegespräche vom unendlichen All und den Welten, verdeutscht und erläutert von L. Kuhlenbeck, Jena 21904, Darmstadt 41973.

GOTTFRIED WILHELM LEIBNIZ, De veris principiis et vera ratione philosophandi contra pseudophilosophos libri IV (Parma 1553), Frankfurt a. M. 1670.

–, Der Leibniz-Clarke Briefwechsel, hg. und übersetzt von V. Schüller, Berlin 1991.

GUILLELMI DE OCKHAM, Opera Theologica (OT I–X), hg. von P. J. Lalor u. a., Bd. I–X, St. Bonaventure/New York 1967–1986.

–, Opera Philosophica (OP I–VII), hg. von P. J. Lalor u. a., Bd. I–VII, St. Bonaventure/New York 1974–1988.

HENRY MORE, Antidote Against Atheism, London 1653, 31662.

–, Enchiridion metaphysicum; sive, de rebus incorporeia succincta & luculenta dissertatio, London 1671.

–, Enchiridion Metaphysicum, in: Opera Omnia II, 1, hg. von S. Hutin, Hildesheim 1966, 133–334.

–, Enchiridion Metaphysicum. The Cambridge Platonists. Henry More: major philosophical works (Facsimile von 1671), Bristol 1997.

HEINRICH VON GENT, Summae quaestionem ordinariarum, Paris 1520 [Nachdruck 1953, in: Franciscan Institute Publications Text Ser. 5].

ISAAC NEWTON, Mathematische Grundlagen der Naturphilosophie, hg. von E. Dellian, Hamburg 1988.

–, Opticks, based on fourth edition London 1730, London 1952.

JOHANNES BURIDAN, Questiones super decem libros Ethicorum Aristotelis ad Nicomachum, Paris 1513.

–, Questiones in tres libras de anima, Paris 1516.

–, Suptilissimae Quaestiones super octo Physicorum libros Aristotelis, Paris 1509, Reprint: Kommentar zur Aristotelischen Physik, Frankfurt a. M. 1964.

Johannes Kepler, Apologia Tychonis contra Nicolaum Raymerum Ursum, in: Opera Omnia I, hg. von V. C. Frisch, Frankfurt a. M./Erlangen 1858.

Johannes Philoponos, Commentary on Aristotle's ‚Physics', hg. von H. Vitelli, CAG XVI–XVII, Berlin 1887/88.

John Of Salisbury, Metalogicon, hg. von C. I. Webb, Oxford 1929.

Lukrez, Vom Wesen des Weltalls, übersetzt von D. Ebener, Berlin/Weimar 1994.

Marcus Tullius Cicero, De legibus, hg. von R. Nickel, Darmstadt 2002.

–, De natura deorum, lat.-dt. Ausgabe, Darmstadt 1996.

Martin Luther, Martin Luthers Werke, Kritische Gesamtausgabe, Bd. 1: Tischreden, Weimar 1912.

–, Martin Luthers Werke, Kritische Gesamtausgabe. Bd. 4: Tischreden, Weimar 1916.

–, Luthers Werke in Auswahl, Bd. 5: Der junge Luther, hg. von E. Vogelsang, Berlin 1933.

Meister Eckhart, Die Lateinischen Werke (LW), Bd. I–V, Stuttgart 1964–2000.

Nicole Oresme, Tractatus de commensurabilite vel incommensurabilite motuum celi, hg. von E. Grant, Madison, Wisconsin 1971.

–, Le livre du ciel and du monde, hg. von A. D. Menut/A. J. Denomy, Medison 1968.

Nikolaus Von Kues, Philosophisch-Theologische Schriften, lat.-dt. Ausgabe, hg. von L. Gabriel, übersetzt und kommentiert von D. Dupré/W. Dupré, Wien 1964.

Obadiah Walker, Ars rationis, maxima ex parte ad mentem Nominalium, Oxford 1773.

Petrus Johannis Olivi, Lectura super Apocalypsim, 2 Bd., hg. von W. Lewis, in: ders., Peter John Olivi: Prophet of the Year 2000, Tübingen 1972; Excerpta edited in: Döllinger, I., Beiträge zur Sektengeschichte des Mittelalters, Bd. II: Dokumente vornehmlich zur Geschichte der Valdesier und Katharen, München 1890, 527–585.

Pierre D'Ailly, Quaestiones super libros Sententiarum, Lyon 1500.

Plato, Protagoras, Bd. I, hg. von G. Eigler und übersetzt von F. Schleiermacher, Darmstadt 1977.

–, Timaios Kritias Philebos, Bd. VII, hg. von G. Eigler und übersetzt von F. Schleiermacher/H. Müller, Darmstadt 1972.

–, Politeia, Bd. IV, hg. von G. Eigler, bearbeitet von D. Kurz und übersetzt von F. Schleiermacher, Darmstadt 1971.

–, Theaitetos, Der Sophist, Der Staatsmann, Bd. VI, hg. von G. Eigler, G., bearbeitet von P. Staudacher und übersetzt von F. Schleiermacher, Darmstadt 1970.

Porphyrius, Isagoge, übersetzt von E. von Rolfes, Hamburg 1958.

René Descartes, Oeuvres de Descartes, hg. von Ch. Adam/P. Tannery, 12 Bd., Paris 1867–1910.

–, Abhandlung über die Methode des richtigen Vernunftgebrauchs, Stuttgart 1993.

–, Meditationes de Prima Philosophia, Stuttgart 1994.

Robert Boyle, Free Inquiry into the vulgarly received Notion of Nature, London 1666.

Robert Kilwardby, De Ortu Scientarum, hg. von G. Albert/O. P. Judy, Toronto 1976.

Tertullian, De carne Christi, in: Corpus Christianorum, Series Latina II, collectum a monachis O.S.B. abbatiae S. Petri in Steenbrugge, edunt Typographi Brepols Editores Pontificii Turnholt, Belgium 1954, 873–917.

Thomas von Aquin, In Metaphysicam Aristotelis. Commentaria, hg. von M.-R. Cathala, Turin 1925.

–, Quaestiones disputata de anima, hg. von P. Mandonnet, Bd. 3, Paris 1925.

–, Summa Theologica. Gottes Dasein und Wesen I, Bd. 1, Frage 1–13, Salzburg 1934.

–, Summa Theologica. Gottes Leben sein Erkennen und Wollen I, Bd. 2, Frage 14–26, Salzburg 1934.

–, Summa Theologica. Wesen und Ausstattung des Menschen I, Bd. 6, Frage 75–89, Salzburg 1937.

–, In Aristotelis Libros De Caelo et Mundo. De Generatione et Corruptione Meteorologicorum, hg. von P. F. Raymindi/M. Spiazzi, Turin/Rom 1952.

–, De natura materiae, in: Wyss, J. M. (Hg.), Textus philosophici Fribourgensis 3, Louvain/ Fribourg 1953.

–, In Aristotelis Libros Peri Hermeneias et Posteriorum Analyticorum Expositio, hg. von P. F. Raymundi/M. Spiazzi, Turin 1955.

–, Quaestiones Quodlibetales, Turin 1956.

–, Exposition super Librum Boethii de Trinitate, hg. von B. Decker (Studien und Texte zur Geistesgeschichte des Mittelalters, Bd. IV), Leiden 1959.

–, Über das Sein und das Wesen, hg. und übersetzt von R. Allers, Darmstadt 1965.

–, Des heiligen Thomas von Aquino Untersuchungen über die Wahrheit (Quaestiones disputatae de veritate) in Deutsch übertragen, hg. von E. Stein, Darmstadt 1970.

–, Summa Theologica. Das Gesetz. I–II, 90–105, hg. von O. H. Pesch, Bd. 13, Graz/Wien/ Köln/Heidelberg 1977.

–, Quaestion disputata de potentia, S. Thomae Aquinatis Opera Omnia, Bd. 3, Stuttgart 1980, 186–269.

–, Summe gegen die Heiden, hg. von K. Albert/P. Engelhardt, Darmstadt 1982.

–, De principiis naturae – Die Prinzipien der Wirklichkeit, übersetzt und kommentiert von R. Heinzmann, Stuttgart 1999.

–, Des Hl. Thomas von Aquino Untersuchungen über die Wahrheit, Bd. I, quaest. 1–13, hg. von L. Gelber und übersetzt von E. Stein, Louvain/Fribourg 1952; Bd. II, quaest. 14–29, Louvain/Fribourg 1955.

WILHELM VON CONCHES, Philosophia, hg. von G. Maurach, Pretoria 1980.

WILLIAM PALEY, Natural Theology: or, Evidences of the Existence and Attributes of the Deity, collected from the Appearances of Nature, in: The works of William Paley, hg. von R. Lyman, 6 Bd., Edinburgh 1825, Bd. 4.

## Sekundärliteratur

### *Lexika, Wörterbücher*

Biographisch-bibliographisches Kirchenlexikon, hg. von F. W. Bautz, Herzberg/Nordhausen 1996 ff; Internetlexikon www.bautz.de.

Dictionary of the Middle Ages, hg. von J. R. Strayer, Bd. 11, New York 1988.

Historica Critica Philosophiae, hg. von J. Brucker, Bd. III, Leipzig 1743.

Historisches Wörterbuch der Philosophie, hg. von J. Ritter, Darmstadt 1971 ff.

Lexikon des Mittelalters, hg. von R. Auty/N. Angermann/R.-H. Bautier, München/Zürich 1977 ff.

Musik in Geschichte und Gegenwart, hg. von F. Blume, Kassel 1989.

Philosophiegeschichtliches Lexikon: Historisch-biographisches Handwörterbuch zur Geschichte der Philosophie, hg. von L. Noack, Leipzig 1879, Nachdruck Stuttgart-Bad Cannstadt 1968, 1986.

Technik und Religion, hg. von W. Dettmering/A. Hermann, Düsseldorf 1990.

Theologische Realenzyklopädie, hg. von G. Müller/G. Krause, Berlin/New York 1976–2004.

Universal-Lexicon, hg. von J. H. Zedler, Bd. 25, Leipzig 1740.

### *Bibliographie*

BECKMANN, J. P. (Hg.), Ockham Bibliographie 1900–1990, Hamburg 1992.

### *Monographien, Aufsätze*

ACHTNER, W., Physik, Mystik und Christentum. Eine Darstellung und kritische Diskussion der natürlichen Theologie bei T. F. Torrance, Frankfurt a. M. 1991.

- /KUNZ, S./WALTER, T., Dimensionen der Zeit, Darmstadt 1998.
-, Infinity in Science and Religion. The creative Role of Thinking about Infinity, in: Neue Zeitschrift für Systematische Theologie 47, 2005, 392–411.
-, Die Chaostheorie, Geschichte – Gestalt – Rezeption, EZW Text 135, Berlin 1997.
ADAMS, M. McCORD, The Structure of Ockham's Moral Theory, in: Franciscan Studies 46, 1986, 1–36.
-, William Ockham, 2 Bd., Notre Dame, Indiana 1987.
-, Ockham's Individualisms, in: W. Vossenkuhl/R. Schönberger (Hg.), Die Gegenwart Ockhams, Weinheim 1990, 36–58.
AERTSEN, J. A./SPEER, A. (Hg.), Individuum und Individualität im Mittelalter, Miscellanea Mediaevalia, Bd. 24, New York 1996.
-, Raum und Raumvorstellungen im Mittelalter, Miscellanea Mediaevalia, Bd. 25, New York 1998.
ALLERS, R. (1965), Thomas von Aquin, Über das Sein und das Wesen, dt.-lat. Ausgabe, Darmstadt 1965.
ANTWEILER, A., Der Begriff der Wissenschaft bei Aristoteles, Bonn 1936.
ANZENBACHER, A. (1992), Wie autonom ist das thomanische Gewissen, in: Wiener Jahrbuch für Philosophie XXIV, 1992, 179–192.
-, Einführung in die Ethik, Düsseldorf 1992.
- (1999), Einführung in die Philosophie, Freiburg i. Br./Basel/Wien [7]1999.
ARIOTTI, P. E. (1973A), Toward Absolute Time: Continental Antecedents of the Newtonian Conception of Absolute Time, in: Studi Internationali di Filosofia V, 1973, 141–168.
- (1973B), Toward Absolute Time: The Undermining and Refutation of Aristotelian Conception of Time in the 16th and 17th Centuries, in: Annals of Science 30,1, 1973, 31–50.
ARIS, M.-A., Art. R. Holcot, in: Lexikon des Mittelalters VII, 1995, Sp. 907.
ARMSTRONG, D. M., What is a Law of Nature? Cambridge 1983, deutsch: Was ist ein Naturgesetz?, Berlin 2004.
ASHWORTH, W. B. JR., Catholicism and Early Modern Science, in: D. C. Lindberg/R. L. Numbers (Hg.), God & Nature, Historical Essays on the Encounter between Christianity and Science, London/Berkeley/Los Angeles 1986, 136–166.
BAKER, J. T., An historical and critical examination of English space and time theories, New York 1930.
BANDMANN, H., Die Unendlichkeit des Seins. Cantors transfinite Mengenlehre und ihre metaphysischen Wurzeln, Frankfurt a. M. 1992.
BANNACH, K., Die Lehre von der doppelten Macht Gottes bei Wilhelm von Ockham. Problemgeschichtliche Voraussetzungen und Bedeutung, Wiesbaden 1975.
BARLOW, N., The Autobiography of Charles Darwin, London 1958.
BARROW, J. D./TIPLER, F. J., The Anthropic Cosmological Principle, Oxford 1988.
-, The Constants of Nature. From Alpha to Omega, London 2003.
BAUDRY, L., Lexique philosophique de Guillaume d'Ockham. Étude des notions fondamentales, Paris 1958.
BAYERTZ, K., Evolution und Ethik, Stuttgart 1993.
BAZÁN, B., Le réconciliation de la foi et de la raison était-elle possible pour les aristotéliciens radiceaux?, in: Dialogue 19, 1980, 235–254.
BECKMANN, J. P., Ontologisches Prinzip oder methodologische Maxime? Ockham und der Ökonomiegedanke einst und jetzt, in: W. Vossenkuhl/R. Schönberger (Hg.), Die Gegenwart Ockhams, Weinheim 1990, 191–207.
-, Ockham Bibliographie 1900–1990, Hamburg 1992.
-, Art. Metaphysik, in: Lexikon des Mittelalters VI, 1993, Sp. 570–576.
-, Wilhelm von Ockham, München 1995.
BELMANS, T. G., Hält Thomas von Aquin die menschliche Natur für wandelbar?, in: Münchener Theologische Zeitschrift 30, 1979, 208–217.

BENRATH, G. A., Art. Buße V. Historisch, in: TRE VII, 1981, Sp. 452–473.

BENZ, E., Evolution and Christian Hope: Man's Concept of the Future from the Early Fathers to Teilhard de Chardin, Garden City 1966.

BESSELER, H., Art. Ars Nova, in: MGG 1, 1989, Sp. 702–729.

BETTINI, O., La temporalità della cose e l'esigenza di un principio assoluto nella dotrina di Olivi, in: Antonianum, 1953, 148–187.

BIANCHI, L., L'errore di Aristotle. La polemica contro l'eternità del mondo nel XIII secolo, Florenz 1984.

BIRNBACHER, D., John Stuart Mill (1806–1873), in: O. Höffe (Hg.), Klassiker der Philosphie II, Von Immanuel Kant bis Jean-Paul Sartre, München 1981, 132–152.

BLANCHE, F. A., La théorie de l'abstraction chez saint Thomas d'Aquin, in: Mélanges Thomistes, 1934, 237–251.

BLUMENBERG, H., Die Lesbarkeit der Welt, Frankfurt a. M. 1986.

–, Die Legitimität der Neuzeit, Frankfurt a. M. ³1997.

BOCHEŃSKI, J. M., Wege zum philosophischen Denken, Freiburg i. Br. ¹⁰1972.

BODEWIG, E., Die Stellung des hl. Thomas von Aquino zur Mathematik, in: Archiv für Geschichte der Philosophie XLI, 1932, 401–434.

BOEHNER, P., The ‚Tractatus de successivis' attributed to William Ockham. Edited with a study on the Life and Works of Ockham, Franciscan Institute Publications No. 1, St. Bonaventure/New York 1944.

–, The Realistic Conceptualism of William Ockham, in: Traditio IV, 1946, 307 ff.

–, Ockham's Theory of Truth, in: E. M. Buytaert (Hg.), Collected Articles on Ockham, St. Bonaventure/New York 1958, Reprint ²1992, 399–420.

–  (1958A, Reprint ²1992), Zu Ockhams Beweis der Existenz Gottes. Texte zur Erläuterung, in: E. M. Buytaert (Hg.), Collected Articles on Ockham, St. Bonaventure/New York 1958, Reprint ²1992, 399–420.

–  (1958B, Reprint ²1992), The notitia intuitiva of non-existents according to William Ockham, in: E. M. Buytaert (Hg.), Collected Articles on Ockham, St. Bonaventure/New York 1958, Reprint ²1992, 268–299.

–  (1958C, Reprint ²1992), Collected Articles on Ockham, Buytaert, E. M. (Hg.), St. Bonaventure/New York 1958, Reprint ²1992.

–, Introduction to William of Ockham, in: Philosophical Writings: A Selection, New York 1964.

BÖHM, G., Studien zur Perspektivität. Philosophie und Kunst in der frühen Neuzeit, Heidelberg 1969.

–, Bildnis und Individuum. Über den Ursprung der Porträtmalerei in der italienischen Renaissance, München 1985.

BONITZ, H., Index aristotelicus, in: Aristotelis Opera ex recensione Immanuelis Bekkeri edidit Academia regia borussica. Bd. 5. Editio altera quam curavit Olof Gigon. Berlin 1961.

BORCHERT, E., Die Lehre von der Bewegung bei Nikolaus Oresme, in: Beiträge zur Geschichte der Philosophie und Theologie des Mittelalters 31,3, Münster i. W. 1934.

BORKENAU, F., Der Übergang vom feudalen zum bürgerlichen Weltbild. Paris 1934, Darmstadt (Reprint) 1971, New York (Reprint) 1975.

BORMANN, F.-J., Natur als Horizont sittlicher Praxis, Stuttgart 1999.

BORNKAMM, H., Kopernikus im Urteil der Reformatoren, in: G. Ritter (Hg.), Archiv für Reformationsgeschichte. Forschungen zur Geschichte des Protestantismus und seiner Weltwirkungen, Jahrgang 40, 1943, 171–183. Reprint Nendeln/Liechtenstein 1974.

BOTTIN, F., Ockhams offene Rationalität, in: W. Vossenkuhl/R. Schönberger (Hg.), Die Gegenwart Ockhams, Weinheim 1990, 51–62.

BOYLE, R., Free Inquiry into the vulgarly received Notion of Nature, London 1666.

BRANDT, R., Art. Naturrecht, in: HWPh VI, 1984, Sp. 560–571.

BREIDERT, W., Das aristotelische Kontinuum in der Scholastik (Beiträge zur Geschichte der Philosophie und Theologie des Mittelalters, N. F. 1), Münster ²1970.

BRICKMANN, B., Translation of Patrizi's De Spatio, in: Journal of the History of Ideas 4, 1943, 224–243.

BROOKE, J. H., Science and Religion. Some Historical Perspectives, Cambridge [2]1995.

–, Revisiting Darwin on Order and Design, in: N. H. Gregersen/U. Görmann (Hg.), Design and Disorder, Perspectives from Science and Religion, Edinburgh 2002, 31–52.

BRÖCKER, W., Aristoteles, Frankfurt a. M. 1957.

BRUCHDAHL, G., Metaphysics and the Philosophy of Science, Oxford 1969.

BRUCKER, J., Historia Critica Philosophiae, Bd. III, Leipzig 1743.

BUCHER, Z.,. Die Natur als Ordnung bei Thomas von Aquin, in: Salzburger Jahrbuch für Philosophie XIX, 1974, 219–238.

BÜCHNER, L., Kraft und Stoff, Leipzig [9]1867.

BULST, N., Bevölkerung – Entvölkerung. Demographische Gegebenheiten, ihre Wahrnehmung, ihre Bewertung und ihre Steuerung im Mittelalter, in: Miethke, J./Schreiner, K., Sozialer Wandel im Mittelalter, Sigmaringen 1994, 427ff.

BURCKHARDT, J., Die Kultur der Renaissance in Italien, Stuttgart [11]1988.

BURCKHARDT, M., Metamorphosen von Raum und Zeit. Eine Geschichte der Wahrnehmung, Frankfurt a. M./New York 1997.

BURR, D., The Lectura super Apocalypsim and the Franciscan Exegetical Tradition, in: Francescanesimo e cultura universitaria, Atti dei XVI convegno internazionale, Assisi, 13–14–15 ottobre 1988, Università degli Studi-Centro di Studi Franciscani, Perugia 1990, 113–135.

BURTT, E. A., The Metaphysical Foundations of Modern Physical Science, London 1932, [2]1959.

BUYTAERT, E. M. v. (Hg.), Collected Articles on Ockham. St. Bonaventure/New York 1958, Reprint [2]1992.

CANNON, S. F., The Basis of Darwin's Achievements: A Revaluation, in: Victorian Studies 5, 1961, 109–134.

CANTOR, G., Gesammelte Abhandlungen mathematischen und philosophischen Inhalts, Berlin 1932, Reprint [2]1980.

CARDWELL, D. S. L., Turning Points in Western Technology, New York 1972.

CARNAP, R., Einführung in die Philosophie der Naturwissenschaft, hg. von M. Gardner, München 1969.

CASSIRER, E., Substanzbegriff und Funktionsbegriff, Berlin [1]1910, Darmstadt [7]1994.

–, Keplers Stellung in der Europäischen Geistesgeschichte, in: Verhandlungen des naturwissenschaftlichen Vereins in Hamburg, Serie 4, Bd. 4, 1930, 135–147.

–, Die platonische Renaissance in England und die Schule von Cambridge, Studien Bibliothek Warburg 1932.

–, Wahrheitsbegriff und Wahrheitsproblem bei Galilei, in: Scientia 62, 1937, 121–130; und 185–193.

–, Galileo's Platonism, in: Studies and Essays in the History of Science and Learning, New York 1944, 277–298.

–, Individuum und Kosmos in der Philosophie der Renaissance, Leipzig/Berlin [1]1927, Reprint Darmstadt [7]1961.

–, Descartes' Kritik der mathematischen und naturwissenschaftlichen Erkenntnis, abgedruckt als Einleitung, in: Leibniz' System in seinen wissenschaftlichen Grundlagen, Marburg 1902, Reprint Darmstadt 1962.

–, Die Antike und die Entstehung der exakten Wissenschaft, in: R. Berlinger (Hg.), Ernst Cassirer Philosophie und exakte Wissenschaft (Quellen der Philosophie), Frankfurt a. M. 1969, 11–38.

– (1991A, Reprint [3]1922), Das Erkenntnisproblem in der Philosophie und Wissenschaft der neueren Zeit, Bd. I, Darmstadt 1991, Reprint [3]1922.

– (1991B, Reprint [3]1922), Das Erkenntnisproblem in der Philosophie und Wissenschaft der neueren Zeit, Bd. II, Darmstadt 1991, Reprint [3]1922.

–, Descartes Lehre – Persönlichkeit – Wirkung, Hamburg 1995.

CHARDIN, T. DE, Der Mensch im Kosmos, München 1985.

CHENU, M.-D., Moines, clercs, laïcs au carrefour de la vie évangélique (XIIᵉ siècle), in: Revue d'histoire ecclésiastique 49, 1959, 59–89.

–, (O. P.) La Théologie au Douzième Siècle, in: J. Vrin (Hg.), Études de Philosophie Médiévale XLV, Paris 1957, 142–158.

–, Das Werk des Heiligen Thomas von Aquin, Graz/Wien/Köln 1960.

–, Nature, Man and Society in the Twelfth Century, in: J. Taylor/L. K. Little (Hg.), Essays on New Theological Perspectives in the Latin West, Chicago/London 1968, 162–201.

CIPOLA, C. M., Gezählte Zeit. Wie die mechanische Uhr das Leben veränderte, Berlin 1997.

CLAGETT, M./MOODY, E. A., The Medieval Science of Weights, Madison 1952.

–, The Science of Mechanics in the Middle Ages, London 1959.

CLARK, R. W., Saint Thomas Aquinas's Theory of Universals, in: Monist 58, 1974, 163–172.

COHEN, I. B., Science and the Founding Fathers. Science in the Political Thought of Thomas Jefferson, Benjamin Franklin, John Adams & James Madison, New York 1995.

COLLINGWOOD, R. G., The Idea of Nature, Oxford 1960.

COMTE, A., Entwurf der wissenschaftlichen Arbeiten, welche für eine Reorganisation der Gesellschaft erforderlich sind, Leipzig 1914.

–, Plan de Traveaux Scientifiques Nécessaires pour Réorganiser la Société, Paris 1970.

–, Rede über den Geist des Positivismus, franz.-dt. Ausgabe, Hamburg ²1966.

–, Cours de philosophie positive, 6 Bd., Paris 1830–1842, ⁵1892–1894.

–, Discours sur l'esprit positif, Paris 1844.

–, Rede über den Geist des Positivismus, franz.-dt. Ausgabe, Hamburg ²1966.

CONEN, P. F., Die Zeittheorie des Aristoteles, München 1964.

COPENHAVER, B. P., Jewish Theologies of Space in the Scientific Revolution: Henry More, Joseph Raphson, Isaac Newton and their Predecessors, in: Annals of Science 37, 1980, 489–548.

COPLESTON, F., A History of Medieval Philosophy, London 1990.

COURTENAY, W. J., Was there an Ockhamist School?, in: J. F. M. Maarten/J. H. Hoenen/J. Schneider/G. Wieland (Hg.), Philosophy and Learning, Universities in the Middle Ages, Leiden/New York/Köln 1995, 263–292.

–, In search of nominalism: Two centuries of historical debate, in: Imbach, R./Maierù, A. (Hg.), Gli studi di filosophia medievale fra Otto e Novecento. Contributo a un bilancio storiographico. Atti del convegno internationale, Roma, 21–23 settembre 1989, Roma 1991, (Storia e Litteratura 179), 233–251.

–, Schools and Scholars in Fourteenth-Century England, Princeton 1987.

– (1987A), The Reception of Ockham's Thought in Fourteenth-Century England, in: A. Hudson/M. Wilks (Hg.), From Ockham to Wycliff, Oxford 1987, 89–107.

–, The Dialectic of Omnipotence in the High and Late Middle Ages, in: T. Rudavsky (Hg.), Divine Omniscience and Omnipotence in Medieval Philosophy. Islamic, Jewish and Christian Perspectives, Dordrecht/Lancaster 1985 (=SyHL 25), 243–269.

–, Capacity and Volition, A History of the Distinction of Absolute and Ordained Power, Bergamo 1990.

CRAMER, F., Der Zeitbaum. Grundlegung einer allgemeinen Zeittheorie. Frankfurt a. M. [1993], 1994.

CROCKET, C., The Confusion over Nominalism, in: the Journal of Philosophy 47, 1950, 752 ff.

CROMBIE, A. C., Robert Grosseteste, and the origins of experimental science, 1100–1700, Oxford 1953.

DAY, S. J., Intuitive Cognition, a Key of the Significance of the Later Scholastics, Franciscan Institute Publ., Phil. Ser. 4, St. Bonaventure/New York 1947.

DARWIN, F., The Life and Letters of Charles Darwin, 3 Bd. London 1887.

DARWIN, C., Ursprung und Entwicklung der moralischen Gefühle, in: K. Bayertz (Hg.), Evolution und Ethik, Stuttgart 1993, 37–48.

DEASON, G.B., Reformation Theology and the Mechanistic Conception of Nature, in: D.C. Lindberg/R.L. Numbers (Hg.), God & Nature, Historical Essays on the Encounter between Christianity and Science, Berkeley/Los Angeles/London 1986, 167–191.

DEMPF, A., Meister Eckhart. Eine Einführung in sein Werk, Basel 1934.

–, Die Naturphilosophie Ockhams als Vorbereitung des Kopernikanismus, in: Bayrische Akademie der Wissenschaften, Philosophisch-Historische Klasse 2, 1974, 3–20.

DENIFLE, H./CHATELAIN, A. (Hg.), Chartularium I/II: in: Chartularium Universitatis Parisiensis 1 und 2, Paris 1889 (=Brüssel 1964).

DETEL, W. (Hg.), Aristoteles, Analytica Posteriora, 2 Bd., Darmstadt 1993.

DEUSER, H., Variationen über Nominalismus, in: U. Andrée/F. Miege/C. Schwöbel (Hg.), Leben und Kirche (FS W. Härle), Marburg 2001, 139–153.

DE VRIES, J., Das Problem der Naturgesetzlichkeit bei Thomas von Aquin, in: Scholastik XIX, 1944, 503–517.

DE WULF, M., Histoire de la Philosophie médieval III, Après le 13e siècle, Louvain/Paris 1947.

DIJKSTERHUIS, E.J., Die Mechanisierung des Weltbildes, Berlin/Göttingen/Heidelberg 1956, englisch: The Mechanization ot the World Picture, Oxford 1961.

DILLENBERGER, J., Protestant Thought and Natural Science: A Historical Interpretation, New York 1960.

DIRLMEIER, F. (Übers.), Aristoteles, Nikomachische Ethik, Stuttgart 1999.

DITTRICH, O., Geschichte der Ethik III, Leipzig 1926.

DRAKE, S., Impetus Theory Reappraised, in: Journal of the History of Ideas XXXVI, 1, 1975, 32 ff.

DRAPER, J.W., History of the Conflict between Religion and Science, London 1874.

DUHEM, P., Σωξειν τα φαινομενα, Essai sur la notion die Theorie physique de Platon à Galile, Paris 1908.

– (1908A), Le mouvement relatif et le mouvement absolu, in: Revue de Philosophie 12, 1908, 3–199.

– (1909A), Etude sur Léonard de Vinci, ceux qu'il a lus et ceux qui l'ont lu. Second série, Paris 1909.

– (1909B), Un fragment inédit de l'opus tertium de Roger Bacon, Florenz 1909.

–, Le système du monde, histoire des doctrines cosmologiques de Platon a Copernic Bd. I–X, [Bd. XI–X posthum Pierre-Duhem, H. (Hg.)] Paris 1913 [1917/1954]–1959, Nachdruck 1971–1979.

–, Medieval Cosmology, Theories of Infinity, Place, Time, Void, and the Plurality of Worlds, hg. von R. Ariew, Chicago/London, 1985.

–, Ziel und Struktur der physikalischen Theorien, Leipzig ¹1907, Reprint Hamburg ²1998.

DÜRING, I., Von Aristoteles bis Leibniz, Darmstadt 1968.

DÜHRING, E.K., Kritische Geschichte der allgemeinen Prinzipien der Mechanik, Leipzig 1877.

DUPREE, A.H., Asa Grey, 1810–1888, Cambridge, Massachusetts/Harvard 1959.

EDDINGTON, A.S., Science and the Unseen World, Swarthmore Lecture, New York 1929.

EDWARDS, W.F., Randall on the Development of Scientific Method in the School of Padua, in: A.P. Anton (Hg.), Naturalism and Historical Understanding: Essays on the Philosophy of John Herman Randall, Jr., Albany 1967, 55–66.

EINSTEIN, A., Zur Elektrodynamik bewegter Körper, in: Annalen der Physik 17, 1905, 891–921.

–, Grundzüge der Relativitätstheorie, Braunschweig ⁵1984.

–, Aus meinen späteren Jahren, Frankfurt a.M. ⁴1993.

ELDERS, L., Aristotle's Theology. A Commentary on Book Lamda of the Metaphysics, Assen 1972.

–, The Philosophy of Nature of St. Thomas Aquinas. Nature, the Universe Man, Darmstadt 1997.

ELERT, W., Morphologie des Luthertums, München 1931.

ETZKORN, G.J., Ockham's View on the Human Passions in the Light of his Philosophical Anthropology, in: W. Vossenkuhl/R. Schönberger (Hg.), Die Gegenwart Ockhams, Weinheim 1990, 265–287.

EVERS, D., Raum-Materie-Zeit. Schöpfungstheologie im Dialog mit naturwissenschaftlicher Kosmologie, in: H.D. Betz/P. Bühler/I. Dalferth/D. Lange (Hg.), Hermeneutische Untersuchungen zur Theologie, Bd. 41, Tübingen 2000.

FABRO, C., Participation et causalité selon S. Thomas d'Aquin, Louvain/Paris 1961.

FARRELL, P.M., Sources of St. Thomas' Concept of Natural Law, in: The Thomist 20,3, 1957, 237–294.

FERRARI, M., Ernst Cassirer und Pierre Duhem, in: E. Rudolph/B.-O. Küppers (Hg.), Kulturkritik nach Ernst Cassirer, Hamburg 1995, 177–196.

FIERZ, M., Über den Ursprung und die Bedeutung der Lehre Isaac Newtons vom absoluten Raum, in: Gesnerus 11, 1954, 62–120.

FINNIS, J., Natural Inclinations and Natural Rights: Deriving „Ought" from „Is" According to Aquinas, in: L.J. Elders/K. Hedwig (Hg.), Lex and Libertas, Studi Tomistici 30, Vatican City 1987, 45 ff.

FISCHER, E.P., Aristoteles, Einstein und Co.: Eine kleine Geschichte der Wissenschaft in Porträts, München ²1996.

FLASCH, K., Das philosophische Denken im Mittelalter, Stuttgart 1986.

–, Aufklärung im Mittelalter? Die Verurteilung von 1277. Das Dokument des Bischofs von Paris übersetzt und erklärt von Kurt Flasch. Mainz 1989.

–, Was ist Zeit? Augustinus von Hippo. Das XI. Buch der Confessiones. Historisch-Philologische Studie. Text-Übersetzung-Kommentar, Frankfurt a.M. 1993.

FOLKERTS, M., Art. Heytesbury, William, in: LdM IV, 1989, Sp. 2206.

FORBES, R., Art. Power, in: C. Singer/E.J. HolmYard/A.R. Hall (Hg.), A History of Technology, Bd. II, The Mediterranean Civilization and the Middle Ages, Oxford 1956, 589–622.

FORSCHNER, M., Κοινος νομος – lex naturalis. Stoisches und christliches Naturgesetz, in: Über das Handeln im Einklang mit der Natur, Darmstadt 1998, 5–30.

FOSTER, M.B., Christian Theology and Modern Science of Nature, in: Mind XLIII, 1934, 446–468.

–, Christian Theology and Modern Science of Nature, in: Mind XLV, 1936, 1–27.

FRAASSEN, B. VAN, Laws and Symmetry, Oxford 1989.

FRANK, J., Zur Geschichte des Astrolabs, Erlangen 1920.

FREPPERT, L., The Basis of Morality According to William of Ockham, Chicago 1988.

FRIED, J., Aufstieg aus dem Untergang. Apokalyptisches Denken und die Entstehung der modernen Naturwissenschaft im Mittelalter, München 2001.

FRITZ, K. VON, Die APXAI in der griechischen Mathematik, in: ders., Grundprobleme der Geschichte der antiken Wissenschaft, Berlin/New York 1971, 335 ff.

FRUGONI, C., Das Mittelalter auf der Nase. Brillen, Bücher Bankgeschäfte und andere Erfindungen des Mittelalters, München 2003.

FUCHS, J., Der Absolutheitscharakter der sittlichen Handlungsnormen, in: H. Wolter (Hg.), Testimonium veritati. Philosophische und theologische Studien zu kirchlichen Fragen der Gegenwart, Frankfurt a.M. 1971, 211–240.

FUCHS, O., The Psychology of Habit According to William Ockham, St. Bonaventure/Louvain 1952.

FUNKENSTEIN, A., Theology and the Scientific Imagination from the Middle Ages to the Seventeenth Century, Princeton 1986.

GAWOLL, H.J., Über den Augenblick. Auch eine Philosophiegeschichte von Platon bis Heidegger in: Archiv für Begriffsgeschichte XXXVII, 1994, 152–179.

GEIGER, L.-B., La participation dans la philosophie de saint Thomas. Paris 1953.

–, Abstraction et séperation d'après saint Thomas in de Trinitate q. 5 a. 3, in: Rev. Scienc. Philos. Théol. XXXI, 1947, 3–40.

GERBERT, M., Scriptores Ecclesiastici de Musica sacra potissimum, Bd. III, Hildesheim 1963.

GERICKE, H., Mathematik in Antike und Orient. Mathematik im Abendland. Von den römischen Feldmessern bis zu Descartes, Wiesbaden ²1993.

GILBERT, N. W., Galileo and the School of Padua, in: Journal of the History of Philosophy 1, 1963, 223–231.

GILLISPIE, C. C., Genesis and Geology: A study in the Relations of Scientific Thought, Natural Theology, and Social Opinion in Great Britain, 1790–1850, Cambridge, Massachusetts/ Harvard 1951.

GILSON, E., The Unity of Philosophical Experimence, New York 1941.

–, La philosophie au Moyen-Age, Paris 1922, ²1945.

–, L'être et l'essence, Paris 1948.

–, History of Christian Philosophy in the Middle Ages, London 1955.

GLORIEUX, P., L'enseignement au moyen age, in: Archives d'histoire doctrinal et littéraire du moyen âge 25, 1968, 65–186.

GODDU, A., The Physics of William of Ockham, Leiden/Köln 1984.

–, Connotative Concepts and Mathematics in Ockham's Natural Philosophy, in: Vivarium XXXI, 1, 1993, 106–139.

–, William of Ockham's „Empiricism" and Constructive Empiricism, in: W. Vossenkuhl/R. Schönberger (Hg.), Die Gegenwart Ockhams, Weinheim 1990, 208–231.

GOLDSTEIN, J., Nominalismus und Moderne. Zur Konstitution neuzeitlicher Subjektivität bei Hans Blumenberg und Wilhelm von Ockham, Freiburg i. Br. 1998.

GOSZTONYI, A., Der Raum. Geschichte seiner Probleme in Philosophie und Wissenschaften, Bd. 1, Freiburg i. Br./München 1976.

GOTTL-OTTILIENFELD, F. VON, Wirtschaft und Technik, Tübingen 1923.

GRABMANN, M., Mittelalterliches Geistesleben. Abhandlungen zur Geschichte der Scholastik und Mystik [I]. München 1926, Reprint ²1956, ³1975.

–, Die Disputationes metaphysicae des Franz Suárez in ihrer methodischen Eigenart und Fortwirkung, in: ders., Mittelalterliches Geistesleben. Abhandlungen zur Geschichte der Scholastik und Mystik [I], München 1926, 525–560.

–, Die Geschichte der scholastischen Methode. Nach den gedruckten und ungedruckten Quellen, 2 Bd., Freiburg i. Br. 1909, 1911.

GRACIA, J. E., Cutting the Gordian Knot of Ontology: Thomas's Solution to the Problem of Universals. Thomas Aquinas and His Legacy, in: D. Gallagher (Hg.), Studies in Philosophy and the History of Philosophy 28, Washington D. C. 1994, 16–36.

GRÄB-SCHMIDT, E., Technikethik und ihre Fundamente. Dargestellt in Auseinandersetzung mit den technikethischen Ansätzen von G. Ropohl und W. Ch. Zimmerli, Berlin/New York 2002.

GRAESER, A., Platons Ideenlehre. Sprache, Logik und Metaphysik. Eine Einführung, Bern/ Stuttgart 1975.

GREAVES, R., Puritanism and Science: The Studies in Medieval Science and Natural Philosophy Anatomy of an Controversy, in: Journal of the History of Ideas 30, 1969, 345–368.

GRANT, E., The condemnation of 1277, God's absolute power and physical thought in the late Middle Ages, in: Studies in Medieval Science and natural Philosophy, London 1981; ebenso in: Viator 10, 1979, 211–244.

–, Physical Science in the Middle Ages, New York 1971.

– (Hg.), (1971A), Nicole Oresme, Tractatus de commensurabilitate vel incommenssura bilitate motuum celi, Madison, Wisconsin 1971.

–, Cosmology, in: D. C. Lindberg (Hg.), Science in the Middle Ages, Chicago 1978, 266–273.

– (1981A), Studies in Medieval Science and Natural Philosophy, London 1981.

– (1981B), Much Ado about Nothing: Theories of space and vacuum from the Middle Ages to the Scientific Revolution, Cambridge 1981.

–, Issues in Natural Philosophy at Paris in the Late Thirteenth Century, in: Medievalia et Humanistica 13, 1985, 75–94.

–, Science and Theology in the Middle Ages, in: D. L. Lindberg/R. L. Numbers (Hg.), God & Nature, Historical Essays on the encounter between Christianity and Science, London 1986, 49–75.

–, The Foundations of Modern Science in the Middle Ages, Cambridge [1996], ²1998.

GRATTAN-GUINNESS, I., The Norton History of the Mathematical Sciences, London/New York 1997.

GRAUS, F., Pest, Geißler, Judenmorde, Göttingen 1987.

GREBENJUK, N. J. (1991A), Ockhams Lehre vom Menschen (russ.), in: Anthropologische Probleme der westlichen Philosophie, Moskau 1991, 27–35.

– (1991B), Das Problem der Seele und ihrer Vermögen in Ockhams Lehre vom Menschen (russ.), in: Logos 1, 1991, 76–82.

GREIVE, H., Zur Relationentheorie Wilhelms von Ockham, in: Franziskanische Studien 47, 1967, 248–258.

GRONEMEYER, M., Das Leben als letzte Gelegenheit, Darmstadt 1993.

GRONER, J. F./UTZ, A. F., Thomas von Aquin. Naturgesetz und Naturrecht, Sammlung Politeia, Bd. XXXIV, Bonn 1996.

GRUNDER, R., Science, Nature and Christianity, in: Journal of Theological Studies 26, 1975, 55–81.

GUELLUY, R., Philosophie et théologie che Guillaume d'Ockham, Louvain/Paris 1947.

GUNTHÖR, A., „Natur" im Naturgesetz nach Thomas von Aquin, in: L. J. Elders/K. Hedwig (Hg.), Lex et Libertas, Studi Tomistici 30, Città del Vaticano 1987, 82–98.

HABERMEHL, L. M., Die Abstraktionslehre des hl. Thomas von Aquin, Kallmünz 1933.

HALLER, J., Papsttum und Kirchenreform. Vier Kapitel zur Geschichte des ausgehenden Mittelalters, Reprint Berlin/Zürich/Dublin ²1966.

HALLER, R., Neopositivismus. Eine historische Einführung in die Philosophie des Wiener Kreises, Darmstadt 1993.

HAMEL, J., Nicolaus Copernicus, Leben, Werk und Wirkung, Darmstadt 1994.

HANSEN, B. (Hg.), Nicole Oresme and the Marvels of Nature: A Study of His ‚de causis mirabilium' with Critical Edition, Translation, and Commentary, Toronto 1985.

HASKINS, C. H., Studies in the History of Mediaeval Science. New York 1960.

HATFIELD, G., Metaphysics and the New Science, in: D. C. Lindberg/R. S. Westmann (Hg.), Reappraisals of the Scientific Revolution, Cambridge 1990, 93–166.

HÄGGLUND, B., Theologie und Philosophie bei Luther und in der occamistischen Tradition: Luthers Stellung zur doppelten Wahrheit, Lund 1955.

HARTMANN, N., Aufbau der realen Welt. Grundriss der allgemeinen Kategorienlehre, Berlin 1940.

HEATH, T., Mathematics in Aristotle, Oxford 1949, Reprint ²1970.

HEFNER, P., The Human Factor: Evolution, Culture, and Religion, Minneapolis 1993.

HEISENBERG, W., Physik und Philosophie, Frankfurt a. M. 1973.

HEMPEL, C. G., Aspekte wissenschaftlicher Erklärung, New York/Berlin 1977.

HIRSCHBERGER, J. (¹²1980A), Geschichte der Philosophie, Bd. I, Altertum und Mittelalter, Freiburg i. Br. 1980.

– (¹²1980B), Geschichte der Philosophie, Bd. II, Neuzeit und Gegenwart, Freiburg i. Br. 1980.

HIEBERT, E. N., Modern Physics and Christian Faith, in: D. C. Lindberg/R. L. Numbers (Hg.), God and Nature, Historical Essays on the Encounter between Christianity and Science, Berkeley/Los Angeles/London 1986, 424–447.

HILL, C., Intellectual Origins of the English Revolution, Oxford 1965.

HISSETTE, R., Enquête sur les 219 articles condamnés à Paris le 7 Mars 1277, Louvain/Paris 1977.

HOCHSTETTER, E., Studien zur Metaphysik und Erkenntnislehre Wilhelms von Ockham, Berlin/Leipzig 1927.

–, Viator mundi. Einige Bemerkungen zur Situation des Menschen bei Wilhelm von Ockham, in: Franziskanische Studien 32, 1950, 1–20.

Hoenen, M. J. F., Marsilius of Inghen: Divine Knowledge and Late Medieval Thought, Leiden/New York 1993.

Hoffmann, F., Robert Holkot: Die Logik in der Theologie, in: P. Wilpert (Hg.), Miscellanea Mediaevalia, Bd. 2: Die Metaphysik im Mittelalter, ihr Ursprung und ihre Bedeutung. Vorträge des II. internationalen Kongresses für mittelalterliche Philosophie, Berlin 1963, 624–639.

–, Art. Crathorn, in: Lexikon des Mittelalters III, 1986. Sp. 336.

Hollerbach, A., Das christliche Naturrecht im Zusammenhang des allgemeinen Naturrechtsdenkens, in: F. Böckle/E. W. Böckenförde (Hg.), Naturrecht in der Kritik, Mainz 1973, 9–38.

Honnefelder, L., Scientia transcendens. Die formale Bestimmung der Seiendheit und Realität in der Metaphysik des Mittelalters und der Neuzeit (Duns Scotus – Suárez – Wolff – Kant – Peirce), Hamburg 1987.

–, Naturrecht und Normwandel bei Thomas von Aquin und Johannes Duns Scotus, in: J. Miethke/K. Schreiner (Hg.), Sozialer Wandel im Mittelalter, Sigmaringen 1994, 195–213.

–, Der zweite Anfang der Metaphysik. Voraussetzungen, Ansätze und Folgen der Wiederbegründung der Metaphysik im 13./14. Jahrhundert, in: J. P. Beckmann/L. Honnefelder/G. Schrimpf/G. Wieland (Hg.), Philosophie im Mittelalter. Entwicklungslinien und Paradigmen (FS Kluxen), Hamburg 1996, 165–186.

Hooykaas, R., Religion and the rise of Modern Science, Edinburgh 1972.

Hödl, L., … sie reden als ob es zwei gegensätzliche Wahrheiten gäbe. Legende und Wirklichkeit der mittelalterlichen Theorie von der doppelten Wahrheit, in: J. P. Beckmann/L. Honnefelder/G. Schrimpf/G. Wieland (Hg.), Philosophie im Mittelalter. Entwicklungslinien und Paradigmen, Hamburg 1987, 225–243.

Höffe, O., Aristoteles, München 1999.

–, Das Naturrecht angesichts der Herausforderungen durch den Rechtspositivismus, in: T. Mayer-Maly/P. M. Simons (Hg.), Das Naturrechtsdenken heute und morgen, Berlin 1983, 303–336.

Hönigswald, R., Abstraktion und Analysis. Stuttgart 1961.

Horwitz, H. T., Über das Aufkommen, die erste Entwicklung, und die Verbreitung von Windrädern, in: Technik Geschichte XXII, 1933, 93–102.

Hume, D., A Treatise of Human Nature, Oxford N. Y. 2000.

Hübener, W., Art. Descartes, René, in: TRE VIII, 1981, Sp. 499–510.

–, Die Nominalismuslegende. Über das Mißverhältnis zwischen Dichtung und Wahrheit in der Deutung der Wirkungsgeschichte des Ockhamismus, in: W. Bolz/W. Hübener (Hg.), Spiegel und Gleichnis (FS Taubes), Würzburg 1983, 87–111.

Hübner, K., Glaube und Denken, Tübingen 2001.

Imbach, R., Wilhelm Ockham, in: O. Höffe (Hg.), Klassiker der Philosophie I, München 1981, 220–261.

–, Wilhelm von Ockham. Texte zur Theorie der Erkenntnis und der Wissenschaft. Lateinisch/Deutsch, Stuttgart 1984.

–, Philosophie und Eucharistie bei Wilhelm von Ockham. Ein vorläufiger Entwurf, in: E. P. Bos/H. A. Krip (Hg.), Ockham and Ockhamists. Acts of the Symposion organized by the Dutch Society for the Medieval Philosophy Medium Aevum on the Occasion of its 10th Anniversary, Nijmegen 1987, 43–51.

– /Perler, D. (Hg.), Nicolas von Autrecourt, Briefe, Hamburg 1988.

Jacob, A., The metaphysical systems of Henry More and Isaac Newton, in: Philosophia Naturalis 29,1, 1992, 69–93.

Jacob, W. C., The Newtonians and the English Revolution 1689–1720, Ithaca, N. Y. 1976.

Jaki, S. L., The Relevance of Physics, Chicago/London 1966.

–, The Road of Science and the Way to God, Chicago 1978.

–, Medieval Christianity: Its Inventiveness in Technology and Science, in: A.M. Melzer/J. Weinberger/M.R. Zinman (Hg.), Technology in the Western Political Tradition, Ithaca/London 1993, 46–68.

JAMMER, M., Concepts of Space: The History of Theories of Space in Physics, Harvard ¹1957, ²1969.

–, Das Problem des Raumes, Darmstadt 1960.

–, Der Begriff der Masse in der Physik. Darmstadt 1964.

–, Einstein und die Religion, Konstanz 1995.

–, Concepts of Mass in Classical and Modern Physics, New York 1997.

JANSEN, B., Olivi der älteste scholastische Vertreter des heutigen Bewegungsbegriffs, in: Philosophisches Jahrbuch, Bd. 33, 1920, 137–152.

JARDINE, L., Ingenious Pursuits, Building the Scientific Revolution, New York 1999.

JECK, U.R., Das Problem der Kontinuität der Zeit bei Aristoteles, Averroes, Albert dem Großen, Ulrich von Straßburg und Dietrich von Freiberg, in: E.R. Zimmermann (Hg.), Naturphilosophie im Mittelalter, Cuxhaven 1998, 81–97.

–, Aristoteles contra Augustinum. Zur Frage nach dem Verhältnis von Zeit und Seele bei den antiken Aristoteleskommentatoren, im arabischen Aristotelismus und im 13. Jahrhundert (Bochumer Studien zur Philosophie 21), Amsterdam/Philadelphia 1994.

JONES, R.F., Ancients and Moderns, Berkeley/Los Angeles 1965.

JORDAN, P., Der Naturwissenschaftler vor der religiösen Frage: Abbruch einer Mauer, Oldenburg/Hamburg 1963, ²1964, ³1965, ⁶1972.

JUNGHANS, H., Ockham im Lichte der neueren Forschung, Berlin/Hamburg 1968.

KANITSCHEIDER, B., Kosmologie, Stuttgart 1984.

KAPP, E., Die Grundlinien einer Philosophie der Technik, Braunschweig 1877, nachgedruckt mit einer Einleitung von H.-M. Sass, Düsseldorf 1978.

KATSCHER, F., Die kubischen Gleichungen bei Nicolo Tartaglia, Wien 2001.

KAUFMANN, M., Begriffe, Sätze, Dinge. Referenz und Wahrheit bei Wilhelm von Ockham, Köln 1994.

KEUTH, H., Die Philosphie Karl Poppers, Tübingen 2000.

KHOURY, A.T., Art. Arabisch-Islamischer Aristotelismus, in: TRE III, 1978, Sp. 777 ff.

KIENZLER, K., Art. Francisco de Suárez, in: BBKL XI, 1996, Sp. 154–163.

KING, P., Jean Buridan's Philosophy of Science, in: Studies in History and Philosphy of Science 18, 1987, 109–132.

–, Medieval Thought-Experiments: The Metamethodology of Medieval Science, in: G.J. Massey/ T. Horowitz (Hg.), Thought Experiments in Science and Philosophy, Pittsburgh 1991, 43–64.

KLAAREN, E.M., Religious Origins of Modern Science, Belief in Creation in Seventeenth-Century Thought, Grand Rapids 1977.

KLEIN, R.W. (Hg.), Philip Hefner: Created Co-Creator, in: Currents in Theology and Mission 28,3–4, 2001.

KLUXEN, W., Philosophische Ethik bei Thomas von Aquin, Hamburg 1980.

–, Art. Aristoteles/Aristotelismus, in: TRE III, 1978, Sp. 782–789.

KOCH, J., Meister Eckhart. Versuch eines Gesamtbildes, in: Kleine Schriften I, Rom 1973, 201–238.

–, Zur Analogielehre Meister Eckharts, in: Mélanges offerts à E. Gilson de l'Academie française, Toronto 1959, jetzt in: Kleine Schriften I, Rom 1973, 367–397.

KOCHER, P.H., Science and Religion in Elisabethan England, San Marino/Kalifornien 1953.

KORFF, W., Norm und Sittlichkeit. Untersuchungen zur Logik der normativen Vernunft, Mainz 1973.

KOROLEC, J.B., La Philosophie de la Liberté de Jean Buridan, in: Studia Mediewistyczne 15, 1974, 109–152.

KORS, L.B., La justice primitive et le péché originel d'après Saint Thomas. Les sources, la doctrine, le saulchoir, Kain (Belgium) 1922.

KOYRÉ, A., Le vide et l'espace infini au XIV<sup>e</sup> sciècle, in: Archives d'histoire doctrinale et littéraire du moyen age 24, 1949, 45–91.

–, Metaphysics and Measurement, Cambridge, Massachusetts 1968.

–, Newtonian Studies, London 1965, 213–220.

KÖLMES, W., Von Ockham zu Gabriel Biel: Zur Naturrechtslehre des 14. und 15. Jahrhunderts, in: Franziskanische Studien 37, 1955, 218–259.

KÖPF, U., Die Anfänge der theologischen Wissenschaftstheorie im 13. Jahrhundert, Tübingen 1974.

KRAFT, V., Der Wiener Kreis. Der Ursprung des Neopositivismus, Wien 1950.

KRAGH, H., An introduction to the historiography of Science, Cambidge 1987.

KRÄMER, H. J., Der Ursprung der Geistmetaphysik. Untersuchungen zur Geschichte des Platonismus zwischen Platon und Plotin, Amsterdam ²1967.

KRÄMER, K., Imago Trinitatis. Die Gottesebenbildlichkeit des Menschen in der Theologie des Thomas von Aquin. Freiburg i. Br./Basel/Wien 2000.

KRAUTH, L., Die Philosophie Carnaps, Wien/New York 1970.

KREMER, A. V., Geschichte der herrschenden Ideen des Islam, Darmstadt 1961.

KRETZMANN, N./STUMP, E. (Hg.), The Cambridge Compagnion to Aquinas, Cambridge 1996.

KRIEGER, G., Der Begriff der praktischen Vernunft nach Johannes Buridanus, in: Beiträge zur Geschichte der Philosophie des Mittelalters, N. F. 28, 1986.

–, Subjekt und Metaphysik. Die Metaphysik des Johannes Buridan, Münster 2003.

KRISHNER, J./PRETE, K. L., Peter John Olivi's Treatises on Contracts of Sale Ursury, and Restitution: Monorite Economics of Minor Works?, in: Quaderni fiorentini 13, 1984, 233–286.

KROPAČ, U., Naturwissenschaft und Theologie im Dialog. Umbrüche in der naturwissenschaftlichen Erkenntnis als Herausforderung zu einem Gespräch, Münster 1999.

KUNZ, S., Zeit und Ewigkeit bei Meister Eckhart, Tübingen 1985.

KÜHN, U., Theologie des Gesetzes bei Thomas von Aquin, Berlin/Göttingen 1964/1965.

LARGIER, N., Zeit, Zeitlichkeit, Ewigkeit. Ein Aufriß des Zeitproblems bei Dietrich von Freiberg und Meister Eckhart (Deutsche Literatur von den Anfängen bis 1700, Bd. 8), Bern/Frankfurt a. M./New York/Paris 1989.

LASSWITZ, K., Geschichte der Atomistik vom Mittelalter bis Newton, 2 Bd., Leipzig ¹1890, ²1962, New York ³1984.

LEFF, G., William of Ockham. Metamorphosis of Scholastic Discourse, Manchaster 1975.

– /LEPPIN, V., Art. Ockham/Ockhamismus, in: TRE XXV, 1995, Sp. 6–18.

LEIBOLD, G., Zum Problem der Metaphysik als Wissenschaft bei Wilhelm von Ockham, in: W. Vossenkuhl/R. Schönberger (Hg.), Die Gegenwart Ockhams, Weinheim 1990, 123–127.

LEPPIN, V., Geglaubte Wahrheit, Göttingen 1995.

–, Die Folgen der Pariser Lehrverurteilung von 1277 für das Selbstverständnis der Theologie, in: J. A. Aertsen/A. Speer (Hg.), Miscellanea Mediaevalia, Bd. 27: Geistesleben im 13. Jahrhundert, Berlin/New York 2000, 283–294.

–, Vom Sinn des Jüngsten Gerichts. Beobachtungen zur Lehre von der visio bei Johannes XXII und Ockham, in: J. A. Aertsen/M. Pickavé (Hg.), Miscellanea Mediaevalia, Bd. 29: Ende und Vollendung. Eschatologische Perspektiven im Mittelalter, Berlin/New York 2002, 705–717.

–, Wilhelm von Ockham, Gelehrter, Streiter, Bettelmönch, Darmstadt 2003.

LEWIS, C., The Merton Tradition and Kinematics in Late Sixteenth and Early Seventeenth Century Italy, Padua 1980.

LINDBERG, D. C., Theories of Vision from Al-Kindi to Kepler, Chicago 1976, deutsch: Auge und Licht im Mittelalter. Die Entwicklung der Optik von Alkindi bis Kepler, Frankfurt a. M. 1987.

–, The Beginnings of Western Science, Chicago 1992.

–, Roger Bacon and the Origins of Perspectiva in the Middle Ages, A Critical Edition and English Translation of Bacon's Perspectiva with Introduction and Notes, Oxford 1996.

LINK, C., Subjektivität und Wahrheit, Stuttgart 1978.

–, Der Augenblick. Das Problem des platonischen Zeitverständnisses, in: Die Erfahrung der Zeit. Gedenkschrift für Georg Picht, Stuttgart 1984, 51–84.

–, Schöpfung, Handbuch Systematischer Theologie (HST), Bd. 7/2, Gütersloh, 1991.

LINSENMANN, T., Die Magie bei Thomas von Aquin, Berlin 2000.

LUSCOMBE, D. E., Natural morality and natural law, in: The Cambridge History of Later Medieval Philosophy, Cambridge 1982, 705–719.

LUTZ-BACHMANN, M., ,Natur' und ,Person' in den ,Opuscula Sacra' des A. M. S. Boethius, in: Theologie und Philosophie 58, 1983, 48–70.

LÜNEBURG, H., Leonardo Pisani Liber Abbaci oder Lesevergnügen eines Mathematikers, Mannheim 1992.

MACDONALD, S., Theory of knowledge, in: N. Kretzmann/E. Stump (Hg.), The Cambridge Compagnion of Aquinas, Cambridge 1996, 160–196.

MACH, E., Die Mechanik in ihrer Entwicklung, Darmstadt 1991 (Reprint von Leipzig ⁹1933).

MACKEN, R., La temporalité radicale de la créature selon Henri de Gand, in: Recherches de théologie ancienne et médiévale 38, 1971, 211–272.

MAIER, A. (1949A), Die Vorläufer Galileis im 14. Jahrhundert. Studien zur Naturphilosophie der Spätscholastik, Rom 1949.

– (1949B), Das Prinzip der doppelten Wahrheit, in: Die Vorläufer Galileis im 14. Jahrhundert. Studien zur Naturphilosophie der Spätscholastik. Rom 1949, 3–44.

–, Zwei Grundprobleme der Scholastischen Naturphilosophie, Rom ²1951.

– (1955A), Metaphysische Hintergründe spätscholastischer Naturphilosophie, Rom 1955.

– (1955B), Das Problem der Finalkausalität um 1320, in: Metaphysische Hintergründe der spätscholastischen Philosophie, Rom 1955, 273–299.

– (1955C), Die Zweckursachen bei Johannes Buridan, in: Metaphysische Hintergründe der spätscholastischen Naturphilosophie, Rom 1955, 300–338.

–, Ausgehendes Mittelalter I, Rom 1964.

MAINZER, K., KI – Künstliche Intelligenz. Grundlagen intelligenter Systeme, Darmstadt 2003.

MANSION, A., La théorie aristotelienne du temps chez les péripatétiens médievaux, in: Hommage à Maurice de Wulf, Louvain 1934, 275–307.

MARKOWSKI, M., Der Buridanismus an der Krakauer Universität, in: O. Pluta (Hg.), Die Philosophie im 14. und 15. Jahrhundert, In Memoriam Konstaty Michalski (Bochumer Studien zur Philosophie, Bd. 10), Amsterdam 1988, 245–260.

–, Die Eigenart des Individuellen im mitteleuropäischen Buridanismus des späten Mittelalters, in: J. A. Aertsen (Hg.), Miscellanea Mediaevalia, Bd. 24: Individuum und Individualität im Mittelalter, Berlin/New York 1996, 327–337.

MARTEN, R., Platons Theorie der Ideen, Freiburg i. Br./München 1975.

MARTIN, G., Wilhelm von Ockham, Untersuchungen zur Ontologie der Ordnungen, Berlin 1949.

–, I. Kant, Ontologie und Wissenschaftstheorie, Berlin ⁴1969.

–, Platons Ideenlehre, Berlin/New York 1973.

–, Leibniz, Logik und Metaphysik, Berlin ²1976.

MARTIN, R. N. D., Pierre Duhem, Philosophy and History in the Work of a Believing Physicist, La Salle, Illinois 1991.

MASCALL, E., Christian Theology and Natural Science, London 1957.

MAURACH, G. (Hg.), Wilhelm von Conches, Pretoria 1980.

McDERMOTT, A. Ch., Direct Sensory Awareness: A Tibetan View and a Medieval Counterpart, in: Philosophy East and West 23,3, 1973, 343–360.

McGUIRE, J. E., Boyle's Conception of Nature, in: Journal of the History of Ideas 33,4, 1972, 523–542.

–, Neoplatonism and Active Principles: Newton and the Corpus Hermeticum, in: R.S. Westman/J.E. McGuire (Hg.), Hermeticism and the Scientific Revolution, Los Angeles 1977, 95–150.

McINERNY, R.M., The Logic of Analogy, Den Haag 1961.

McMULLIN, E., Medieval and Modern Science: Continuity or Discontinuity?, in: International Philosophical Quaterly 5, 1965, 103–129.

MEISINGER, H., Art. Created Co-Creator, in: Encyclopedia of Science and Religion I, 2003, 183.

MENDEL, G., Versuche über Pflanzen-Hybriden, in: Verhandlungen des naturforschenden Vereines in Brünn 4, 1866, 3–47.

MENSCHING, G., Das Allgemeine und das Besondere. Der Ursprung des modernen Denkens im Mittelalter, Stuttgart 1992.

–, Das Ende und der Wille Gottes. Teleologie und Eschatologie bei Wilhelm von Ockham, in: J.A. Aertsen/M. Pickavé (Hg.), Miscellanea Mediaevalia, Bd. 29: Ende und Vollendung. Eschatologische Perspektiven im Mittelalter, Berlin/New York 2002, 465–477.

MENUT, A.D./DENOMY, A.J. (Hg.), Nicole Oresme, Le livre du ciel et du monde, Madison, Wisconsin 1968.

MERTON, R.K., Science, Technology, and Society in the Seventeenth Century England, Osiris 4, 1938, 360–632.

METHUEN, C., Kepler's Tübingen, Stimulus to a Theological Mathematics, Singapore/Sidney 1998.

METZ, W., Die Architektonik der Summa Theologiae des Thomas von Aquin, Hamburg 1998.

– (1998), Raum und Zeit bei Thomas von Aquin, in: J.A. Aertsen/A. Speer (Hg.), Miscellanea Mediaevalia, Bd. 25: Raum und Raumvorstellungen im Mittelalter, Berlin/New York 1998, 304–313.

MEYER, H., Thomas von Aquin. Sein System und seine geistesgeschichtliche Stellung, Paderborn ²1961.

MICHAEL, B., Johannes Buridan: Studien zu seinem Leben, seinen Werken und zur Rezeption seiner Theorien im Europa des späten Mittelalters, 2 Bd., Berlin 1985.

MICHALSKI, C., Les courants philosophiques et à Oxford et à Paris pendant le XIVᵉ siècle, in: Bulletin international de l'academie polonaise des sciences et letters, Classe d'histoire et de philosophie 1919–20, Krakau 1922.

MICHELSON, A.A., The relative motion of the Earth and the Luminiferous ether, in: American Journal of Science 22, 1881, 120–129.

– /MORLEY, E.W., On the relative Motion of the Earth and the Luminiferous Ether, in: American Journal of Science 34, 1887, 333–345.

MIETHKE, J., Ockhams Weg zur Sozialphilosophie, Berlin 1969.

MILL, J.S., Auguste Comte and Positivism, London 1865.

–, Three Essays on Religion. Nature, the Utility of Religion and Theism, London 1874.

–, A System of Logic, Ratiocinative and Inductive: Being a Connected View of the Principles of Evidence and the Methods of Scientific Investigation, New York ⁸1874.

–, Drei Essays über Religion, Stuttgart 1984.

–, The collected Works of John Stuart Mill, 33 Bd., hg. von J.M. Robson, Toronto 1963–1991.

MILLAR, A., Mill on Religion, in: The Cambridge Compagnion to Mill, Cambridge 1998, 176–202.

MINIO-PALUELLO, L., Die aristotelische Tradition der Geistesgeschichte, in: P. Moraux (Hg.), Aristoteles in der neueren Forschung, Darmstadt 1968, 314–338.

MITTELSTAEDT, P., Philosophische Probleme der modernen Physik, Braunschweig ⁷1989.

MITTELSTRASS, J., Platon, in: O. Höffe (Hg.), Klassiker der Philosophie I, München 1981, 38–62.

MOFFATT, J., Aristotle and Tertullian, in: Journal of Theological Studies 17, 1915–1916, 170f.

MONAHAN, E.J., Human Liberty and Free Will according to John Buridan, in: Mediaeval Studies 16, 1954, 113–146.

MOODY, E. A., Quaestiones super libris quattuor de caelo,Cambridge 1942.
–, Ockham and Aegidius of Rome, in: Franciscan Studies IX, 1949, 417–442.
–, Medieval Science of Weights, Madison 1952.
–, Empiricism and Metaphysics in Medieval Philosophy, in: The Philosophical Review 67, 1958, 14–164.
– (1975A), Galilei and His Precursors, in: C. L. Golino (Hg.), Galilei Reappraised, Berkeley 1975, 23–43.
– (1975B), Studies in Medieval Philosophy, Science and Logic. Collected Papers 1933–1969, Berkeley/London 1975.
– (1975C), Ockham, Buridan, and Nicolas of Autrecourt, in: Studies in Medieval Philosophy, Science, and Logic, Collected Papers 1933–1969, Berkeley 1975, 127–160.
–, Nature and Motion in the Middle Ages, Washington 1985.
MOORE, G. E., Principia Ethica, Cambridge [1903] 1954.
MOORE, R. I., Die erste europäische Revolution, München 2001.
MORE, H., Antidote against Atheism, London ³1662.
MORGAN, J., Puritanism and Science: A Reinterpretation, in: The Historical Journal 22, 1979, 535–560.
MORMANN, T., Zur Frühgeschichte des funktionalen Denkens. Oresmes Konfigurationslehre und Galileis geometrische Naturwissenschaft, in: H. N. Jahnke/G. von Harten u. a. (Hg.), Funktionsbegriff und funktionales Denken, Köln 1986.
MORRIS, C., The Discovery of the Individual 1050–1200, London 1972.
MOSER, S., Grundbegriffe der Naturphilosophie bei Wilhelm von Ockham. Ein kritischer Vergleich der Summulae in libros physicorum mit der Philosophie des Aristoteles, Innsbruck 1932.
MULLIGAN, L., Puritanism and English Science: A Critique of Webster, in: Isis 71, 1980, 456–469.
MÜLLER, S., Handeln in einer kontingenten Welt. Zum Begriff der rechten Vernunft (recta ratio) bei Wilhelm von Ockham, Tübingen 2000.
MURDOCH, J. E., Alexandré Koyré and the History of Science in America: Some Doctrinal and Personal Reflections, in: History and Technology 4, 1987, 71–79.
–, Pierre Duhem and the History of Late Medieval Science and Philosophy in the Latin West, in: Gli di Filosofia Medivale fra Otto e Novecento, Rom 1991, 253–302.
MURRAY, S., Beauvais Cathedral, Architecture of Transcendence, Princeton 1989.
MUSIL, R., Der Mann ohne Eigenschaften, hg. von A. Frisé, Hamburg 1996.
NAGEL, E./NEWMAN, J. R., Gödel's Proof, London 1958.
NAGEL, T., Die Festung des Glaubens. Triumph und Scheitern des islamischen Rationalismus im 11. Jahrhundert, München 1988.
NATORP, P., Platos Ideenlehre. Eine Einführung in den Idealismus, Leipzig 1903, ²1922, Reprint Darmstadt 1975.
NEEDHAM, J. (1951A), Human Laws and Laws of Nature in China and the West (I), in: Journal of the History of Ideas 12,1, 1951, 3–30.
– (1951B), Human Laws and the Laws of Nature in China and the West (II): Chinese Civilisation and the Laws of Nature, in: Journal of the History of Ideas 12,2, 1951, 194–230.
NESTLE, W., Die Vorsokratiker, Wiesbaden 1978.
NESTLER, G., Geschichte der Musik, Gütersloh 1975.
NEUMANN, S., Gegenstand und Methode der theoretischen Wissenschaften nach Thomas von Aquin aufgrund der Expositio super Librum Boethii De Trinitate, in: Beiträge zur Geschichte der Philosophie und Theologie des Mittelalters XLI,2, Münster 1965, 85–97.
NICKEL, R. (Hg.), Aristoteles Nikomachische Ethik, übersetzt v. O. Gigon, griech.-dt. Ausgabe, Düsseldorf/Zürich 2001.
NOACK, L., Philosophiegeschichtliches Lexikon: Historisch-biographisches Handwörterbuch zur Geschichte der Philosophie, Leipzig 1879, Stuttgart-Bad Cannstadt 1968, 1986.

Nobis, H. M., Art. Buch der Natur, in: HWPh I, 1971, Sp. 957 ff.

Norena, Ch. P., Ockham and Suárez on the Ontological Status of Universal Concepts, in: The New Scholasticism 55, 1981, 384–362.

North, J., Medieval Oxford, in: J. Fauvel/R. Flood/R. Wilson (Hg.), Oxford Figures, 800 Years of the Mathematical Sciences, Oxford 2000, 29–40.

–, God's Clockmaker. Richard of Wallingford and the Invention of Time, London/New York 2005.

Oakley, F. (1961A), Medieval Theories of Natural Law, William of Ockham and the Significance of the Voluntarist Tradition, in: Natural Law Forum 6, 1961, 65–83.

–  (1961B), Medieval Theories of Natural Law: William of Ockham and the Significance of the Voluntarist Tradition , in: ders., Natural Law, Conciliarism and Consent in the Late Medieval Ages XV, London 1984, 65–83, Reprint von Natural Law Forum 6, 1961.

–  (1984A), Christian Theology and the Nowtonian Science: the Rise of the Concept of the Laws of Nature, in: Church History 30, 1984, 433–457, Reprint in: ders., Natural Law, Conciliarism and Consent in the Late Middle Ages XVI ,London 1984, 433–457.

–  (1984B), Natural Law, Conciliarism, and Consent in Late Middle Ages, Studies in Ecclesiastical and Intellectual History, London 1984.

–  (1984C), Omnipotence, Covenant & Order, Ithaka 1984.

Oberman, H., Some Notes on the Theology of Nominalism. With Attention to its Relation to the Renaissance, in: The Harvard Theological Review LIII, 1960, 47–76.

Oberman, H. A., The Harvest of Medieval Theology, Gabriel Biel and Late Medieval Theology, Grand Rapids 1962.

–, Spätscholastik und Reformation, Bd. I: Der Herbst der mittelalterlichen Theologie, Tübingen ²1977.

O'Conner, D. J., Aquinas and Natural Law, London 1967.

Oehler, K., Der unbewegte Beweger bei Aristoteles, Frankfurt a. M. 1984.

–, Aristoteles, Kategorien, Einleitung, Übersetzung, Kommentar, Berlin ³1997.

Oeing-Hanhoff, L., Wesen und Formen der Abstraktion nach Thomas von Aquin, in: Philosophisches Jahrbuch, 71. Jahrgang, München 1963/64, 14–37.

–, Art. Hylemorphismus, in: HWPh III, 1974, Sp. 1236 f.

Origo, I., Der Heilige der Toskana, Leben und Zeit des Bernardino von Siena, München 1989.

Ospovat, D., The Development of Darwin's Theory, Cambridge 1981.

Ostwald, W., Das große Elixir. Die Wissenschaftslehre, Leipzig 1920.

Owens, J., Common Nature: A Point of Comparison between Thomistic and Scotistic Metaphysics, in: Mediaeval Studies 19, 1957, 1–14.

–, The Doctrine of Being in the Aristotelian Metaphysics. A Study in the Greek Background of Medieval Thought, Toronto ³1978.

–, Aristotle and Aquinas, in: The Cambridge Compagnion to Aquinas, Cambridge 1996, 38–59.

Ozment, S., Mysticism, Nominalism and Dissent, in: The Pursuit of Holiness in late Medieval Technology and Renaissance Religion 3, Leiden 1974, 67–92.

Pacey, A., The maze of Ingenuity: Ideas and Idealism in the development of technology, New York 1975, Cambridge, 1976.

Panaccio, C., Connotative Terms in Ockham's Mental Language, in: Cahiers d'epistemologie no. 9016, Montreal 1990,1–22.

Pannenberg, W., The Doctrine of Creation and Modern Science, in: Zygon 23,1, 1988, 3–21.

–, Systematische Theologie, Bd. 2, Göttingen 1991.

Panofsky, E., Die Perspektive als ,symbolische From' , in: F. Saxl (Hg.), Vorträge der Bibliothek Warburg (Vorträge 1924–1925), Leipzig/Berlin 1927, 258–330.

Paqué, R., Das Pariser Nominalistenstatut. Zur Entstehung des Realitätsbegriffs der neuzeitlichen Naturwissenschaft, Berlin 1970.

PAUL, H. W., The Edge of Contingency, French Catholic Reaction to Scientific Change from Darwin to Duhem, Gainesville 1979.

PEGIS, A. C., Concerning William of Ockham, in: Traditio 2, 1944, 465–480.

PEIRCE, C. S., Lessons from the History of Science, Essay XII, in: V. Tomas (Hg.), Essays in the Philosophy of Science, New York 1957, 195–234.

–, Collected Papers, hg. von C. Hartshorne/C. P. Weiss, Cambridge/Massachusetts ⁴1974.

–, Religionsphilosophische Schriften, hg. von H. Deuser, Hamburg 1995.

–, Naturordnung und Zeichenprozeß, hg. von H. Pape, Frankfurt a. M. ²1998.

PELZER, A., Les 51 articles de Guilleaume Occam censurés en Avignon, en 1326, in: Revue d'Histoire Ecclesiastique 18, 1922, 240–270.

PERLER, D., Prädestination, Zeit und Kontingenz, Amsterdam 1988.

–, Satztheorien: Texte zur Sprachphilosophie und Wissenschaftstheorie im 14. Jahrhundert, Darmstadt 1990.

PESCH, O. H., Thomas von Aquin. Grenze und Größe mittelalterlicher Theologie, Mainz 1988, 1995.

PICHT, G., Der Begriff der Natur und seine Geschichte, hg. von C. Eisenbart/E. Rudolph, Stuttgart ²1990.

PINBORG, J., Die Entwicklung der Sprachtheorie im Mittelalter, Münster 1967, ²1985.

PINTARIČ, D., Sprache und Trinität, Semantische Probleme in der Trinitätslehre des hl. Augustinus (Salzburger Studien zur Philosophie, Bd. 15), Salzburg/München 1983.

PLATHOW, M., Art. Olivi, Petrus Johannes, in: BBKL VI, 1993, Sp. 1209f.

POPPER, K., Die beiden Grundprobleme der Erkenntnistheorie, Tübingen 1979.

POWER, J. E., Henry More and Isaac Newton on absolute space, in: Journal of the History of Ideas 31, 1970, 289–296.

PRANTL, C. VON, Geschichte der Logik im Abendlande, 4 Bd., Leipzig 1855–1870, photomech. Nachdruck Graz 1955, Darmstadt 1957.

PROWE, L., Nicolaus Coppernicus, 2 Bd., Berlin 1883/84.

QUINT, J. (Hg.), Meister Eckart, Deutsche Predigten und Traktate, München ⁵1978.

RABB, T. K., Puritanism and the Rise of Experimental Science in England, in: Cahiers d'histoire mondiale 7, 1962, 46–67.

RAHNER, K., Geist in Welt. München ¹1939, ²1957, ³1964.

RANDALL, J. H. JR., The Development of Scientific Method in the School of Padua, in: Journal of the History of Ideas I, 1940, 177–206.

–, The School of Padua and the Emergence of Modern Science, Padua 1961.

–, Paduan Aristotelism Reconsidered, in: E. P. Mahoney (Hg.), Philosophy and Humanism, Renaissance. Essays in Honour of Oskar Paul Kristeller, Leiden 1976, 275–282.

RANDI, E., Scotist Way, A Scotist Way of Distinction between God's Absolute and Ordained Powers, in: A. Hudson/M. M. Wilks (Hg.), From Ockham to Wycliff, Oxford/New York 1987, 43–50.

–, Ockham, John XXII. and the Absolute Power of God, in: Franziskanische Studien 46, 1986, 205–216.

REESE, W., Philosophic Realism: A Study in the Modality of Being in Peirce and Whitehead, in: Studies in the Philosophy of Charles Sanders Peirce, Harvard 1952, 225–237.

REHN, R., Quomodo Tempus Sit? Zur Frage nach dem Sein der Zeit bei Aristoteles und Dietrich von Freiberg, in: K. Flasch (Hg.), Von Meister Dietrich zu Meister Eckhart, Corpus Philosophorum Teutonicorum Medii Aevi, Hamburg 1984, Beiheft 2, 1–11.

REICHENBACH, H., Der Aufstieg der wissenschaftlichen Philosophie, Bd. 1, in: A. Kamlah/M. Reichenbach (Hg.), Gesammelte Werke in 9 Bd., Braunschweig 1968.

RENAN, E., Averroès et l'Averoisme, in: Œuvre Complète 3, Paris 1866, 1949, Reprint Hildesheim 1986.

RENOUARD, Y., La Papauté a Avignon, Paris 1969.

RENTSCH, TH., Art. Metaphysikkritik, in: HWPh V, 1980, Sp. 1280–1289.

RESNICK, R., Einführung in die spezielle Relativitätstheorie, Stuttgart 1976.

RHONHEIMER, M., Praktische Vernunft und Vernünftigkeit der Praxis. Handlungstheorie bei Thomas von Aquin in ihrer Entstehung aus dem Problemkontext der aristotelischen Ethik, Berlin 1994.

RIESENHUBER, K., Freiheit und Transzendenz im Mittelalter. Auf der Suche nach der gemeinsamen Grundlage von Anthropologie und Metaphysik (japan.), Tokyo 1988.

–, Gottes Allmacht und menschliche Freiheit. Ein Versuch, Ockhams Denken zu verstehen (japan.), in: Philosophy (Tokyo), 4/2, 1990, 170–183.

RIET, G. VAN, La théorie thomiste de l'abstraction, in: Revue Philosophie de Louvain 50, 1952, 353–39.

– (Hg.), Avicenna, Metaphysik, Louvain, I 1977, II 1980, III 1983.

RINDERSPACHER, J. P., Mit der Zeit arbeiten. Über einige grundlegende Zusammenhänge von Zeit und Ökonomie in: R. Wendorff (Hg.), Im Netz der Zeit, Stuttgart 1989, 91–104.

RIJK, DE L. M., Works by Gerald Ot (Gerardus Odonis) on logic, metaphysics and natural philosophy rediscovered in Madrid, Bibl. Nac. 4229, in: Archives d'Histoire Doctrinale et Littéraire du Moyen Age 60, 1993, 173–193, 378.

–, Nicholas of Autrecourt: His coreespondence with Master Giles and Bernard of Arezzo: a critical edition from the two Parisian manuscripts with an introduction, English translation, explanatory notes and indexes, Leiden 1994.

RITSCHL, D., Some Comments on the Background and Influence of Augustine's Lex Aeterna Doctrine, in: W. A. McKinney (Hg.), Creation, Christ and Culture (FS T. F. Torrence), Edinburgh 1976, 63–81.

RITTER, G., Studien zur Spätscholastik, Bd. I: Marsilius von Inghen und die Ockhamistische Schule in Deutschland, in: Sitzungsberichte der Heidelberger Akademie der Wissenschaften, Philosophisch-historische Klasse, Jahrgang 1921, Reprint Darmstadt 1975, 185–195.

–, Via antiqua und via moderna an den deutschen Universitäten des XV. Jahrhunderts, Heidelberg 1922, Reprint Darmstadt 1963.

ROBINET, A., Suárez im Werk von Leibniz, in: Studia Leibnitiania 13, 1981, 76–96.

ROHR, M. VON, Aus der Geschichte der Brille, in: Beiträge zur Geschichte der Technik XVII, 1927, 30–50; XVIII, 1928, 95–117.

ROMBACH, H., Substanz, System, Struktur. Die Ontologie des Funktionalismus und der philosophische Hintergrund der modernen Wissenschaft, Freiburg i. Br. 1965.

ROSEN, E., The Invention of Eyeglasses, in: Journal of the History of Medicine and Allied Sciences XI, 1956, 13–46.

ROSS, W. D., Plato's Theory of Ideas, Oxford 1951, Reprint 1966.

RÖD, W., Descartes. Die Genese des cartesischen Rationalismus, München ³1995.

RUBY, J. E., The origins of scientific law, in: Journal of the History of Ideas 47, 1986, 341–359; Reprint in: F. Weinert (Hg.), Laws of Nature, Essays on the Philosophical, Scientific and Historical Dimensions, Berlin/New York 1995, 289–315.

RUSSELL, B. A., Mysticism and Logic, London 1917.

RUSSELL, R. J., Contingency in Physics and Cosmology: A Critique of the Theology of Wolfhart Pannenberg, in: Zygon 23,1, 1988, 23–43.

SAARINEN, R., Moral Weakness and Human Action in John Buridan's Ethics, in: H. Kirjavainen (Hg.), Faith, Will, and Grammar, Helsinki 1986, 109–139.

SABRA, A. I., The optics of Ibn al-Haytham, 2 Bd., London 1989.

SAMBURSKY, S., The Physical World of the Greeks, New York 1956.

–, The physical world of late antiquity, London 1962.

SANTILLANA, G. DE, The Crime of Galileo, Chicago 1955.

SARNOWSKY, J., ,Si extra mundum fieret aliquod corpus …' Extrakosmische Phänomene und die Raumvorstellungen der ,Pariser Schule' des 14. Jahrhunderts, in: J. A. Aertsen/A. Speer (Hg.), Miscellanea Mediaevalia, Bd. 25: Raum und Raumvorstellungen im Mittelalter, Berlin/New York 1998, 130–144.

SCHABEL, C. (2002A), Landulph Caracciolo and Gerard Odonis on Predestination: Opposite Attitudes toward Scotus and Auriol, in: Wissenschaft und Weisheit: Franziskanische Studien zu Theologie, Philosophie und Geschichte, 65, 2002, 62–81.

– (2002B), Non aliter novit facienda quam facta: The Questions of Gerard Odonis on Divine Foreknowledge, in: P. J. J. M. Bakker (Hg.), Chemins de la pensée médiévale. Études offertes à Zénon Kaluza, Turnhout/Brepols (F. I. D. E. M., Textes et etudes du Moyen Age 20), 2002, 351–377.

SCHIMANK, H., Das Problem der Naturgesetzlichkeit, in: Das Problem der Gesetzlichkeit II: Naturwissenschaften, Hamburg 1949, 139–186.

SCHINDLER, A., Wort und Analogie in Augustins Trinitätslehre, Tübingen 1965.

SCHLICK, M., Raum und Zeit in der gegenwärtigen Physik. Zur Einführung in das Verständnis der allgemeinen Relativitätstheorie, Berlin [1]1917, [2]1919.

–, Gesetz, Kausalität und Wahrscheinlichkeit, Wien 1948.

SCHLÜTER, D., Der Wille und das Gute bei Thomas von Aquin, in: Freiburger Zeitschrift für Philosophie und Theologie 18, 1971, 88–136.

SCHMUGGE, L., Johannes von Jandun, Pariser historische Studien 5, Stuttgart 1966.

SCHÖLZ, F. M., Das Naturgesetz und seine dynamische Kraft, Fribourg (CH) 1959.

SCHÖBERGER, R. (1998A), Thomas von Aquin, zur Einführung, Hamburg 1998.

– (1998B), Das gleichzeitige Auftreten von Nominalismus und Mystik, in: S. Brown (Hg.), Meetings of the Mind. The Relations between Medieval and Classical Modern European Philosophy, Brepols 1998, 410–433.

SCHRAMM, M., Die Bedeutung der Bewegungslehre des Aristoteles für seine beiden Lösungen der zenonschen Paradoxie, Frankfurt a. M. 1962.

–, Ibn al-Haytham's Weg zur Physik, Wiesbaden 1963.

–, Roger Bacons Begriff vom Naturgesetz, in: P. Weimar (Hg.), Die Renaissance der Wissenschaften im 12. Jahrhundert, Zürich 1981, 197–209.

SCHRÖER, C., Praktische Vernunft bei Thomas von Aquin, Stuttgart 1995.

SCHRÖKER, H., Das Verhältnis der Allmacht Gottes zum Kontradiktionsprinzip nach Wilhelm von Ockham, Berlin 2003.

SCHUBERT, A., Augustins Lex-Aeterna-Lehre nach Inhalt und Quellen, in: C. Baeumker (Hg.), Beiträge zur Geschichte der Philosophie des Mittelalters XXIV, Heft 2, Münster 1924.

SCHULTHESS, P., Sein, Signifikation und Erkenntnis bei Wilhelm von Ockham, Berlin 1992.

SCHWARZ, F. F. (Hg. u. Übers.), Aristoteles, Metaphysik, Stuttgart 1987.

SCOTT, T. K., Nicolas of Autrcourt, Buridan and Ockhamism, in: Journal of the History of Philosophy 9, 1971, 15–41.

SECKLER, M., Das Heil in der Geschichte. Geschichtstheologisches Denken bei Thomas von Aquin, München 1964.

–, Philosophia ancilla theologiae. Über die Ursprünge und den Sinn einer anstößig gewordenen Formel, in: ThQ 171, 1991, 161–187.

SHARP, L., Walter Charleton's Early Life 1620–1659, and Relationship to Natural Philosophy in Mid-Seventeenth Century England, in: Annals of Science 3, 1973, 311–340.

SHAPIRO, H., Motion and Place According to William Ockham, St. Bonaventure/New York 1957.

SIEBENROCK, R., Wahrheit, Gewissen und Geschichte. Eine systematisch-theologische Rekonstruktion des Wirkens John Henry Kardinal Newmans, in: H. Fries/G. Biemer (Hg.), Internationale-Cardinale-Newman-Studien Bd. XV, Siegmaringendorf 1996.

SIEWERTH, G., Die Metaphysik der Erkenntnis nach Thomas von Aquin, I. Teil, Die sinnliche Erkenntnis, München 1933.

–, Die Apriorität der menschlichen Erkenntnis nach Thomas von Aquin, Symposion I, Freiburg i. Br. 1948.

–, Die Abstraktion und das Sein nach der Lehre des Thomas von Aquin, Salzburg 1958.

SINGER-WALEY, D., Giordano Bruno, his life and his thought, New York 1950.

SMALLEY, B., English Friars and Antiquity in the Early Fourteenth Century, Oxford 1960.

SPADE, P. V., Ockham's Distinctions between Absolute and Connotative Terms, in: Vivarium 13, 1975, 55–76.

SPARN, W., Art. Natürliche Theologie, in: TRE XXIV, 1994, Sp. 85–98.

SPEER, A., Die entdeckte Natur, Untersuchungen zu Begründungsversuchen einer „scientia naturalis" im 12. Jahrhundert, in: Studien und Texte zur Geistesgeschichte des Mittelalters, Band XLV, Leiden/New York/Köln 1995.

STADLER, F., Studien zum Wiener Kreis. Ursprung, Entwicklung und Wirkung des logischen Empirismus im Kontext, Frankfurt a. M. 1997.

STAFLEU, M. D., The Idea of Natural Law, in: Philosophia Reformata 64, 1999, 88–104.

STEENBERGHEN, F. VAN, La philosophie au XIII$^e$ siècle, Paris/Louvain 1966.

–, Maitre Siger de Brabant, in: Philosophes médiévaux 1977, 21.

–, Publications récentes sur Siger de Brabant, in: B. Mojsisch/O. Pluta (Hg.), Historia philosophiae medii aevi (FS Kurt Flasch), 2 Bd., Amsterdam/Philadelphia 1991, 1003–1011.

STEINLE, F., Algamation of a Concept: Laws of Nature in the New Sciences, in: F. Weinert (Hg.), Laws of Nature, Essays on the Philosophical, Scientific and Historical Dimensions, 1995, 316–368.

STERN, F. B., Giordano Bruno – Vision einer Weltsicht, Meisenheim am Glan 1977.

STERNAGEL, P., Die artes mechanicae im Mittelalter: Begriffs- und Bedeutungsgeschichte bis zum Ende des 13. Jahrhunderts, Regensburg 1966.

STIMSON, D., Puritanism and the New Philosophy in 17th Century England, in: Bulletin of the Institute of the History of Medicine 3, 1935, 321–334.

STÖCKLEIN, A./RASSEM, M., Technik und Religion, Bd. II: Von Technik und Kultur, Düsseldorf 1990.

STROHMAIER, G., Avicenna, München 1999.

–, Medieval Science in Islam and in Europe: Interrelations of Two Social Phenomena, in: Beiruter Blätter (Mitteilungen des Orient-Instituts Beirut), 10–11, 2002–2003, 119–127.

STÜRNER, W., Art. Technik und Kirche im Mittelalter, in: Technik und Religion 2, Düsseldorf 1990, 161–180.

SYLLA, E. D., Autonomous and handmaiden science: St. Thomas Aquinas and William of Ockham on the physics of the Eucharist, in: R. Murdoch/E. D. Sylla (Hg.), The cultural context of medieval learning, Boston 1975, 349–396.

SZABÓ, Á., Entfaltung der griechischen Mathematik, Mannheim/Leipzig 1994.

TACHAU, K. H., Vision and Certitude in the Age of Ockham. Optics, Epistemology and the Foundation of Semantics 1250–1345, Leiden 1988.

TEWIS, W., Peter John Olivi. Prophet of the Year 1200. Ecclesiology and Eschatology in Lectura super Apocalipsim, Tübingen 1975.

THE INTERNATIONAL HUMAN GENOME MAPPING CONSORTIUM, A physical map of the human genome, Nature 409, 15. Februar 2001, 934–941.

THE CELERA GENOMICS SEQUENCING TEAM, The sequence of the human genome, Science, 16. Februar 2001, 1304–1351.

THEISSEN, G., Biblischer Glaube in evolutionärer Sicht, München 1984.

TILLICH, P., Systematische Theologie, Bd. I, Frankfurt a. M. [8]1984.

TILLMANN, B., Leibniz' Verhältnis zur Renaissance im allgemeinen und zu Nizolius im besonderen, Bonn 1912.

TORRANCE, T. F., Divine and Contingent Order, Oxford/New York 1981.

– (Hg), James Clerk Maxwell, A Dynamical Theory of the Electromagnetic Field, Edinburgh 1982.

TOULMIN, S., Criticism in the History of Science: Newton on Absolute Space, Time and Motion, in: The Philosophical Review 68, 1959, Teil I: 1–29; Teil II: 203–227.

TROITZSCH, U., Technischer Wandel im Übergang vom Spätmittelalter zur frühen Neuzeit: Dynamik – Kontinuitäten – Revolution?, in: S. Buchhaupt/V. Benad-Wagenhoff/M. Haas (Hg.), Gibt es Revolutionen in der Geschichte der Technik?, Darmstadt 1999, 85–95.

TUGENDHAT, E., Vorlesungen über Ethik, Frankfurt a. M. 1993.

TULLOCH, J., Rational Theology and Christian Philosophy in England in the 17th Century, Edinburgh ²1874.

TUNINETTI, L. F., ‚Per se notum‘. Leiden/New York/Köln 1996.

VATER, H., Die Dialektik von Idee und Teilhabe in Platons „Parmenides" (Hamburger Studien zur Philosophie 2), Hamburg 1972.

VEREECKE, L., Droit et morale chez Jean Gerson, in: Revue historique de droit françois et étranger XXXII, 1954, 413–427.

–, L'obligation morale selon Guillaume d'Ockham (d. 1349), in: La vie spirituelle 44 (Suppl.), 1958, 123–143.

VERNT, J., Die spanisch-arabische Kultur in Orient und Okzident, Zürich/München 1984.

VIGNAUX, P., Luther Commentateur des Sentences, Paris 1935.

–, Sur Luther et Ockham, in: Franziskanische Studien 32, 1950, 21–30.

VORLÄNDER, K., Geschichte der Philosophie II, Leipzig ⁷1927.

WALGRAVE, J., Reason and Will in Natural Law, in: L. J. Elders/K. Hedwig (Hg.), Lex et Libertas, Città del Vaticano 1987, 67–81.

WALLACE, W. A., Prelude to Galileo: Essays on Medieval and Sixteenth-Century Sources of Galileo's Thought, Dordrecht/Boston 1981.

WATSON, J. D./CRICK, F. H., A Structure for Deoxyribose Nucleic Acid, in: Nature 171, 1953, 737 f.

WATT, W. M., Der Einfluss des Islam auf das europäische Mittelalter, Berlin 1988.

WALLACE, W. A., Galileo, the Jesuits and the Medieval Aristotle, Hamshire 1991.

WEBB, C. I., John of Salisbury, Oxford 1929.

WEBSTER, C., The Great Instauration: Science, Medicine and Reform 1626–1660, London 1975.

–, Puritanism, Separatism, and Science, in: D. C. Lindberg/R. L. Numbers (Hg.), God & Nature, Historical Essays on the Encounter between Christianity and Science, Berkeley/Los Angeles/London 1986, 192–217.

WEINBERG, S., Gravitation and Cosmology. Principles and Applications of the General Theory of Relativity, New York/Singapur 1972.

WEISCHEDEL, W., Der Gott der Philosophen, München ³1975.

WEISHEIPL, J. A., Classification of the Sciences in Medieval Thought, in: Mediaeval Studies 27, 1965, 54–90.

–, Ockham and some Mertonians, in: Medieval Studies 30, 1968, 163–213.

–, The Nature, Scope, and Classification of the sciences, in: Studia Mediewistyczne 18, 1977, 85–101.

–, Ockham and the Mertonians, in: T. H. Aston/J. I. Catto (Hg.), History of the University of Oxford, Bd. I: The Early Oxford Schools, Oxford 1984, 607–658.

– /CARROLL, W. E. (Hg.), Nature and Motion in the Middle Ages (Studies in Philosophy and the History of Philosophy, Bd. 11), Washington D. C. 1985.

WEIZSÄCKER, C. VON, Die Tragweite der Wissenschaft, Bd. I, Stuttgart 1964.

WELTE, B., Ens per se subsistens. Bemerkungen zum Seinsbegriff des Thomas von Aquin. in: Philosophisches Jahrbuch 71, 1963/64, 243–252.

WELZEL, H.,. Naturrecht und materiale Gerechtigkeit, Göttingen ⁴1962.

WENDORFF, R., Zeit und Kultur. Geschichte des Zeitbewußtseins in Europa, Opladen 1985.

WERNER, K., Der Endausgang der mittelalterlichen Scholastik, Wien 1887.

WESTFALL, R. S., Science and Religion in Seventeenth Century England, New Haven 1958.

–, The Rise of Science and the Decline of Orthodox Christianity: A Study of Kepler, Descartes and Newton, in: D. C. Lindberg/R. L. Numbers (Hg.), God & Nature, Historical Essays on the Encounter between Christianity and Science, Berkeley/Los Angeles/London 1986, 218–237.

–, The Scientific Revolution of the Seventeenth Century: A New World View, in: J. Torrance (Hg.), The Concept of Nature, Oxford 1992, 63–93.

WHEWELL, W., Astronomy and General Physics considered with Reference to Natural Theology (Bridgewater Treatise), Cambridge 1833.

–, History of the Inductive Sciences from the Earlies to the Present Time, London 1837.

–, The Philosophy of Inductive Sciences Founded upon their History, London 1840.

– (Hg.), The Mathematical Works of Isaac Barrow, Bd. II, Cambridge 1860.

WHITEHEAD, A. N., Science and the Modern World, Cambridge 1926.

–, The Adventure of Ideas, London 1961.

WHITE, A. D., A History of the Warfare of Science with Theology, New York 1896, Reprint New York 1955.

WHITE, L., Technology and Invention in the Middle Ages, in: Spekulum, Journal of Medieval Studies 15, 1940, 141–156.

–, Medieval Technology and Social Change, Oxford 1966.

–, Medieval Religion and Technology, Berkeley/Los Angelos/London 1978.

–, Art. Technology, Western, in: Dictionary of the Middle Ages 11, 1988, Sp. 650–664.

WHITROW, G. J., Die Erfindung der Zeit, Hamburg 1991.

WIELAND, G., Art. Gesetz, ewiges, in: HWPh III, 1974, Sp. 514–516.

–, The Reception and Interpretation of Aristotle's Ethics, in: N. Kretzman (Hg.), The Cambridge History of Later Medieval Philosophy, Cambridge 1982, 657–719.

WIENER, P. P. (Hg.), Peirce's Evolutionary Interpretations of the History of Science (Studies in the Philosophy of Charles Sanders Peirce), Cambridge, Massachusetts 1952.

WILPERT, P., Das Problem der Wahrheitssicherung bei Thomas von Aquin. Ein Beitrag zur Geschichte des Evidenz-Problems, Münster1931 (= BGPhMA 30/3).

–, Boethius von Dacien – die Autonomie des Philosophen, in: J. A. Aertsen/A. Speer (Hg.), Miscellanea Medievalia III, Berlin 1964.

WILSON, C., W. Heytesbury. Medieval Logic and the Rise of Mathematical Physics, Madison, Wisconsin, 1960.

WINANCE, E., Note sur l'abstraction mathématique selon saint Thomas, in: Revue Philosophie de Louvain 53, 1955, 482–510.

WINKELMANN, E. (Hg.), Acta imperii inedita 2, Innsbruck 1885.

WITTGENSTEIN, L., Tractatus logico-philosophicus. Logisch-philosophische Abhandlung, [11]1976.

WITTMANN, M., Die Ethik des Hl. Thomas von Aquin in ihrem systematischen Aufbau dargestellt und in ihrem geschichtlichen, besonders in den antiken Quellen erforscht. München [1933] 1962.

WOHLWILL, E., Galilei und sein Kampf für die copernikanische Lehre, Wiesbaden [2]1969.

WOLFF, M., Geschichte der Impetustheorie: Untersuchungen zum Ursprung der klassischen Mechanik, Frankfurt a. M. 1978.

–, Mehrwert und Impetus bei Petrus Johannis Olivi. Wissenschaftlicher Paradigmentwechsel im Kontext gesellschaftlicher Veränderungen im späten Mittelalter, in: J. Miethke/K. Schreiner (Hg.), Sozialer Wandel im hohen und späten Mittelalter, Konstanz 1994, 413–423.

WOOD, G. S., The Americanization of Benjamin Franklin, New York 2004.

WÖLFEL, E., Seinsstruktur und Trinitätsproblem: Untersuchungen zur Grundlegung der Natürlichen Theologie bei Johannes Duns Scotus, Münster 1965.

–, Art. Naturwissenschaft I, II, in: TRE XXIV, 1994, Sp. 189–221.

WUKETITS, F. W., Evolutionary Epistemology and its Implications for Humankind, New York 1990.

WYLLER, E. A., Art. Plato/Platonismus I, in: TRE XXVI, 1996, Sp. 687 f.

YEO, R., Defining Science, William Whewell, Natural Knowledge and Public Debate in Early Victorian Britain, Cambridge/New York 1993.

ZIMMERMANN, A. (Hg.), Antiqui und Moderni, Traditionsbewußtsein und Fortschrittsbewußtsein im späten Mittelalter, Berlin/New York 1974.

–, Die Erkennbarkeit des natürlichen Gesetzes gemäss Thomas von Aquin, in: L. J. Elders/K. Hedwig (Hg.), Lex et Libertas, Studi Tomistici 30, Città del Vaticano 1987, 56–66.

ZEDLER, J. H., Universal-Lexicon, Bd. 25, Leipzig/Halle 1740.

ZELLER, F. C. (Hg.), Nicoai Copernici Thorunensis De revolutionibus orbium coelestium libri sex, München 1949.

ZILSEL, E., The Genesis of the Concept of Physical Law, in: The Philosophical Review 51,3, 1942, 245–279.

ZUMKELLER, A., Art. Greger von Rimini, in: Lexikon des Mittelalters IV, 1989, Sp. 1684 f.

ZUPKO, J., Buridan and Scepticism, in: Journal of the History of Philosophy 31,2, 1993, 191–221.

–, Substance and Soul: The Late Medieval Origins of Early Modern Psychology, in: F. Stephen/S. F. Brown (Hg.), Meeting of the Minds. The Relations Between Medieval and Classical Modern European Philosophy, Turnhout 1998, 121–139.

–, John Buridan: Portrait of a Fourteenth-Century Arts Master, Notre Dame 2003.

# Personenregister

# Sachregister

Kausalgesetz 47
Kinematik 28, 30
Kirche 77–78, 80, 85, 176, 177, 179–180,
185
Kontintenz 64
Kosmologie 48
Kraft 57, 321

*lex aeterna* 134–136, 144, 145, 153–155,
169, 246, 381
*lex divina* 136
*lex humana* 136, 143, 144, 146, 147, 153,
179
*lex natura* 69
*lex naturalis* 51, 52, 133–137, 139, 143–148,
153, 155, 167, 170, 171, 246, 291, 381
*liber naturae* 48, 69, 299, 306
*liber scripturae* 69, 299
*lumen fidei* 106
*lumen intellectus agentis* 112
*lumen naturale* 100–103, 105–108
*lumen rationale* 107

Magie 57
Makrokosmos 13, 35
Marxismus 62
Maschine 50, 353
Masse 160, 166, 357, 360
 – dynamischer Begriff der 358, 361
 – schwere 362
 – träge 362
Massebegriff 362
 – dynamischer 358
*materia intelligibili communi* 120
*materia prima* 165
*materia sensibilis* 119, 120
Materie 18, 19, 34, 52, 68, 74, 90, 120, 126,
163, 165
 – sublunare 165, 166, 358, 362
 – supralunare 165, 358, 362
Materialismus 42
Materiebegriff 166, 168, 169, 172, 297,
357, 358
Mathematik 15, 33, 35, 37, 52–54, 58–60,
71, 88, 107, 115, 120, 133, 160–165, 172,
260, 301, 324, 343, 350, 361, 367
 – angewandte 162, 164
 – theoretische 162
 – Wesen der 161
Mathematikverständnis 163, 168
 – dinglich-räumliches 168
 – thomistisches 162

Mathematisierung
 – der Bewegung 164, 182, 301
 – der Natur 28, 33, 160, 339
 – des Raumes 339
 – der Zeit 354
Mathematisierbarkeit 59, 127, 300
Mechanik 72
 – newtonsche 365, 368, 374
Mechanisierung 50
Menon 114
Menschenbild 52
 – teleologisches 132
Mertonians 182, 289, 303, 310, 313, 324, 382
Merton College 37, 181
Merton thesis 64
Metaphysik 34, 43, 86–90, 94, 96, 116, 140,
162, 169, 197, 198, 228–230, 293
 – griechische 188, 261
 – mittelalterliche 188
Mikrokosmos 13, 35
Mittelalter 13, 48, 54, 56, 63, 69, 70, 74, 75,
80, 82, 160, 166, 167, 179, 186, 277, 305,
319, 322, 357, 358
Modallogik 209
Moderne 13, 14, 74, 179, 184, 188, 324, 379
*moderni* 176
Monismus 42
Mystik 176, 279

Natur 60, 66
 – Rationalisierung der 156
Naturalismus 82
naturalistischer Fehlschluss 143, 173, 174
Naturbegriff 35, 57, 67, 68, 299
 – naturwissenschaftlicher 173
 – teleologischer 174
Naturbeherrschung 53
Naturgesetz 22, 23, 25, 26, 33, 38–41,
43–45, 48, 49, 51, 52, 54–57, 59–62, 66,
94, 138, 185, 186, 303, 312, 318, 381
 – Begriff 16–18, 20, 38–41, 49, 62, 65,
67–69, 71, 72, 94, 98, 173
 – Konzept 18, 20, 40, 41, 68–72, 74, 80,
117, 143, 160, 167, 172, 306, 364–387
 – teleologisches 157
natural theology 21, 22, 43, 68, 366, 367,
370–372
Naturphilosophen 29, 30, 52, 160
 – mittelalterliche 23
Naturphilosophie 29, 32, 36, 38, 39, 50,
57, 98, 99, 160, 172, 182, 284
Naturrecht 65, 135–136

## Religion, Theologie und Naturwissenschaft / Religion, Theology, and Natural Science (RThN)

hg. von Antje Jackelén, Gebhard Löhr, Ted Peters und Nicolaas A. Rupke

V&R

Band 7: Ted Peters
**Anticipating Omega**
Science, Faith, and Our Ultimate Future
Mit einem Vorwort von Michael Welker.
2006. 221 Seiten mit 4 Abb. und zahlreichen
Grafiken, gebunden
ISBN 978-3-525-56978-8

Ted Peters fragt, wie sich die theologische
Rede von den letzten Dingen zu unserer
Realität verhält und entdeckt in Physik,
Evolutionsbiologie, Genetik und Techno-
logie ein vielversprechendes Bereiche-
rungspotential für die Eschatologie.

Band 8: Gaymon Bennett / Martinez J.
Hewlett / Ted Peters /
Robert John Russell (Hg.)
**The Evolution of Evil**
2008. 368 Seiten, gebunden
ISBN 978-3-525-56979-5

Mehrperspektivisch sucht dieser Sam-
melband, das evolutionsbiologische Problem des Bösen zu erklären und stellt
Lösungsansätze für eine christliche
Theodizee vor.

Band 9: Anne L.C. Runehov
**Sacred or Neural?**
The Potential of Neuroscience to Explain
Religious Experience
2007. 240 Seiten mit 5 Abb., gebunden
ISBN 978-3-525-56980-1

Gaukelt uns unser Nervensystem etwas
vor? Sind religiöse Erlebnisse lediglich
Produkte physikalischer Prozesse?

Runehov hinterfragt das Potential
neurowissenschaftlicher Forschung,
religiöse Erlebnisse zu erklären.

Band 10: Philip Clayton
**Die Frage nach der Freiheit**
Biologie, Kultur und die Emergenz
des Geistes in der Welt
Herausgegeben von Thomas M. Schmidt,
Michael G. Parker.
Aus dem Englischen von Erwin Fink.
2007. 184 Seiten mit 12 Abb., gebunden
ISBN 978-3-525-56981-8

Setzt das Zeitalter der Neurowissen-
schaften der Freiheit ein Ende?
Clayton stellt verschiedene Modelle
vor, wie von der menschlichen Freiheit
angesichts der neuesten naturwissenschaftlichen, theologischen und
philosophischen Erkenntnisse geredet
werden kann.

Band 11: Helmut A. Müller (Hg.)
**Evolution: Woher und Wohin**
Antworten aus Religion, Natur- und Geistes-
wissenschaften
2008. 264 Seiten mit 11 Abb., gebunden
ISBN 978-3-525-56984-9

Forscher aus Natur- und Geisteswis-
senschaft fragen nach der Evolution
des Lebens und der Kultur, wie sich die
Schöpfung entwickelt und entfaltet und
warum der Mensch vielleicht doch auf
Glauben angelegt ist.

# Vandenhoeck & Ruprecht